建筑信息模型

Building Information Modeling

基于BIM的SketchUp 2018建筑与室内设计

郝增宝　编著

本书共13章，按照从BIM建模流程设计到行业应用、BIM建模知识到项目方案及表现案例的顺序进行编排，详细介绍了使用SketchUp 2018进行建筑、景观、室内等设计的方法和技巧。

全书以“软件技能+方案实践+效果表现”的方式，将AutoCAD、SketchUp和Revit等软件基于BIM建筑信息模型设计的学习方法完整地呈现给读者。书中精心安排了几十个具有针对性的实例，不仅可以帮助读者轻松掌握软件的使用方法，满足建筑外观设计、园林景观设计、室内装修设计等实际工作的需要，更能使读者通过典型的应用实例体验真实的设计过程，从而提高工作效率。

本书可以作为高校建筑设计、城市规划、环境艺术、园林景观等专业学生学习SketchUp的培训教程，也可以作为建筑设计、园林设计、规划设计行业从业人员的参考手册。

图书在版编目(CIP)数据

基于BIM的SketchUp 2018建筑与室内设计/郝增宝编著. —北京：机械工业出版社，2019.7

ISBN 978-7-111-62954-2

Ⅰ.①基… Ⅱ.①郝… Ⅲ.①建筑设计-计算机辅助设计-应用软件②室内装饰设计-计算机辅助设计-应用软件 Ⅳ.①TU201.4②TU238.2-39

中国版本图书馆CIP数据核字（2019）第115649号

机械工业出版社(北京市百万庄大街22号 邮政编码100037)
策划编辑：丁 伦 责任编辑：丁 伦 李晓波
责任校对：张 晶 责任印制：孙 炜
北京联兴盛业印刷股份有限公司印刷
2019年9月第1版第1次印刷
185mm×260mm · 22.25印张 · 552千字
标准书号：ISBN 978-7-111-62954-2
定价：99.90元（附赠海量资源，含教学视频）

电话服务 网络服务
客服电话：010-88361066 机 工 官 网：www.cmpbook.com
010-88379833 机 工 官 博：weibo.com/cmp1952
010-68326294 金 书 网：www.golden-book.com
封底无防伪标均为盗版 机工教育服务网：www.cmpedu.com

行业背景

SketchUp 是直接面向设计过程而开发的三维绘图软件，被业内誉为设计大师。它可以快速和方便地对三维创意进行创建、观察和修改。SketchUp 也是一款基于 BIM 信息建筑模型的快速建模工具，是 BIM 设计的基础。

在 BIM 建筑信息模型设计流程中，设计师通常使用 SketchUp 进行复杂的建模，然后将其导入到 BIM 相关的一些软件（如 Revit，AutoCAD 等）中进行模型更改及图纸设计，这使得建筑设计师能够更加轻松地完成各项复杂设计。

万丈高楼平地起。只有学好基础知识，并多加练习，才能逐渐成长为设计高手。

内容特色

本书主要围绕 SketchUp Pro 2018（简称 SketchUp 2018，全书同）软件进行建筑项目设计的讲解，作为 BIM 设计的一员，SketchUp 将与其他 BIM 系列软件（如 AutoCAD 和 Revit）一起，完成建筑、室内及园林景观设计等项目方案的设计。

全书共 13 章，按照从 BIM 建模流程设计到行业应用、BIM 建模知识到项目方案及表现案例的顺序进行编排。书中包含大量实例，供读者巩固练习之用，各章主要内容介绍如下。

- 第 1 章：主要介绍基于 BIM 的 SketchUp 2018 软件的建模设计及行业应用。
- 第 2 章：主要介绍 SketchUp 的辅助设计功能。用于对模型进行不同的编辑操作，并结合实例进行讲解。SketchUp 辅助设计工具包括主要工具、建筑施工工具、测量工具、相机工具、漫游工具、截面工具、视图工具、样式工具和构造工具等。
- 第 3 章：主要介绍 SketchUp 对象的操作、编辑与基本功能设置。主要是菜单栏【编辑】菜单中的一些命令，包括材质、组件、群组、风格、图层、场景、雾化和柔化边线、照片匹配和模型信息等命令，用于对模型在不同情况下进行不同的功能设置。
- 第 4 章：主要介绍 SketchUp 材质与贴图在建筑模型中的应用。材质组成包括颜色、贴图、漫反射和光泽度、反射与折射、透明与半透明、自发光等。材质在 SketchUp 中应用广泛，它可以在一个普通的模型上添加丰富多彩的材质，使模型展现得更生动。
- 第 5 章：主要介绍 SketchUp 中常见的建筑、园林、景观小品的设计方法，并以真实的设计图来表现模型在日常生活中的应用。

- 第6章：主要介绍SketchUp在地形场景设计中的应用。
- 第7章：主要介绍V-Ray for SketchUp 2018渲染器。这个渲染器能与SketchUp完美地结合，渲染出高质量的图片效果。
- 第8章：主要介绍V-Ray渲染插件在实际案例中的布光技巧与渲染流程。
- 第9章：主要介绍基于BIM的国标制图知识。建筑制图是BIM建筑信息模型中最重要的一环。
- 第10章：通过两种不同的建筑设计方案，详解SketchUp建模流程与效果表现。
- 第11章：主要介绍SketchUp在城市规划设计方案中的应用，以一张AutoCAD版的城市街道规划图纸为基础，创建出一个真实的城市街道环境。
- 第12章：主要介绍如何利用SketchUp进行室内装修设计，设计一个现代温馨的客厅。
- 第13章：融合了基于BIM的系列软件AutoCAD、SketchUp和Revit，进行商业中心方案项目的规划设计。

读者对象

本书由淄博职业学院郝增宝编写，共计55万字。参与本书内容整理和案例测试的还有建筑、室内、城市、环境设计，以及土木、机械和结构工程设计的多位专家和老师。本书可以作为高校建筑设计、城市规划、环境艺术、园林景观等专业学生学习SketchUp的培训教程，也可以作为建筑设计、园林设计、规划设计行业从业人员的参考手册。

配套资源

本书附赠海量学习资源，包含如下3部分，可通过扫描书封底的二维码获取。

（1）源文件及素材文件

本书所有实例所用到的源文件及素材文件都按章收录在“源文件”文件夹中。

（2）结果文件及效果图文件

本书所有实例的结果文件及相关的效果图文件都按章收录在“结果文件”文件夹中。

（3）视频文件

本书所有实例的操作过程都录制成了“.wmv”等格式的视频文件，并按章收录在“视频”文件夹中。

注意：播放视频文件前要安装影音播放软件。

感谢您选择了本书，希望我们的努力对您的工作和学习有所帮助。由于作者水平有限，加之时间仓促，书中难免存在疏漏和不足之处，恳请各位朋友和专家批评指正！

编　者

目录

第3章 P/57 CHAPTER3 模型编辑与属性设置

第4章 P/86 CHAPTER4 材质与贴图的应用

第5章 P/105 CHAPTER5 建筑、园林、景观小品设计

第6章 P/138 CHAPTER6 地形场景设计

第7章
P/155
CHAPTER7
V-Ray for SketchUp 渲染进阶

第8章
P/216
CHAPTER8
V-Ray场景渲染及表现案例

第9章
P/233
CHAPTER9
AutoCAD建筑图纸设计

第10章 CHAPTER10 P/251 建筑方案设计与表现案例

第11章 CHAPTER11 P/292 城市规划方案设计与表现案例

第12章 CHAPTER12 P/318 室内方案设计与表现案例

第13章 CHAPTER13 P/333 SketchUp & Revit建筑规划设计案例

第1章 基于BIM的SketchUp 2018设计概述

本章主要介绍 SketchUp 2018 软件基础知识、环境艺术概述以及环艺设计，带领大家快速进入 SketchUp 的世界。

1.1 SketchUp 2018 概述

SketchUp 最初是由@ Last Software 公司开发并发布，在 2006 年 3 月 15 日，该公司被 Google 公司收购，所以 SketchUp 又被称为 Google SketchUp。SketchUp 是一套直接面向设计方案创作过程的设计工具，其创作过程不仅能够充分表达设计师的思想，还能满足与客户即时交流的需要。它使得设计师可以直接在计算机上进行十分直观的构思，是三维建筑设计方案创作的优秀工具。作为一款极受欢迎并且易于使用的 3D 设计软件，官方网站将它比喻为电子设计中的“铅笔”。

SketchUp 的开发公司@ Last Software 成立于 2000 年，规模虽小，但却以 SketchUp 闻名。Google 收购 SketchUp 是为了增强 Google Earth 的功能，让使用者可以利用 SketchUp 建造 3D 模型并放入 Google Earth 中，使得 Google Earth 所呈现的地图更具立体感、更接近真实世界。使用者可以通过一个名叫 Google 3D Warehouse 的网站寻找与分享各式各样利用 SketchUp 建造的 3D 模型。SketchUp 在 Google 经过多次更新并呈指数增长，涉足领域众多，从广告到社交网络，让更多人知道了 SketchUp。

目前 Google 已将 SketchUp 3D 建模平台出售给 TrimbleNavigation 了。本书和大家分享的为目前主流的 SketchUp 2018 中文版，SketchUp 2018 改进了大模型的显示速度（LayOut 中的矢量渲染速度提升了 10 倍多），并有更强的阴影效果。

图 1-1 所示为 SketchUp 2018 建立的大型 3D 场景模型。

图 1-2 所示为 SketchUp 2018 渲染的室内设计模型。

图 1-1　大型 3D 场景模型

图 1-2　渲染的室内设计模型

1.1.1 SketchUp 2018 的特点

1. 一如既往的简洁操作界面

SketchUp 2018 的界面一如既往地沿袭了 SketchUp 的经典简洁界面，所有功能都可以通过界面菜单与工具按钮在操作界面内完成。对于初学者来说，可以很快上手；对于成熟设计师来说，不用再受软件复杂的操作束缚，而专心于设计。图 1-3 所示为 SketchUp 2018 向导界面，图 1-4 所示为操作界面。

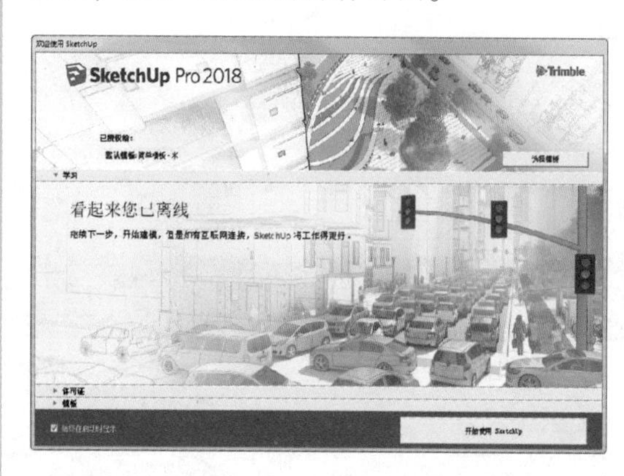

图 1-3 SketchUp 2018 向导界面

图 1-4 操作界面

2. 直观的显示效果

在使用 SketchUp 进行设计创作时，可以实现“所见即所得”效果，即在设计过程中的任何阶段都能以三维成品的方式展示在眼前，并能以不同的风格显示。因此，设计师在进行项目创作时，可以与客户直接进行交流。图 1-5、图 1-6 所示为创作模型显示的不同风格。

图 1-5 单色阴影显示风格

图 1-6 阴影纹理显示风格

3. 全面的软件支持与互换

SketchUp 不但能在模型的建立上满足建筑制图高精度的要求，还能完美地结合 V-Ray、Artlantis 渲染器，渲染出高质量的效果图。也能与 AutoCAD、Revit、3DS Max、Piranesi 等软件结合使用，快速导入和导出 DWG、DXF、JPG、3DS 格式文件，实现方案构思，效果图与施工图绘制的完美结合。图 1-7 所示为 V-Ray 渲染效果，图 1-8 所示为 Piranesi 彩绘效果。

图 1-7　V-Ray 渲染效果

图 1-8　Piranesi 彩绘效果

4. 强大的推拉功能

推拉功能，能让设计师将一个二维平面图快速方便地生成 3D 几何体，无须进行复杂的三维建模。图 1-9 所示为二维平面，图 1-10 所示为三维模型。

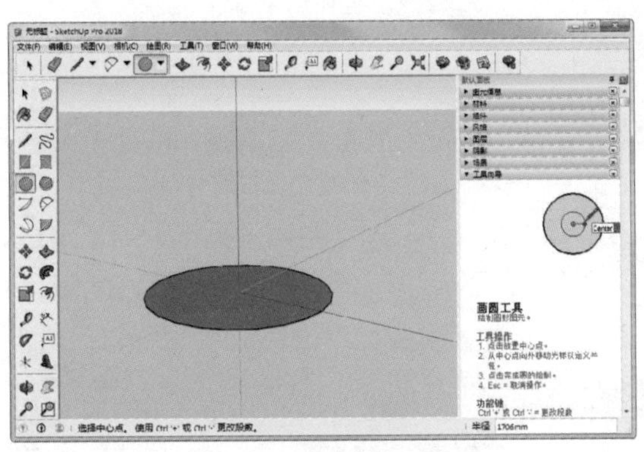

图 1-9　二维平面

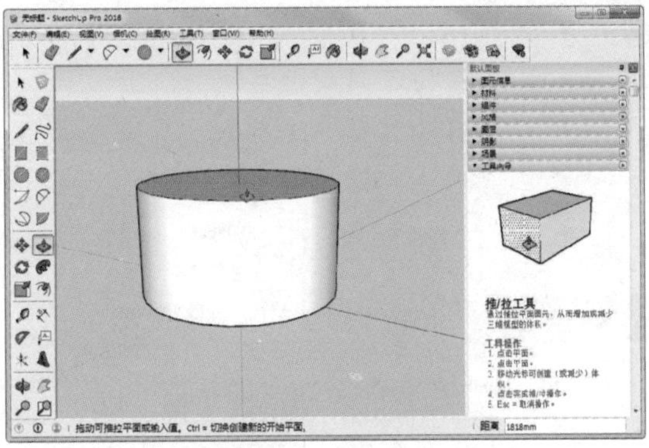

图 1-10　三维模型

5. 自主的二次开发功能

SketchUp 可以通过 Ruby 语言自主开发一些插件，全面提升了 SketchUp 的使用效率。图 1-11 所示为建筑插件，图 1-12 所示为细分/光滑插件。

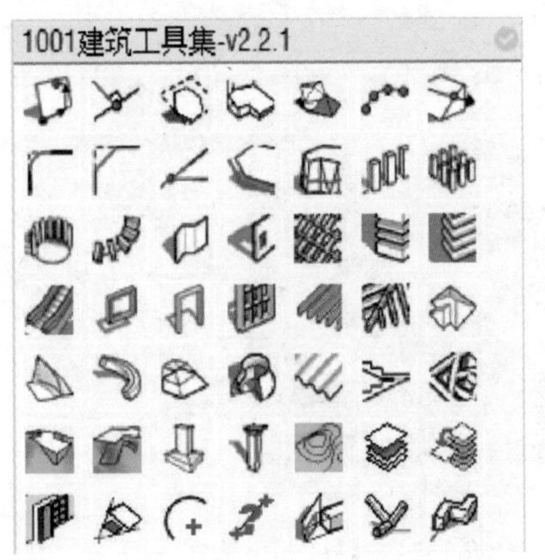

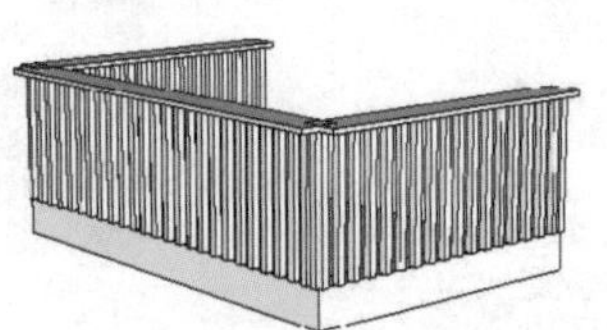

图 1-11　建筑插件

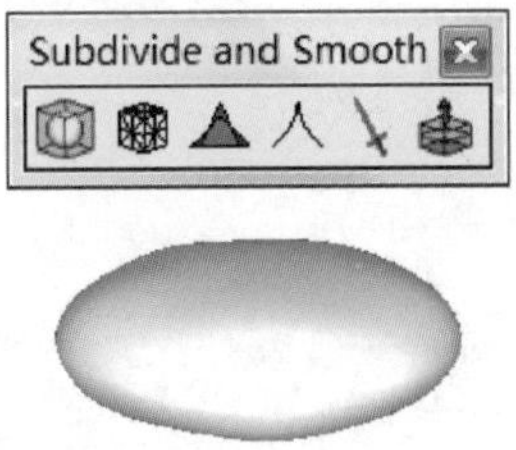

图 1-12　细分/光滑插件

1.1.2 SketchUp 系统需求

和许多计算机程序一样，需要满足特定的硬件和软件要求才能安装和运行 SketchUp，推荐配置如下。

1. 软件配置

- Windows/7/8/10。
- IE 8.0 或更高版本。
- .NET Framework 4.0 或更高版本。

> **提示** SketchUp 可在 64 位版本的 Windows 上运行，是作为 32 位应用程序运行。

2. 硬件配置

- 2GHz 以上的处理器。
- 4GB 以上的内存。
- 500GB 的可用硬盘空间。
- 512MB 以上的 3D 显卡，确保显卡驱动程序支持 OpenGL 1.5 或更高版本。
- 三键滚轮鼠标。
- 某些 SketchUp 功能需要有效的互联网连接。

1.1.3 SketchUp 的历史版本

SketchUp 版本的更新速度很快，真正进入中国市场的版本大概为 SketchUp 3.0。每个版本的初始界面都会有一定变化，以下列出了 SketchUp 6.0、SketchUp 7.0、SketchUp 8.0、SketchUp 2015、SketchUp 2016、SketchUp 2018 的初始界面，分别如图 1-13、图 1-14、图 1-15、图 1-16、图 1-17、图 1-18 所示。

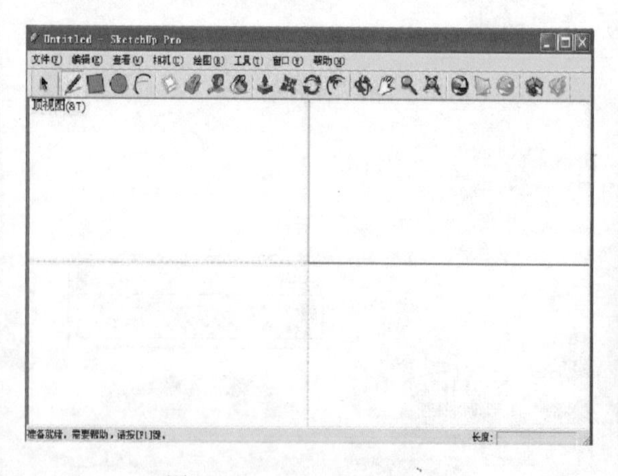

图 1-13　SketchUp 6.0 界面

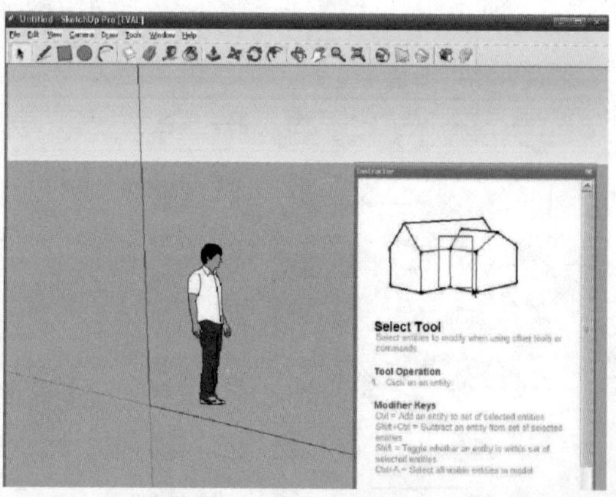

图 1-14　SketchUp 7.0 界面

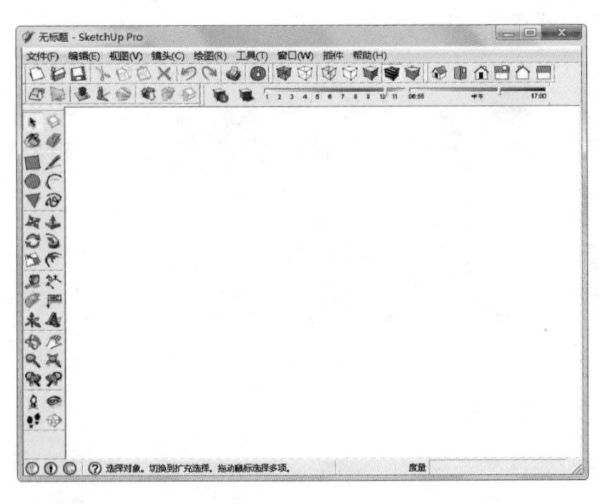

图 1-15 SketchUp 8.0 界面

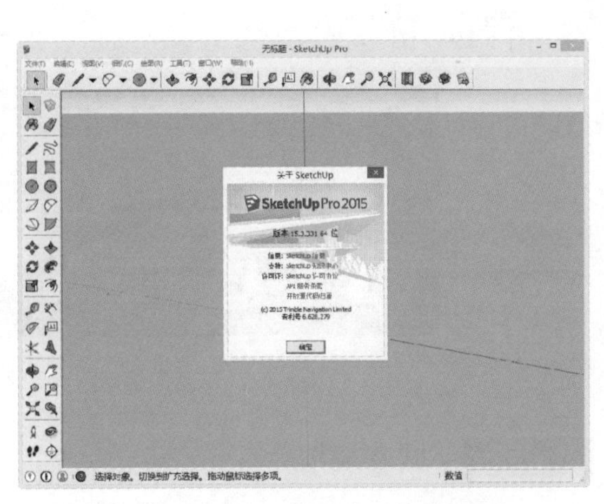

图 1-16 SketchUp 2015 界面

图 1-17 SketchUp 2016 界面

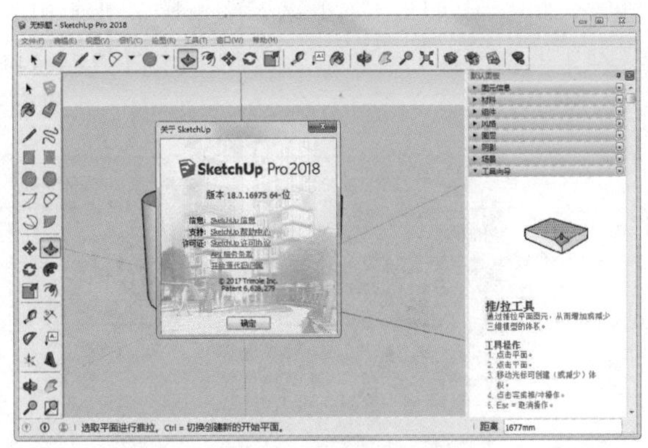

图 1-18 SketchUp 2018 界面

1.2 SketchUp 与环艺设计

SketchUp 是一款直接面向设计师，注重设计创作过程的软件，全球很多建筑工程企业和大学都会使用它来进行设计创作。SketchUp 与环艺设计两者紧密联系，使原本单一的设计变得丰富多彩，能产生很多意想不到的设计效果。在建筑设计、城市规划、室内设计、景观设计、园林设计中，都体现了环艺设计的作用。

1.2.1 建筑设计

建筑设计，是指在建筑物建造之前，设计者按照建设任务，把施工过程中所存在的或可能发生的问题，事先做好设想，拟定好解决这些问题的办法、方案，用图纸和文件表达出来，并使建成的建筑物能充分满足使用者和社会所期望的各种要求及用途。总之，建筑设计是一种需要有预见性的工作，要预见到拟建建筑物存在和可能发生的各种问题。

SketchUp 主要运用在建筑设计的方案设计阶段，在这个阶段需要建立一个大致模型，然后通过这个模型来体现出建筑的体量、尺度、材质、空间等一些细节的构造。

图 1-19、图 1-20 所示为利用 SketchUp 建立的建筑模型。

图 1-19　建筑模型 1

图 1-20　建筑模型 2

1.2.2　城市规划

城市规划，是指研究城市的未来发展，城市的合理布局和安排城市各项工程建设的综合部署，是一定时期内城市发展的蓝图。SketchUp 可以设置特定的经纬度和时间，模拟出城市规划中的环境，场景配置，并赋予环境真实的日照效果。

图 1-21、图 1-22 所示为利用 SketchUp 建立的规划模型。

图 1-21　规划模型 1

图 1-22　规划模型 2

1.2.3　室内设计

室内设计，是指为满足一定的建造目的而进行的准备工作，对现有的建筑物内部空间进行深加工的增值准备工作，从而创造功能合理、舒适优美、满足人们物质和精神生活需要的室内环境。

SketchUp 在室内设计中的应用范围越来越广，能快速地制作出室内三维效果图，如室内场景、室内家具建模等。

图 1-23、图 1-24 所示为利用 SketchUp 建立的室内设计模型。

图 1-23　室内设计模型 1

图 1-24　室内设计模型 2

1.2.4 景观设计

景观设计是一门建立在广泛的自然科学和人文与艺术学科基础上的应用学科。主要是指对土地及土地上的空间和物体的设计，力求把人类向往的自然环境表现出来。

SketchUp 在景观设计中，有构建地形高差方面直观的效果，而且有大量丰富的景观素材和材质库，应用最为普遍。

图 1-25、图 1-26 所示为利用 SketchUp 创建的景观模型。

图 1-25 景观模型 1

图 1-26 景观模型 2

1.2.5 园林设计

园林设计是一门研究如何应用艺术和技术手段处理自然、建筑和人类活动之间复杂关系，达到和谐完美、生态良好、景色如画之境界的一门学科。它包括的范围很广，如庭园、宅园、小游园、花园、公园以及城市街区等。其中公园涉及内容比较全面，具有园林设计的典型性。

SketchUp 在园林设计中，起到非常有价值的作用，提供了丰富的组件给设计师使用，一定程度上提高了设计的工作效率和成果质量。

图 1-27、图 1-28 所示为利用 SketchUp 创建的园林模型。

图 1-27 园林模型 1

图 1-28 园林模型 2

1.3 认识 SketchUp 2018 工作界面

SketchUp 的操作简洁明了，就算不是设计专业人士都能轻易上手，是极受设计师欢迎的三维设计软件之一，大学校园、设计院、设计公司等地方的大多数人员都在使用这款软件。

1.3.1 启动主界面

（1）完成软件正版授权后，即可使用授权的 SketchUp 2018 了，否则仅能使用具有一定期限的试用版。

（2）在获得授权许可的 SketchUp 2018 使用向导窗口中单击 选择模板 按钮，弹出系统默认的模板类型，选择“建筑设计-毫米”模板（也可选择通用模板“简单模板-米”），单击 开始使用 SketchUp ，即可启动 SketchUp 2018 应用程序，如图 1-29 所示。

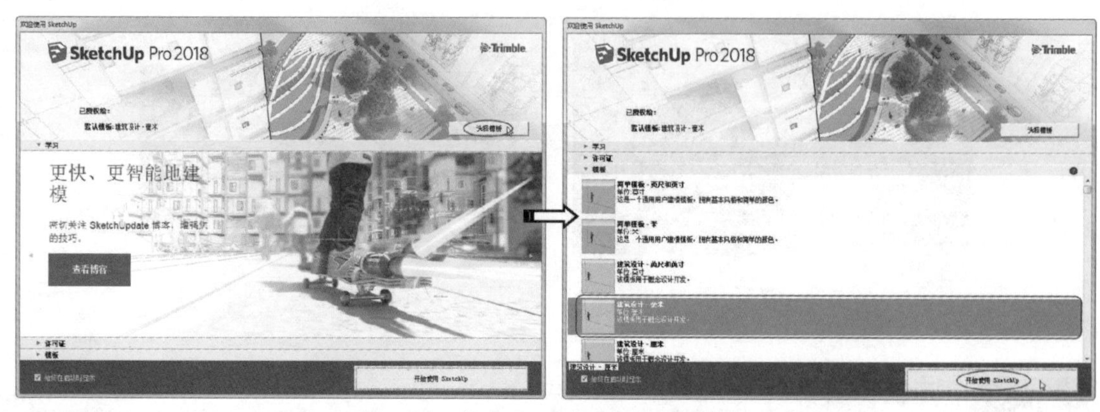

图 1-29　启动 SketchUp 2018 应用程序

> **提示**
>
> 向导窗口是软件程序启动时自动显示的。可以勾选或取消勾选【始终在启动时显示】复选框来控制向导窗口的显示与否。当然，也可以在 SketchUp 操作界面中重新开启向导窗口的显示，选择菜单栏中的【帮助】/【欢迎使用 SketchUp】命令，会再次弹出向导窗口，并勾选【始终在启动时显示】复选框即可。

图 1-30 所示为 SketchUp 2018 操作主界面。

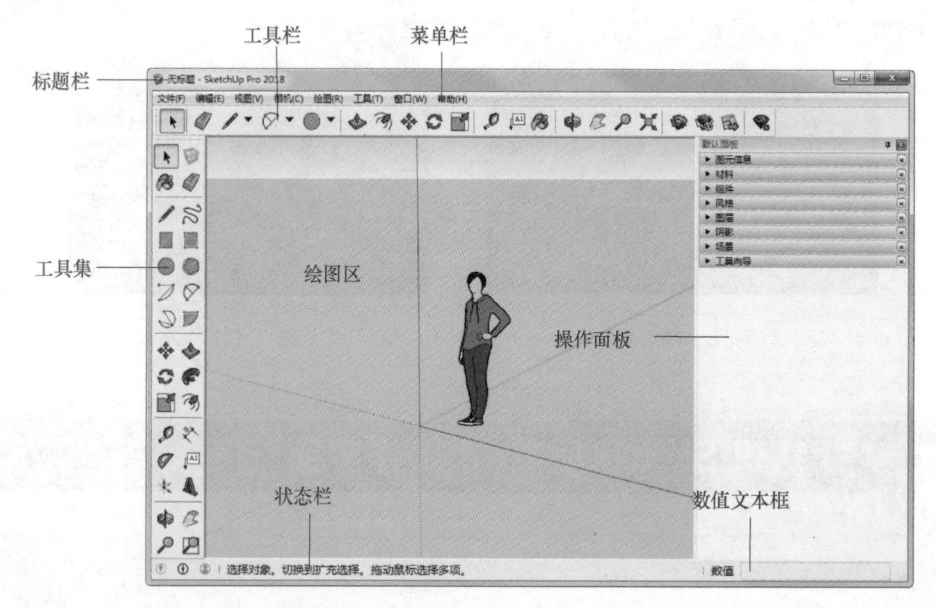

图 1-30　SketchUp 2018 操作主界面

1.3.2 主界面介绍

主界面一般是指绘图窗口，主要由标题栏、菜单栏、工具栏、工具集、绘图区、状态栏和数值文本框等组成。

- 标题栏——在绘图窗口的顶部，右边是关闭、最小化、最大化按钮，左边为无标题SketchUp，说明当前文件还没有进行保存。
- 菜单栏——在标题栏的下面，默认菜单包括文件、编辑、视图、相机、绘图、工具、窗口和帮助。
- 工具栏——在菜单栏的下面，左边是标准工具栏，包括新建、打开、保存、剪切等，右边属于自选工具，可以根据需要自由设置添加。
- 绘图区——创建模型的区域，绘图区的3D空间通过绘图轴标识别，绘图轴是三条互相垂直且带有颜色的直线。
- 状态栏——位于绘图区左下面，左端是命令提示和SketchUp的状态信息，这些信息会随着绘制的东西而改变，主要是对命令的描述。
- 数值文本框——位于绘图区右下面，数值文本框可以显示绘图中的尺寸信息，也可以输入相应的数值。
- 工具集：工具集中放置建模时所需的其他工具。例如在菜单栏中选择【视图】/【工具栏】命令，打开【工具栏】对话框。勾选建模所需的工具，单击【确定】按钮即可添加所需工具条，再将工具条拖到左侧的工具集中。
- 操作面板：操作面板是用来对场景中的几何对象、材料、组件、样式、图层、阴影及场景等进行属性设置及参数修改的操作区域。

SketchUp菜单栏包含了对模型文件的所有基本操作命令，主要包括【文件】菜单、【编辑】菜单、【视图】菜单、【相机】菜单、【绘图】菜单、【工具】菜单、【窗口】菜单和【帮助】菜单等。

1.【文件】菜单

文件菜单中的菜单命令主要是执行一些基本操作，如图1-31所示。除常用新建、打开、保存、另存为命令外，还有在Google地球中预览、地理位置、建筑模型制作工具3D模型库、导入与导出命令。

- 新建：选择【新建】命令即可创建名为“标题-SketchUp”的新文件。
- 打开：选择【打开】命令，弹出【打开】文件对话框，如图1-32所示，单击想要打开的文件，呈蓝色选中状态，选择 打开(O) 命令即可。
- 保存：选择【文件】/【保存】/【另存为】命令，将当前文件进行保存。
- 另存为模板：另存为模板，是对按自己意愿设计的模板进行保存，以方便每次启动程序时选择自己设计的

图1-31 文件菜单中的菜单命令

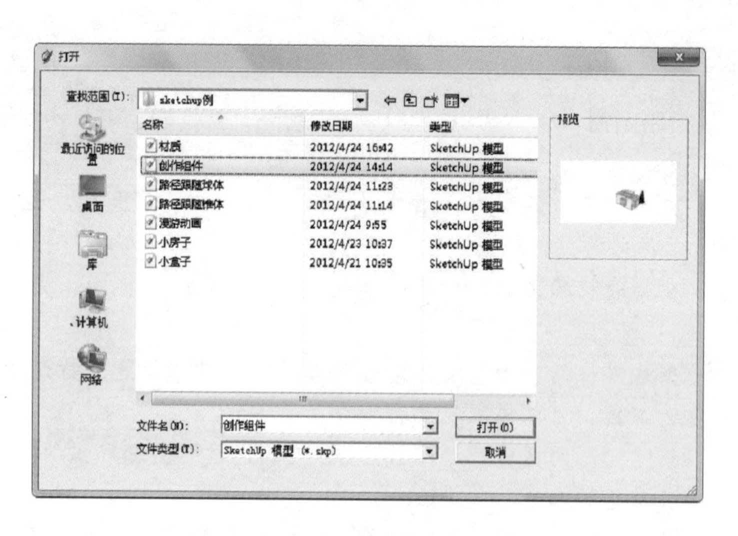

图 1-32　打开 SketchUp 模型文件

模板。图 1-33 所示为【另存为模板】对话框。

- 发送到 LayOut：SketchUp 2018 发布了增强布局的 LayOut 2018 功能，执行该命令可以将场景模型发送到 Lay Out 中进行图纸布局与标注等操作
- 在 Google 地球中预览：需要和【地理位置】命令配合使用，先给当前模型添加地理位置，再选择【在 Google 地球中预览】命令，如图 1-34 所示。

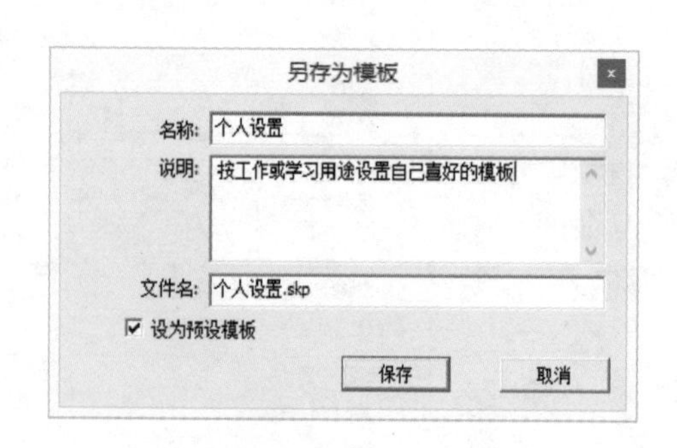

图 1-33　另存为模板

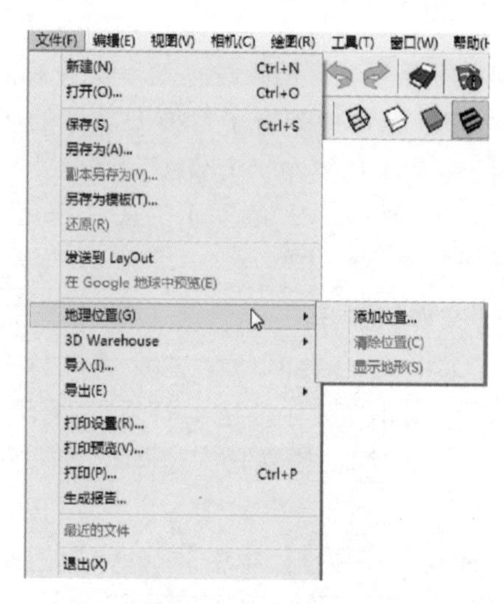

图 1-34　在 Google 地球中预览/地理位置

- 3D Warehouse（模型库）：单击【3D Warehouse】命令，弹出的子菜单中有【获取模型】、【共享模型】、【分享组件】命令。选择【获取模型】命令，可以在 Google 官网在线获取所需要的模型，然后直接下载到场景中，对于设计者来说非常方便；选择【共享模型】命令，可以在 Google 官网注册一个账号，将自己的模型上传，与全球用户共享。选择【分享组件】命令，可以将用户创建的组件模型上传到互联网与其他用户分享。图 1-35 所示为获取 3D 模型的网页界面。

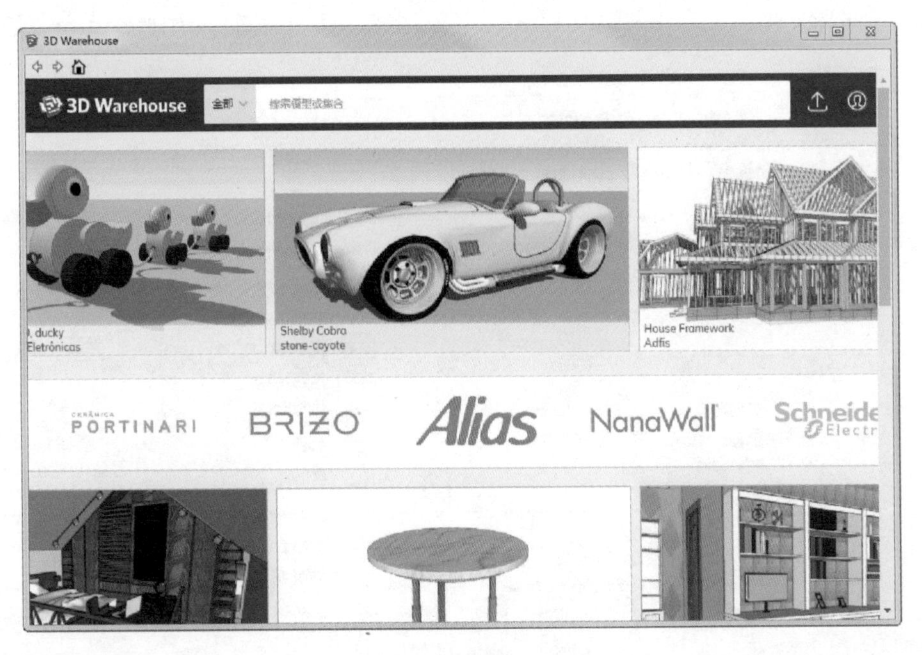

图 1-35　获取 3D 模型

- 导入：SketchUp 可以导入＊. dwg 格式的 CAD 图形文件，＊. 3ds 格式的三维模型文件，还有＊. jpg、＊. bmp、＊. psd 等格式的文件，如图 1-36 所示。
- 导出：SketchUp 可以导出三维模型、二维图形、剖面、动画等几种效果，如图 1-37 所示。

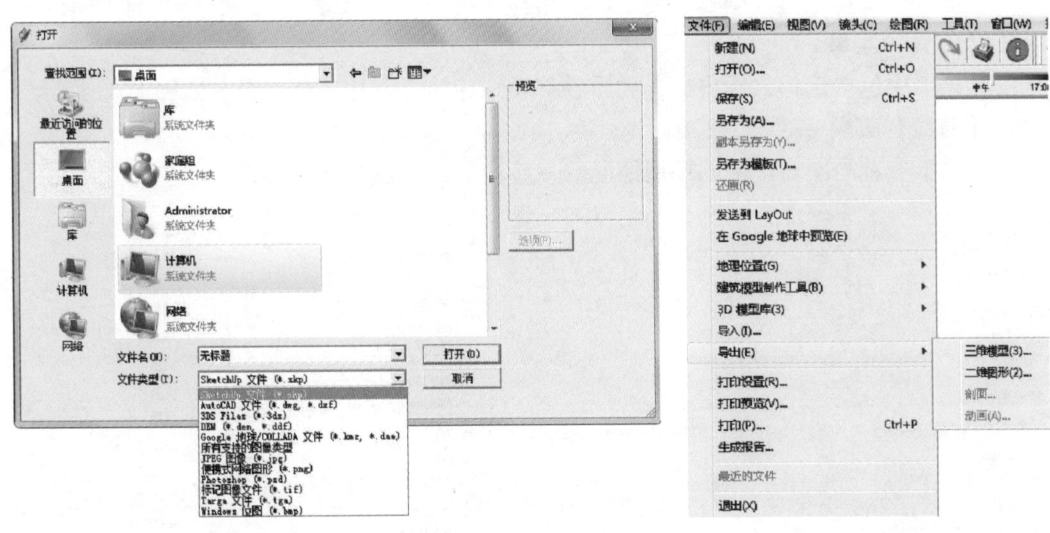

图 1-36　导入其他格式文件　　　　图 1-37　导出文件

2. 【编辑】菜单

主要对绘制模型进行编辑。包括常用的复制、粘贴、剪切、还原、重做命令，还有原位粘贴、删除导向器、锁定、创建组件、创建组、相交平面等命令，如图 1-38 所示。

3. 【视图】菜单

主要是更改模型的显示效果，包括工具栏、场景标签、隐藏几何图形、截面、截面切割、轴、导向器、阴影、雾化、边线样式、正面样式、组件编辑、动画等命令，如图 1-39 所示。

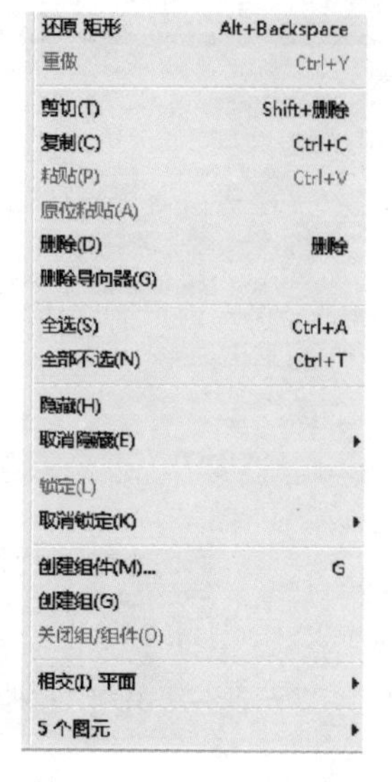

图 1-38 【编辑】菜单

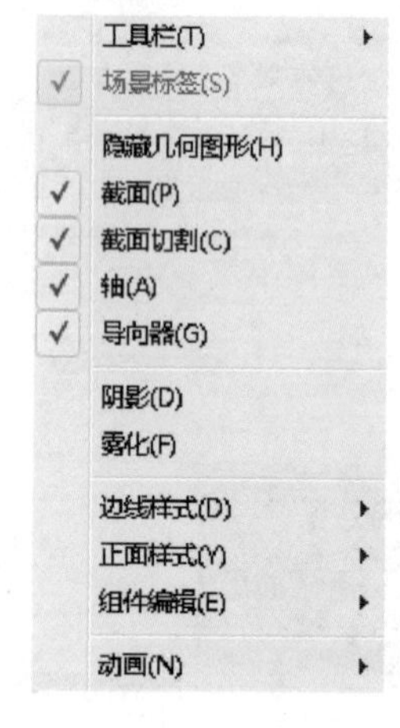

图 1-39 【视图】菜单

4. 【相机】菜单

相机菜单中主要包括用于更改模型视点的一些命令，如图 1-40 所示。

5. 【绘图】菜单

绘图菜单中包括线条、圆弧、徒手画、矩形、圆、多边形等命令，如图 1-41 所示。

6. 【工具】菜单

工具菜单中包括选择、橡皮擦、材质、移动、旋转等常用工具命令，如图 1-42 所示。

7. 【窗口】菜单

主要用于查看绘图窗口中的模型情况的一些命令，如图 1-43 所示。

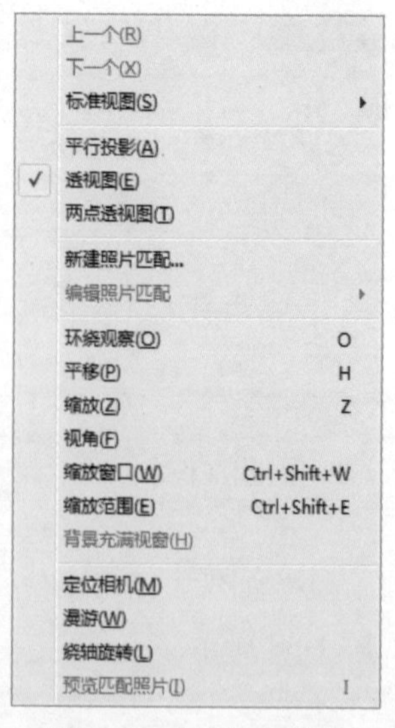

图 1-40 【相机】菜单

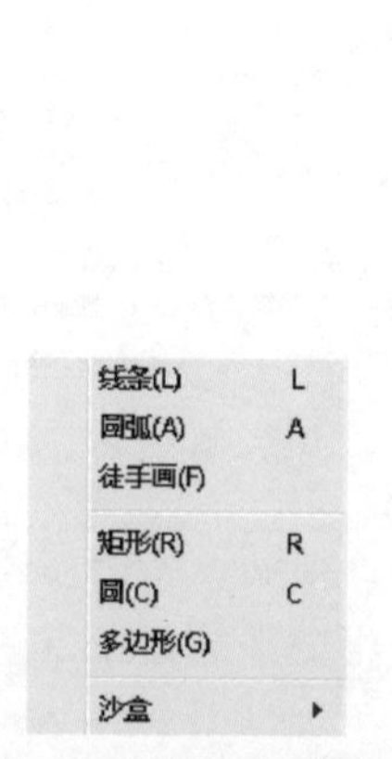

图 1-41 【绘图】菜单

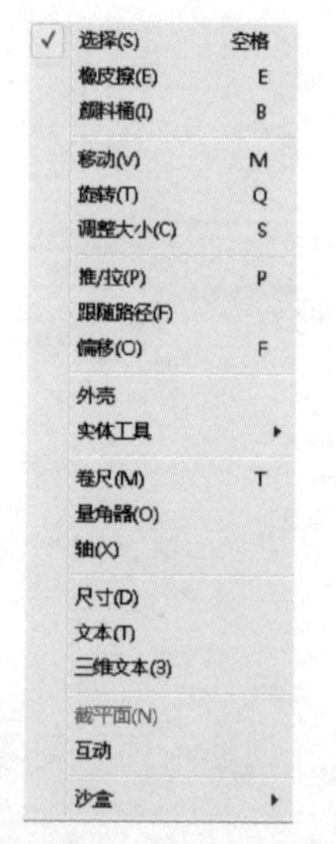

图 1-42 【工具】菜单

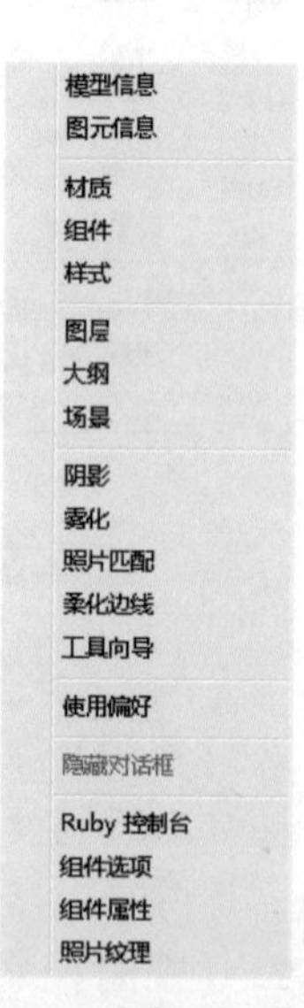

图 1-43 【窗口】菜单

1.4 SketchUp 视图操作

在使用 SketchUp 进行方案推敲的过程中，常需要通过视图切换、缩放、旋转、平移等操作，以确定模型的创建位置或观察当前模型在各个角度下的细节结果。这就要求用户必须熟练掌握 SketchUp 视图操作的方法与技巧。

1.4.1 切换视图

在创建模型过程中，通过单击 SketchUp【视图】工具栏中的 6 个按钮，切换视图方向。【视图】工具栏如图 1-44 所示。

图 1-44 【视图】工具栏

图 1-45 所示为 6 个标准视图的预览情况。

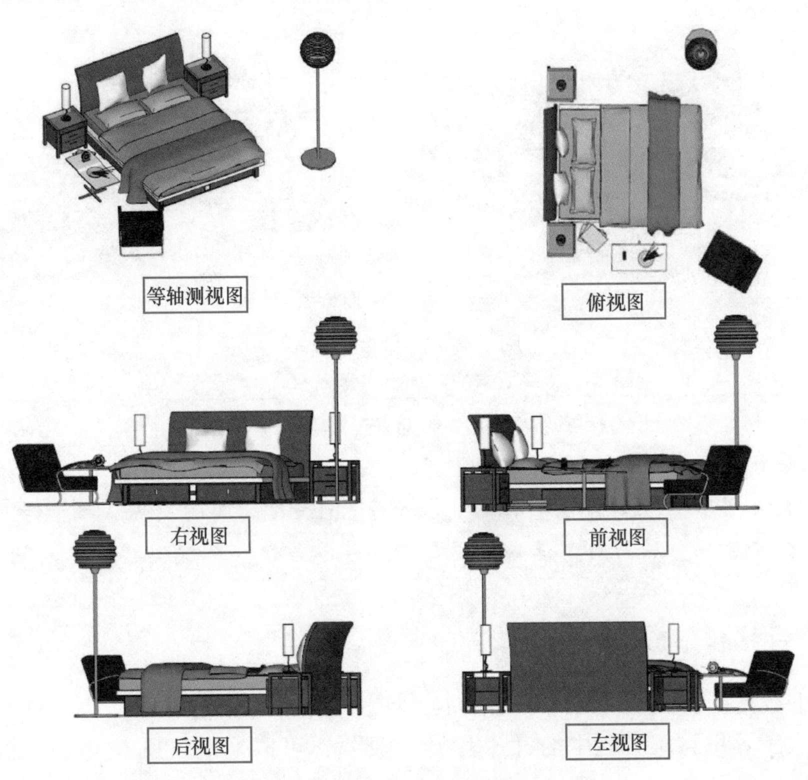

图 1-45 6 个标准视图

SketchUp 视图包括平行投影视图、透视图和两点透视图等。图 1-45 的 6 个标准视图就是平行投影视图的具体表现。图 1-46 所示为某建筑物的透视图和两点透视图。

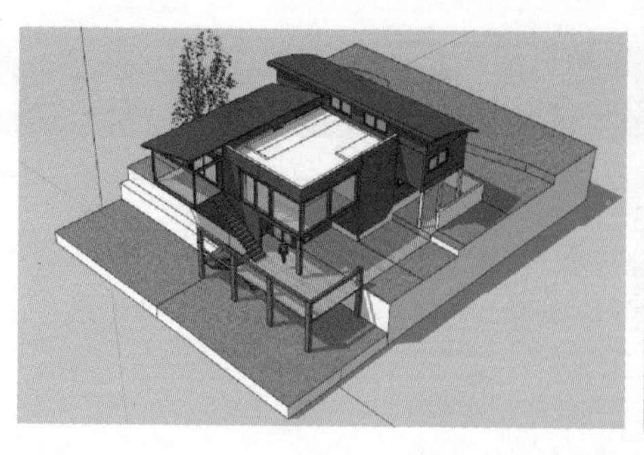
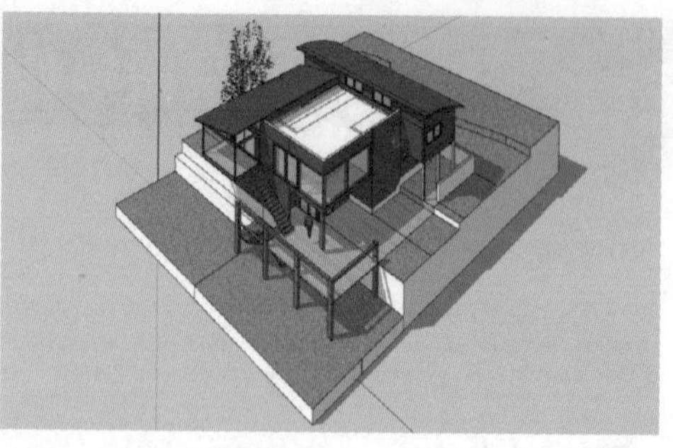

图1-46　某建筑物的透视图（左）和两点透视图（右）

要得到平行投影视图或透视图，可在菜单栏中执行【相机】/【平行投影】命令或【相机】/【透视图】命令。

1.4.2　环绕观察

环绕观察可以观察全景模型，给人以全新的、真实的立体感受。在【大工具集】中单击【环绕观察】按钮，然后在绘图区按住鼠标左键拖动，可以任意空间角度观察模型，如图1-47所示。

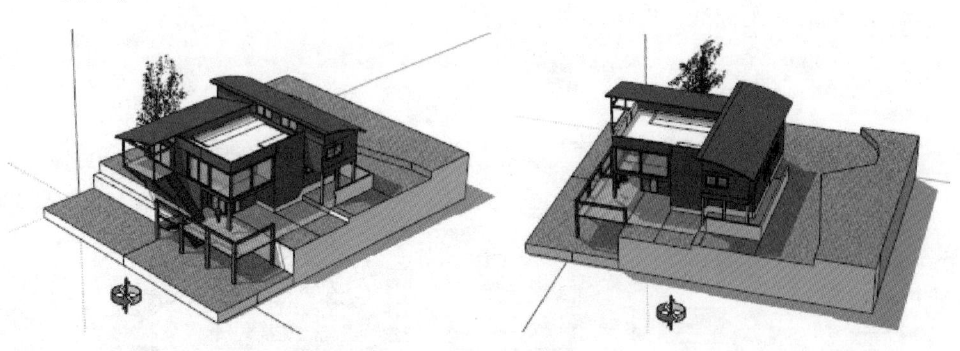

图1-47　环绕观察模型

> **提示**　也可以按住鼠标中键不放，然后拖动模型进行环绕观察。如果使用鼠标中键双击绘图区的某处，会将该处置于绘图区旋转中心。这个技巧同样适用于【平移】工具和【实时缩放】工具。按住 <Ctrl> 键的同时旋转视图能使竖直方向的旋转更流畅。利用页面保存常用视图，可以减少【环绕观察】工具的使用。

1.4.3　平移和缩放

平移和缩放是操作模型视图的常见基本工具。

利用【大工具集】工具栏中的【平移】工具，可以拖动视图至绘图区的不同位置。平移视图其实就是平移相机位置。如果视图本身为平行投影视图，那么无论将视图平移到绘图区何处，模型视角都不会发生改变，如图1-48所示。若视图为透视图，那么平移视图到绘图区不同位置，视角会发生如图1-49所示的改变。

图 1-48　在平行投影视图中平移操作

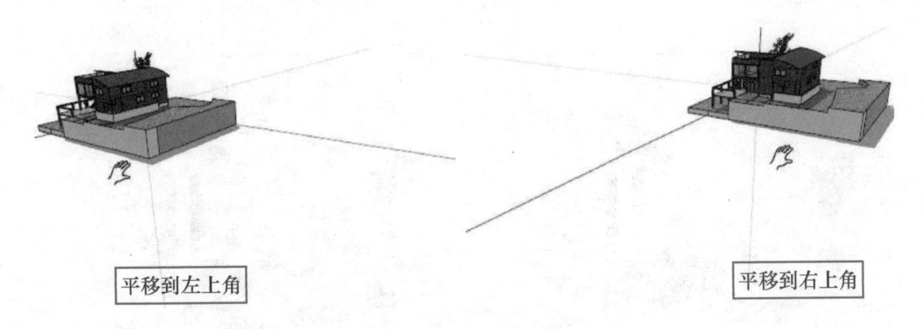

图 1-49　在透视图中平移操作

缩放工具包括缩放相机视野工具和缩放窗口。缩放视野是缩放整个绘图区内的视图，利用【缩放】工具，在绘图区上下拖动鼠标，可以缩小视图或放大视图，如图 1-50 所示。

图 1-50　缩放视图

1.5 SketchUp 对象选择

在制图过程中，常需要选择相应的物体，因此必须熟练掌握选择物体的方式。SketchUp 常用的选择方式有一般选择、窗选和窗交选择三种。

1.5.1 一般选择

【选择】工具可以通过单击【大工具集】中的【选择】按钮，或直接按 <Space> 空格键激活【选择】命令，下面以实例操作进行说明。

源文件：\ Ch01 \ 休闲桌椅组合 2. skp

01 启动 SketchUp 2018。单击【标准】工具栏中的【打开】按钮，然后从云盘路径中打开“\ 源文件 \ Ch01 \ 休闲桌椅组合 . skp”模型，如图 1-51 所示。

02 单击【大工具集】中的【选择】按钮，或直接按 <Space> 空格键激活【选择】命令，绘图区中显示箭头符号。

03 在休闲桌椅组合中任意选中一个模型，该模型将显示边框，如图 1-52 所示。

图 1-51　打开模型

图 1-52　选中休闲椅模型

提示

SketchUp 中最小的可选择对象为“线”“面”与“组件”。本例组合模型为“组件”，因此无法直接选择到“面”或“线”。但如果选择组件模型并执行右键快捷菜单中的【分解】命令，即可以选择该组件模型中的“面”或“线”元素了，如图 1-53 所示。若该组件模型由多个元素构成，需要多次进行分解。

图 1-53　分解组件模型后，①为选择“线”，②为选择“面”

04 选择一个组件、线或面后，若要继续选择，可按 <Ctrl> 键（光标变成）连续选择对象即可，如图 1-54 所示。

05 按 <Shift> 键（光标变成）可以连续选择对象，也可以反向选择对象，如图 1-55 所示。

图 1-54 按 <Ctrl> 键连续选择对象

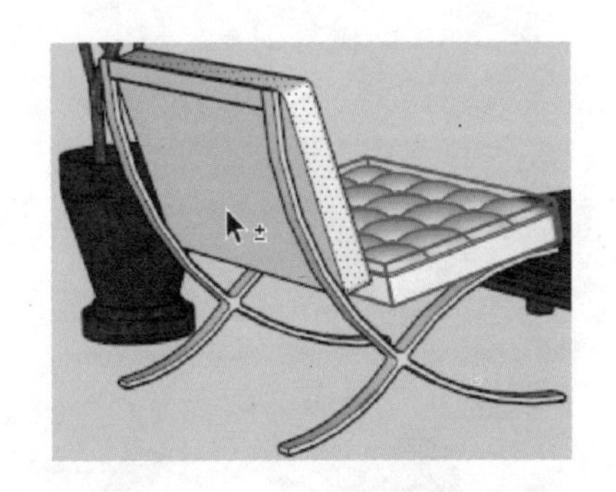

图 1-55 按 <Shift> 键连续选择或反选对象

06 按 <Ctrl + Shift> 组合键，此时光标变成 ，可反选对象，如图 1-56 所示。

提示

如果误选了对象，就可以按 <Shift> 键进行反选，还可以按 <Ctrl + Shift> 组合键反选。

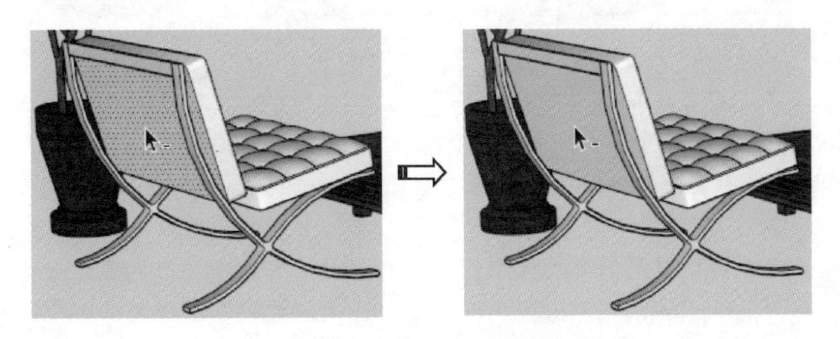

图 1-56 按 <Ctrl + Shift> 组合键反选对象

1.5.2 窗选与窗交

窗选与窗交都是利用【选择】命令，以矩形窗口框选方式进行选择。窗选是由左至右画出矩形进行框选，窗交是由右至左画出矩形进行框选。

窗选的矩形选择框是实线，窗交的矩形选择框为虚线，如图 1-57 所示。

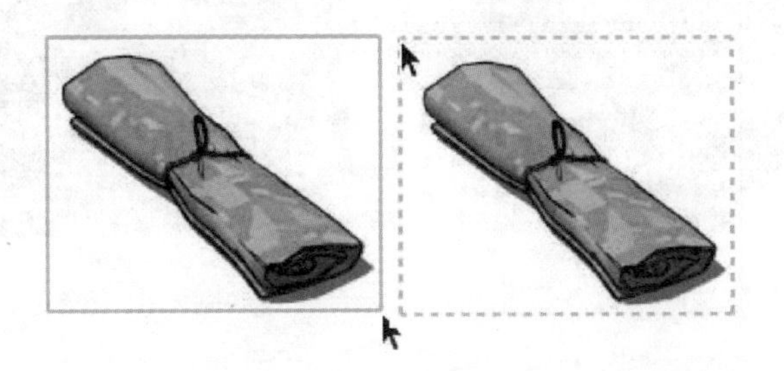

图 1-57 左图是窗选选择，右图是窗交选择

源文件：\ Ch01 \ 餐桌组合 2. skp

01 启动 SketchUp 2018。单击【标准】工具栏中的【打开】按钮，然后从云盘路径中打开“\ 源文件 \ Ch01 \ 餐桌组合 . skp”模型，如图 1-58 所示。

02 在整个组合模型中要求一次性选择 3 个椅子组件。在图形区合适位置拾取一点作为矩形框的起点，然后从左到右画出矩形，将其中 3 个椅子组件包容在矩形框内，如图 1-59 所示。

图 1-58　打开模型

图 1-59　框选对象

提示　要想完全选中 3 个组件，3 个组件必须被包含在矩形框内。另外，被矩形框包容的还有其他组件，若不想选中它们，按 <Shift> 键反选即可。

03 框选后，可以看见同时被选中的 3 个椅子组件（选中状态为蓝色高亮显示组件边框），如图 1-60 所示。在图形区空白区域单击鼠标左键，即可取消框选结果。

04 下面用窗交方法同时选择 3 个椅子组件。在合适位置处从右到左画出矩形框，如图 1-61 所示。

图 1-60　被框选的对象

图 1-61　窗交选择对象

提示　窗交选择与窗选不同的是，无须将所选对象完全包容在内，而是矩形框包容对象或经过所选对象，但凡矩形框经过的组件都会被选中。

05 此时矩形框所经过的组件被自动选中，包括椅子组件、桌子组件和桌面上的餐具，如图 1-62 所示。

06 如果是将视图切换到俯视图，再利用窗选或窗交来选择对象会更加容易，如图 1-63 所示。

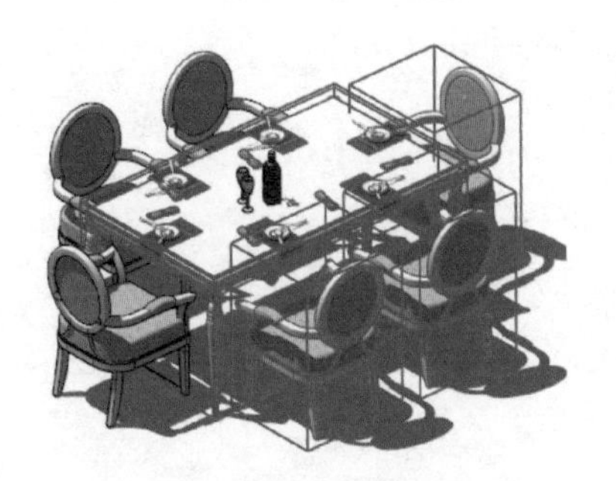

图 1-62 被窗交选择的对象

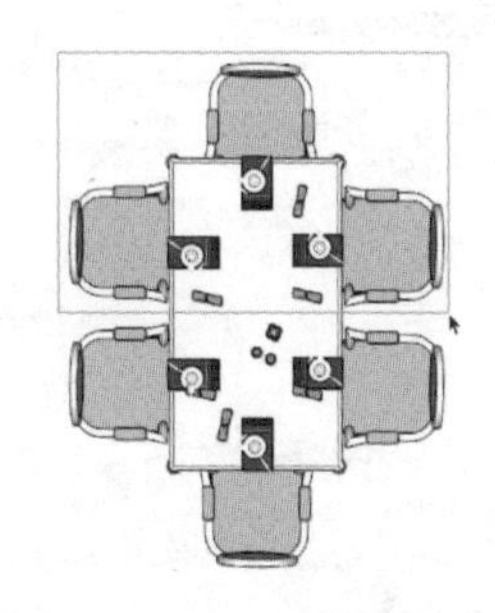

图 1-63 切换到俯视图框选对象

1.6 入门案例——园林小品“亭”的设计

本节以制作一个园林景观亭的入门训练为例，带读者慢慢进入 SketchUp 的世界。即使是一个初学者，也能很快根据操作步骤顺利完成这个案例，并能快速熟悉 SketchUp 工具。图 1-64 所示为效果图。

图 1-64 亭的设计效果图

结果文件：\ Ch01 \ 亭子 . skp
视频文件：\ Ch01 \ 亭子 . wmv

01 启动 SketchUp 2018，选择模板后进入工作界面中。

02 在【大工具集】中单击【多边形】按钮，创建一个八边形，如图 1-65 所示。

03 单击【圆弧】按钮，绘制圆弧，形成的截面如图 1-66、图 1-67、图 1-68 所示。

图 1-65 绘制八边形

图 1-66 绘制圆弧 1

图 1-67　绘制相切圆弧 2　　　图 1-68　绘制反向圆弧 3

04 继续绘制圆弧，如图 1-69、图 1-70、图 1-71 所示。

图 1-69　绘制圆弧 4　　　图 1-70　绘制圆弧 5

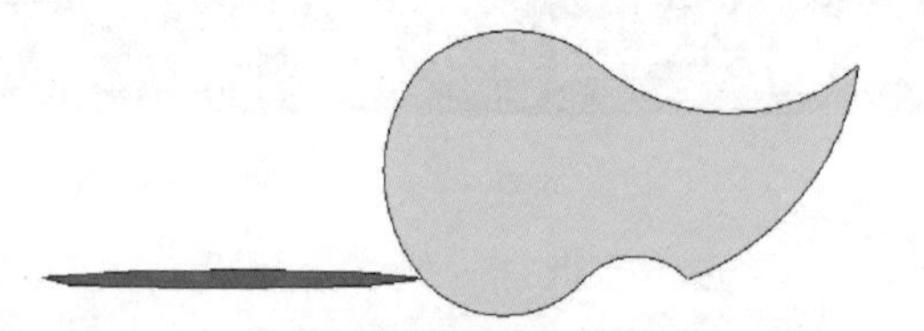

图 1-71　完成封闭生成多边形面

05 选择多边形面，单击【跟随路径】按钮，然后选择截面，系统自动创建扫掠，如图 1-72、图 1-73 所示。

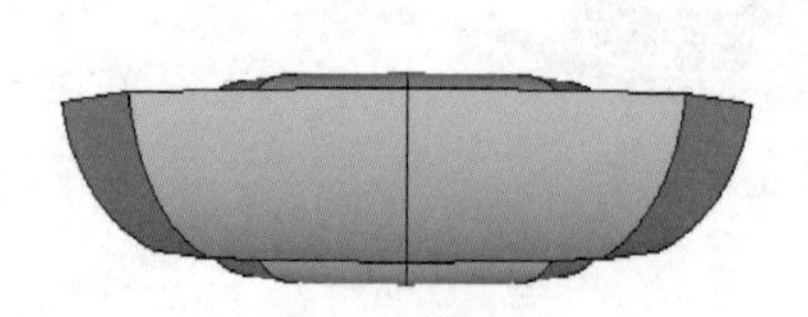

图 1-72　创建的扫掠

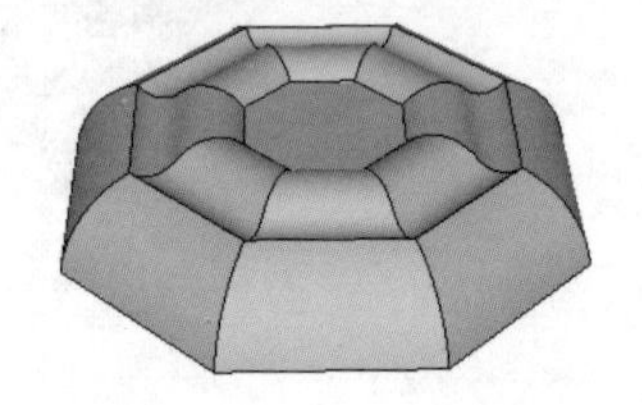

图 1-73　翻转模型进行观察

06 单击【推/拉】按钮，拉出一定距离，如图 1-74 所示。

07 单击【缩放】按钮，进行自由缩放，如图 1-75 所示。

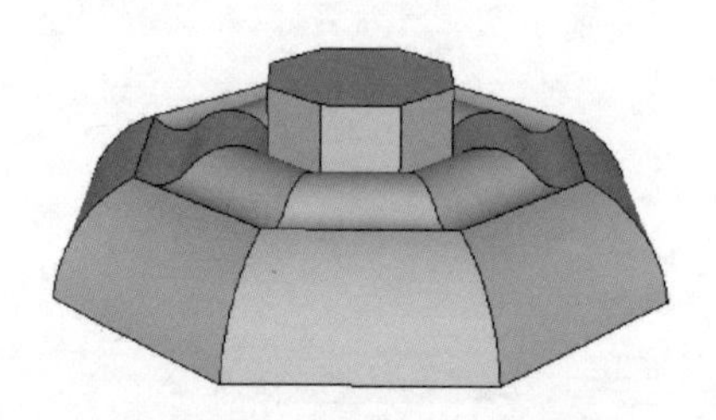

图 1-74　推拉生成八边形柱体

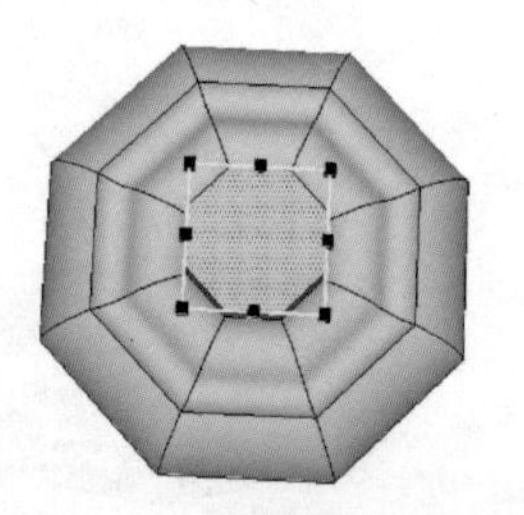

图 1-75　缩放八边形柱体

08 绘制两个相互垂直的圆，如图1-76所示。利用【追随路径】命令，创建出球体。然后将圆球放置到顶上，如图1-77所示。

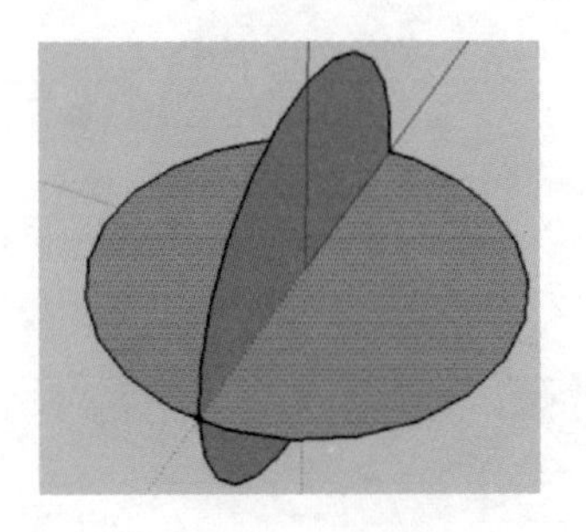
图1-76 绘制两个相互垂直的圆

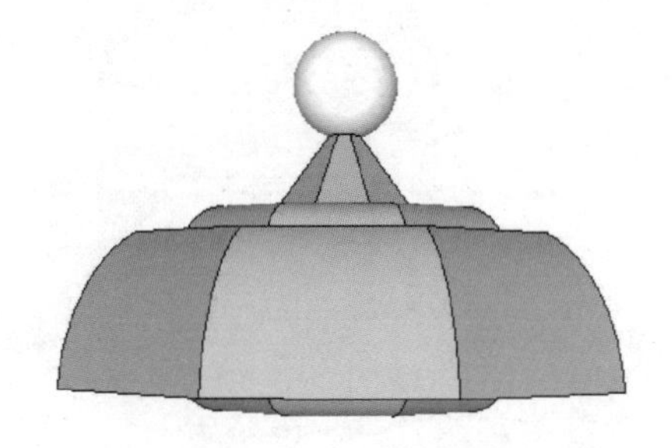
图1-77 创建球体

09 单击【直线】按钮，绘制封闭面，如图1-78所示。单击【偏移】按钮，偏移复制面，如图1-79所示。

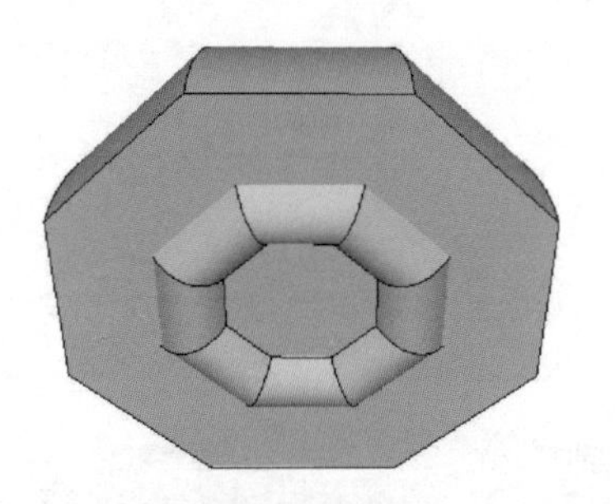
图1-78 绘制封闭面

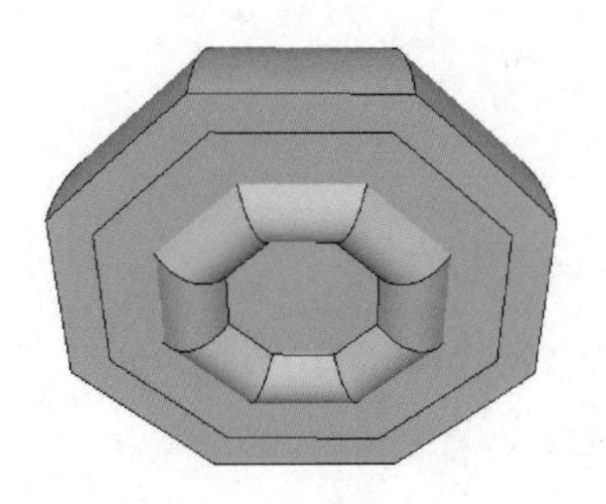
图1-79 偏移封闭面

10 将多余的面删除，如图1-80所示。

11 单击【圆】按钮，绘制圆，如图1-81所示。单击【推/拉】按钮，拉伸一定距离，如图1-82所示。

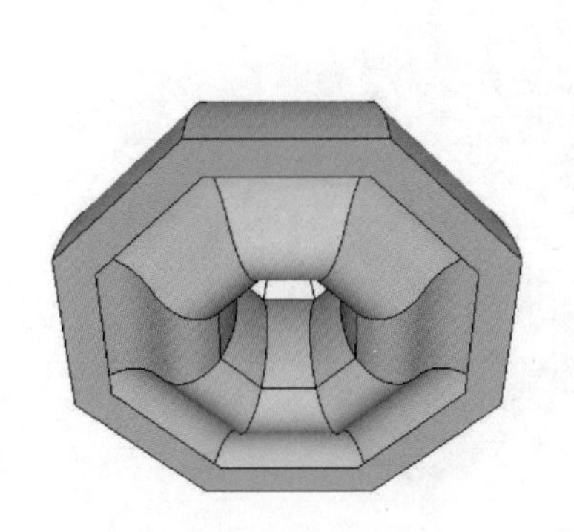
图1-80 删除多余面

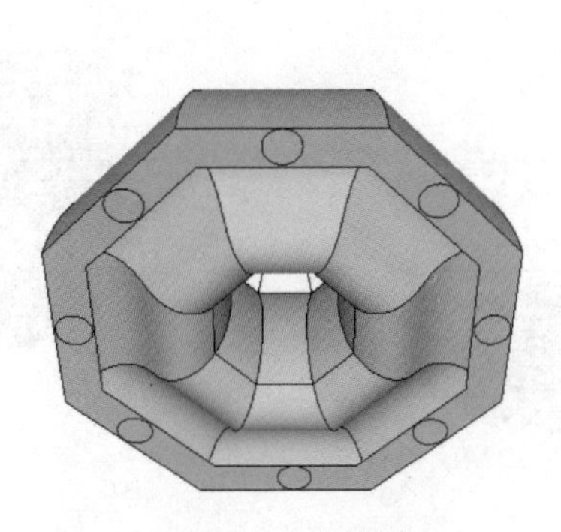
图1-81 绘制圆

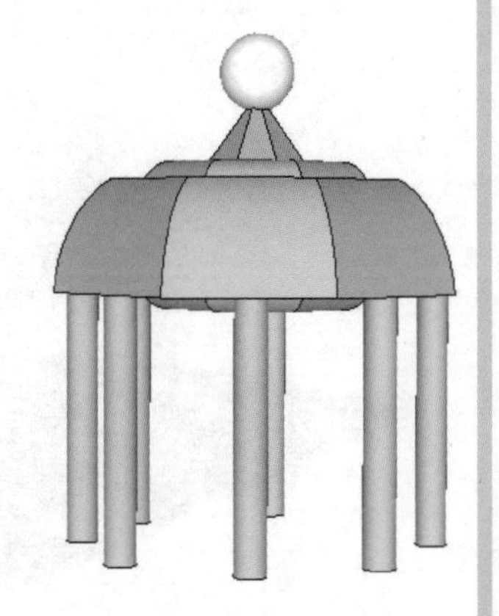
图1-82 推拉出圆柱

12 单击【圆】按钮，绘制圆，如图1-83所示。单击【偏移】按钮，向里偏移复制，如图1-84所示。

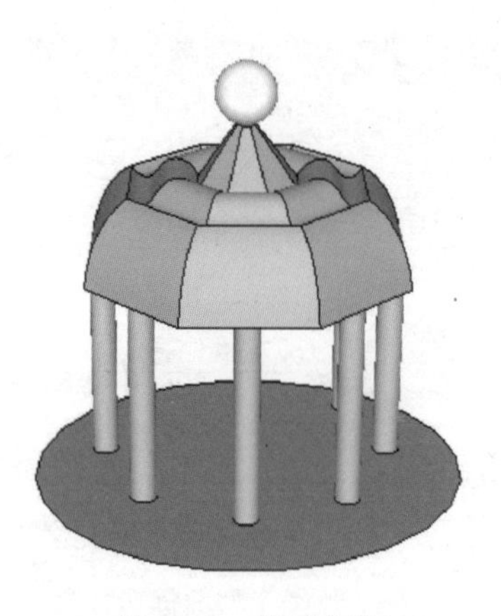

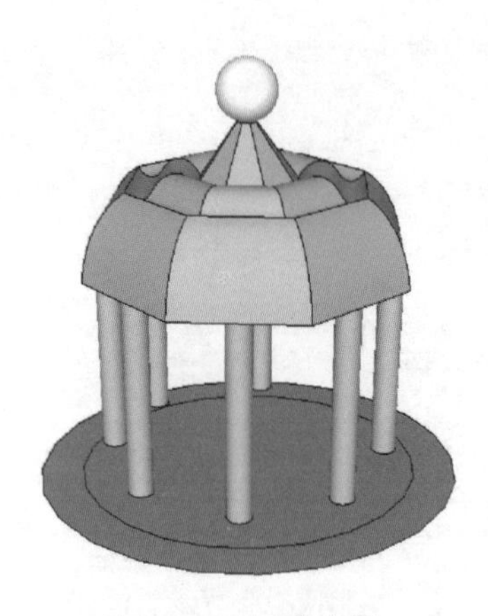

图 1-83　绘制大圆　　　　图 1-84　偏移大圆

13 单击【推/拉】按钮，拉出一定距离，推拉出台阶，如图 1-85 所示。

14 单击【矩形】按钮和【推/拉】按钮，推拉出一个矩形草坪，如图 1-86 所示。

图 1-85　推拉出台阶

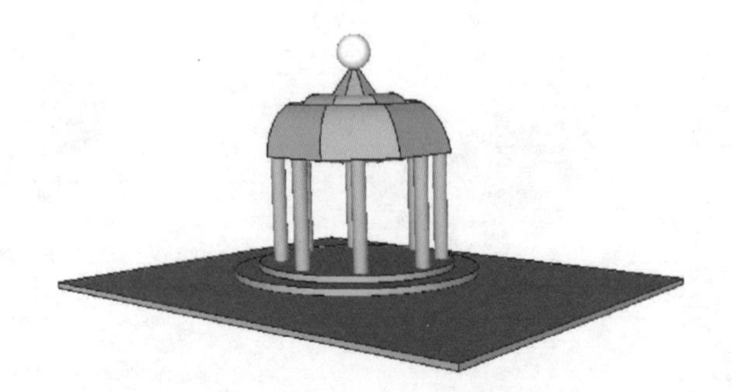

图 1-86　创建矩形草坪

15 在【材料】面板中选择相应材质填充给不同的对象，然后导入人物、植物组件作为装饰，效果如图 1-87、图 1-88 所示。

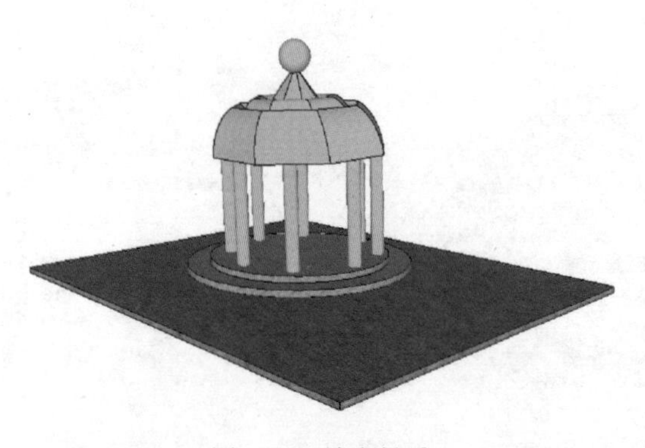

图 1-87　填充材质

图 1-88　导入组件

16 选择【窗口】/【默认面板】/【场景】命令，显示【场景】面板。在【场景】面板中单击【添加场景】按钮为园林景观亭创建一个场景页面，并显示其阴影效果，如图 1-89、图 1-90 所示。

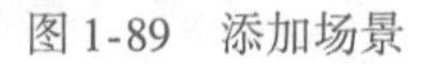
图 1-89　添加场景

图 1-90　最终完成的园林景观亭

> **提示**　读者如果对 SketchUp 软件不是很熟悉，可以在后期学习完其他内容后，再进行一些基础训练，可根据自身掌握程度决定。

第2章 辅助设计工具

本章主要介绍 SketchUp 的辅助设计工具，其主要作用是对模型进行不同的编辑操作，并与实例相结合，内容丰富且重要，希望读者认真学习。

SketchUp 辅助设计工具包括主要工具、阴影工具、建筑施工工具、相机工具、截面工具、视图工具、风格工具和构造工具等。

2.1 主要工具

SketchUp 主要工具包括选择工具、制作组件工具、油漆桶工具、擦除工具等。图 2-1 所示为【主要】工具栏。

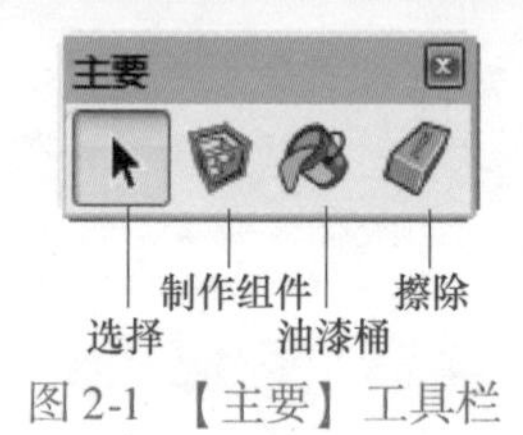

图 2-1 【主要】工具栏

2.1.1 选择工具

选择工具，主要配合其他工具或命令使用，可以选择单个模型和多个模型。使用选择工具指定要修改的模型，选择内容中包含的模型被称为选择集。

下面对一个装饰品模型进行选中边线、选中面、删除边线、删除面等操作，来详细了解选择工具的应用。

源文件：\ Ch02 \ 装饰品 . skp

01 打开装饰品模型，如图 2-2 所示。

图 2-2 装饰品模型

提示 单击【选择】按钮并按住 <Ctrl> 键，可以选中多条线。若按 <Ctrl + A> 组合键可以选中整个场景中的模型。

02 单击【选择】按钮，选中模型的一条线，按 <Delete> 键删除线，如图 2-3、图 2-4 所示。

图 2-3 选择线

图 2-4 删除线

03 选择面，按 <Delete> 键删除面，如图 2-5、图 2-6 所示。

图 2-5 选中面

图 2-6 删除面

04 选中部分对象，选择【编辑】菜单中的【删除】命令，删除所选的部分对象，如图 2-7、图 2-8 所示。

图 2-7 选中部分对象

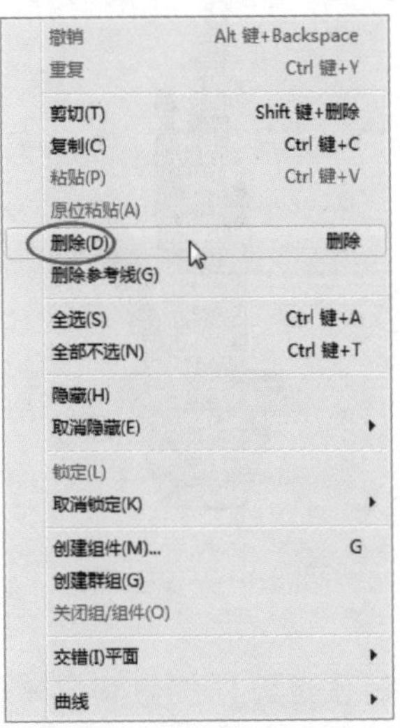

图 2-8 执行删除命令

05 删除完成效果如图2-9所示。如果想撤销删除，可以选择【编辑】菜单中的【还原】命令。

图2-9　删除完成的效果

提示　按<Ctrl+A>组合键可以对当前所有模型进行全选，按快捷键<Delete>可以删除选中的模型、面、线，按<Ctrl+Z>组合键可以返回上一步操作。

2.1.2　制作组件工具

制作组件工具，能将场景中的模型制作成一个组件。

源文件：\Ch02\盆栽.skp

01 打开盆栽模型，如图2-10所示。

02 单击【选择】按钮，将所有模型选中，如图2-11所示。

图2-10　盆栽模型

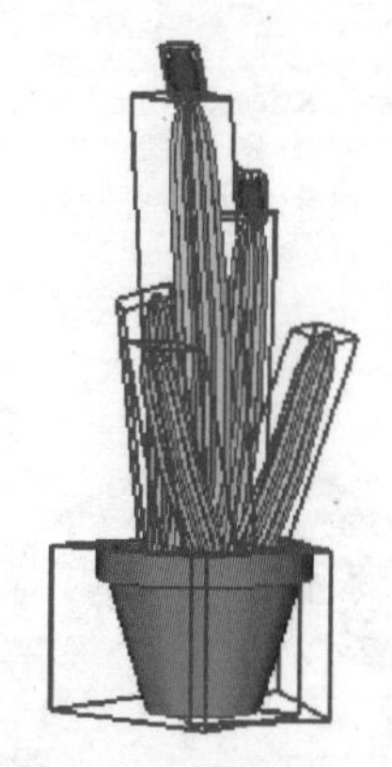

图2-11　选中模型

03 单击【制作组件】按钮，弹出【创建组件】对话框，如图2-12所示。

04 在【创建组件】对话框中输入名称，如图2-13所示。

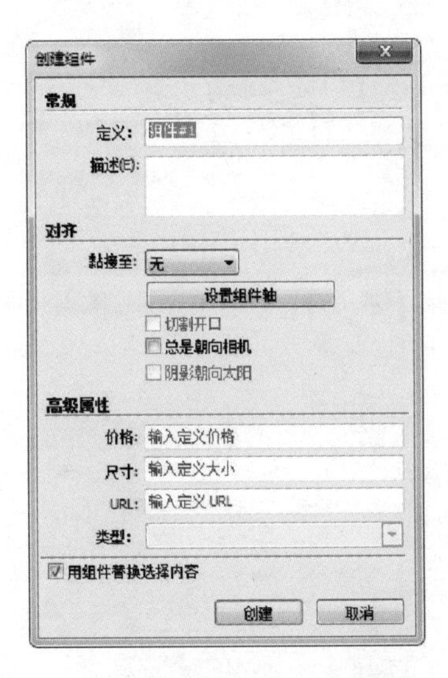

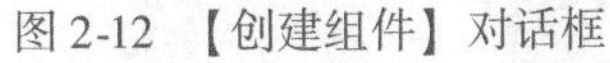
图2-12 【创建组件】对话框

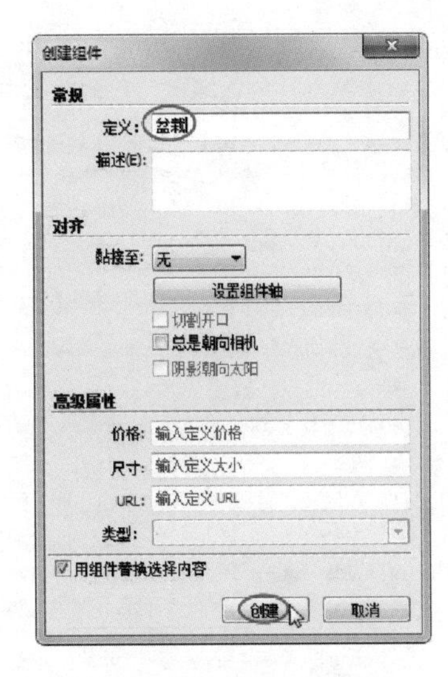

图2-13 输入名称

05 单击 创建 按钮，即可创建一个盆栽组件，如图2-14所示。

图2-14 创建盆栽组件

提示

当场景中没有模型被选中时，制作组件工具呈灰色状态，即不可使用。必须是场景中有模型需要操作，制作组件工具才会被启用。

2.1.3 油漆桶工具

油漆桶工具，主要是对模型添加不同的材质。

源文件：\ Ch02 \ 石凳 . skp

01 打开石凳模型，如图2-15所示。

02 单击【材质】按钮，弹出【材料】面板，如图2-16所示。

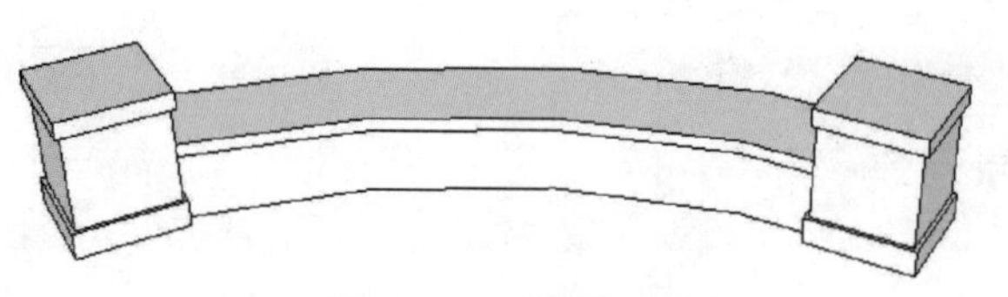

图 2-15　石凳模型

03 在【选择】标签下双击【材料】面板中的【石头】文件夹，选择其中的“大理石石材”材质，如图 2-17 所示。

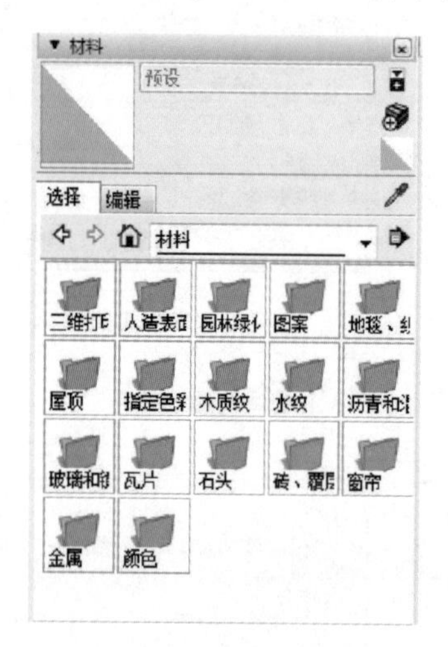

图 2-16　【材料】面板

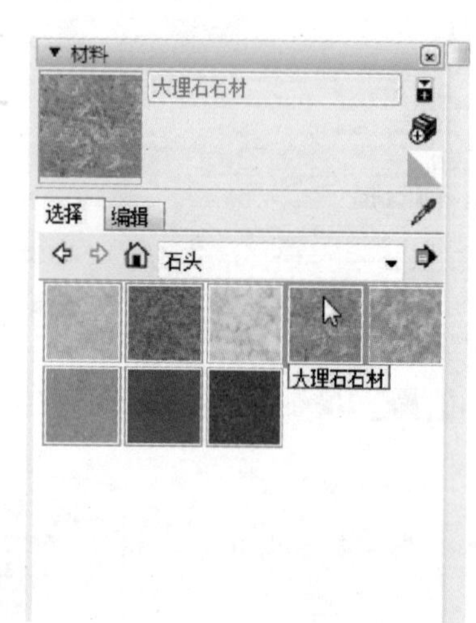

图 2-17　选择材质

04 将鼠标指针移到模型上，指针变成形状，如图 2-18 所示。

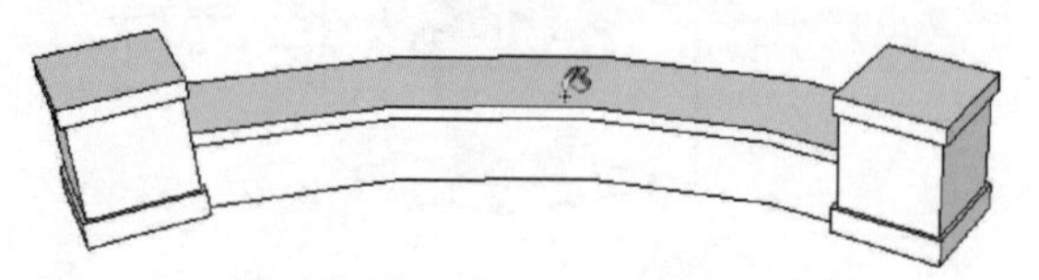

图 2-18　将鼠标指针移到模型上

05 单击鼠标左键，即可添加材质，如图 2-19 所示。

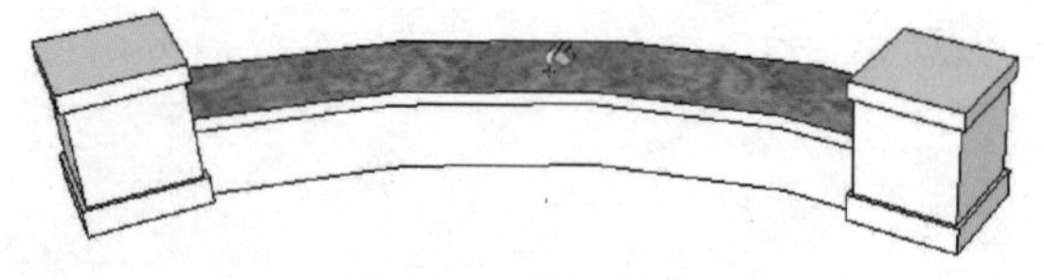

图 2-19　添加材质

06 依次对其他面填充材质，如图 2-20 所示。

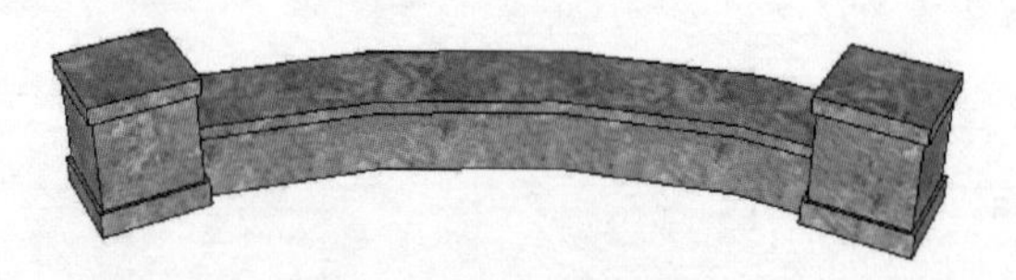

图 2-20　添加材质的效果

2.1.4 擦除工具

擦除工具，又称橡皮擦工具，主要是对模型不需要的地方进行删除，但无法删除平面。

源文件：\ Ch02 \ 装饰画 . skp

01 打开装饰画模型，如图 2-21 所示。

02 单击【擦除】按钮，鼠标指针变成擦除工具，对着模型的边线单击，如图 2-22 所示。

图 2-21　装饰画模型

图 2-22　选中要擦除的边线

03 单击线条，即可擦除线和面，擦除效果与之前讲的利用选择工具进行删除类似，如图 2-23 所示。

04 单击【擦除】按钮并按住 <Shift> 键，不是删除线，而是隐藏边线，如图 2-24 所示。

图 2-23　擦除线

图 2-24　隐藏边线

提示　单击【擦除】按钮并按住 <Ctrl> 键，可以软化边缘，单击【擦除】按钮并同时按住 <Ctrl + Shift> 组合键，可以恢复软化边缘，按 <Ctrl + Z> 组合键也可以恢复操作步骤。

2.2 阴影工具

SketchUp 阴影工具，能为模型提供日光照射和阴影效果，包括一天及全年时间内的变化，相应的计算是根据模型位置（经纬度、模型的坐落方向和所处时区）进行的。

阴影，包括阴影设置和启用阴影，主要是对场景中的模型进行阴影设置，可以通过在【阴影】面板中单击【阴影】按钮来启用阴影。

选择【窗口】/【默认面板】/【阴影】命令，在【默认面板】区域显示【阴影】面板，如图 2-25 所示。在工具栏空白位置单击鼠标右键，选择右键菜单中的【阴影】命令，弹出【阴影】工具栏，如图 2-26 所示。

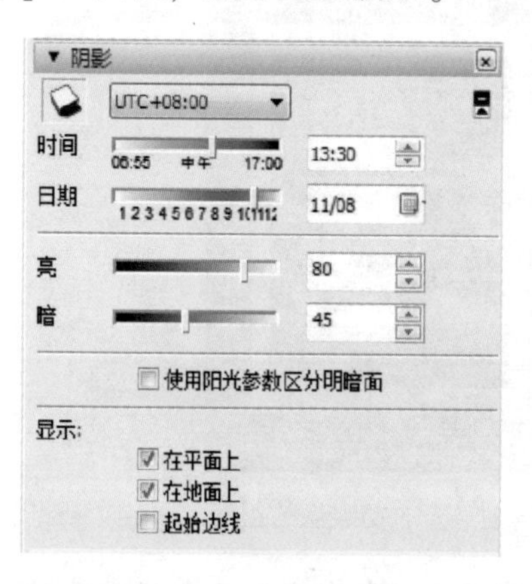

图 2-25 【阴影】面板

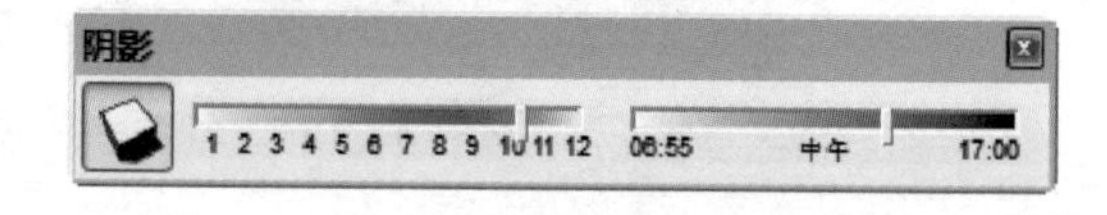

图 2-26 【阴影】工具栏

- 按钮：表示显示或隐藏阴影。
- UTC+08:00：称为世界统一时间，选择下拉列表中不同的时区时间，可以改变阴影变化，如图 2-27 所示。
- 【时间】选项：可以调整滑块改变时间，调整阴影变化，也可在右边框中输入准确时间值，如图 2-28 所示、阴影随时间的变不同而产生的阴影变化效果如图 2-29、图 2-30、图 2-31 所示。

图 2-27 时区时间列表

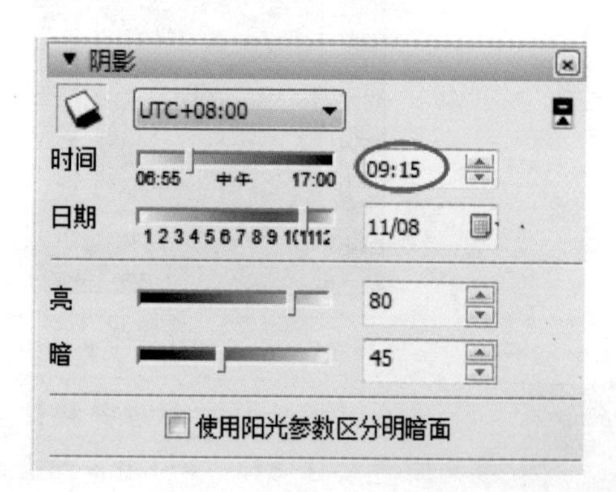

图 2-28 设置时间选项

图 2-29　阴影变化 1

图 2-30　阴影变化 2

图 2-31　阴影变化 3

- 【日期】选项：可以根据滑块调整改变日期，也可在右边框输入准确日期值。
- 【亮/暗】选项：主要是调整模型和阴影的亮度和暗度，也可以在右边框输入准确值，如图 2-32、图 2-33 所示。

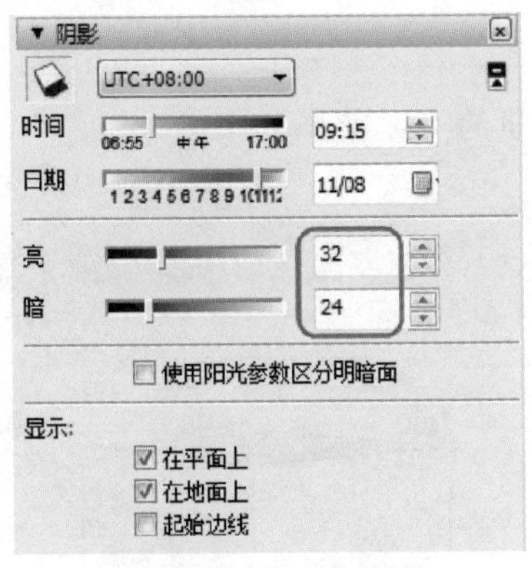

图 2-32　设置日期选项

图 2-33　阴影的明暗程度

- 【使用阳光参数区分明暗面】单选按钮：勾选代表在不显示阴影的情况下，依然按场景中的太阳光来表示明暗关系，不勾选代表不显示。
- 【在平面上】复选按钮：启用平面阴影投射，此功能要占用大量的 3D 图形硬件资源，因此可能会导致性能降低。
- 【在地面上】复选按钮：启用在地面（红色/绿色平面）上的阴影投射。
- 【起始边线】复选按钮：启用与平面无关的边线的阴影投射。

提示　SketchUp 中的时区是根据图像的坐标设置的，鉴于某些时区跨度很大，某些位置的时区可能与实际情况相差多达一个小时（有时相差的时间会更长）。所以夏令时不作为阴影计算的因子。

2.3 建筑施工工具

建筑施工工具，又称为构造工具，主要对模型进行一些基本操作，包括卷尺工具、尺寸工具、量角器工具、文字标注工具、轴工具、三维文字工具等。图 2-34 所示为【建筑施工】工具栏。

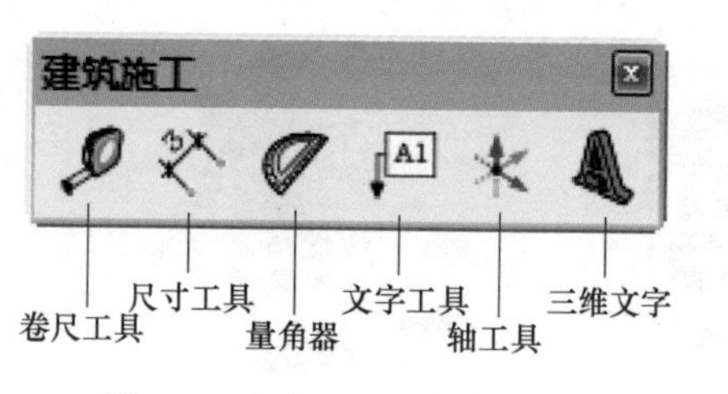

图 2-34 【建筑施工】工具栏

2.3.1 卷尺工具

卷尺工具，主要对模型任意两点之间的距离进行测量，同时还可以拉出一条辅助线，对建立精确模型非常有用。

1. 测量模型

下面展示对一个矩形块的高度和宽度进行测量的实际操作。

01 创建一个矩形块模型，如图 2-35 所示。

02 单击【卷尺工具】按钮，指针变成一个卷尺，单击鼠标左键确定要测量的第一点，呈绿点状态，如图 2-36 所示。

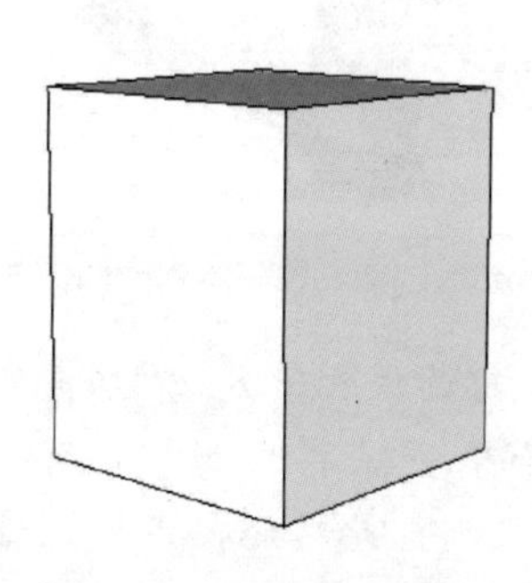

图 2-35 创建矩形块模型

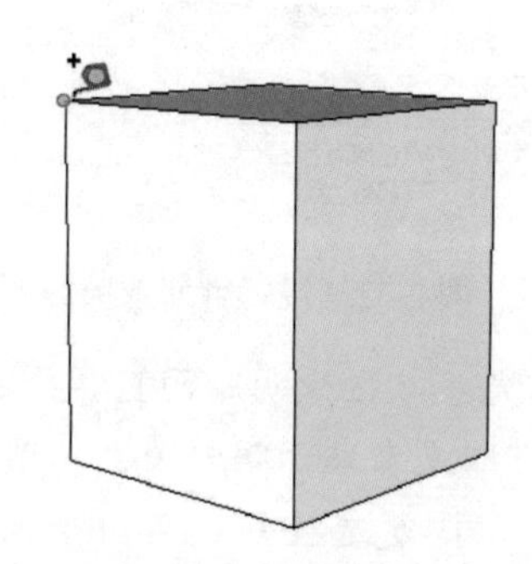

图 2-36 选取测量第一点

03 移动光标至测量的第二点，数值栏中会显示精度长度，测量的值和数值栏一样，如图 2-37、图 2-38 所示分别为高度和宽度。

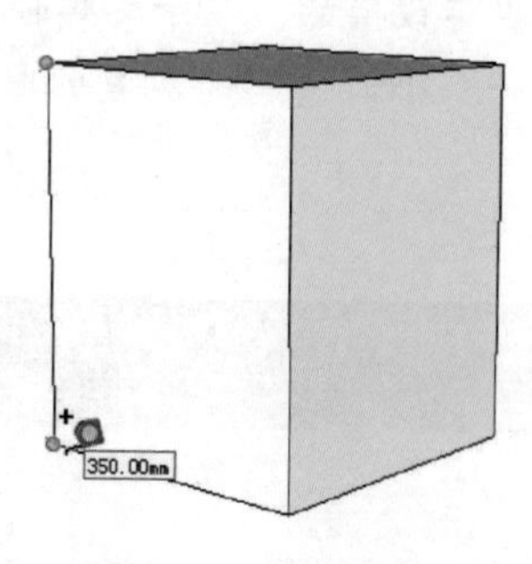

图 2-37 测量高度

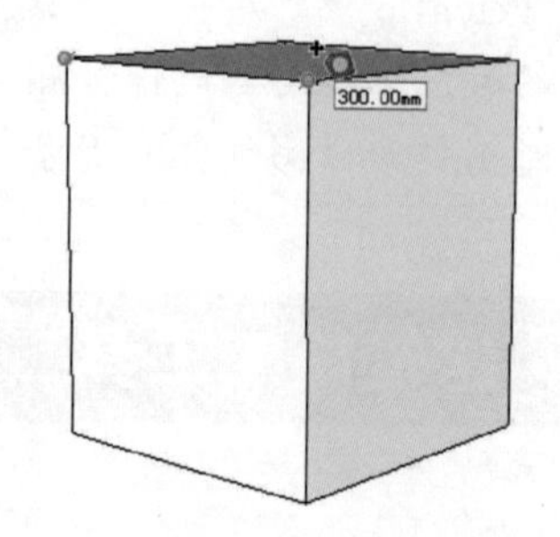

图 2-38 测量宽度

2. 辅助线精确建模

下面对矩形块进行精确测量建模。

01 单击【卷尺工具】按钮，单击边线中点，如图2-39所示。

02 按住鼠标左键不放向下拖动，拉出一条辅助线，在数值栏中输入30mm，按<Enter>键结束，即可确定当前辅助线与边距离为30mm，如图2-40所示。

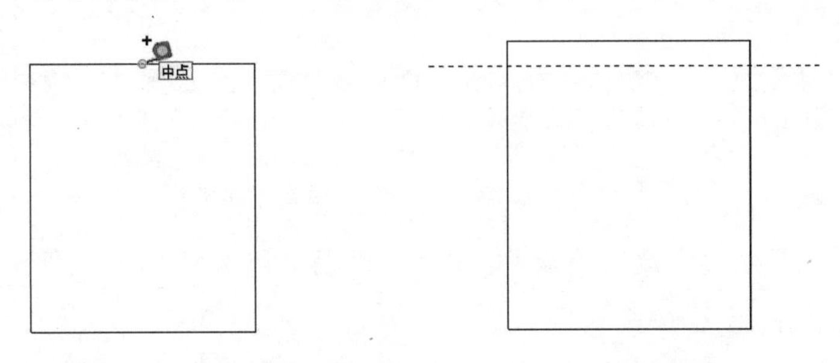

图2-39　选中测量起点　　图2-40　绘制测量辅助线

03 分别对其他三边分别拖出30mm的辅助线，如图2-41所示。

04 单击【直线】按钮，单击辅助线相交的4个点，即可画出一个精确的封闭面，如图2-42、图2-43所示。

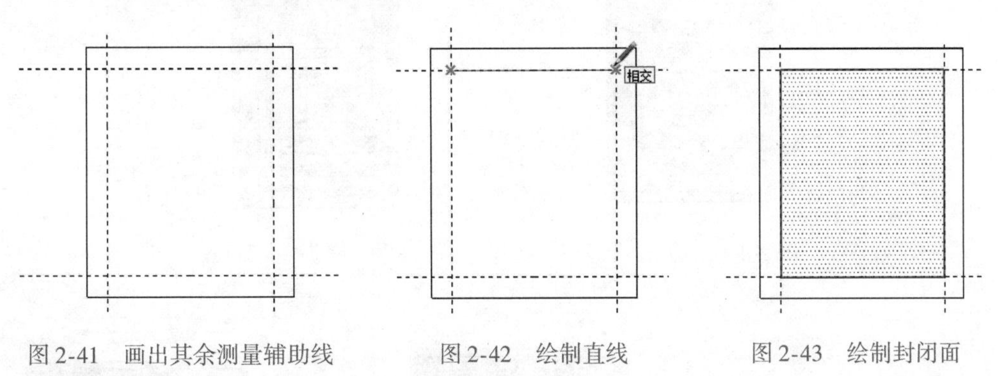

图2-41　画出其余测量辅助线　　图2-42　绘制直线　　图2-43　绘制封闭面

05 辅助线精确建立模型完毕，选择【视图】菜单中【导向器】命令即可隐藏辅助线，如图2-44所示。

06 对精确的面添加一种半透明玻璃材质，如图2-45所示。

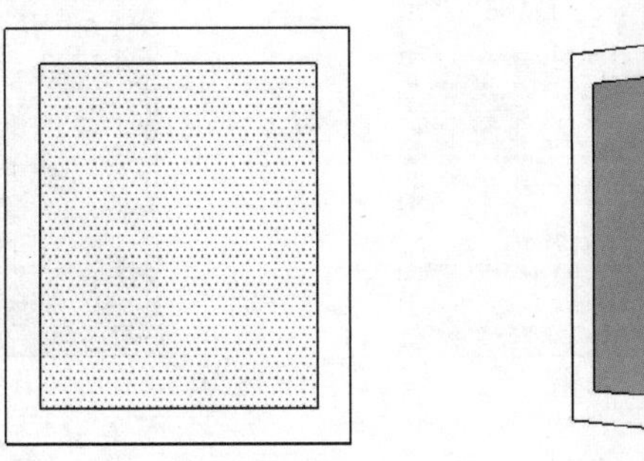

图2-44　隐藏辅助线

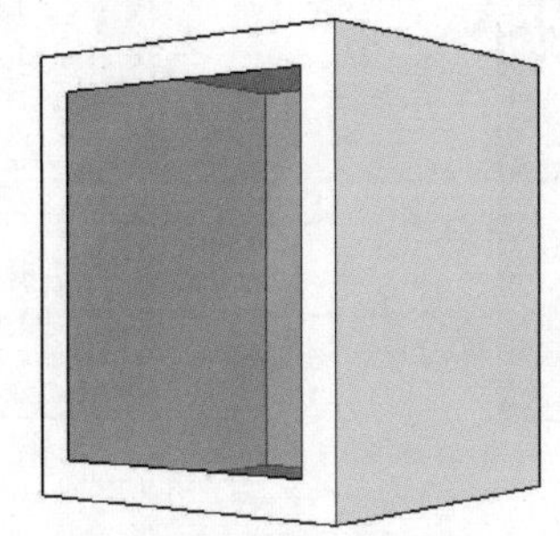

图2-45　添加半透明玻璃材质

2.3.2 尺寸工具

尺寸工具，主要对模型进行精确标注，可以对中心、圆心、圆弧、边线等进行标注。

源文件：\ Ch02 \ 门 . skp

1. 标注边线方法 1

01 打开门模型，单击【尺寸】按钮，指针变成一个箭头，单击鼠标左键确定第一点，如图 2-46、图 2-47 所示。

02 移动鼠标，单击鼠标左键确定第二点，如图 2-48 所示。

03 按住鼠标左键不放向外拖动，在适当位置松开鼠标左键，即可标注当前边线，如图 2-49、图 2-50 所示。

图 2-46　打开门模型

图 2-47　确定标注第一点

图 2-48　确定标注第二点

图 2-49　单击放置标注

图 2-50　完成标注

2. 标注边线方法 2

01 单击【尺寸】按钮，直接移到边线上，呈蓝色状态，如图 2-51 所示。

02 按住鼠标左键不放向外拖动，即可标注当前边线，如图 2-52、图 2-53 所示。

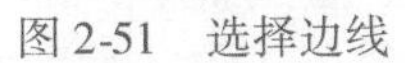
图 2-51 选择边线

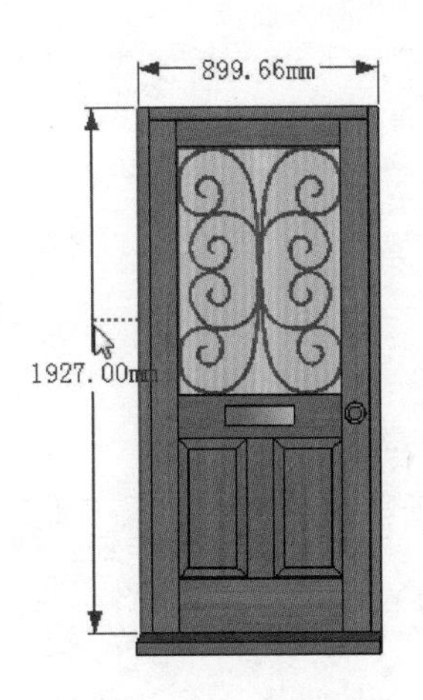

图 2-52 拖动放置标注

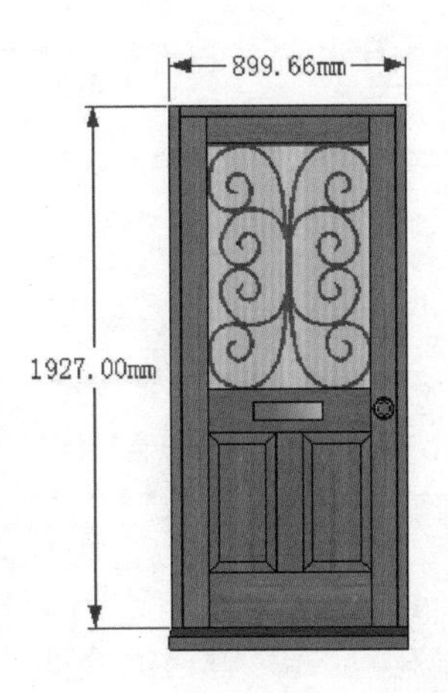

图 2-53 完成标注

03 利用同样的方法，对其他边进行标注，如图 2-54 所示。

04 选中尺寸标注，如图 2-55 所示，按 <Delete> 键，即可删除尺寸标注。

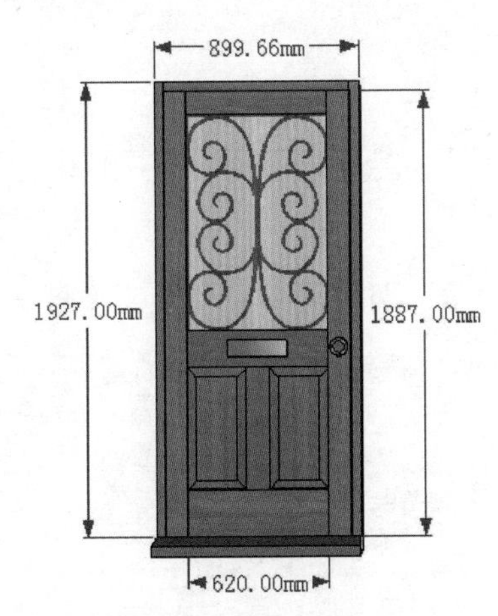

图 2-54 完成其余标注

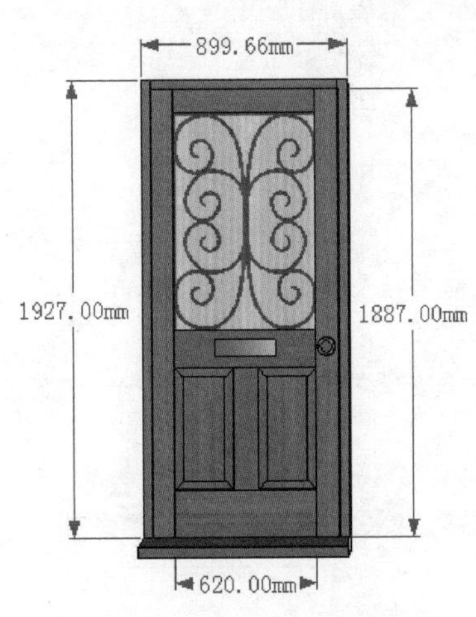

图 2-55 选中尺寸可以删除

3. 标注圆心、圆弧

在场景中绘制一个圆和圆弧，对圆和圆弧进行标注。

01 图 2-56 所示为一个圆和一个圆弧。

02 单击【尺寸】按钮，移到圆或圆弧的边线上，如图 2-57 所示。

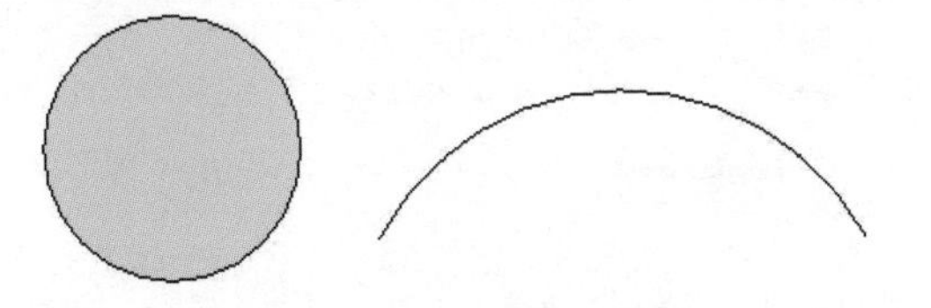

图 2-56 绘制圆和圆弧

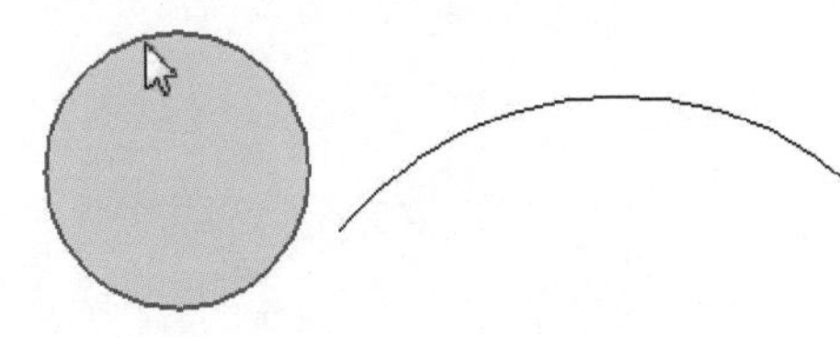

图 2-57 选中圆弧

03 按住鼠标左键不放向外拖动，出现标注圆、圆弧的尺寸大小，如图 2-58 所示。

04 松开鼠标左键，即可确定标注尺寸，标注中“DIA”表示直径，圆弧中“R”表示半径，如图2-59所示。

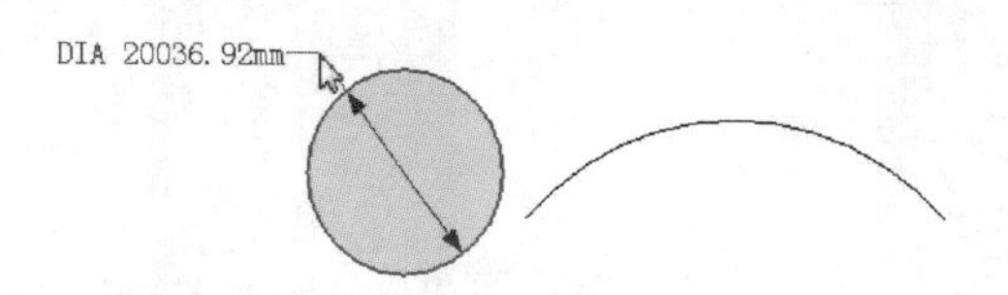

图2-58 拖动鼠标标注出圆的尺寸

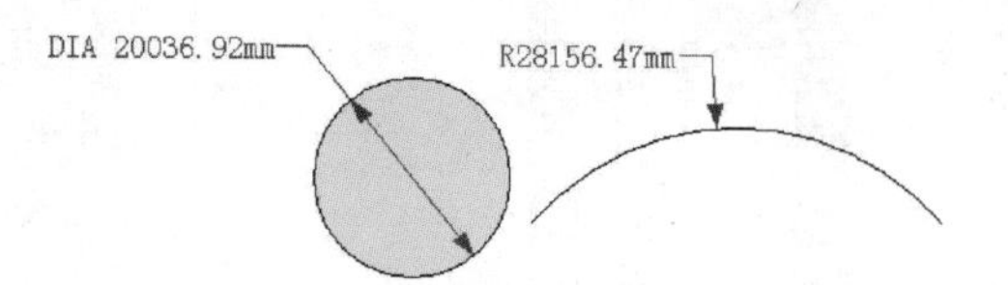

图2-59 完成标注

> **提示** 对于单条直线，只需单击直线并移动光标，即可标注该直线的准确尺寸。如果尺寸失去了与几何图形的直接链接或其标注中的尺寸经过了编辑，则可能无法显示准确的测量值。

2.3.3 量角器工具

量角器工具，主要测量角度和创建有角度的辅助线，按住 <Ctrl> 键测量角度，不按 <Ctrl> 键可创建角度辅助线。

源文件：\ Ch02 \ 模型1.skp

01 打开一个多边形模型，如图2-60所示。

02 单击【量角器】按钮，光标变成量角器，将鼠标指针移动到要测量角度的第一点上，如图2-61所示。

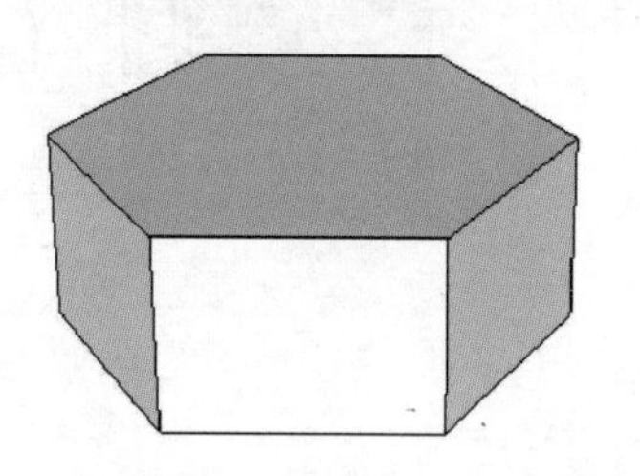

图2-60 打开多边形模型

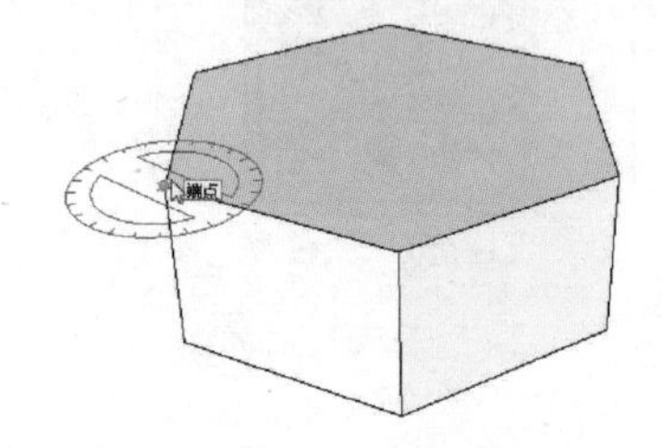

图2-61 放置量角器

03 拖动鼠标到第二点，单击鼠标左键确定测量起点，如图2-62所示。

04 拖动测量角度辅助线，如图2-63所示。

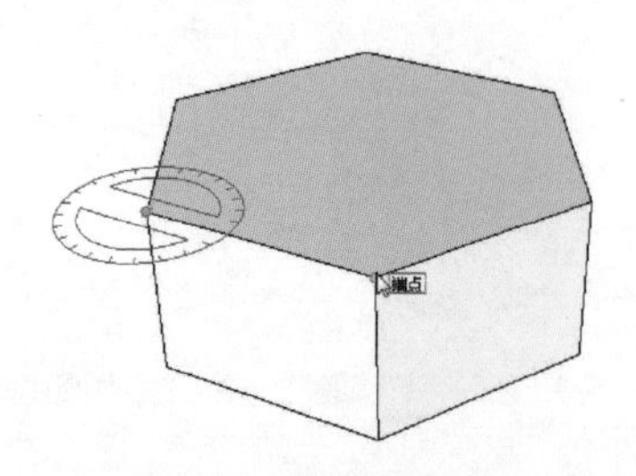

图2-62 确定测量起点

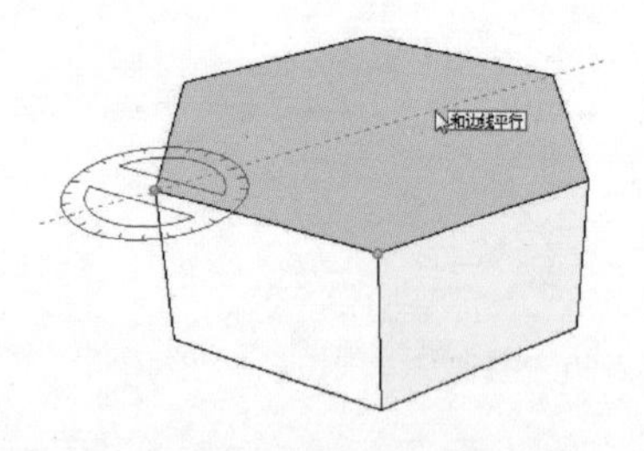

图2-63 拖动测量角度辅助线

05 将辅助线移到准确测量角度的终点，即可测量当前模型的角度，如图2-64所示。

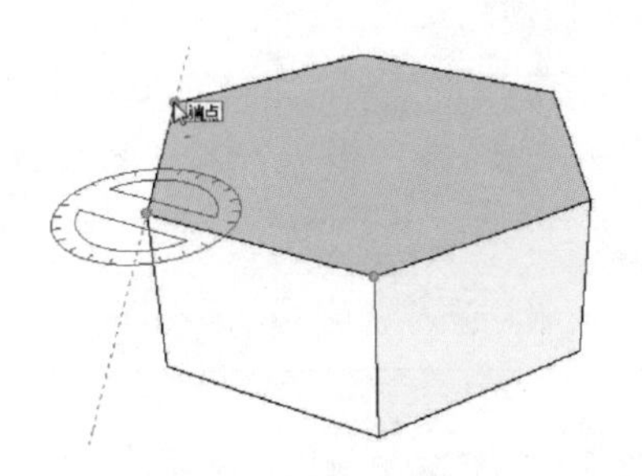

图2-64 确定测量终点

提示 SketchUp最高可接受0.1°的角度精度，按住<Shift>键然后单击图元，可锁定该方向的操作。

06 单击确定，即可测量当前的角度，查看下方数值控制栏，即可得到当前模型的角度，如图2-65、图2-66所示。

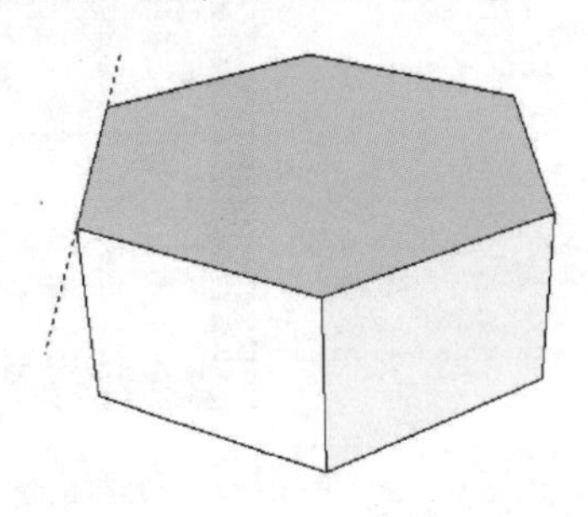

图2-65 完成角度的测量

角度 120.0

图2-66 查看角度值

07 选中辅助线，按<Delete>键删除，也可选择【编辑】/【删除参考线】命令，将辅助线删除，如图2-67、图2-68所示。

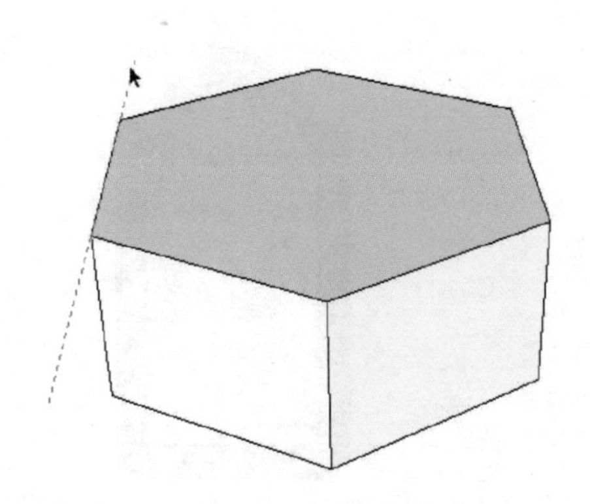

图2-67 删除测量辅助线

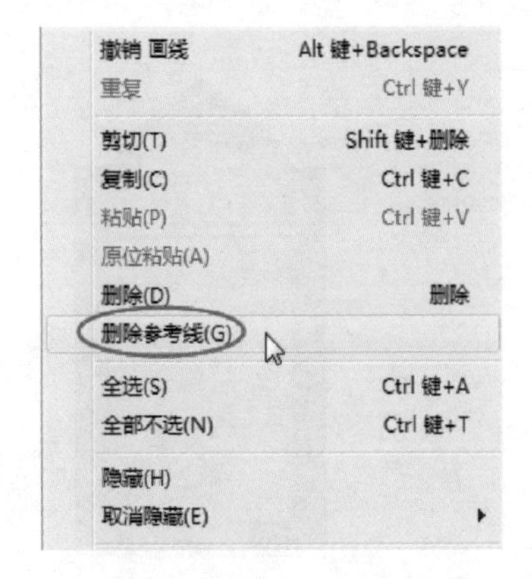

图2-68 选择菜单命令删除辅助线

提示 辅助线，在SketchUp中又称为导向器，导向器可以隐藏，也可以删除。

2.3.4 文字标注工具

文字标注工具，可以对模型的点、线、面等任意一个位置进行标注。

源文件：\ Ch02 \ 窗户 . skp
结果文件：\ Ch02 \ 文字标注 . skp

1. 创建文字标注

对一个窗户模型进行面、线、点标注。

01 打开窗户模型，单击【文字】按钮，然后单击模型面，如图 2-69 所示。

02 向外拖动，即可创建面的文字标注，如图 2-70 所示。

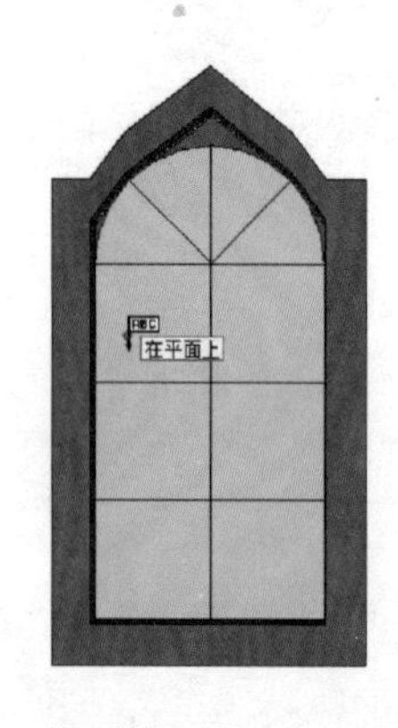

图 2-69　打开模型并选择要标注的面

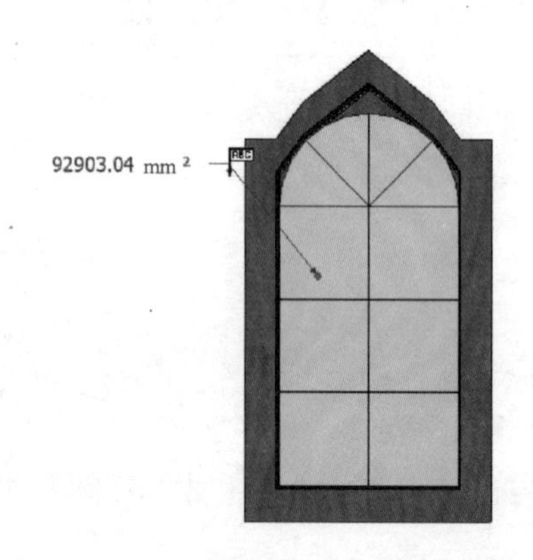

图 2-70　创建面的文字标注

03 单击确定一下，即可确定面的标注，如图 2-71 所示。

04 利用同样的方法，单击模型点向外拖动，即可创建点的文字标注，如图 2-72、图 2-73 所示。

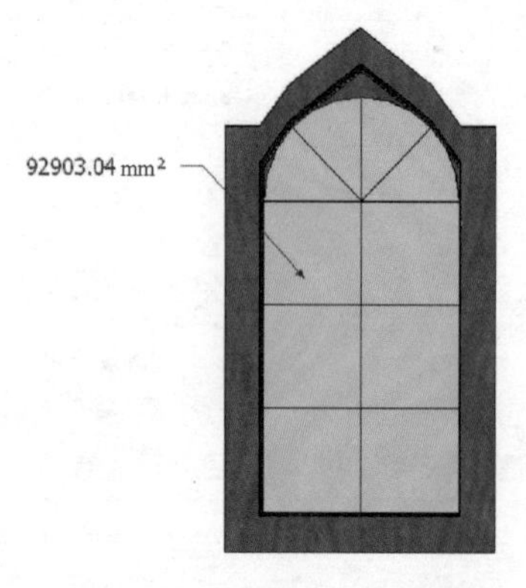

图 2-71　单击完成面标注

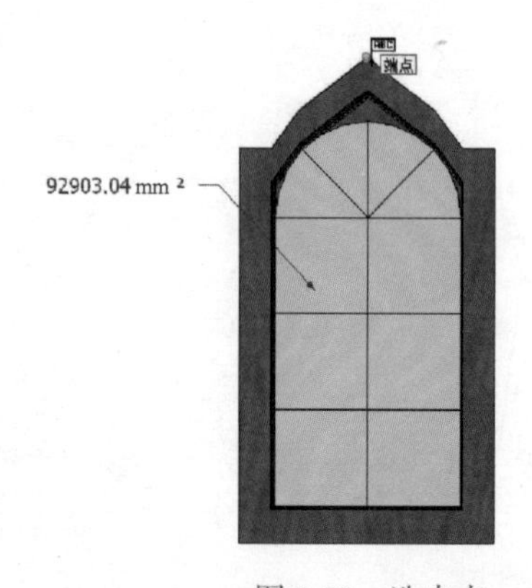

图 2-72　选中点

05 对模型的线进行标注，如图 2-74、图 2-75 所示。

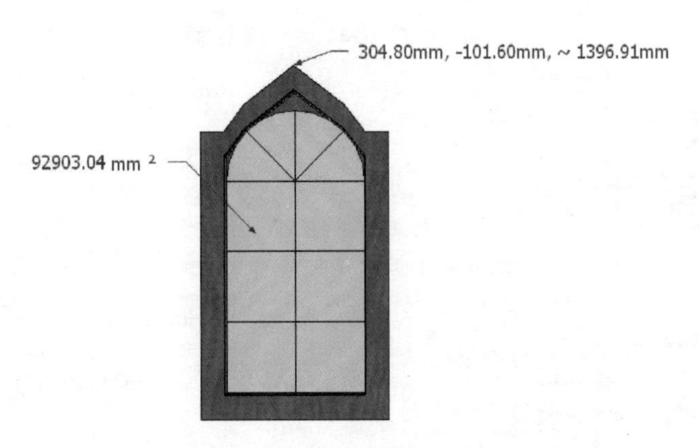

图 2-73 完成点的文字标注

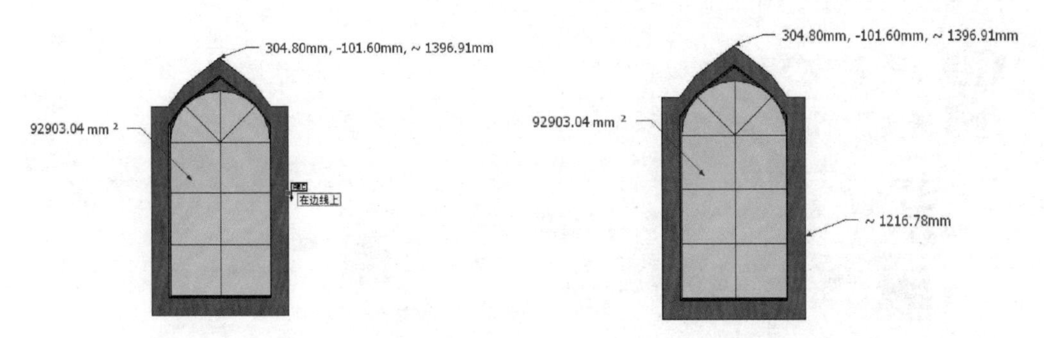

图 2-74 选择模型的线

图 2-75 完成线的长度标注

2. 修改文字标注

以上对模型的文字标注都是以默认方式标注的，还可以对它进行修改标注。

01 单击【文字】按钮，选择标注双击鼠标左键，标注呈蓝色状态，即可修改里面的内容，如图 2-76、图 2-77 所示。

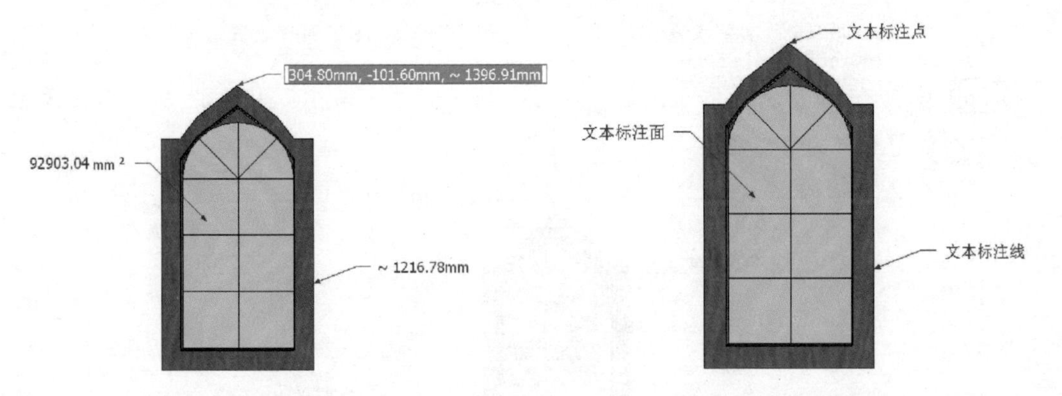

图 2-76 双击文字标注

图 2-77 修改文本内容

02 选择【窗口】/【默认面板】/【图元信息】命令，在默认面板区域展开【图元信息】面板。该面板中显示【文字】选项，如图 2-78 所示。

03 单击【更改字体】按钮，弹出【字体】对话框。在该对话框中可以对字体大小、样式等进行修改，修改完成后单击 确定 按钮确认，如图 2-79 所示。

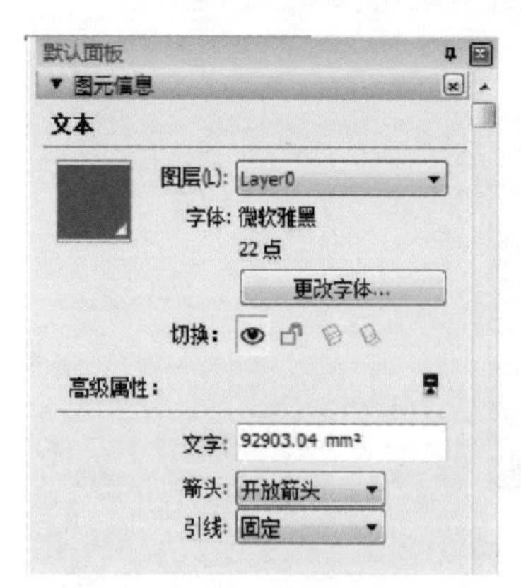

图 2-78 【图元信息】面板

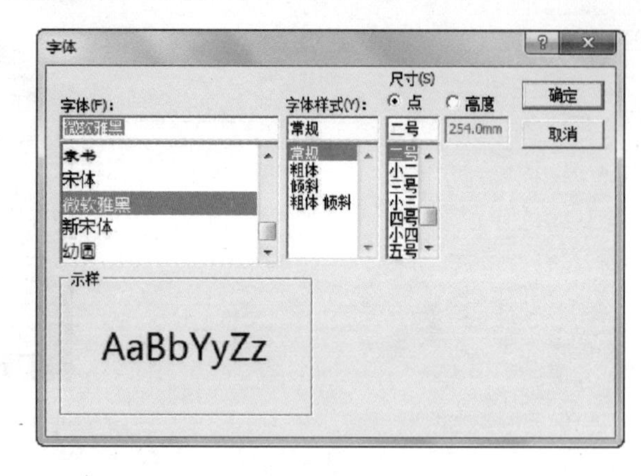

图 2-79 更改文字

04 单击【颜色】块，可以对文字颜色进行修改，如图 2-80 所示。

05 在【引线】下拉列表中可以设置引线风格，如图 2-81 所示。

图 2-80 更改文字颜色

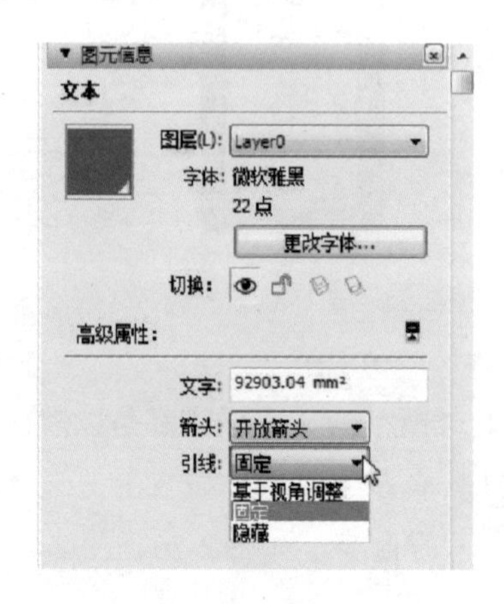

图 2-81 设置引线风格

06 设置好字体、颜色和引线后，按 <Enter> 键结束操作，图 2-82 所示为修改后重新设置的文字标注。

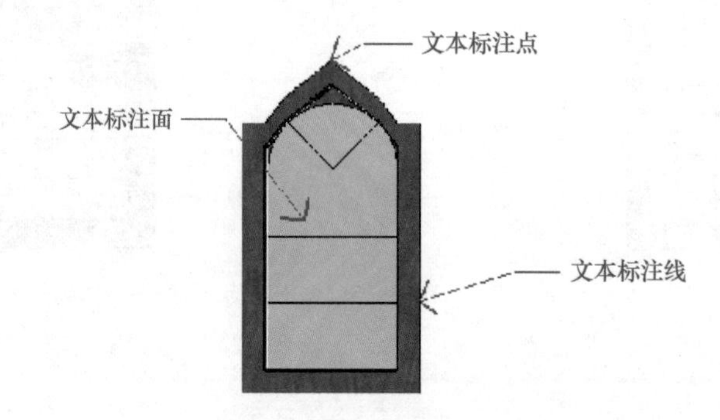

图 2-82 修改完成的文字标注

2.3.5 轴工具

轴工具，即坐标轴，可以使用轴工具移动或重新确定模型中的绘图轴方向。还可以使用这个工具对没有依照默认坐标平面确定方向的对象进行更精确的比例调整。

源文件：\ Ch02 \ 小房子 . skp

1. 手动设置轴

以一个小房子模型为例，手动改变它的轴方向。

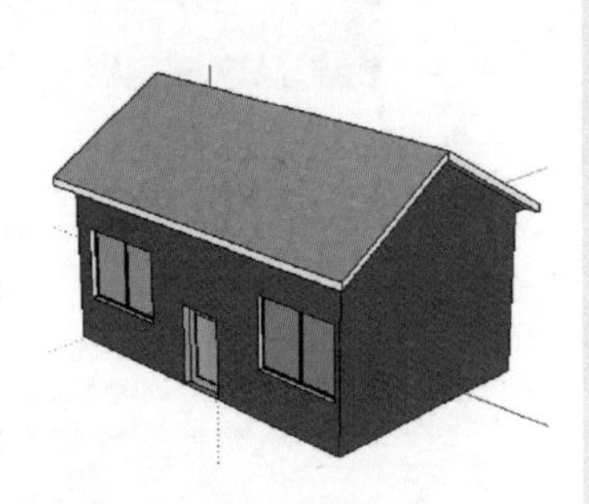

图 2-83　打开小房子模型

01 打开小房子模型，如图 2-83 所示。

02 单击【轴】按钮，单击鼠标左键确定轴心点，如图 2-84 所示。

03 移动鼠标到另一端点，单击鼠标左键确定 x 轴，如图 2-85 所示。

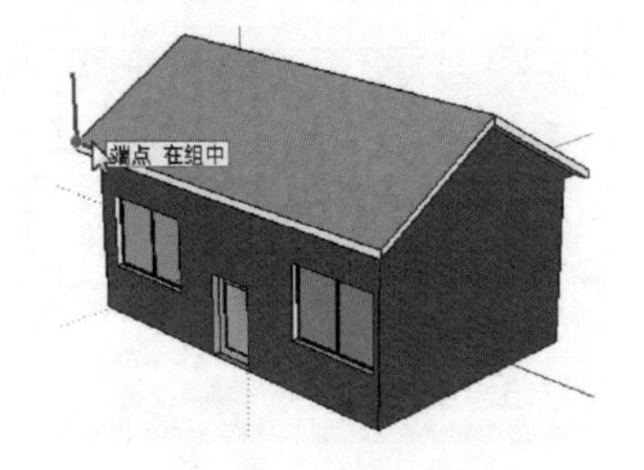

图 2-84　确定轴心点

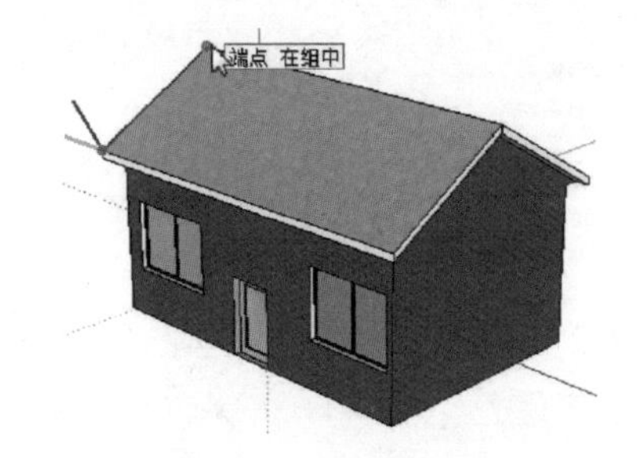

图 2-85　确定 x 轴

04 移动鼠标到另一端点，单击鼠标左键确定 y 轴，如图 2-86 所示。

05 通过设置轴方向，确定了当前平面，即可在平面上进行绘制，如图 2-87 所示。

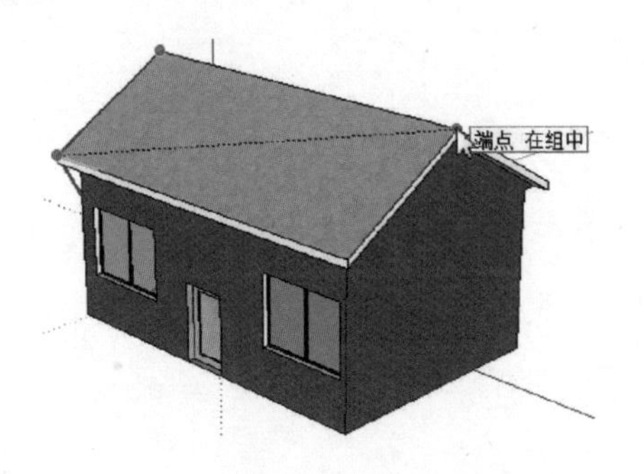

图 2-86　确定 y 轴

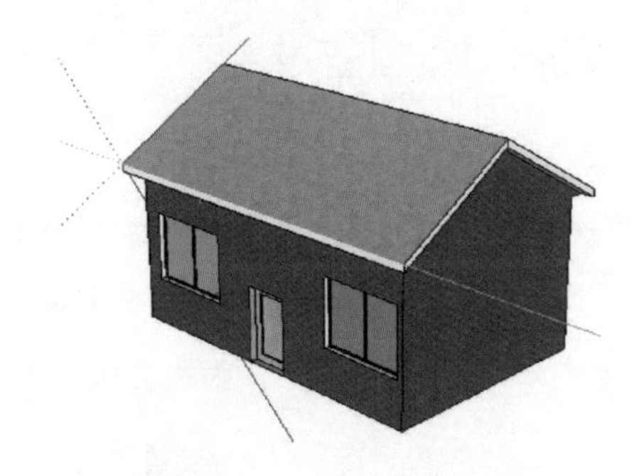

图 2-87　完成轴平面的创建

2. 自动设置轴

以一个小房子模型为例，自动改变它的轴方向。

01 选中一个面，单击鼠标右键，选择【对齐轴】命令，即可自动将选中面设置为与 x 轴、y 轴平行的面，如图 2-88 所示。

02 图 2-89 所示为设置轴后的效果。

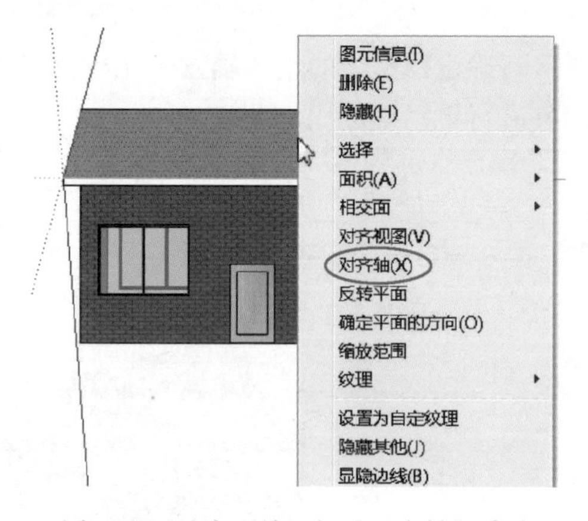

图 2-88　选中面并选择【对齐轴】命令

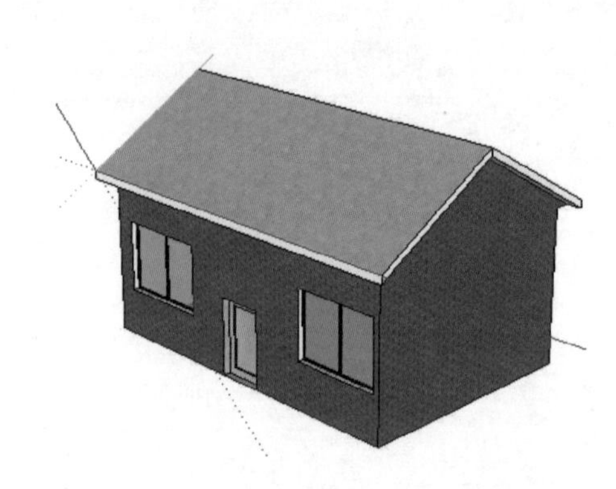

图 2-89　将所选面与轴自动对齐

03 如果想恢复轴方向，选中轴并单击鼠标右键，选择【重设】命令，即可恢复轴方向，如图 2-90 所示。

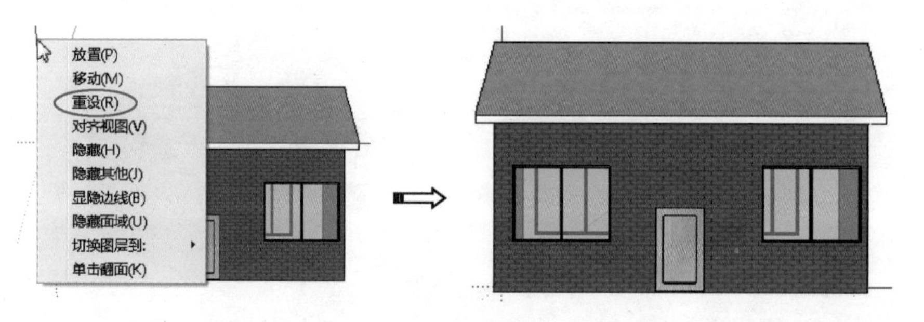

图 2-90　重设轴

2.3.6　三维文字工具

三维文字工具，可以创建文字的三维几何图形。

源文件：\ Ch02 \ 学校大门 . skp

下面以一个实例来讲解如何为模型添加三维文字。

01 打开学校大门模型，如图 2-91 所示。

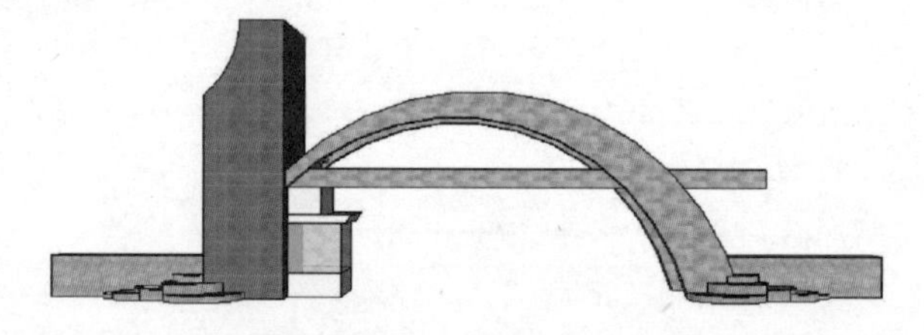

图 2-91　打开学校大门模型

02 单击【三维文字】按钮，弹出【放置三维文本】对话框，如图2-92所示。

03 在文字框中输入“欣”，按需要分别在字体、对齐、高度等选项中进行设置，如图2-93所示。

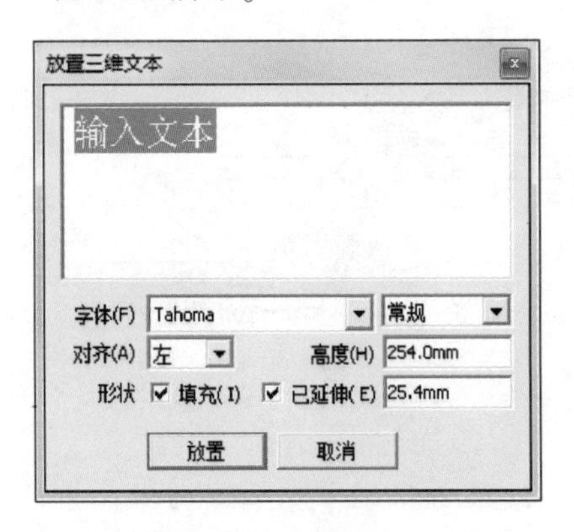

图2-92 【放置三维文本】对话框

图2-93 输入文本

04 单击 放置 按钮，移动鼠标放置到模型面上，如图2-94所示。

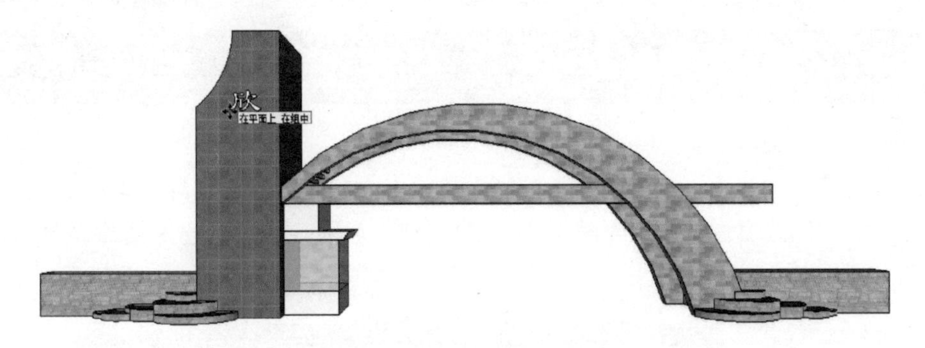

图2-94 放置文本到模型面

05 单击【缩放】按钮，可缩放文字大小，如图2-95所示。

06 继续添加三维文字，如图2-96所示。

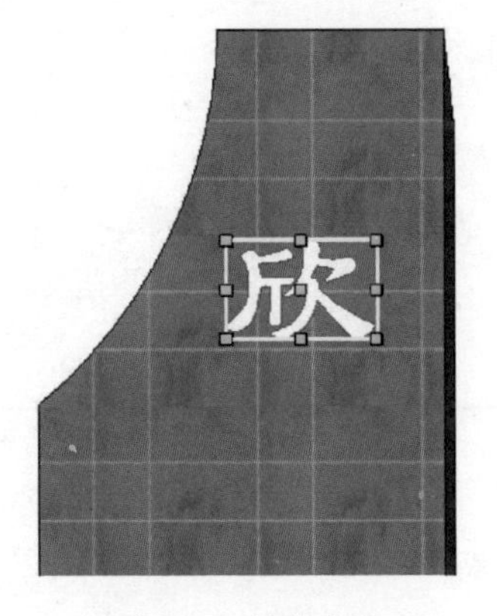

图2-95 缩放文本

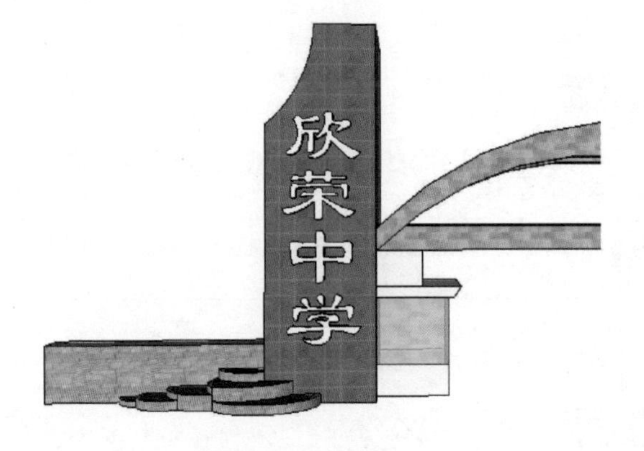

图2-96 继续添加文本

07 单击【材质】按钮，在默认面板区域显示的【材料】面板中，选择一种适合的材质给三维文字填充材质，如图 2-97 所示。

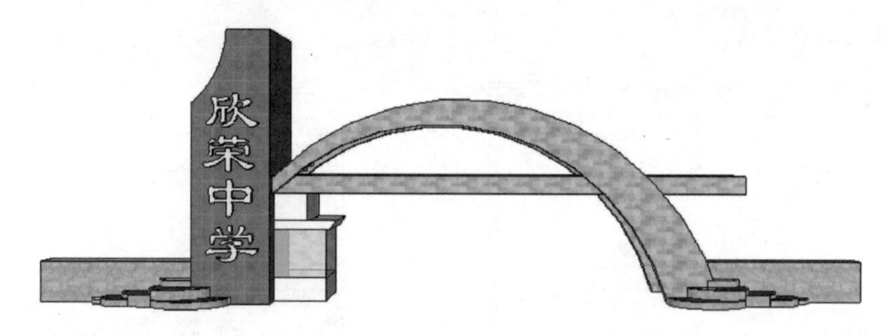

图 2-97 添加文本材质

提示 创建三维文字时在【放置三维文本】对话框中必须选中【填充】和【已延伸】复选框，否则产生的文字没有立体效果。在放置三维文字时会自动激活移动工具，利用选择工具在空白处单击一下鼠标左键即可取消移动工具。

2.4 相机工具

SketchUp 相机工具，主要对模型视图进行不同角度的观察，包括环绕观察工具、平移工具、缩放工具、缩放窗口工具、缩放范围工具、上一个和下一个缩放工具等。图 2-98 所示为【相机】工具栏。

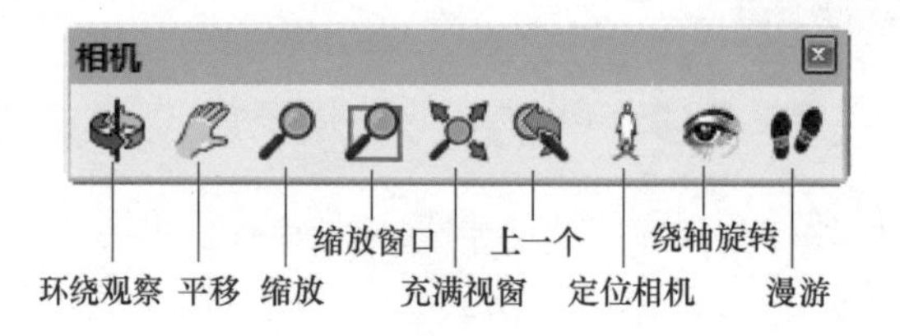

图 2-98 【相机】工具栏

2.4.1 环绕观察工具

环绕观察工具，可以围绕模型来旋转相机进行全方位的观察。

源文件：\ Ch02 \ 别墅模型 1. skp

01 打开别墅模型，如图 2-99 所示。

02 单击【环绕观察】按钮，按住鼠标左键不放进行不同方位的拖动，如图 2-100 所示。

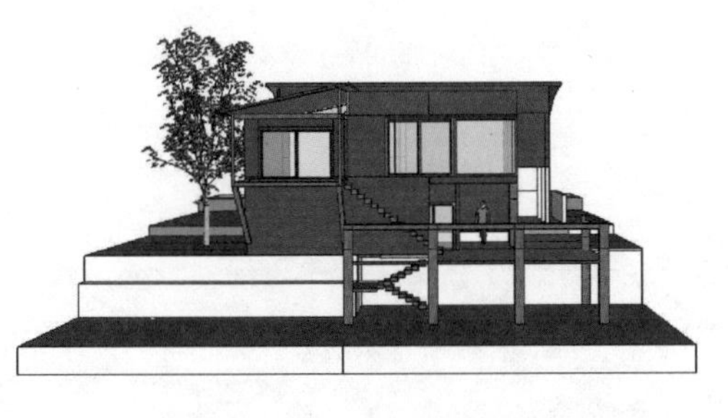

图 2-99 打开模型

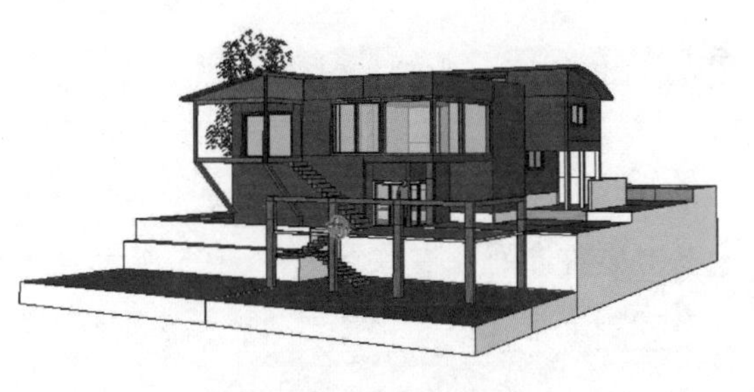

图 2-100 环绕观察模型

03 可在【视图】工具栏中单击视图按钮，从不同角度观察别墅模型的结构，如图 2-101、图 2-102 所示。

图 2-101 视图角度 1

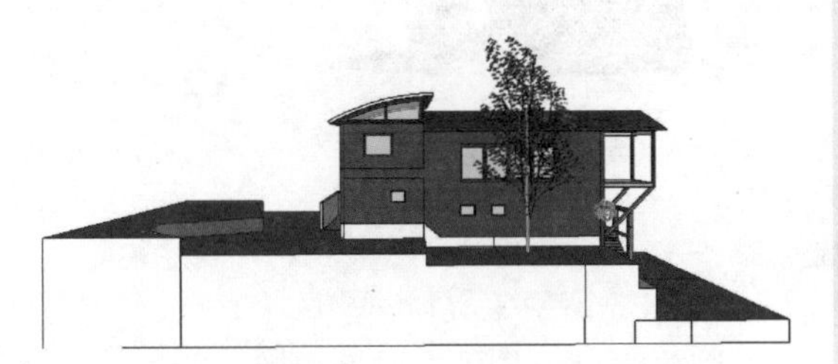

图 2-102 视图角度 2

2.4.2 平移工具

平移工具，主要进行水平和垂直移动来查看模型。

01 单击【平移】按钮，在场景中按住鼠标左键不放，执行左右平移，如图 2-103 所示。

02 执行竖直方向平移，如图 2-104 所示。

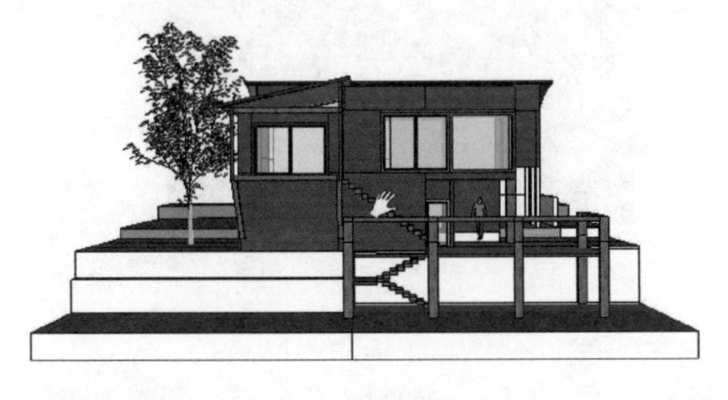

图 2-103 水平方向移动

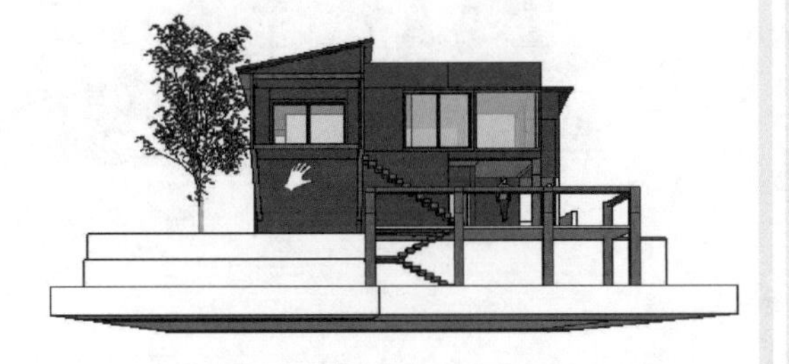

图 2-104 竖直方向平移

提示

环绕观察工具使用时按住鼠标左键和 < Shift > 键，可以进行暂时的平移操作。

2.4.3 缩放工具

缩放工具，主要对模型视图进行放大或缩小，以方便观察。

源文件：\ Ch02 \ 别墅模型 2. skp

1. 缩放工具

01 打开别墅模型。如图 2-105 所示。

02 单击【缩放】按钮，按住鼠标左键不放，向上移动即可放大视图，向下移动即可缩小视图，如图 2-106 所示为放大视图的状态。

图 2-105　打开模型　　图 2-106　放大视图

2. 缩放窗口工具

缩放窗口工具可以对模型视图的某一特定部分进行放大观察。

01 单击【缩放窗口】按钮，按住鼠标左键不放，在模型窗户的周围绘制一个矩形缩放区域，如图 2-107 所示。

02 随后【缩放窗口】工具将放大显示矩形区域中的视图内容，以观察模型窗户里的情景，如图 2-108 所示。

图 2-107　绘制缩放区域

图 2-108　放大显示区域

3. 上一个和下一个缩放工具

单击【上一个】按钮，即返回上一个缩放操作。单击【下一个】按钮，即可撤销当前返回的缩放操作。两个工具之间是一个相互切换的缩放工具，相当于撤销与返回命令。

4. 缩放范围工具

单击【缩放范围】按钮，可以把场景里的所有模型充满视窗。

> **提示**　当使用鼠标滚轮时，鼠标光标的位置决定缩放的中心；当使用鼠标左键时，屏幕的中心决定缩放的中心。

2.4.4 定位相机工具

定位相机工具，使用定位相机工具可以将相机置于特定的眼睛高度，以查看模型的视线或在视图中漫游。第1种方法是将相机置于某一特定点上方的视线高度处；第2种方法是将相机置于某一特定点，且面向特定方向。

源文件：\ Ch02 \ 别墅模型3. skp

1. 定位相机工具使用方法1

01 打开别墅模型，单击【定位相机】按钮，移到场景中，如图2-109所示。

02 在数值控制栏中以“高度偏移”名称显示，输入5000mm，确定视图高度，按<Enter>键结束操作。

03 在场景中单击鼠标左键确定一下，定位相机工具变成了一对眼睛，表示正在查看模型，如图2-110所示。

图2-109 定位相机

图2-110 确定定位相机工具后的模型观察

2. 定位相机工具使用方法2

01 单击【定位相机】按钮，移到场景中，单击鼠标左键确定视点位置，按住鼠标左键不放拖向目标点，这时产生的虚线就是视线的位置，如图2-111所示。

02 松开鼠标左键，即可以当前视线距离查看模型，如图2-112所示。这时数值控制栏以“眼睛高度”名称显示，输入不同值改变视线高度进行查看视图。

图2-111 确定相机视点位置

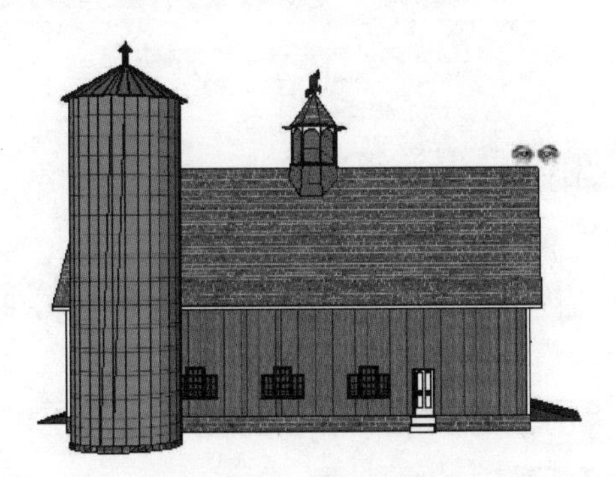

图2-112 相机观察

提示 如果从平面视图放置相机，视图方向会默认为屏幕上方，即正北方向。使用【卷尺工具】和【度量】工具可将平行构造线拖离边线，这样可实现准确的相机定位。

2.4.5 绕轴旋转工具

绕轴旋转工具，可以围绕固定的点移动相机，类似于让一个人站立不动，然后观察四周，即向上下（倾斜）和左右（平移）观察。绕轴旋转工具在观察空间内部或在使用定位相机工具后评估可见性时尤其有用。

01 单击【绕轴旋转】按钮，鼠标光标变成一双眼睛，在使用定位相机工具的时候，【绕轴旋转】工具会被自动激活。按住鼠标左键不放，上移或下移可倾斜视图；向左或向右移动可平移视图。在观察时可以配合【缩放】、【环绕观察】工具使用。

02 左、右观察模型视图如图2-113、图2-114所示。

图2-113 绕轴向左观察模型视图

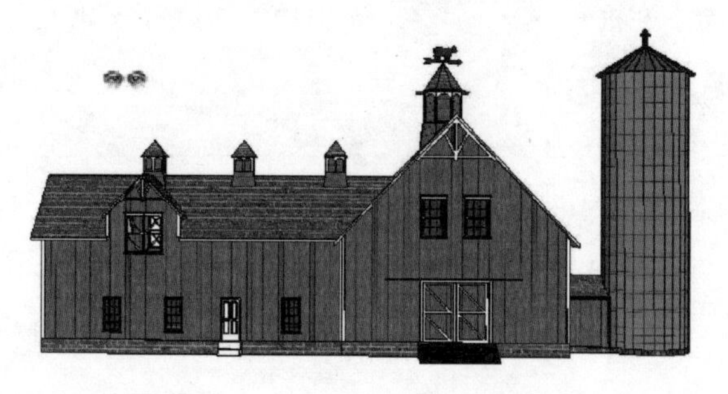

图2-114 绕轴向右观察模型视图

2.4.6 漫游工具

漫游工具，使用漫游工具可以穿越模型，就像是在模型中行走一样，特别是漫游工具会将相机固定在某一特定高度，然后操纵相机观察模型四周，但漫游工具只能在透视图模式下使用。

01 单击【漫游】按钮，鼠标指针变成了一双脚，如图2-115所示。

02 在场景中任意一点单击鼠标左键，视图中多了一个“十”字光标，按住鼠标左键不放，向前拖动，就会像走路一样一直往前走，直到离模型越来越近，观察越来越清楚，如图 2-116、图 2-117 所示。

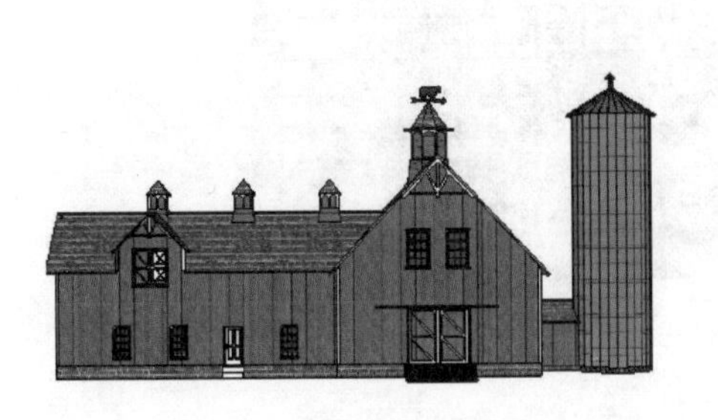

图 2-115 漫游标记

图 2-116 设置漫游起点

图 2-117 设置漫游终点时的视图

2.5 截面工具

SketchUp 截面工具，又称剖切工具，主要控制截面效果，使用剖切工具可以很方便地对模型内部进行观察，减少编辑模型时所需要隐藏的操作。图 2-118 所示为【截面】工具栏。

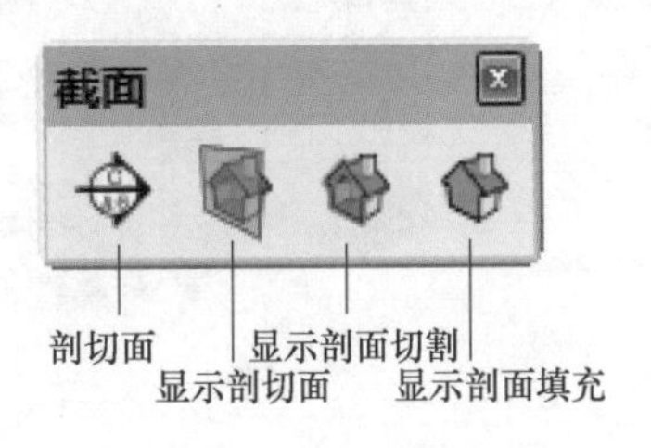

图 2-118 【截面】工具栏

在工具栏空白区域单击鼠标右键，选择右键菜单中的【截面】命令，即可出现【截面】工具栏。

源文件：\ Ch02 \ 建筑模型 1. skp

01 打开建筑模型，如图 2-119 所示。

02 单击【剖切面】按钮，指针位置显示剖切面，如图 2-120 所示。

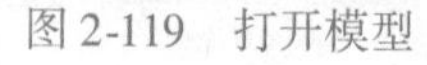
图 2-119　打开模型

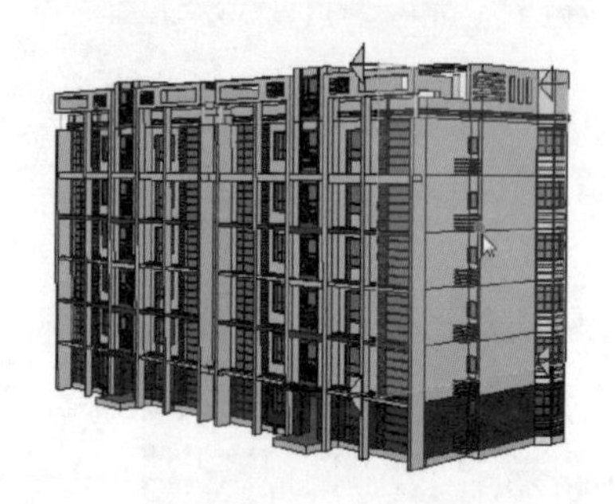
图 2-120　显示剖切面

03 在建筑模型的某个面上单击鼠标左键，即可添加截面效果，如图 2-121 所示。

04 单击【选择】按钮，单击后截面呈蓝色选中状态，如图 2-122 所示。

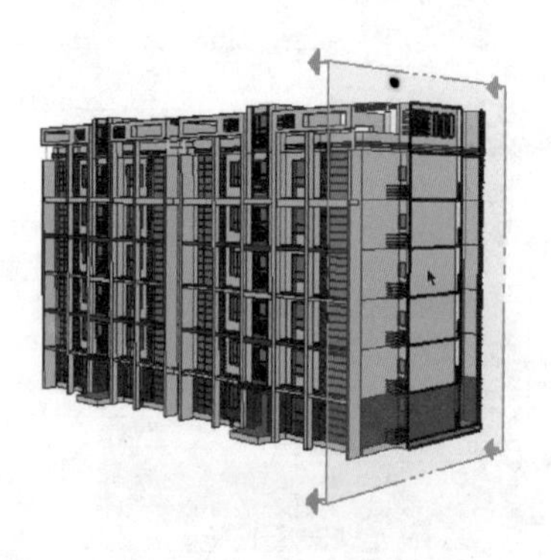
图 2-121　添加截面

图 2-122　选中截面

05 单击【移动】按钮，按住鼠标左键不放，可以移动截面，来观察模型建筑内部结构，如图 2-123 所示。

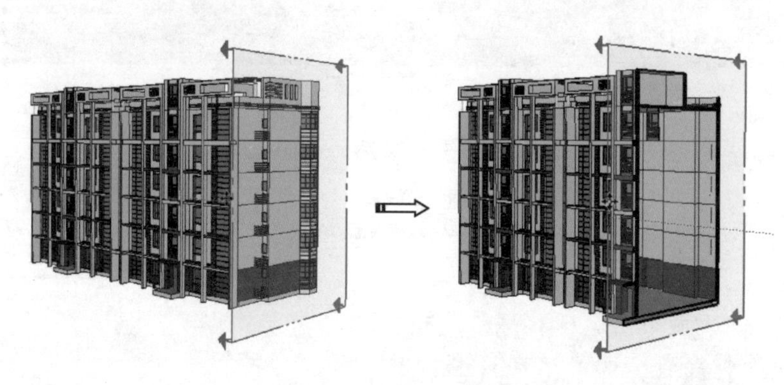
图 2-123　移动截面观察模型内部结构

06 添加截面后如果再单击【显示剖切面】按钮和【显示截面切割】按钮，将恢复到原始状态，不会显示剖切面与剖切效果。

07 再单击【显示截面切割】按钮，将显示剖切效果，如图 2-124 所示。

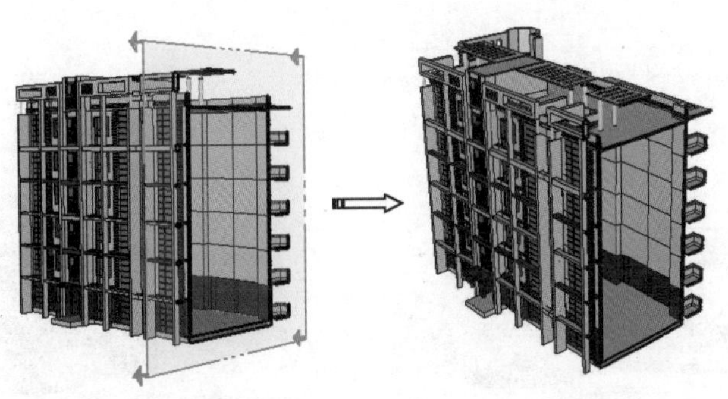

图 2-124　显示剖切效果

提示　截面工具只能隐藏部分模型而不是删除模型，如果截面工具栏里所有的工具按钮都不选择，则可以恢复模型的完整状态。

2.6 视图工具

利用视图工具可以产生不同的视图角度，以便对模型进行不同角度的观看，包括等轴视图、俯视图、主视图、右视图、后视图和左视图。图 2-125 所示为【视图】工具栏。

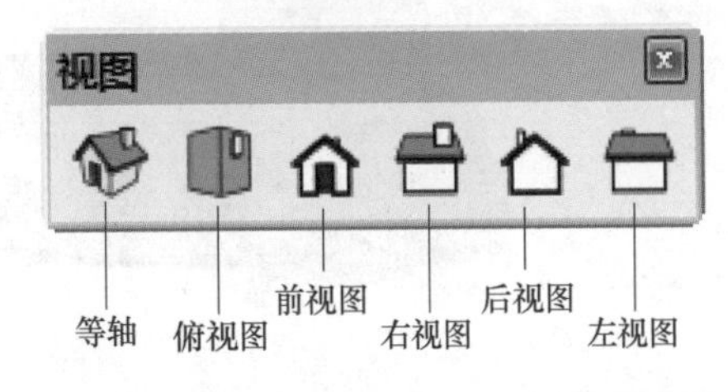

图 2-125　【视图】工具栏

在工具栏空白区域单击鼠标右键，并在弹出的右键菜单中选择【视图】命令，即可调出【视图】工具栏。

源文件：\ Ch02 \ 别墅模型 4. skp

01 打开建筑模型，单击【等轴】按钮，显示等轴视图，如图 2-126 所示。

02 单击【俯视图】按钮，显示俯视图，如图 2-127 所示。

图 2-126　显示等轴视图

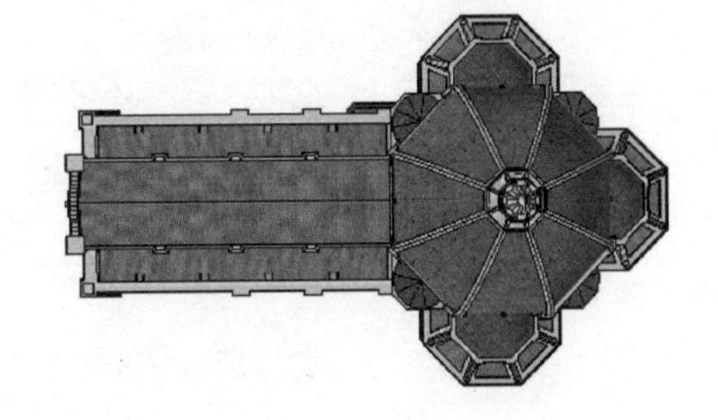

图 2-127　显示俯视图

03 单击【主视图】按钮，显示主视图，如图 2-128 所示。

04 单击【右视图】按钮，显示右视图，如图 2-129 所示。

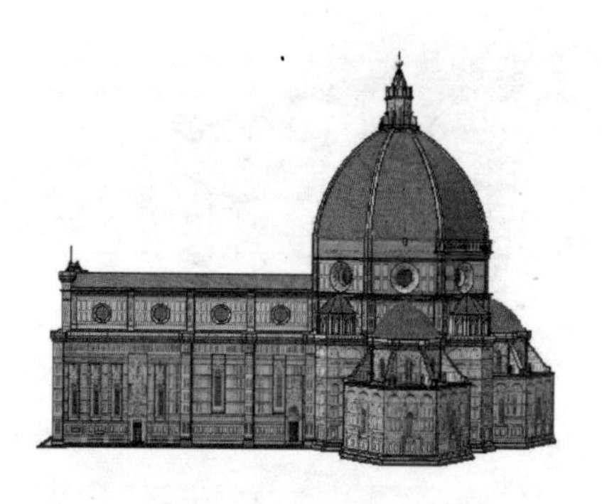

图 2-128　显示主视图

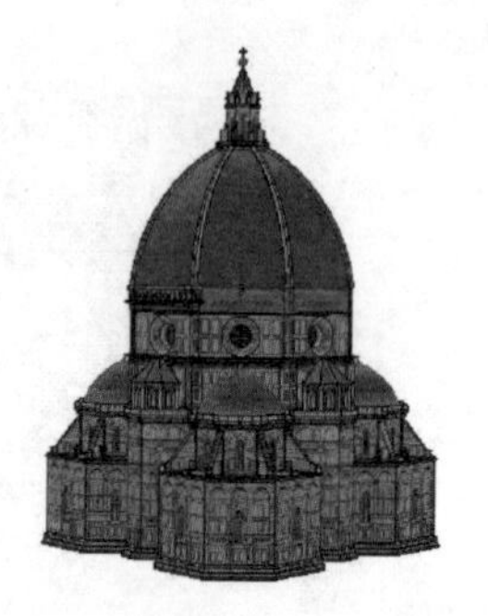

图 2-129　显示右视图

05 单击【后视图】按钮，显示后视图，如图 2-130 所示。

06 单击【左视图】按钮，显示左视图，如图 2-131 所示。

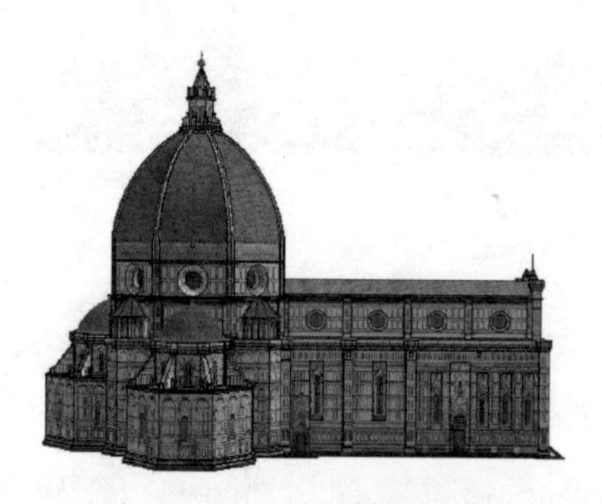

图 2-130　显示后视图

图 2-131　显示左视图

2.7 风格工具

风格工具，主要对模型显示不同类型的风格(也称样式)，包括 X 光透射模式、后边线、线框、隐藏线、阴影、阴影纹理和单色 7 种显示模式，图 2-132 所示为【风格】工具栏。

在工具栏空白处单击鼠标右键，选择右键菜单中的【风格】命令，即可调出【风格】工具栏。

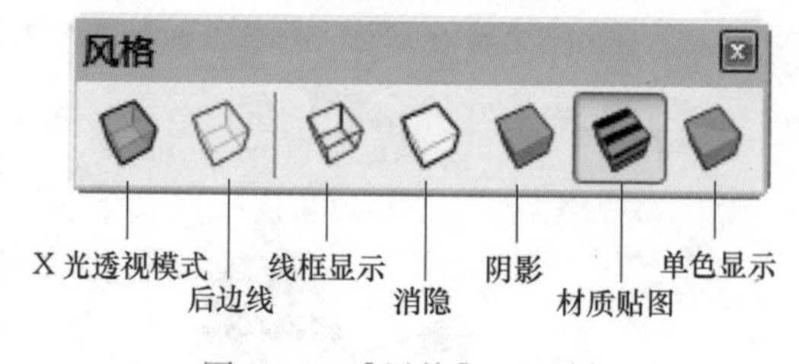

图 2-132　【风格】工具栏

源文件：\ Ch02 \ 风车 . skp

01 打开风车模型，单击【X 光透射模式】按钮，显示 X 射线风格，如图 2-133 所示。

02 单击【后边线】按钮，显示后边线风格，如图 2-134 所示。

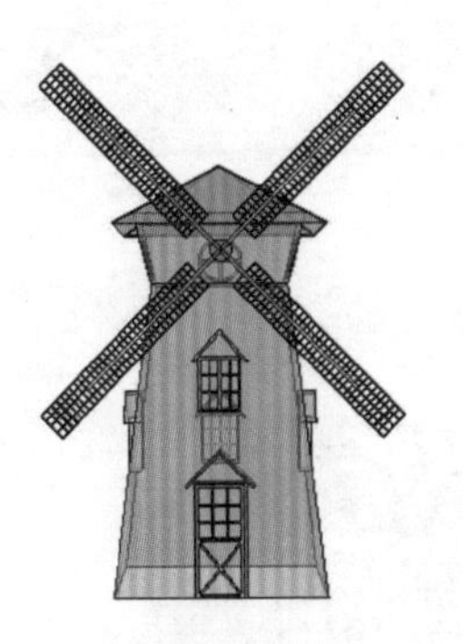

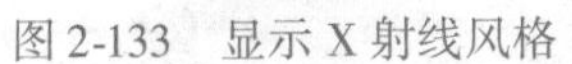

图 2-133　显示 X 射线风格　　图 2-134　显示后边线风格

03 单击【线框显示】按钮，显示线框风格，如图 2-135 所示。

04 单击【消隐】按钮，显示隐藏线风格，如图 2-136 所示。

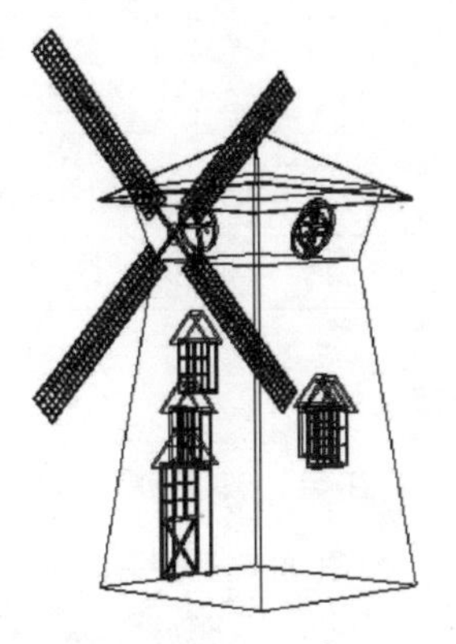

图 2-135　显示线框风格　　图 2-136　显示隐藏线风格

05 单击【阴影】按钮，显示阴影风格，如图 2-137 所示。

06 单击【材质贴图】按钮，显示阴影纹理风格，如图 2-138 所示。

07 单击【单色显示】按钮，显示单色显示风格，如图 2-139 所示。

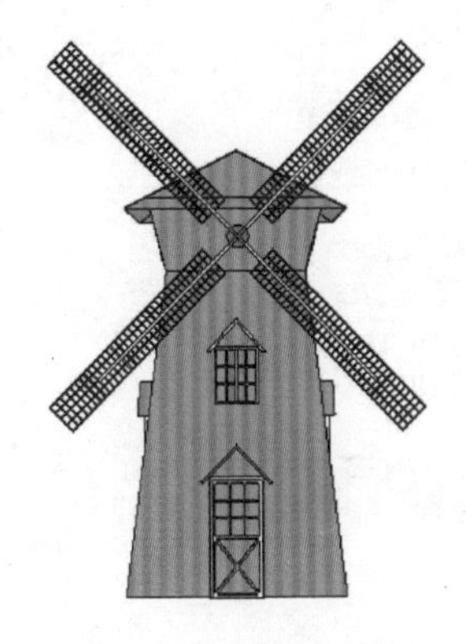

图 2-137　显示阴影风格　　图 2-138　显示阴影纹理风格　　图 2-139　显示单色显示风格

2.8 案例——填充房屋材质

本案例主要利用材质工具对一个房屋模型填充适合的材质，如图 2-140 所示为效果图。

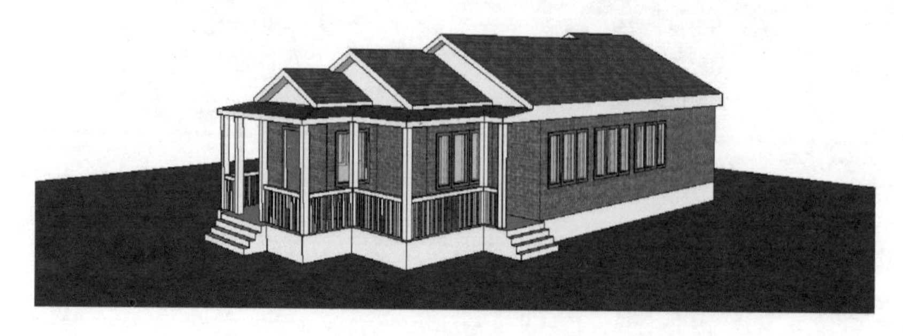

图 2-140 材质效果图

源文件：\ Ch02 \ 房屋模型 . skp
结果文件：\ Ch02 \ 填充房屋材质 . skp
视频：\ Ch02 \ 填充房屋材质 . wmv

01 打开本例源文件“房屋模型 . skp”，如图 2-141 所示。

02 在默认面板区域如果没有显示【材料】面板，可在菜单栏选择【窗口】/【默认面板】/【材料】命令，弹出【材料】面板，如图 2-142 所示。

03 在【材料】面板中的【选择】标签下选择“复古砖”材质，填充给墙体面，如图 2-143 所示。

图 2-141 打开模型

图 2-142 【材料】面板

04 如果填充的材质尺寸过大或者过小，可以在【编辑】标签下修改材质尺寸，如图 2-144 所示。

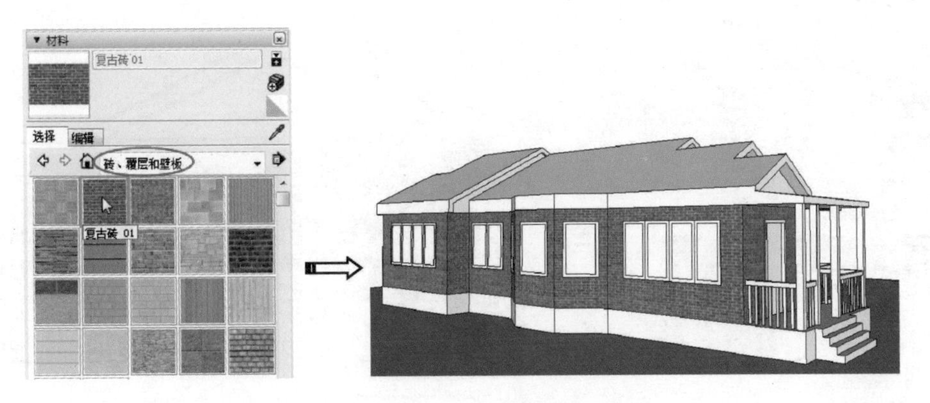

图 2-143　选择复古砖材质填充墙体面

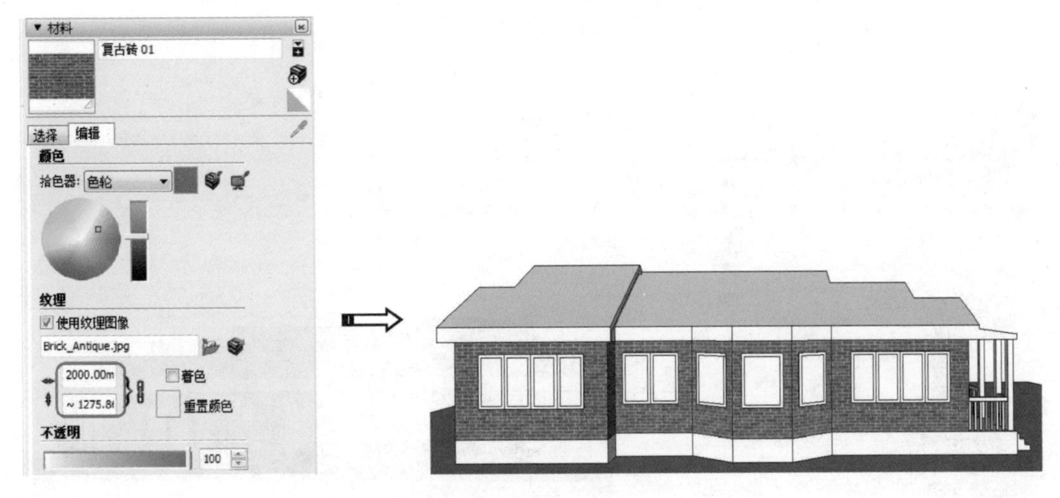

图 2-144　调整材质参数

05 继续选择“沥青屋顶瓦”屋顶材质，用以填充屋顶，如图 2-145 所示。

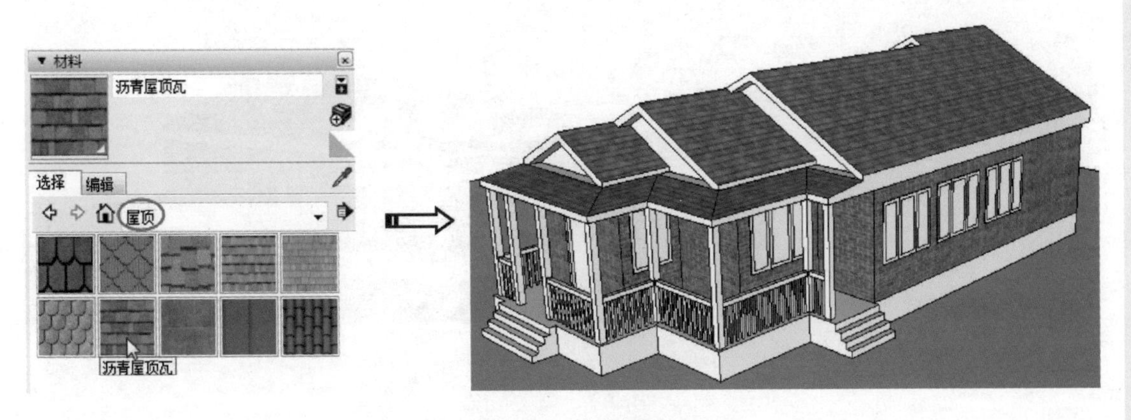

图 2-145　填充屋顶

06 选择“颜色适中的竹木”木质纹材质，用以填充门和窗框，如图 2-146 所示。

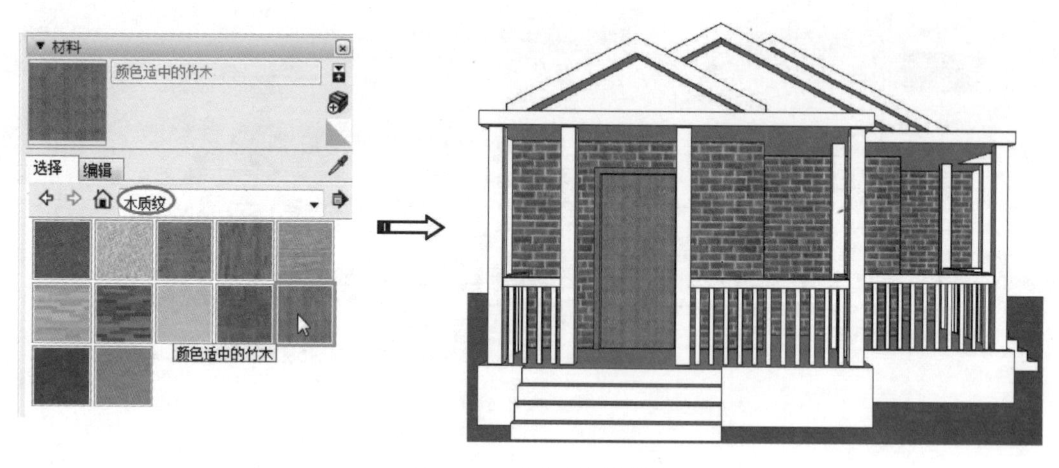

图 2-146 填充门和窗框

07 选择“染色半透明玻璃”材质来填充玻璃，如图 2-147 所示。

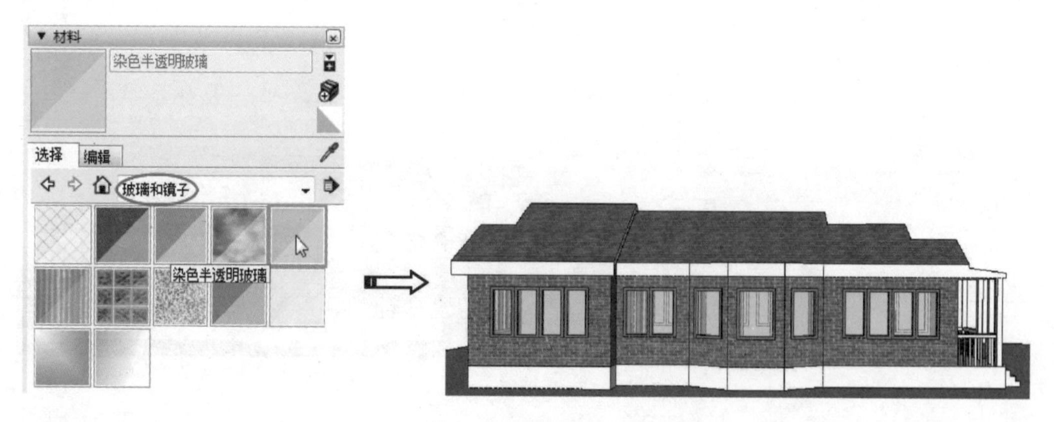

图 2-147 填充玻璃

08 选择“人造草被”草皮材质，填充地面，如图 2-148 所示。

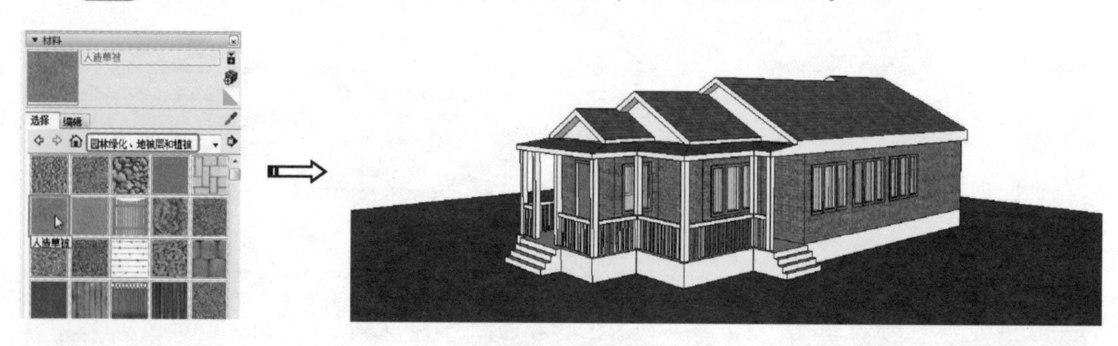

图 2-148 填充地面

第3章 模型编辑与属性设置

前面章节介绍了 SketchUp 入门操作及基本建模辅助工具，让大家对软件有了初步的理解。本章将会学习到 SketchUp 对象的操作、编辑与基本设置功能。

3.1 组件设置

SketchUp 组件，就是将一个或多个几何体组合，使操作更为方便。组件可以自己制作，也可以下载。当在模型中要重复制作某部分时，使用组件能让设计师工作效果大大提高。

1. 创建组件方法

- 选择【编辑】/【创建组件】命令，如图 3-1 所示。
- 选中模型，单击鼠标右键选择【创建组件】命令，如图 3-2 所示。

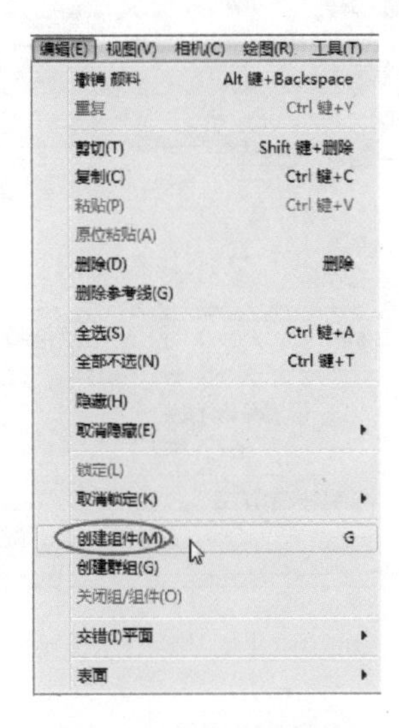

图 3-1　执行菜单栏命令

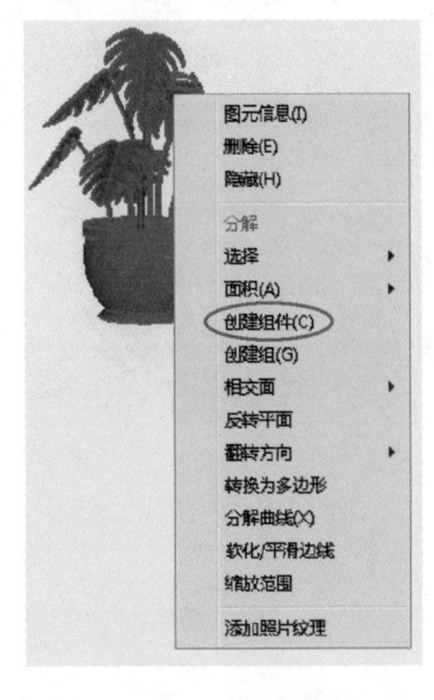

图 3-2　执行右键菜单命令

2. 组件菜单命令

- 【删除】：删除当前组件。
- 【隐藏】：对选中组件进行隐藏。取消隐藏，选择【编辑】/【取消隐藏】命令即可。

- 【锁定】：对选中组件进行锁定，锁定呈红色选中状态，不能对它进行任何操作，再次单击鼠标右键，选择【解锁】命令即可，如图 3-3 所示为锁定状态。
- 【分解】：可以将组件进行拆分。
- 【翻转方向】：将当前组件按轴方向进行翻转，如图 3-4 所示。

图 3-3　模型锁定状态

图 3-4　翻转模型

3. 实例操作

源文件：\ Ch03 \ 圆桌 . skp

01 打开圆桌模型，选中整个模型，如图 3-5 所示。

02 单击鼠标右键选择右键菜单中的【创建组件】命令，弹出【创建组件】对话框，如图 3-6 所示。

图 3-5　打开模型

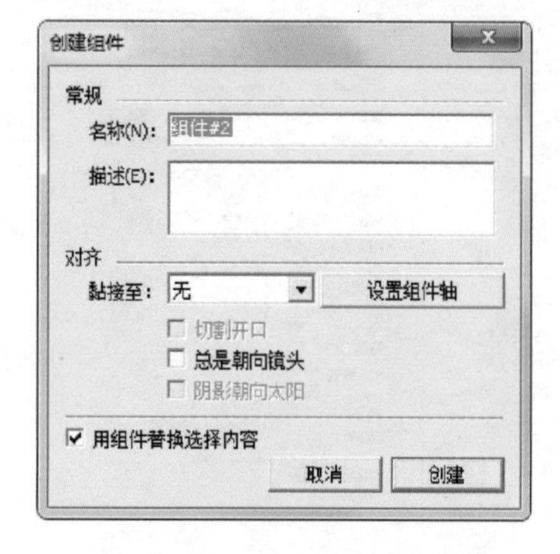

图 3-6　【创建组件】对话框

03 单击 创建 按钮，即可创建组件，如图 3-7 所示。

提示

【切割开口】复选框一般要进行勾选，表示应用组件与表面相交位置自动开口，如在自定义门、窗时需要在墙上绘制定义，这样才能切割出门窗洞口。

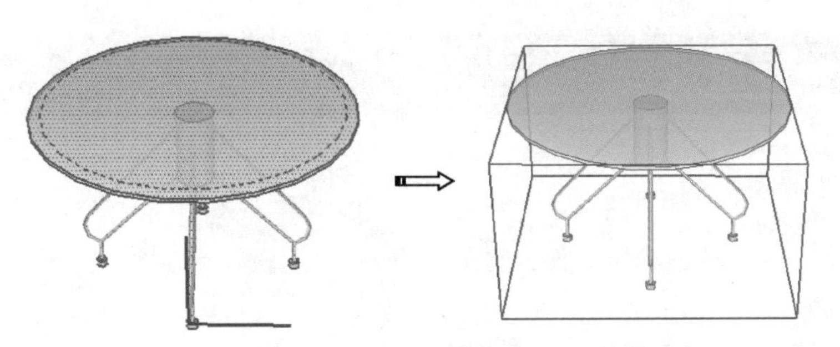

图 3-7 创建组件

源文件：\ Ch03 \ 壁灯 . skp

01 打开壁灯模型，该模型已创建组件，如图 3-8 所示。

02 双击鼠标左键进入组件编辑状态，如图 3-9 所示。

03 选中灯罩面，填充一种材质，如图 3-10、图 3-11、图 3-12 所示。

图 3-8 打开模型

图 3-9 进入组件编辑状态

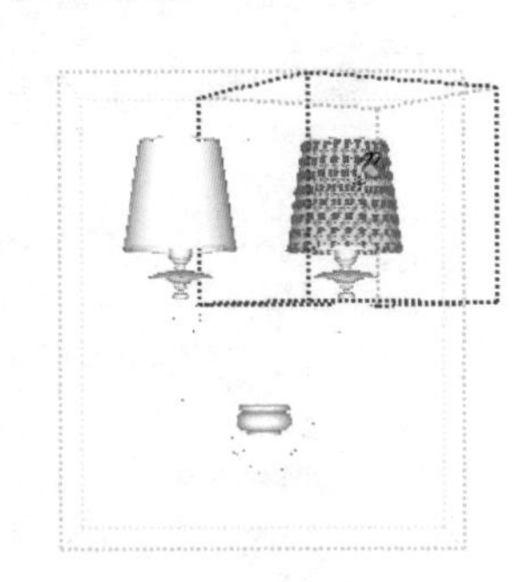

图 3-10 选中灯罩面

04 在空白处单击鼠标左键，即可取消组件编辑，如图 3-13 所示。

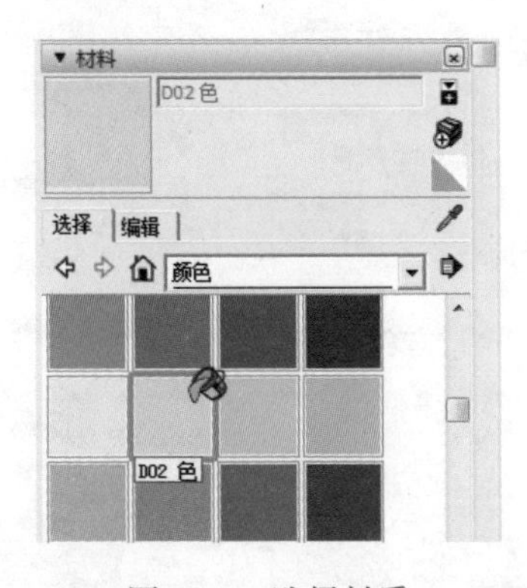

图 3-11 选择材质

图 3-12 完成材质添加

图 3-13 取消组件编辑

提示 当遇到双击组件进入编辑状态后，仍然不能直接对它进行编辑时，则里面包含了群组，那么需要再次双击群组，才可对它进行编辑，这是一种嵌套群组的方式。

3.2 群组设置

SketchUp 中的群组，就是将一些点、线、面或实体进行组合，群组可以临时管理一些组件，对于设计师来说操作时非常方便，这部分主要学习创建、编辑、嵌套群组。

1. 群组优点

- 选中一个组就可以选中组内所有元素。
- 如果已经形成了一个组，那么还可以再次创建群组。
- 组与组之间相互操作不影响。
- 可以用组来划分模型结构，对同一组的所有元素可以一起添加材质，节省了逐一填充材质的时间。

2. 创建群组方法

- 选中要创建群组的物体，选择【编辑】/【创建群组】命令，如图 3-14 所示。
- 选中要创建群组的物体，单击鼠标右键选择【创建群组】命令，如图 3-15 所示。

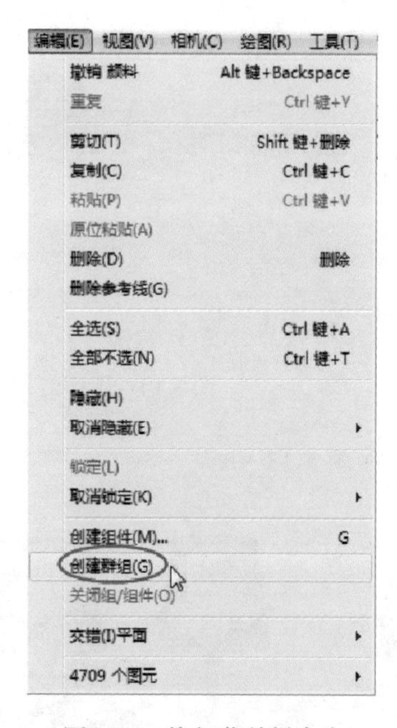

图 3-14　执行菜单栏命令

图 3-15　执行右键菜单命令

3. 群组菜单命令

- 删除：删除当前群组。
- 隐藏：对选中群组进行隐藏。取消隐藏，选择【编辑】/【取消隐藏】/【全部】命令即可，如图 3-16 所示。
- 锁定：对选中群组进行锁定，锁定呈红色选中状态，不能对它进行任何操作，再次单击鼠标右键，选择【解锁】命令即可，如图 3-17 所示。
- 分解：可以将群组拆分成多个组，如图 3-18 所示。

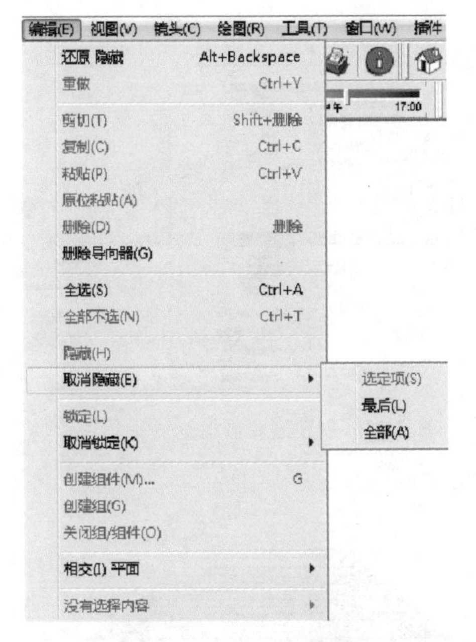

图 3-16 执行【取消隐藏】命令

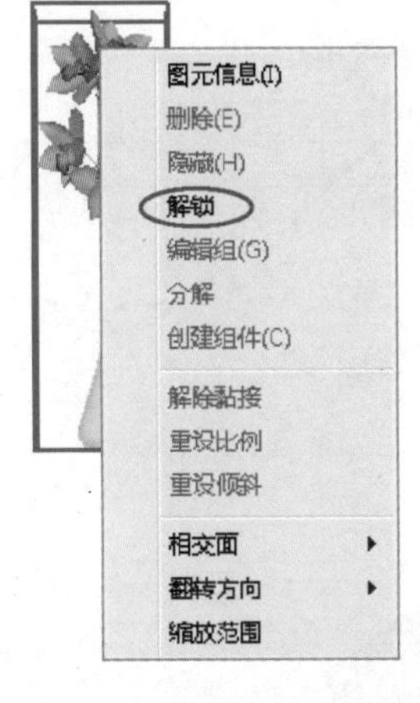

图 3-17 锁定与解锁群组

图 3-18 拆分群组

4. 实例操作

源文件：\ Ch03 \ 帐篷 . skp

01 打开帐篷模型，如图 3-19 所示。

02 选中模型，单击鼠标右键选择【创建群组】命令，如图 3-20 所示。

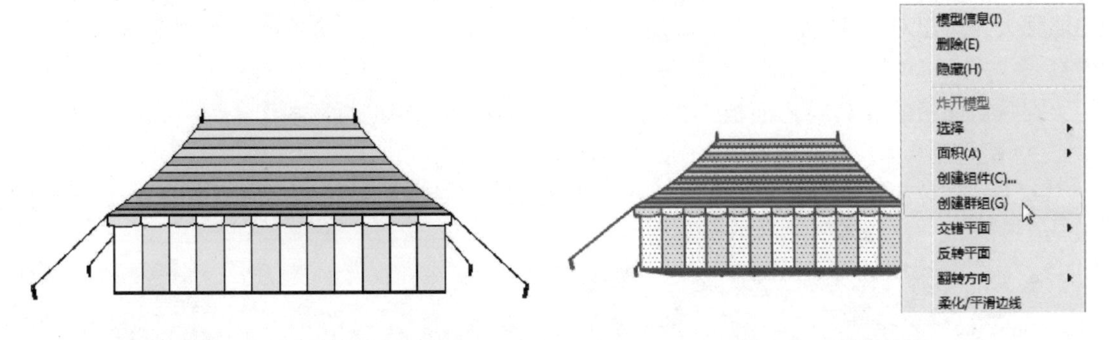

图 3-19 打开模型

图 3-20 创建群组

03 双击群组，呈虚线编辑状态，如图 3-21 所示。

04 单击群组内任意一部分，可进行单独操作，图 3-22 所示为创建嵌套群组。

05 依次双击群组，给群组添加当前材质，如图 3-23 所示。

06 在空白处单击鼠标左键即可取消群组编辑，如图 3-24 所示。

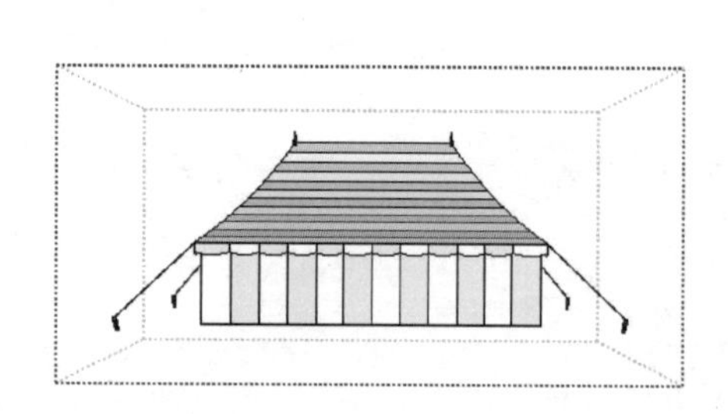

图 3-21　进入群组编辑状态

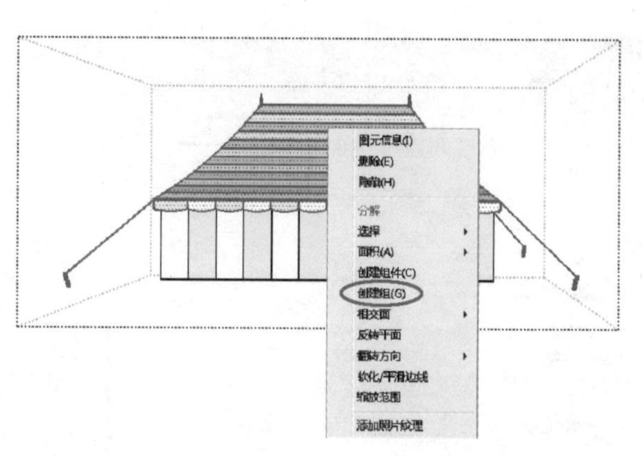

图 3-22　创建嵌套群组

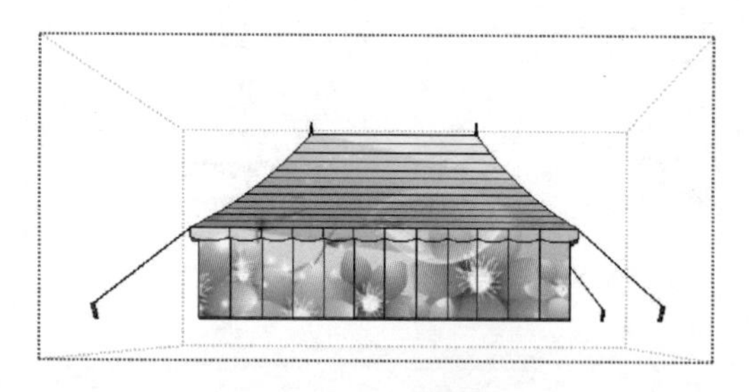

图 3-23　添加材质

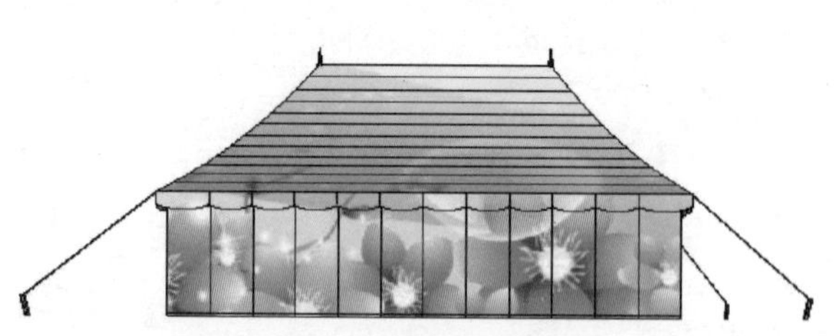

图 3-24　取消群组编辑

3.3 材质设置

SketchUp 材质设置，主要是用于控制材质应用、添加、删除、编辑的一个面板。材质库功能强大，可以对边线、面、组等添加丰富多彩的材质，让一个简单的模型看起来更直观，更真实。

在默认面板的【材料】面板中，图 3-25 所示为材质选择的【选择】标签。

- ：显示辅助选择窗格，如图 3-26 所示。
- 【创建材质】按钮：单击此按钮，弹出【创建材质】对话框，可以对选中的材质进行修改，如图 3-27 所示。
- ：将材质恢复到预设风格。
- ：样本颜料，对当前选中的材质进行吸取。
- 【选择】选项：选择不同材质，图中为默认材质文件夹。
- 【编辑】选项：对材质进行编辑，如果场景没有使用材质，则呈灰色状态。

下面进行实例操作。

源文件：\ Ch03 \ 沙发 skp

图3-25 【选择】标签

图3-26 显示辅助窗格

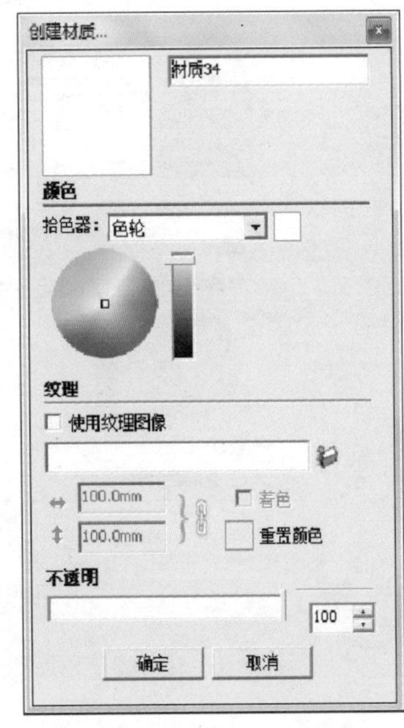

图3-27 【创建材质】对话框

01 打开沙发模型，如图3-28所示。

02 选择“指定色彩”类型中的0033钠瓦白色用以填充沙发模型，如图3-29所示。

03 【材料】面板中【编辑】标签的选项如图3-30所示。接下来通过【编辑】标签下的选项来编辑材质。

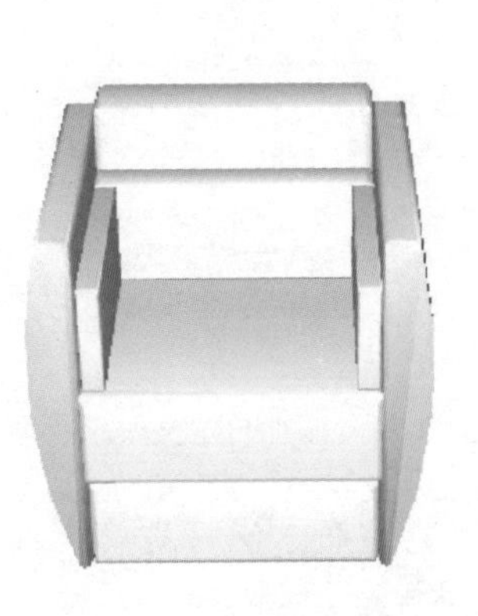

图3-28 打开模型

图3-29 填充颜色

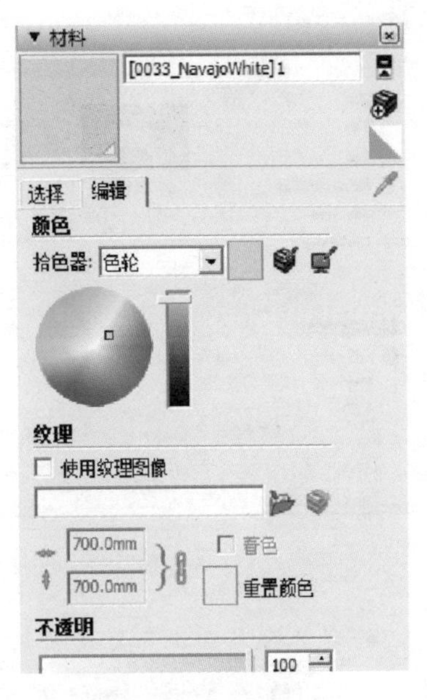

图3-30 【编辑】标签

- 颜色：对当前材质进行颜色修改，可以利用拾色器进行颜色修改，图 3-31 所示为修改颜色，图 3-32 所示为修改后的颜色材质。

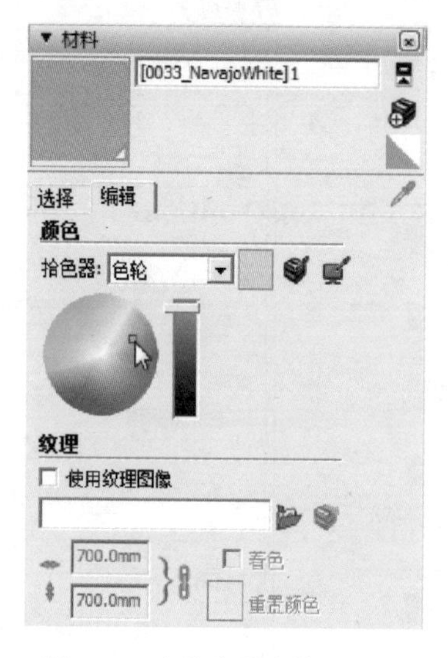

图 3-31　在拾色器中修改颜色

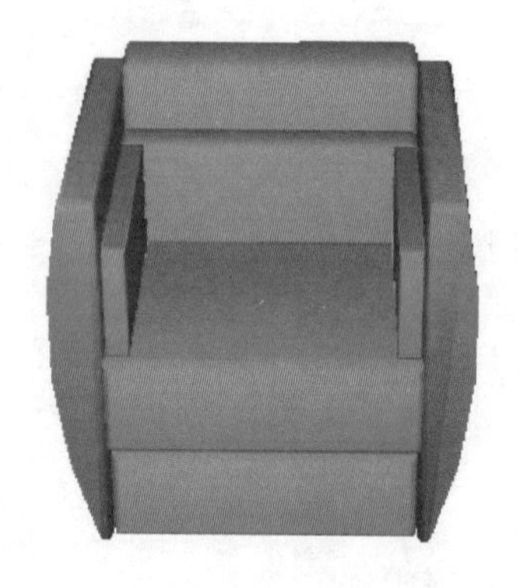

图 3-32　修改后的颜色材质

- 还原颜色更改：当对设置颜色不满意时，单击此按钮，即可恢复材质原来的颜色。
- 匹配：匹配模型中对象的颜色。
- 匹配屏幕上的颜色：也就是场景中背景的颜色。
- 纹理：勾选【使用纹理图像】单选框，单击【浏览材质图像文件】按钮，可以添加一张图片作为自定义纹理材质，如图 3-33、图 3-34 所示。

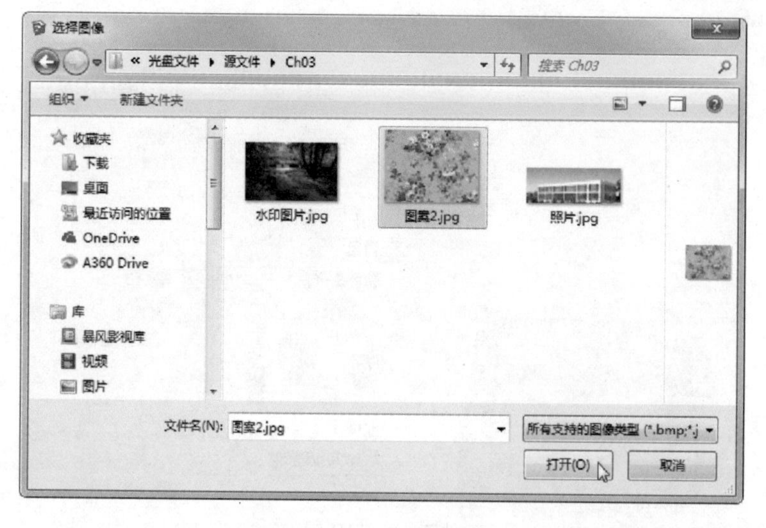

图 3-33　选择图像文件

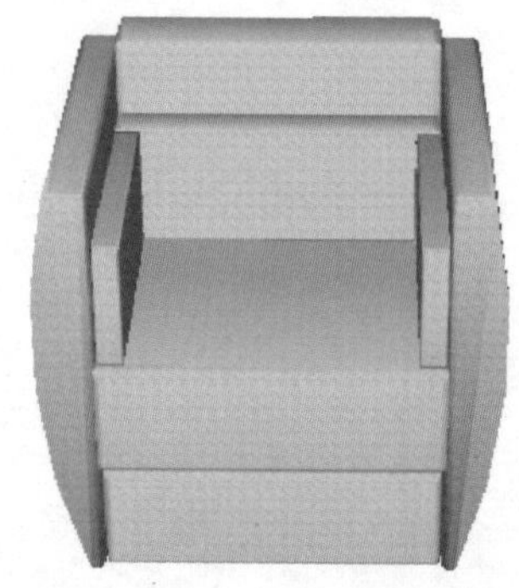

图 3-34　添加自定义纹理材质

- 宽度和高度：如果对当前材质填充效果不满意，可以更改宽和高，使材质填充更均匀，如图 3-35、图 3-36 所示。
- 不透明度：根据需要设置材质透明度。

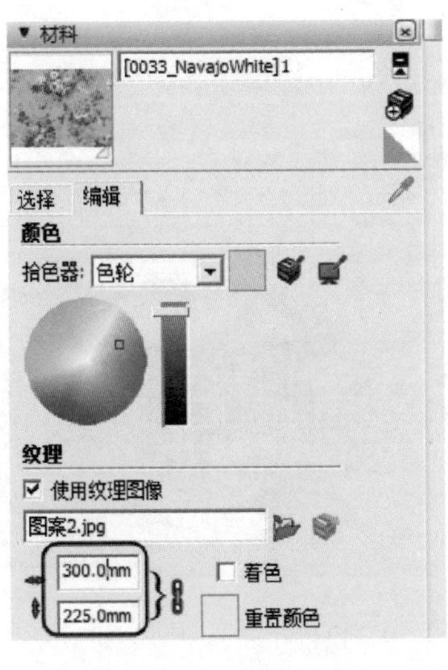

图 3-35 设置纹理大小

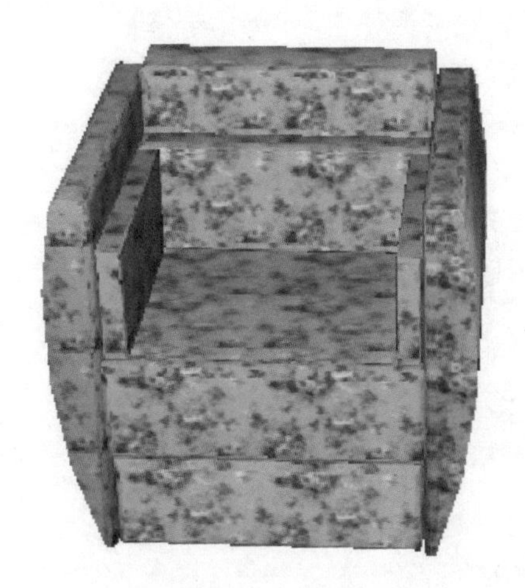

图 3-36 纹理效果

3.4 风格设置

SketchUp 风格设置，用于控制 SketchUp 不同的风格显示。包含了选择不同的设计风格，也包含了对边线、平面、背景、水印、建模等设置的编辑，还可以将两种风格进行混合等，是 SketchUp 很重要的一个功能。

在【风格】面板中显示风格的管理选项，如图 3-37所示。

图 3-37 【风格】面板

1. 显示风格

以一幢建筑模型为例，来展示不同的风格。

源文件：\ Ch03 \ 建筑模型 3. skp

01 打开建筑模型，如图 3-38 所示。

02 在【风格】面板【选择】标签下“Style Builder 竞赛获奖者”类型下选择“带框的染色边线”风格，如图 3-39 所示。

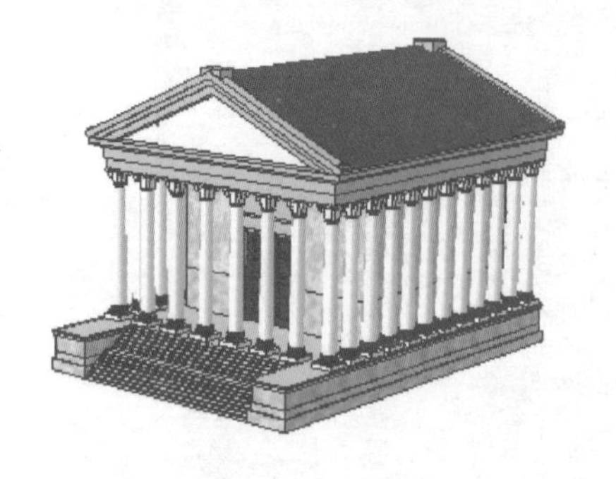

图 3-38 打开模型

图 3-39 设置“带框的染色边线”风格

03 图 3-40 所示为选择“手绣”风格及效果。

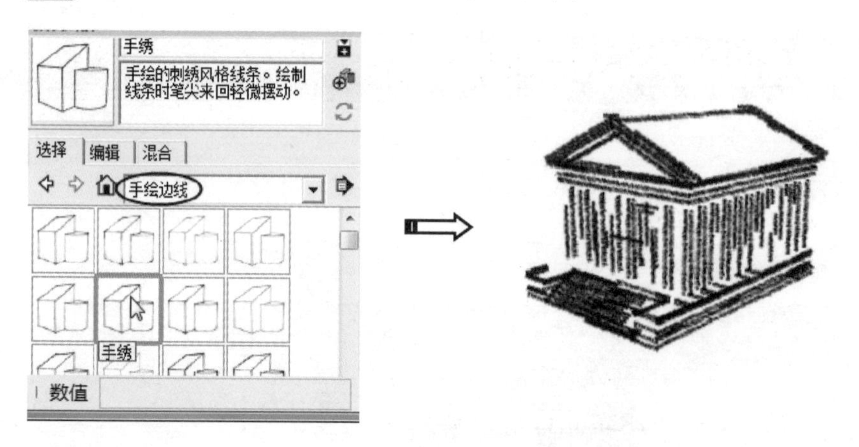

图 3-40 设置“手绣”风格

04 如图 3-41 所示为选择“分层样式”混合风格及效果。

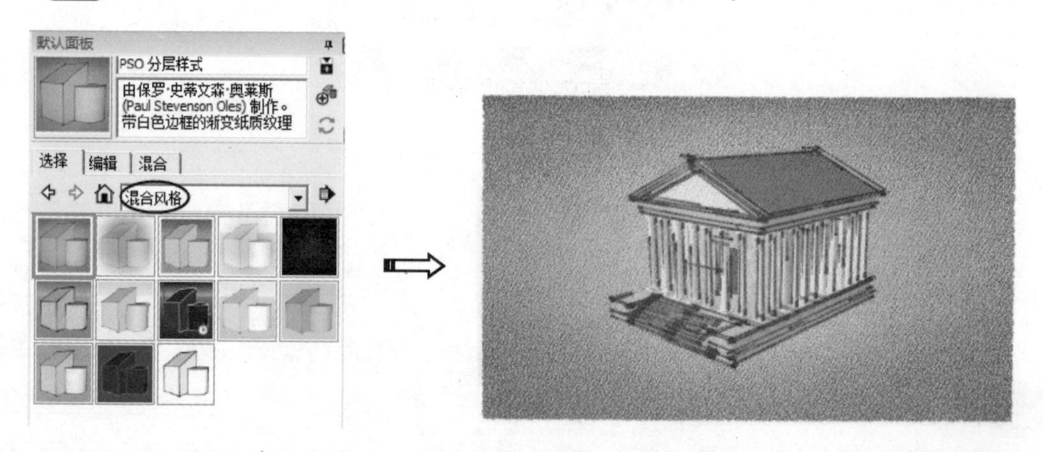

图 3-41 设置“分层样式”混合风格

05 如图3-42所示为“沙岩色和蓝色”风格及效果。

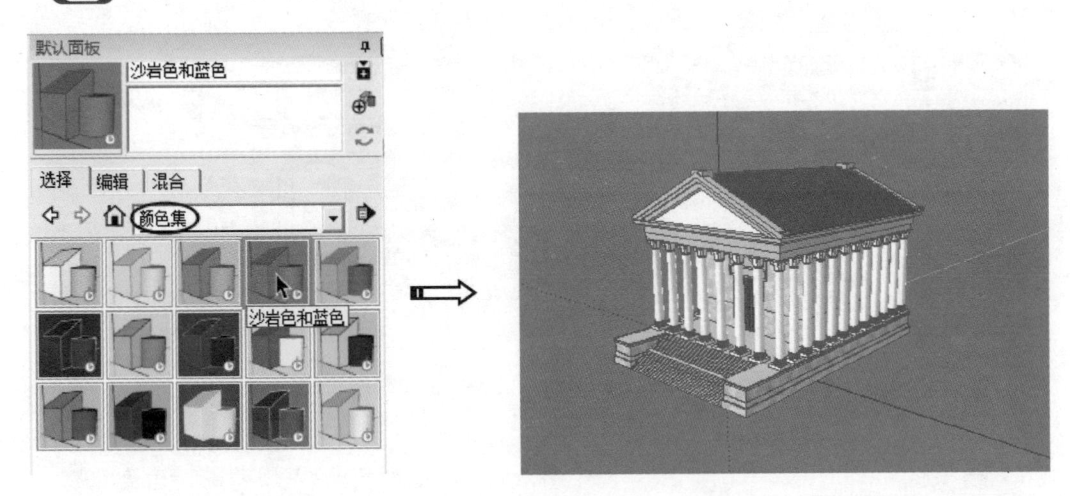

图3-42 设置“沙岩色和蓝色”风格

2. 编辑风格

以一个景观塔模型为例，对它的背景颜色进行不同的设置。

源文件：\ Ch03 \ 景观塔 . skp

01 打开模型，在【风格】面板【编辑】标签下单击【背景设置】按钮，图3-43所示为默认的背景风格。

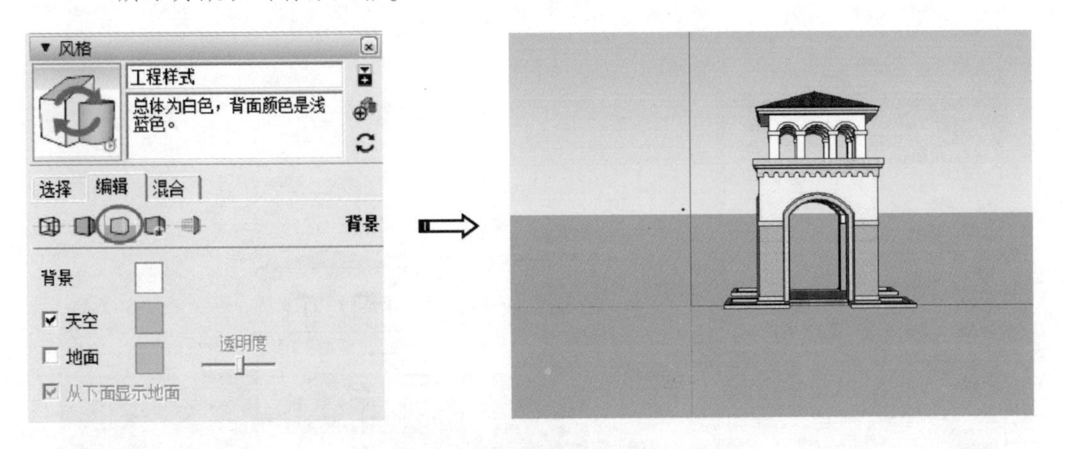

图3-43 默认的背景风格

02 勾选【天空】【地面】【从下面显示地面】复选框，则背景以【天空】与【地面】组合的颜色显示，如图3-44所示。

03 取消勾选【天空】复选框，则会以【背景】的颜色显示，如图3-45所示。

04 单击颜色块，即可修改当前背景颜色，如图3-46所示。

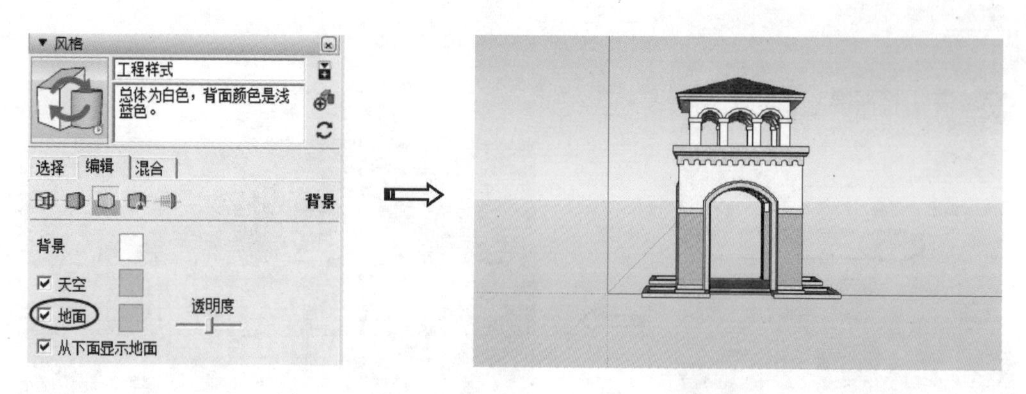

图 3-44　显示【天空】与【地面】组合的颜色

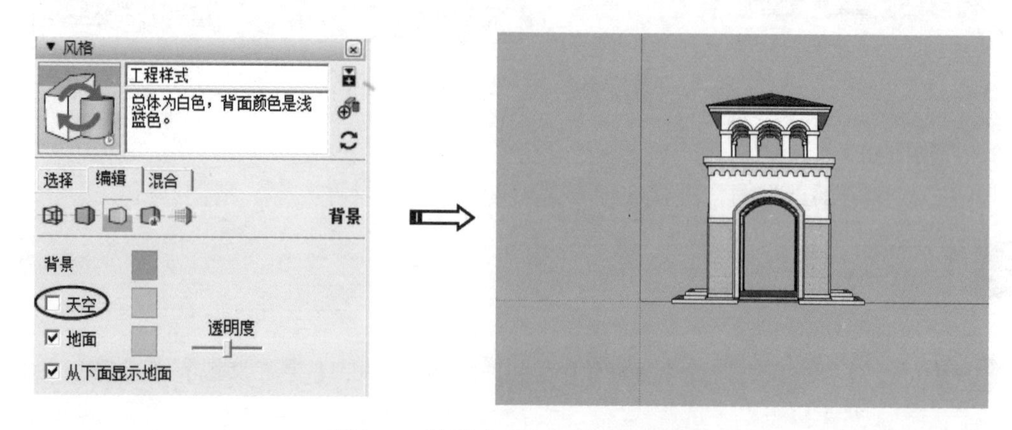

图 3-45　取消【天空】复选框效果

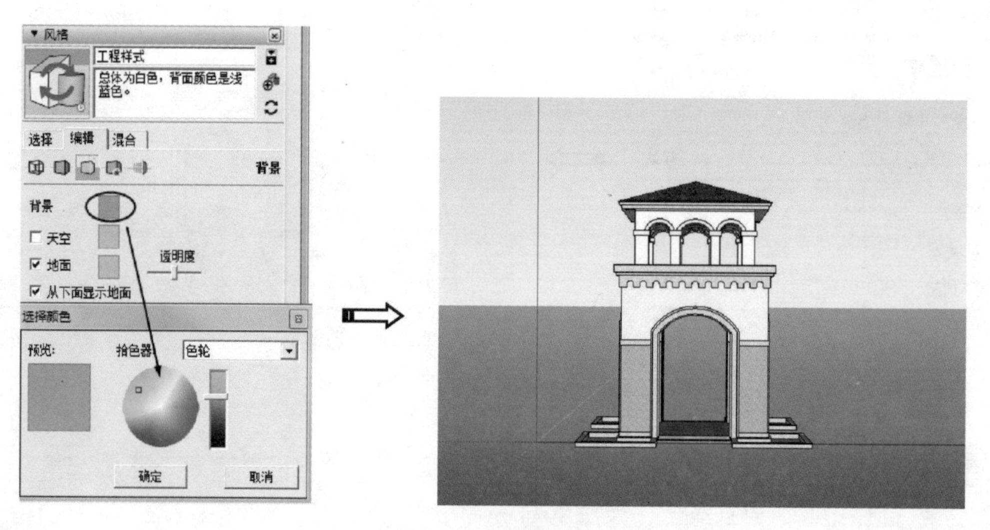

图 3-46　改变背景颜色

提示　如果想将修改后的颜色风格恢复到初始状态，取消选择预设风格即可。

案例——创建混合水印风格

在混合风格里包括了编辑风格和选择风格，这里以一个木桥为例，对它进行混合风格设置，图 3-47 所示为效果图。

图 3-47　效果图

源文件：\ Ch03 \ 木桥 . skp、\ Ch03 \ 水印图片 . jpg
结果文件：\ Ch03 \ 混合水印风格 . skp
视频：\ Ch03 \ 混合水印风格 . wmv

01 打开木桥模型，如图 3-48 所示。

图 3-48　打开模型

02 在【风格】面板中的【混合】标签【混合风格】选项组中选择一种风格，可吸取当前风格如图 3-49 所示。一旦移动指针到上面的混合设置区域里，这时指针又变成了一个“油漆桶”，如图 3-50 所示。

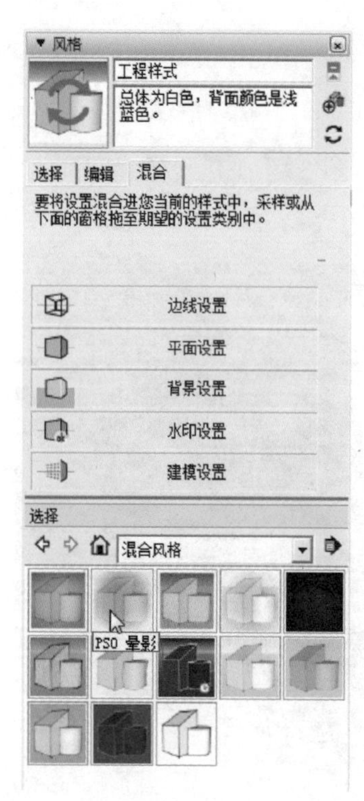

图 3-49　选择风格

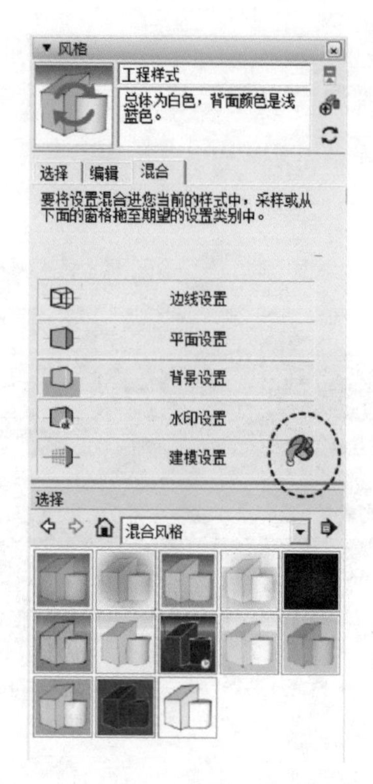

图 3-50　指针变化为“油漆桶”

03 依次单击【边线设置】【背景设置】及【水印设置】选项，即可完成混合风格效果的应用，如图 3-51 所示。

04 在【编辑】标签下单击【水印设置】按钮，弹出【水印设置】选项框，如图 3-52 所示。

图 3-51　应用混合风格

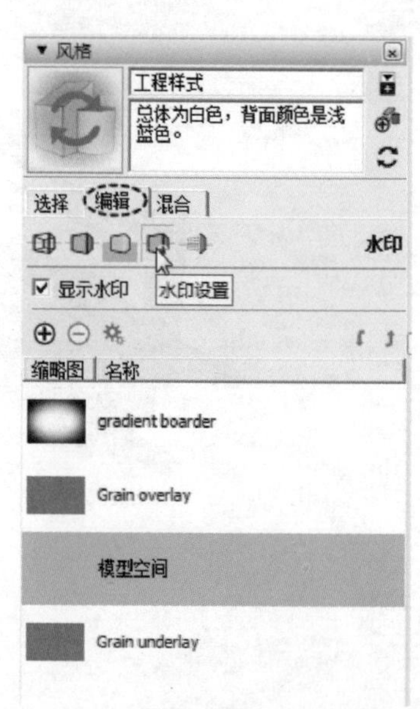

图 3-52　水印设置选项

05 单击【添加水印】按钮⊕，选择一张图片，弹出【选择水印】对话框，选择图片以背景风格显示在场景中，如图 3-53、图 3-54 所示。

图 3-53 添加水印图片

图 3-54 应用水印

06 依次单击 下一个>> 按钮，对水印背景进行设置，如图 3-55 所示。

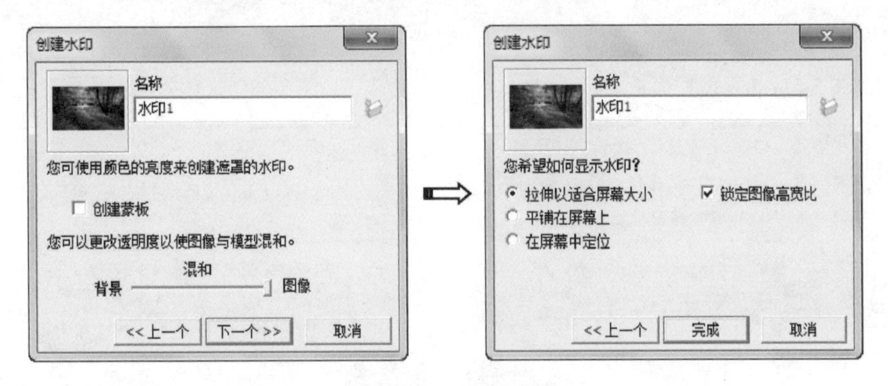

图 3-55 设置水印

07 单击 完成 按钮，即可完成混合水印风格背景，如图 3-56 所示。

图 3-56 创建完成的混合水印风格背景

3.5 雾化设置

SketchUp 中的雾化设置，它能给模型增加一种起雾的特殊效果。在默认面板的【雾化】面板中显示【雾化】选项，如图 3-57 所示。

案例——创建商业楼雾化效果

这里以一片商业楼模型为例，对它进行雾化设置操作。图 3-58 所示为雾化效果。

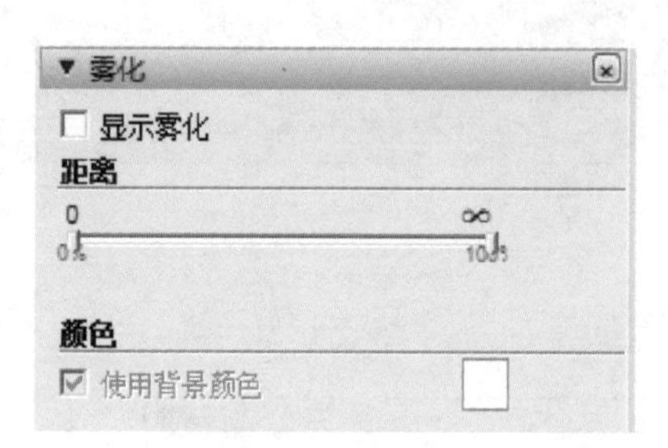

图 3-57 【雾化】面板

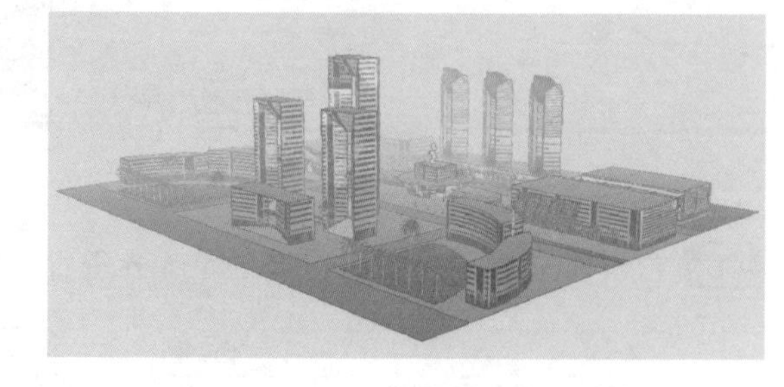

图 3-58 雾化效果

源文件：\ Ch03 \ 商业楼 . skp
结果文件：\ Ch03 \ 商业楼雾化效果 . skp
视频：\ Ch03 \ 商业楼雾化效果 . wmv

01 从本例源文件中打开商业楼模型，如图 3-59 所示。

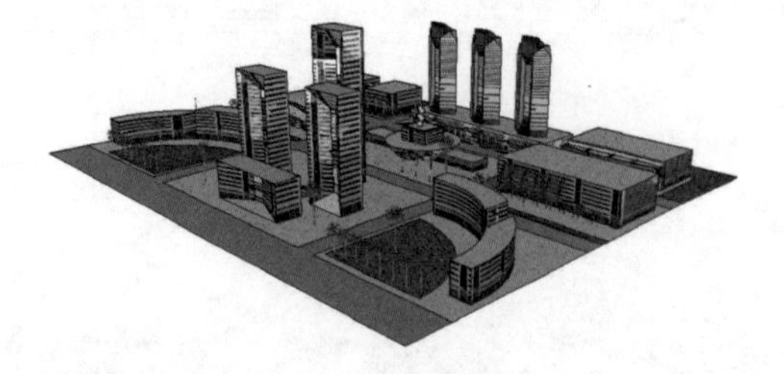

图 3-59 打开商业楼模型

02 在【雾化】面板中勾选【显示雾化】复选框，给模型添加雾化效果，如图 3-60 所示。

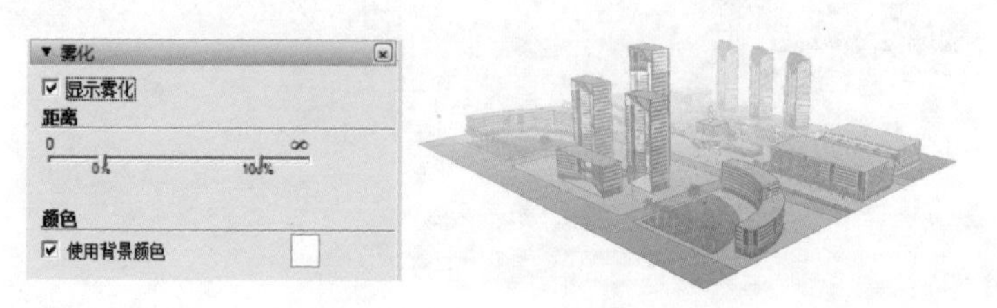

图 3-60 添加雾化效果

03 取消勾选【使用背景颜色】复选框，单击颜色块，可设置不同的颜色雾化效果，如图 3-61、图 3-62、图 3-63 所示。

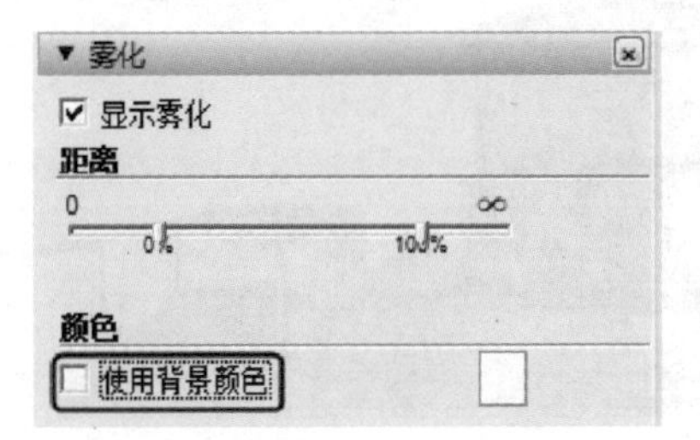

图 3-61 取消使用背景颜色

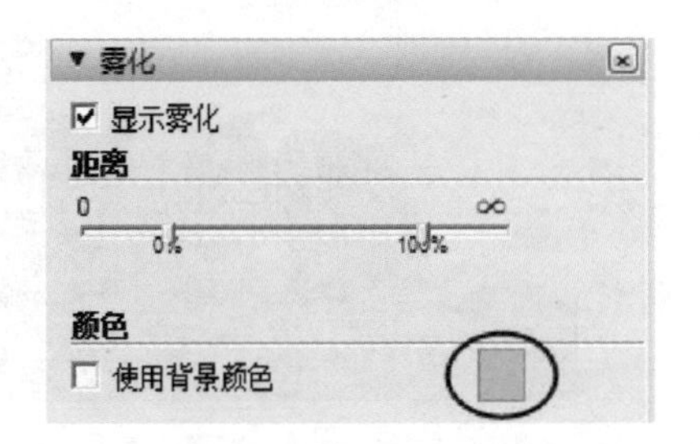

图 3-62 单击颜色块

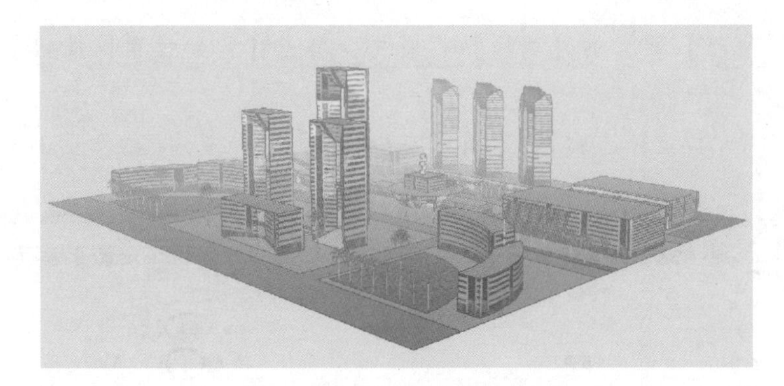

图 3-63 设置不同的颜色雾化效果

案例——创建渐变颜色的天空效果

本例主要应用风格、雾化设置功能来完成渐变天空的创建，图 3-64 所示为效果图。

图 3-64 渐变颜色的天空效果

源文件：\ Ch03 \ 住宅模型 1. skp
结果文件：\ Ch03 \ 渐变颜色的天空 . skp
视频：\ Ch03 \ 渐变颜色的天空 . wmv

01 打开住宅模型，如图3-65所示。

图3-65 打开住宅模型

02 在【风格】面板的【编辑】标签中，单击【背景设置】按钮，如图3-66所示。

03 在【背景设置】选项下勾选【天空】和【地面】复选框，如图3-67所示。

图3-66 单击【背景设置】按钮

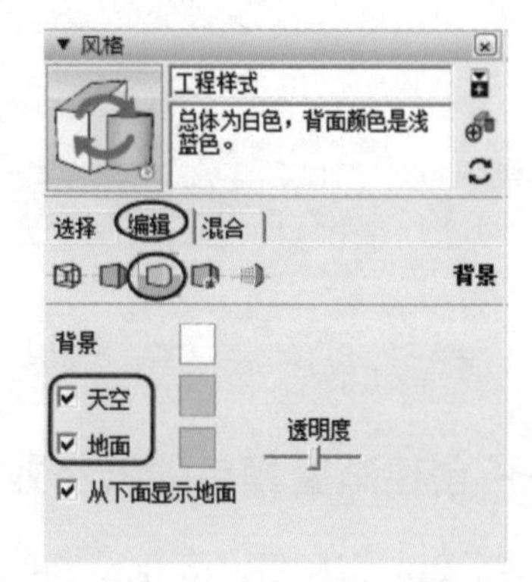

图3-67 勾选【天空】和【地面】复选框

04 选择【颜色块】调整颜色，将天空颜色调整为天蓝色，如图3-68、图3-69所示。

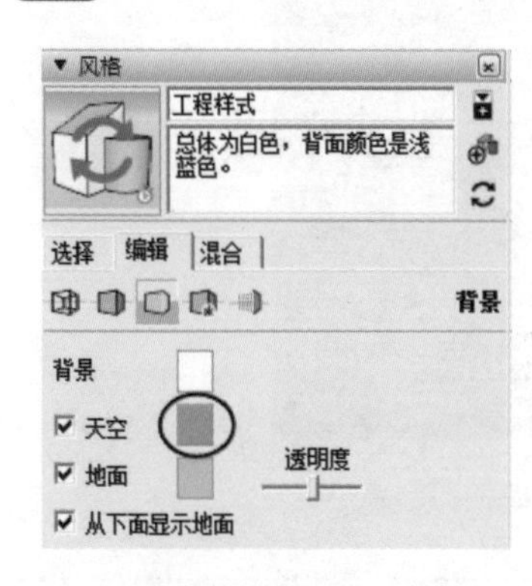

图3-68 调整天空颜色

图3-69 调整天空颜色的效果

05 在【雾化】面板勾选【显示雾化】复选框，取消勾选【使用背景颜色】复选框，设置为橘黄色，如图3-70、图3-71所示。

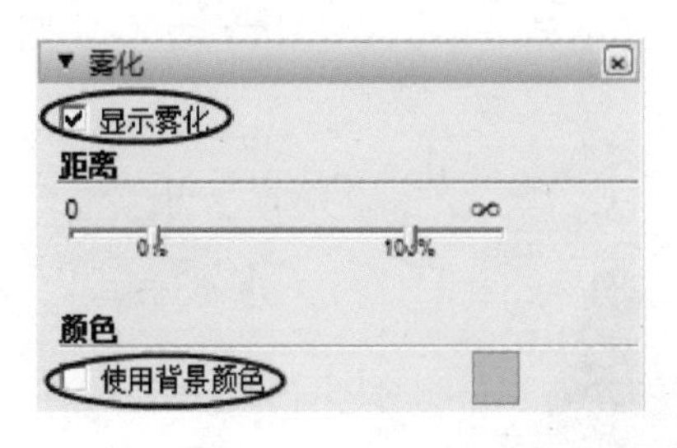

图 3-70 设置雾化

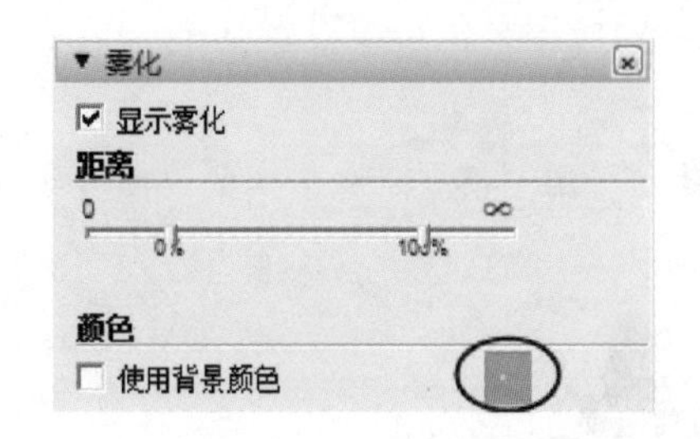

图 3-71 设置雾化颜色

06 将【距离】选项下的两个滑块调到两端，天空即由蓝色渐变到橘黄色，如图 3-72、图 3-73 所示。

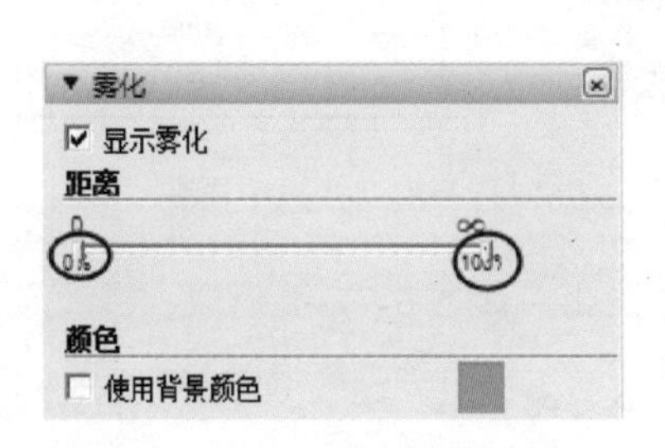

图 3-72 调整渐变

图 3-73 最终的渐变效果

3.6 柔化边线设置

柔化边线，主要是指线与线之间的距离，拖动滑块调整角度大小，角度越大，边线越平滑，【平滑法线】复选框可以使边线平滑，【软化共面】复选框可以使边线软化。

【柔化边线】面板显示柔化边线选项，如图 3-74 所示。

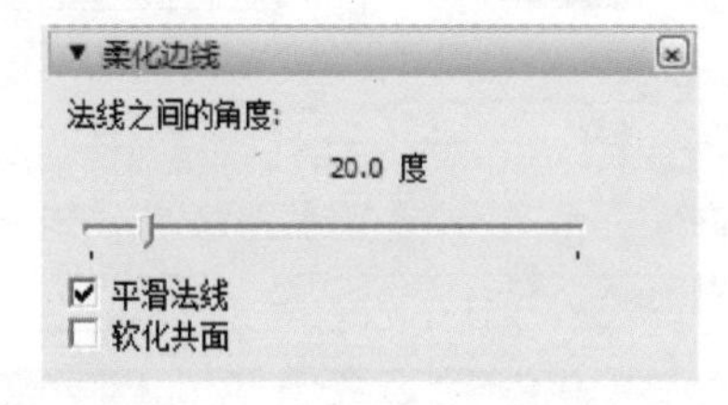

图 3-74 【柔化边线】面板

案例——创建雕塑柔化边线效果

源文件：\ Ch03 \ 雕塑 . skp
结果文件：\ Ch03 \ 雕塑柔化边线效果 . skp
视频：\ Ch03 \ 雕塑柔化边线效果 . wmv

本例主要应用柔化边线设置功能，对一个景观小品雕塑的边线进行柔化，图3-75所示为效果图。

01 打开雕塑模型。选中模型，在【柔化边线】面板中的选项变为可用，如图3-76所示。

图3-75　雕塑柔化边线效果

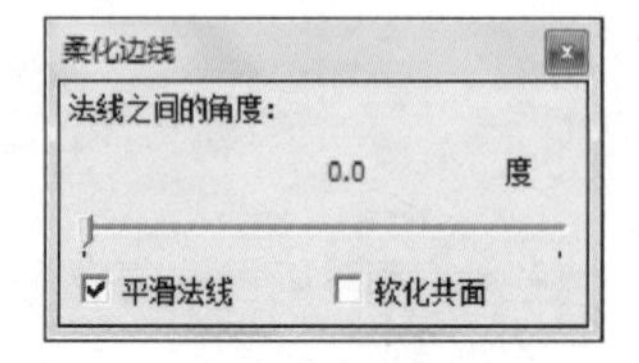

图3-76　打开模型并选中模型

02 在【柔化边线】面板中调整滑块，对边线柔化，如图3-77所示。

03 选中【软化共面】复选框，调整后的平滑法线和软化共面效果如图3-78所示。

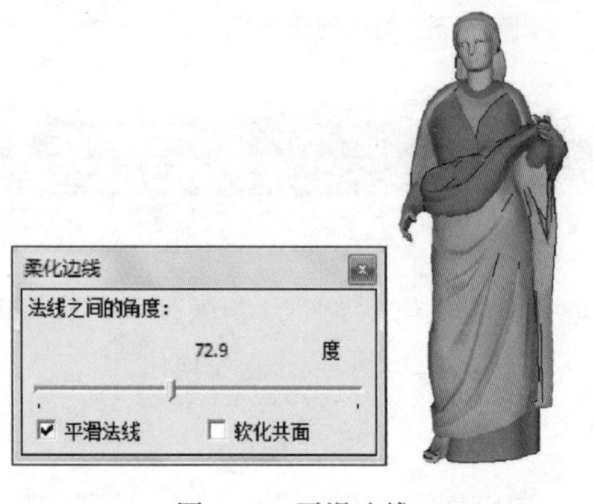

图3-77　平滑法线

图3-78　软化共面

提示	【柔化边线】面板，需选中模型才会启用，不选中则以灰色状态显示。

3.7 阴影与场景的应用

利用阴影功能，可以为场景在渲染时添加真实的阴影效果。在默认面板区域的【阴影】面板，如图3-79所示。

SketchUp场景设置，用于控制SketchUp场景的各种功能，【场景】面板包含该模型的所有场景的信息，列表中的场景会按在运行动画时显示的顺序显示。

在默认面板区域的【场景】面板，如图3-80所示。

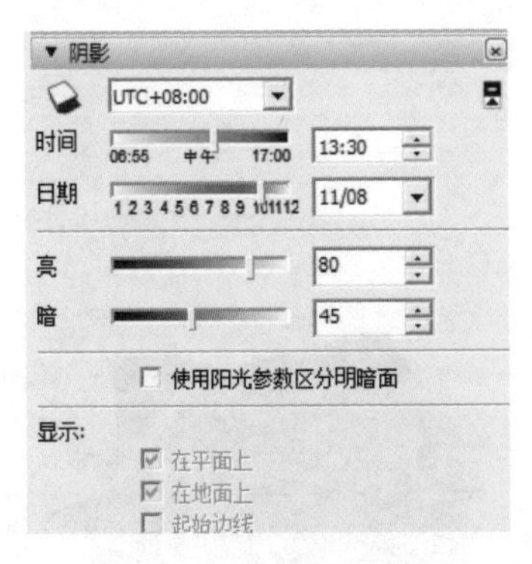

图 3-79 【阴影】面板

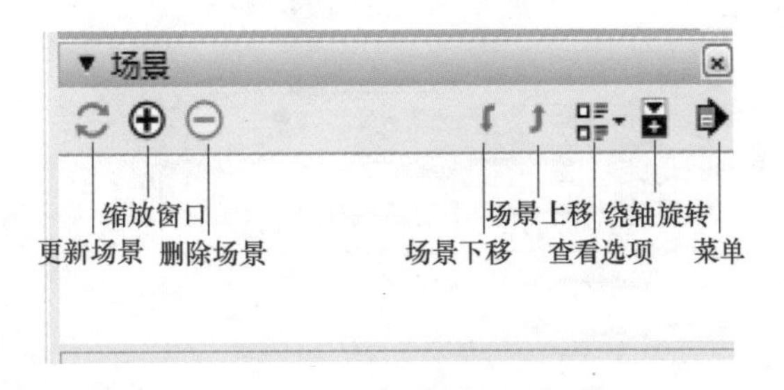

图 3-80 【场景】面板

案例——创建阴影动画

本例主要利用阴影工具和场景设置功能相结合，设置一个模型的阴影动画。

源文件：\ Ch03 \ 住宅模型 2. skp

结果文件：\ Ch03 \ 阴影动画场景 . skp、\ Ch03 \ 阴影动画视频 . avi

视频：\ 阴影动画 . wmv

01 打开住宅模型，如图 3-81 所示。

图 3-81 打开住宅模型

02 在默认面板区域中展开【阴影】面板，如图 3-82 所示。

03 将阴影日期设为 2018 年 11 月 15 日，如图 3-83 所示。

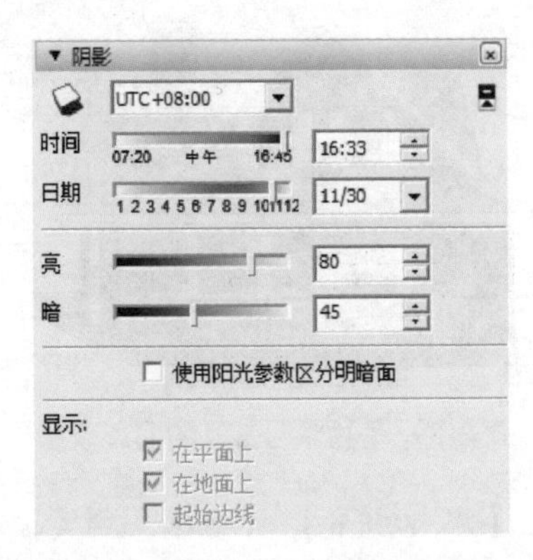

图 3-82 展开【阴影】面板

图 3-83 设置日期

04 将阴影时间滑块拖动到最左边的凌晨，如图 3-84 所示。

05 在菜单栏执行【编辑】/【阴影】命令，显示模型阴影，如图 3-85 所示。

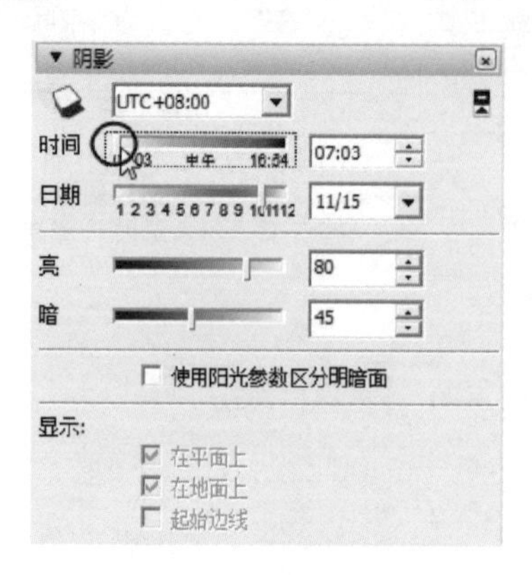

图 3-84　设置阴影时间

图 3-85　显示模型阴影效果

06 在【场景】面板单击【添加场景】按钮⊕，创建“场景号 1”，如图 3-86 所示。

07 将阴影时间滑块拖动到中间的中午，如图 3-87 所示。

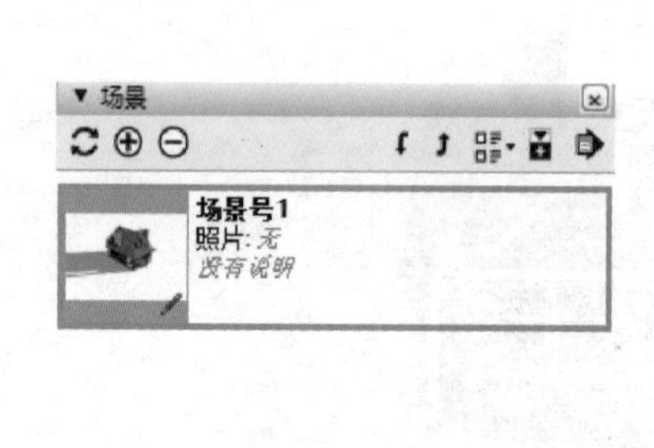

图 3-86　创建“场景号 1”

阴影
UTC+08:00
时间　07:02　中午　16:54　12:30
日期　1 2 3 4 5 6 7 8 9 10 11 12　11/15
亮　80
暗　45
使用阳光参数区分明暗面
显示:
在平面上
在地面上
起始边线

图 3-87　设置阴影时间

08 单击【添加场景】按钮⊕，创建“场景号 2”，如图 3-88、图 3-89 所示。

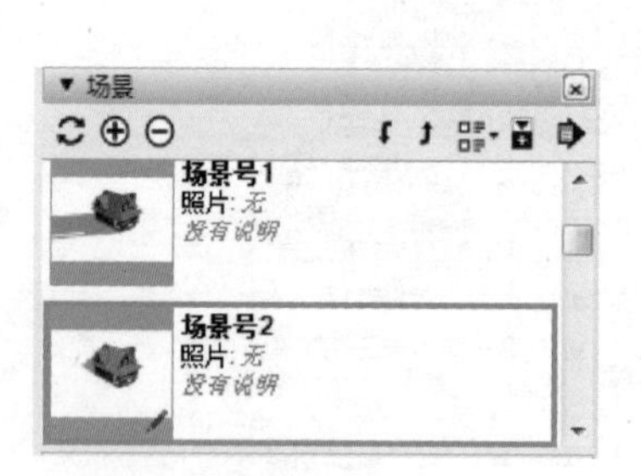

图 3-88　创建“场景号 2”

图 3-89　“场景号 2”的阴影效果

09 将阴影时间滑块拖动到最右边，单击【添加场景】按钮⊕，创建“场景号 3”，阴影效果如图 3-90 所示。

图 3-90　设置阴影时间并创建“场景号 3”

10 在菜单栏执行【窗口】/【模型信息】命令，弹出【模型信息】对话框。设置动画参数，如图 3-91 所示。

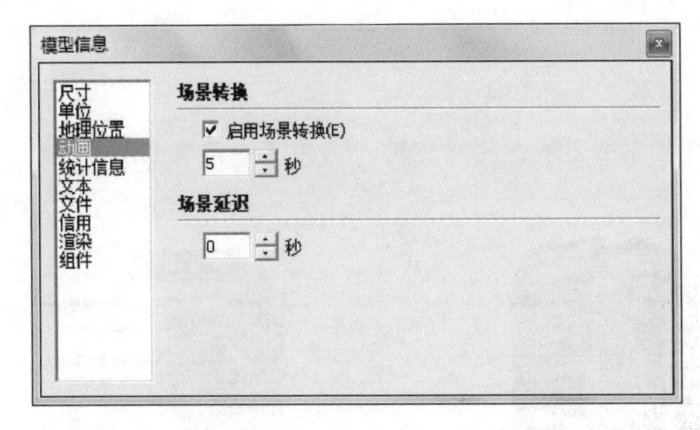

图 3-91　设置模型动画参数

11 在图形区上方“场景号”位置单击鼠标右键，选择【播放动画】命令，在弹出的【动画】面板中单击【播放】按钮，如图 3-92 所示。

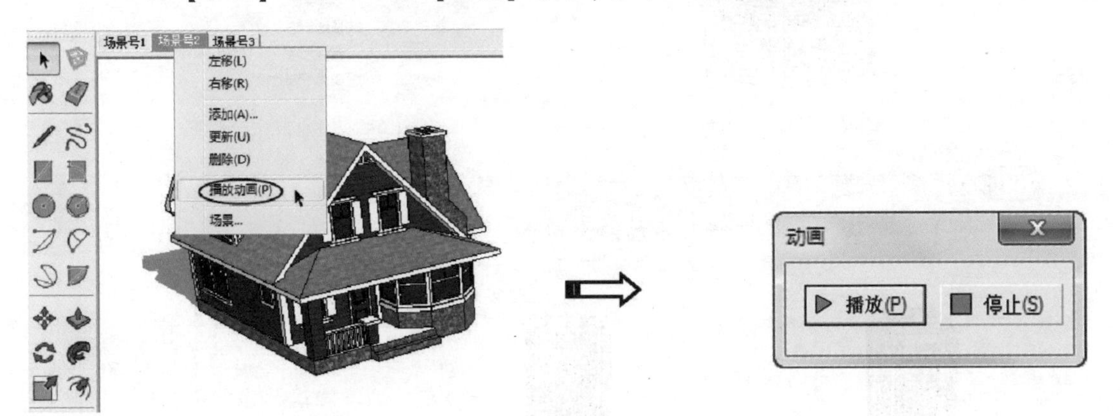

图 3-92　播放动画

12 在菜单栏中执行【文件】/【导出】/【动画】/【视频】命令，将阴影动画导出，如图 3-93 所示。

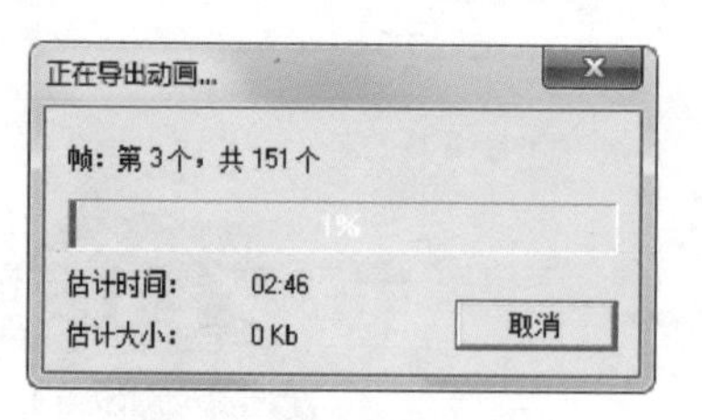

图 3-93　导出阴影动画

案例——创建建筑生长动画

本例主要利用了剖切工具和场景设置功能来完成建筑生长动画。

源文件：\ Ch03 \ 建筑模型 4. skp
结果文件：\ Ch03 \ 建筑生长动画场景 . skp、\ Ch03 \ 建筑生长动画视频 . avi
视频：\ Ch03 \ 建筑生长动画 . wmv

01 打开建筑模型，如图 3-94 所示。

02 将整个模型选中，单击鼠标右键，选择【创建群组】命令，创建一个群组，如图 3-95 所示。

图 3-94　打开模型

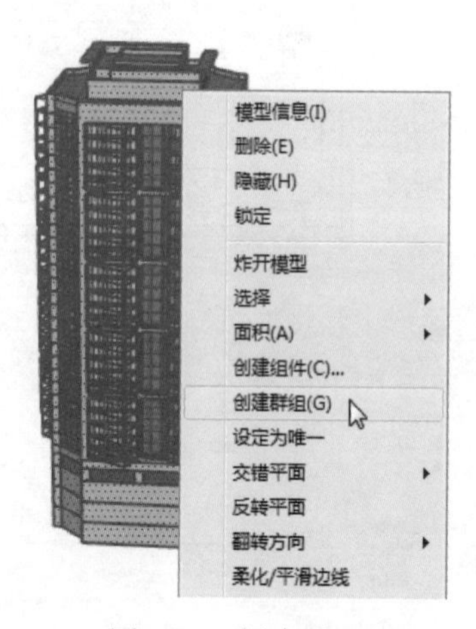

图 3-95　创建群组

03 双击模型进入群组编辑状态，如图 3-96 所示。在【截面】工具栏中单击【截平面】按钮，在模型底部添加一个截面，如图 3-97、图 3-98 所示。

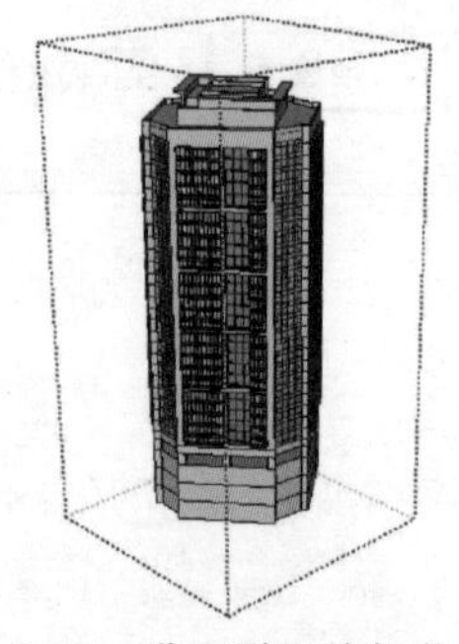
图 3-96　进入群组编辑状态

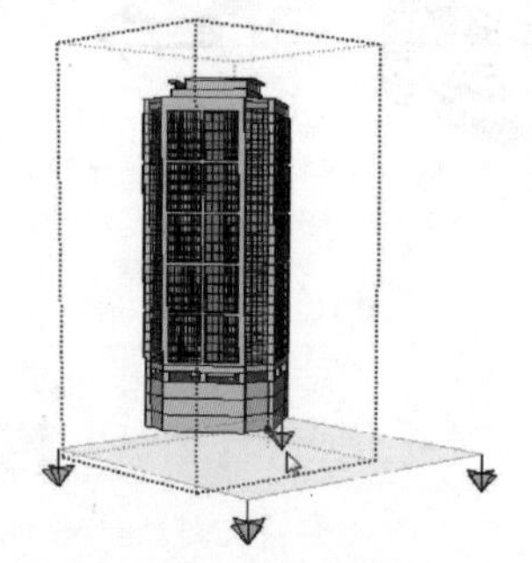
图 3-97　添加截面

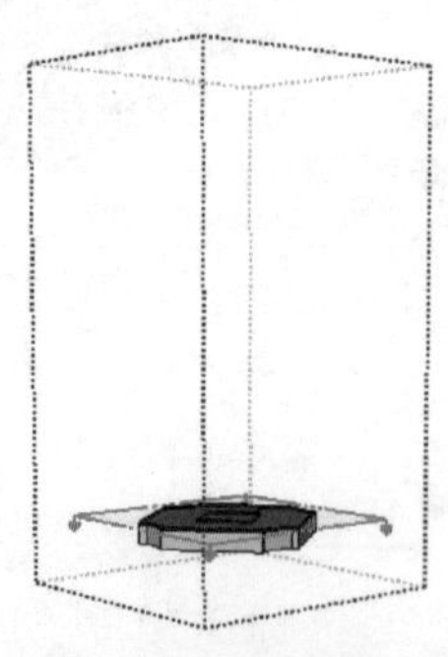
图 3-98　观察截面

04 将截面选中，单击【移动】按钮，按住 < Ctrl > 键不放，向上复制分别出 3 个截面，如图 3-99 所示。

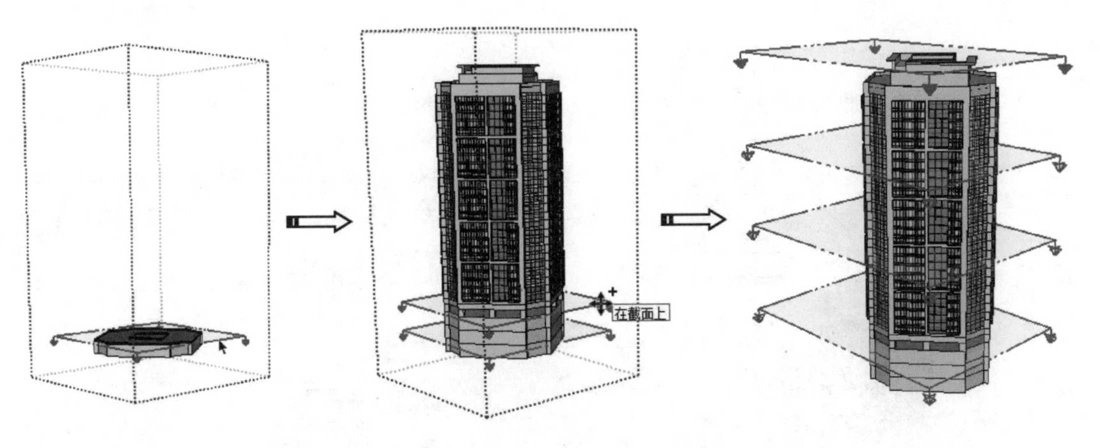

图 3-99 复制截面

05 选择第 1 层截面，单击鼠标右键选择【显示剖切】命令，仅显示第 1 层截面，而其他截面则自动隐藏，如图 3-100 所示。

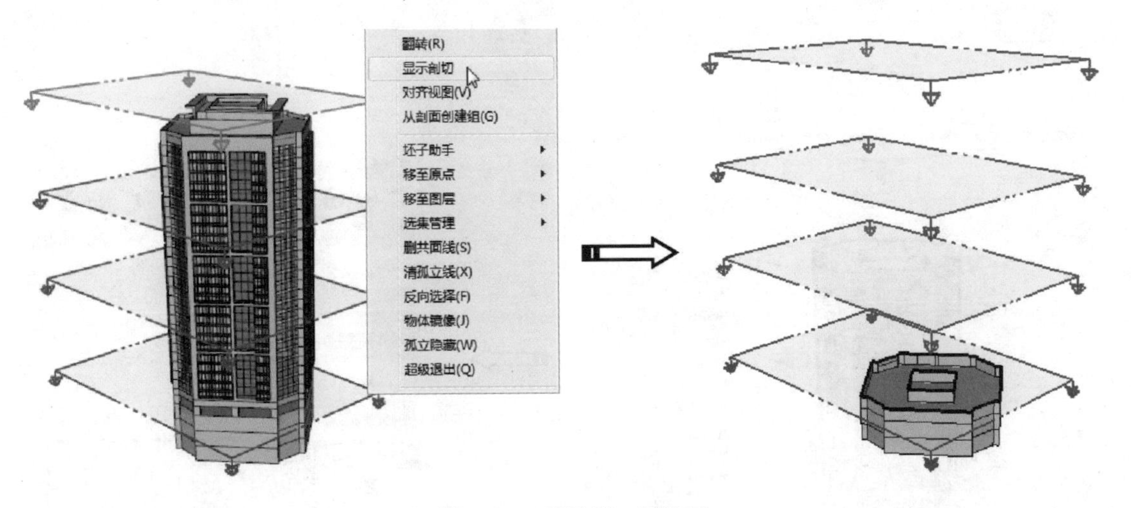

图 3-100 显示第 1 层堆面

06 在【场景】面板中单击【添加场景】按钮，创建“场景号 1”，如图 3-101 所示。

图 3-101 创建“场景号 1”

07 选中第2层截面，单击鼠标右键并选择【显示剖切】命令，创建“场景号2”，如图3-102所示。

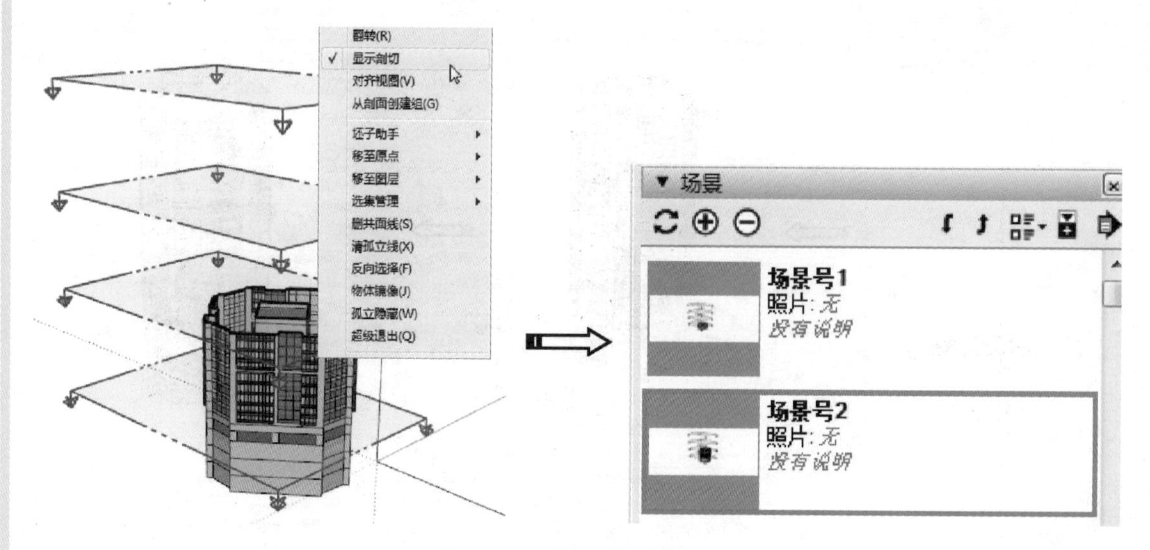

图3-102　创建“场景号2”

08 选中第3层截面，单击鼠标右键选择【显示剖切】命令，创建“场景号3”，如图3-103所示。

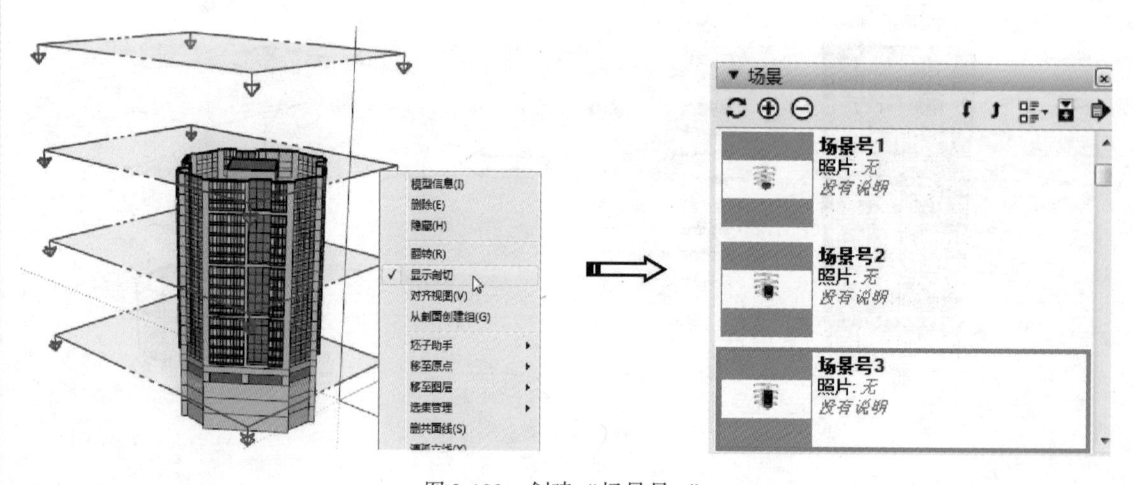

图3-103　创建“场景号3”

09 选中第4层截面，单击鼠标右键选择【显示剖切】命令，创建“场景号4”，如图3-104所示。

10 选择左上方“场景号”，单击鼠标右键，选择【播放动画】命令，弹出“动画”对话框，如图3-105所示。

11 在菜单栏执行【窗口】/【模型信息】命令，弹出【模型信息】面板，选择【动画】选项，参数设置如图3-106所示。

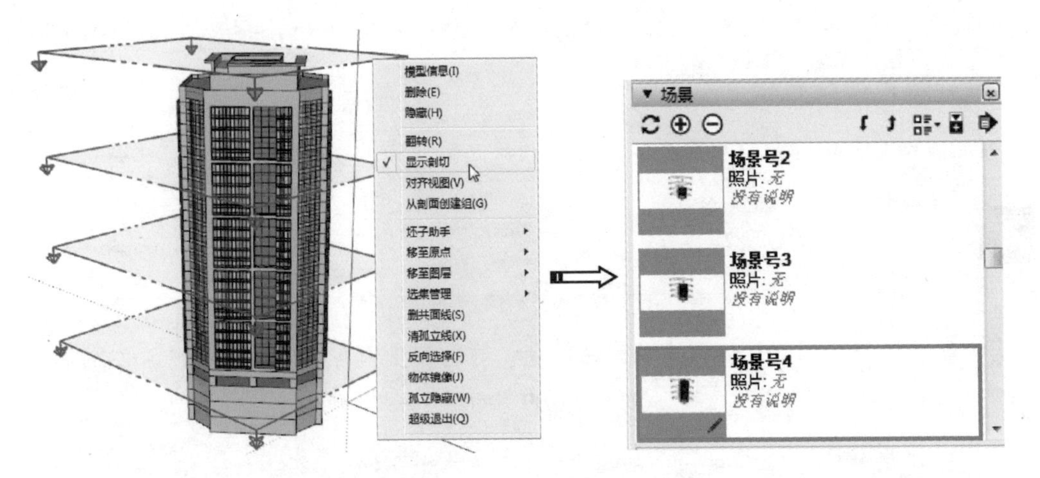

图 3-104 创建“场景号 4”

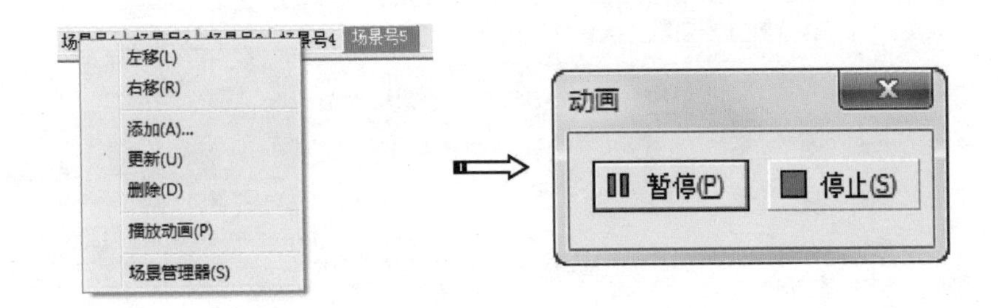

图 3-105

12 选择【文件】/【导出】/【动画】/【视频】命令，将动画导出，如图 3-107 所示。

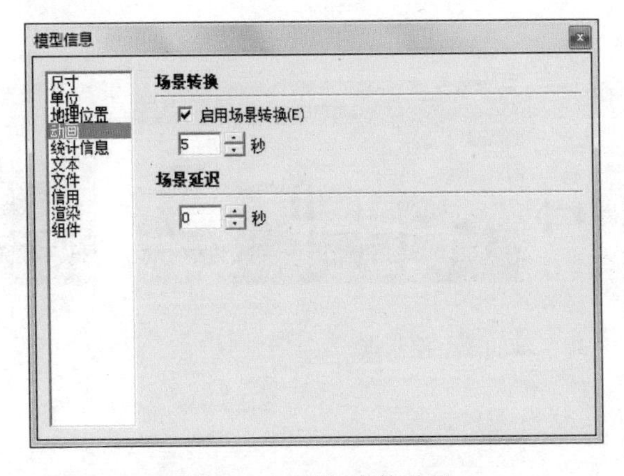

图 3-106 动画参数设置

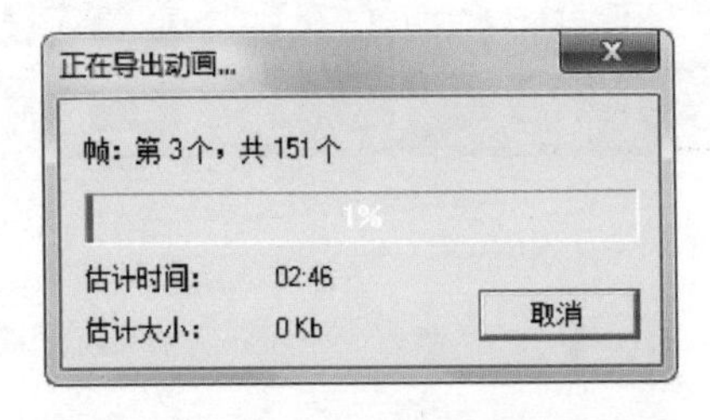

图 3-107 导出动画

3.8 照片匹配

照片匹配功能，能将照片与模型相匹配，创建不同风格的模型。在菜单栏中执行【窗口】/

【默认面板】/【照片匹配】命令，在默认面板区域中显示【照片匹配】面板，如图 3-108 所示。

案例——照片匹配建模

下面以一张简单的建筑照片为例，进行照片匹配建模的操作。

源文件：\ Ch03 \ 照片 . jpg
结果文件：\ Ch03 \ 照片匹配建模 . skp
视频文件：\ Ch03 \ 照片匹配建模 . wmv

01 在【照片匹配】面板中单击⊕按钮，导入云盘中的照片，从本例源文件夹中选择“照片 . jpg”图像文件，如图 3-109 所示。

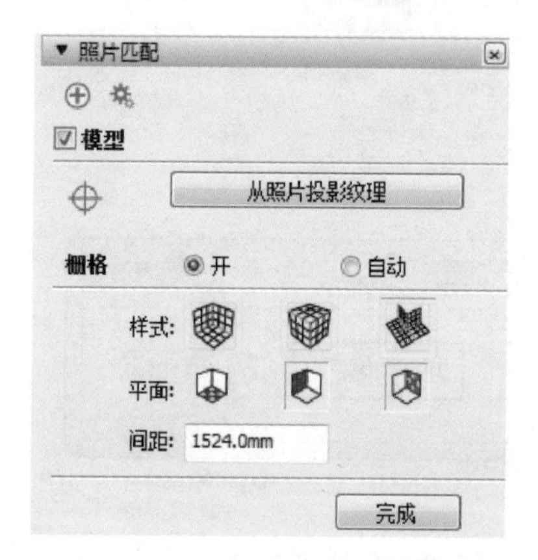

图 3-108 【照片匹配】面板

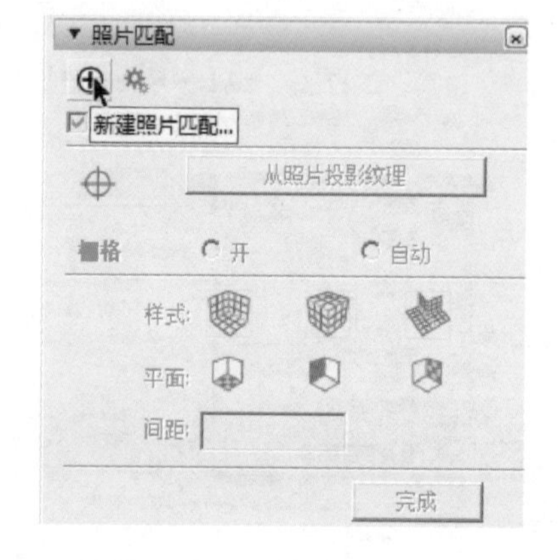

图 3-109 新建照片匹配

02 调整红绿色轴 4 个控制点，单击鼠标右键选择【完成】命令，鼠标指针变成一支笔，如图 3-110 所示。

图 3-110 调整红绿色轴的 4 个控制点

03 绘制模型轮廓，使它形成一个面，如图 3-111 所示。

图 3-111 绘制封闭轮廓

技巧提示

封闭的曲线绘制完成后会自动创建一个面来填充封闭曲线。

04 在【照片匹配】面板中单击 从照片投影纹理 按钮，将纹理投射到模型上，选择场景左上方的【照片】标签，单击鼠标右键选择【删除】命令，将照片删除，如图3-112所示。

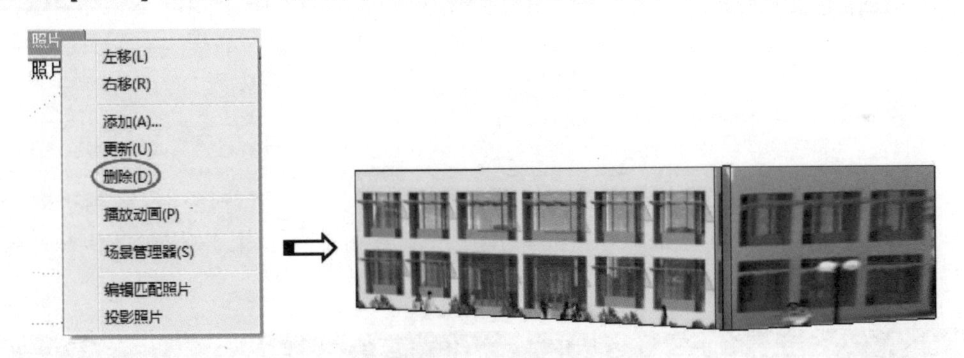

图3-112 删除照片

05 单击【直线】按钮，将面进行封闭，这样就形成了一个简单的照片匹配模型，如图3-113所示。

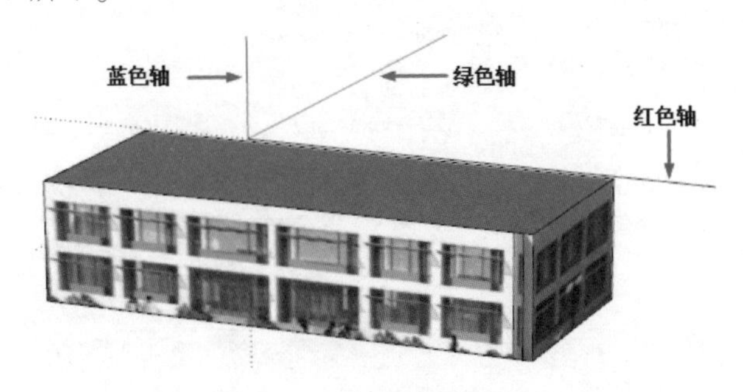

图3-113 绘制封闭曲线

提示

调整红绿色轴的方法是分别平行该面的上水平沿和下水平沿（当然在画面中不是水平，但在空间中是水平的，表示与大地平行）。用绿色的虚线界定另一个与该面垂直的面，同样是平行于该面的上下水平沿。此时能看到蓝线（即Z轴）垂直于画面中的地面，另外绿线与红线在空间中互相垂直形成了xy平面。

第4章 材质与贴图的应用

SketchUp 的材质组成大致包括颜色、纹理、贴图、漫反射与光泽度、反射与折射、透明与半透明、自发光等。材质在 SketchUp 中应用广泛，它可以将一个普通的模型添上丰富多彩的材质，使模型展现得更生动。

4.1 使用材质

之前学习了如何使用 SketchUp 中默认的材质，这部分主要学习如何导入材质及应用材质，以及如何利用材质生成器将图片生成材质。

4.1.1 导入材质

这里以一组下载好的外界材质为例，教读者学习如何导入外界材质。

源文件：\ Ch04 \ SketchUp 材质

01 在默认面板区域展开【材料】面板，如图 4-1 所示。

02 单击【详细信息】按钮，在弹出的菜单中选择【打开和创建材质库】选项，如图 4-2 所示。

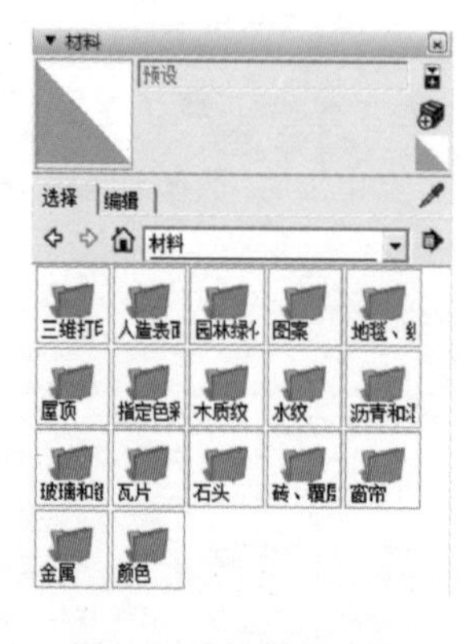

图 4-1 【材料】面板

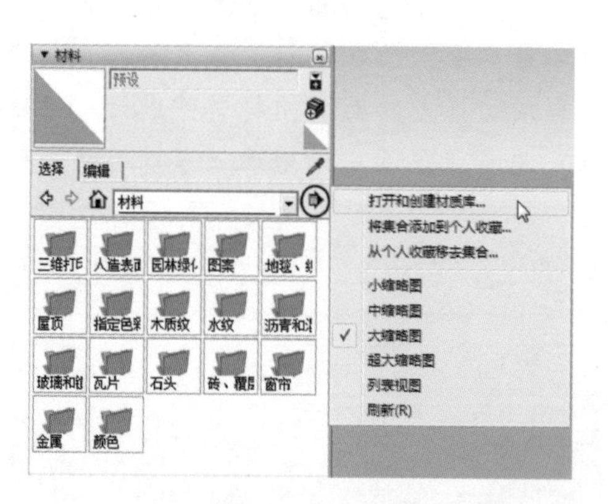

图 4-2 选择【打开和创建材质库】选项

03 弹出【选择集合文件夹或创建新文件夹】对话框，然后从本例源文件夹中打开“SketchUp 材质”，如图 4-3 所示。

04 单击 选择文件夹 按钮，即可将外界的材质导入到【材料】面板中，如图 4-4 所示。

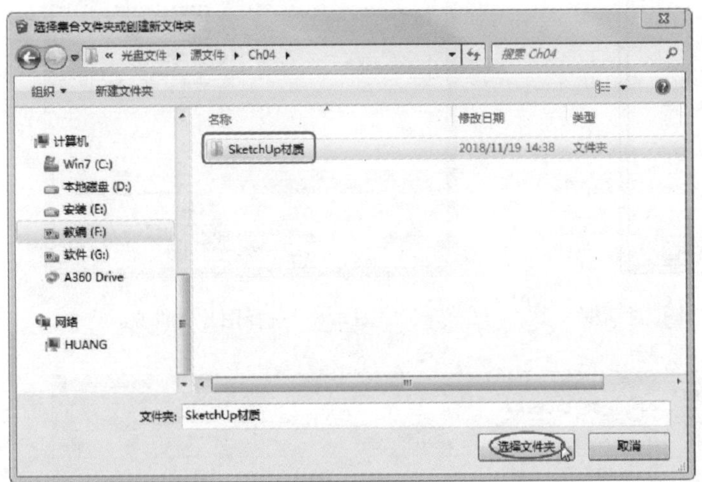

图 4-3 选择材质文件夹

图 4-4 添加完成的材质

提示 导入到【材料】面板中的材质必须以文件夹的形式，里面的材质文件格式必须是 skm 格式。

4.1.2 材质生成器

SketchUp 的材质除了系统自带的材质库以外，还可以下载添加材质，也可以利用材质生成器自制材质库。材质生成器，是个需要下载的“插件”程序，它可以将一些 jpg、bmp 格式的素材图片转换成 skm 格式，转换完成后 SketchUp 就可以直接使用了。

源文件：\ Ch04 \ SKMList. exe

01 在本例源文件夹中双击 SKMList.exe 程序，弹出【SketchUp 材质库生成工具】对话框，如图 4-5 所示。

02 单击 Path ... 按钮，选择想要生成材质的图片文件夹，如图 4-6 所示。

03 单击 确定 按钮，即将当前的图片添加到材质生成器中，如图 4-7 所示。

04 单击 Save ... 按钮，将图片进行保存，弹出【另存为】对话框，如图 4-8 所示。

05 单击 保存(S) 按钮，图片生成材质完成，关闭材质库生成工具。

06 打开【材料】面板，利用前文所述的方法导入材质，图 4-9 所示为已经添加好的材质文件夹。

图 4-5 【SketchUp 材质库生成工具】对话框

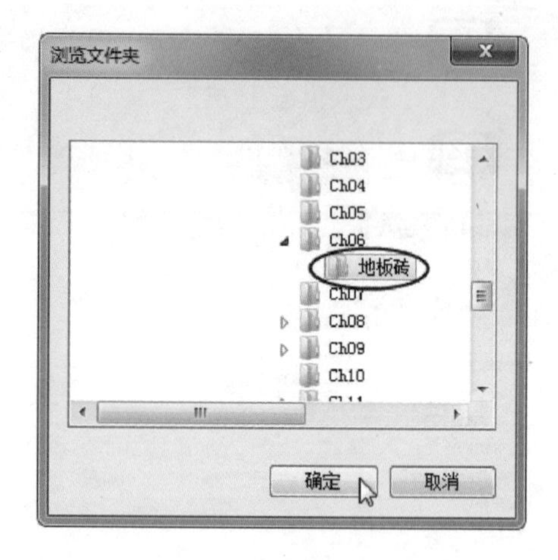

图 4-6 选择图片文件夹

图 4-7 添加材质到生成器中

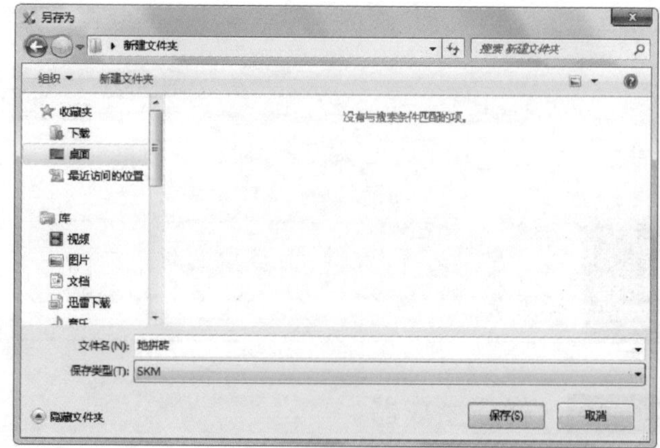

图 4-8 保存图片

07 双击文件夹，即可打开并应用当前材质，如图 4-10 所示。

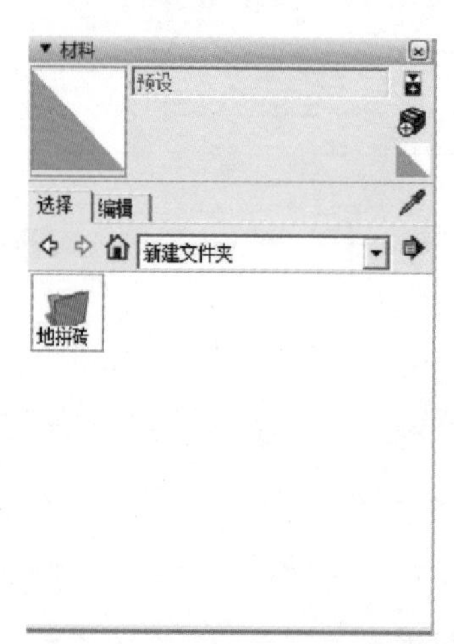

图 4-9 添加完成的材质文件夹

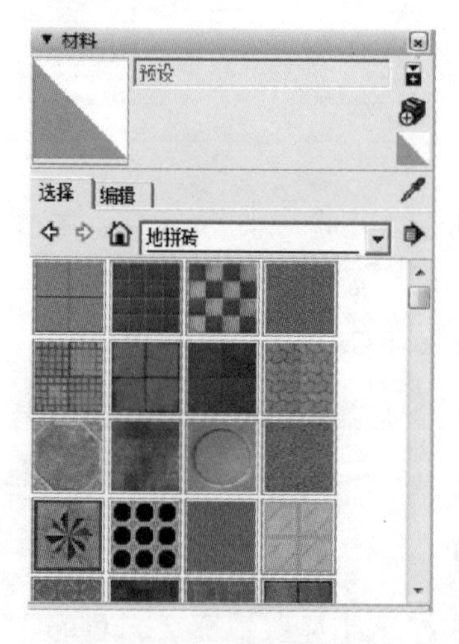

图 4-10 打开材质文件夹

4.1.3 材质应用

利用之前导入的材质，或者将喜欢的图片生成的材质应用到模型中。

源文件：\ Ch04 \ 茶壶 . skp

01 打开本例源文件夹下的“茶壶 . skp”模型，如图 4-11 所示。

02 打开【材料】面板，在下拉列表中快速查找之前导入的 SketchUp 材质文件夹，如图 4-12 所示。

图 4-11　打开模型

图 4-12　打开材质文件夹

03 将模型框选，选一种适合的材质，如图 4-13、图 4-14 所示。

图 4-13　选中模型

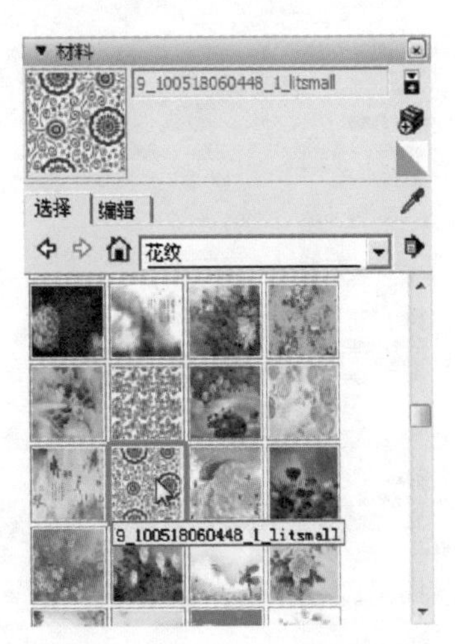

图 4-14　选择合适的材质

04 将鼠标光标移到模型上，单击鼠标左键填充材质，如图 4-15、图 4-16 所示。

05 如果填充效果不是很理想，可选择【编辑】选项，修改材质的纹理参数，如图 4-17、图 4-18 所示。

图 4-15　填充材质

图 4-16　材质效果

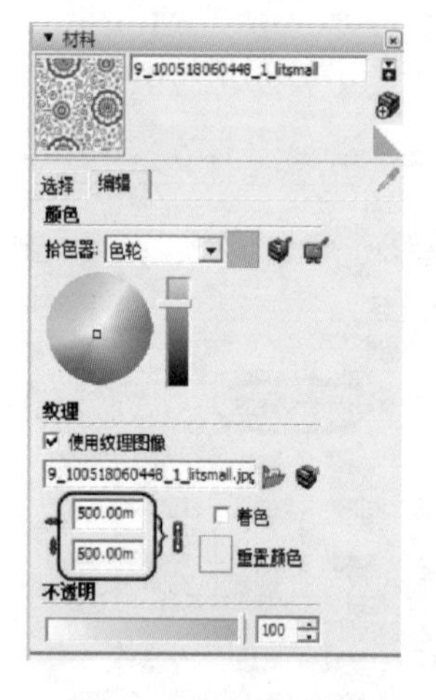

图 4-17　修改纹理参数

图 4-18　修改后的效果

06 修改材质颜色，效果如图 4-19、图 4-20 所示。

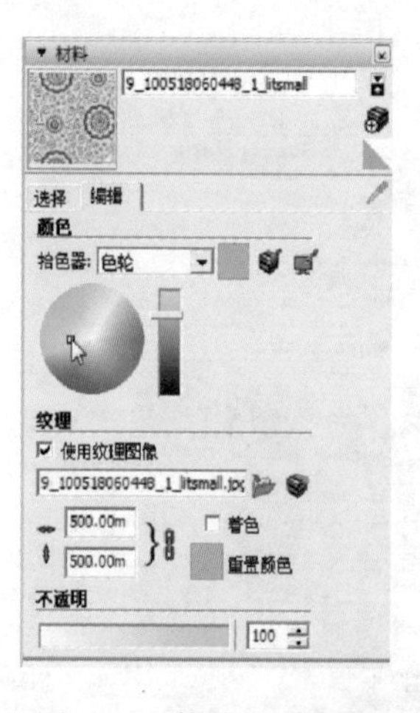

图 4-19　修改材质颜色

图 4-20　修改后的效果

4.2 材质贴图

SketchUp 中的材质贴图是应用于平铺图像的，也就是说在上色的时候，图案或图形可以垂直或水平地应用于任何实体，SketchUp 贴图坐标包括固定图钉和自由图钉两种模式。

4.2.1 固定图钉

固定图钉模式是指每一个图钉都有一个固定而且特有的功能。当固定一个或多个图钉的时候，固定图钉模式可以按比例缩放、歪斜、剪切和扭曲贴图。在贴图上单击鼠标左键，可以确保固定图钉模式被选中。每个图钉都有一个邻近的图标，这些图标代表了应用贴图的不同功能，这些功能只存在于固定图钉模式。

1. 固定图钉

如图 4-21 所示为固定图钉模式。

- ：拖动此图钉可移动纹理。
- ：拖动此图钉可调整纹理比例和旋转纹理。
- ：拖动此图钉可调整纹理比例和修剪纹理。
- ：拖动此图钉可以扭曲纹理。

2. 图钉右键菜单

如图 4-22 所示为图钉右键菜单。

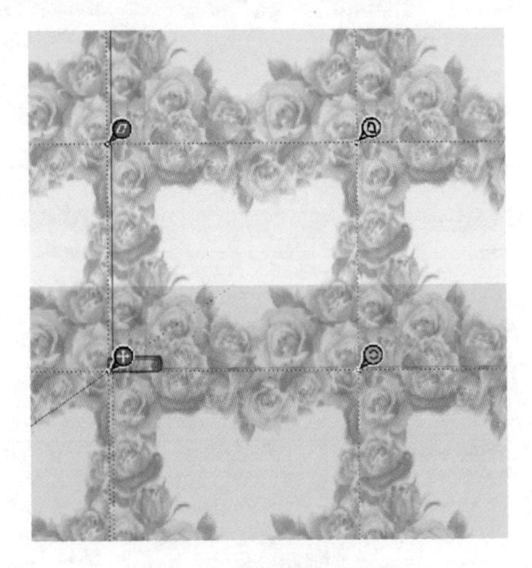

图 4-21 固定图钉模式

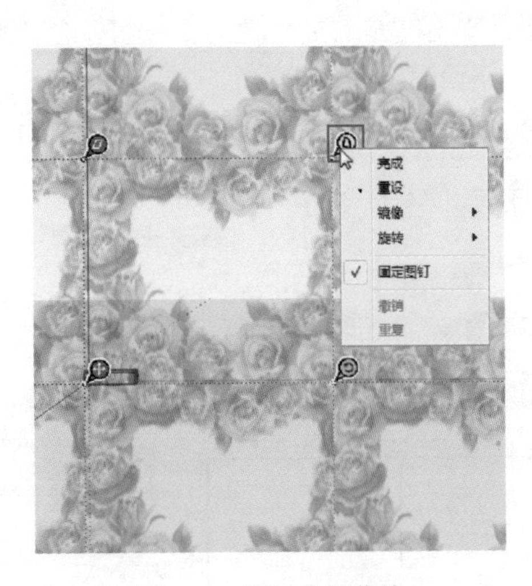

图 4-22 图钉右键菜单

- 【完成】：退出贴图坐标，保存当前贴图坐标。
- 【重设】：重置贴图坐标。
- 【镜像】：水平（左/右）和垂直（上/下）翻转贴图。
- 【旋转】：可以在预定的角度里旋转 90°、180°和 270°。
- 【固定图钉】：固定图钉和自由图钉的切换。
- 【撤销】：可以撤销最后一个贴图坐标的操作，与【编辑】菜单中的撤销命令不同，这个命令一次只撤销一个操作。
- 【重复】：重复命令可以取消撤销操作。

4.2.2 自由图钉

自由图钉模式，只需将固定图钉模式取消勾选即可。该模式操作比较自由，不受约束，读者可以根据需要自由调整贴图，但相对来说没有固定图钉方便。图4-23所示为自由图钉模式。

图4-23 自由图钉模式

4.2.3 贴图技法

在材质贴图中，大致可分为平面贴图、转角贴图、投影贴图、球面贴图等多种方法，每一种贴图方法都有它的不同之处。掌握了这些贴图技巧，才有可能发挥材质贴图的最大功能。

1. 平面贴图

平面贴图只能对具有平面的模型进行材质贴图，以一个实例来讲解平面贴图的用法。

源文件：\ Ch04 \ 立柜门 . skp

01 打开“立柜门 . skp”文件，如图4-24所示。

02 打开【材料】面板，给立柜门添加一种适合的材质，如图4-25、图4-26所示。

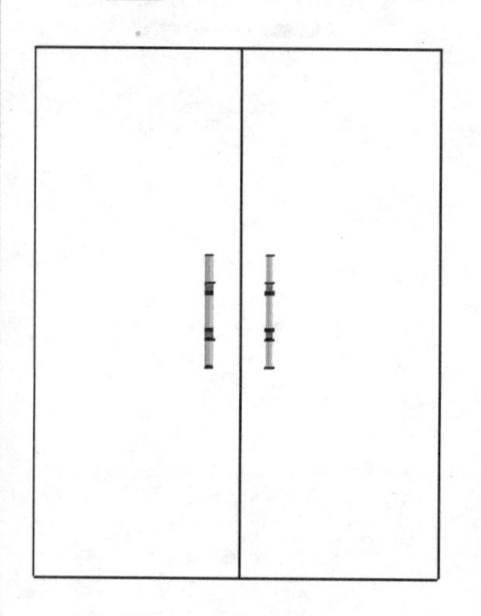

图4-24 打开模型

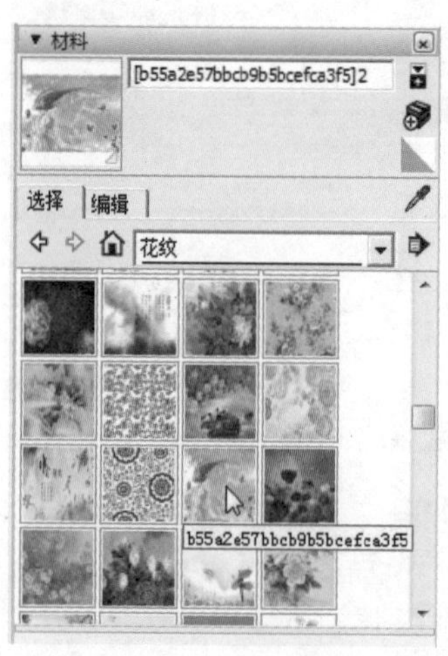

图4-25 选择材质

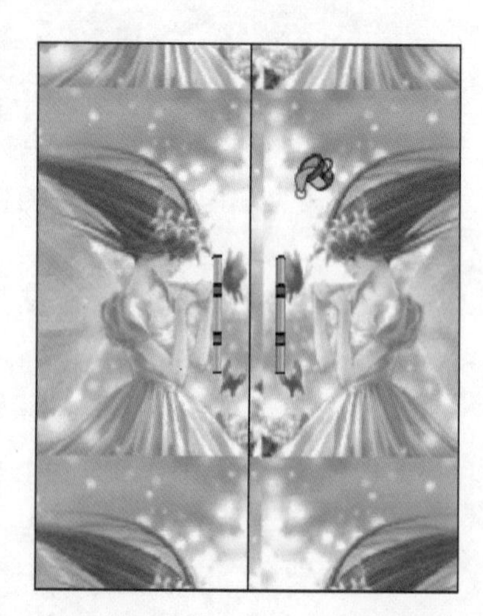

图4-26 添加材质给立柜门

03 选中右侧门上的纹理图案，单击鼠标右键并选择【纹理】/【位置】命令，出现纹理图案的固定图钉模式，如图4-27、图4-28所示。

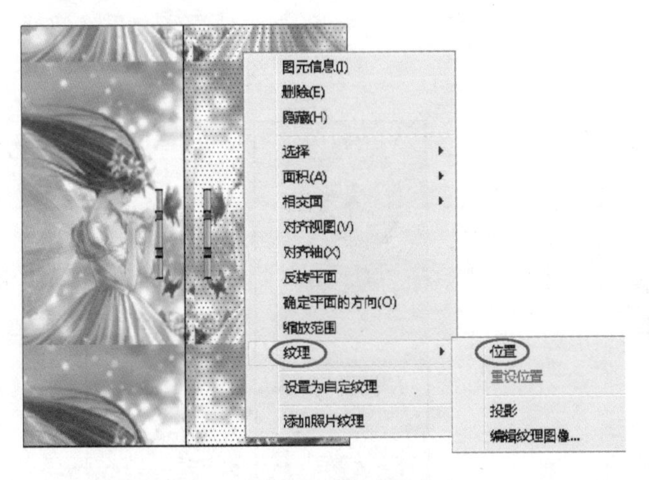

图 4-27　选择右键菜单命令

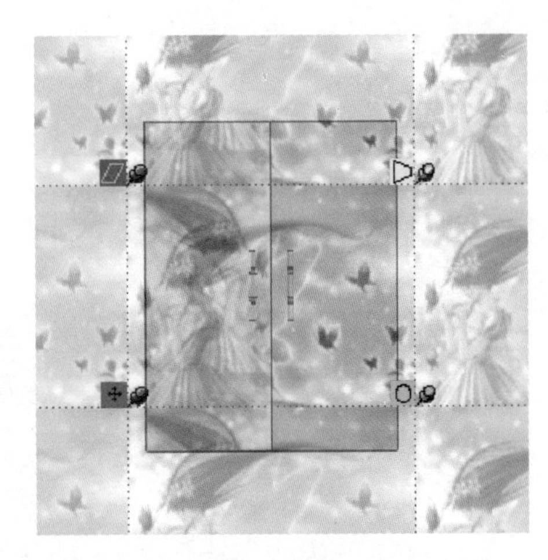

图 4-28　显示固定图钉模式

04 根据前文所讲的图钉功能，调整材质贴图的 4 个图钉，调整完后单击鼠标右键并选择【完成】命令，如图 4-29、图 4-30 所示。

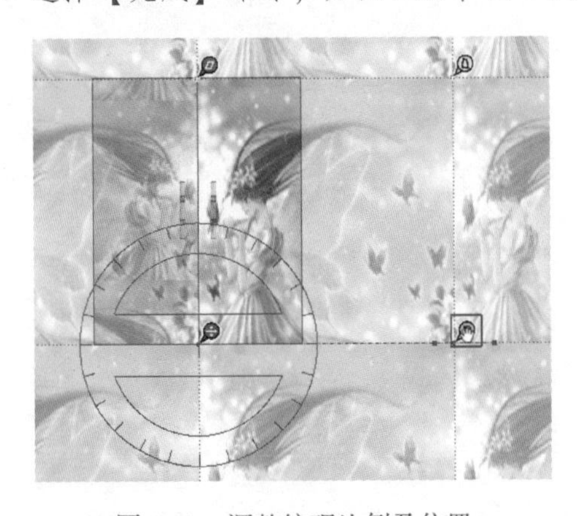

图 4-29　调整纹理比例及位置

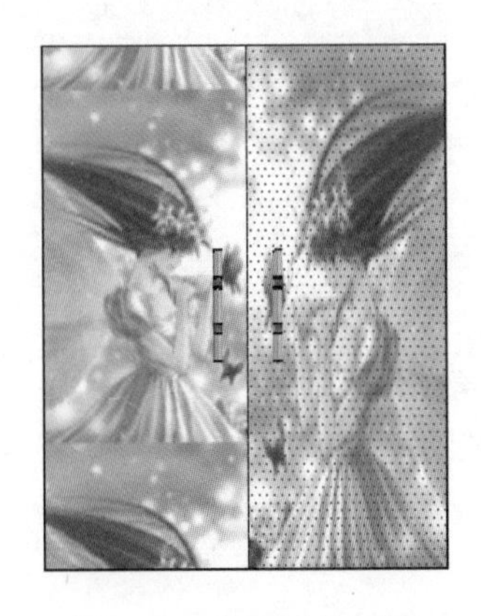

图 4-30　完成后的效果

05 选中左侧门上的纹理图案，单击鼠标右键并选择【纹理】/【位置】命令，然后进行纹理的比例及位置调整，结果如图 4-31、图 4-32 所示。

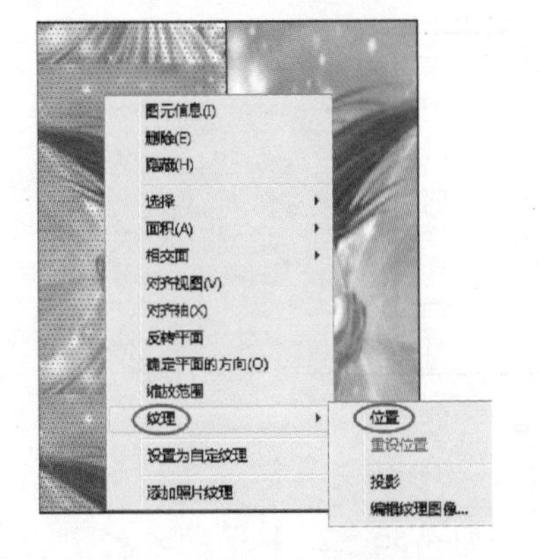

图 4-31　选择右键菜单命令

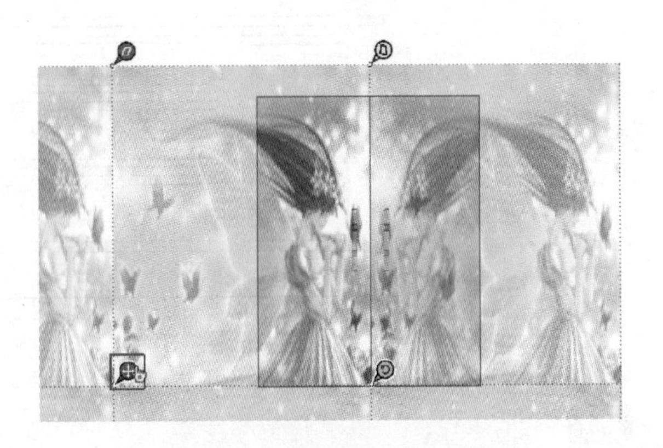

图 4-32　调整纹理比例及位置

06 调整完后单击鼠标右键并选择【完成】命令，如图4-33所示。最终材质贴图调整完成的效果如图4-34所示。

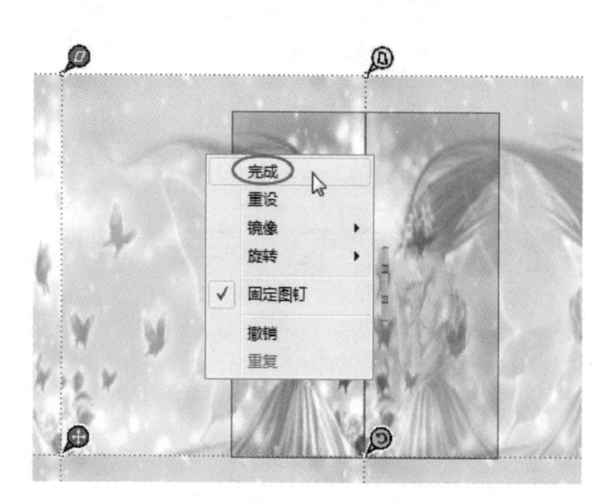

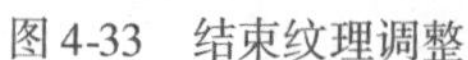
图4-33　结束纹理调整

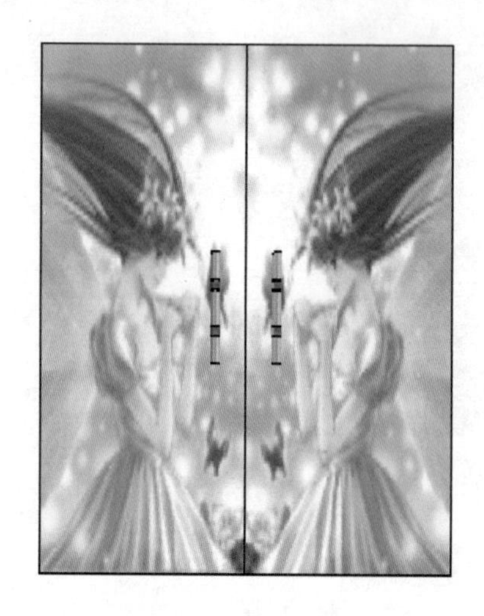

图4-34　最终效果

> **提示**
> 材质贴图坐标只能在平面上进行操作，在编辑过程中，按< Esc >键一次，可以使贴图恢复到前一个位置，按< Esc >键两次可以取消整个贴图坐标操作。在贴图坐标中，任何时候使用右键菜单均可恢复到前一个操作，或者从相关菜单中选择恢复。

2. 转角贴图

转角贴图是指能将模型具有转角的地方进行无缝连接的一种贴图，使贴图效果非常均匀。

源文件：\ Ch04 \ 柜子 . skp

01 打开“柜子 . skp”文件，如图4-35所示。

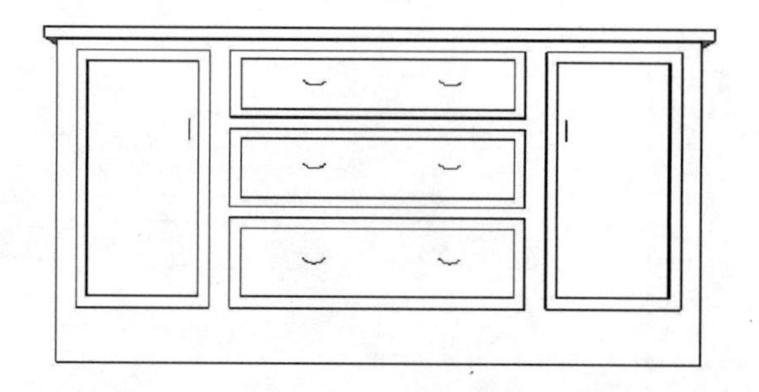

图4-35　打开模型

02 打开【材料】面板，给柜子添加适合的材质，如图4-36、图4-37所示。

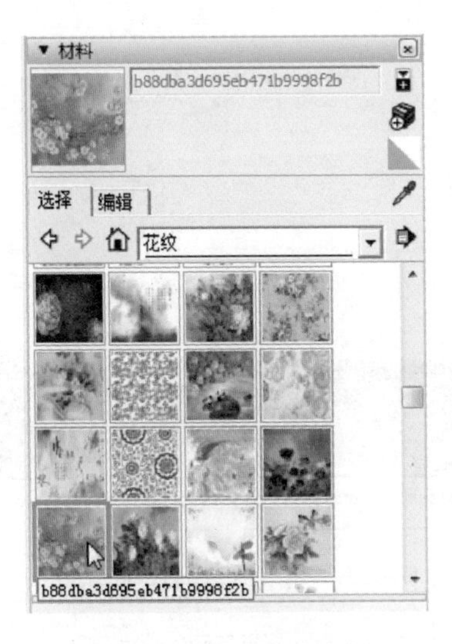

图 4-36 选择材质贴图

图 4-37 添加贴图给模型顶面

03 选中贴图图案，单击鼠标右键并选择【纹理】/【位置】命令，如图 4-38 所示。

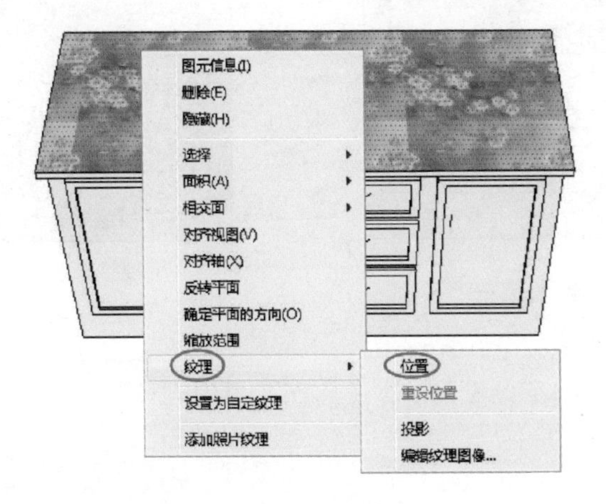

图 4-38 选择右键菜单命令

04 调整图钉，单击鼠标右键并选择【完成】命令，如图 4-39、图 4-40 所示。

图 4-39 调整图钉

图 4-40 完成调整

05 单击【材质】按钮并按住 <Alt> 键不放，鼠标指针变成吸管工具，对刚才完成的材质贴图进行吸取样式操作，如图4-41所示。

06 吸取材质贴图样式后即可对相邻的面填充材质，形成图案无缝连接的样式，如图4-42所示。

图4-41 吸取贴图样式

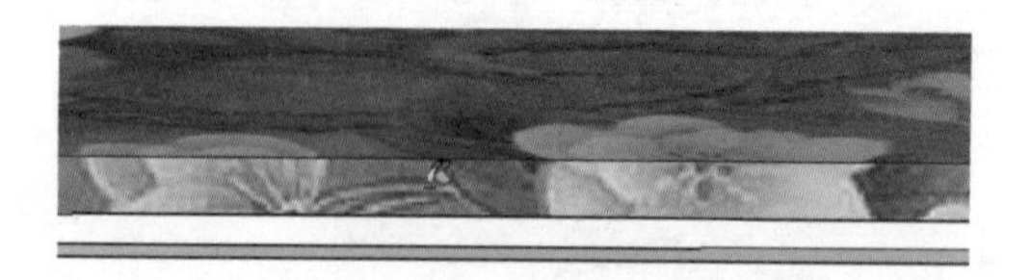

图4-42 填充给模型中的相邻面

07 依次对柜子的其他面填充材质，效果如图4-43、图4-44所示。

图4-43 完成其他面的填充

图4-44 最终效果

3. 投影贴图

投影贴图是指将一张图片以投影的方式将图案投射到模型上。

源文件：\ Ch04 \ 咖啡桌 . skp

01 打开“咖啡桌 . skp”文件，如图4-45所示。

02 在菜单栏中选择【文件】/【导入】命令，导入一张图片，并与模型平行于上方，如图4-46所示。

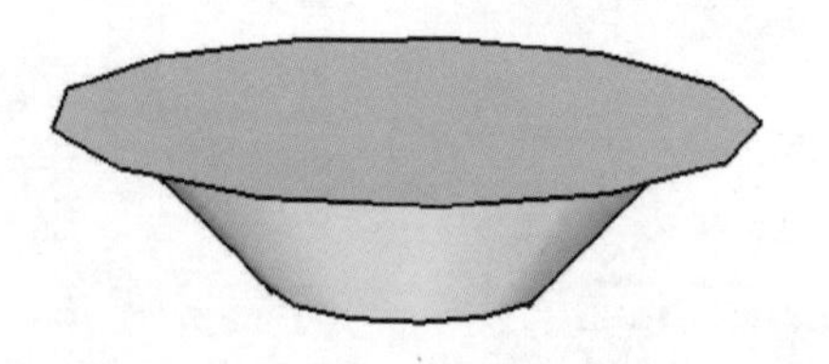

图4-45 打开模型

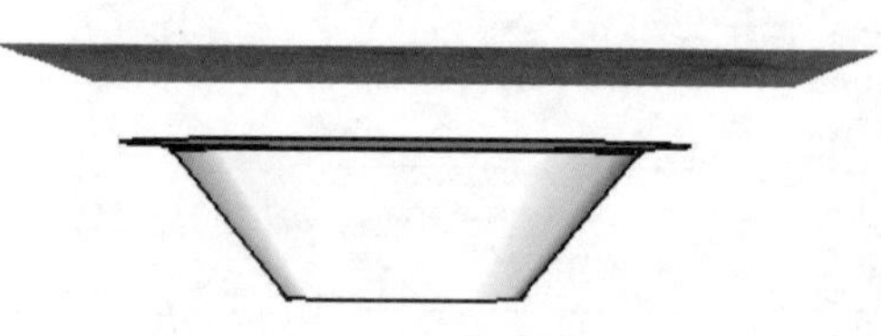

图4-46 导入图片

03 分别右键单击模型和图片，然后选择【分解】命令，如图4-47所示。

04 右键单击图片纹理并选择【纹理】/【投影】命令，如图4-48所示。

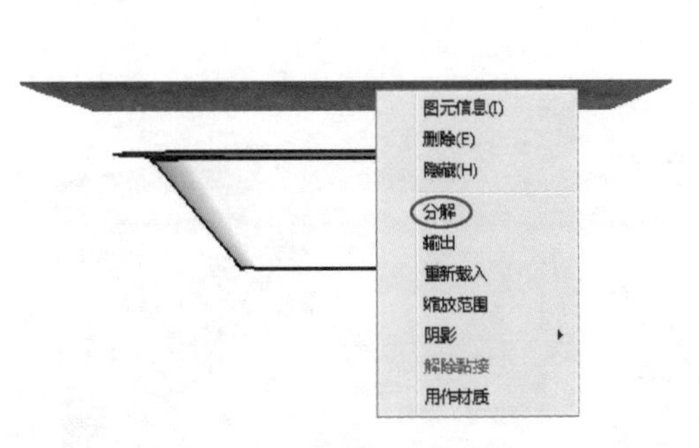

图 4-47 选择【分解】命令

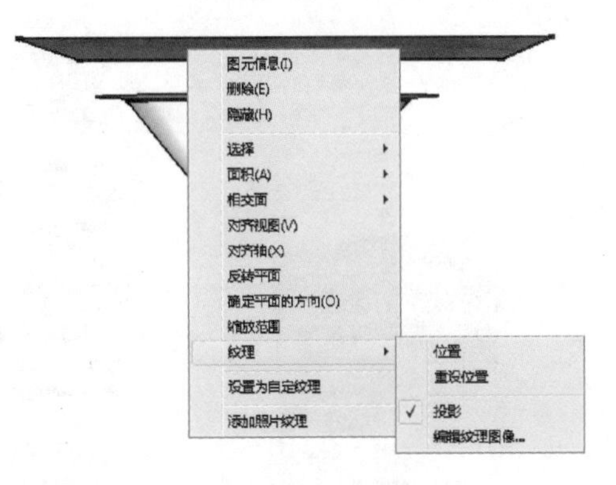

图 4-48 选择【投影】命令

05 以“X 光透射模式”来显示模型，方便查看投影效果，如图 4-49 所示。

06 打开【材料】面板，单击【样本颜料】按钮，吸取图片材质，如图 4-50 所示。

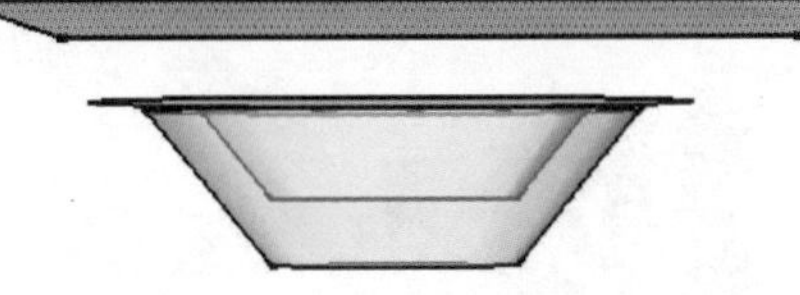

图 4-49 设置“X 光透射模式”

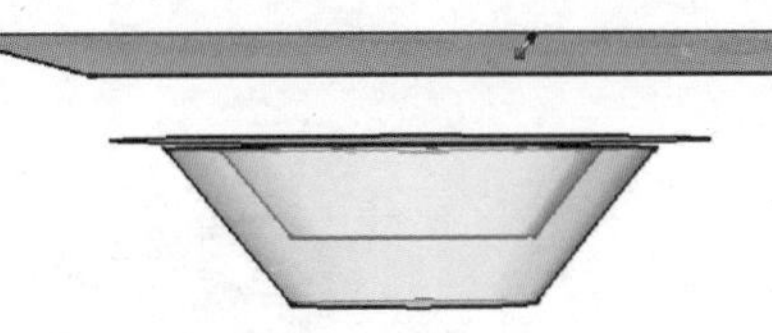

图 4-50 吸取图片材质

07 选中模型单击鼠标左键，填充材质，如图 4-51 所示。

08 取消 X 射线样式，将图片删除，最终效果如图 4-52 所示。

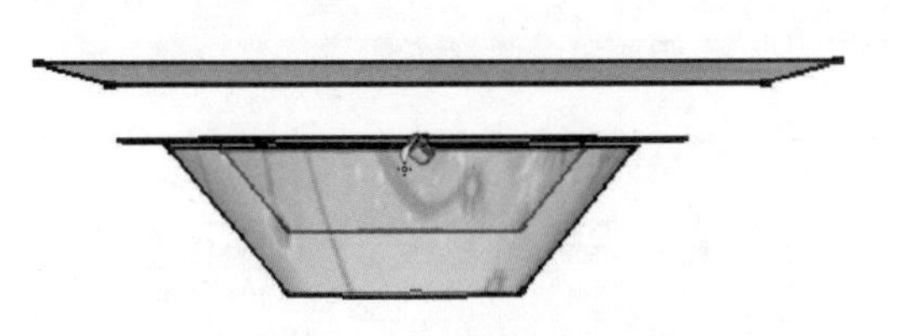

图 4-51 对模型填充材质

图 4-52 最终效果

4. 球面贴图

球面贴图是指同样以投影的方式将图案投射到球面上。

源文件：\ Ch04 \ 地球图片 . jpg

01 绘制一个球体和一个矩形面，如图 4-53 所示。

02 在【材料】面板的【编辑】标签下导入云盘中的“地球图片 . jpg”，给矩形面添加自定义纹理材质，如图 4-54、图 4-55 所示。

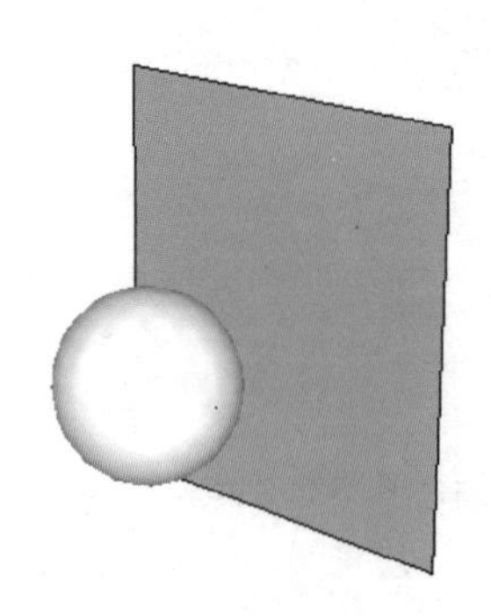
图 4-53　绘制球体和矩形

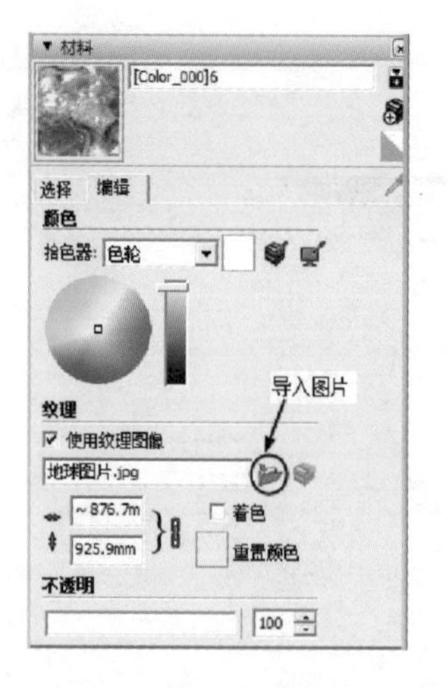

图 4-54　导入图片

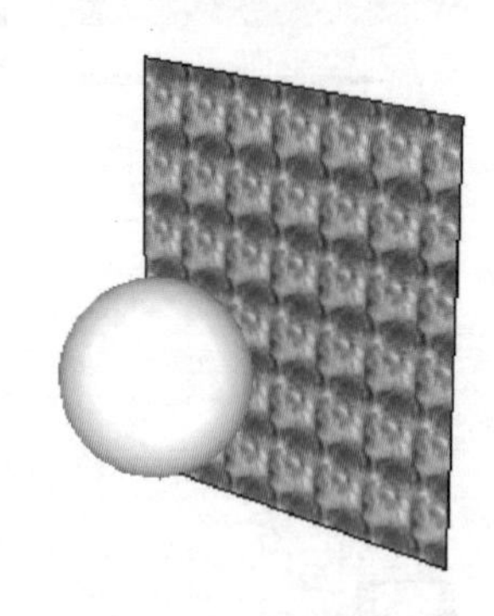
图 4-55　添加材质给矩形

03 填充的纹理不均匀，右键单击矩形材质并选择【纹理】/【位置】命令，开启固定图钉模式，然后调整纹理，如图 4-56、图 4-57 所示。

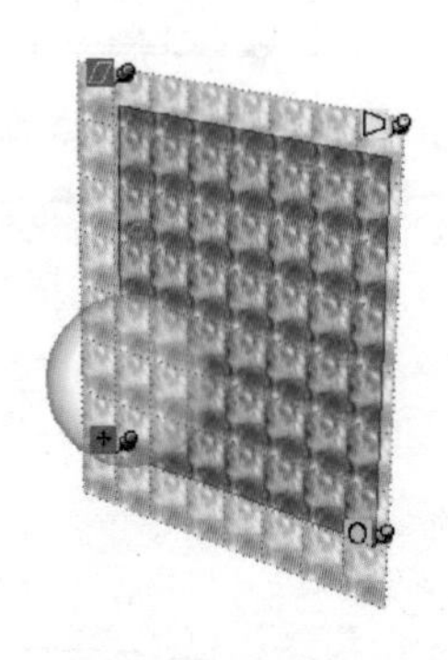
图 4-56　开启固定图钉模式

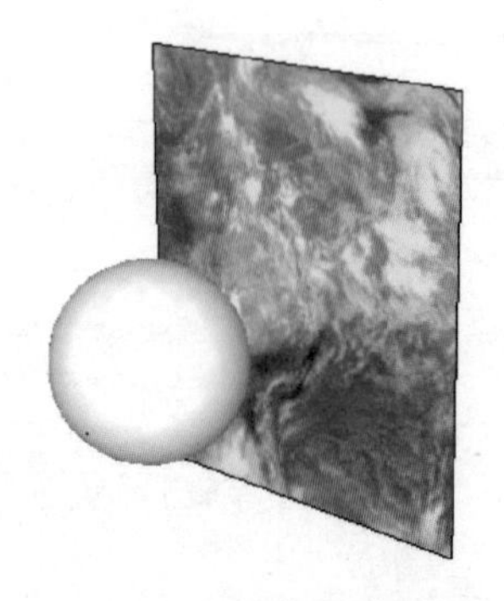
图 4-57　调整纹理

04 在矩形面上单击鼠标右键并选择【纹理】/【投影】命令，如图 4-58 所示。

05 单击【材料】面板中的【样本颜料】按钮，吸取矩形面材质，如图 4-59 所示。

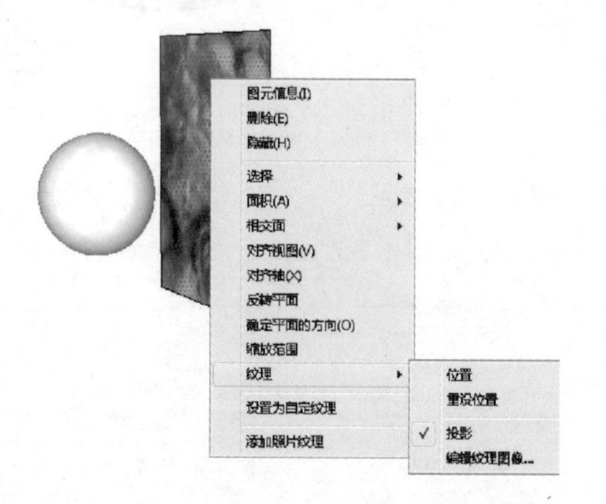

图 4-58　选择右键菜单命令

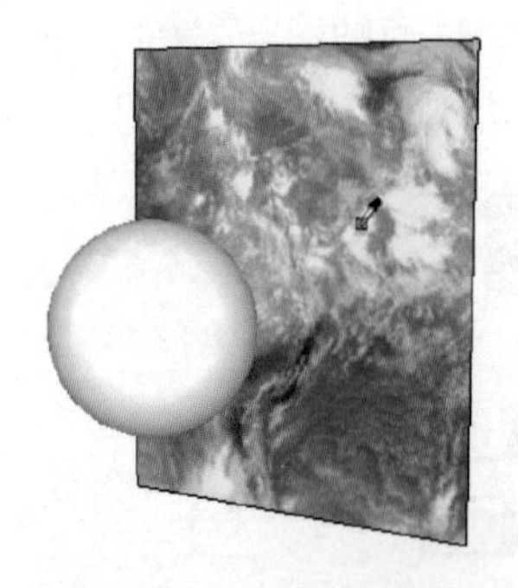
图 4-59　吸取矩形面材质

06 在球面上单击鼠标左键，即可添加材质，如图4-60所示。最后将图片删除，得到如图4-61所示的地球效果。

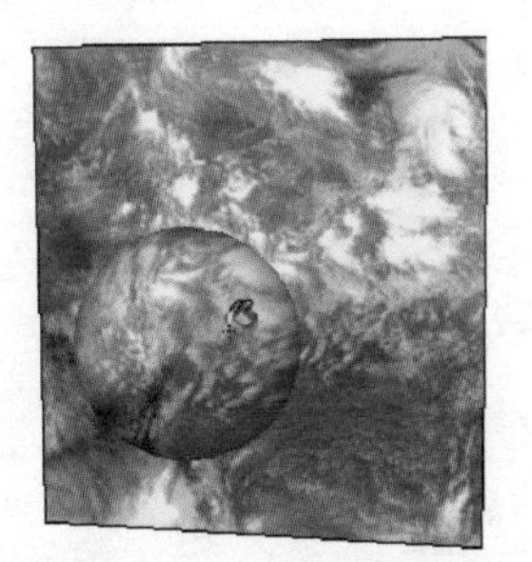
图4-60 添加材质给球体

图4-61 地球效果

4.3 材质与贴图应用案例

在学习了贴图技法后，这一小节以3个实例进行实际操作，使大家对材质贴图能更加灵活地应用。

案例——创建瓷盘贴图

本例主要应用了材质工具和贴图坐标来创建贴图。

源文件：\ Ch04 \ 瓷盘 . skp，\ Ch04 \ 图案 1. jpg
结果文件：\ Ch04 \ 瓷盘 . skp
视频：\ Ch04 \ 瓷盘贴图 . wmv

01 打开瓷盘模型，如图4-62所示。

02 在【材料】面板的【编辑】标签下导入云盘中的“图案1. jpg”图片，填充自定义纹理材质，如图4-63、图4-64所示。

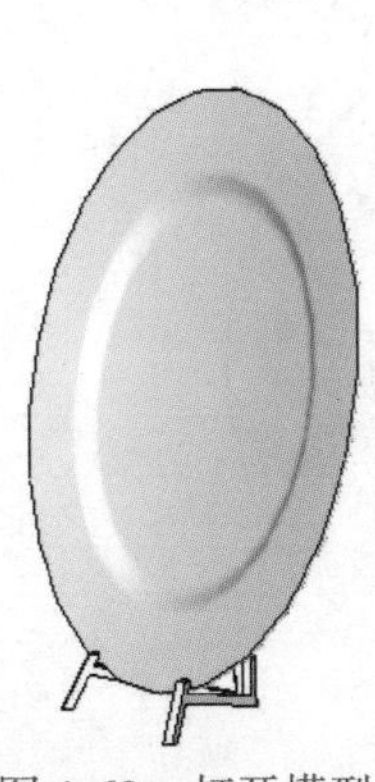
图4-62 打开模型

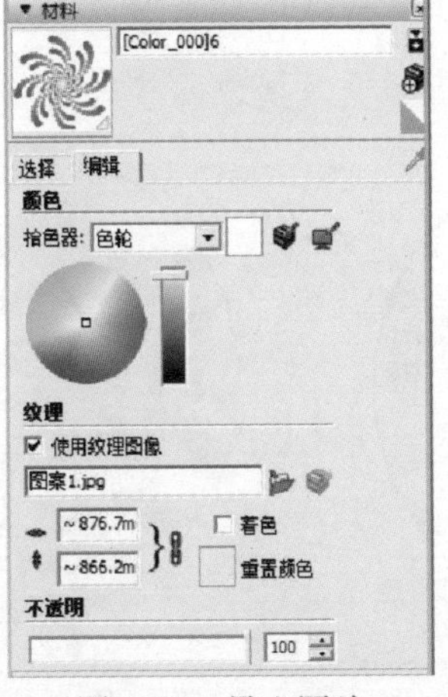

图4-63 导入图片

图4-64 添加材质

03 选择【视图】/【隐藏物体】命令，将模型以虚线显示，整个模型面被均分为多份，如图4-65所示。

04 右键单击其中的一份贴图，并选择【纹理】/【位置】命令，开启固定图钉模式。调整纹理后单击鼠标右键选择【完成】命令，完成纹理的调整。如图4-66、图4-67、图4-68所示。

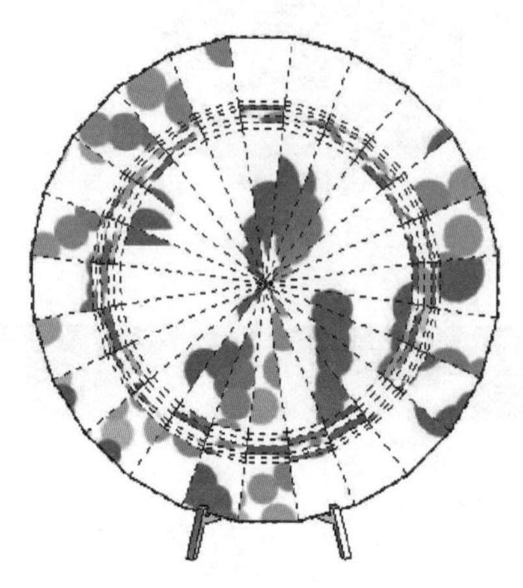

图4-65　隐藏物体

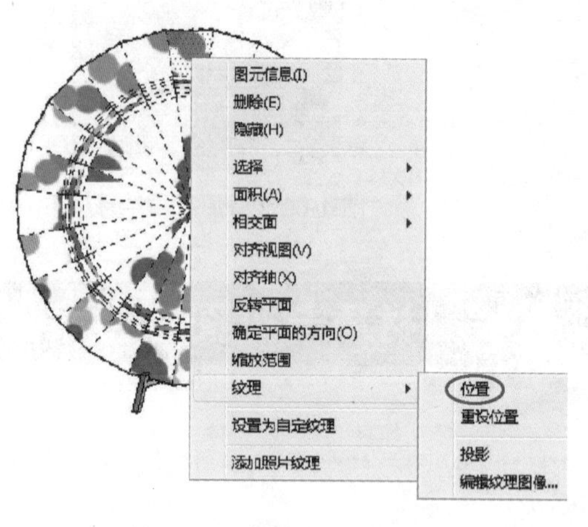

图4-66　开启固定图钉模式

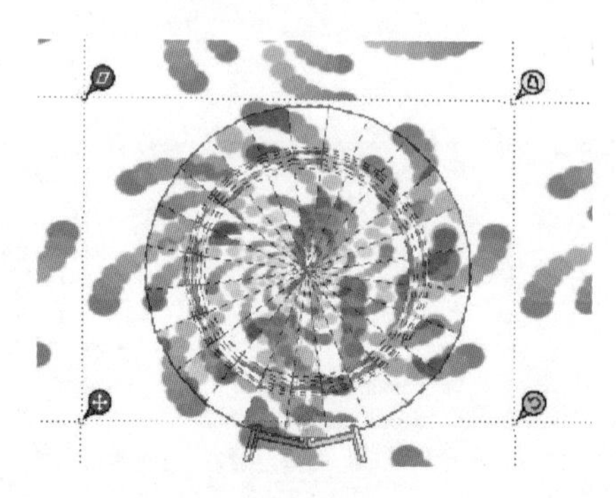

图4-67　调整纹理

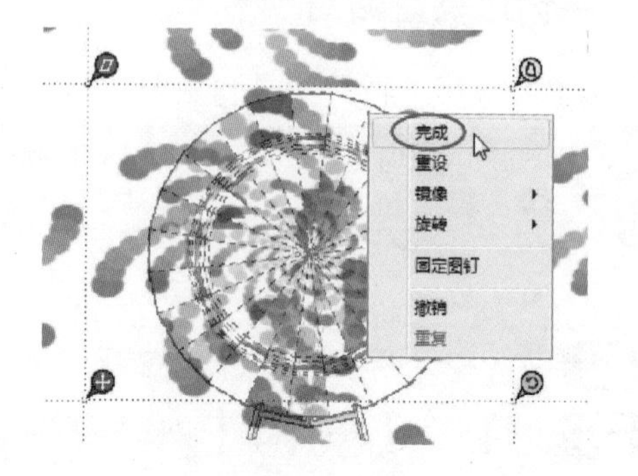

图4-68　完成调整

05 在【材料】面板中单击【样本颜料】按钮，单击鼠标左键吸取调整好的图片材质，如图4-69所示。然后依次对模型的其他面进行填充，如图4-70所示。

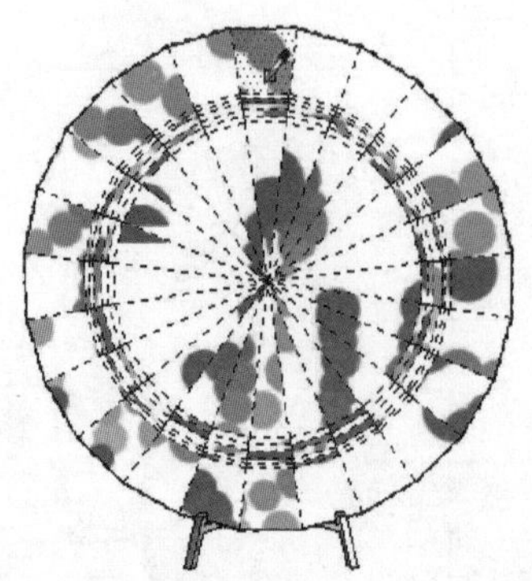

图4-69　吸取图片材质

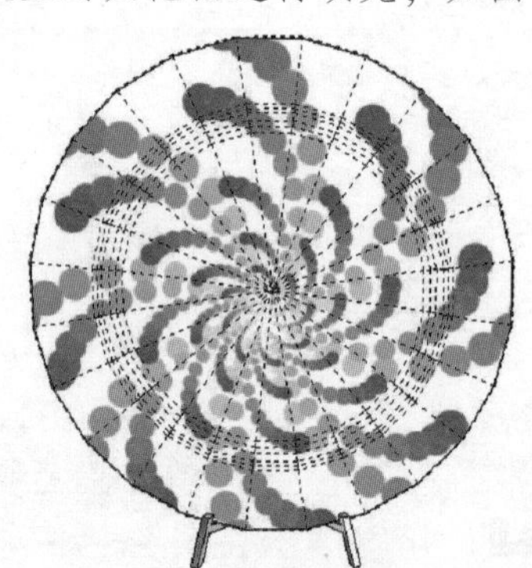

图4-70　依次填充其他面

06 再次选择菜单栏中的【视图】/【隐藏物体】命令，将虚线取消，最终贴图效果如图 4-71 所示。

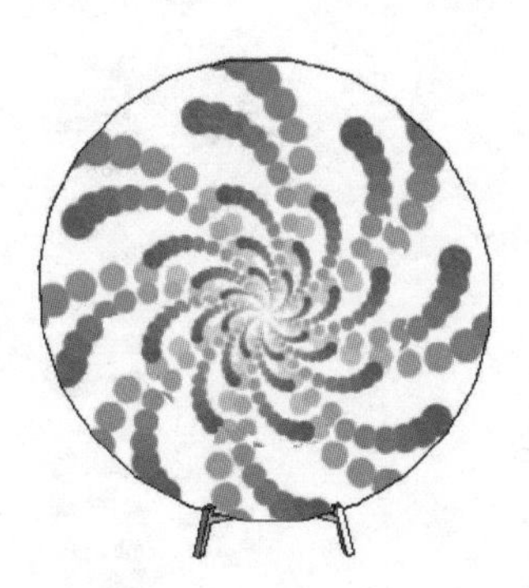

图 4-71 最终贴图效果

案例——创建台灯贴图

本例主要应用了材质工具和贴图坐标来创建贴图。

源文件：\ Ch04 \ 台灯 . skp，\ Ch04 \ 图案 2. jpg
结果文件：\ Ch04 \ 台灯 . skp
视频：\ Ch04 \ 台灯贴图 . wmv

01 打开台灯模型，如图 4-72 所示。

02 在【材料】面板的【编辑】标签下导入云盘中的“图案 2. jpg”，填充自定义纹理材质，如图 4-73、图 4-74 所示。

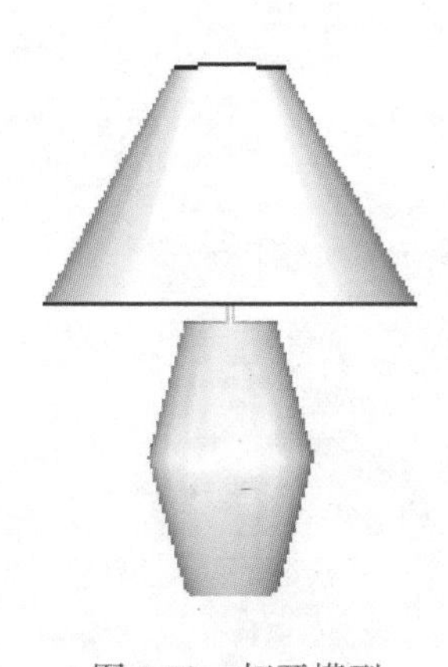

图 4-72 打开模型

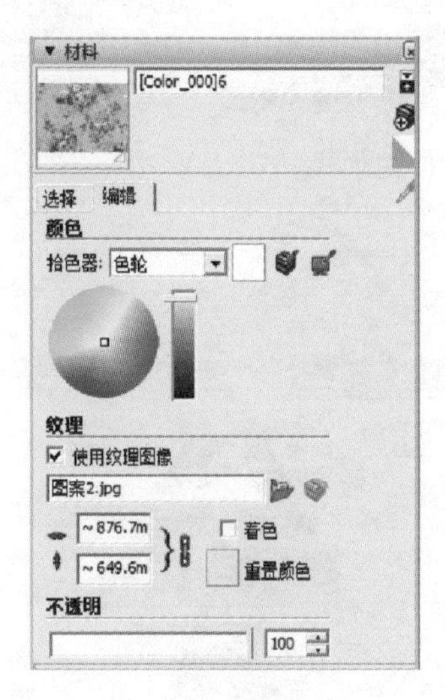

图 4-73 导入图片

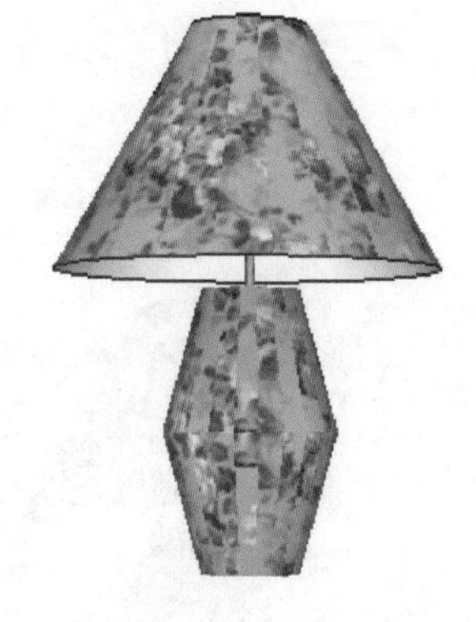

图 4-74 添加贴图

03 选择【视图】/【隐藏物体】命令，将模型以虚线显示，如图 4-75 所示。

04 右键单击其中的一份贴图，并选择【纹理】/【位置】命令，然后调整材质贴图，最后单击鼠标右键选择【完成】命令完成贴图的调整，如图4-76、图4-77、图4-78所示。

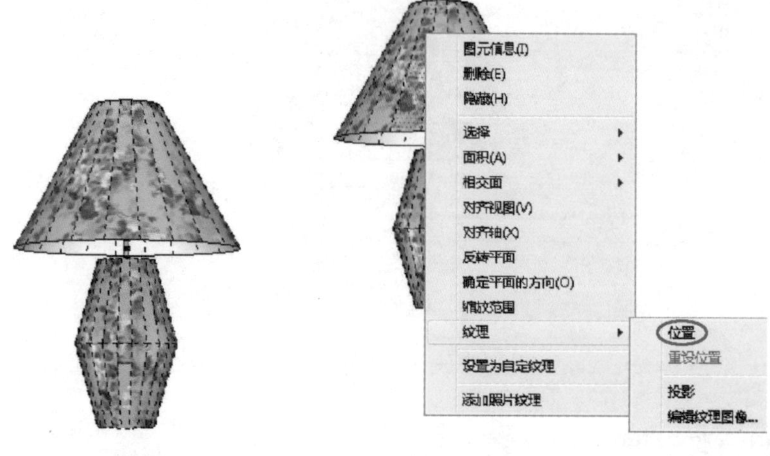

图4-75　隐藏物体　　图4-76　开启固定图钉模式

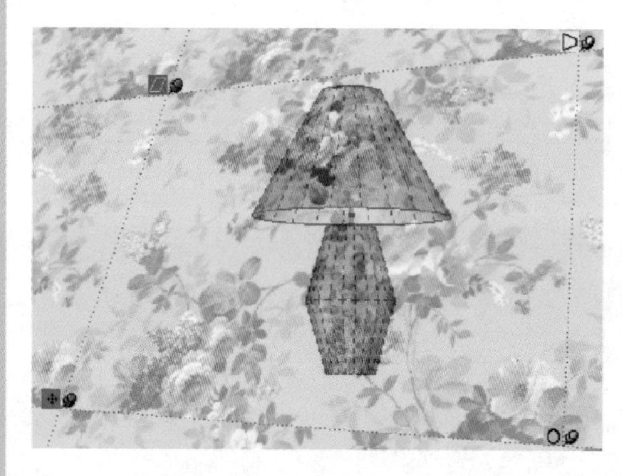

图4-77　调整贴图比例及位置　　图4-78　完成调整

05 单击【样本颜料】按钮，吸取图片材质，然后依次填充到其他面上，如图4-79、图4-80所示。

06 再次选择【视图】/【隐藏物体】命令，将虚线取消，效果如图4-81所示。

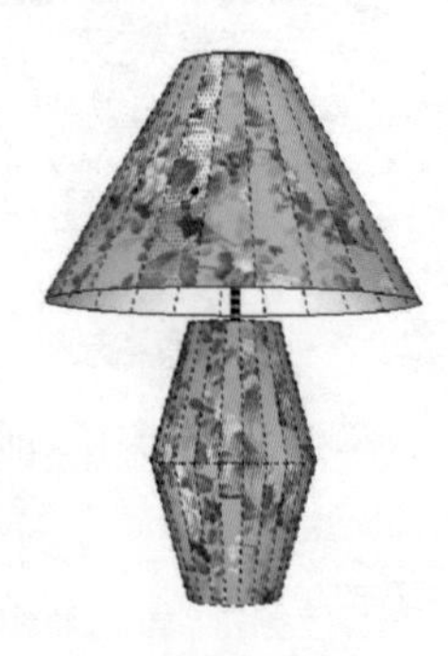

图4-79　吸取图片材质

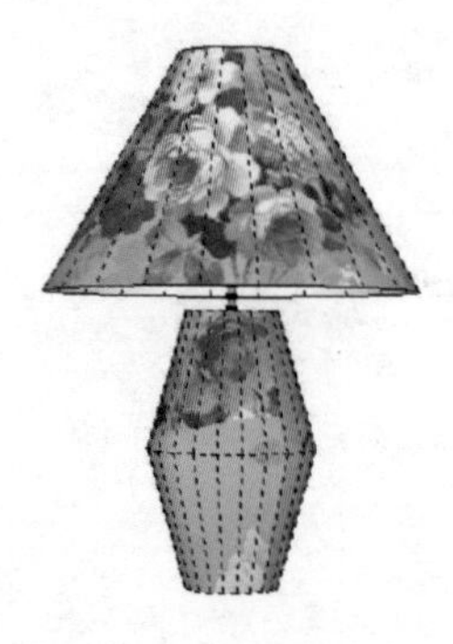

图4-80　填充其他面

图4-81　最终贴图效果

案例——创建花瓶贴图

本例主要应用了材质工具和贴图坐标来创建贴图。

源文件：\ Ch04 \ 花瓶 . skp，\ Ch04 \ 图案 3. jpg
结果文件：\ Ch04 \ 花瓶 . skp
视频：\ Ch04 \ 花瓶贴图 . wmv

01 打开花瓶模型，如图 4-82 所示。

02 在【材料】面板的【编辑】标签下导入云盘中的“图案 3. jpg”，填充自定义纹理材质，如图 4-83、图 4-84 所示。

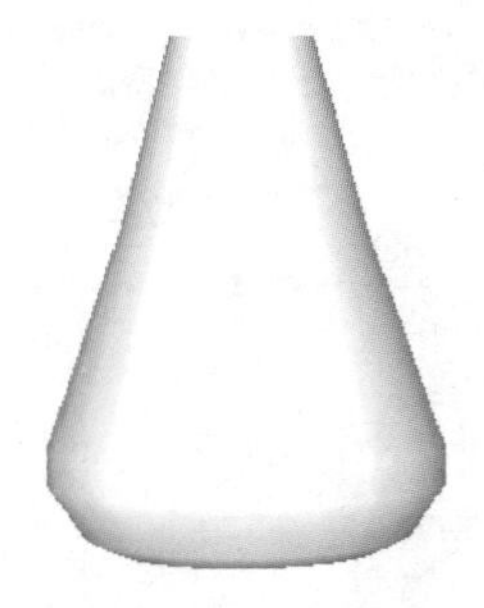

图 4-82 打开模型

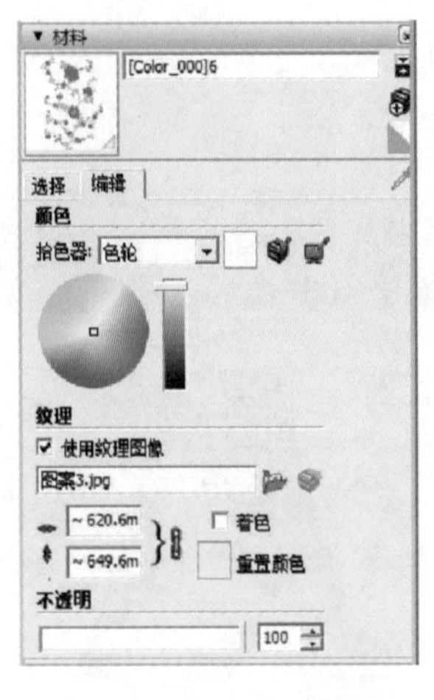

图 4-83 导入图片

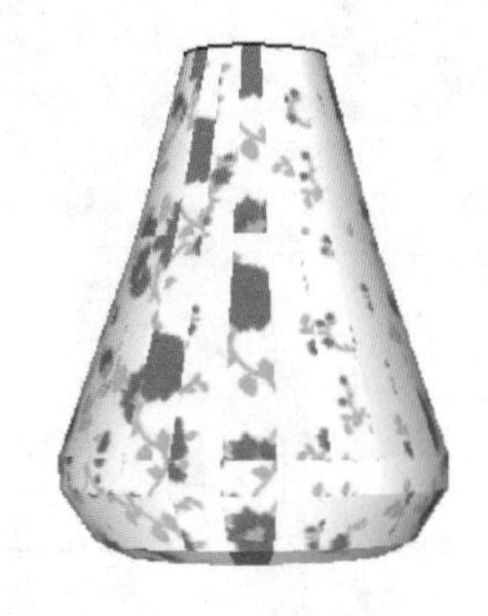

图 4-84 添加材质

03 选择【视图】/【隐藏物体】命令，将模型以虚线显示，如图 4-85 所示。

04 右键单击模型平面，选择【纹理】/【位置】命令，调整材质贴图，单击鼠标右键并选择【完成】命令，完成纹理的调整，如图 4-86、图 4-87、图 4-88 所示。

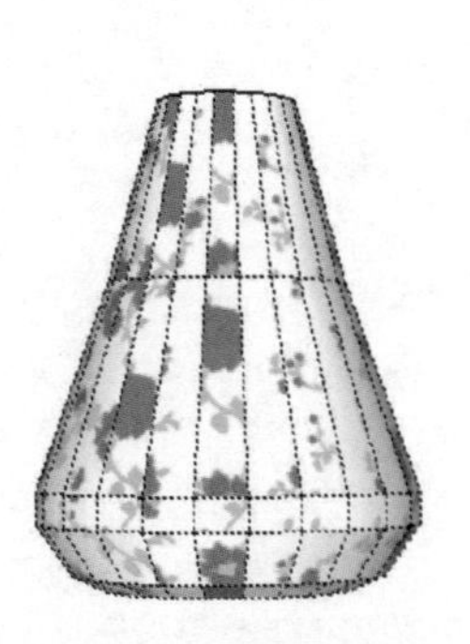

图 4-85 隐藏物体

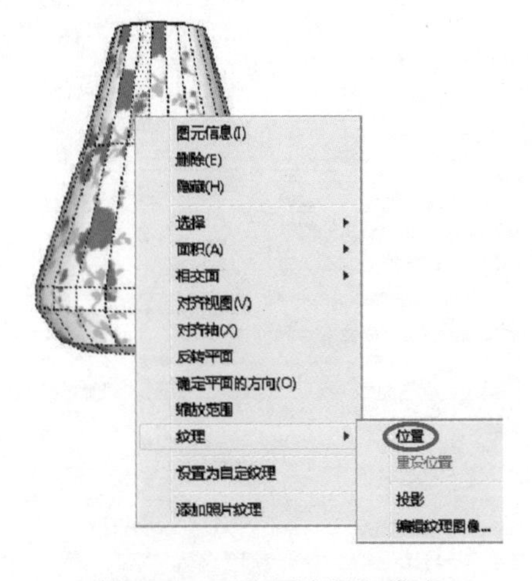

图 4-86 开启固定图钉模式

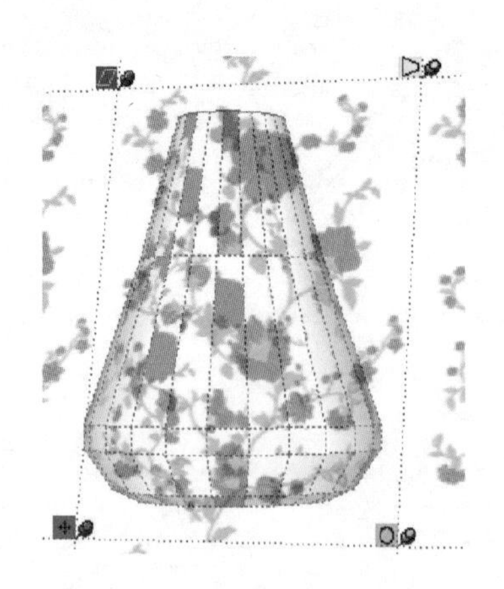
图 4-87　调整纹理

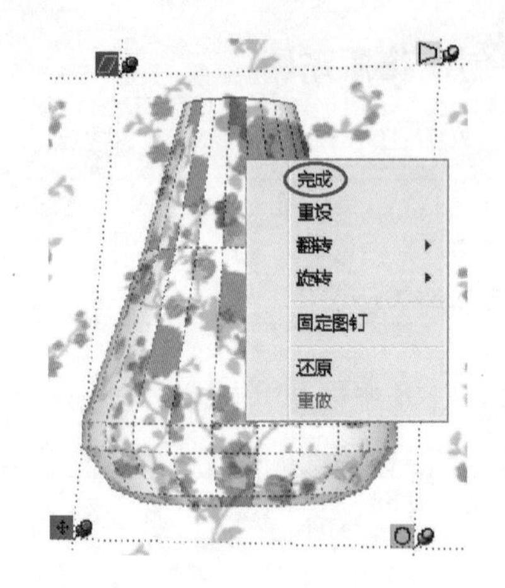

图 4-88　完成调整

05 单击【样本颜料】按钮，吸取图片材质，如图 4-89 所示。

06 依次对模型的其他面进行填充，如图 4-90 所示。

07 再次选择【视图】/【隐藏物体】命令，将虚线取消，效果如图 4-91 所示。

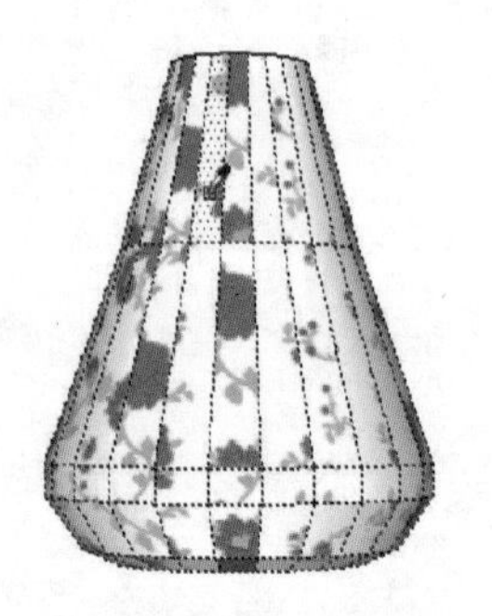
图 4-89　吸取图片材质

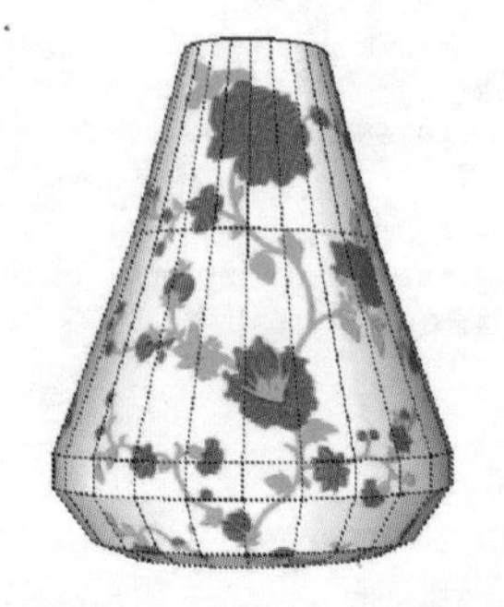
图 4-90　依次填充其他面

图 4-91　最终贴图效果

第5章 建筑、园林、景观小品设计

本章主要介绍 SketchUp 中常见的建筑、园林、景观小品的设计方法，并以真实的设计案例来表现模型在日常生活中的应用。

5.1 建筑单体设计

本节以实例的方式讲解 SketchUp 建筑单体设计的方法，包括创建建筑凸窗、花形窗户、小房子等，图 5-1、图 5-2 所示为常见的建筑窗户和小房子设计的效果图。

图 5-1　建筑窗户

图 5-2　小房子模式

案例——创建建筑凸窗

本案例主要利用绘制工具制作建筑凸窗，图 5-3 所示为效果图。

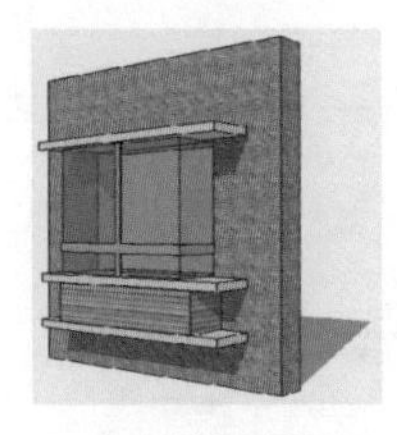

图 5-3　建筑凸窗效果图

结果文件：\ Ch05 \ 建筑单体设计 \ 建筑凸窗 . skp
视频：\ Ch05 \ 建筑凸窗 . wmv

01 单击【矩形】按钮，绘制一个长宽都为5000mm的矩形，如图5-4所示。

02 单击【推/拉】按钮，向外拉500mm，效果如图5-5所示。

03 单击【矩形】按钮，绘制一个长为2500mm，宽为2000mm的矩形，如图5-6所示。

图5-4　绘制矩形

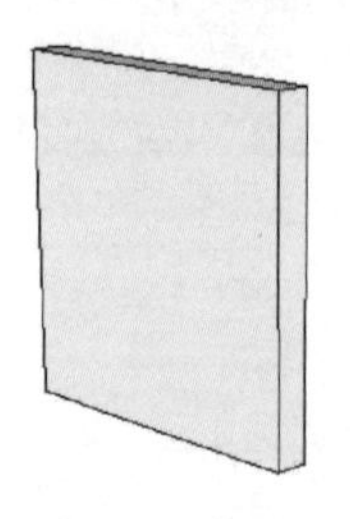

图5-5　拉出形状

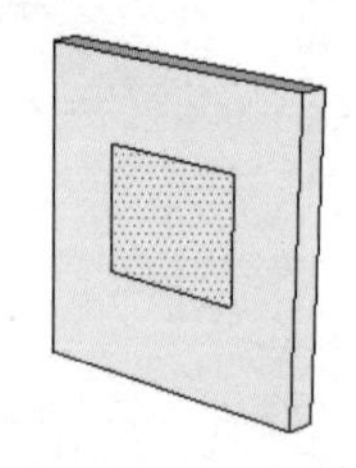

图5-6　绘制矩形

04 单击【推/拉】按钮，向里推500mm，如图5-7所示。

05 单击【直线】按钮，参考孔洞绘制一个封闭面，单击【推/拉】按钮，向外拉600mm，如图5-8、图5-9所示。

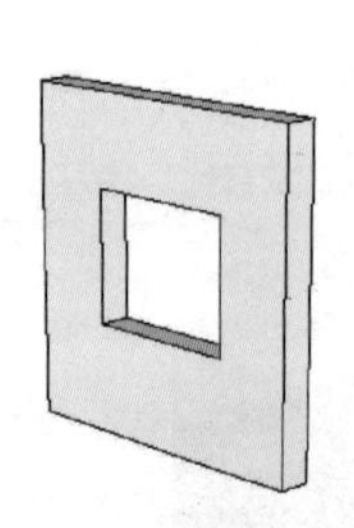

图5-7　往里推形成孔洞

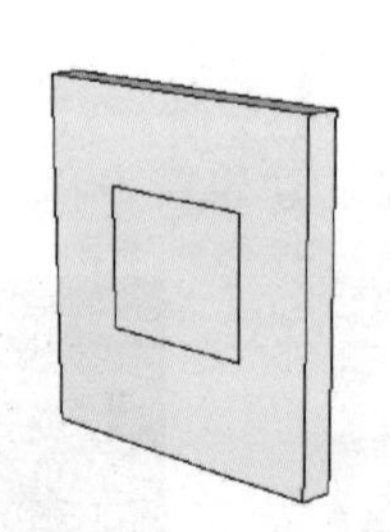

图5-8　绘制矩形封闭面

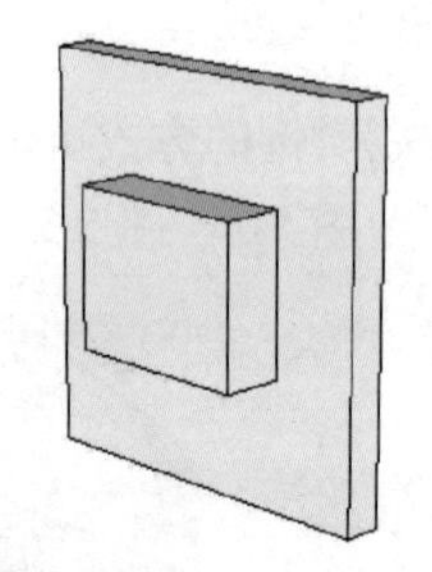

图5-9　创建推拉效果

06 利用【矩形】工具和【推/拉】工具，绘制出如图5-10所示的长矩形块。

07 选中长矩形块的所有面，再选择【编辑】/【创建群组】命令，创建群组，以便于做整体操作，如图5-11所示。

08 单击【移动】按钮，按住<Ctrl>键不放将长矩形块群组竖直向下及向上进行复制，如图5-12所示。

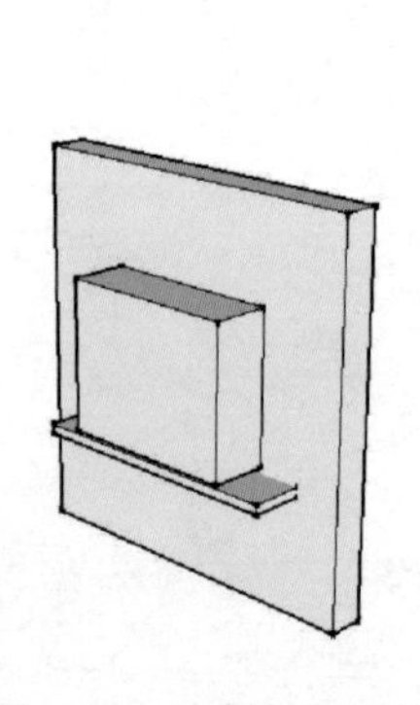

图5-10　绘制长矩形块

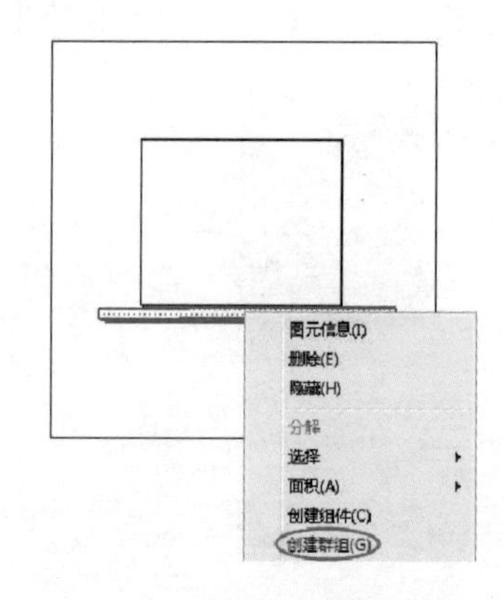

图5-11　创建长矩形群组

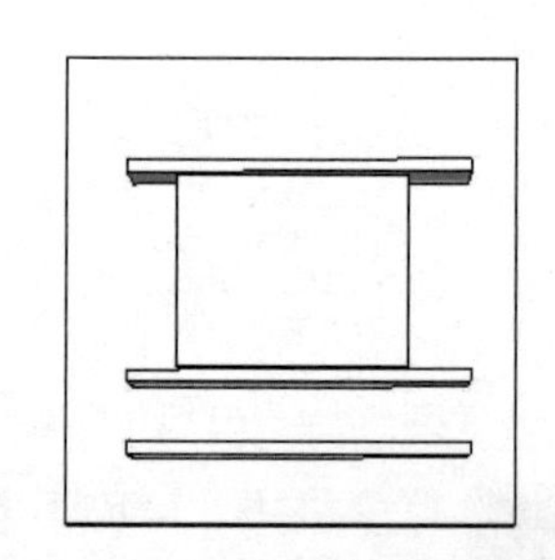

图5-12　移动并复制长矩形群组

09 单击【矩形】按钮■，在墙面上绘制相互垂直的两个矩形面，如图5-13、图5-14、图5-15所示。

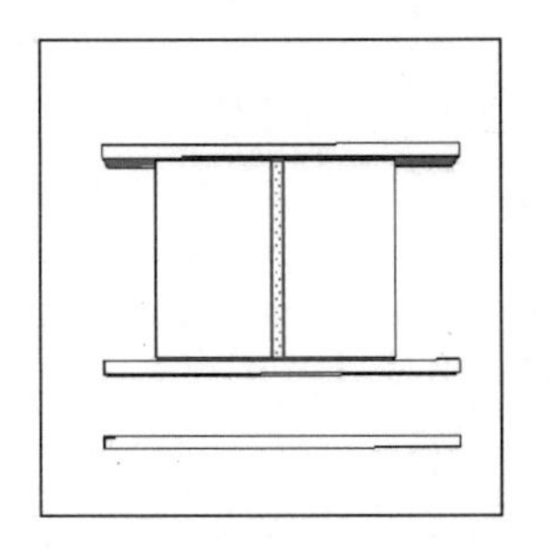

图5-13 绘制矩形1

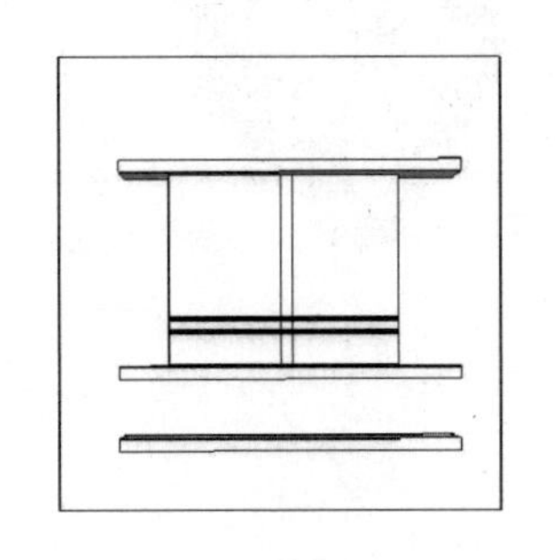
图5-14 绘制矩形2

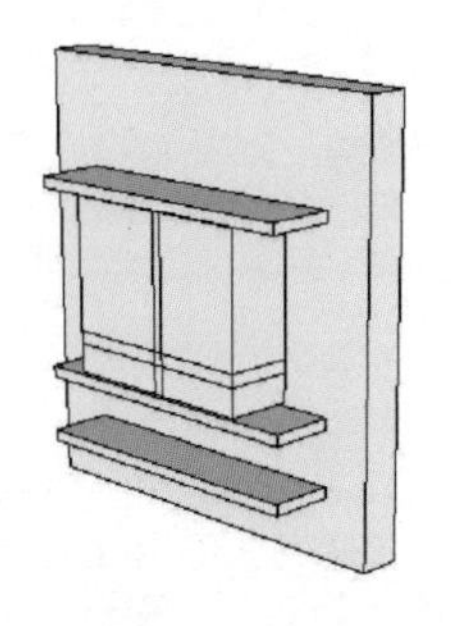
图5-15 侧面效果

10 单击【推/拉】按钮◆，将相互垂直的两个矩形面向外拉25mm，如图5-16所示。

11 单击【矩形】按钮■，在窗体上绘制矩形面，如图5-17所示，单击【推/拉】按钮◆，向外拉出500mm，如图5-18所示。

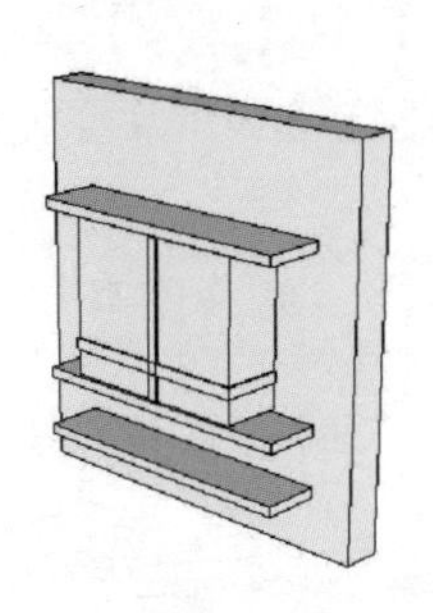
图5-16 拉两个相互垂直的矩形面

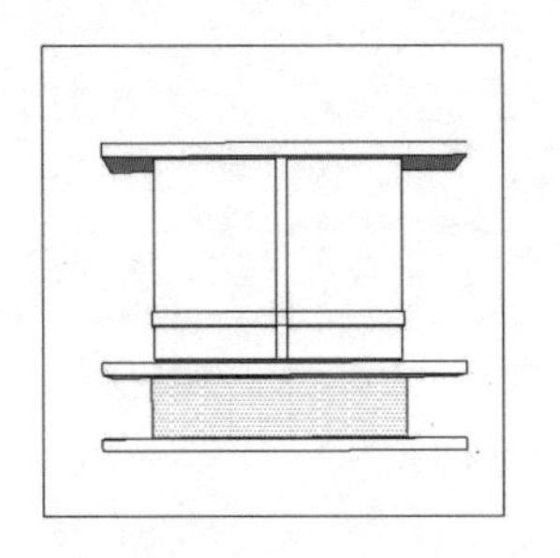
图5-17 绘制矩形

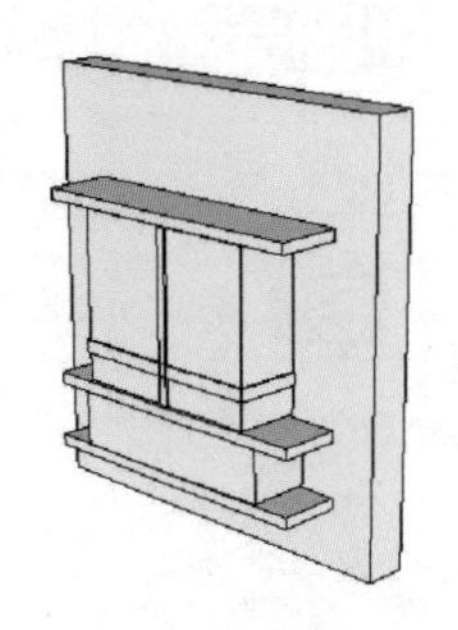
图5-18 拉出矩形面

12 在【材料】面板中，选择适合的玻璃材质进行填充，如图5-19、图5-20所示。

图5-19 填充材质

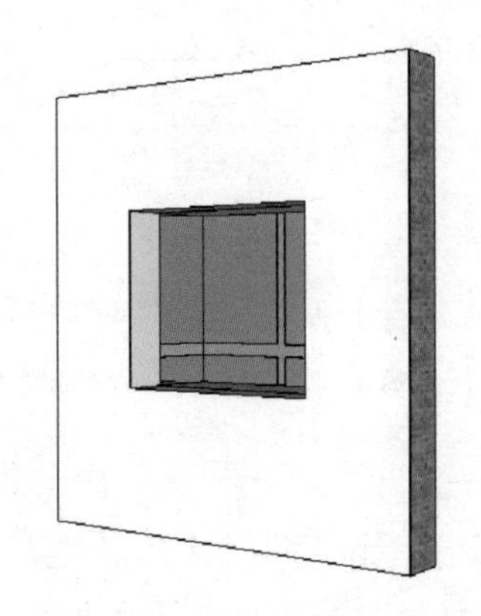
图5-20 背面效果

案例——创建花形窗户

本案例主要利用绘制工具制作花形窗户，图5-21所示为效果图。

图 5-21　花形窗户效果图

结果文件：\ Ch05 \ 建筑单体设计 \ 花形窗户 . skp
视频：\ Ch05 \ 花形窗户 . wmv

01 利用【直线】按钮和【圆弧】按钮，绘制两条长度为200mm的线段，与半径为500mm的半圆弧相连接，如图5-22所示。绘制方法是：先在参考轴的一侧绘制一条直线，然后将其旋转复制到参考轴的另一侧，最后绘制连接弧。

02 依次画出其他相等的三边形状。方法是：利用【旋转】和【移动】工具，先旋转复制，再平移到相应位置，如图5-23所示。曲线形成完全封闭后会自动创建一个填充面。

03 选中形状面，单击【偏移】按钮，向里偏移复制3次，偏移距离均为50mm，如图5-24所示。

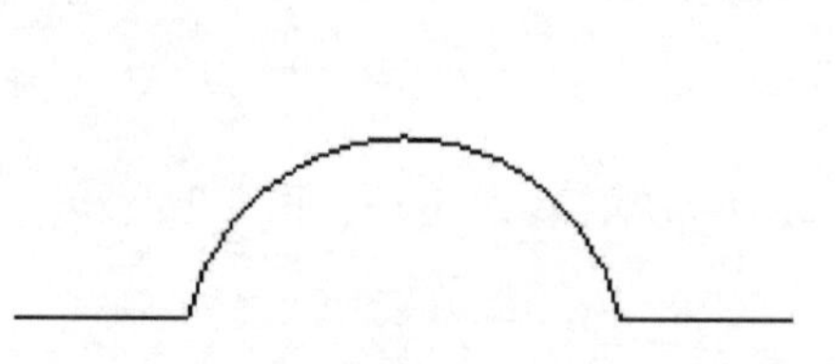

图 5-22　绘制曲线

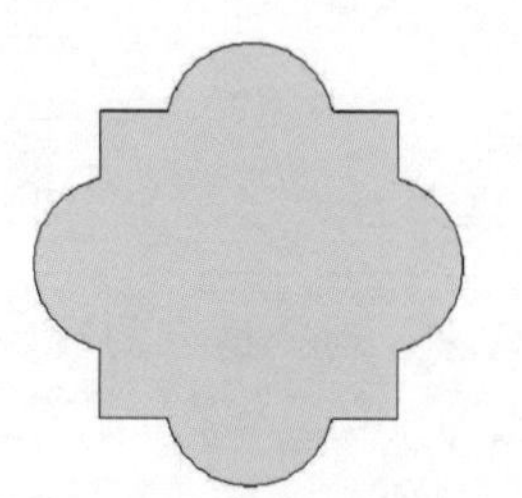

图 5-23　完成封闭曲线的绘制

图 5-24　绘制偏移面

04 单击【圆】按钮，绘制一个半径为50mm的圆，如图5-25所示。

05 单击【偏移】按钮，向外偏移复制15mm，如图5-26所示。

06 单击【直线】按钮，连接出如图5-27所示的形状。

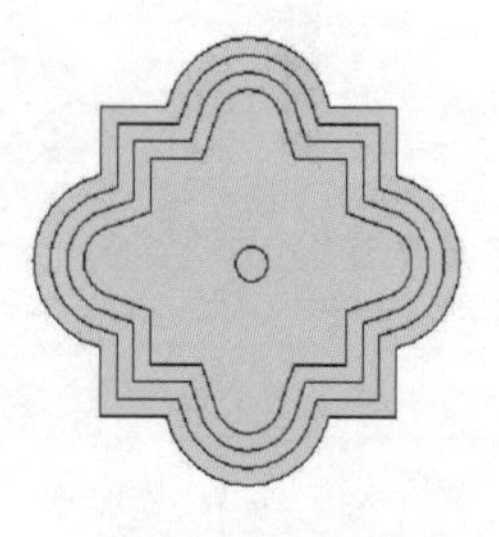

图 5-25　绘制圆

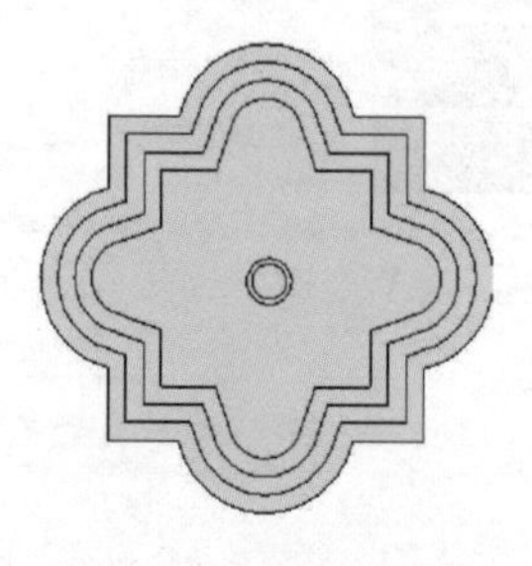

图 5-26　绘制偏移圆

图 5-27　绘制连接直线

07 单击【推/拉】按钮，选取最外层封闭曲面向后推60mm，结果如图5-28所示。接着选取第二层封闭曲面向前拉60mm，结果如图5-29所示。最后选取第三层封闭曲面再向前拉30mm，结果如图5-30所示。

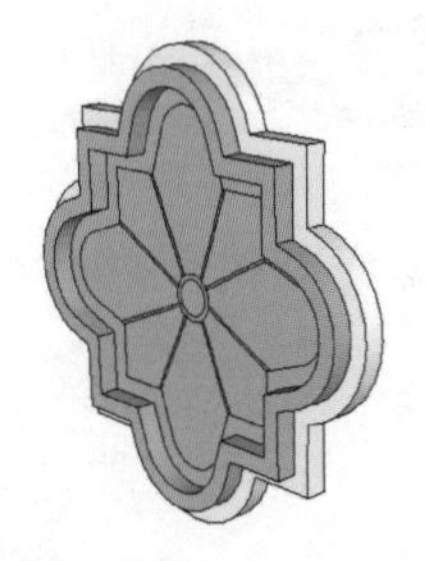

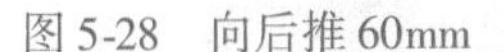

图5-28　向后推60mm　　图5-29　向前拉60mm　　图5-30　再向前拉30mm

08 单击【推/拉】按钮，将圆和连接的直线分别向外拉20mm，如图5-31所示。填充适合的材质，效果如图5-32所示。

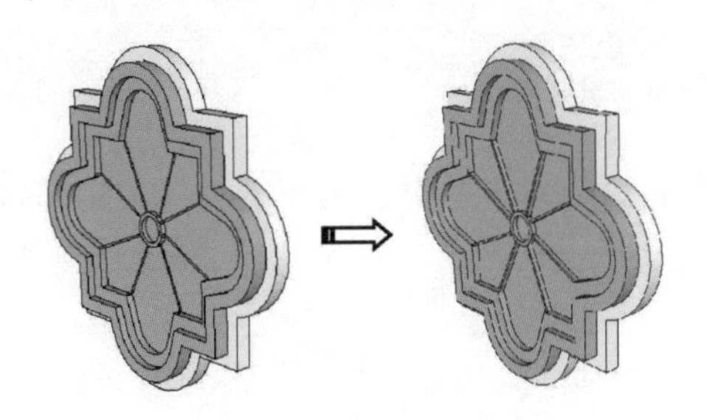

图5-31　推拉内部的形状

图5-32　最终的效果

案例——创建小房子

本案例主要利用绘图工具制作一个小房子模型，图5-33所示为效果图。

图5-33　小房子模型

结果文件：\ Ch05 \ 建筑单体设计 \ 小房子 . skp
视频：\ Ch05 \ 小房子 . wmv

01 单击【矩形】按钮，绘制一个长为5000mm，宽为6000mm的矩形，如图5-34所示。

02 单击【推/拉】按钮，将矩形向上拉出3000mm，如图5-35所示。

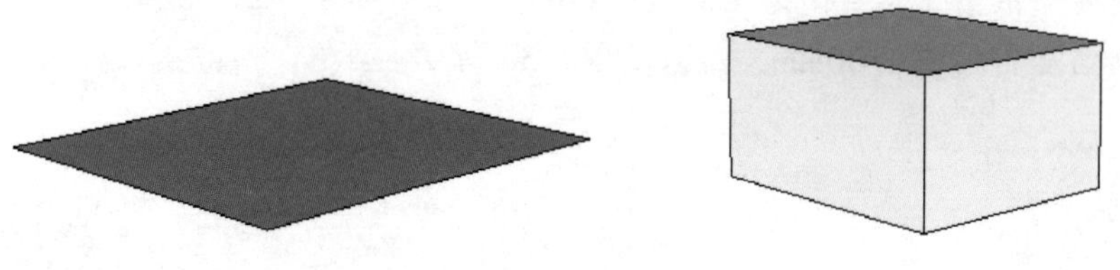

图5-34　绘制矩形　　　　图5-35　拉出矩形块

03 单击【直线】按钮，在顶面绘制一条中心线，如图5-36所示。

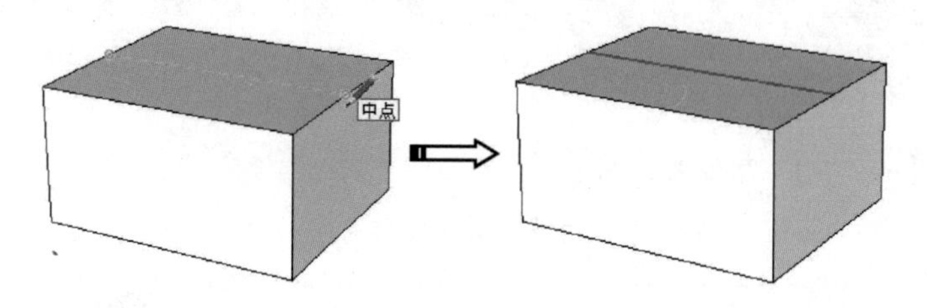

图5-36　绘制中心线

04 单击【移动】按钮，在蓝色轴方向垂直移动，移动距离为2500mm，得到的结果如图5-37所示。

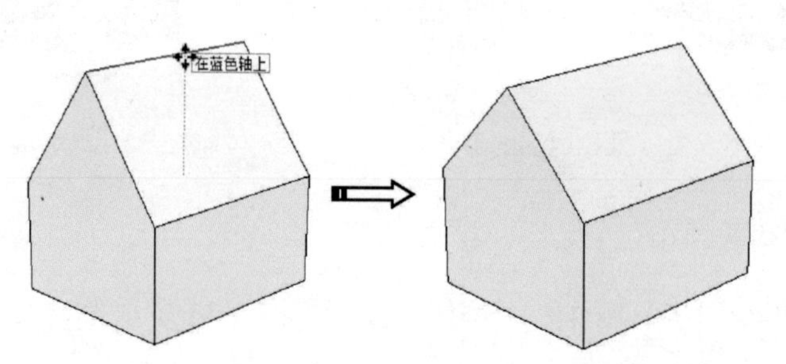

图5-37　移动中心线生成人字屋顶

05 单击【推/拉】按钮，选中房顶两面往外拉，距离为200mm，拉出一定的厚度，如图5-38所示。

06 单击【推/拉】按钮，对房子垂直两面往里推，距离为200mm，如图5-39所示。

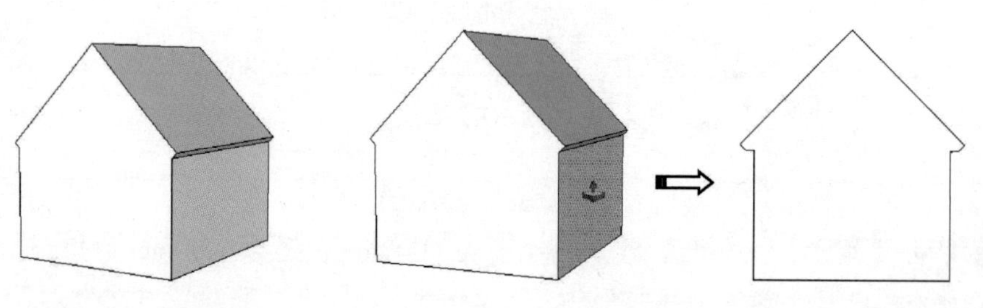

图5-38　拉出屋顶面　　　　图5-39　往里推房子垂直两面

07 按住 <Ctrl> 键选择房顶两条边，单击【偏移】按钮，向里偏移复制 200mm，如图 5-40 所示。

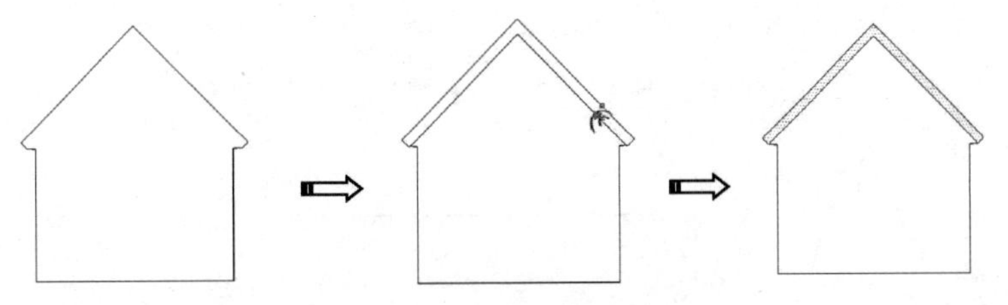

图 5-40 偏移复制屋顶两边

08 单击【推/拉】按钮，对偏移复制面向外拉，距离为 400mm，如图 5-41 所示。

09 利用同样的方法将另一面进行偏移复制和向外拉，如图 5-42 所示。

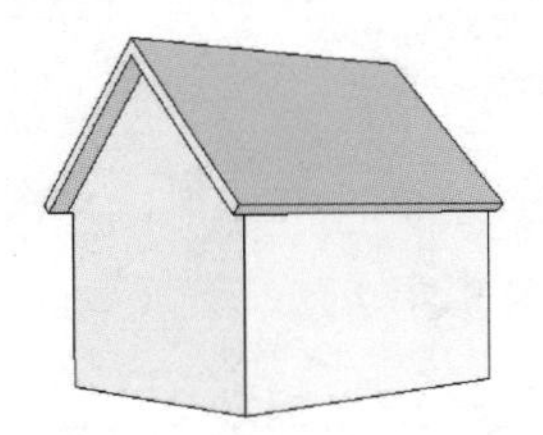

图 5-41 拉出屋顶侧面

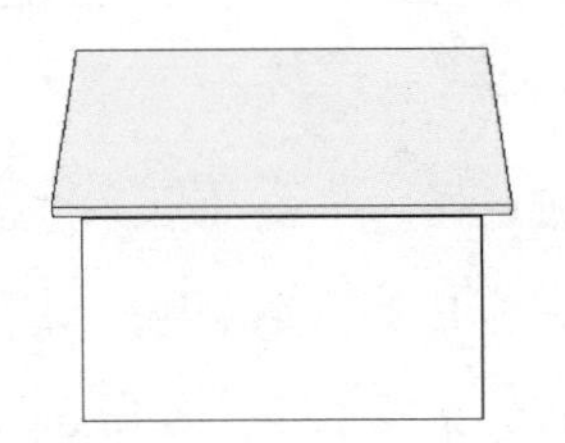

图 5-42 拉出另一端的屋顶侧面

10 选中房底部的直线，单击鼠标右键，在弹出的菜单中选择【拆分】命令，将直线拆分为 3 段，如图 5-43 所示。

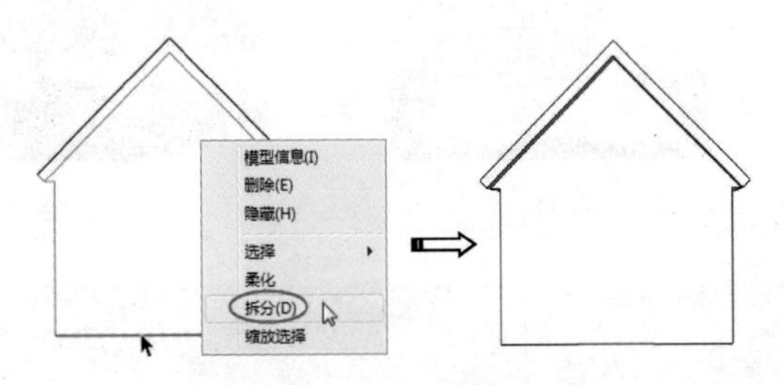

图 5-43 拆分房底部直线

11 单击【直线】按钮，绘制高为 2500mm 的门，如图 5-44 所示。

12 单击【推/拉】按钮，将门向里推 200mm，然后删除面，即可看到房子内部空间了，如图 5-45 所示。

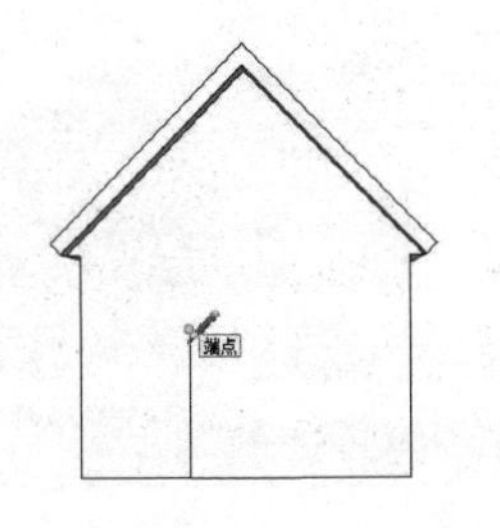

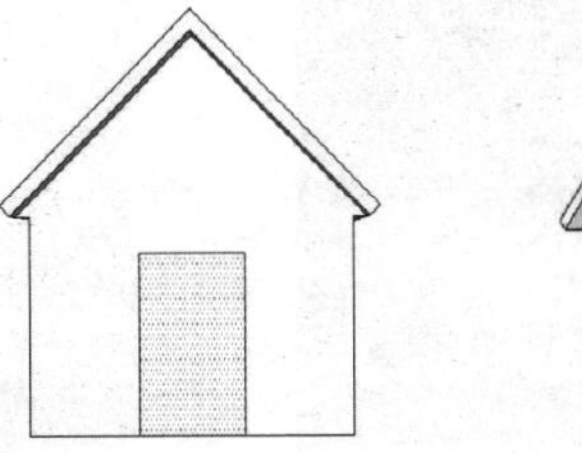

图 5-44 绘制门

图 5-45 向里推出门洞

13 单击【圆】按钮，分别在房体两个平面上画圆，半径均为600mm，如图5-46所示。

14 单击【偏移】按钮，向外偏移复制50mm，如图5-47所示。

15 单击【推/拉】按钮，选中两个圆的中间部分向外拉50mm，形成窗框，如图5-48所示。

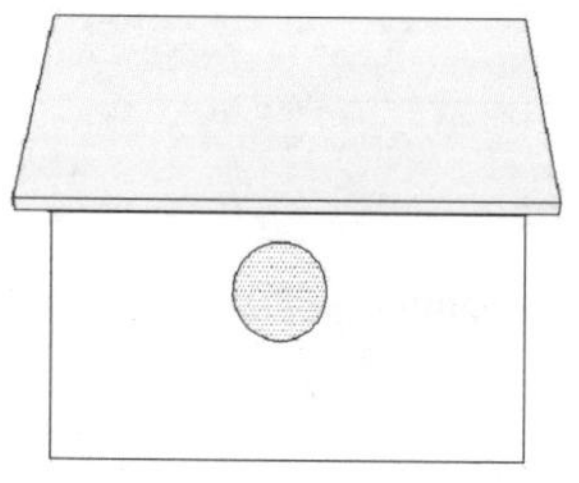

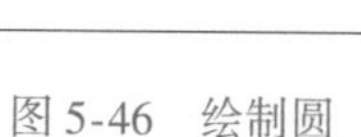

图5-46 绘制圆

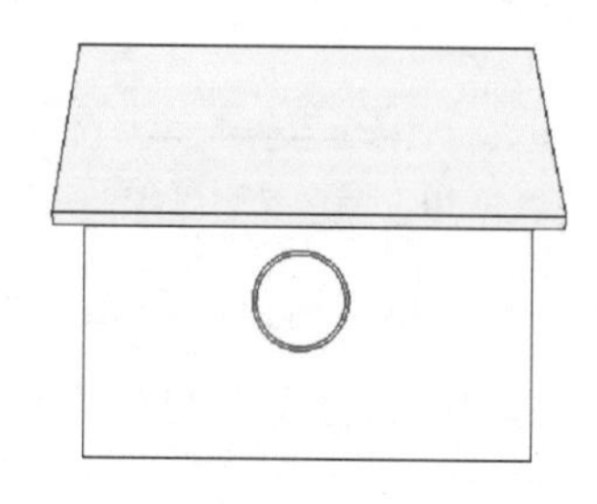

图5-47 偏移复制圆

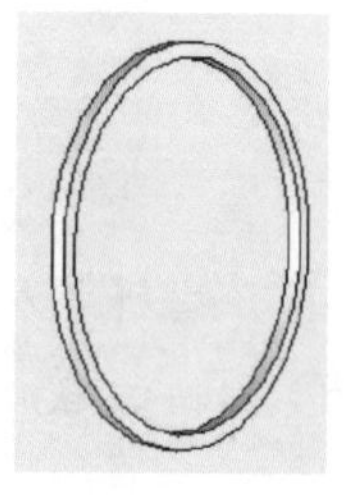

图5-48 拉出窗框

16 切换到俯视图。单击【矩形】按钮，绘制一个大的地面，如图5-49所示。

17 填充适合的材质，并添加一个门组件，如图5-50所示。

18 添加人物、植物组件，如图5-51所示。

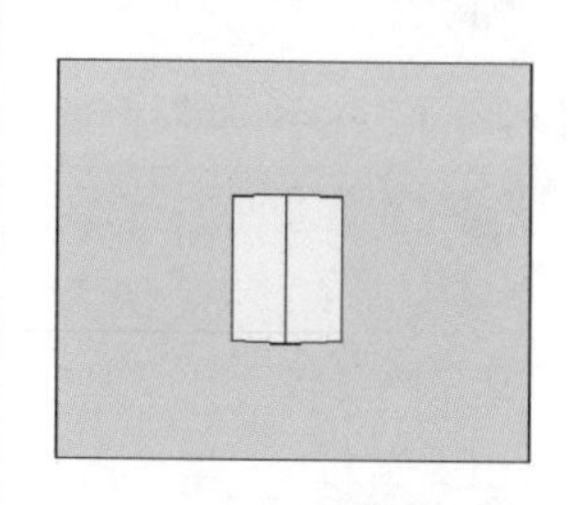

图5-49 绘制地面

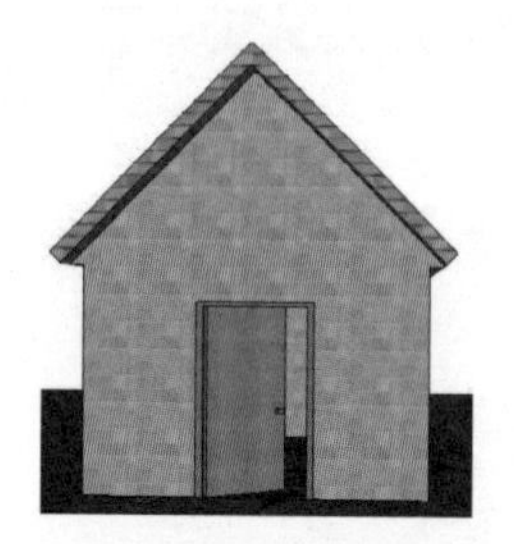

图5-50 添加材质及门组件

图5-51 添加组件

5.2 园林水景设计

本节以实例的方式讲解SketchUp园林水景设计的方法，包括创建花瓣喷泉、石头，汀步等，图5-52、图5-53所示为常见的园林水景设计的效果图。

图5-52 园林水景1

图5-53 园林水景2

案例——创建花瓣喷泉

本案例主要是利用绘图工具制作一个花瓣喷泉，图 5-54 所示为效果图。

图 5-54　花瓣喷泉效果图

结果文件：\ Ch05 \ 园林水景设计 \ 花瓣喷泉 . skp
视频：\ Ch05 \ 花瓣喷泉 . wmv

01 分别单击【圆弧】按钮和【直线】按钮，绘制圆弧和直线，逐步绘制花瓣形状，如图 5-55 所示。

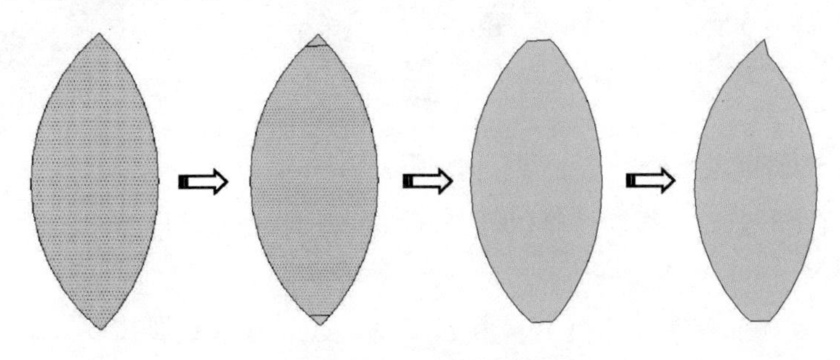

图 5-55　绘制花瓣形状

02 单击【圆】按钮，绘制一个圆，如图 5-56 所示。然后将花瓣形状移到圆面上，如图 5-57 所示。

03 将花瓣形状创建群组，单击【旋转】按钮，旋转一定角度，如图 5-58 所示。

图 5-56　绘制圆　　图 5-57　移动花瓣　　图 5-58　旋转群组

04 单击【推/拉】按钮，拉出花瓣形状，如图 5-59 所示。

05 单击【旋转】按钮，按住<Ctrl>键不放，沿圆中心点旋转复制，如图5-60所示。

图5-59 推拉花瓣形状

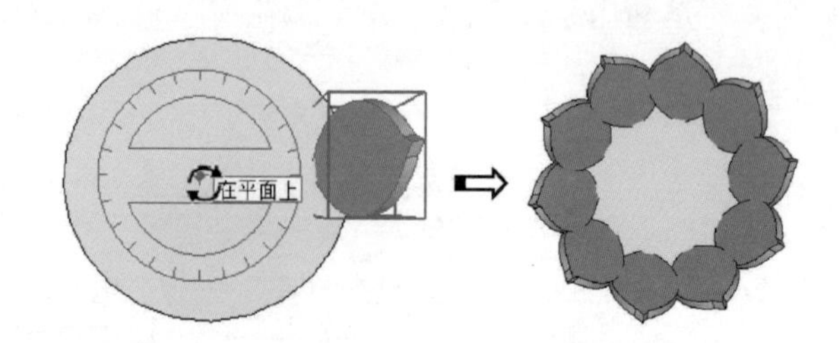

图5-60 旋转复制花瓣

06 单击【推/拉】按钮，推拉圆面，如图5-61所示。再单击【偏移】按钮，偏移复制面，如图5-62所示。

07 单击【推/拉】按钮，拉出圆柱，如图5-63所示。

图5-61 推拉圆面

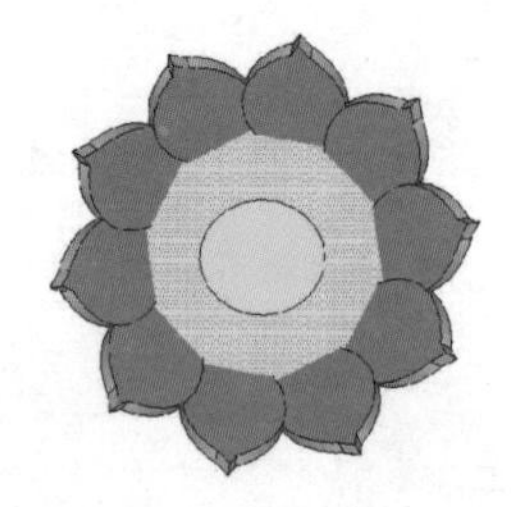

图5-62 偏移复制圆面

图5-63 拉出圆柱

08 利用【偏移】按钮和【推/拉】按钮，在圆柱面上向下推出一个洞口，如图5-64所示。

09 缩放并复制花瓣，单击【移动】按钮，并调整其在圆柱面上的位置，如图5-65所示。

10 填充材质，再导入水组件，如图5-66所示。

图5-64 创建洞口

图5-65 调整位置

图5-66 添加组件

案例——创建石头

本案例主要应用绘图工具和插件工具创建石头模型，图5-67所示为效果图。

结果文件：\ Ch05 \ 园林水景设计 \ 石头.skp
视频：\ Ch05 \ 石头.wmv

图 5-67 石头效果图

01 单击【矩形】按钮，绘制矩形面，然后单击【推/拉】按钮，推拉矩形，如图 5-68 所示。

02 打开细分光滑插件（Subdivide And Smooth），单击【细分光滑】按钮，细分模型，如图 5-69、图 5-70 所示。

> **技巧提示**
>
> Subdivide And Smooth 插件在本例源文件夹“SubdivideAndSmooth v. 1. 0”中。此插件的安装方法是，复制“SubdivideAndSmooth v. 1. 0”文件夹中的“Subsmooth”文件夹和“subsmooth_loader. rb”文件，粘贴到“C：\ Users \ Administrator \ AppData \ Roaming \ SketchUp \ SketchUp 2018 \ SketchUp \ Plugins”文件夹中，然后重启 SketchUp。另外，关于插件的应用，笔者向大家推荐一款免费的插件库软件“坯子插件库”，下载路径读者可自行搜索。安装“坯子插件库”以后，可以到其官网下载“10014 建筑插件 V2. 21”插件，此插件可以帮助大家完成建筑模型的创建，比如楼梯、阳台及坡屋顶等。

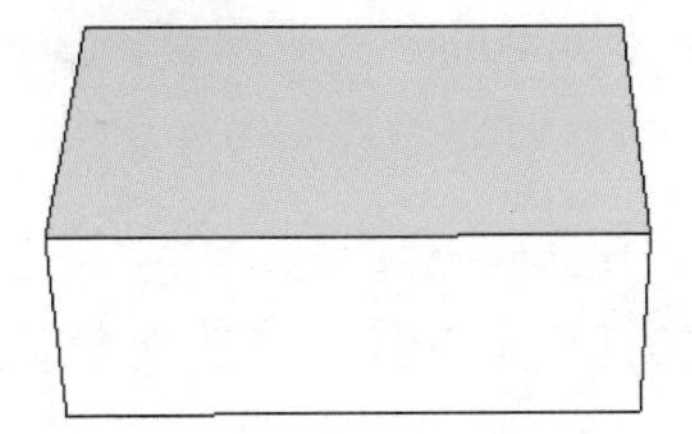

图 5-68 绘制矩形块

图 5-69 设置细分参数

图 5-70 细分结果

03 选择【视图】/【隐藏物体】命令，显示虚线，如图 5-71 所示。

04 单击【移动】按钮，移动节点，做出石头形状，如图 5-72 所示。

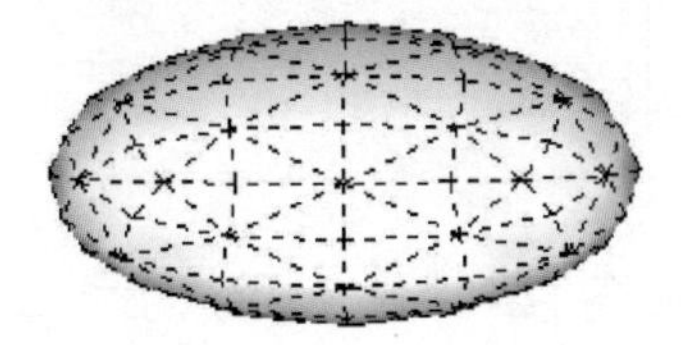

图 5-71 隐藏物体

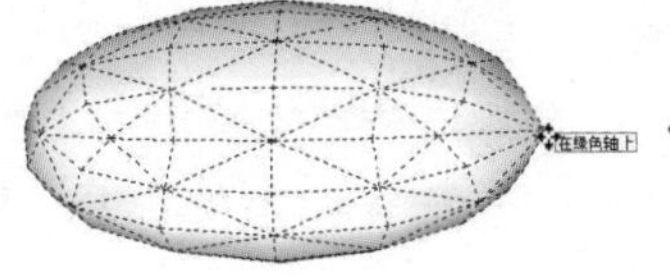

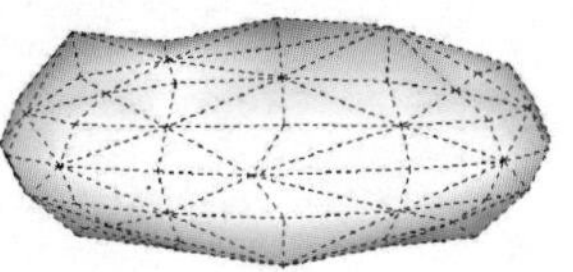

图 5-72 移动节点进行变形做出石头形状

05 取消显示虚线，在【材料】面板选择填充材质，如图 5-73 所示。

06 利用【缩放】按钮和【移动】按钮，进行自由缩放和复制石头，并添加一些植物组件，最终完成效果如图5-74所示。

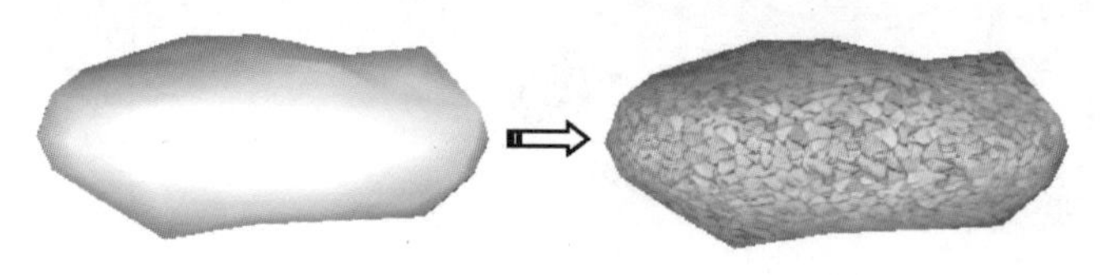

图5-73　填充材质

图5-74　最终石头效果

案例——创建汀步

本案例主要应用绘图工具和插件工具创建水池和草丛中的汀步模型，图5-75所示为效果图。

图5-75　汀步效果图

结果文件：\ Ch05 \ 园林水景设计 \ 汀步 . skp
视频：\ Ch05 \ 汀步 . wmv

01 单击【矩形】按钮，绘制一个长宽分别为5000mm和4000mm的矩形面，如图5-76所示。

02 单击【圆】按钮，绘制一个圆面，如图5-77所示。

03 单击【圆弧】按钮，绘制一段圆弧，然后利用【旋转】工具进行旋转复制，旋转角度为45°，旋转复制7次，结果如图5-78所示。

图5-76　绘制矩形面

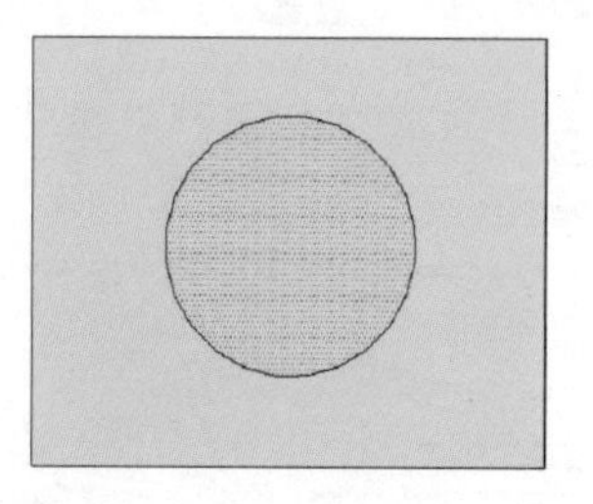

图5-77　绘制圆形面

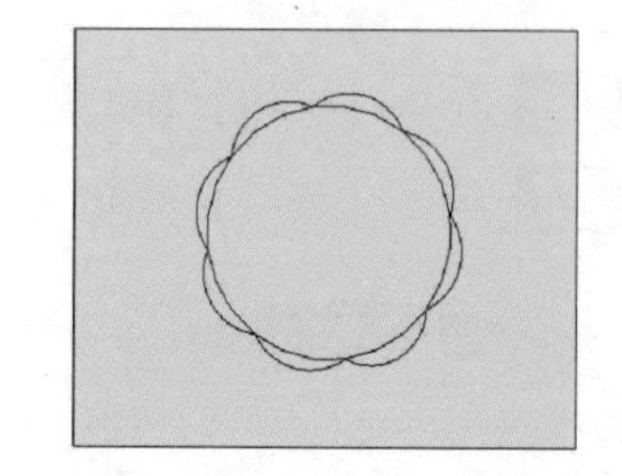

图5-78　绘制并旋转复制圆弧

04 单击【擦除】按钮，将多余的线擦掉，形成花形水池面，如图5-79所示。

05 选中花形水池面，单击【偏移】按钮，向里偏移复制1次，偏移距离为50mm，且单击【推/拉】按钮，分别向上拉100mm和向下推200mm，如图5-80、图5-81所示。

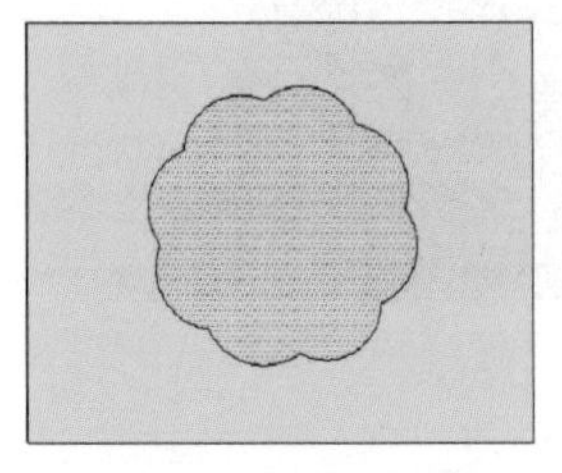

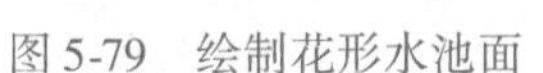

图5-79 绘制花形水池面

图5-80 向里偏移复制曲线

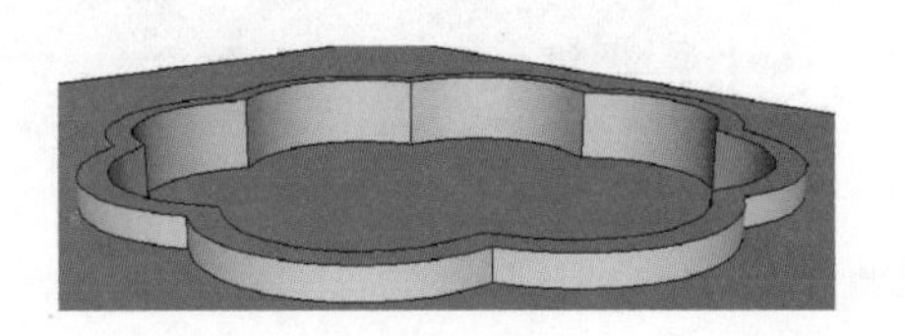

图5-81 推拉出形状

06 在【材料】面板中为水池底面填充石子材质，如图5-82所示。

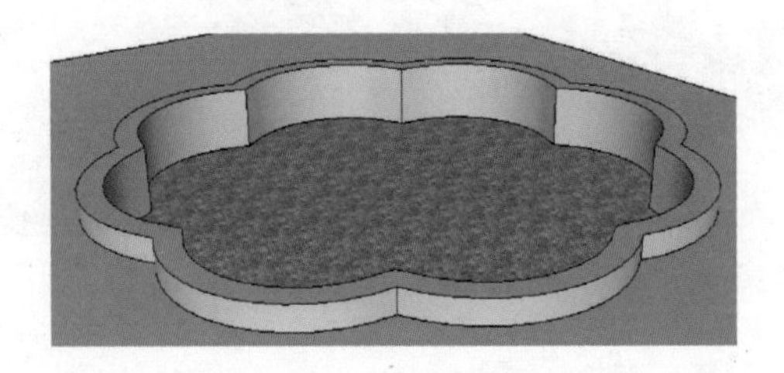

图5-82 填充材质

07 单击【移动】按钮，按<Ctrl>键将石子材质底面向上复制，并填充水纹材质，如图5-83所示。

08 单击【手绘线】按钮，在水池面和地面绘制若干曲线面，如图5-84所示。

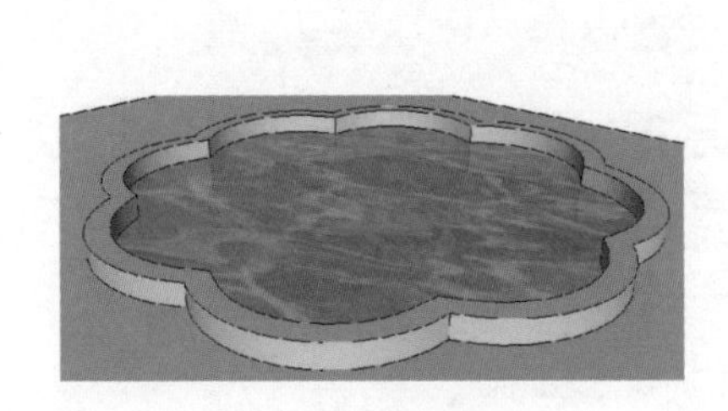

图5-83 复制出水体

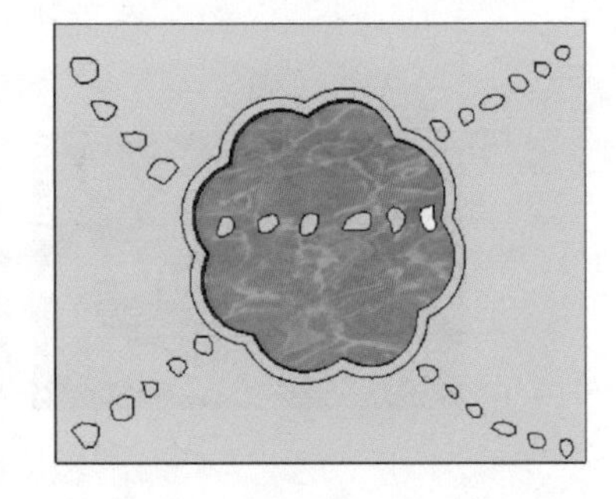

图5-84 绘制多块封闭曲线

09 单击【推/拉】按钮，将水池中的曲线面，分别向上和向下推拉，如图5-85所示。

10 继续单击【推/拉】按钮，推拉地面上的曲线面，如图5-86所示。

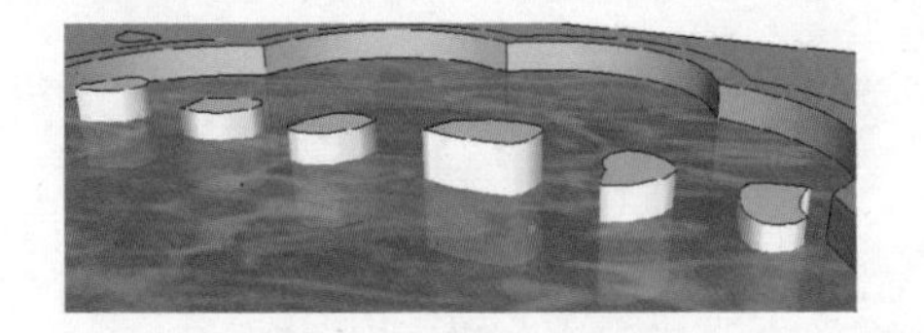

图5-85 推拉出水体中的汀步

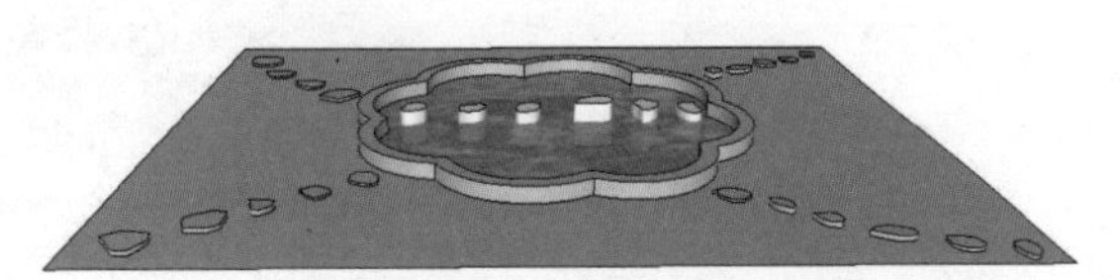

图5-86 推拉地面上的汀步

11 为水池、地面、汀步填充材质，如图 5-87、图 5-88 所示。

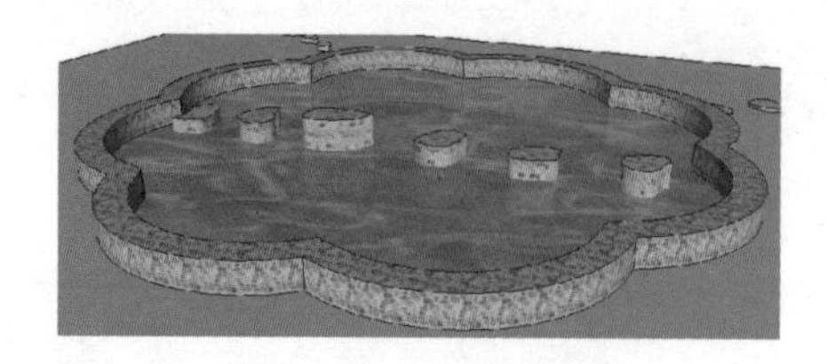

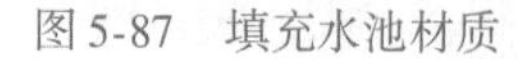

图 5-87　填充水池材质

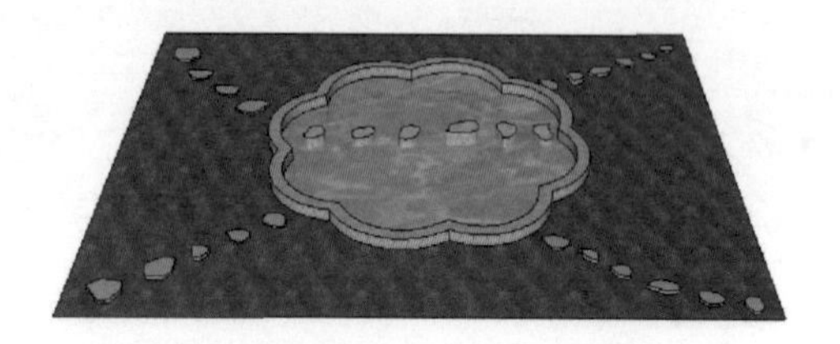

图 5-88　填充地面及汀步材质

12 在汀步的周围添加植物、花草、人物组件，如图 5-89 所示。

图 5-89　最终的效果图

5.3 园林植物造景设计

本节以实例的方式讲解 SketchUp 园林植物造景设计的方法，包括创建二维仿真树木组件、树池坐凳，花架等，图 5-90 所示为常见的园林植物造景设计的效果图。

图 5-90　园林植物造景效果图

案例——创建二维仿真树木组件

本案例主要利用一张植物图片制作成二维仿真树木组件，图 5-91 所示为效果图。

图 5-91　二维仿真树木组件

源文件：\ Ch05 \ 植物图片 . jpg
结果文件：\ Ch05 \ 园林植物造景设计 \ 二维仿真树木组件 . skp
视频：\ Ch05 \ 二维仿真树木组件 . wmv

01 启动 Photoshop 软件，打开植物图片，如图 5-92 所示。

02 双击图层进行解锁。选择【魔术棒】工具，将白色背景删除，如图 5-93、图 5-94 所示。

图 5-92　打开植物图片

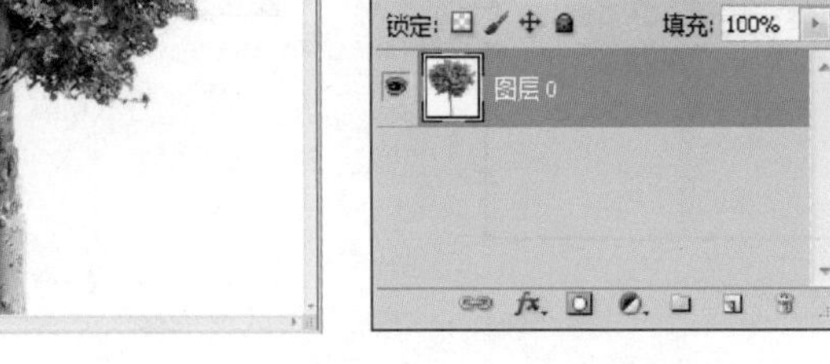

图 5-93　解锁图层

图 5-94　删除白色背景

03 选择【文件】/【存储】命令，在【格式】下拉列表中选择 PNG 格式，如图 5-95 所示。

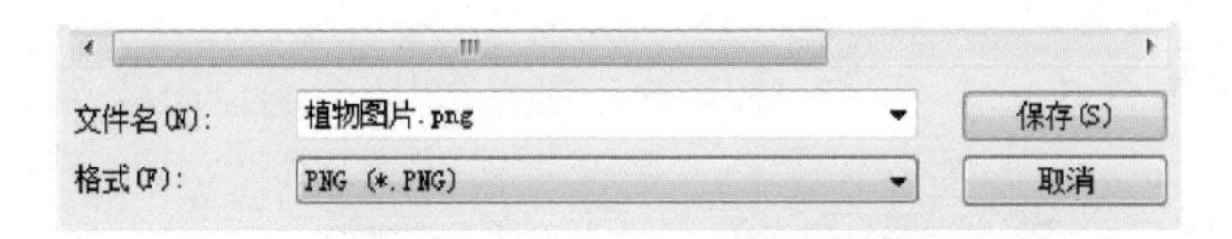

图 5-95　保存植物图像文件

04 在 SketchUp 中选择【文件】/【导入】命令，在“文件类型”下拉列表中选择 PNG 格式，如图 5-96 所示。

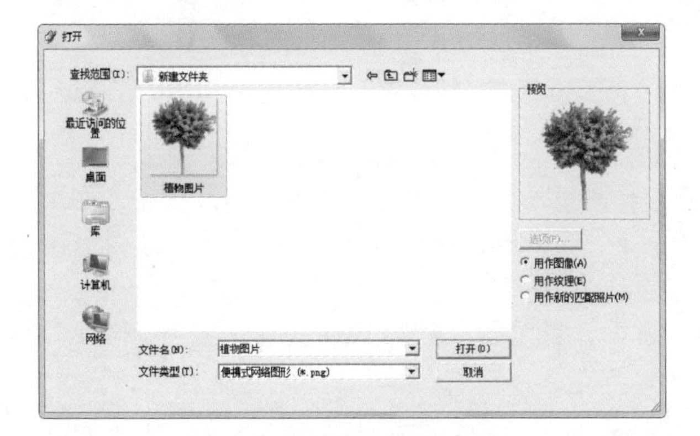

图 5-96　导入植物图像文件

提示

PNG 格式可以存储透明背景图片，而 JPG 格式不能存储透明背景图片。在导入到 SketchUp 时，PNG 格式非常方便。

05 在导入到 SetchUp 的图片上单击鼠标右键，从弹出的菜单中选择【分解】命令，将图片炸开，如图 5-97 所示。

06 选中框线条，单击鼠标右键，从弹出的菜单中选择【隐藏】命令，将线条全部隐藏，如图 5-98 所示。

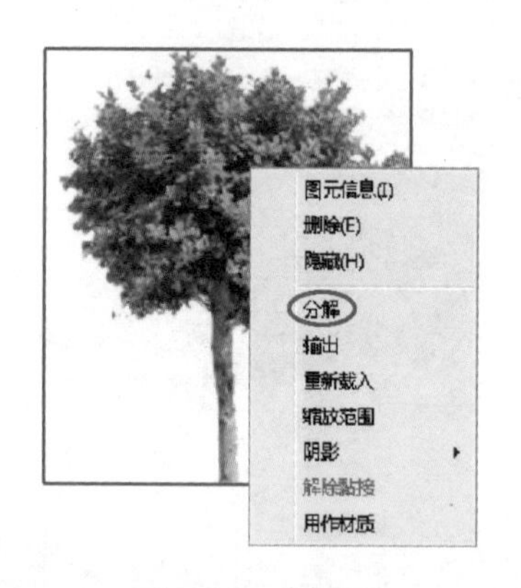

图 5-97 分解图片

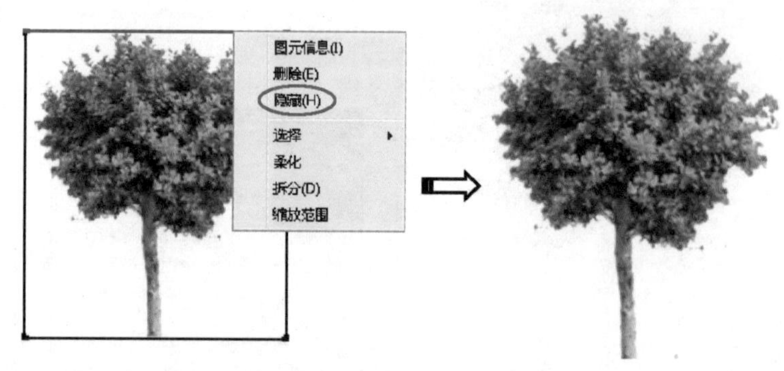

图 5-98 将图片框线条删除

07 选中图片，以长方形面显示，如图 5-99 所示。单击【手绘线】按钮，绘制出植物的大致轮廓，如图 5-100 所示。

08 将多余的面删除，再次将线条隐藏，如图 5-101、图 5-102 所示。

图 5-99 显示背景面

图 5-100 手绘树外形

图 5-101 删除背景面

图 5-102 隐藏手绘线

提示

绘制植物轮廓主要是为了显示阴影时呈树状显示，如不绘制轮廓，则只会以长方形阴影显示。边线只能隐藏而不能删除，否则会将整个图片删掉。

09 选中图片，单击鼠标右键，从快捷菜单中选择【创建组件】命令，如图 5-103 所示。

10 复制多个植物组件。开启阴影效果，最终完成的效果如图 5-104 所示。

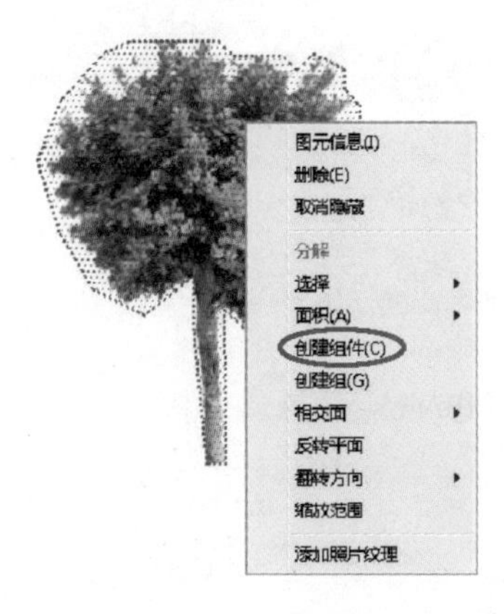

图 5-103 创建组件

图 5-104 复制植物并开启阴影效果

案例——创建树池坐凳

树池坐凳是种植树木的植槽且可供行人靠坐。图 5-105 所示为本案例效果图。

图 5-105 树池坐凳效果图

结果文件：\ Ch05 \ 园林植物造景设计 \ 树池坐凳 . skp
视频：\ Ch05 \ 树池坐凳 . wmv

01 单击【矩形】按钮，绘制一个长宽均为 5000mm 的矩形面，如图 5-106 所示。

02 单击【推/拉】按钮，将矩形面向上拉 1000mm，如图 5-107 所示。

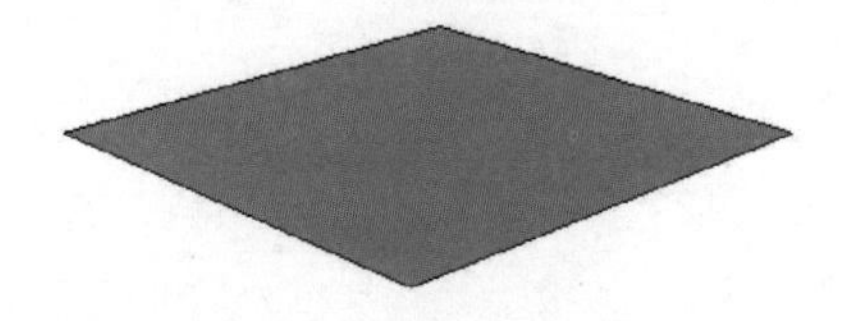
图 5-106 绘制矩形面

图 5-107 推拉矩形

03 继续单击【矩形】按钮，在四个侧面绘制相同的几个矩形面，如图 5-108 所示。

提示 在绘制矩形面时，为了精确绘制，可以采用辅助线进行测量再绘制。

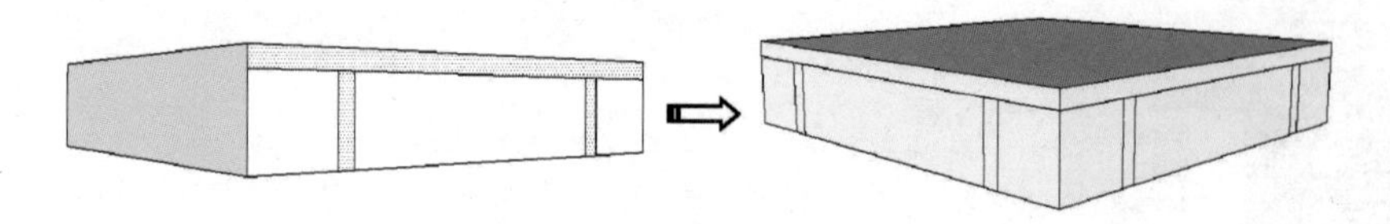

图 5-108　侧面绘制多个矩形面

04 单击【推/拉】按钮，将中间的矩形面向里推 600mm，且其他面依次推拉，效果如图 5-109 所示。

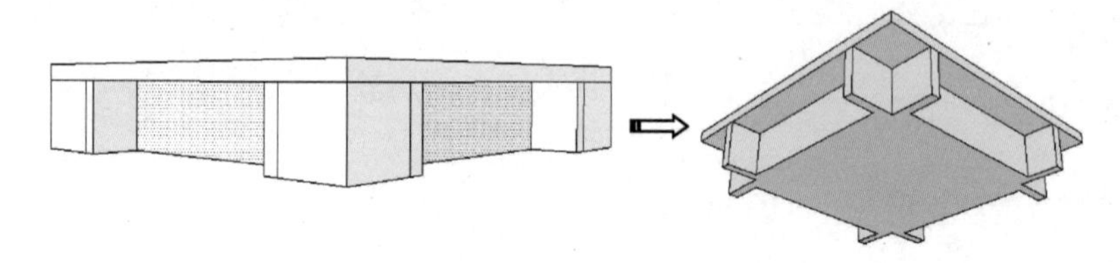

图 5-109　推拉矩形面

05 选中顶面单击【偏移】按钮，向里偏移复制 1000mm。再单击【推/拉】按钮，将面向上拉 600mm，如图 5-110、图 5-111 所示。

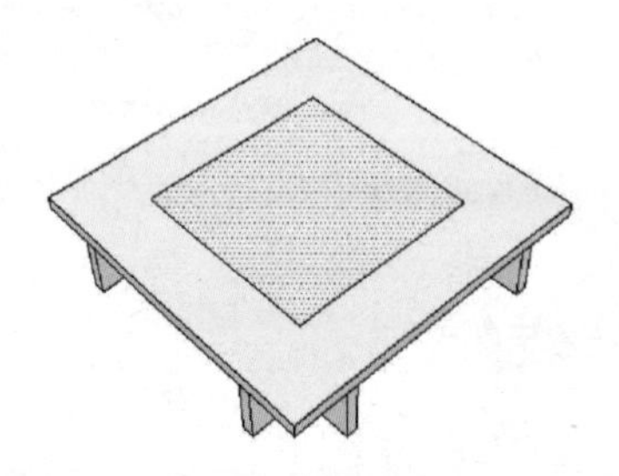

图 5-110　顶部创建偏移面

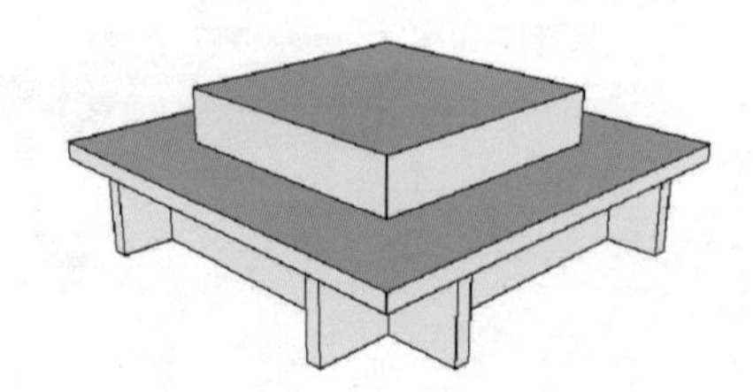

图 5-111　推拉偏移面

06 继续单击【偏移】按钮，分别向里偏移复制 150mm、300mm。再单击【推/拉】按钮，分别将面向下推 250mm、400mm，如图 5-112、图 5-113 所示。

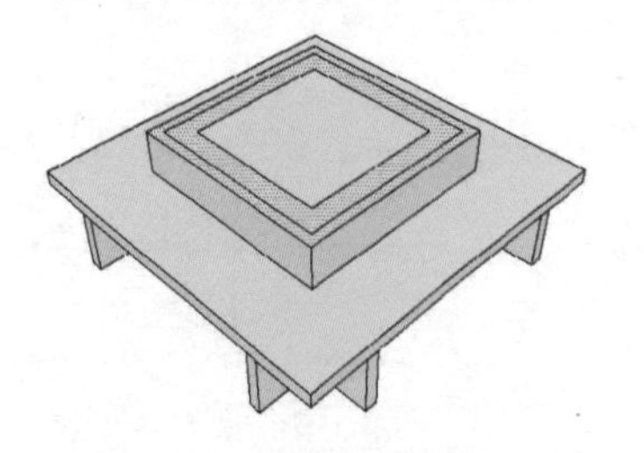

图 5-112　继续创建偏移面

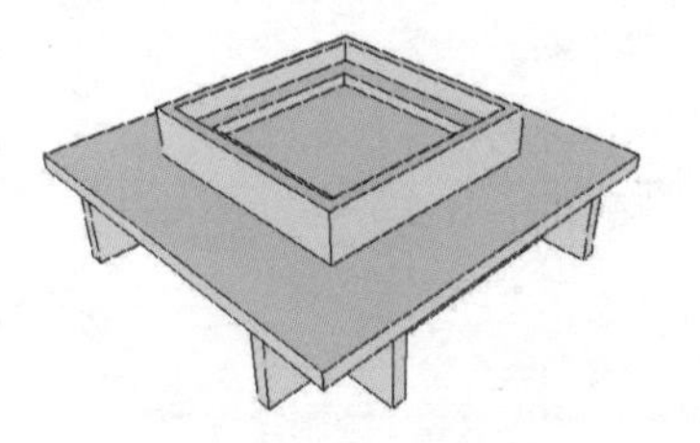

图 5-113　推拉偏移面

07 在【材料】面板中，给树池坐凳填充相应的材质，并为其导入一个植物组件，如图 5-114、图 5-115 所示。

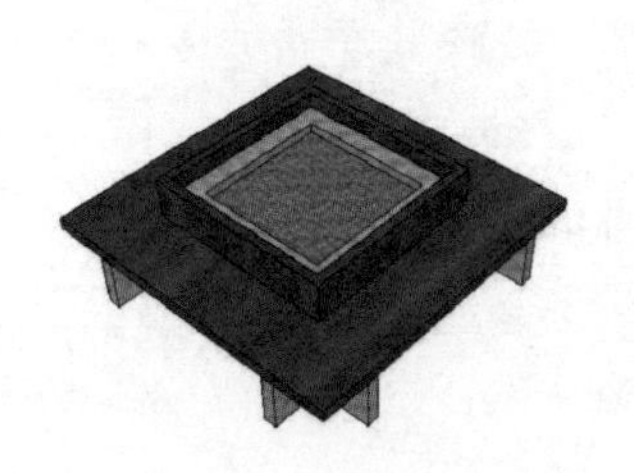

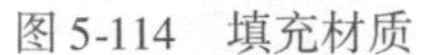
图 5-114 填充材质

图 5-115 导入植物组件

案例——创建花架

本案例主要利用绘图工具制作一个花架，图 5-116 所示为效果图。

图 5-116 花架效果图

结果文件：\ Ch05 \ 园林植物造景设计 \ 花架 . skp
视频：\ Ch05 \ 花架 . wmv

1. 设计花墩

01 单击【矩形】按钮，画出一个边长为 2000mm 的矩形面，如图 5-117 所示。

02 单击【推/拉】按钮，将矩形面拉高 3000mm，如图 5-118 所示。

图 5-117 绘制矩形面

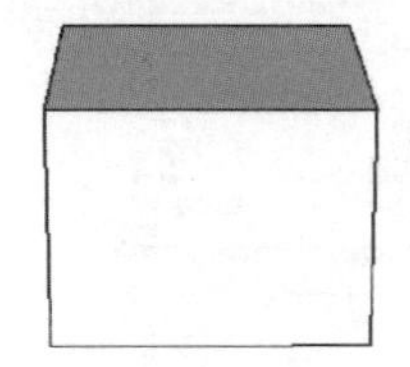

图 5-118 推拉矩形面

03 单击【偏移】按钮，向外偏移复制，偏移距离为 400mm，然后单击【推/拉】按钮，向上拉 500mm，如图 5-119、图 5-120 所示。

04 单击【擦除】按钮，擦除多余的线条，即可变成一个封闭面，如图 5-121 所示。

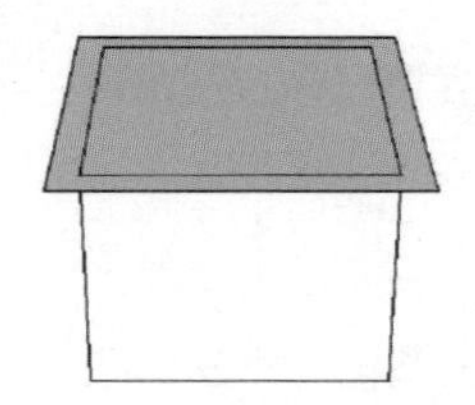

图 5-119 创建偏移面

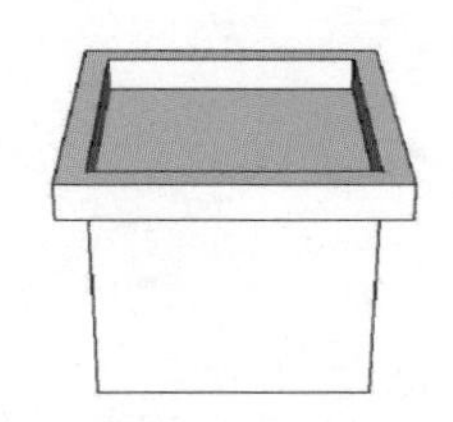

图 5-120 推拉偏移面

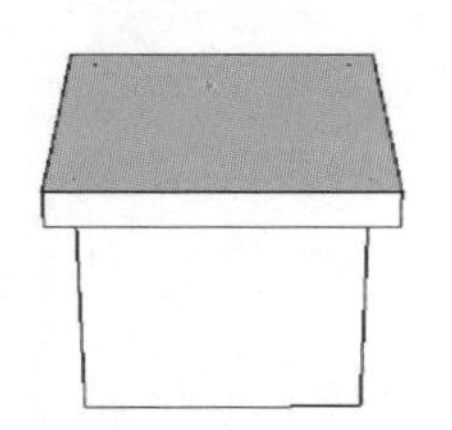

图 5-121 擦除内部框线

05 单击【偏移】按钮，向里进行偏移复制，偏移距离为400mm，然后单击【推/拉】按钮，向上拉500mm，如图5-122、图5-123所示。

06 再重复上一步操作，这次拉高距离为300mm，如图5-124所示。

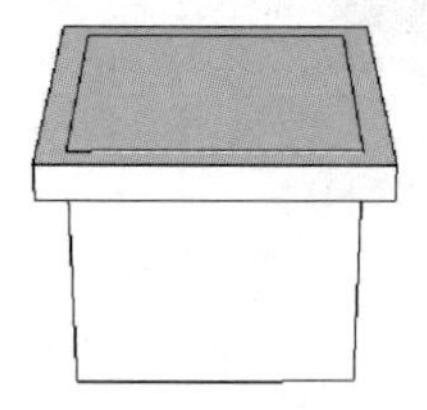

图5-122　创建偏移面

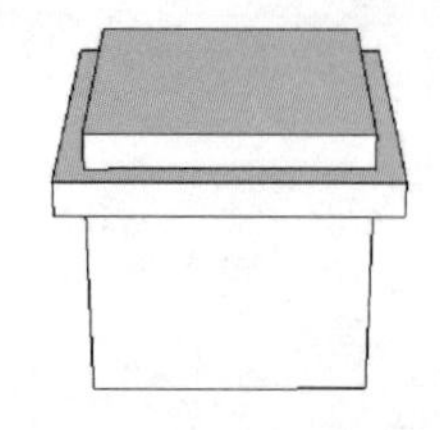

图5-123　推拉偏移面

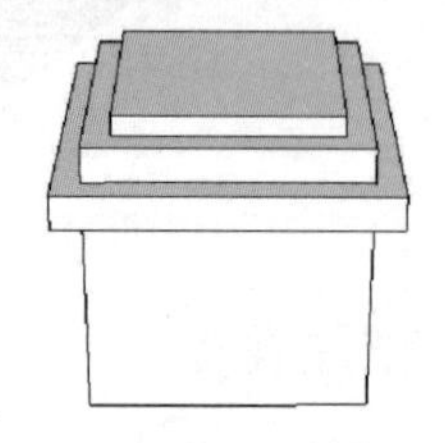

图5-124　重复偏移及推拉

07 单击【圆弧】按钮，画一个与中间矩形相切的倒角形状，如图5-125所示。

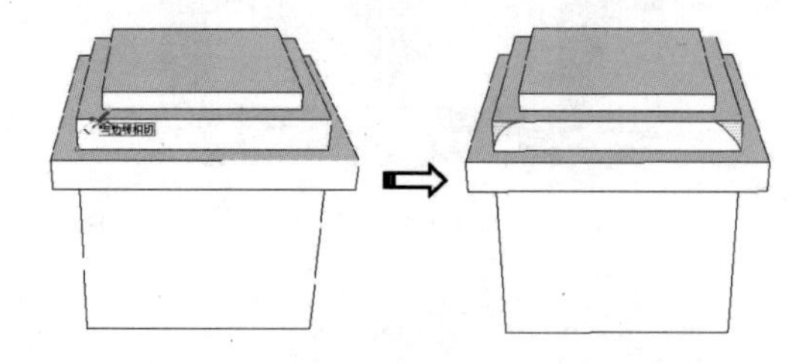

图5-125　绘制圆弧

08 选择圆弧面，单击【跟随路径】按钮，按住<Alt>键不放，对着倒角向矩形面进行变形，即可变成一个倒角形状，如图5-126所示。

09 单击【圆弧】按钮，在矩形面上绘制一个由弦长为780mm、弧顶高为400mm的4个相同圆弧组成的花瓣形状，如图5-127所示。

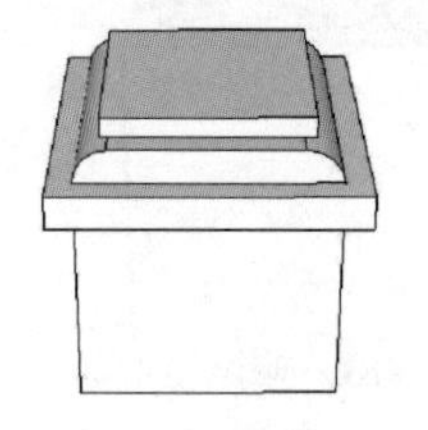

图5-126　绘制倒角形状

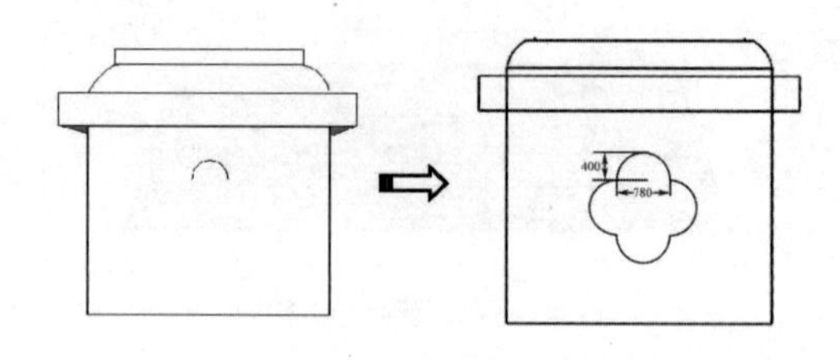

图5-127　绘制花瓣形状

10 选中花瓣形状，单击【偏移】按钮，向外偏移复制，偏移距离为100mm，然后单击【推/拉】按钮，将面向外拉100mm，如图5-128、图5-129所示。

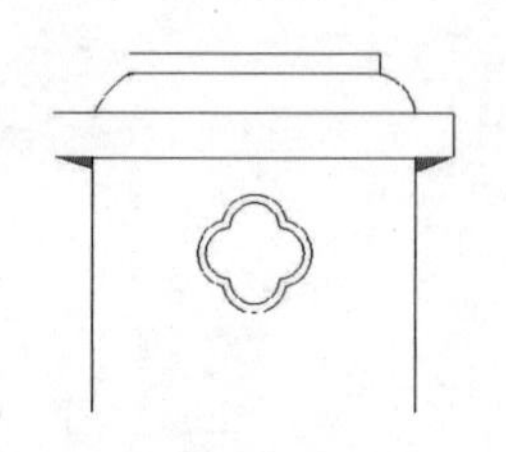

图5-128　偏移复制花瓣

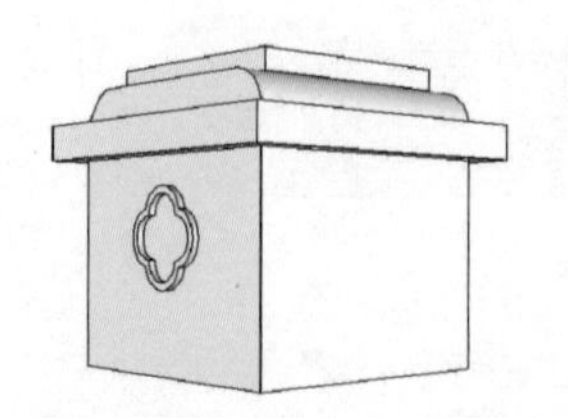

图5-129　推拉花瓣

2. 设计花柱

01 单击【矩形】按钮，在顶部矩形面上先画4个矩形，如图5-130所示，再分别在4个矩形里画小矩形，如图5-131所示。

图5-130 绘制4个矩形

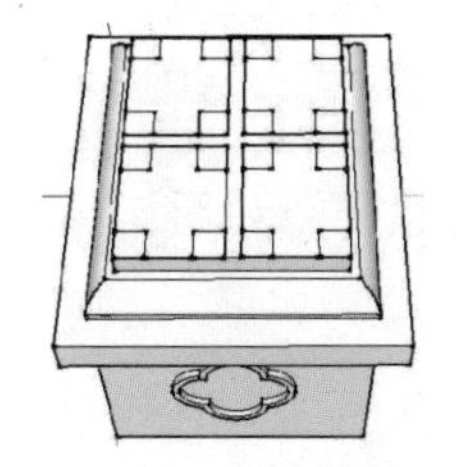
图5-131 绘制小矩形

02 单击【推/拉】按钮，将4个矩形面向上拉12 000mm，如图5-132所示。

03 单击【矩形】按钮，在花柱顶面画一个矩形面，如图5-133所示。

04 单击【推/拉】按钮，向上拉300mm，如图5-134所示。

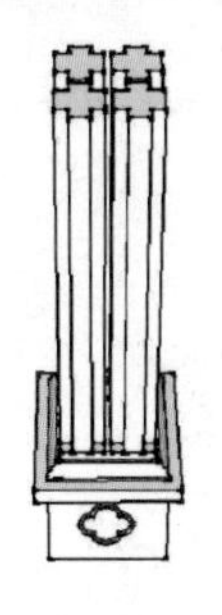
图5-132 推拉形状

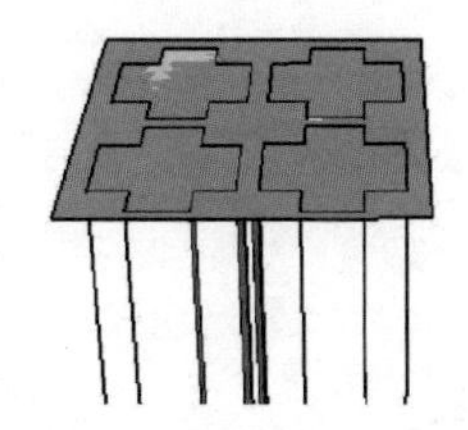
图5-133 在顶部绘制矩形面

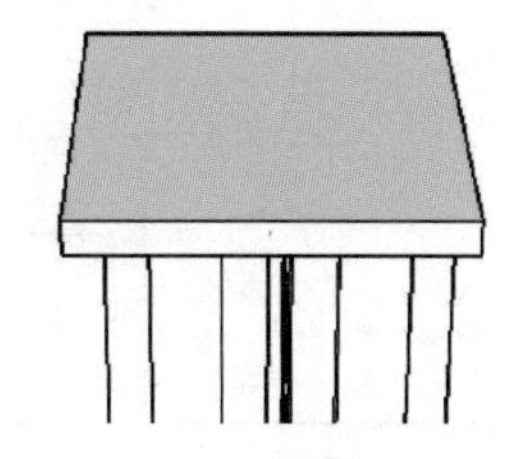
图5-134 推拉矩形面

05 单击【偏移】按钮，向外偏移复制，偏移距离为500mm，再单击【推/拉】按钮，向上拉300mm，如图5-135、图5-136所示。

06 选中花柱模型，选择【编辑】/【创建群组】命令，创建一个群组，如图5-137所示。

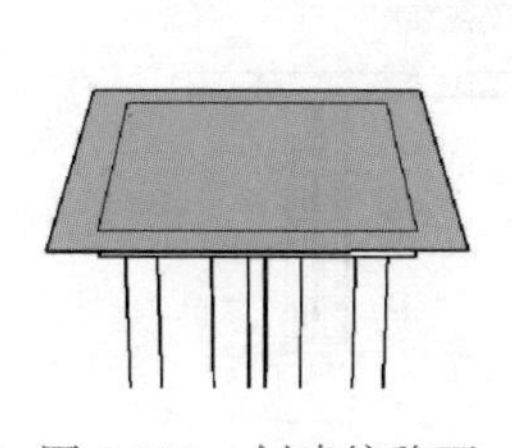
图5-135 创建偏移面

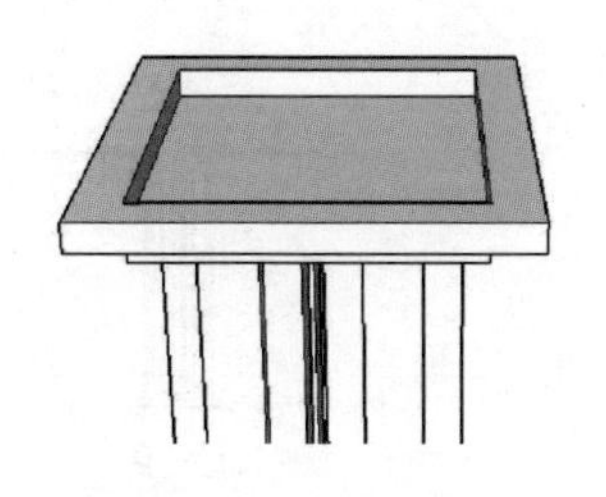
图5-136 推拉偏移面

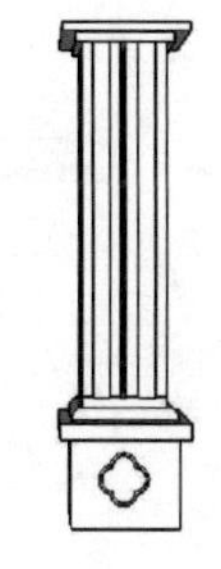
图5-137 创建群组

3. 设计花托

01 单击【直线】按钮，画两条长度都为5000mm的直线，如图5-138所示。单击【圆弧】按钮，连接两条直线，如图5-139所示。

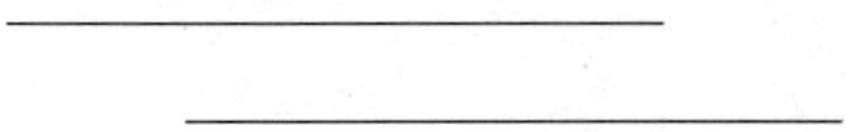

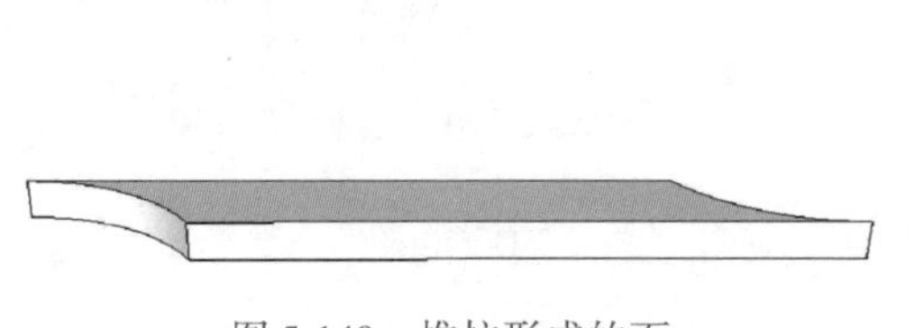
图 5-138　绘制直线

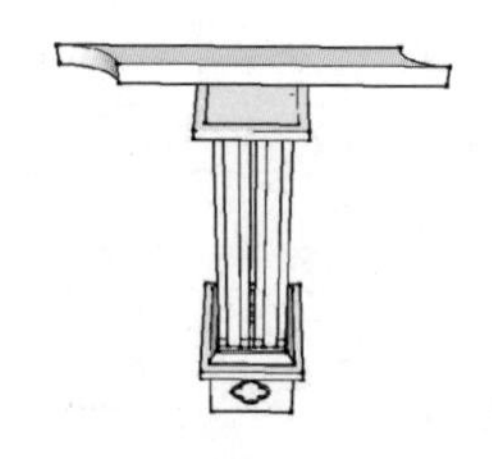
图 5-139　绘制圆弧

02 单击【推/拉】按钮，将面拉出一定高度，如图 5-140 所示。将推拉后的模型移到花柱上，如图 5-141 所示。

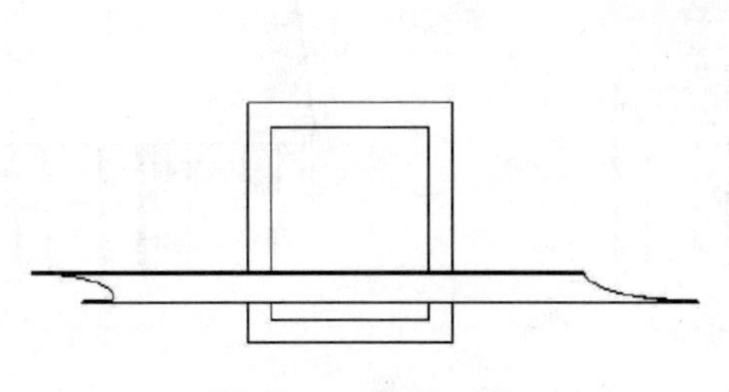
图 5-140　推拉形成的面

图 5-141　平移对象到花柱上

03 选中模型，单击【缩放】按钮，对它进行拉伸变化，如图 5-142 所示。

04 单击【移动】按钮，复制两个，放在适当的位置上，如图 5-143 所示。

图 5-142　缩放对象

图 5-143　平移复制对象

05 将整个模型选中，创建群组，花托效果如图 5-144 所示。

06 单击【移动】按钮，沿水平方向复制两个群组，摆放到相应位置上，如图 5-145 所示。

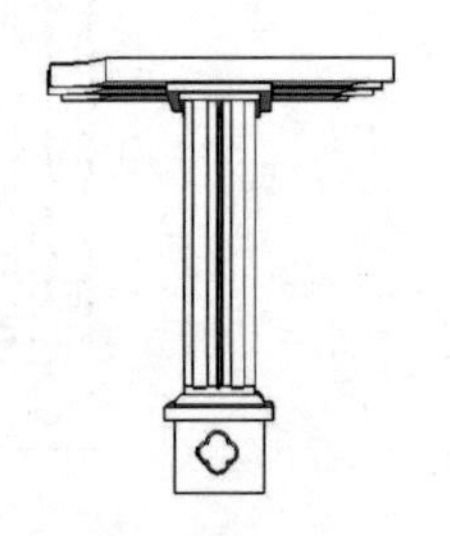
图 5-144　创建群组

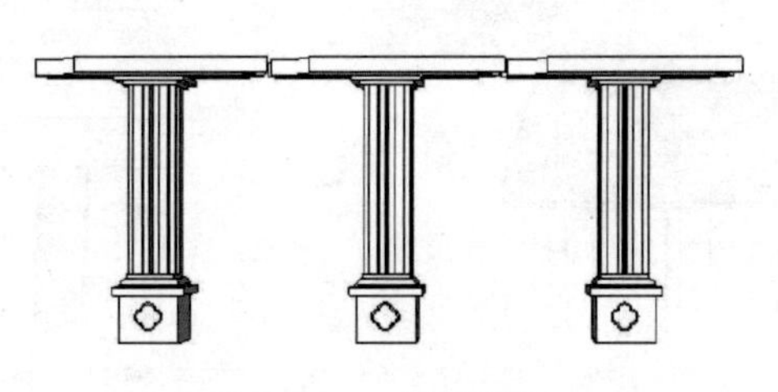
图 5-145　复制群组

07 选择一种适合的材质填充，如图 5-146 所示。

08 导入一些花篮和椅子组件，最终效果如图 5-147 所示。

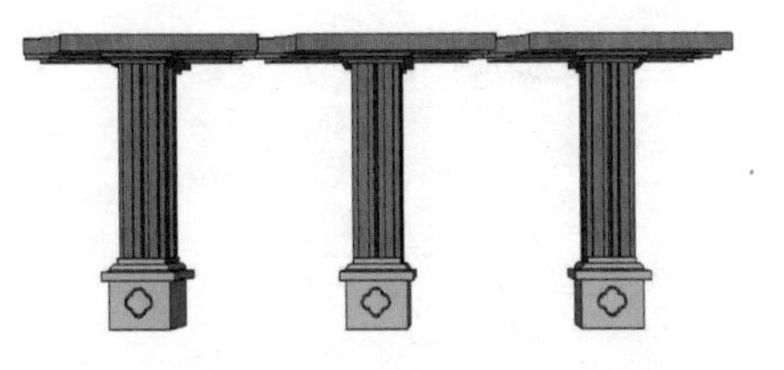
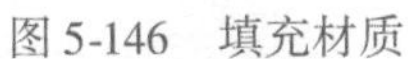

图 5-146 填充材质

图 5-147 导入组件

5.4 园林景观设施小品设计

本节以实例讲解的方式介绍 SketchUp 园林景观设施小品设计的方法，包括创建石桌、栅栏等，图 5-148 所示为常见的景观设施小品设计的效果图。

图 5-148 园林景观设施小品效果图

案例——创建石桌

本案例主要是利用绘图工具制作一个公园里的石桌模型，图 5-149 所示为效果图。

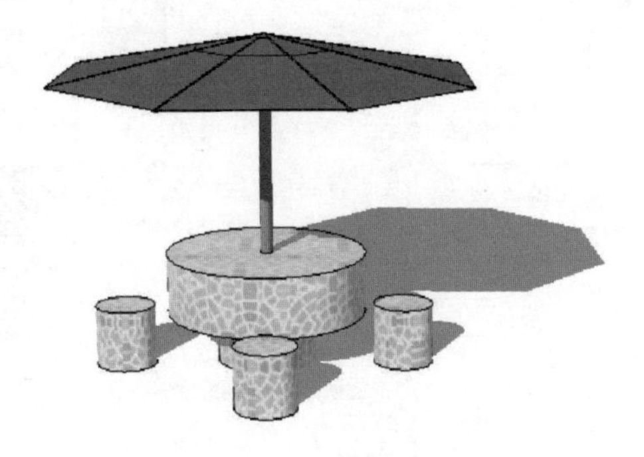

图 5-149 石桌效果图

结果文件：\ Ch05 \ 园林景观设施小品设计 \ 石桌 . skp
视频：\ Ch05 \ 石桌 . wmv

01 单击【圆】按钮，绘制一个半径为 500mm 的圆面，如图 5-150 所示。

02 单击【推/拉】按钮，将圆面向上拉 300mm，如图 5-151 所示。

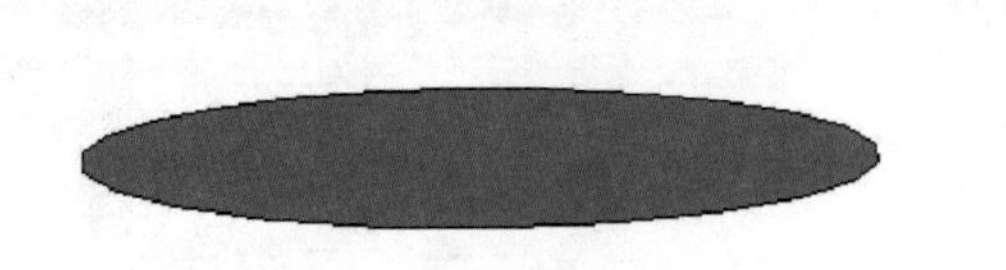

图 5-150　绘制圆面

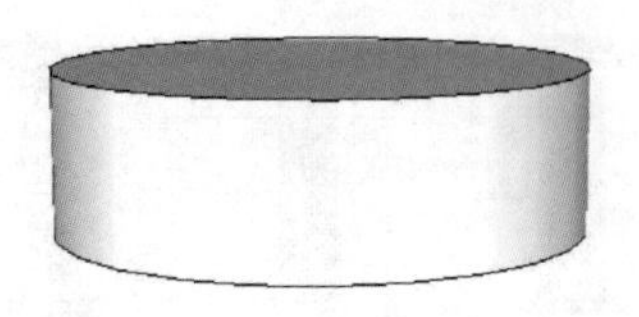

图 5-151　推拉圆面

03 单击【偏移】按钮，将圆面向内偏移复制，偏移距离为250mm，如图 5-152 所示。

04 单击【推/拉】按钮，将圆面向下拉 250mm，如图 5-153 所示。

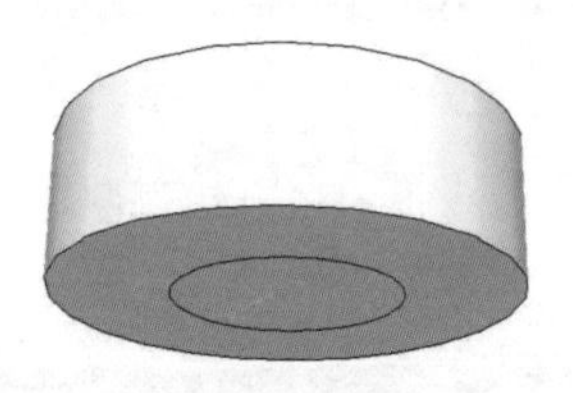

图 5-152　偏移圆面

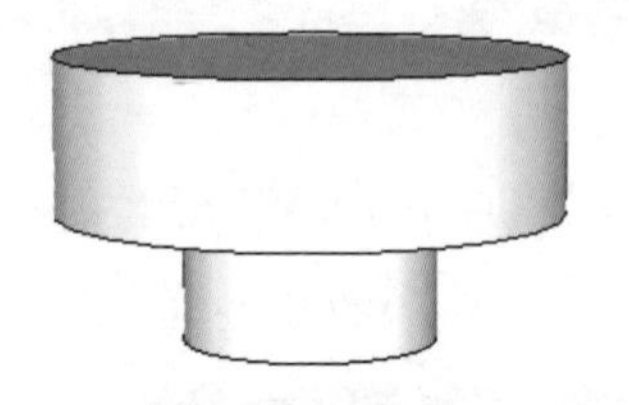

图 5-153　推拉圆面

05 单击【偏移】按钮，将圆面向内偏移复制一个小圆面，单击【推/拉】按钮，将小圆面向下推 200mm，完成石桌的创建，如图 5-154 所示。

06 单击【圆】按钮，绘制一个半径为 150mm 的圆面，单击【推/拉】按钮，将圆面拉出 300mm，得到石凳如图 5-155 所示。

07 分别选中石桌和石凳，单击鼠标右键，从弹出的菜单中选择【创建群组】命令，如图 5-156 所示。

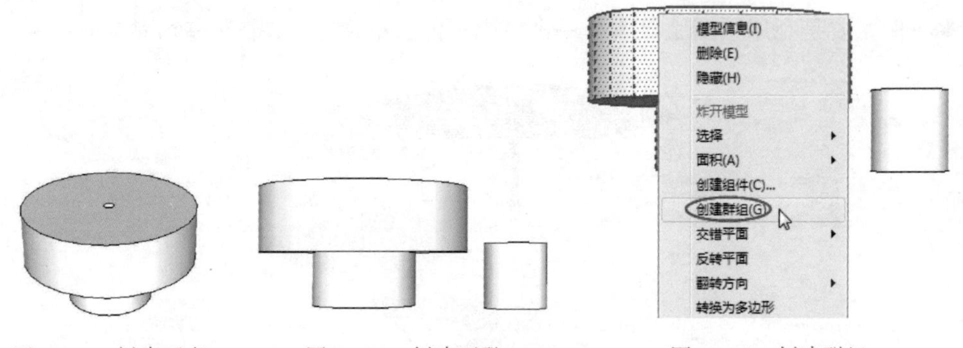

图 5-154　创建石桌　　图 5-155　创建石凳　　图 5-156　创建群组

08 单击【移动】按钮，按住 <Ctrl> 键不放，再复制 3 个石凳，如图 5-157 所示。

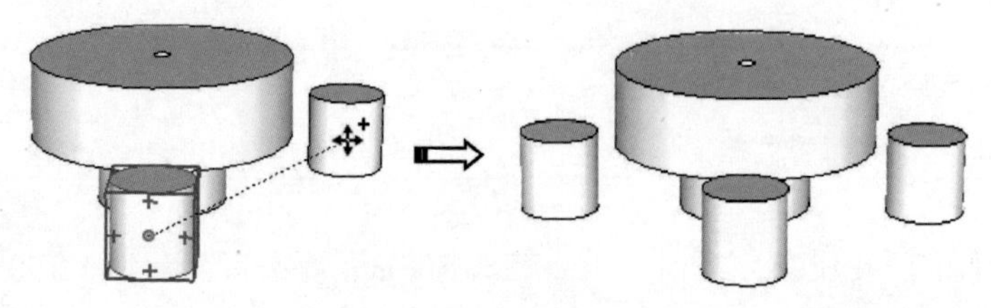

图 5-157　复制石凳

09 选择一种适合的材质填充，如图5-158所示。

10 导入一把遮阳伞组件，最终效果如图5-159所示。

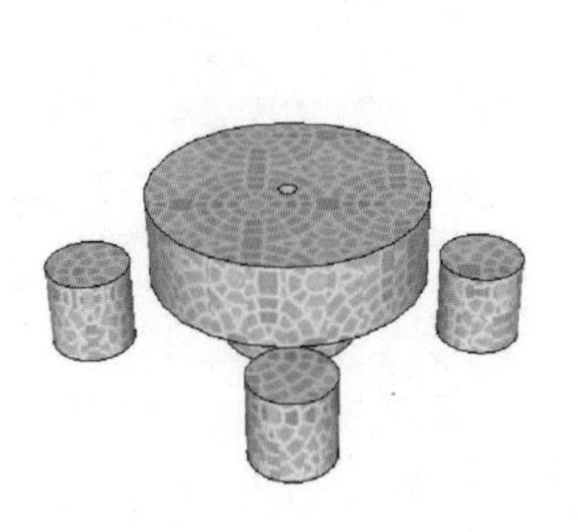

图5-158 填充材质

图5-159 导入遮阳伞组件

案例——创建栅栏

本案例主要是利用绘制工具制作一个栅栏，图5-160所示为效果图。

图5-160 栅栏效果图

结果文件：\ Ch05 \ 园林景观设施小品设计 \ 栅栏 . skp

视频：\ Ch05 \ 栅栏 . wmv

01 单击【矩形】按钮，绘制一个长和宽都为300mm的矩形面，如图5-161所示。

02 单击【推/拉】按钮，向上拉1200mm，创建立柱，如图5-162所示。

03 选中立柱顶面，单击【偏移】按钮，向外偏移复制，偏移距离为40mm，如图5-163所示。

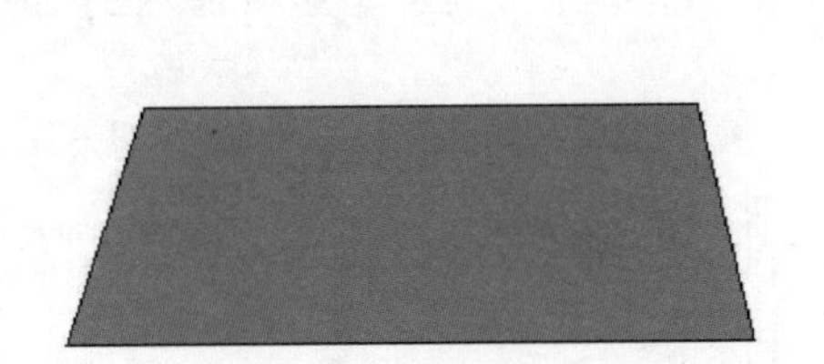

图5-161 绘制矩形面

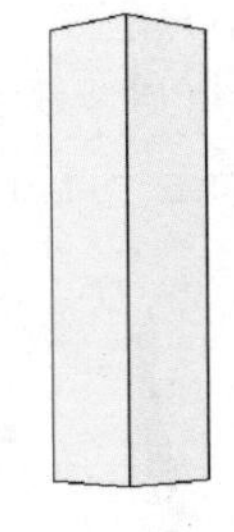

图5-162 推拉矩形面

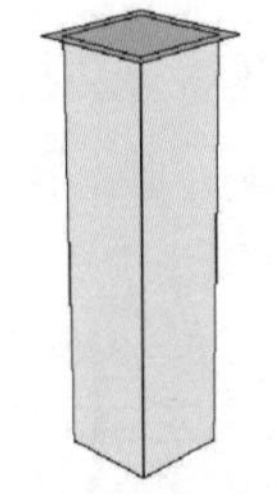

图5-163 创建偏移面

04 选中偏移面，单击【推/拉】按钮，向下推200mm，如图5-164所示。

05 选中矩形面单击【推/拉】按钮，将矩形面向上拉50mm，如图5-165所示。

06 单击【缩放】按钮，对立柱顶面进行缩小，如图5-166所示。

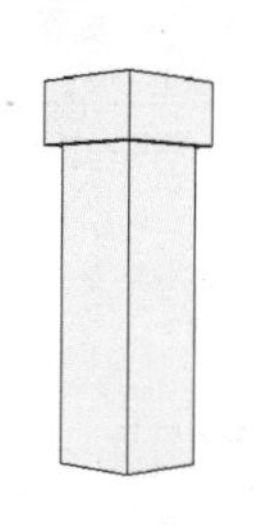

图5-164　推拉偏移面

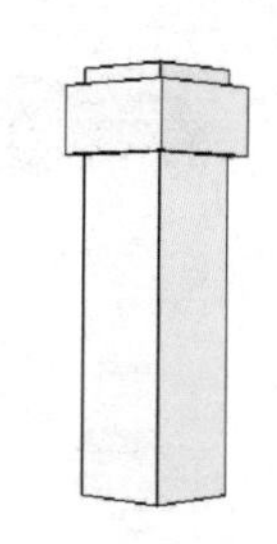

图5-165　推拉矩形面

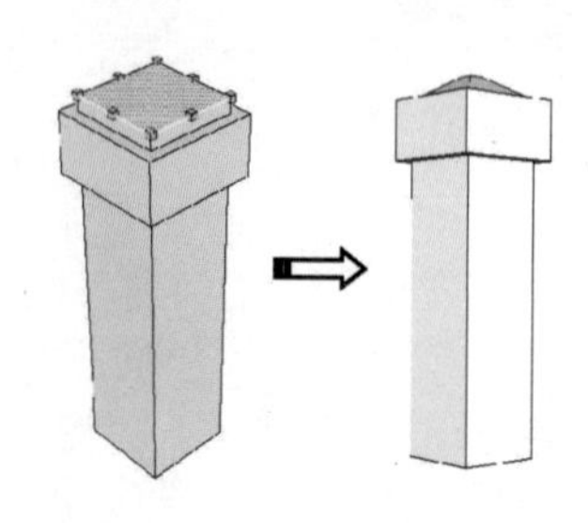

图5-166　缩放立柱顶面

07 选中模型，选择【编辑】/【创建群组】命令，创建一个群组，如图5-167所示。

08 单击【矩形】按钮，绘制一个长为2000mm，宽为200mm的矩形，然后单击【推/拉】按钮，向上拉150mm，如图5-168所示。

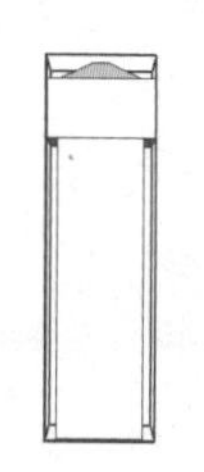

图5-167　创建群组

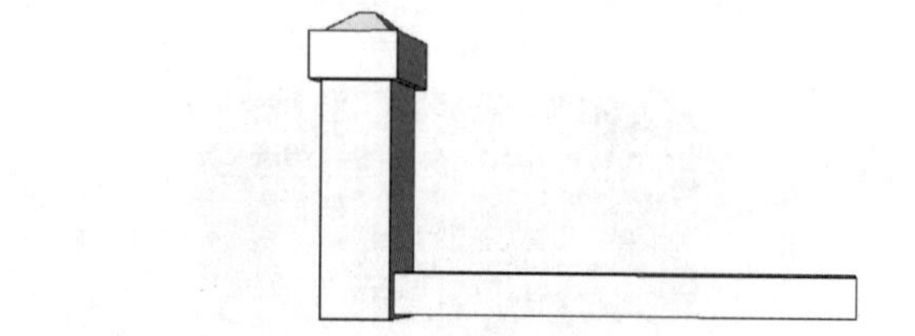

图5-168　创建矩形块

09 利用前文讲过的绘制球体的方法，绘制一个球体并放于立柱上，如图5-169所示。

10 单击【移动】按钮，复制另一个立柱，如图5-170所示。

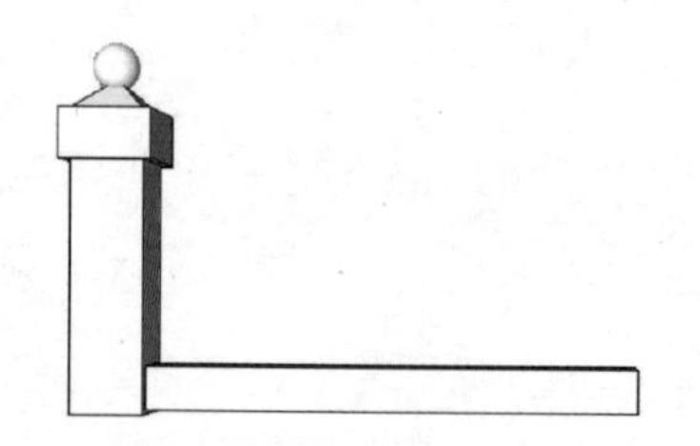

图5-169　创建球体并放于立柱上

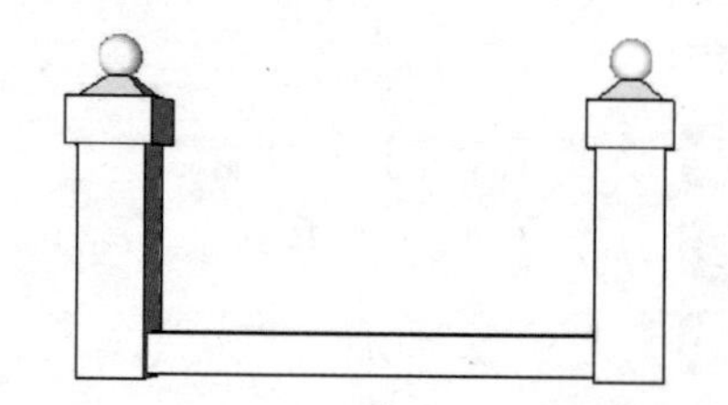

图5-170　平移复制立柱

11 单击【矩形】按钮，在横向矩形块上绘制一个小矩形面，单击【推/拉】按钮，向上推拉一定距离，如图5-171所示。

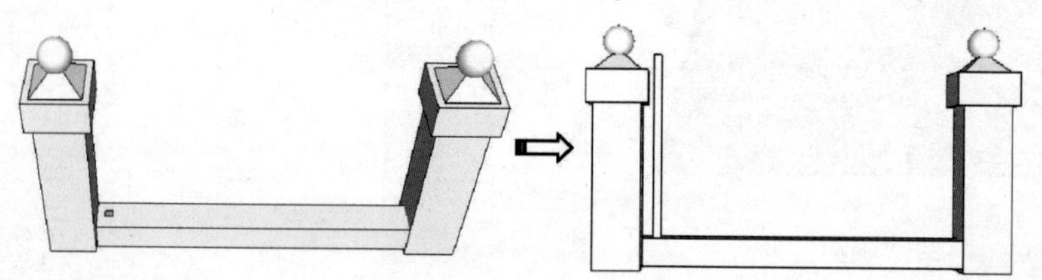

图5-171　创建小立柱

12 选择【编辑】/【创建群组】命令，创建一个群组，如图 5-172 所示。

13 利用同样的方法绘制另一个矩形块，如图 5-173 所示。

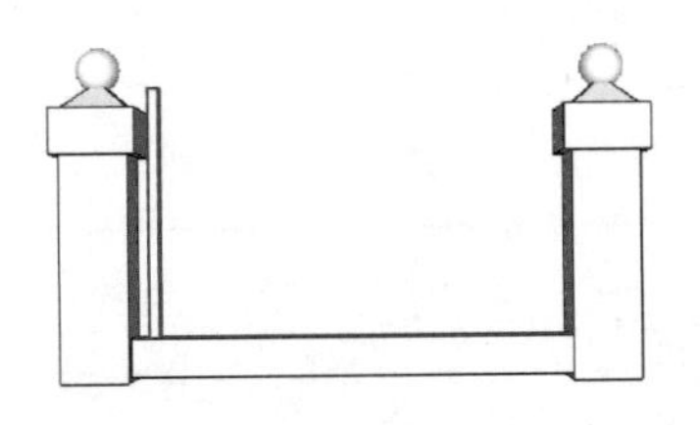

图 5-172　创建群组

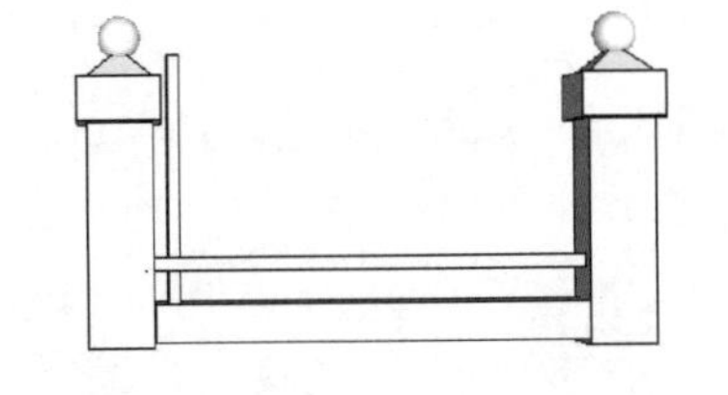

图 5-173　创建水平的矩形块

14 单击【移动】按钮，按住 <Ctrl> 键不放，先将水平放置的矩形块进行复制，如图 5-174 所示。然后将小立柱向右等距离复制，如图 5-175 所示。

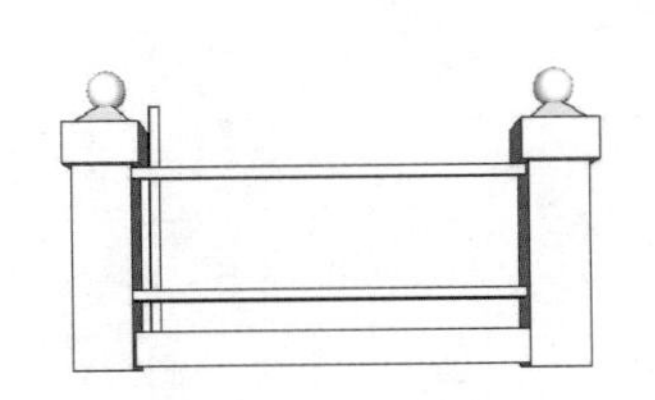

图 5-174　向上复制

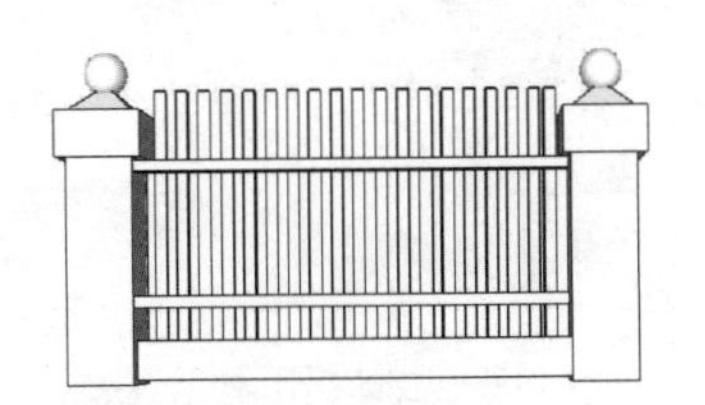

图 5-175　向右等距离复制

15 填充适合的材质，最终效果如图 5-176 所示。

图 5-176　最终效果

5.5 园林景观提示牌设计

本节以实例讲解的方式介绍 SketchUp 园林景观提示牌设计的方法，包括创建景区温馨提示牌、景点介绍牌等，图 5-177 所示为常见的园林景观提示牌设计的效果图。

图 5-177　景观提示牌

案例——创建温馨提示牌

本案例主要应用绘制工具来创建温馨提示牌模型，图5-178所示为效果图。

结果文件：\ Ch05 \ 园林景观提示牌设计 \ 温馨提示牌 . skp
视频：\ Ch05 \ 温馨提示牌 . wmv

01 单击【圆弧】按钮，绘制两段圆弧并连接，如图5-179所示。

图5-178 温馨提示牌效果图　　图5-179 绘制圆弧

02 继续单击【圆弧】按钮，绘制两段圆弧并连接，再单击【直线】按钮，将它们连接成面，如图5-180所示。

03 单击【矩形】按钮，在下方绘制一个矩形面，如图5-181所示。

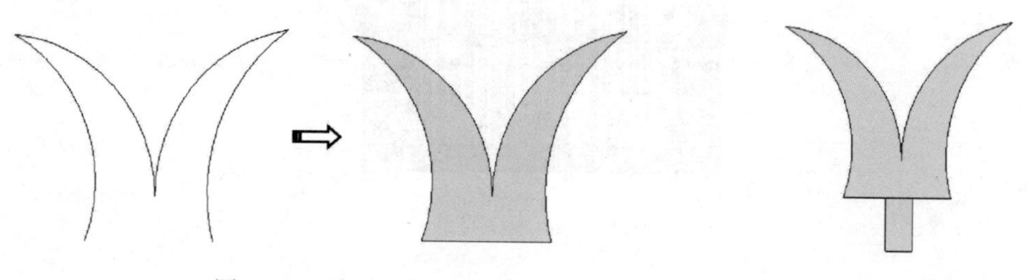

图5-180 绘制形状　　图5-181 绘制矩形面

04 单击【圆弧】按钮，绘制圆弧并连接，如图5-182所示。

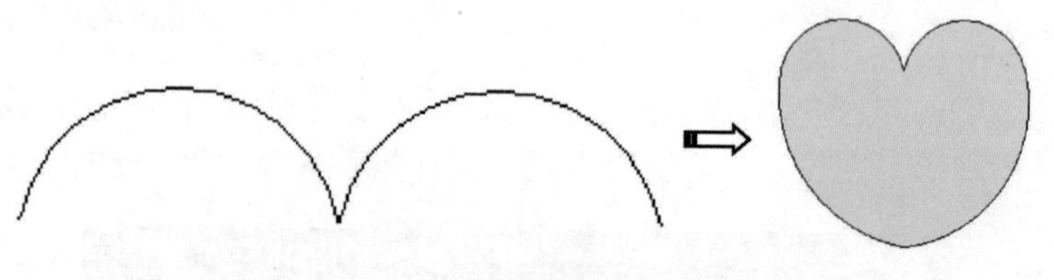

图5-182 绘制心形

05 选中形状，单击鼠标右键，选择【创建群组】命令，创建群组，如图5-183所示。

06 单击【旋转】按钮，按住 <Ctrl> 键不放，沿中点进行旋转复制，旋转角度设为60°，如图5-184所示。

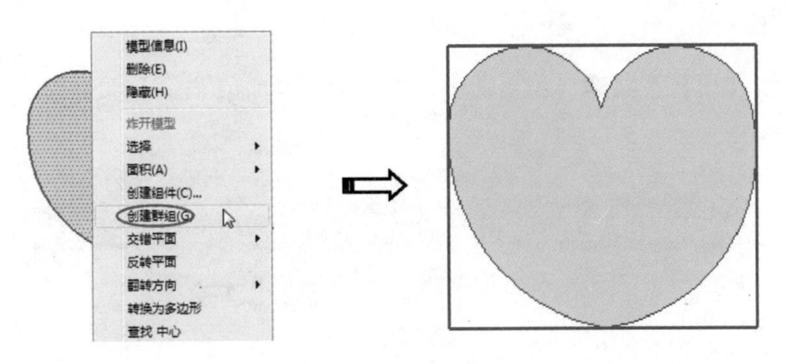

图 5-183　创建群组

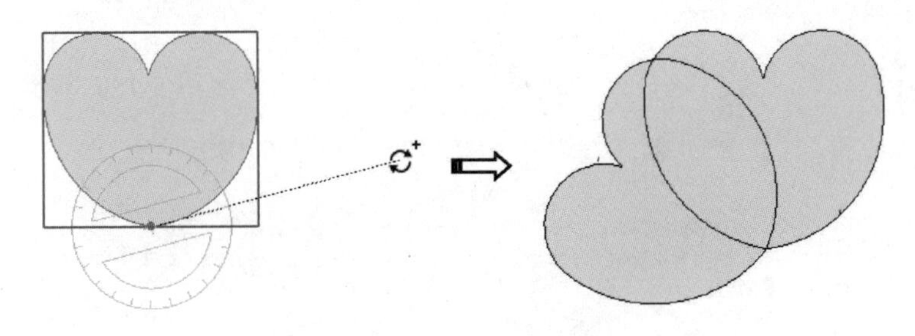

图 5-184　旋转复制心形

07 选中第二个复制对象，沿中点继续旋转复制其他心形，如图 5-185 所示。

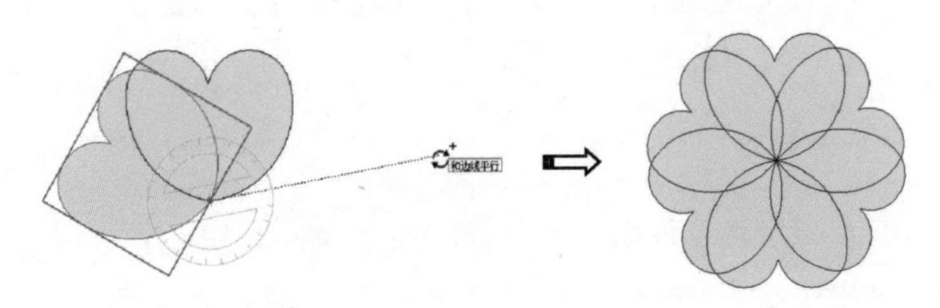

图 5-185　继续复制出其他心形

08 选中形状，单击鼠标右键，选择【分解】命令，将形状进行分解，如图 5-186 所示。

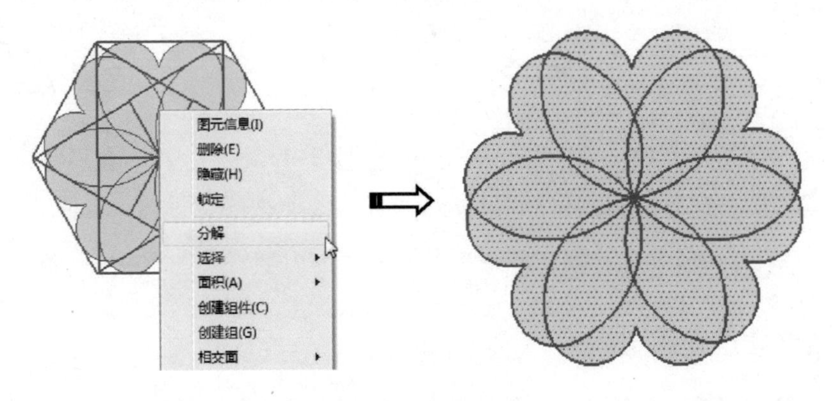

图 5-186　分解形状

09 单击【擦除】按钮，将多余的线擦掉，形成一朵花的形状，如图5-187所示。

10 单击【圆】按钮，绘制两个小圆形面。单击【圆弧】按钮，绘制两段圆弧并连接，如图5-188所示。

图5-187　擦除多余线　　　图5-188　绘制内部形状

11 将绘制好的两个形状分别创建群组，并进行组合，如图5-189所示。

12 单击【推/拉】按钮，对形状进行推拉，如图5-190所示。

图5-189　创建群组

图5-190　推拉群组

13 单击【三维文字】按钮，添加三维文字，如图5-191所示。

14 为创建好的模型填充适合的材质，最终效果，如图5-192所示。

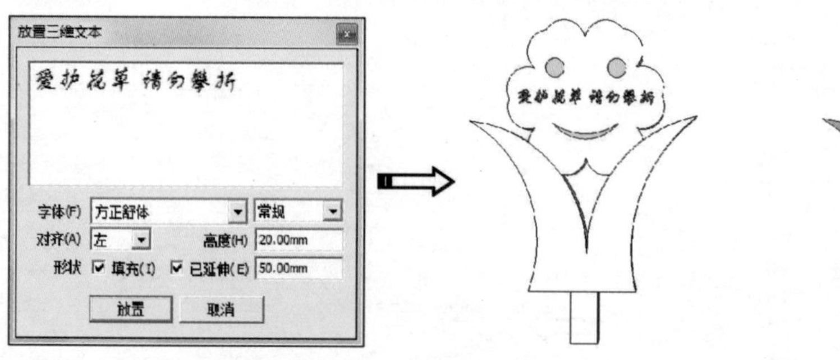

图5-191　创建三维文字

图5-192　最终效果

案例——创建景点介绍牌

本案例主要应用绘制工具来创建景区景点介绍牌模型，图5-193所示为效果图。

图 5-193 景点介绍牌效果图

源文件：\ Ch05 \ 文字图片 . jpg
结果文件：\ Ch05 \ 园林景观提示牌设计 \ 景点介绍牌 . skp
视频：\ Ch05 \ 景点介绍牌 . wmv

01 单击【矩形】按钮，绘制 3 个长宽都为 300mm 的矩形面，如图 5-194 所示。

02 单击【推/拉】按钮，分别向上拉 3500mm，如图 5-195 所示。

图 5-194 绘制 3 个小矩形面

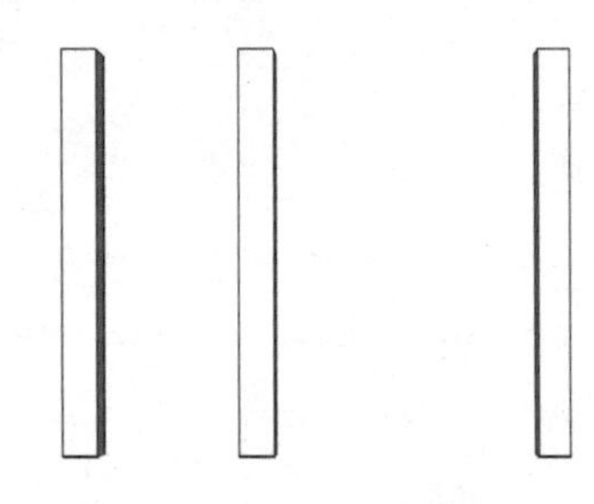

图 5-195 推拉小矩形面

03 单击【偏移】按钮，将第 3 个矩形面向里偏移复制，偏移距离为 30mm。单击【推/拉】按钮，向上拉 30mm，如图 5-196、图 5-197 所示。

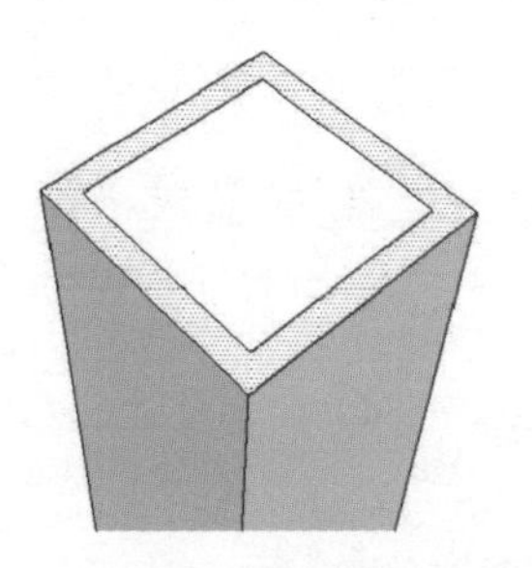

图 5-196 创建偏移面

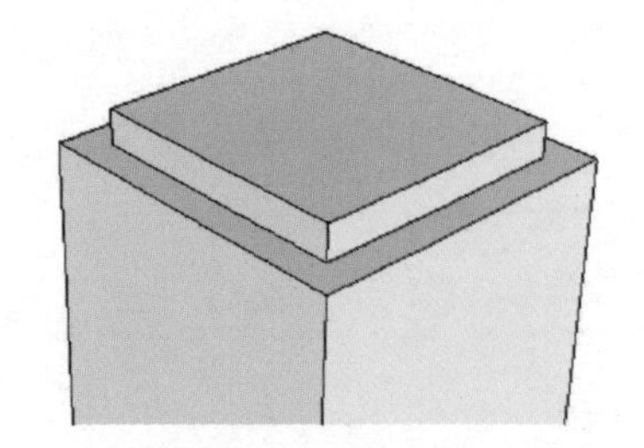

图 5-197 推拉偏移面

04 单击【偏移】按钮，向外偏移复制，偏移距离为 50mm。单击【推/拉】按钮，将两个面向上拉 200mm，如图 5-198、图 5-199 所示。

05 单击【擦除】按钮，将多余的线擦掉，如图 5-200 所示。

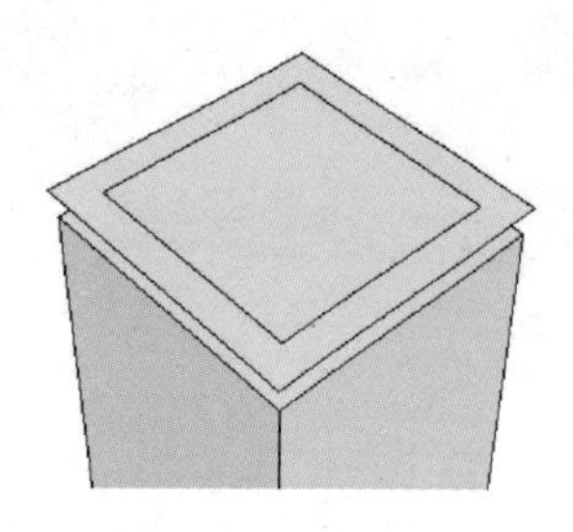

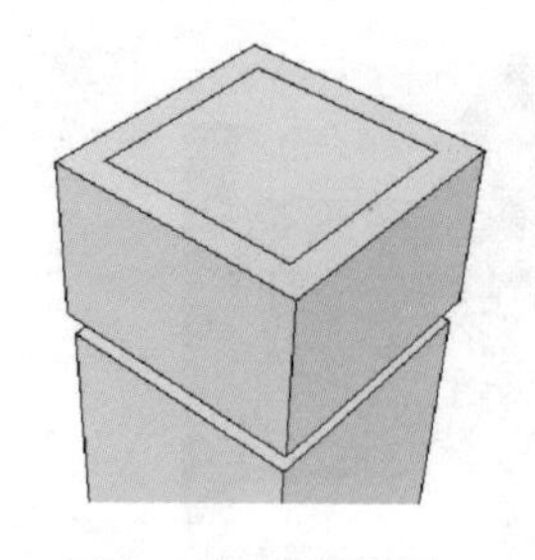

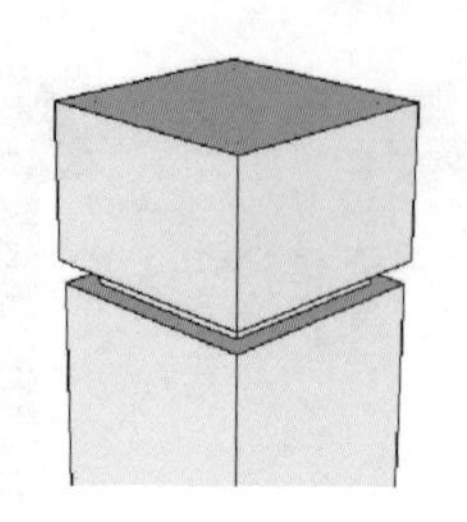

图 5-198　再创建偏移面　　图 5-199　推拉面　　图 5-200　擦除多余线

06 将 3 个矩形柱分别创建群组，如图 5-201 所示。

07 单击【矩形】按钮，绘制 3 个矩形面，如图 5-202 所示。单击【推/拉】按钮，向右推拉一定距离，如图 5-203 所示。

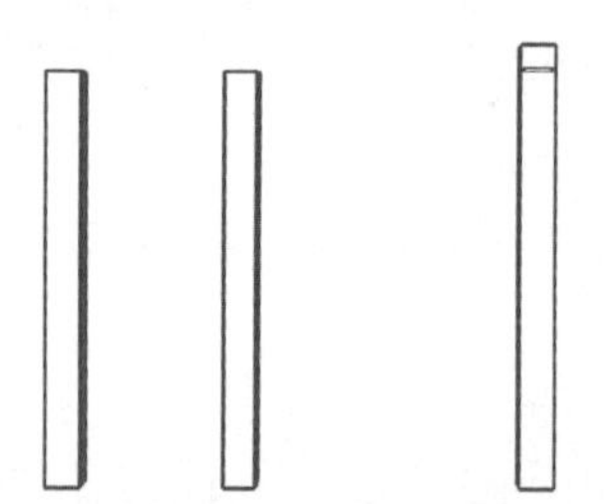

图 5-201　创建 3 个群组

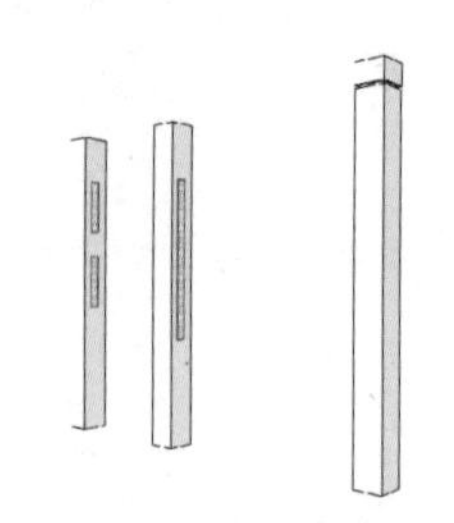

图 5-202　绘制矩形面

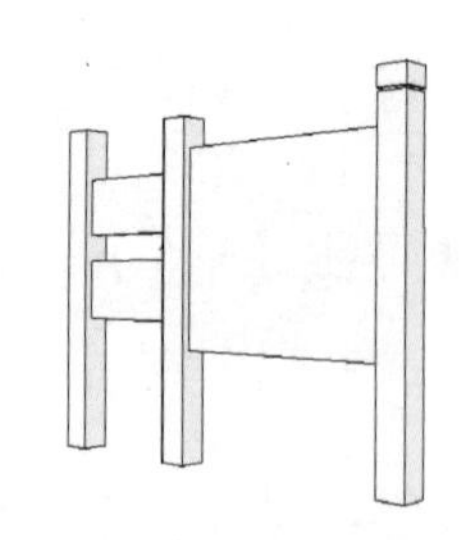

图 5-203　推拉矩形面

08 单击【矩形】按钮，继续绘制矩形面。单击【推/拉】按钮，推拉出效果，如图 5-204、图 5-205 所示。

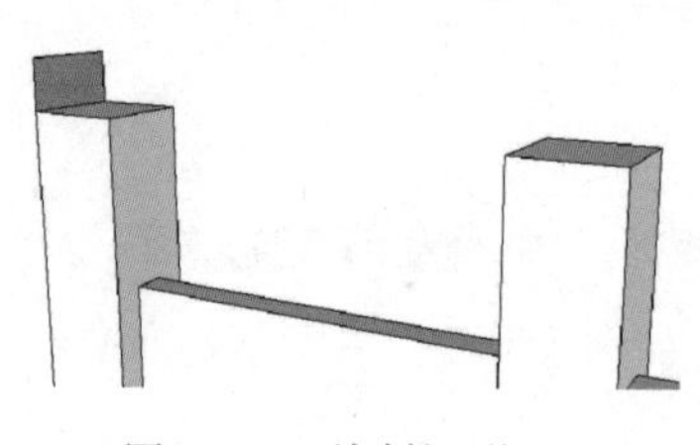

图 5-204　绘制矩形面

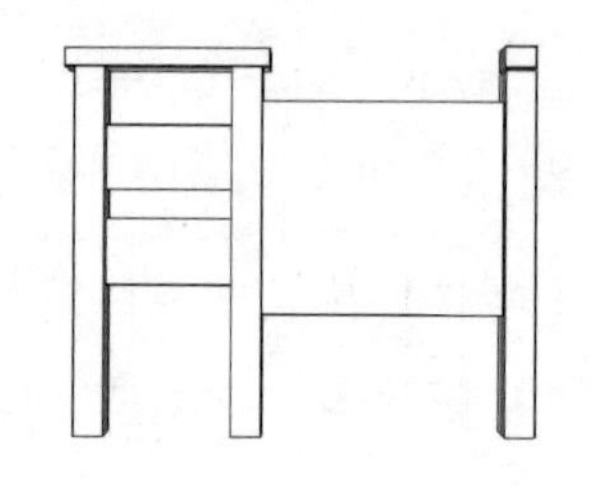

图 5-205　推拉矩形面

09 单击【多边形】按钮，绘制三角形。单击【推/拉】按钮，将三角形进行推拉，如图 5-206 所示。

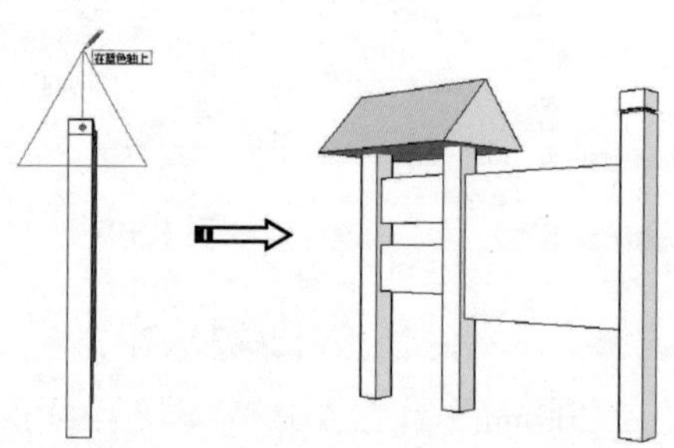

图 5-206　绘制三角形并进行推拉

10 单击【直线】按钮，在顶面绘制直线。单击【推/拉】按钮，对分割的面分别向上拉20mm，如图5-207、图5-208所示。

11 单击【移动】按钮，在上方复制一个顶面，然后进行缩放操作，效果如图5-209所示。

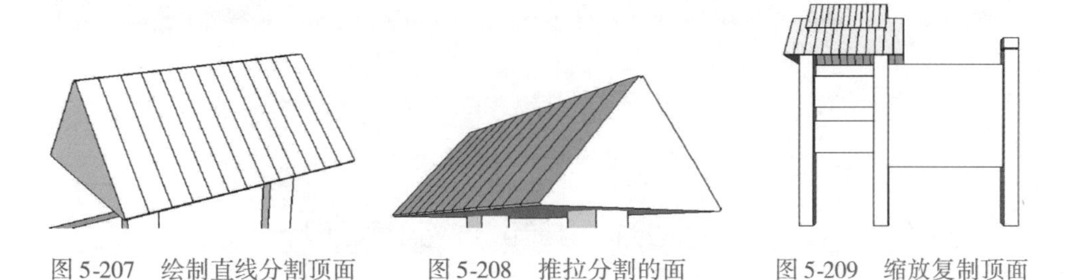

图5-207　绘制直线分割顶面　　图5-208　推拉分割的面　　图5-209　缩放复制顶面

12 单击【三维文字】，添加三维文字，如图5-210所示。

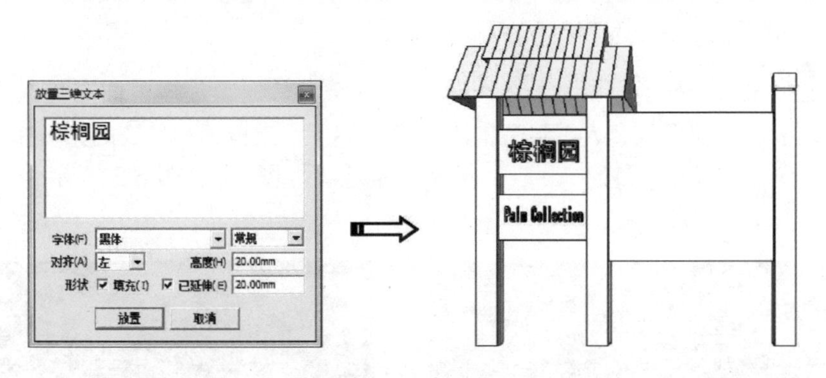

图5-210　创建三维文字

13 为另一边添加文字图片的材质贴图，如图5-211所示。完善其他地方的材质，最终效果如图5-212所示。

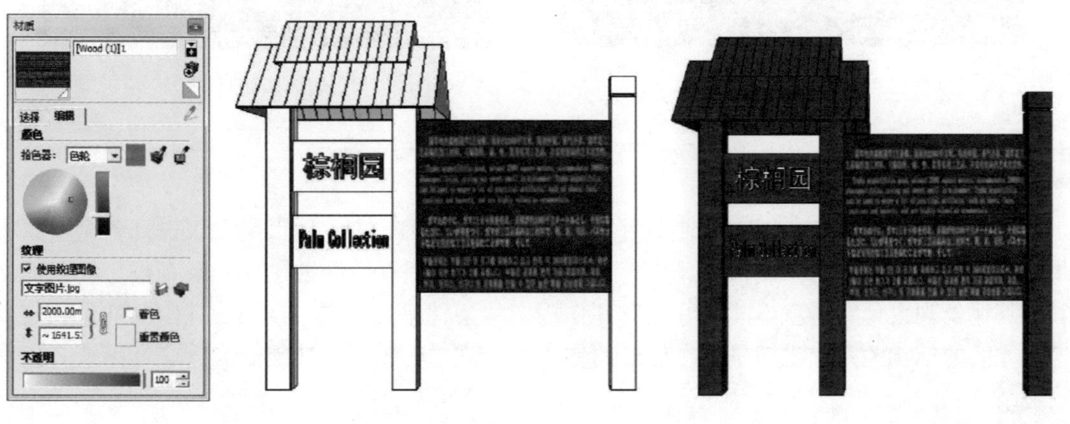

图5-211　添加文字图片材质　　图5-212　最终效果

第6章 地形场景设计

本章介绍如何使用 SketchUp 中的沙箱工具创建出不同的地形场景。

6.1 地形在景观中的应用

从地理角度来看，地形是指地貌和地物形状的统称。地貌是地表面高低起伏的自然形态，地物是地表面自然形成和人工建造的固定性物体。不同地貌和地物的错综结合，就会形成不同的地形，如平原、丘陵、山地、高原、盆地等。图 6-1、图 6-2 所示为常见的丘陵地形。

图 6-1　丘陵地形 1

图 6-2　丘陵地形 2

6.1.1 景观结构作用

在景观设计的各个要素中，地形可以说是最为重要的一个。地形是景观设计各个要素的载体，为其他要素如水体、植物、构筑物等的存在提供一个依附的平台。没有理想的景观地形，其他景观设计要素就不能很好地发挥作用。从某种意义上讲，景观设计中的地形决定着景观方案的结构关系，也就是说在地形的作用下景观中的轴线、功能分区、交通路线才能有效地结合。

6.1.2 美学造景

地形在景观设计中发挥了极大的美学作用。地形可以更为容易地模仿出自然的空间，如林间的斜坡，点缀着棵棵松柏杉木以及遍布雪松的深谷等。我国的绝大多数古典园林都是根据地形来进行设计的，例如苏州园林的名作狮子林和网师园，无锡的寄畅园，扬州的瘦西湖等。它们都充分地利用了地形的起伏变换，对空间进行巧妙地构建和布局，从而营造出让人难以忘怀的自然意境，给游人以美的享受。

地形在景观设计中还可以起到造景的作用。地形既可以作为景物的背景，以衬托出主景，同时也起到增加景观深度，丰富景观层次的作用，使景点有主有次。由于地形本身所具备的特征：波澜起伏的坡地、开阔平坦的草地、水面和层峦叠嶂的山地等，其自身就是景观。而且地形的起伏为绿化植被的立体发展创造了良好的条件，避免了植物种植的单一和单薄，使乔木、灌木、地被各类植物各有发展空间，相得益彰。图6-3、图6-4所示为景观地形设计效果。

图6-3　景观地形设计效果1

图6-4　景观地形设计效果2

6.2 沙箱工具

SketchUp的沙箱工具，又称地形工具。使用沙箱工具可以生成和操纵表面，包括根据等高线创建、根据网络创建、曲面起伏、曲面平整、曲面投射、添加细部、对调角线7种工具。图6-5所示为【沙箱】工具栏。

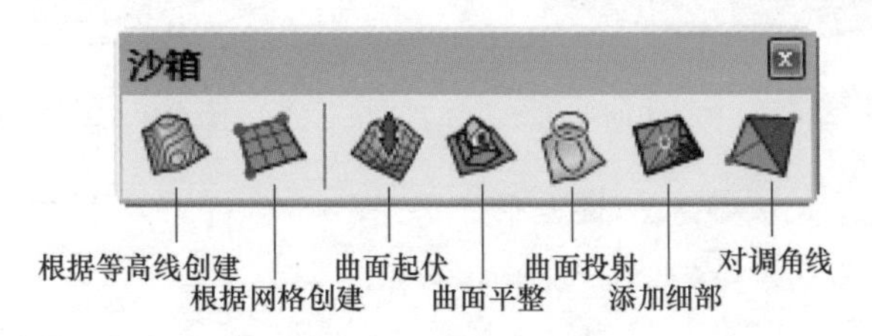

图6-5　【沙箱】工具栏

在初次使用SketchUp时，沙箱工具栏是没有显示在工具栏区域的，需要通过设置调取出来。在工具栏空白位置单击鼠标右键，并在弹出的快捷菜单中选择【沙箱】命令，这样便可以调出【沙箱】工具栏，如图6-6所示。或者在菜单栏选择【视图】/【工具栏】命令，在弹出的【工具栏】对话框中勾选【沙箱】复选框即可，如图6-7所示。

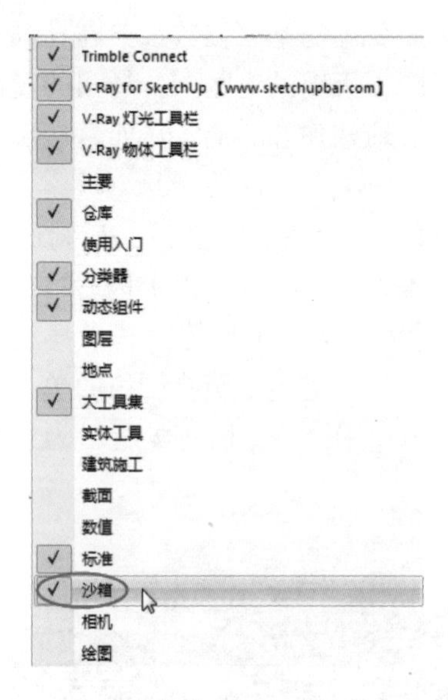

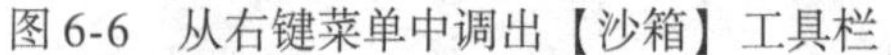

图 6-6　从右键菜单中调出【沙箱】工具栏

图 6-7　从菜单栏中调出【沙箱】工具栏

6.2.1　等高线创建工具

等高线创建工具，可以封闭相邻的等高线而形成三角面。等高线可以是直线、圆、圆弧、曲线等，将这些闭合或者不闭合的线形成一个面，从而产生坡地。

01 单击【圆】按钮，绘制几个封闭曲面，如图 6-8 所示。

02 因为需要的是线而不是面，所以需要删除面，如图 6-9 所示。

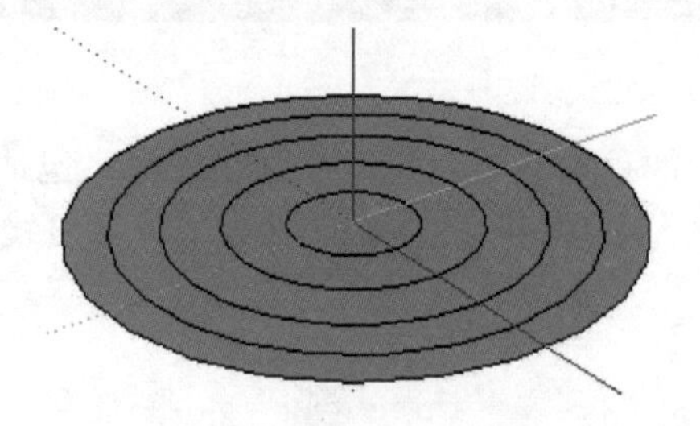

图 6-8　绘制几个封闭曲面

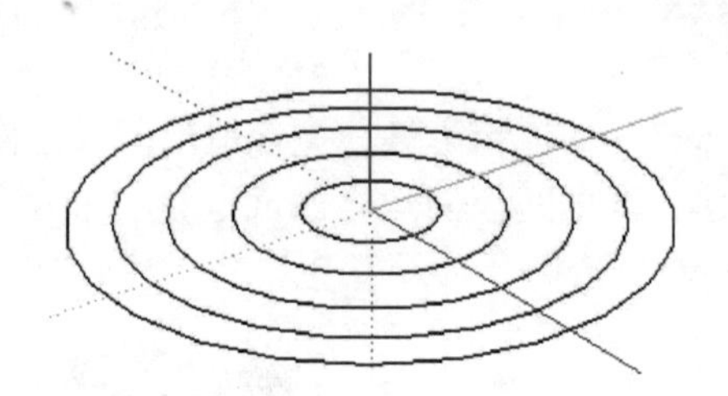

图 6-9　删除面保留线

03 单击【选择】按钮，将每条线选中，单击【移动】按钮，移动每条线在不同的位置与蓝轴对齐，如图 6-10 所示。

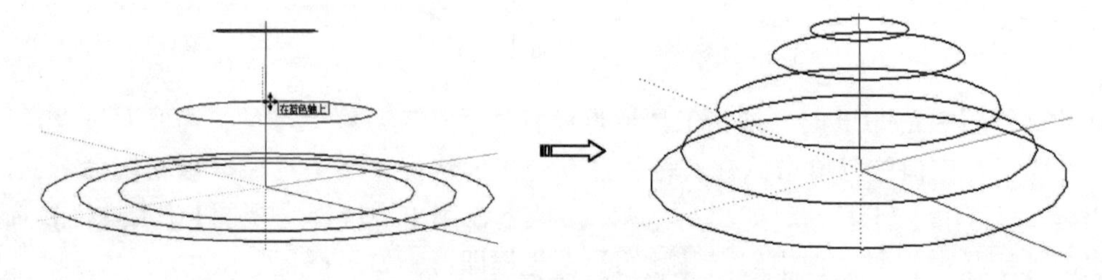

图 6-10　移动线到合适的位置

04 单击【选择】按钮，选中每条线，最后单击【根据等高线创建】按钮，即可创建一个像小山丘的等高线坡地，如图6-11所示。

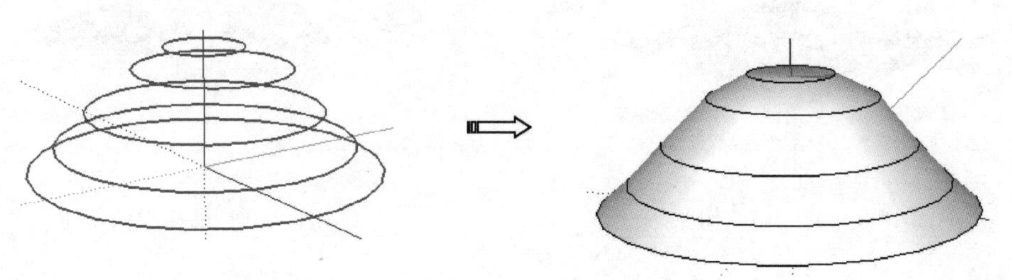

图6-11 创建等高线坡地

6.2.2 网格创建工具

网格创建工具，主要是绘制平面网格，只有与其他沙箱工具配合使用，才能起到一定的效果。

01 单击【根据网格创建】按钮，在数值控制栏出现以"栅格间距"为名称的输入栏，输入"2000"，按 <Enter> 键结束输入。

02 在场景中单击确定第一点，按住鼠标左键不放向右拖动，如图6-12所示。

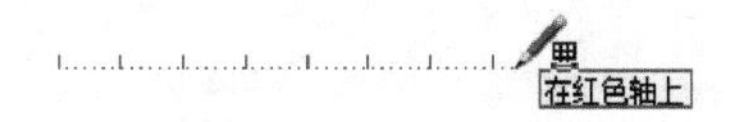

图6-12 绘制第一方向网格线

03 单击确定第二点，向下拖动鼠标，如图6-13所示。

04 单击确定网格面，从俯视图转换到等轴视图，如图6-14所示。

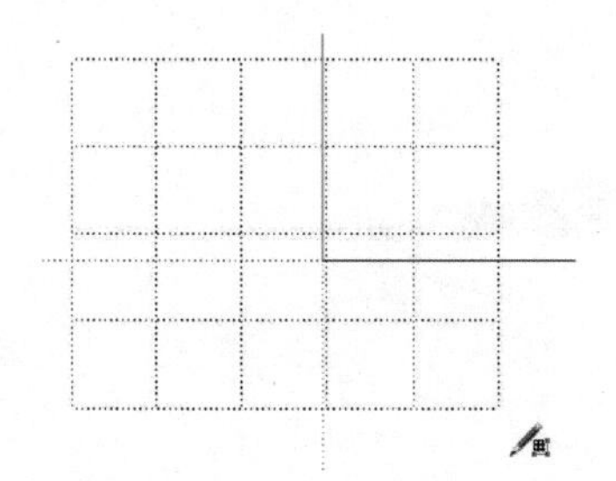

图6-13 绘制第二方向网格线

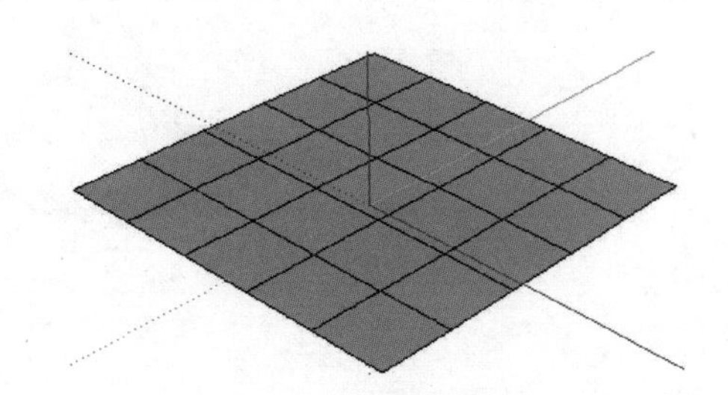

图6-14 完成网格面

6.2.3 曲面起伏工具

曲面起伏工具，主要对平面上的线、点进行拉伸，改变它的起伏度。

01 双击在6.2.2小节所绘制的网格，进入网格编辑状态，如图6-15所示。

02 单击【曲面起伏】按钮，开启曲面起伏创建，如图6-16所示。

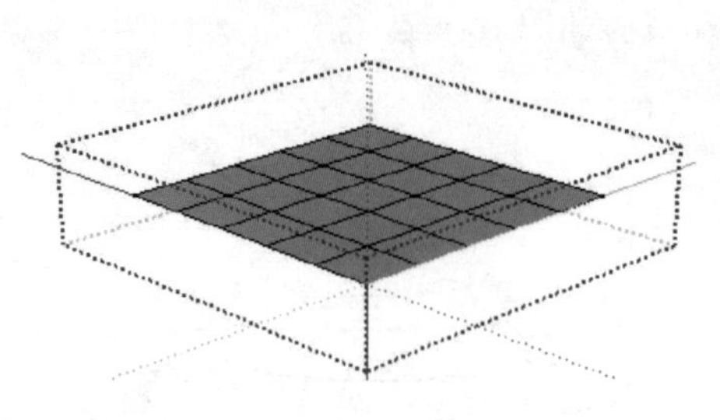

图 6-15　进入网格编辑状态

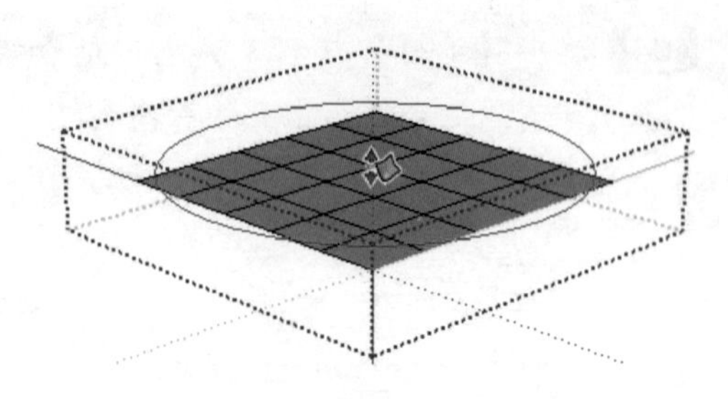

图 6-16　开启曲面起伏创建

03 在图 6-16 中的红色的圈代表半径大小，在数值控制栏输入值可以改变半径大小，如输入“5000”，单击网格按住鼠标左键不放，向上拖动，松开鼠标，在场景中任何位置单击一下，最终效果如图 6-17 所示。

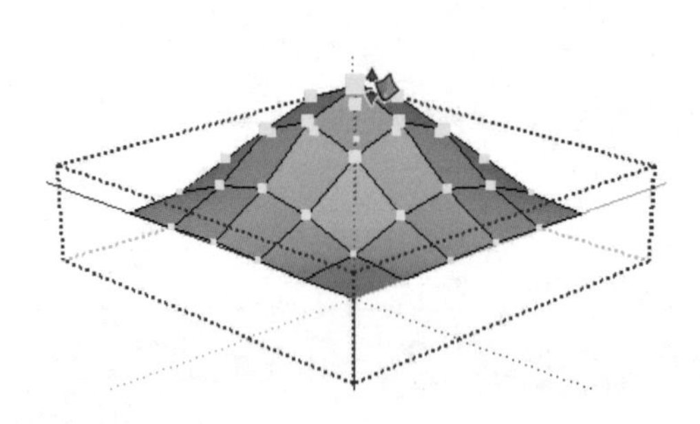

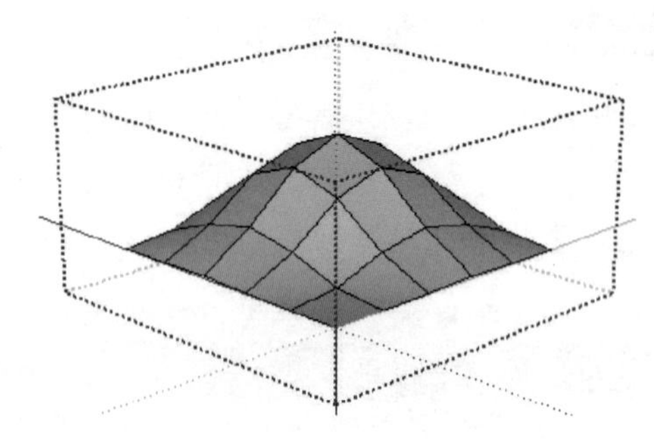

图 6-17　创建曲面起伏

04 在数值控制栏中输入值改变半径大小，如输入“500”，曲面起伏效果如图 6-18 所示。

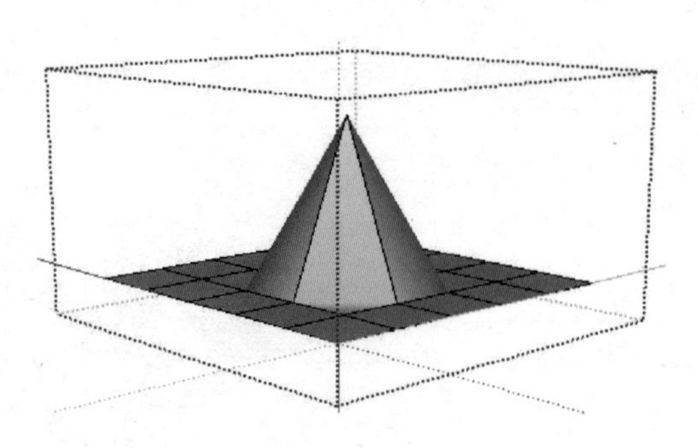

图 6-18　修改起伏半径后的效果

6.2.4　曲面平整工具

曲面平整工具，当模型需要在起伏不平的地形上放置时，可使用曲面平整工具，在模型与地形之间创建过渡曲面，使模型与地形融合。

01 绘制一个矩形块，并将矩形块移动放置到地形中，如图 6-19 所示。

02 再移动放置到地形上方，如图 6-20 所示。

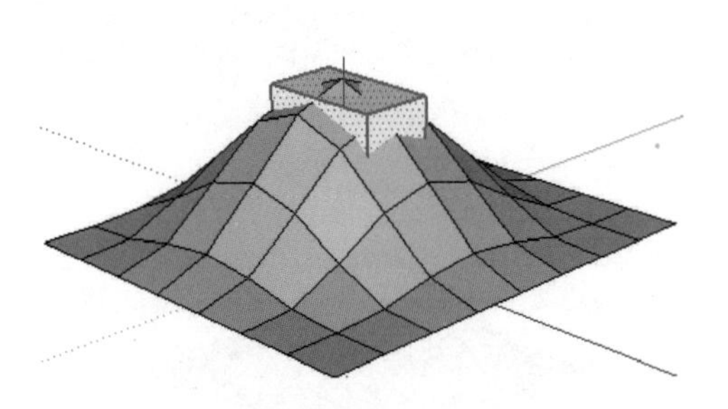
图 6-19 绘制矩形块

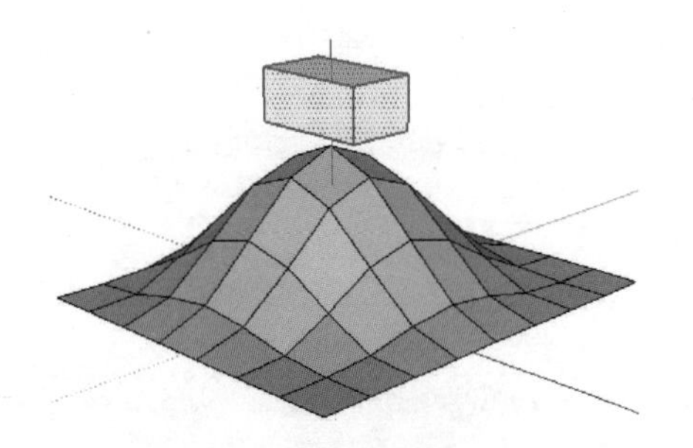
图 6-20 移动矩形块

03 单击【曲面平整】按钮，这时矩形块下方出现一个红色底面，如图 6-21 所示。

04 单击地形，按住鼠标左键不放向上拖动，使矩形块与曲面对齐，如图 6-22 所示。

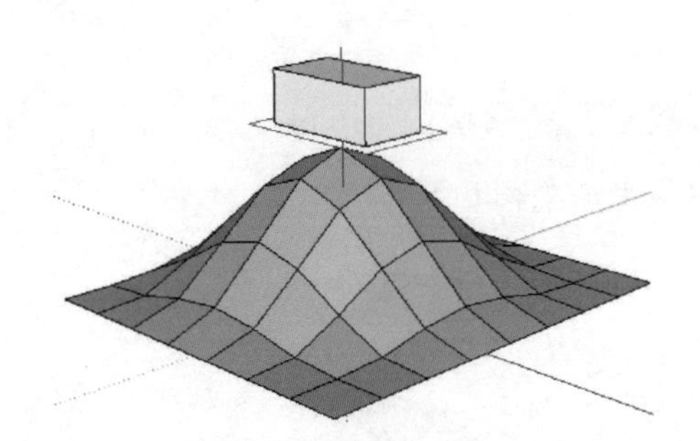
图 6-21 显示红色底面

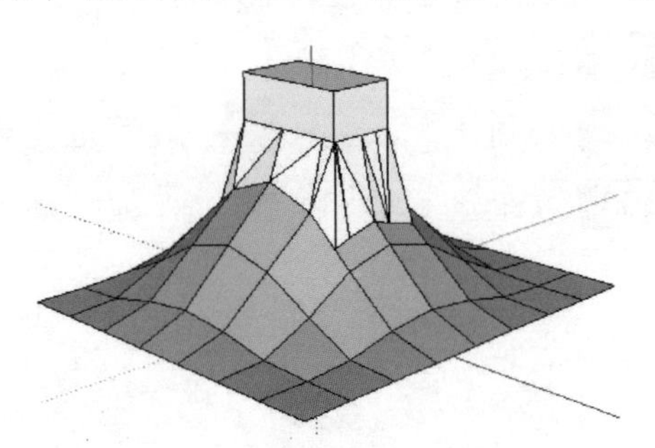
图 6-22 曲面平整结果

6.2.5 曲面投射工具

曲面投射工具，就是在地形上放置路网。方法有两种：一是将地形投射到平面上，在平面上绘制路网；二是在平面上绘制路网，再把路网放到地形上。

1. 地形投射平面

将地形投射到一个长方形平面上。

01 在地形上方创建一个长方形平面，如图 6-23 所示。

02 用选择工具选中长方形平面，再单击【曲面投射】按钮，如图 6-24 所示。

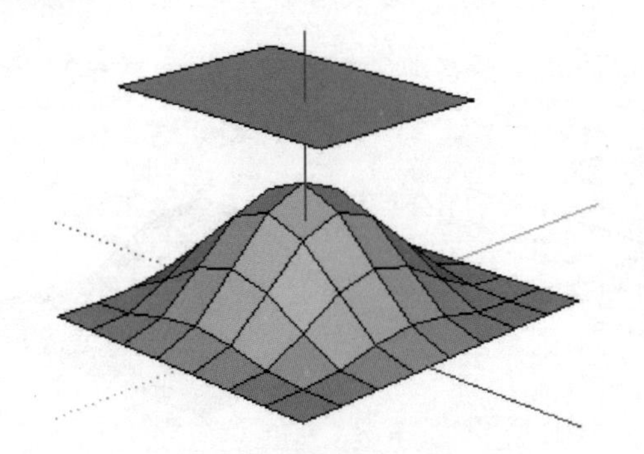
图 6-23 创建长方形平面

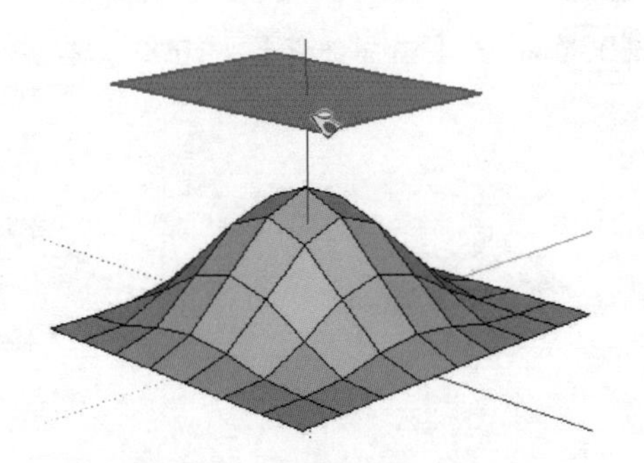
图 6-24 选择要投射的平面

03 在长方形平面上单击确定，则将地形投射到了长方形平面上，如图6-25 所示。

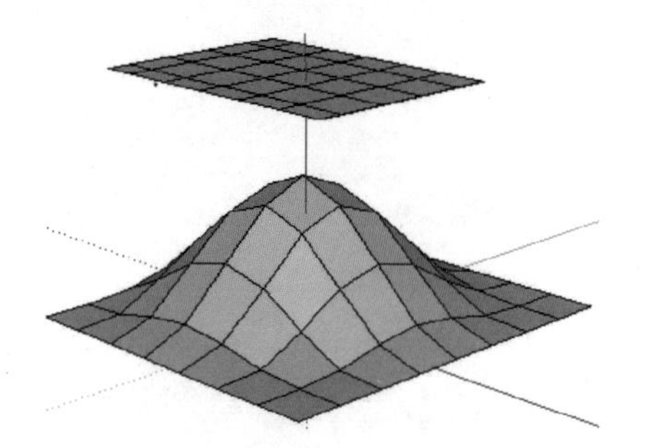

图 6-25　投射地形到平面

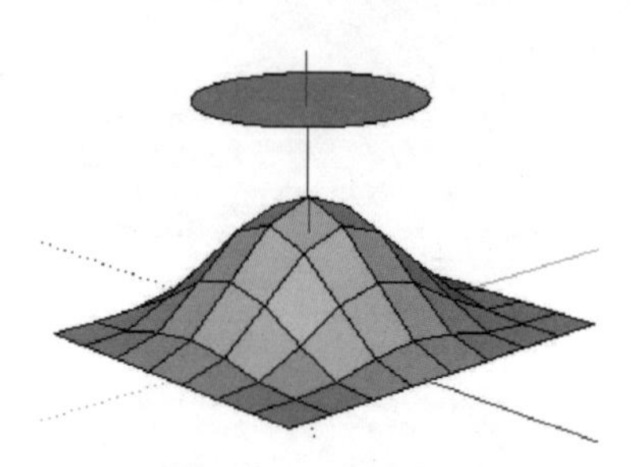

图 6-26　创建圆形平面

2. 平面投射地形

将一个圆形平面投射到地形上。

01 在地形上方创建一个圆形平面，如图 6-26 所示。

02 用选择工具选中地形，再单击【曲面投射】按钮，如图 6-27 所示。

03 在地形上单击确定，将平面投射到地形上，如图 6-28 所示。

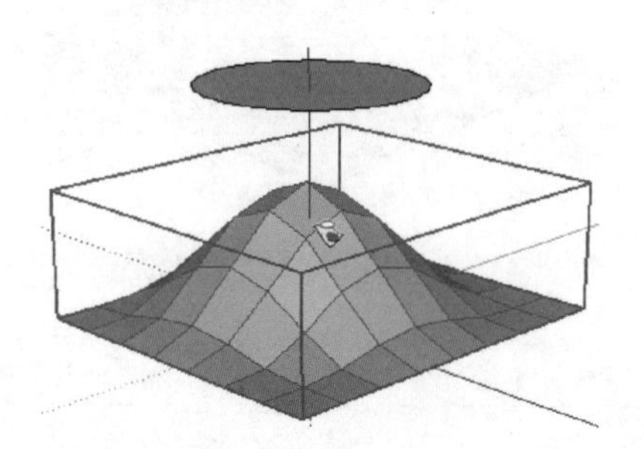

图 6-27　选择地形

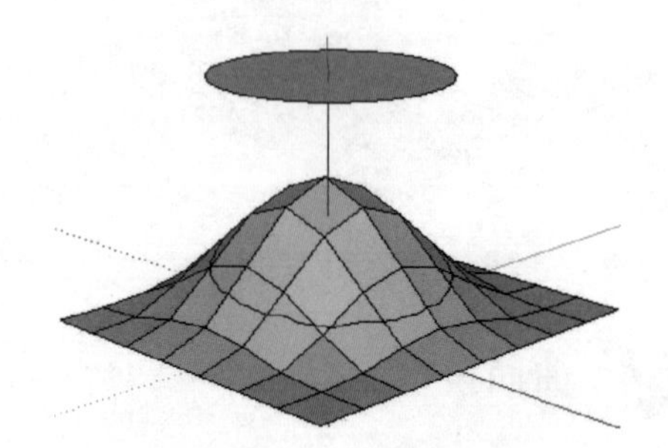

图 6-28　投射圆面到地形上

6.2.6 添加细部工具

添加细部工具，主要是将网格地形按需要进行细分，以达到精确的地形效果。

01 双击进入网格地形编辑状态，如图 6-29 所示。

02 选中网格地形，如图 6-30 所示。

03 单击【添加细部】按钮，当前选中的几个网格即可以被细分，如图 6-31 所示。

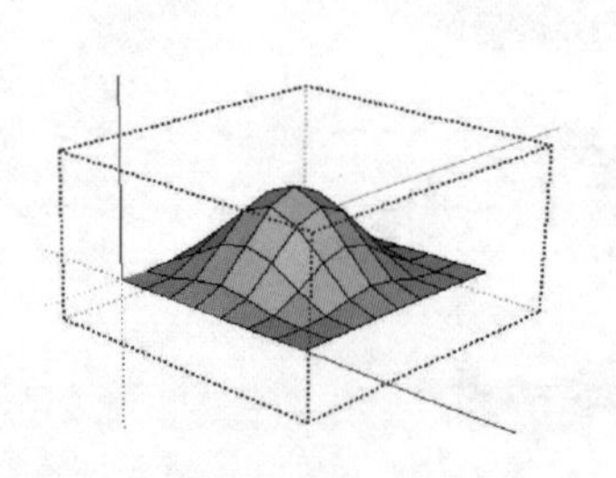

图 6-29　进入网格地形编辑状态

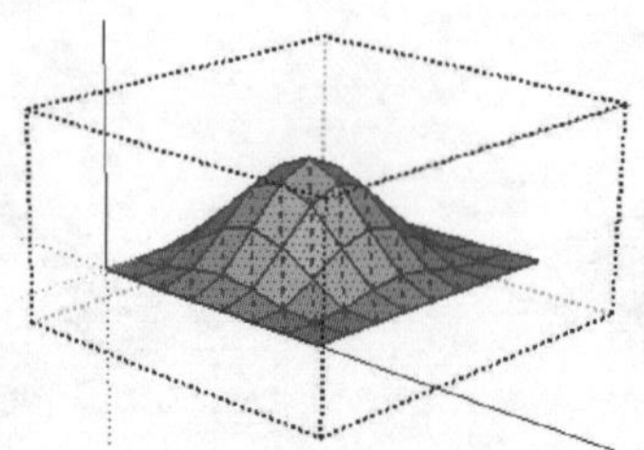

图 6-30　选中网格地形

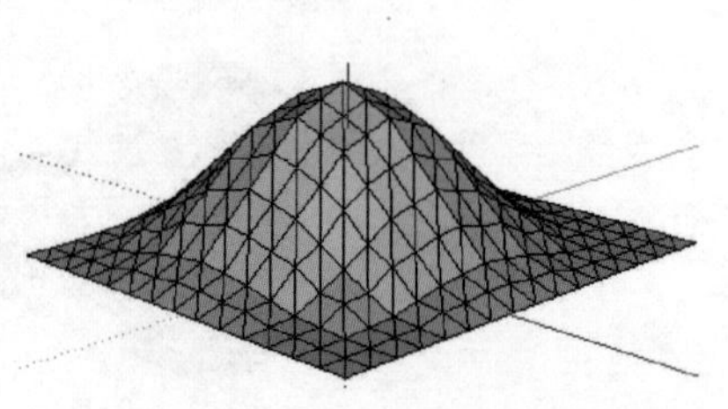

图 6-31　细分网格

6.2.7 对调角线工具

对调角线工具，主要是对四边形的对角线进行翻转变换，从而使模型发生一些微调的效果。

01 双击网格地形进入编辑状态，单击【对调角线】按钮，移到地形线上，如图6-32所示。

02 单击对角线，此时对角线发生翻转，如图6-33所示。

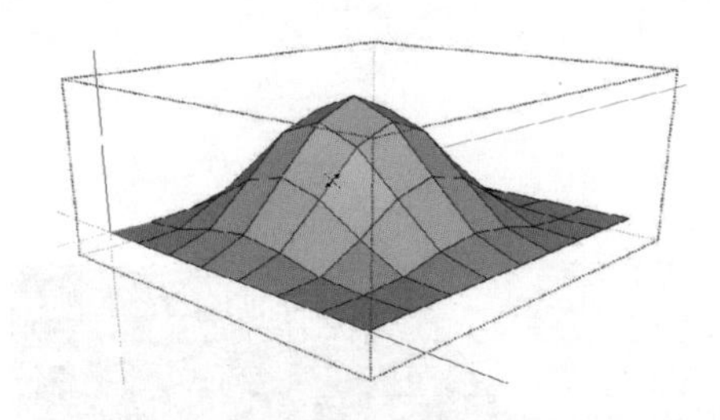

图6-32 进入网格地形编辑状态

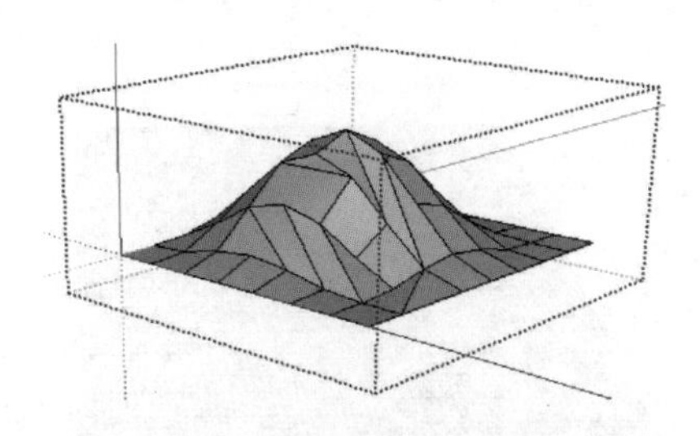

图6-33 对角线发生翻转

6.3 地形创建综合案例

在学习了沙箱工具的使用后，接下来主要利用沙箱工具绘制地形场景，包括创建山峰地形、创建颜色渐变地形、创建卫星地形、塑造地形场景等，通过这些读者能迅速掌握创建不同的地形场景的方法。

案例——创建山峰地形

本案例主要是利用沙箱工具绘制山峰地形，其效果图如图6-34所示。

图6-34 山峰地形效果图

结果文件：\ Ch06 \ 山峰地形 . skp
视频：\ Ch06 \ 山峰地形 . wmv

01 单击【根据网格创建】按钮，在数值控制栏里将栅格间距设为2000mm，绘制网格地形，如图6-35所示。

02 双击进入网格地形编辑状态，如图 6-36 所示。

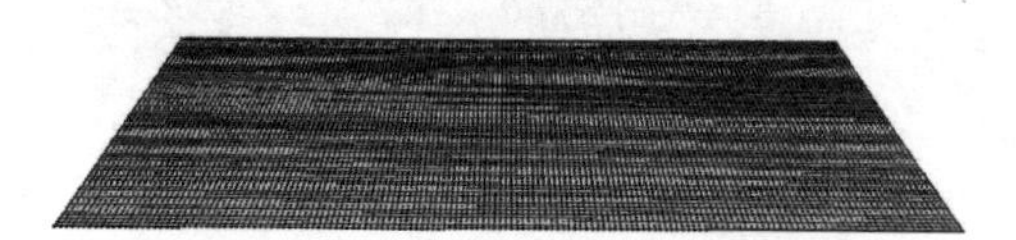

图 6-35　绘制网格地形

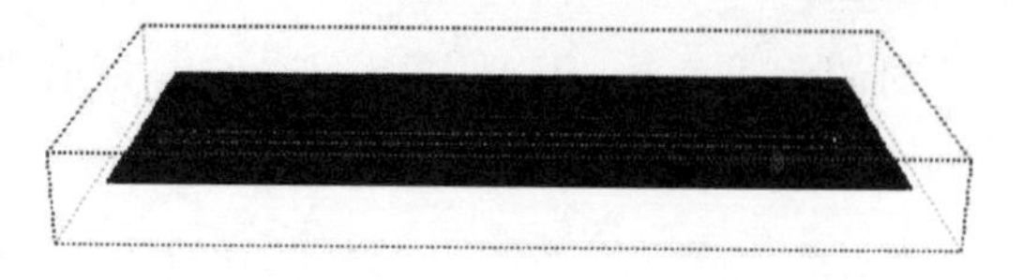

图 6-36　进入网格地形编辑状态

03 单击【曲面起伏】按钮，在数值控制栏设定半径值，拉伸网格，如图 6-37 所示。

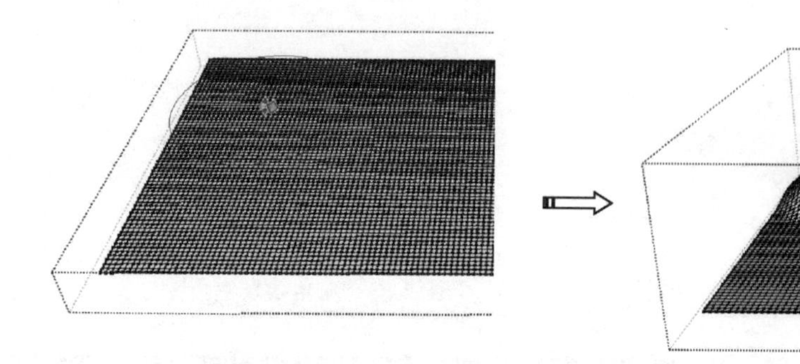

图 6-37　创建曲面起伏

04 继续拉伸出有高低层次感的连绵山峰效果，如图 6-38 所示。

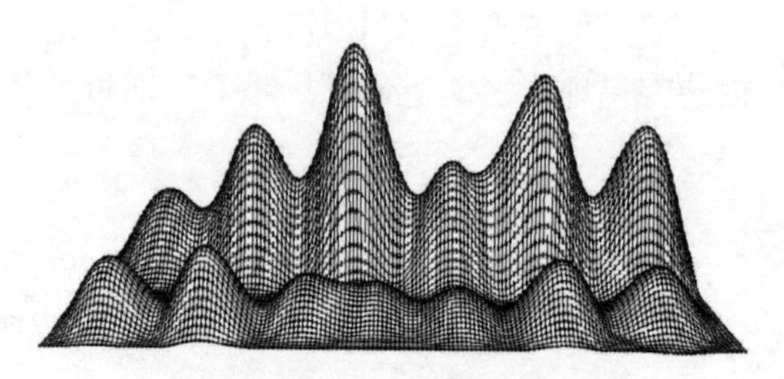

图 6-38　连绵山峰效果

05 选中地形，在【柔化边线】面板中勾选【平滑法线】和【软化共面】复选框，如图 6-39 所示。

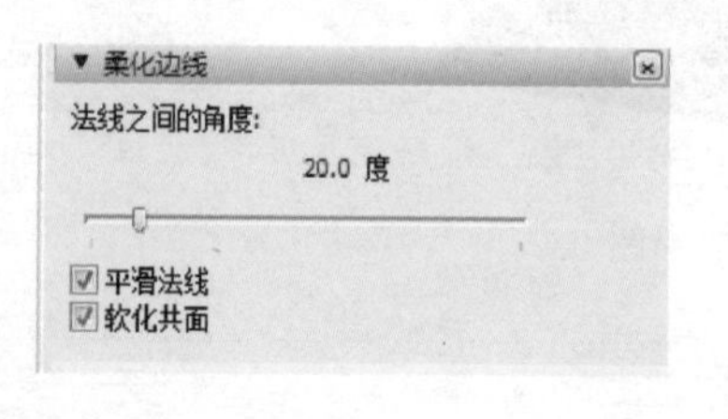

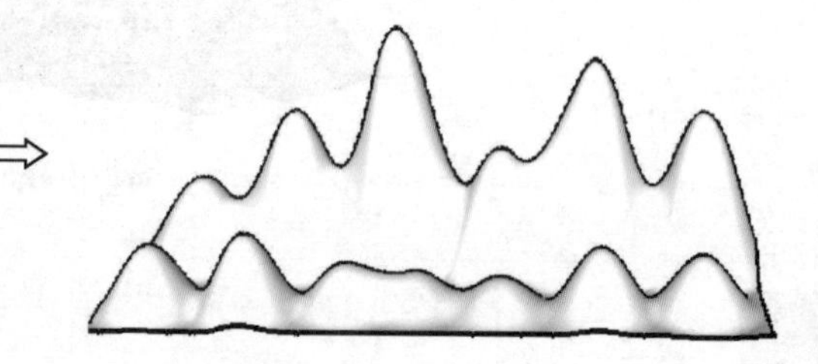

图 6-39　柔化边线

06 在【材料】面板中，找到适合山峰的“模糊植被 02”材质填充地形，如图 6-40 所示。

图 6-40 填充地形材质后的效果

案例——创建颜色渐变地形

本案例主要是利用一张渐变图片对地形进行投影，图 6-41 所示为效果图。

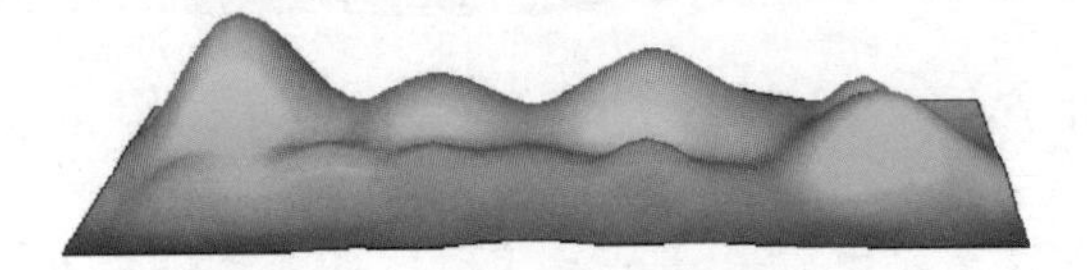

图 6-41 颜色渐变地形效果图

结果文件：\ Ch06 \ 渐变地形 . skp
视频：\ Ch06 \ 渐变地形 . wmv

01 在 Photoshop 软件里利用渐变工具，制作一张颜色渐变的图片，如图 6-42、图 6-43 所示。完成后导出为图片格式文件。

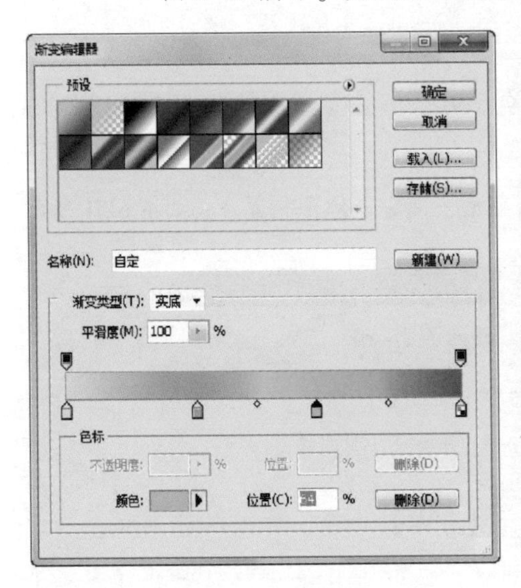

图 6-42 设置渐变色

图 6-43 制作渐变色图片

02 在 SketchUp 里单击【根据网格创建】按钮，绘制网格地形，如图 6-44 所示。

03 双击进入网格地形编辑状态，单击【曲面起伏】按钮，创建山体，如图 6-45、图 6-46、图 6-47 所示。

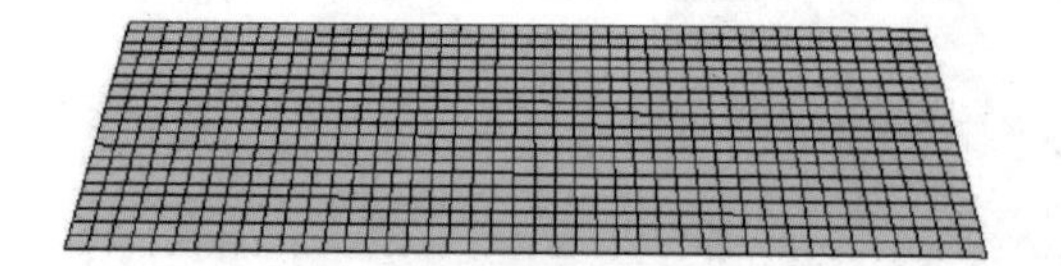
图 6-44　绘制网格地形

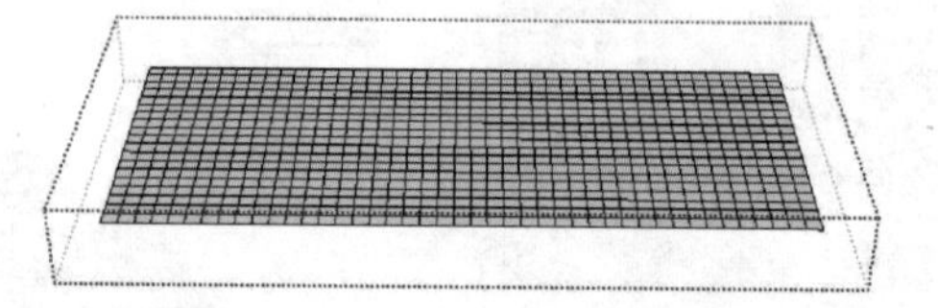
图 6-45　进入网格地形编辑状态

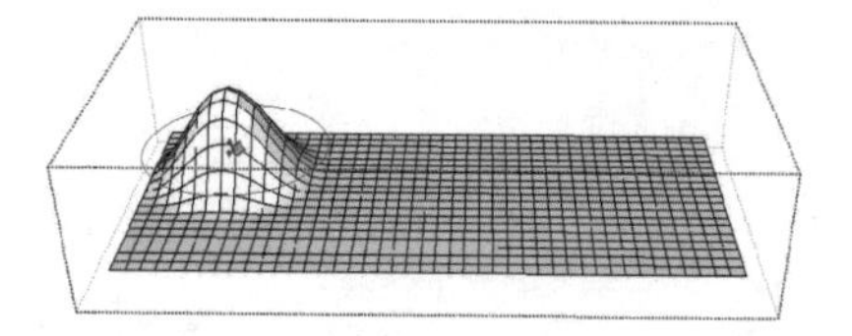
图 6-46　创建曲面起伏

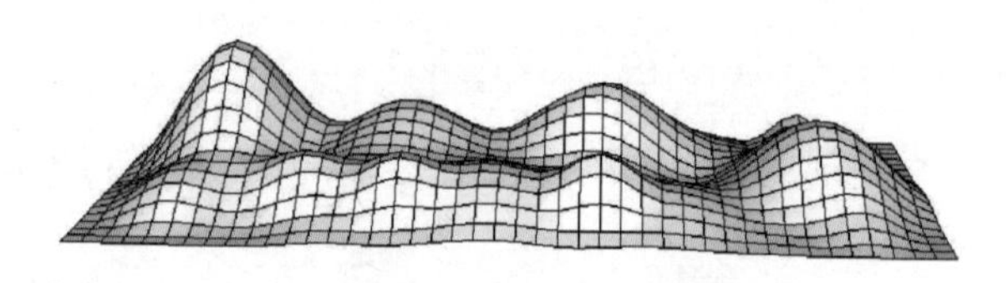
图 6-47　完成山体地形的创建

04 在【柔化边线】面板中勾选【平滑法线】选项和【软化共面】选项，得到平滑地形效果，如图 6-48、图 6-49 所示。

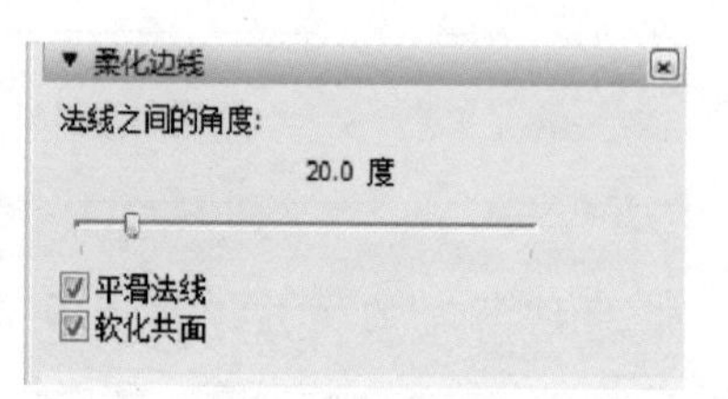

图 6-48　柔化边线

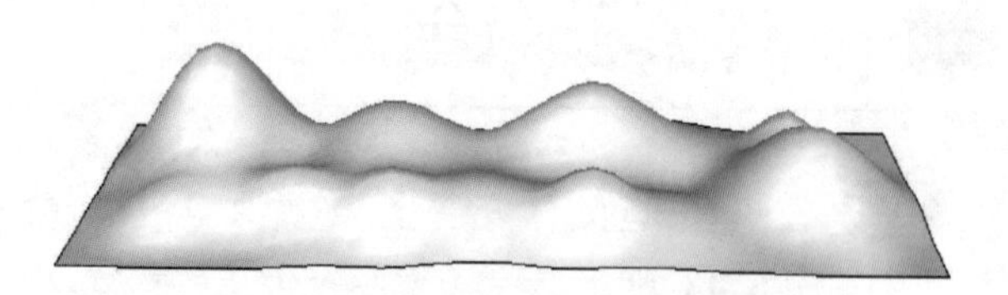
图 6-49　柔化效果

05 选择【文件】/【导入】命令，导入渐变颜色图片，摆放在适合的位置，如图 6-50 所示。

06 单击【缩放】按钮，对图片大小进行适当缩放，使它与地形相适合，如图 6-51 所示。

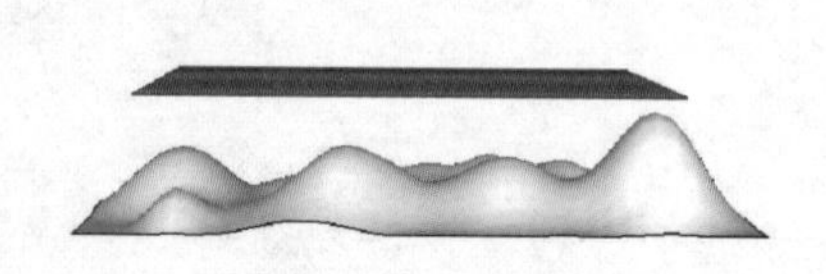
图 6-50　导入图片

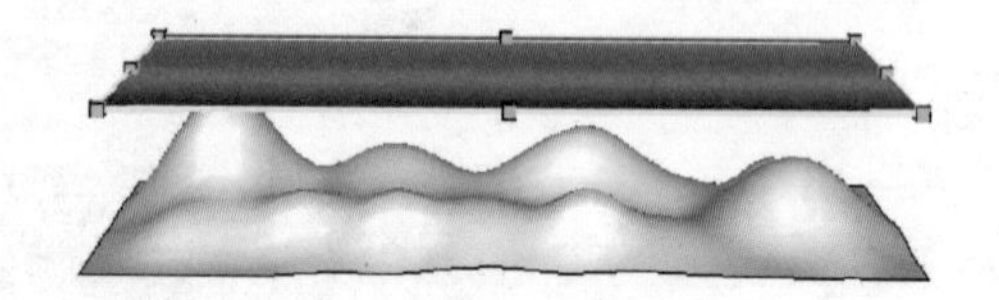
图 6-51　缩放图片

07 分别选中图片和地形，单击鼠标右键，选择【分解】命令，如图 6-52 所示。

08 在【材料】面板中单击【样本颜料】按钮，吸取图片材质，吸取到【材料】面板中，如图 6-53、图 6-54 所示。

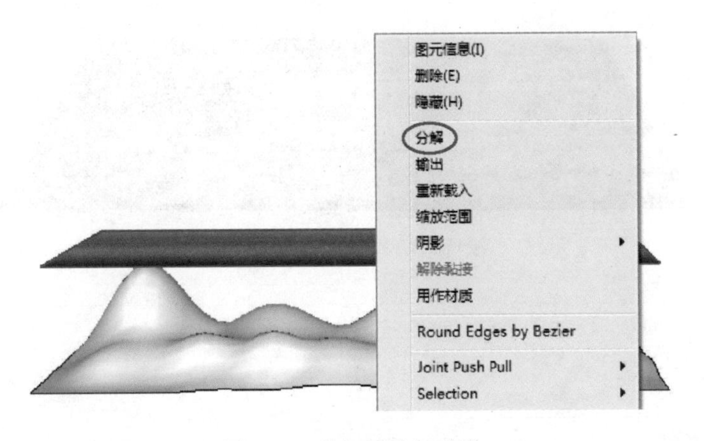

图 6-52 分解图片与地形

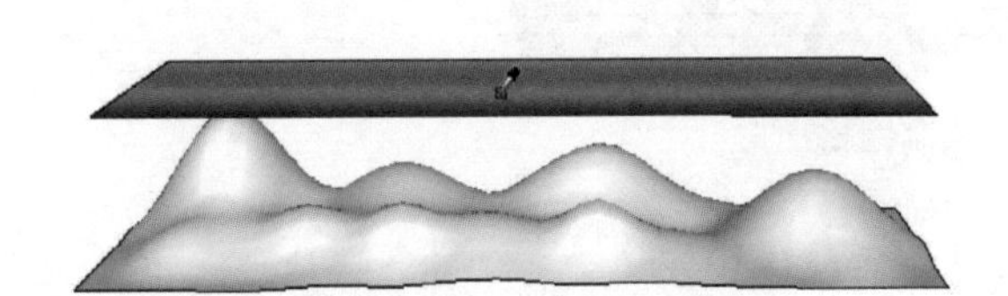

图 6-53 吸取图片颜色材质

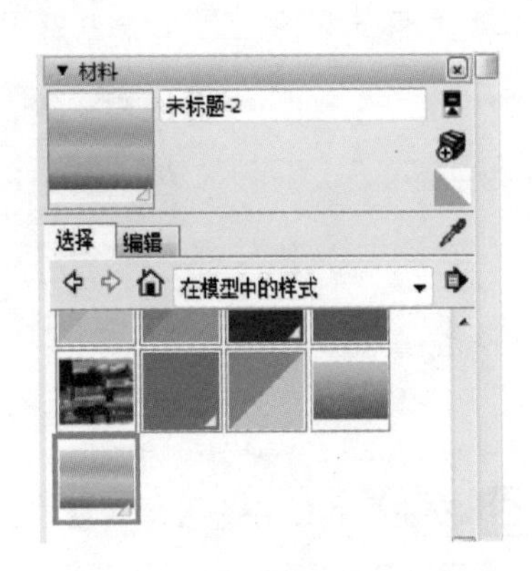

图 6-54 吸取到【材料】面板中

09 对地形填充材质，如图 6-55、图 6-56 所示。

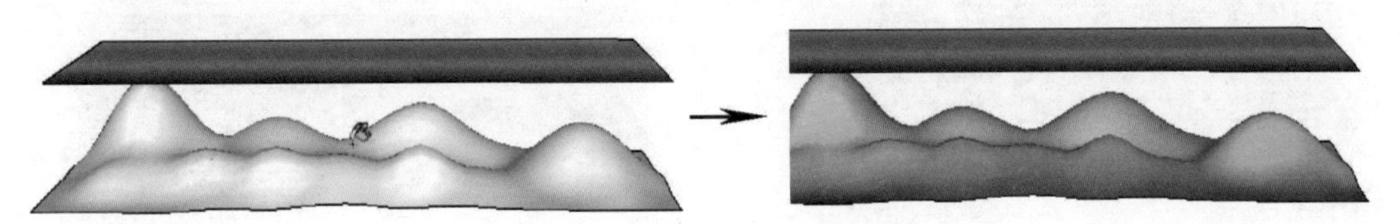

图 6-55 填充材质给地形

10 删除图片，颜色渐变山体效果如图 6-56 所示。

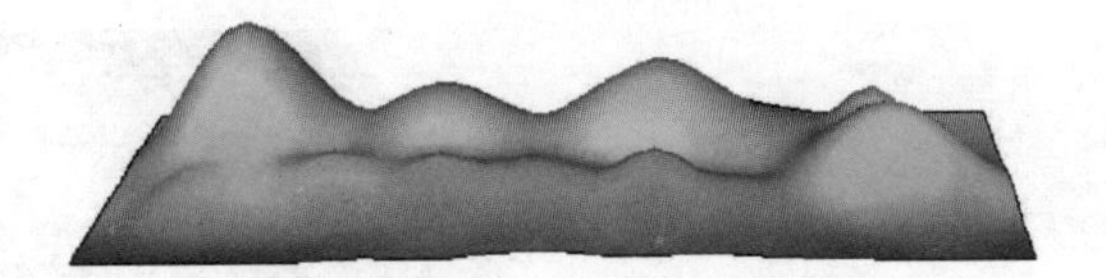

图 6-56 最终效果

案例——创建卫星地形

本案例主要是利用一张卫星地形图片对地形进行投影，图 6-57 所示为效果图。

图 6-57 卫星地形效果图

源文件：\ Ch06 \ 卫星地图 . jpg
结果文件：\ Ch06 \ 卫星地形 . skp
视频：\ Ch06 \ 卫星地形 . wmv

01 单击【根据网格创建】按钮，绘制网格地形，如图 6-58 所示。

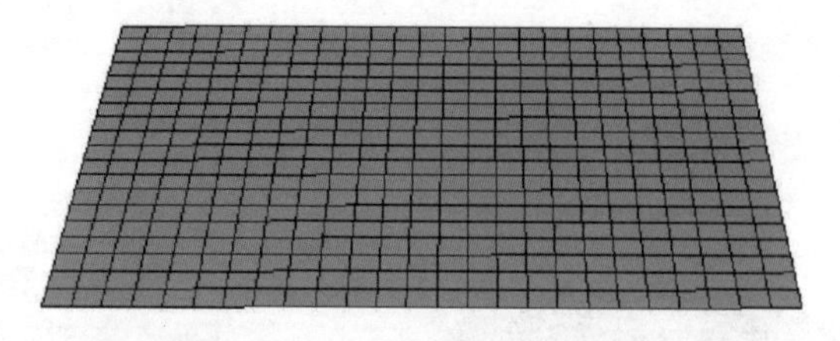

图 6-58 绘制网格地形

02 双击网格地形进入编辑状态，单击【曲面起伏】按钮，创建起伏地形，如图 6-59、图 6-60 所示。

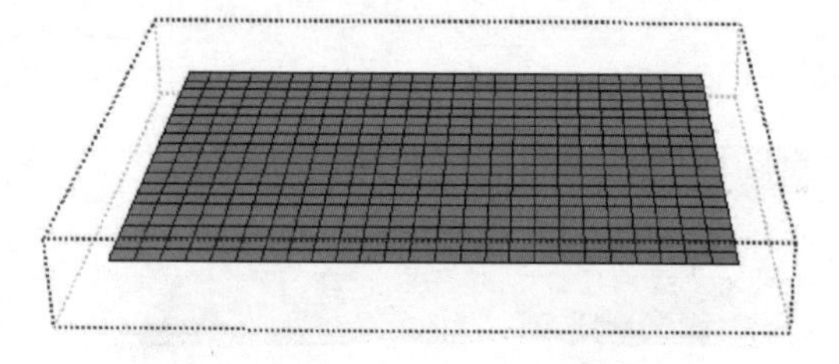

图 6-59 进入网格地形编辑状态

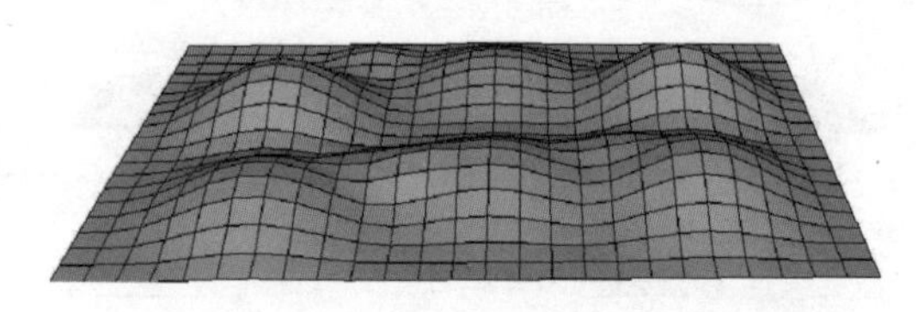

图 6-60 创建起伏地形

03 选中起伏地形，单击【添加细部】按钮，细分曲面，结果如图 6-61 所示。

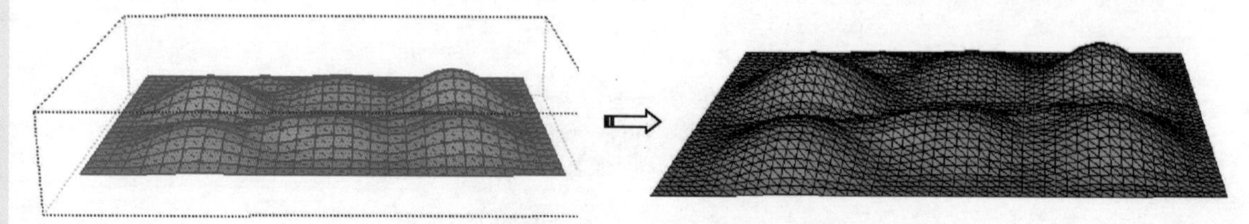

图 6-61 细分曲面

04 在【柔化边线】面板中选择【平滑法线】和【软化共面】选项，得到平滑地形效果，如图 6-62 所示。

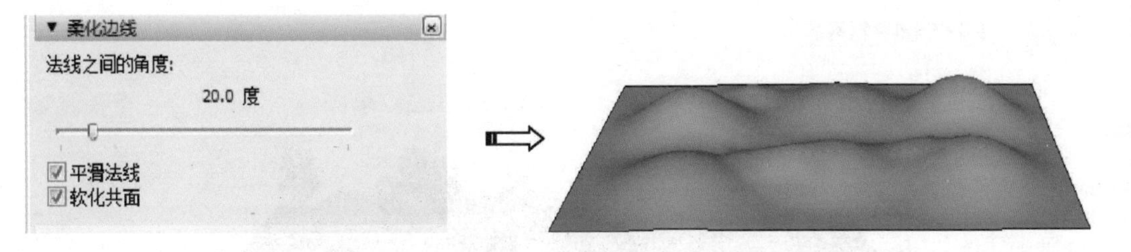

图 6-62 柔化边线

05 选择【文件】/【导入】命令，导入卫星地图，如图 6-63 所示。

06 分别选中图片和地形，单击鼠标右键，选择【分解】命令，如图 6-64 所示。

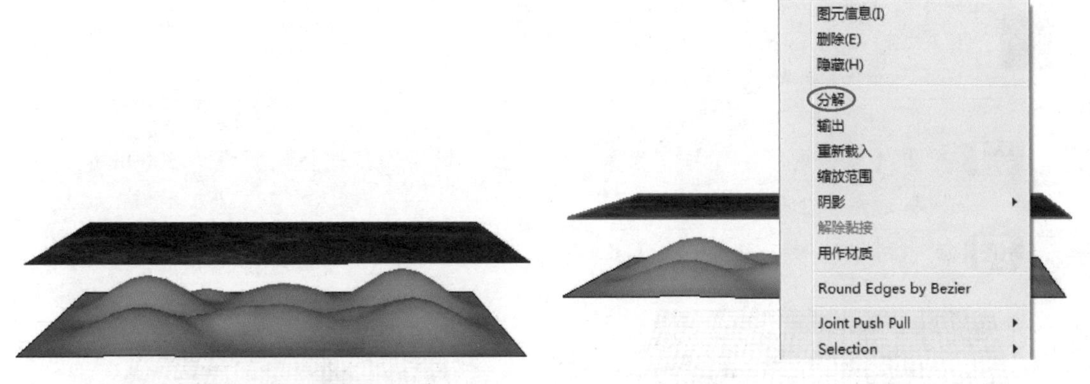

图 6-63 导入卫星地图　　图 6-64 分解图片与地形

07 在【材料】面板中单击【样本颜料】按钮，吸取图片材质并进行填充，如图 6-65 所示。

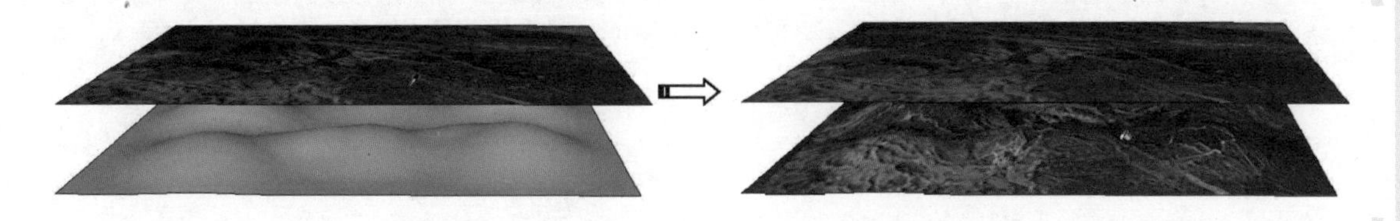

图 6-65 填充材质给地形

08 删除图片，卫星地形效果如图 6-66 所示。

图 6-66 卫星地形效果

案例——塑造地形场景

本案例主要是利用沙箱工具绘制地形，图 6-67 所示为效果图。

图 6-67　地形效果图

源文件：\ Ch06 \ 别墅模型 . skp
结果文件：\ Ch06 \ 塑造地形场景 . skp
视频：\ Ch06 \ 塑造地形场景 . wmv

01 单击【根据网格创建】按钮，在数值控制栏里将栅格间距设为 2000mm，绘制网格地形，如图 6-68 所示。

02 双击网格地形，进入编辑状态，如图 6-69 所示。

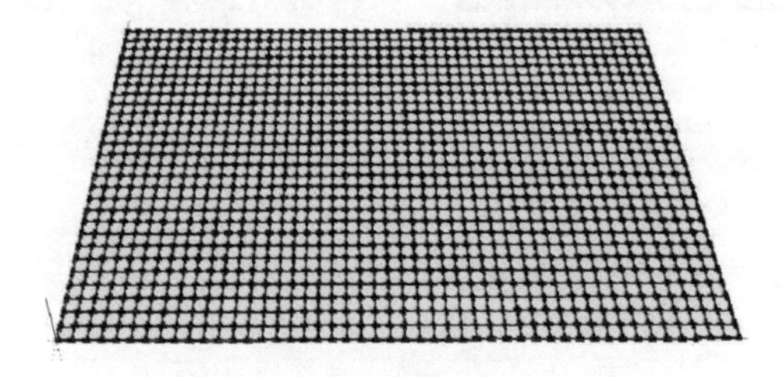

图 6-68　绘制网格地形

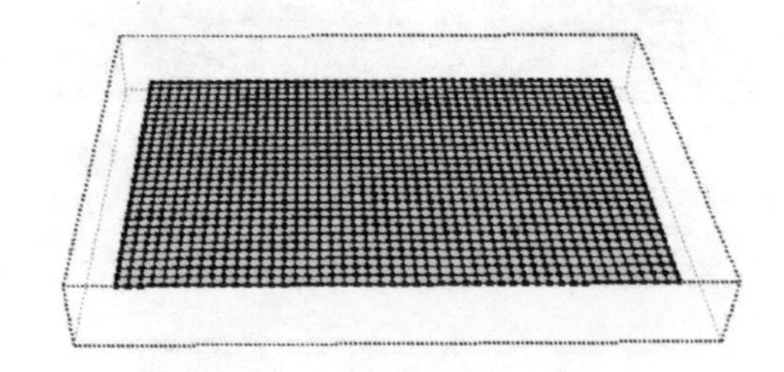

图 6-69　进入网格地形编辑状态

03 单击【曲面起伏】按钮，对网格地形进行任意的曲面起伏变形，曲面起伏效果，如图 6-70 所示。

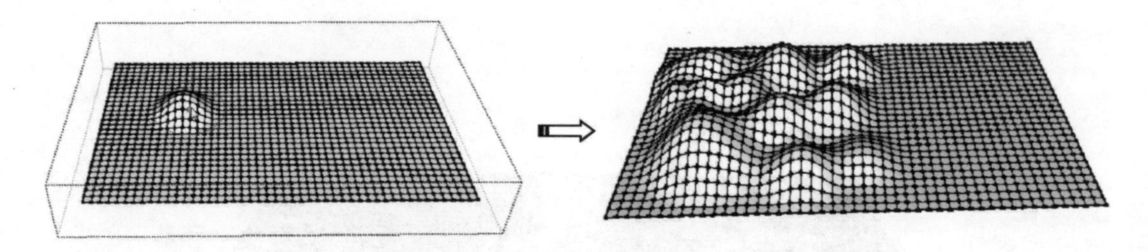

图 6-70　曲面起伏变形效果

04 对地形网格线进行柔化，勾选【平滑法线】复选框如图 6-71 所示。调整后的网格地形边线如图 6-72 所示。

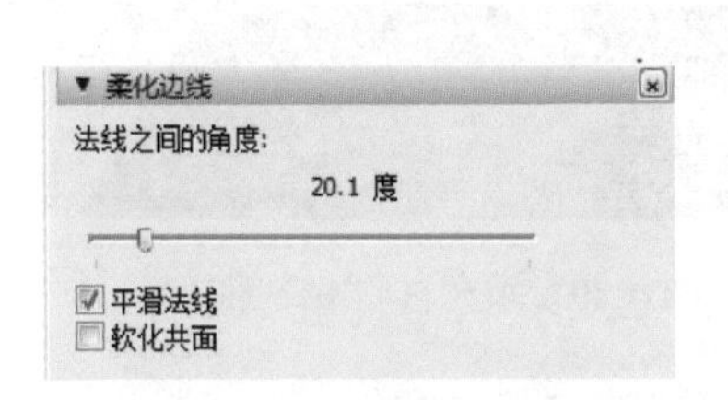

图 6-71 勾选【平滑法线】

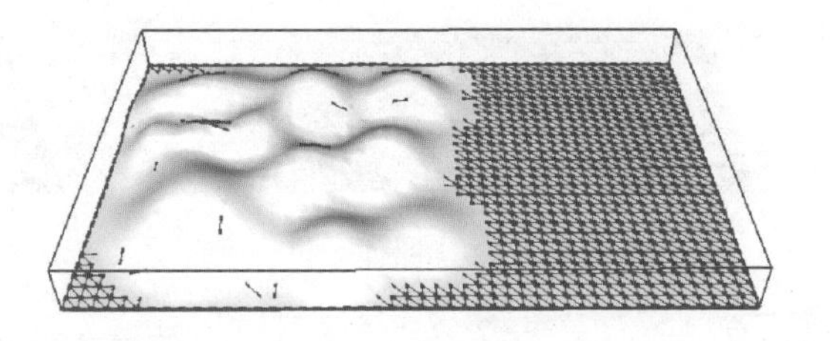

图 6-72 柔化效果

05 再勾选【软化共面】复选框，调整后的效果如图 6-73、图 6-74 所示。

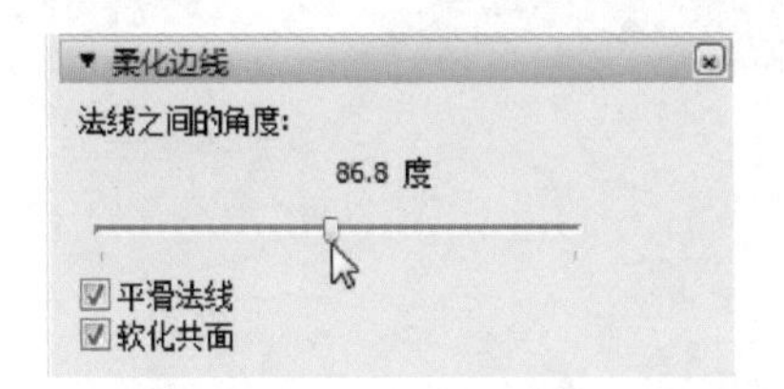

图 6-73 【软化共面】勾选

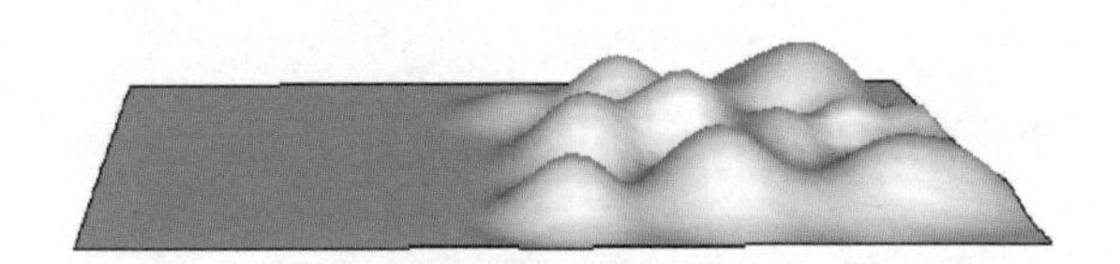

图 6-74 软化共面效果

06 双击地形进入编辑状态，如图 6-75 所示。

07 在【材料】面板中选择一种颜色材质，如图 6-76 所示。

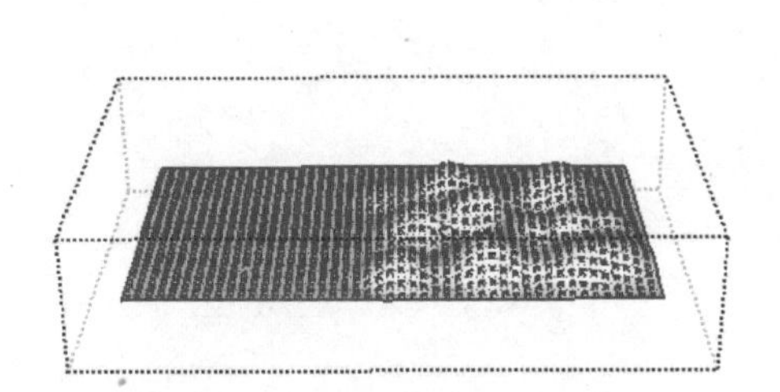

图 6-75 进入地形编辑状态

图 6-76 选择颜色材质

08 为地形填充颜色，如图 6-77 所示。

09 利用【圆弧】按钮和【直线】按钮，画一条路面，如图 6-78 所示。

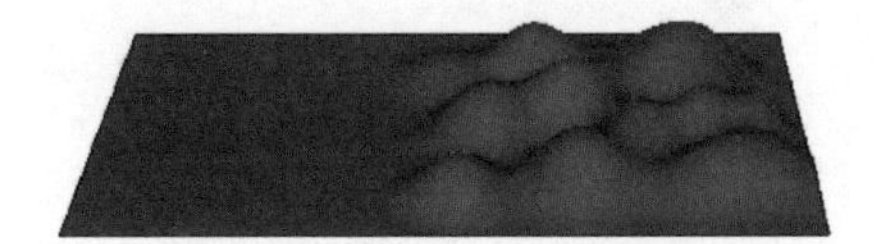

图 6-77 为地形填充颜色

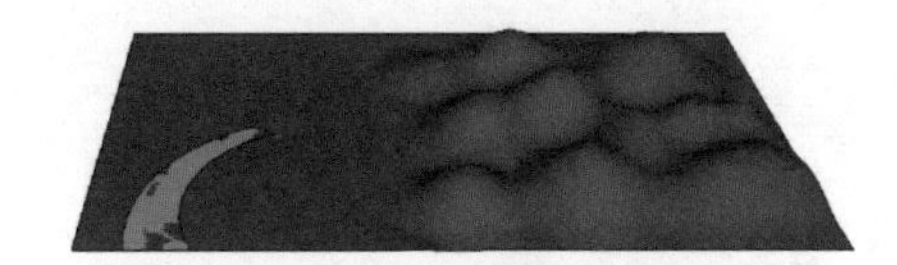

图 6-78 绘制路面

10 单击【推拉】按钮，将路面向上拉 300mm，如图 6-79 所示。

11 在【材料】面板中选择一种路面材质进行填充，如图 6-80 所示。

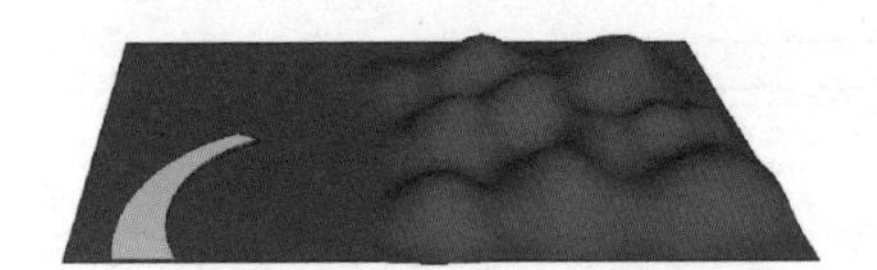

图 6-79　推拉出路面效果

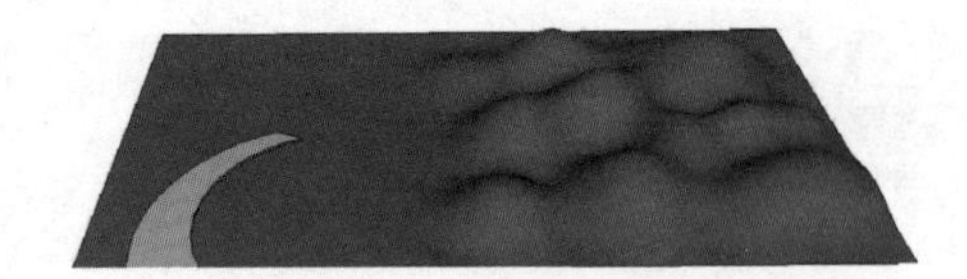

图 6-80　填充材质给路面

12 选择【文件】/【导入】命令，打开别墅模型，放于地形适合的位置，如图 6-81 所示。

图 6-81　导入别墅模型

13 导入植物组件，最终效果如图 6-82 所示。

图 6-82　导入植物组件

第7章 V-Ray for SketchUp渲染进阶

本章将主要介绍 V-Ray for SketchUp 2018 渲染器。这个渲染器能与 SketchUp 完美地结合，渲染出高质量的图片效果。

V-Ray 渲染器是目前比较流行的主流渲染器之一，是一款外挂型渲染器，支持 3Ds Max、Maya、Revit、SketchUp 等大型三维建模与动画制作软件。

7.1 V-Ray for SketchUp 渲染器

V-Ray 渲染器是世界领先的计算机图形技术公司 Chaos Group 的产品。

过去的很多渲染程序在创建复杂的场景时，必需花大量时间调整光源的位置和强度才能得到理想的照明效果，而 V-Ray for SketchUp 版本具有全局光照和光线追踪的功能，在完全不需要放置任何光源的场景时，也可以渲染出很出色的图片，并且完全支持 HDRI 贴图，具有很强的着色引擎、灵活的材质设定、较快的渲染速度等特点。最为突出的是它的焦散功能，可以产生逼真的焦散效果，所以 V-Ray 又具有“焦散之王”的称号。

由于 SketchUp 没有内置的渲染器，因此要得到照片级的渲染效果，只能借助其他渲染器来完成。V-Ray 渲染器是目前最为强大的全局光渲染器之一，适用于建筑及产品的渲染。通过使用此渲染器，既可发挥出 SketchUp 的优势，又可弥补 SketchUp 的不足，从而创作出高质量的渲染作品。

7.1.1 V-Ray 简介

1. V-Ray 的优点

- 最为强大的渲染器之一，具有高质量的渲染效果，支持室外、室内及产品渲染。
- V-Ray 还支持其他三维软件，如 3Ds Max、Maya，其使用方式及界面相似。
- 以插件的方式实现对 SketchUp 场景的渲染，实现了与 SketchUp 的无缝整合，使用方便。
- V-Ray 有广泛的用户群，教程、资料、素材等非常丰富，遇到困难很容易通过互联网找到解决方案。

2. V-Ray 的材质分类

- 标准材质和常用材质，可以模拟出多种材质类型，如图 7-1 所示。

- 角度混合材质，是与观察角度有关的材质，如图 7-2 所示。

图 7-1　标准材质

图 7-2　角度混合材质

- 双面材质，有一种半透明的效果，如图 7-3、图 7-4 所示。

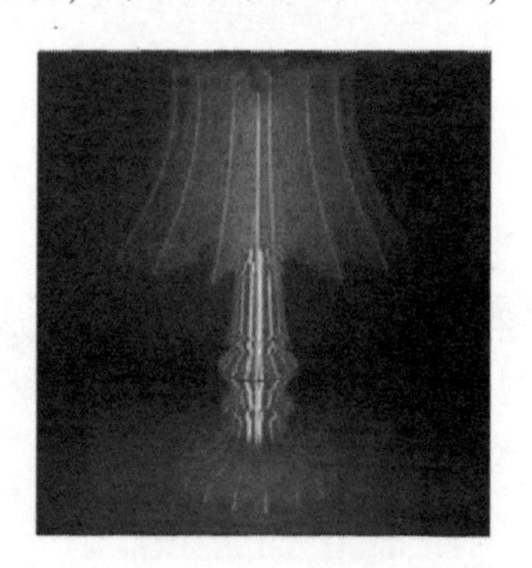

图 7-3　双面材质 1

图 7-4　双面材质 2

- SketchUp 双面材质，对单面模型的正反面使用不同的材质，如图 7-5 所示。
- 卡通材质，可将模型渲染成卡通效果，如图 7-6 所示。

图 7-5　SketchUp 双面材质

图 7-6　卡通材质

7.1.2　V-Ray for SketchUp 工具栏

图 7-7 所示为 V-Ray 的渲染工具栏。

在【V-Ray for SketchUp】工具栏中，单击【资源管理器】按钮，弹出【V-Ray 资源管理器】对话框，如图 7-8 所示。【V-Ray 资源管理器】包含 4 个用于管理 V-Ray 资源和渲染设置的选项卡：【材质】选项卡、【光源】选项卡、【模型】选项卡和【设置】选项卡。

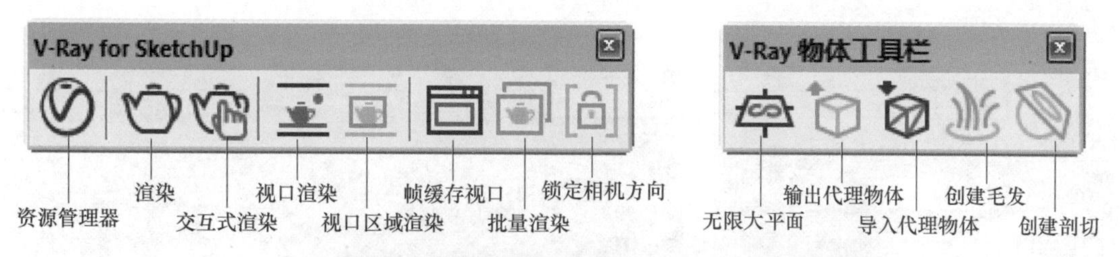

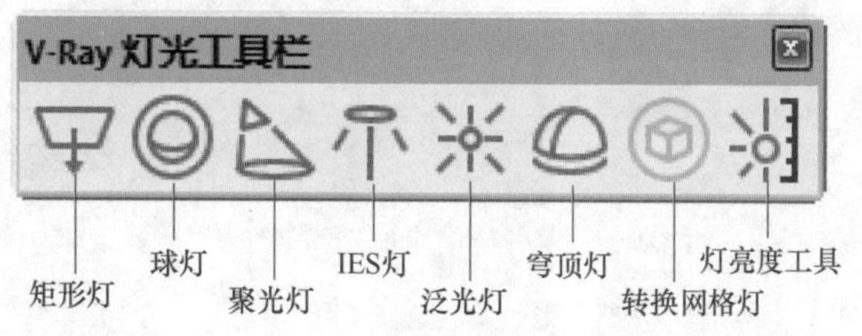

图 7-7 V-Ray 渲染工具栏

图 7-8 【V-Ray 资源管理器】对话框

技巧提示

V-Ray for SketchUp V3.6 可以到“SketchUp 吧”官网上下载，下载地址：http：//www.sketchupbar.com/download。中文汉化补丁下载地址：http：//www.sketchupbar.com/tuan/14。

4 个选项卡将在后面章节中详细介绍。除了 4 个选项卡，还可以使用渲染工具进行渲染操作，如图 7-9 所示。

单击【V-Ray 帧缓冲器】按钮，弹出帧缓冲窗口，如图 7-10 所示。通过帧缓冲窗口查看渲染过程。

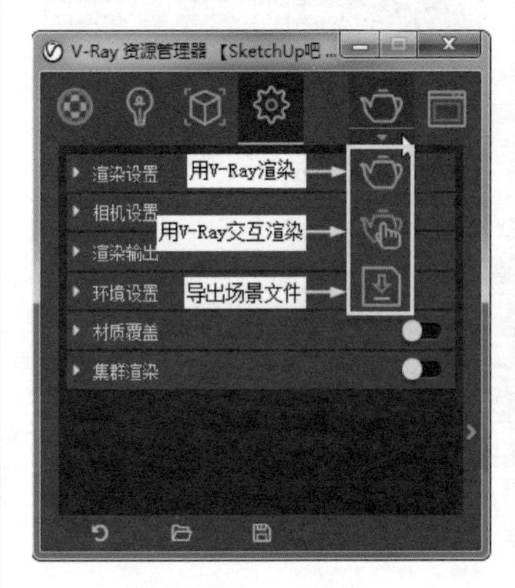

图 7-9 渲染工具

图 7-10 V-Ray 帧缓冲窗口

7.2 V-Ray 光源

V-Ray 提供了许多至关重要的光源。无论是室内还是室外，都可以在 V-Ray 光源工具栏或【V-Ray 资源管理器】对话框【光源】选项卡中找到相应的照明选项。

7.2.1 光源的布置要求

光源的布置要根据具体的对象来安排，在工业产品的渲染过程中一般都会开启全局照明功能来获得较好的光照分布。场景中的光线可以是来自全局照明中的环境光（在【Environment】面板中设置），也可以来自光源对象，一般会两者结合使用。全局照明中的环境光产生的光线是均匀的，若强度太大会使画面显得比较平淡，而利用光源对象可以很好地塑造产品的亮部与暗部，应作为主要光源来使用。

光源在产品的渲染中有着至关重要的作用，精确的光线是表现物体表面材质效果的前提，用户可以参照摄影中的“三点布光法则”来布置场景中的光源。

- 以全黑的场景开始布置光源，并注意每增加一个光源后所产生的效果。
- 明确每一个光源的作用与照明度，不要创建用意不明的光源。
- 环境光的强度不宜太高，以免画面过于平淡。

1. 主光源

主光源是场景中的主要照明光源，也是产生阴影的主要光源。一般把它放置在与主体呈45°角左右的一侧，其水平位置通常要比相机高。主光的光线越强，物体的阴影就越明显，明暗对比的反差就越大。在 V-Ray 中，通常以面光源作主光源，它可以产生比较真实的阴影效果。

2. 辅光源

辅光源又称为补光，用来补充主光源产生的阴影面的照明，显示出物体阴影面的细节，使物体阴影变得更加柔和，同时也会影响主光源的照明效果。辅光通常放置在低于相机的位置，亮度是主光源的1/2～2/3，这个光源产生的阴影很弱。渲染时一般用泛光灯或者低亮度的面光源来作为辅光源。

3. 背光源

背光源也叫作反光或者轮廓光，设置背光源的目的是照亮物体的背面，以便将物体从背景中区分开来。背光源通常放置在物体的背面，亮度是主光源的1/3～1/2，背光源产生的阴影最不清晰。若开启了全局照明功能，在布置光源时也可以不用安排背光源。

以上是基本的光源布置方法，在实际的渲染工作中，需要根据渲染的目的和对象来确定相应的光源布置方案。

7.2.2 设置V-Ray环境光源

单击【资源管理器】按钮，弹出【V-Ray资源管理器】对话框。在【设置】选项卡的【环境设置】卷展栏中，可以设置环境光源，如图7-11所示。

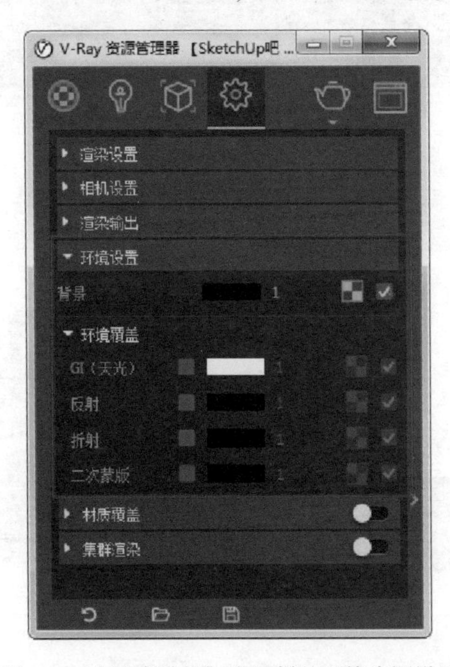

图7-11 【环境设置】卷展栏的环境光源设置

在【背景】选项右侧勾选【全局照明】复选项表示开启全局照明功能，如图7-12所示。全局照明中包含了自然界的天光（太阳光经大气折射）、折射光源和反射光源等。

单击【位图编辑】按钮，如图7-13所示。可以编辑全局照明的位图参数，如图7-14所示。

图7-12 开启全局照明功能

图7-13 开启位图编辑

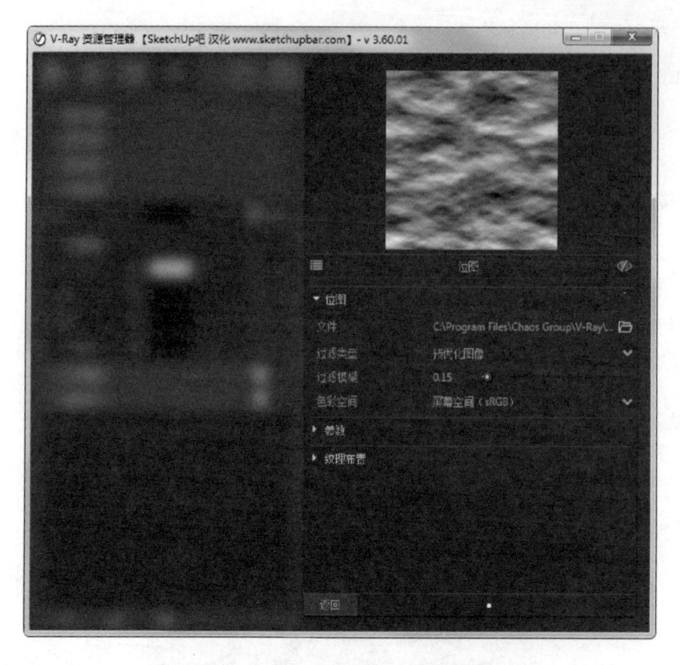

图 7-14　全局照明的位图编辑

关闭全局照明后，可以设置场景中的背景颜色，默认颜色是黑色，单击颜色图例，弹出【拾色器】对话框编辑背景颜色，如图 7-15 所示。

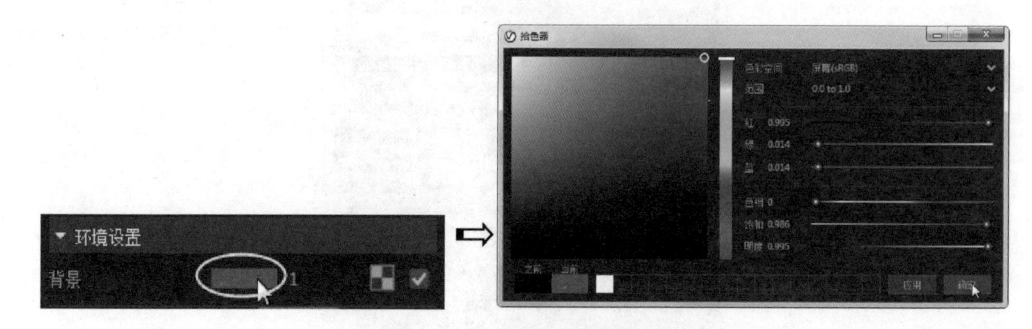

图 7-15　编辑背景颜色

要想在场景中显示天光、反射光源或者折射光源，需先关闭【全局照明】。图 7-16 所示为全局照明效果与仅开启【天光】的渲染效果对比。

开启全局照明　　关闭全局照明（仅天光）

图 7-16　开启与关闭全局照明（仅天光）的效果对比

在位图编辑器中单击▤按钮，打开位图图库，然后选择【天空】贴图进行编辑，如图 7-17 所示。

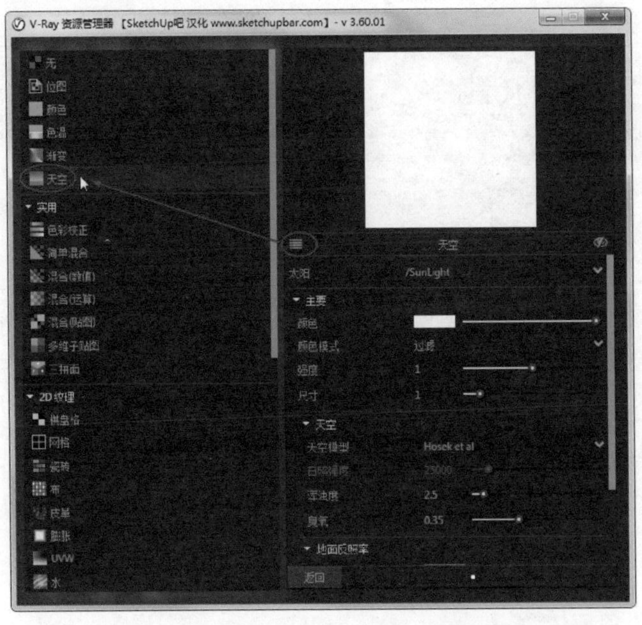

图 7-17 编辑【天空】贴图

7.2.3 布置 V-Ray 主要光源

光源的布置对于材质的表现至关重要，在渲染时，最好先布置光源再调节材质。场景中光源的照明强度以能真实反应材质颜色为宜。

V-Ray for SketchUp 的光源工具在【V-Ray 灯光工具栏】工具栏中，如图 7-18 所示。包括常见的矩形灯（面光源）、球灯（球形光源）、聚光灯（聚光源）、IES 灯、泛光灯（点光源）、穹顶灯（穹顶光源）等。下面介绍几种常见光源的创建与参数设置。

图 7-18 【V-Ray 灯光工具栏】工具栏

1. 聚光灯

聚光灯也叫射灯。聚光灯的特点是光衰很小、亮度高、方向性很强、光性特硬、反差甚高、形成的阴影非常清晰，但是缺少变化显得比较生硬。单击【聚光灯】按钮，可布置聚光灯，如图 7-19 所示。图 7-20 所示为聚光灯产生的照明效果。

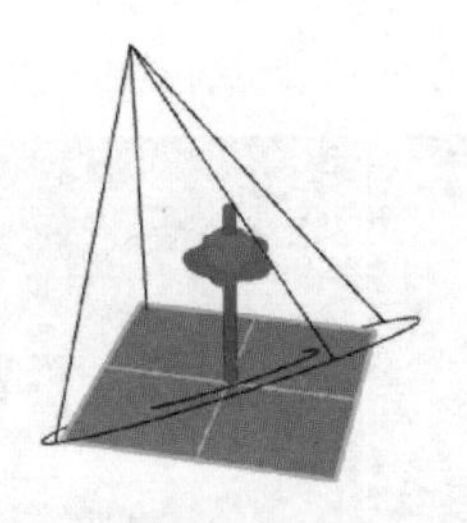

图 7-19 布置聚光灯

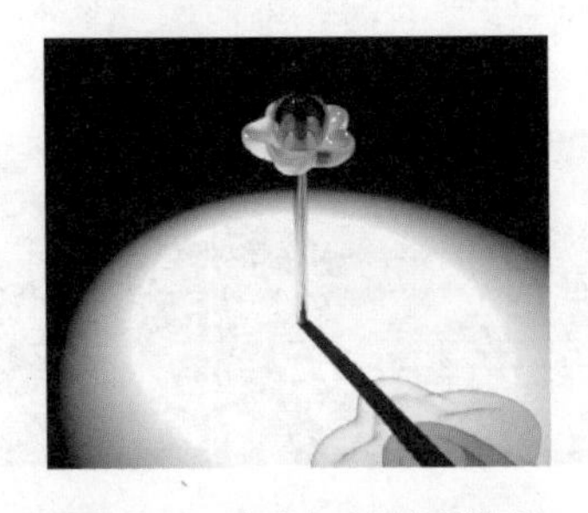

图 7-20 聚光灯的照明效果

通过资源管理器【光源】选项卡，可以编辑聚光灯的参数，如图 7-21 所示。

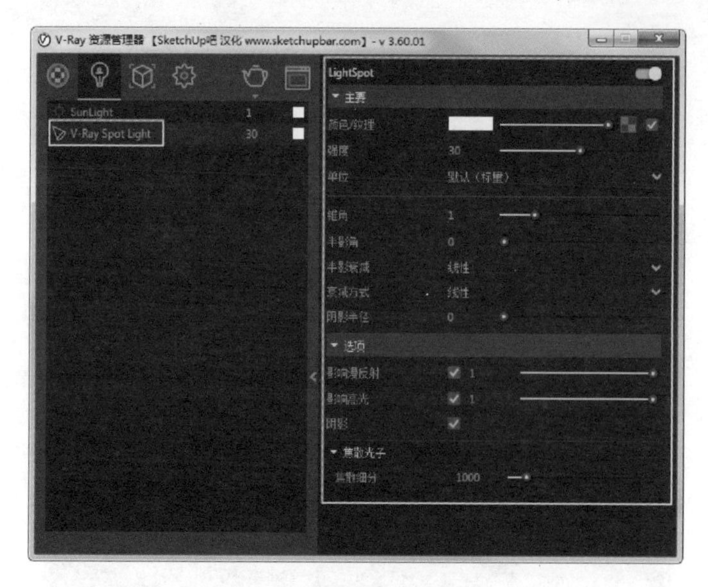

图 7-21 编辑聚光灯参数

在光源编辑面板顶部的开关，控制是否显示聚光灯光源，默认为开启状态。单击此开关将关闭聚光灯的照明。

(1)【主要】卷展栏。

- 【颜色/纹理】：用于设置光源的颜色及贴图。
- 【强度】：用于设置光源的强度，默认值为 1。
- 【单位】：指定测量的光照单位。使用正确的单位至关重要。灯光会自动将场景模型的单位尺寸考虑在内，以便为所用的比例尺生成正确的结果。
- 【锥角】：指定由 V 射线聚光灯形成的光锥的角度。该值以度数指定。
- 【半影角】：指定光线从高强度转变为无照明所形成的光锥内的角度。设置为 0 时，不存在转换，光线会产生严酷的边缘。该值以度数指定。
- 【半影衰减】：确定灯光在光锥内从高强度转换为无照明的方式。包含两种类型，“线性”与“平滑三次方”。“线性”表示灯光不会有任何衰减。“平滑三次方”表示光线会以真实的方式衰减。
- 【衰减方式】：设置光源的衰减类型，包括“线性”“倒数”和“平方反比”3 种类型，后面两种衰减类型的光线衰减效果是非常明显的，所以在用这两种衰减类型时，光源的倍增值需要设置得比较大。图 7-22 所示为不同衰减值的光照衰减效果比较。

图 7-22 不同衰减值的光照衰减效果比较

- 【阴影半径】：控制阴影、高光及明暗过渡的边缘硬度。数值越大，阴影、高光及明暗过渡的边缘越柔和；数值越小，阴影、高光及明暗过渡的边缘越生硬，如图7-23所示。

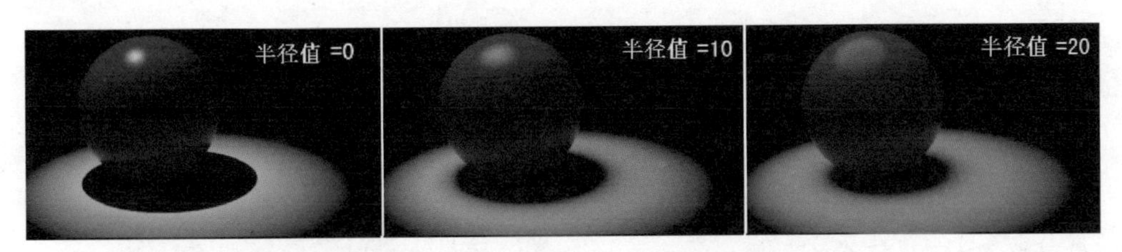

图7-23 不同阴影半径值所产生的阴影效果比较

(2)【选项】卷展栏

- 【影响漫反射】：启用时，光线会影响材质的漫反射特性。
- 【影响高光】：启用时，光线会影响材料的镜面反射。
- 【阴影】：启用时（默认开启），灯光投射阴影。禁用时，灯光不投射阴影。

(3)【焦散光子】卷展栏

- 【焦散细分】：确定从光源发出的焦散光子的数量。值越低意味着噪点越大，但渲染速度越快。值越高，效果越平滑，但需要更多的渲染时间。

选取聚光灯后，打开聚光灯的控制点。通过调整聚光灯的控制点，可以改变聚光灯的光源位置、目标点、照射范围及衰减范围，如图7-24所示。

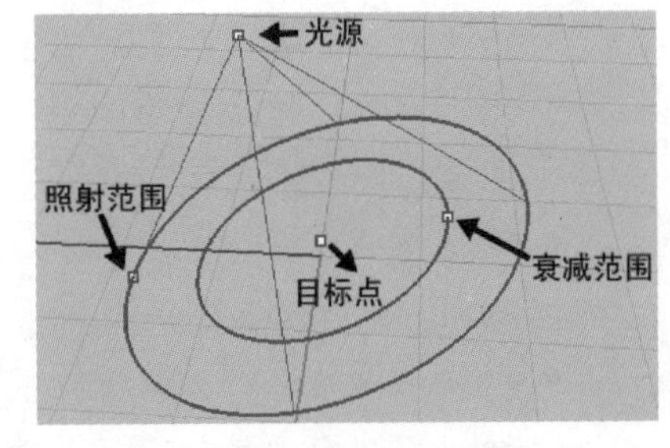

图7-24 调整控制点改变聚光灯

2. 泛光灯

泛光灯也称为点光源。单击【泛光灯】按钮，可以在场景中建立点光源。点光源是一种向四面八方均匀照射的光源，场景中可以用多个点光源协调作用，以产生较好的照明效果。要注意的是，点光源不能建立过多，否则效果图就会显得平淡而呆板。图7-25所示为在场景中创建的点光源。图7-26所示为由点光源产生的照明效果。

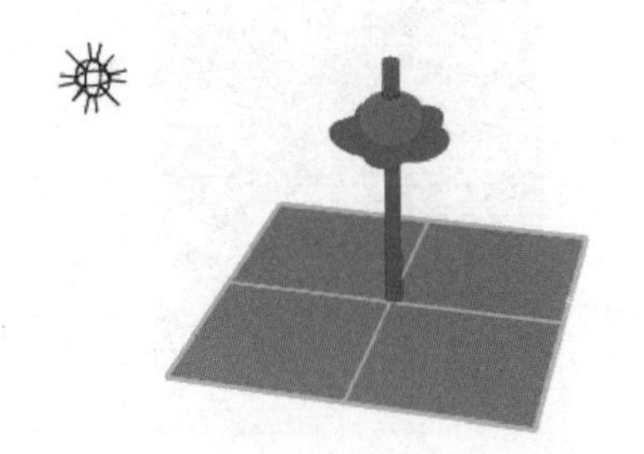

图7-25 在场景中创建的点光源

图7-26 由点光源产生的照明效果

点光源的参数设置和聚光灯的参数设置基本相同，这里不再赘述。

3. 穹顶灯

穹顶灯是V-Ray渲染器的专属光源，是一种可模拟物理天空的区域光源。单击【穹顶灯】按钮，可在场景中的圆顶或球形内创建穹顶灯，以覆盖传统的全局照明设置。穹顶灯可以模拟天光效果。该光源常被用来设置空间较为宽广的室内场景（如教堂、大厅等）或在室外场景中模拟环境光。图 7-27 所示为在场景中创建的穹顶灯。图 7-28 所示为用穹顶灯来模拟天光所产生的照明效果。

图 7-27　在场景中创建的穹顶灯

图 7-28　用穹顶灯来模拟天光所产生的照明效果

4. 矩形灯

矩形灯也称面光源。单击【矩形灯】按钮，可建立面光源。面光源在 V-Ray 中扮演着非常重要的角色，除了设置方便外，渲染的效果也比较柔和。它不像聚光灯有照射角度的问题，而且能够让反射性材质反射这个矩形光源从而产生高光，更好地体现物体材质的质感。

面光源的特性主要有以下几个方面。

- 面光源的大小对亮度的影响：面光源的大小会影响它本身的光线强度，在相同的高度与光源强度下，尺寸越大其亮度也越大。
- 面光源的大小对投影的影响：较大的面光源光线扩散范围较大，所以物体产生的阴影不明显；较小的面光源光线比较集中，扩散范围较小，所以物体产生的阴影较明显。
- 面光源的光照方向：面光源的照射方向可以从光源物体上凸出的那条线的方向来判断。
- 对面光源的编辑：面光源可以用旋转和缩放工具来进行编辑。注意，用缩放工具调整面积的大小时，会对其亮度产生影响。如图 7-29 所示为在场景中创建的面光源。如图 7-30 所示为由面光源产生的照明效果。

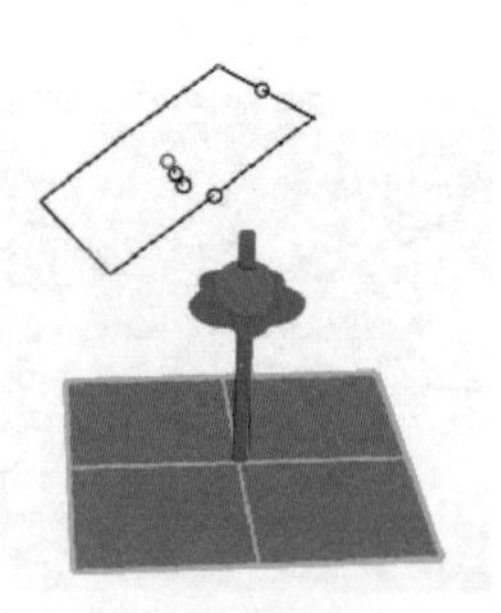

图 7-29　在场景中创建的面光源

图 7-30　由面光源产生的照明效果

5. SunLight

V-Ray 自带的 SunLight（太阳光源）与天光配合使用，可以模拟出比较真实的太阳光照效果。在自然界中，太阳的位置不同，其光照效果也是不同的，所以 V-Ray 会根据设置的太阳位置来模拟真实的光照效果，如图 7-31 所示。

图 7-31　V-Ray 模拟的太阳光照效果

单击【资源管理器】按钮，弹出【V-Ray 资源管理器】对话框。在【光源管理】选项卡中 V-Ray 默认创建了 SunLight 光源，如图 7-32 所示。向右展开整个选项卡，可以设置 SunLight 光源选项，如图 7-33 所示。

图 7-32　默认创建的 SunLight 光源

图 7-33　展开的 SunLight 光源设置选项

通过设置日照强度、浑浊度和臭氧等参数，可以模拟出太阳在一天中的活动情况。例如将太阳设置在东方较低的位置，V-Ray 就会模拟清晨时的光照效果，设置在南方较高的位置，就会产生正午时的光照效果，如图 7-34 所示。

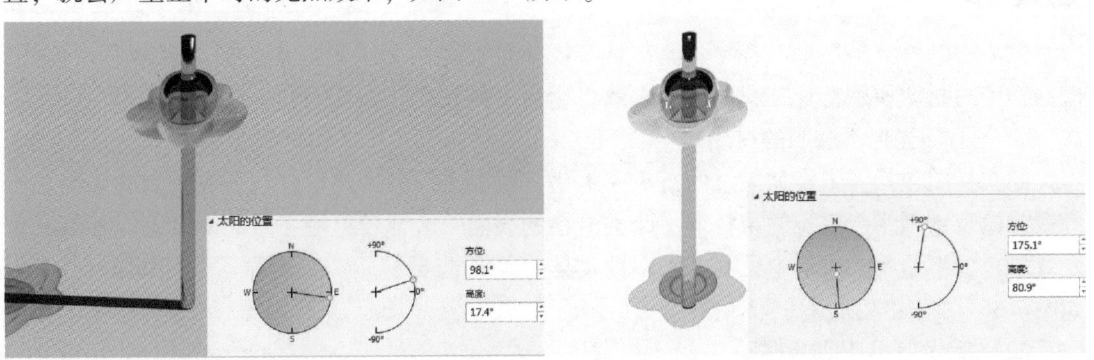

图 7-34　模拟太阳在清晨和中午时的光照效果

7.3 V-Ray 材质与贴图

在效果图制作中，当模型创建完成后，必须通过材质系统来模拟真实材料的视觉效果。因为在 SketchUp 中创建的三维对象，本身不具备任何质感特征，只有给场景物体赋上合适的材质后，才能呈现出具有真实质感的视觉效果。

材质就是三维软件对真实物体的模拟，通过它再现真实物体的色彩、纹理、光滑度、反光度、透明度、粗糙度等物理属性。这些属性都可以在 V-Ray 中运用相应的参数来进行设定，在光线的作用下，我们便可以看到一种综合的视觉效果。

材质与贴图有什么区别呢？材质可以模拟出物体的所有属性。贴图，是材质的一个层级，对物体的某种单一属性进行模拟，例如物体的表面纹理。一般情况下，使用贴图通常是为了改善材质的外观和真实感。

照明环境对材质质感的呈现至关重要，相同的材质在不同的照明环境下其表现会有所不同，如图 7-35 所示。左图光源设置为彩色，可以看到材质会反射光源的颜色；中间的图为白光环境下材质的呈现；右图光源照明较暗，材质的色彩也会相应产生变化。

图 7-35　不同照明环境下同一材质的效果表现的比较

设置材质的色彩时需注意以下两点。

1）由于白色会反射更多的光线，会使材质较为明亮，所以在材质设置时不要使用纯白的色彩

2）对于彩色的材质，设置时不要使用纯度太高的颜色。

7.3.1 材质的应用

生活中的物体虽然形态各异，但却是有规律可循的。为了更好地认识和表现客观物体，根据物体的材质质感特征，我们可以大致将生活中的材质分为五大类。

（1）不反光也不透明的材质。

此类材质包括：未经加工过的石头和木头、混凝土、各种建材砖、石灰粉刷的墙面、石膏板、橡胶、纸张、厚实的布料等。此类材料的表面一般都较粗糙、质地不紧密、不具有反光效果、也不透明。生活中见到的大多数物体，都是此类材质。此类材质应用的典型例子，如图 7-36、图 7-37 所示。

（2）反光但不透明的材质

此类材质包括镜面、金属、抛光砖、大理石、陶瓷、不透明塑料、油漆涂饰过的木材等。它们一般质地紧密、有比较光洁的表面、反光较强。例如，多数金属材质，在加工以后具有很强的反光特点，表面光滑度高，高光特征明显，对光源色和周围环境极为敏感。如图 7-38 所示。

图 7-36 厚实的布料椅子

图 7-37 石灰粉刷的墙壁和石材地面

此类材质中也有反光比较弱的，如经过油漆涂饰的木地板，其表面具有一定的反光和高光的特点，但其程度比镜面、金属物体弱。如图 7-39 所示。

图 7-38 反光强烈的金属材质

图 7-39 反光的木地板材质

（3）反光且透明的材质

透明材质的透射率极高，如果表面光滑平整，人们便可以直接透过其本身看到后面的物体；而产品如果是曲面形态的话，那么在曲面转折的地方会由于折射现象而扭曲后面物体的影像。如果透明材质产品的形态过于复杂的话，光线在其中的折射过程也就会捉摸不定，因此透明材质既是一种富有表现力的材质，同时又是一种表现难度较高的材质。表现时要从材质的本质属性入手，反射、折射和环境背景是表现透明材质的关键，将这三个要素有机地结合在一起就能更好地表现出晶莹剔透的效果。

透明材质有一个极为重要的属性——菲涅耳效应（Frenel）。这个原理主要阐述了折射、反射和视线，与透明体平面夹角之间的物体表现，物体表面法线与视线的夹角越大，物体表面出现反射的情况就越强烈。相信读者都有这样的经历，当站在一堵透明玻璃幕墙前时，直视墙体能够轻松地看清墙后面的事物；而当视线与墙体法线的夹角逐渐增大时，你会发现要看清墙后面的事物变得越来越不容易，反射现象越来越强烈，周围环境的影像也清晰可辨，如图 7-40 所示。

图 7-40　玻璃材质的菲涅耳效应

透明材质在产品设计领域有着广泛的应用。由于它们具有既能反光又能透光的特性，所以经过透明材质修饰过的产品往往具有很强的视觉冲击力，人们对这些材质命名时也常常将它们与钻石、水晶等透明而珍贵的材质联系起来，因此对于提升产品档次也起到了一定的作用，如图 7-41 所示。无论是电话按键、冰箱把手、还是玻璃器皿等，大多都是透明材质。

图 7-41　透明材质的应用效果

（4）透明不反光的材质

此类材质包括：窗纱、丝巾、蚊帐等。和玻璃、水不同的是，这类材质的质地较松散，光线穿过它们时不会发生折射现象，其形象特征，如图 7-42 所示。

图 7-42　窗纱和蚊帐的形象特征

提示　生活中的反光材质，其分子结构是紧密的、表面都很光滑，例如金属；不反光的物体，其分子结构是松散的，表面一般都比较粗糙，例如普通布料。

（5）透光但不透明的材质

此类材质包括：蜡烛、玉石、多汁的水果（如葡萄、西红柿等）、黏稠浑浊的液体（如牛奶等)、人的皮肤等。它们的质地构成不紧密，物体内部充斥着水分或者空气，所以，光线能射入到物体的内部并散射到四周，但却没办法完全穿透。在光的作用下，这些物体呈现给人一种晶莹剔透的感觉。此类物体的形象特征，如图 7-43、图 7-44 所示。

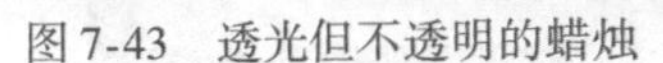

图 7-43　透光但不透明的蜡烛

图 7-44　透光但不透明的葡萄

理解现实生活中这几大类材质的物理属性，是我们模拟材质质感的基础。只有善于把它们归类，我们才可以抓住材质的质感特征，把握它们在光影下的变化规律，从而轻松地实现各种质感效果。

7.3.2　V-Ray 材质的赋予操作

V-Ray 材质的赋予操作是通过 V-Ray 资源管理器来实现的。打开【V-Ray 资源管理器】对话框，在【材质】选项卡中左边栏位置单击，可以展开材质库，如图 7-45 所示。

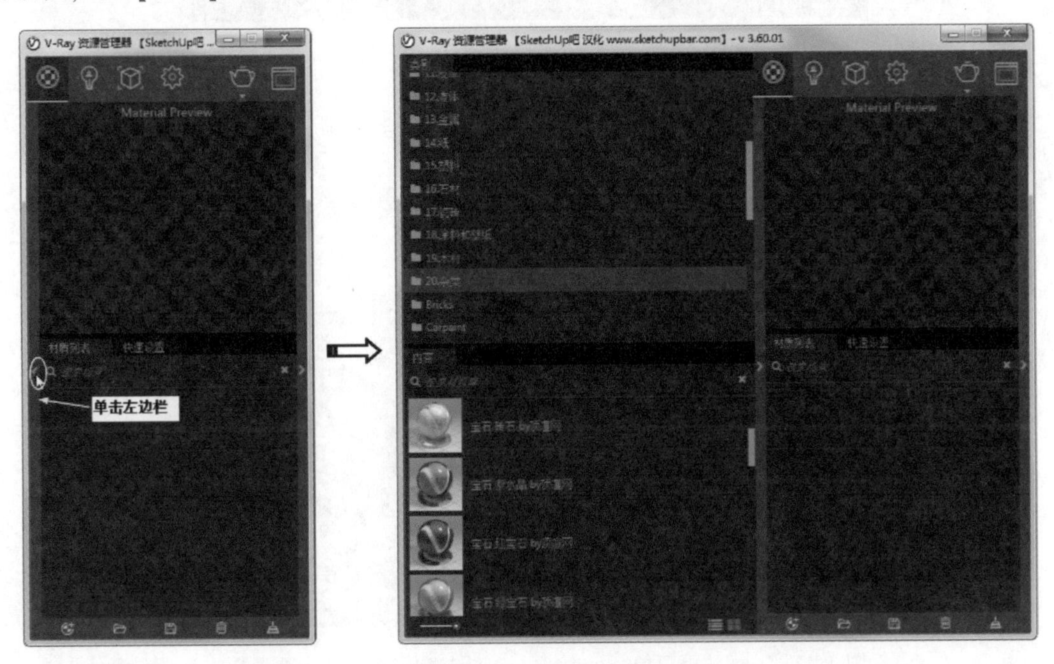

图 7-45　展开材质库

材质库中列出了 V-Ray 所有的材质。在材质库中选择材质库类型，下方的【内容】列表中会列出该类型材质库中所包含的全部材质。下面介绍两种赋予材质的操作方法。

1. 添加到场景

在【内容】材质库列表中任选一种材质，单击鼠标右键弹出右键快捷菜单，在快捷菜单中选择【添加到场景】命令，可以将该材质添加到【材质】选项卡的【材质列表】标签中，如图7-46所示。【材质列表】标签下的材质，是场景中会使用到的材质。

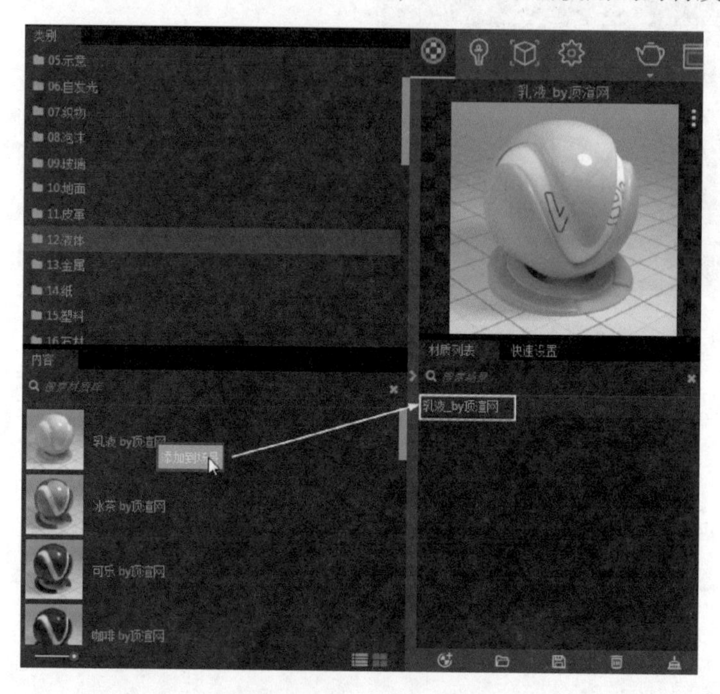

图7-46 将材质添加到【材质列表】标签中

那么怎样赋予对象呢？在【材质列表】标签下右击材质，弹出右键快捷菜单，如图7-47所示。快捷菜单中各命令含义如下。

- 【在场景中选择物体】：选择此命令，可将视窗中已经赋予该材质的所有对象选中，如图7-48所示。

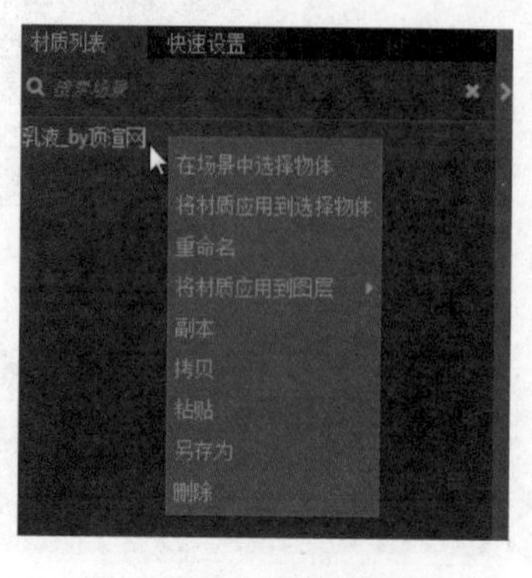

图7-47 右键快捷菜单

图7-48 在场景中选择物体

- 【将材质应用到选择物体】：在视窗中先选取要赋予材质的对象，再选择此命令，即可完成材质赋予操作。
- 【重命名】：重新设置材质的名称。

- 【将材质应用到图层】：在知晓对象所在的图层后，选择此命令，可将材质赋予图层中的对象，如图7-49所示。

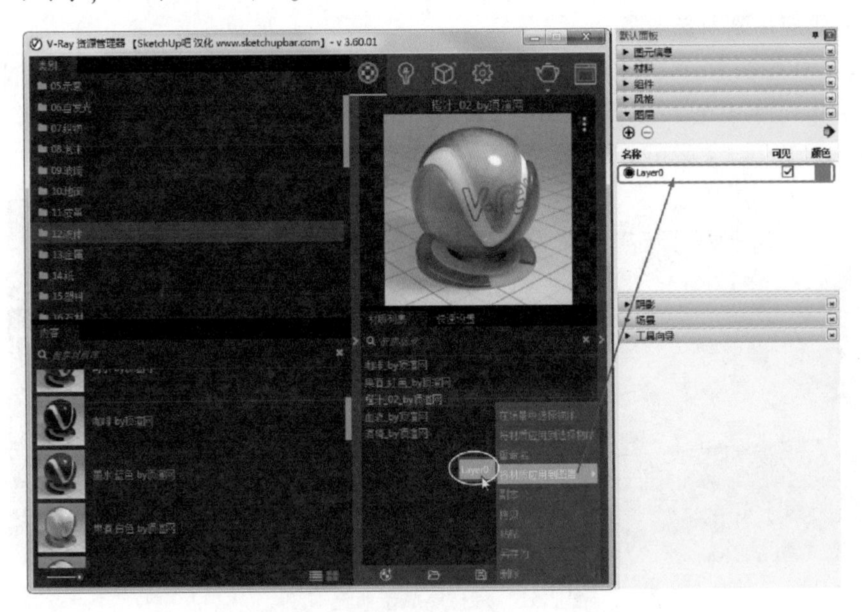

图7-49 将材质赋予到图层中的对象

- 【副本】：创建一个副本材质，在副本材质中做少许修改，即可得到新的材质。
- 【拷贝】：将材质复制到剪贴板中，然后利用【粘贴】命令粘贴到材质库中。
- 【另存为】：修改材质后，可以将材质保存在V-Ray材质库中（等同于底部的【将材质保存为文件】按钮），如图7-50所示。以后调取此材质时，可在底部单击【导入V-Ray材质】按钮。

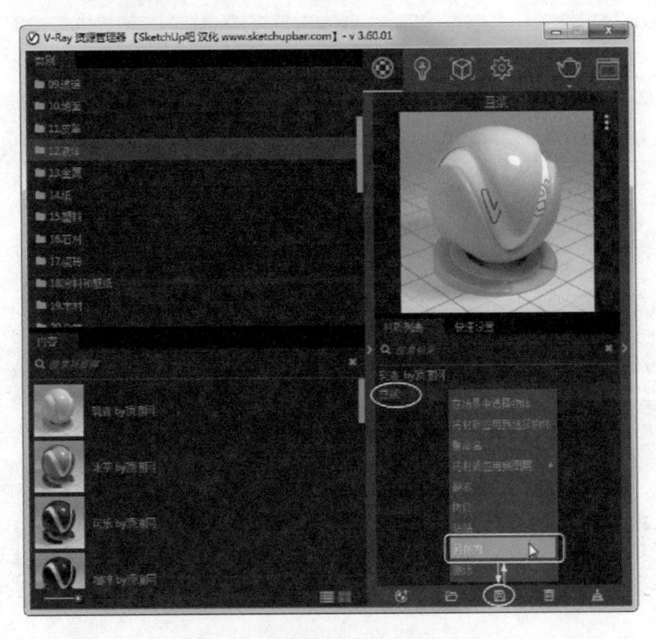

图7-50 将材质保存到材质库

- 【删除】：从场景中删除此材质，同时从对象上也删除该材质。等同于底部的【删除材质】按钮。

2. 将材质应用到所选对象

这种方法比较快速，先在视窗中选中要赋予材质的对象，然后在【内容】列表中右击某种材质，并在弹出的右键快捷菜单中选择【将材质应用到选择物体】命令即可，如图7-51所示。

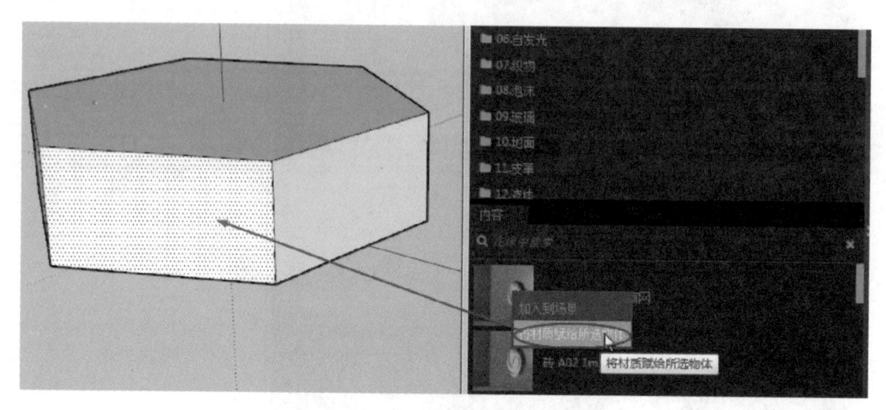

图7-51　将材质赋予所选对象

7.3.3　材质编辑器

V-Ray渲染器提供了一种特殊材质——V-Ray材质。允许在场景中更好地物理校正照明（能量分布），更快地渲染，更方便地设置反射和折射参数。在【材质】选项卡右侧边栏单击，可展开材质编辑器面板，如图7-52所示。

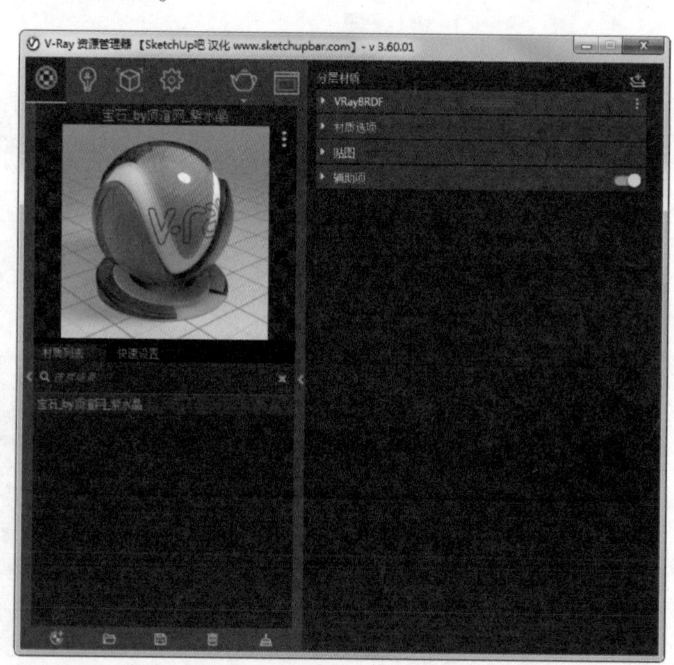

图7-52　展开材质编辑器面板

材质编辑器面板中包含3个重要的控制选项：VRayBRDF、材质选项和贴图。

7.3.4 【VRayBRDF】设置

在V-Ray材质中，可以应用不同的纹理贴图控制反射和折射、添加凹凸贴图和位移贴图强制直接GI（全局照明）计算、以及为材质选择BRDF（双向反射分布）。接下来简要介绍各卷展栏选项的含义。

1.【漫反射】卷展栏

新建的材质默认只有一个漫反射层，其参数调节在【漫反射】卷展栏中进行，如图7-53所示。漫反射层主要用于表现材质的固有颜色，单击其右侧的按钮，在弹出的位图图库中可以为材质增加纹理贴图，如图7-54所示。可以为材质增加多个漫反射层，以表现更为丰富的漫反射颜色。添加位图后单击底部的【返回】按钮，返回到材质编辑器中。

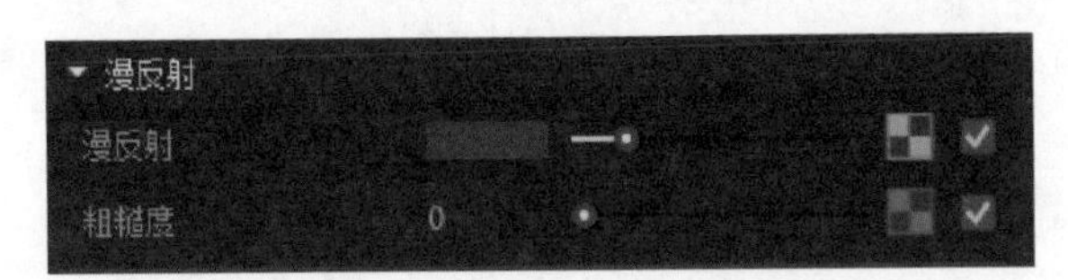

图7-53 【漫反射】卷展栏

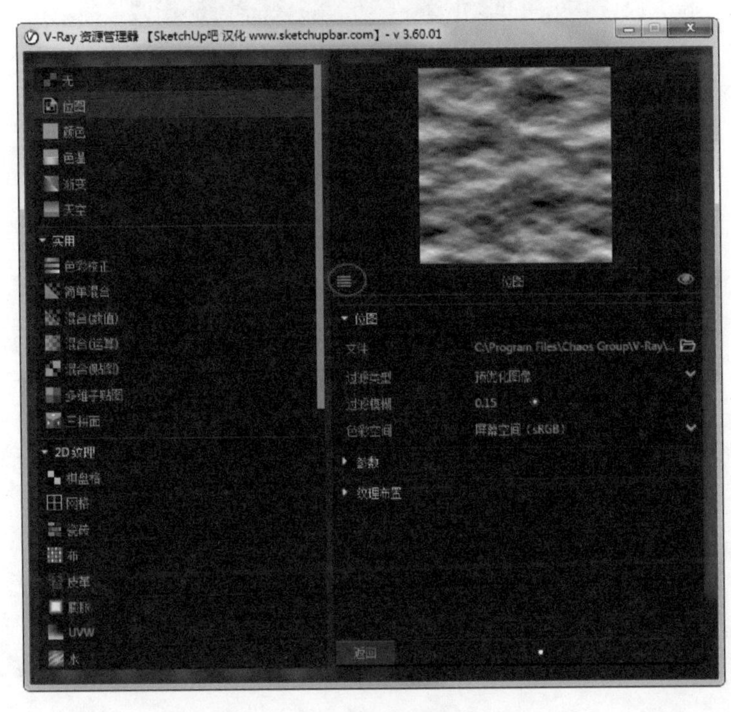

图7-54 在位图图库中增加纹理贴图

- 颜色图例按钮：设置材质的漫反射颜色，也可以用后面的贴图按钮控制。
- 颜色微调按钮：拖动微调按钮，可以增加或减少颜色的漫反射度。
- 贴图按钮：单击该按钮，可以为材质表面增加纹理贴图，材质的颜色将会被覆盖。
- 【粗糙度】：用于模拟覆盖有灰尘的粗糙表面（例如，皮肤或月球表面等）。如

图 7-55 所示的例子中，演示了粗糙度参数变化的效果。随着粗糙度的增加，材料显得更加粗糙。

图 7-55　粗糙度参数的变换及渲染效果对比

2. 【反射】卷展栏

反射是表现材质质感的一个重要元素。自然界中的大多数物体都具有反射属性，只是有些反射清晰，可以清楚地看出周围的环境；有些反射模糊，周围环境变得发散，不能清晰的反映周围环境。

【反射】卷展栏如图 7-56 所示。

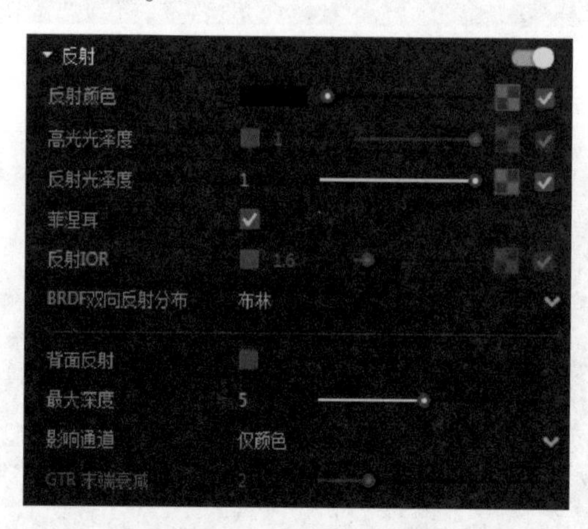

图 7-56　【反射】卷展栏

- 【反射颜色】：通过右侧的▬▬颜色微调按钮来控制反射的强度，黑色为不反射，白色为完全反射。如图 7-57 所示为反射颜色的示例。

反射颜色=黑色　　反射颜色=中等灰度　　反射颜色=白色

图 7-57　反射颜色

- 【高光光泽度】：为材质的镜面突出显示，启用单独的光泽度控制。启用此选项并将值设置为“1”将禁用镜面高光。
- 【反射光泽度】：指定反射的清晰度。使用不同的细分值参数来控制光泽反射的质量。

"1"的值意味着完美的镜像反射，较低的值会产生模糊或光泽的反射的效果，如图 7-58 所示。

图 7-58　取不同反射光泽度值的效果对比

- 【菲涅耳】：菲涅耳效应是自然界中物体反射周围环境的一种现象，即物体法线越朝向人眼或摄像机的部位，反射效果越轻微；物体法线越偏离人眼或摄像机的部位，反射效果越清晰。启用【菲涅耳】选项，可以更真实地表现材质的反射效果。如图 7-59 所示为开启【菲涅耳】选项，设置不同 IOR 值的渲染效果和关闭该选项的渲染效果。

【菲涅耳】开启，IOR = 1.3　【菲涅耳】开启，IOR = 2.0　【菲涅耳】开启，IOR =10.　【菲涅耳】关闭

图 7-59　【菲涅耳】选项的开启和关闭后的渲染效果

- 【反射 IOR】：反射 IOR 是一个非常重要的参数，数值越高，反射的强度也就越强，如金属、玻璃、光滑塑料等材质的【反射 IOR】强度可以设置为"5"左右，一般塑料、木头或皮革等反射较为不明显的材质则可以设置为"1.55"以下。不同【反射 IOR】数值的渲染效果如图 7-60 所示。

图 7-60　不同【反射 IOR】值的渲染效果

- 【BRDF 双向反射分布】：确定 BRDF 的类型，建议对金属和其他高反射材料使用 GGX 类型。如图 7-61 所示，展示了 V-Ray 中可用的 BRDF 类型之间的差异。请注意不同 BRDF 类型所产生的不同亮点。

BRDF类型= 平滑

BRDF类型= 布林

BRDF类型= 沃德

BRDF类型= GGX

图 7-61　不同 BRDF 类型产生的双向反射效果

- 【背面反射】：禁用时，仅针对物体的正面计算反射。当启用时，背面反射也将被计算。
- 【最大深度】：指定光线可以被反射的次数。具有大量反射和折射表面的场景可能需要更高的值才能使效果看起来更理想。
- 【影响通道】：指定哪些通道会受材质反射率的影响。
- 【GTR 末端衰减】：仅当 BRDF 设置为“GGX”时才有效。它可以通过控制尖锐镜面高光的消退速率来微调镜面反射。

3. 【折射】卷展栏

在表现透明材质时，通常会为材质添加折射，该参数选项用于设置透明材质。

【折射】卷展栏如图 7-62 所示。【折射】卷展栏中的部分选项含义与【反射】卷展栏中相同，下面仅介绍不同的选项。

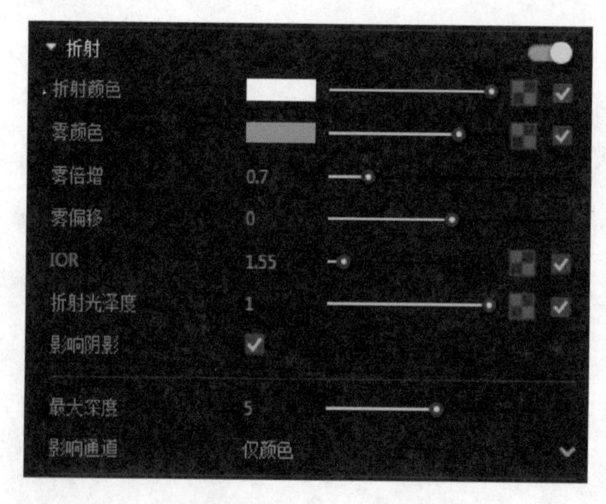

图 7-62　【折射】卷展栏

- 【折射颜色】：指定材质中光线折射的颜色。
- 【雾颜色】：用于设置透明材质的颜色，如有色玻璃。
- 【雾倍增】：控制透明材质颜色的浓度，值越大颜色越深。将雾设置为（R：122；G：

239；B：106)，不同的雾倍增值效果如图 7-63 所示。

图 7-63　不同的雾倍增值的效果

- 【雾偏移】：改变雾颜色的应用方式。负值使物体的薄部分更透明，厚部分更不透明，反之亦然（正值使薄的部分更不透明，厚的部分更透明）。
- 【影响阴影】：勾选此复选项后，投影颜色会受到雾的影响，使投影更有层次感。
- 【影响通道】：勾选此复选项后，Alpha 通道会受到雾的影响。

4. 【色散】卷展栏

【色散】卷展栏如图 7-64 所示。

- 【色散】：启用时，将计算真实的光波长色散。
- 【色散系数】：增加或减少色散效应。减少数值会扩大色散效应，反之亦然。

5. 【半透明】卷展栏

【半透明】卷展栏如图 7-65 所示。

半透明是一种比较特殊的材质效果，蜡、皮肤、牛奶、果汁、玉石等都属于此类。这种材质会在光线传播过程中吸收其中的一部分光线，光线进入的深度不一样，光线被吸收的程度也不一样。

图 7-64　【色散】卷展栏

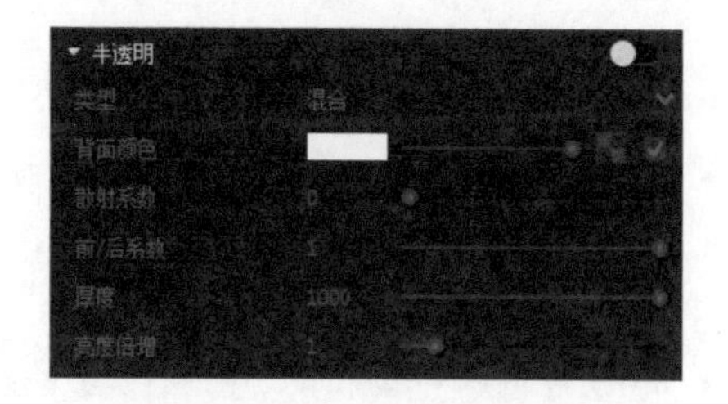

图 7-65　【半透明】卷展栏

【半透明】卷展栏中各选项的含义如下。

- 【类型】：选择计算半透明度的算法。必需启用折射才能看到此效果。包括【硬（蜡）模型】和【混合】两种。【硬（蜡）模型】特别适用于硬质材质，如大理石等。【混合】是最现实的 SSS 模型，适用于皮肤、牛奶、果汁和其他半透明材质。

- 【背面颜色】：控制材质的半透明效果。不要使用白色全透明，这会让光线被吸收过多而变黑；也不要使用黑色完全不透明，这会没有透光效果。读者可以尝试使用黑白色之间的灰色。
- 【散射系数】：设置材质内部散射的数量。“0”意味着光线在任何方向都进行散射；“1”代表光线在次表面散射过程中不能改变散射方向。
- 【厚度】：用于限定光线在材质表面下跟踪的深度。参数越大，光线在物体内部消耗得越快。
- 【前/后系数】：设置光线散射方向。数值为“0”时，光线散射朝向材质内部；数值为“1”时，光线散射朝向材质外部；数值为“0.5”时，朝材质内部和外部散射数量相等。
- 【亮度倍增】：设置半透明亮度的倍增值。

6. 【透明度】卷展栏

【透明度】卷展栏如图7-66所示。各选项含义如下。

- 【透明度】：指定材质的不透明度或透明度。纹理贴图可以分配给这个通道。
- 【模式】：控制不透明度图的工作模式。
- 【自定义透明源】：启用时，V-Ray使用Alpha通道来控制材质不透明度。

7. 【高级选项】卷展栏

【高级选项】卷展栏如图7-67所示。各选项含义如下。

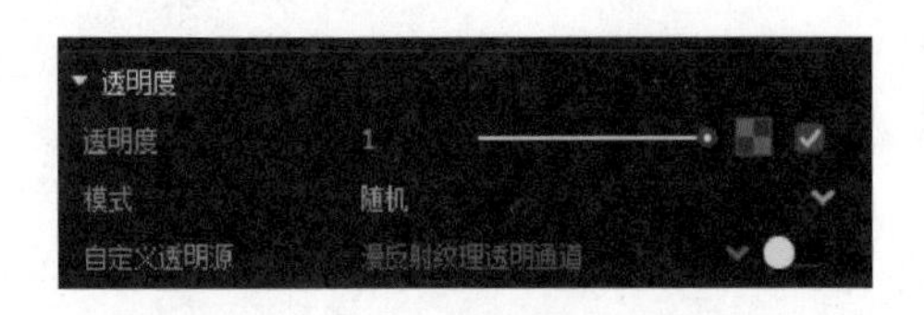

图7-66 【透明度】卷展栏

图7-67 【高级选项】卷展栏

- 【双面】：启用时，V-Ray将使用此材质翻转背面的法线。否则，将始终计算材料“外侧”上的照明。这可以用来为纸张等薄材质实现假半透明效果。
- 【使用发光贴图】：启用时，发光贴图将用于近似物料的漫反射间接照明。当禁用时，强力GI将被使用。
- 【雾单位比例】：启用时，雾衰减取决于当前的系统单位。
- 【线性工作流程】：启用时，V-Ray将调整采样和曝光，以使用Gamma1.0曲线。这是默认禁用的。
- 【反/折射终止阈值】：低于此阈值的反射/折射不会被跟踪。V-Ray试图估计反射/折射对图像的贡献，如果它低于此阈值，则不计算这些效果。不要将其设置为0，因为在某些情况下，渲染时间可能会过长。
- 【能量保存】：确定漫反射和折射颜色如何相互影响。

8. 【倍增】卷展栏

【倍增】卷展栏如图7-68所示。各选项含义如下。

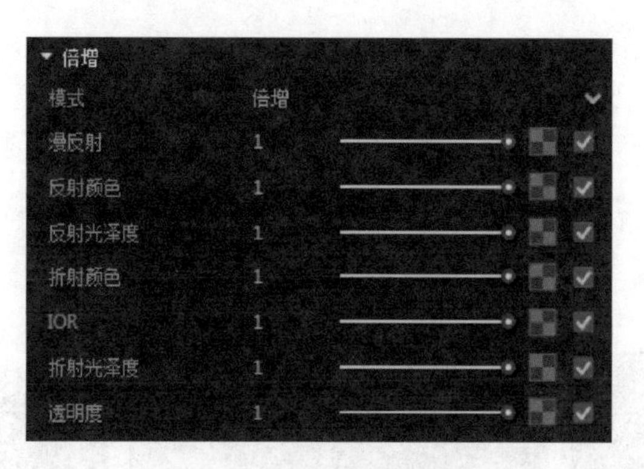

图7-68 【倍增】卷展栏

- 【模式】：指定倍增器如何混合纹理和颜色。
- 【漫反射】：这里的漫反射主要用于表现贴图的固有颜色。
- 【反射颜色】：反射是表现材质质感的一个重要元素。此选项主要设置贴图的反射光颜色。
- 【反射光泽度】：设置贴图反射光的光线强度。取值范围为“0～1”。当值为“1”时，表示凸台不会显示光泽；当值小于“1”时贴图才表现有光泽度。
- 【折射颜色】：设置贴图折射光的颜色。
- 【IOR】：设置贴图的折射率，折射率越小，反射强度也会越微弱。
- 【折射光泽度】：设置贴图折射光的光泽度。
- 【透明度】：设置贴图的透明度。

7.3.5 【材质选项】设置

【材质选项】卷展栏中的选项用于设置光线跟踪、材质双面属性设置等，如图7-69所示。如果没有特殊要求，建议用户使用默认设置。

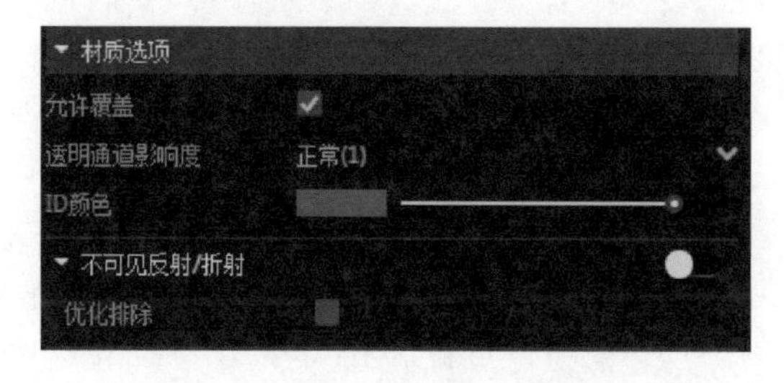

图7-69 【材质选项】卷展栏

【材质选项】卷展栏各选项含义如下。

- 【允许覆盖】：启用时，当在全局开关中启用覆盖颜色选项时，材质颜色将被覆盖。
- 【透明通道影响度】：确定渲染图像的Alpha通道中对象的外观。
- 【ID颜色】：允许指定一种颜色来表示ID VFB渲染元素中的材质。
- 【不可见反射/折射】：开启时，反射与折射光线均不可见，关闭则可见。
- 【优化排除】：禁用时，应用此材质的所有对象都不会投射阴影。

7.3.6 【贴图】设置

【贴图】设置用于为各个通道添加贴图，包含3个卷展栏，如图7-70所示。

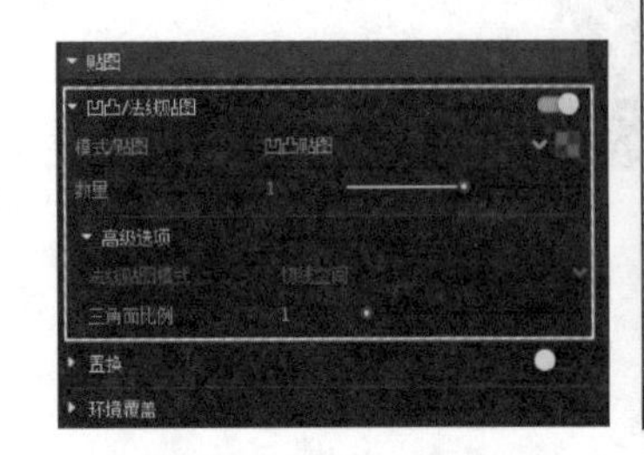
【凹凸/法线贴图】卷展栏

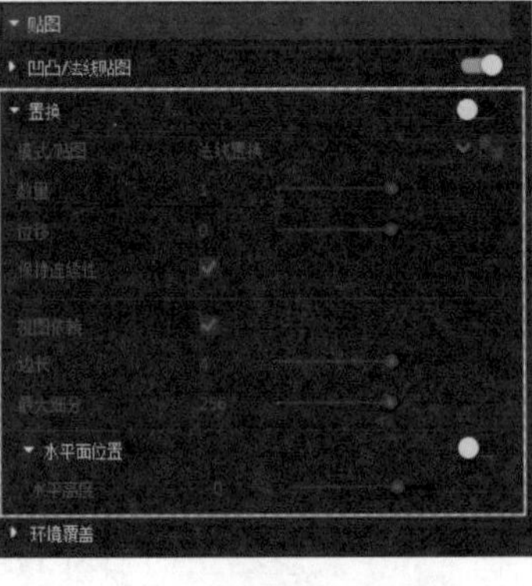
【置换】卷展栏

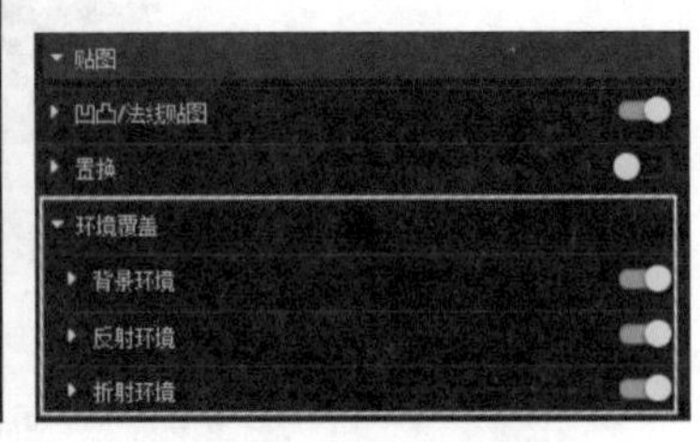
【环境覆盖】卷展栏

图7-70 【贴图】设置选项的3个卷展栏

1. 【凹凸/法线贴图】卷展栏

- 【凹凸/法线贴图】：模拟粗糙的表面，将带有深度变化的凹凸材质贴图赋予物体，经过光线渲染处理后，物体的表面就会呈现出凹凸不平的效果，而无须改变物体的几何结构或增加额外的点面。
- 【模式/贴图】：指定贴图类型。包括凹凸贴图、本地空间凹凸贴图和法线贴图3种。
- 【数量】：凹凸贴图的效果倍增量。
- 【高级选项】：仅当贴图类型为【法线贴图】时，才可设置高级选项。
- 【法线贴图模式】：指定法线贴图类型。有4种类型可选。
- 【三角面比例】：减小参数的值来锐化凹凸，以增加凹凸的模糊效果。

2. 【置换】卷展栏

- 【置换】：控制贴图置换效果。
- 【模式/贴图】：指定将被渲染的置换模式。
- 【数量】：置换的数量。
- 【位移】：将纹理贴图沿着物体表面的法线方向，向上或向下移动。
- 【保持连续性】：如果启用，当存在来自不同平滑组或材质ID的面时，尝试生成连接的曲面，而不分割。请注意，使用材质ID不是组合位移贴图的好方法，因为V-Ray无法始终保证表面的连续性。使用其他方法（如顶点颜色，蒙版等）来混合不同的位移贴图。
- 【视图依赖】：启用时，边长确定子像素边缘的最大长度（以像素为单位）。值为“1”表示子三角形的最长边投影到屏幕上时约为一个像素。禁用时，边长是像素单位中最大子三角形的边长。
- 【边长】：此值控制贴图的位移质量。在贴图的原始像素网格中，每个三角形被细分为若干子三角形。小三角形越多意味着贴图像素的高质量越高及渲染时间的时间越长。

- 【最大细分】：设置对原始网格物体的最大细分数量，计算时采用的是该参数的平方值，数值越大效果越好，但渲染的速度也越慢。
- 【水平面位置】：仅当启用了贴图置换操作后，此子卷展栏才可开启或关闭。开启后，表示纹理凸贴图的一个偏移面，在该平面下的贴图将被剪切。
- 【水平高度】：偏移面距离凸贴图的高度值。

3. 【环境覆盖】卷展栏

- 【背景环境】：用贴图覆盖当前材质所处的背景。
- 【反射环境】：覆盖该材质的反射环境。
- 【折射环境】：覆盖该材质的折射环境。

7.4 V-Ray 渲染器设置

V-Ray 渲染参数是比较复杂的，但是大部分参数只需要保持默认设置就可以达到理想的效果，真正需要手动设置的参数并不多。

在【V-Ray 资源管理器】的【设置】选项卡中，单击右边栏后，可展开其他重要的渲染设置卷展栏，如图 7-71 所示。

图 7-71　展开 V-Ray 渲染设置卷展栏

接下来仅介绍渲染时需要进行设置的这部分渲染卷展栏。其中，【环境设置】卷展栏已经在 7.2.2 小节中，介绍 V-Ray 环境光源时详细介绍了。

7.4.1 【渲染设置】卷展栏

【渲染设置】卷展栏提供了对常见渲染功能的便捷访问，例如选择渲染设备、打开或关闭 V-Ray 互动式和渐进式模式，如图 7-72 所示。卷展栏中各选项含义如下。

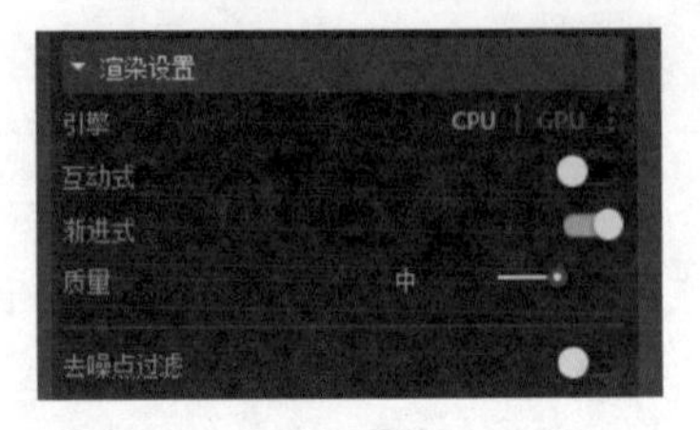

图 7-72 【渲染设置】卷展栏

- 【引擎】：在 CPU 和 GPU 渲染引擎之间切换。启用 GPU 可以解锁右侧的菜单，可以在其中选择要执行光线追踪计算的 CUDA 设备或将它们组合为“混合渲染”。计算机的 CPU 在 CUDA 设备列表中也被列为“C ++/ CPU”。
- 【互动式】：使互动式渲染引擎能够在场景中编辑对象、灯光和材质的同时，查看渲染器图像的更新。互动式渲染仅在渐进模式下工作。注意，由于国内汉化软件的原因，也叫交互式。
- 【渐进式】：在迭代中渲染整个图像。动态的噪波阈值，可以产生更均匀的噪声分布。渲染时图像逐渐变得倾斜，噪点逐渐变少，效果也会提高很多。
- 【质量】：选择不同的预设值，以自动调整光线跟踪全局照明设置。
- 【去噪点过滤】：开启降噪功能。详细的降噪设置在【渲染元素】卷展栏中，如图 7-73 所示。

图 7-73 【去噪点过滤】的设置选项

7.4.2 【相机设置】卷展栏

【相机设置】卷展栏控制场景几何体投影到图像上的方式。V-Ray 中的相机通常定义投射到场景中的光线，这也就是将场景投射到屏幕上。

【相机设置】卷展栏的【标准】设置如图 7-74 所示。默认情况下，仅显示调整相机所需的基本设置，以帮助用户创建基本的渲染。可以单击相机设置区域右上角的开关按钮■将其更改为【高级】设置，如图 7-75 所示。

- 【类型】：包括“标准”“球形全景虚拟现实”与“立方体贴图虚拟现实”。其中，“标准”适用于自然场景的局部区域。“球形全景虚拟现实”是 720°全景图像，是虚拟现实图像的一种。“立方体贴图虚拟现实”是基于室内 6 个墙面（四周墙面、顶棚与地板）的全景图像。

● 【立体】：用于启用或禁用立体渲染模式。基于输出布局选项，立体图像呈现为“并排”或“一个在另一个之上”的形式。读者不需要重新调整图像分辨率，因为它会自动调整。

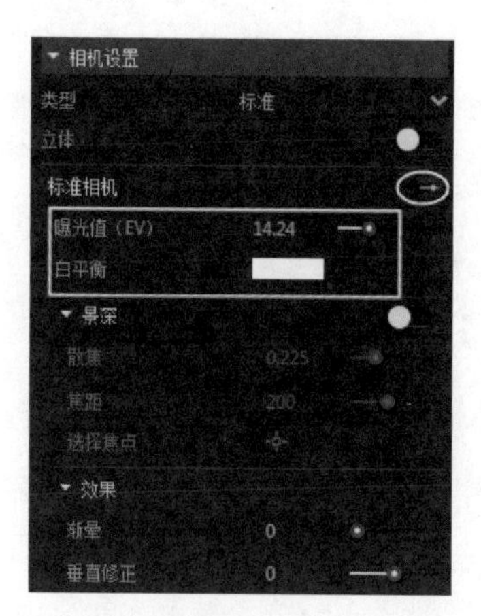

图7-74 【相机设置】卷展栏-标准设置

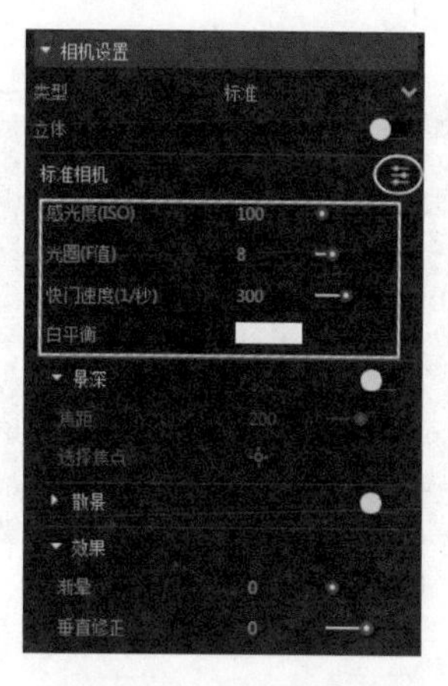

图7-75 【相机设置】卷展栏-高级设置

1. 【标准相机】选项区

【标准相机】选项区（标准设置）用于启用物理相机。启用时，曝光值（EV）和白平衡会影响图像的整体亮度。

● 【曝光度】：控制相机对场景照明级别的灵敏度。

● 【白平衡】：场景中具有指定颜色的对象在图像中显示为白色。请注意，只有色调被考虑在内，颜色的亮度被忽略。有几种可以使用的预设，值得注意的是外部场景预设的日光。图7-76所示为白平衡的应用示例。

技术要点 使用白平衡颜色可以进一步修改图像输出。场景中具有指定颜色的对象在图像中将显示为白色。例如日光场景，该值可以是桃色以补偿太阳光的颜色等。

白平衡是白色（255，255，255）

白平衡是蓝色的（145，65，255）

白平衡是桃色（20，55，245）

图7-76 白平衡的应用示例

2. 【标准相机】选项区（高级设置）

● 【胶片感光度（ISO）】：此值确定胶片的功率（即感光度）。值越小会使图像越暗，而值越大会使图像越亮。图7-77是胶片感光度的应用示例。“曝光”开启，“快门速度”为“60”，“光圈F值”为“8”，“渐晕”打开，“白平衡”为“白色”。

技术要点　该参数决定了胶片的灵敏度以及图像的亮度。如果“感光度（ISO）”较高（胶片对光线较为敏感），则图像较亮。较低的ISO值意味着该胶片不太敏感，并且会产生较暗的图像。

ISO是400　　ISO是800　　ISO是1600

图7-77　胶片感光度示例

- 【光圈（F值）】：决定相机光圈的宽度。图7-78所示为光圈应用示例。“快门速度1/秒”为“60”，“ISO”为“200”，“渐晕”打开，“白平衡”为“白色”。示例中的所有图像均使用V-RaySunSky设置其默认参数进行渲染。

技术要点　【光圈（F值）】：控制虚拟相机的光圈大小。降低F值会增加光圈尺寸，并使图像更明亮，因为更多光线进入相机。反之，增加F值会使图像变暗，因为光圈尺寸缩小。

F值是8　　F值是6　　F值是4

图7-78　光圈F值示例

- 【快门速度（1/秒）】：静止照相机的快门速度，以s为单位。例如，1/30s的快门速度对应该参数的值“30”。图7-79所示为快门速度应用示例，“曝光”开启，“光圈F值”为8，“胶片感光度（ISO）”为“200”，“虚影”开启，“白平衡”为“白色”。

技术要点　此参数确定虚拟相机的曝光时间。这个时间越长（快门速度值越小），图像就越亮。相反，如果曝光时间较短（快门速度值较高），图像会变暗。此参数还会影响运动模糊效果。

快门速度参数值为125

快门速度参数值为60

快门速度参数值为30

图 7-79　快门速度应用示例

3.【景深】卷展栏

【景深】卷展栏（标准设置）定义相机光圈的形状。禁用时，会模拟一个完美的圆形光圈；启用时，用指定数量的叶片模拟多边形光圈。

- 【散焦】：相机散焦成像，与聚焦相反。
- 【焦距】：对焦距离影响景深，并确定场景的哪一部分将对焦。
- 【选择焦点】按钮：通过在相机应该对焦的视口中拾取，确定三维空间中的位置。

4.【散景】卷展栏（高级设置）

启用此卷展栏可模拟真实世界相机光圈的多边形形状。当这个选项关闭时，形状被认为是完全圆形的。

- 【叶片数】：设置光圈多边形的边数。
- 【中心偏移】：定义散景的偏差形状。值为 0 意味着光线均匀通过光圈。正值说明光线集中在光圈的边缘，负值说明光线集中在光圈的中心。
- 【旋转】：定义叶片的方向。
- 【各向异性】：允许横向或纵向延伸散景效果。正值表示在垂直方向上延伸；负值表示其沿水平方向拉伸。

5.【效果】卷展栏

- 【渐晕】：该参数控制真实世界相机的光学渐晕效果的模拟。指定渐晕效果的数量，其中 0.0 为无渐晕，1.0 为正常渐晕。图 7-80 所示为渐晕效果应用示例。
- 【垂直修正】：使用此参数可以实现 2 点透视效果。

晕影是0.0（渐晕被禁用）

晕影是1.0（开启渐晕）

图 7-80　渐晕效果应用示例

7.4.3 【光线跟踪】卷展栏

在 V-Ray 中，【光线跟踪】卷展栏控制图像的渲染质量，包括噪点控制、阴影比率、抗锯齿采样器及其优化设置等。【光线跟踪】设置仅在关闭【互动式】渲染选项时才可用。

【光线跟踪】卷展栏的选项也分“标准设置”和“高级设置”两种，如图 7-81 所示。

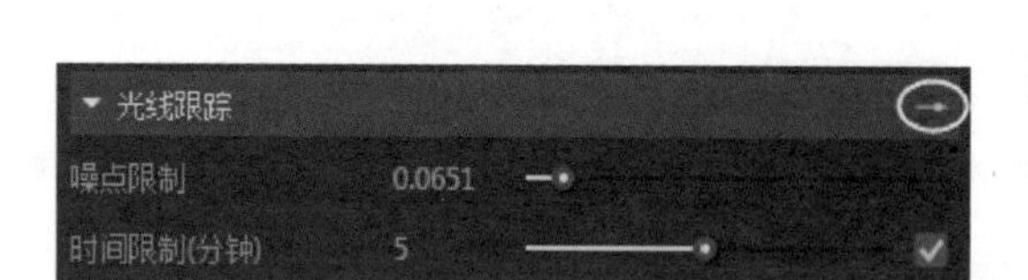

【光线跟踪】卷展栏–标准设置

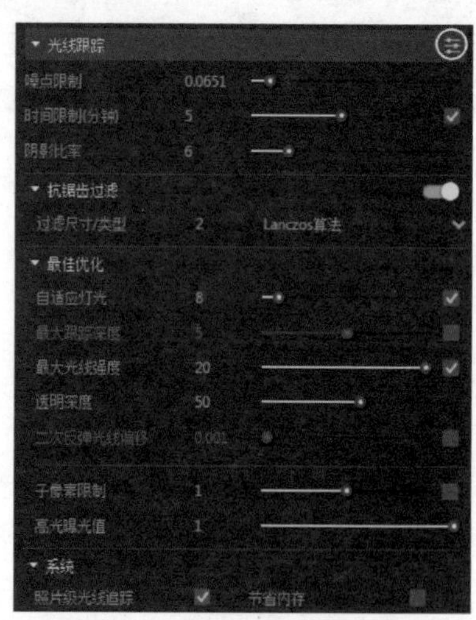

【光线跟踪】卷展栏–高级设置

图 7-81 【光线跟踪】卷展栏

当【渲染设置】卷展栏中的【互动式】选项及【渐进式】选项被关闭时，【光线跟踪】卷展栏也分“标准设置”和“高级设置”，如图 7-82 所示。

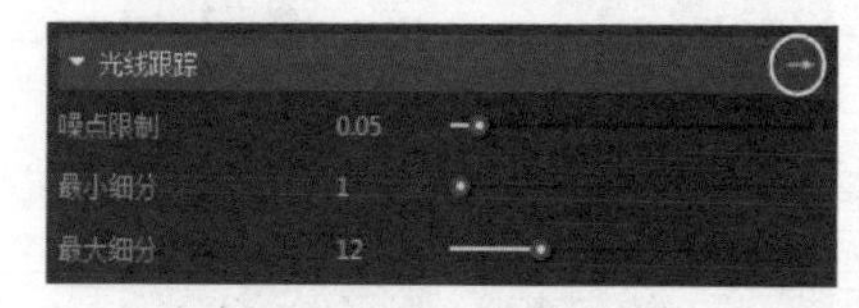

【光线跟踪】卷展栏–标准设置

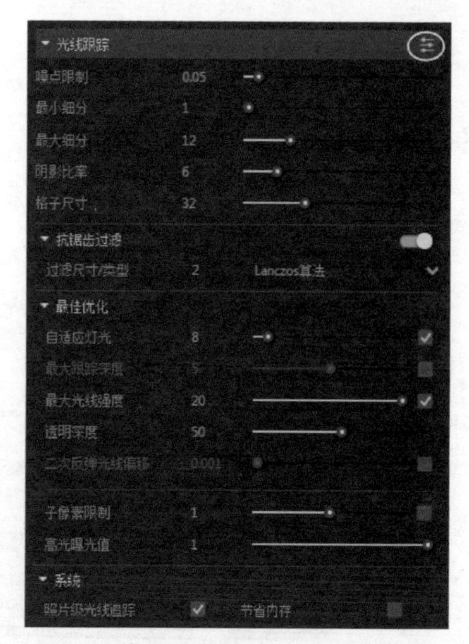

【光线跟踪】卷展栏–高级设置

图 7-82 关闭【互动式】与【渐进式】选项后的【光线跟踪】卷展栏

下面介绍【光线跟踪】卷展栏的各子卷展栏选项及其参数含义。

- 【噪点限制】：指定渲染图像中可接受的噪点级别。数值越小，图像的质量越高（噪点越小）。
- 【时间限制（分钟）】：指定以分钟为单位的最大渲染时间。达到指定时间时，渲染停止。这只是最终像素的渲染时间。
- 【最小细分】：确定每个像素采样的初始（最小）数量。这个值很少高于“1”，除非是细线或快速移动物体与运动模糊相结合。
- 【最大细分】：确定每个像素的最大采样数量。实际采样数量是该数值的平方。例如，4个细分值表示会产生16个采样。请注意，如果相邻像素的亮度差异足够小，则实际采样可能会少于最大样本数。
- 【阴影比率】：控制将使用多少光线计算阴影效果（例如光泽反射、GI、区域阴影等），而不是抗锯齿。数值越高意味着花在消除锯齿上的时间就越少，并且在对阴影效果进行采样时会付出更多努力。
- 【格子尺寸】：确定以像素为单位的最大区域宽度（选择区域W/H）或水平方向上的区域数（选择区域计数时）。

1. 【抗锯齿过滤】子卷展栏

- 【过滤尺寸/类型】：控制抗混叠滤波器的强度和要使用的抗混叠滤波器的类型。

2. 【最佳优化】子卷展栏

- 【自适应灯光】：启用自适应灯光选项时由V-Ray评估场景中的灯光数量。为了从光源采样中获得正面效果，该值必须低于场景中实际的灯光数量。值越低，渲染速度越快，但结果可能会很粗糙。较高的值会导致在每个节点都会计算较多的灯光，从而产生较少的噪点，但会增加渲染时间。
- 【最大跟踪深度】：指定反射和折射计算的最大反弹次数。
- 【最大光线强度】：指定所有辅助射线被夹紧的等级。
- 【透明深度】：控制透明物体跟踪深度的程度。
- 【二次反弹光线偏移】：应用于所有次要光线的最小偏移。如果场景中有重叠的面，可以使用此功能以避免可能出现的黑色斑点。
- 【子像素限制】：指定颜色分量将被钳位的电平。
- 【高光曝光值】：选择性地将曝光校正应用于图像中的高光。

3. 【系统】子卷展栏

- 【照片级光线追踪】：启用英特尔的光线追踪内核。
- 【节省内存】：Embree（英特尔开发的高性能光线追踪内核的集合）将使用更加紧凑的方法来存储三角形，这可能会稍慢些，但会减少内存使用量。

7.4.4 【全局照明】卷展栏

全局照明是指在渲染场景中的整体照明，包括光的直接照射、折射及物体的反射（间接照明）。如果在【渲染设置】卷展栏中开启【互动式】选项，仅开启了直接照明。此时的【全局照明】卷展栏如图7-83所示。

关闭【互动式】选项，同时开启了直接照明和间接照明（GI），此时的【全局照明】

卷展栏如图 7-84 所示。

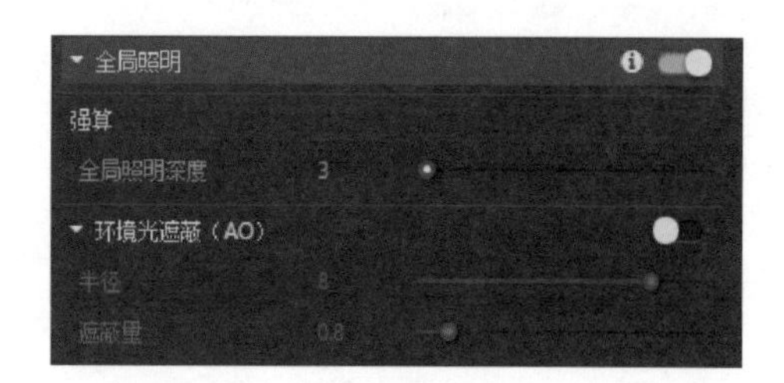

图 7-83　开启【互动式】的【全局照明】卷展栏

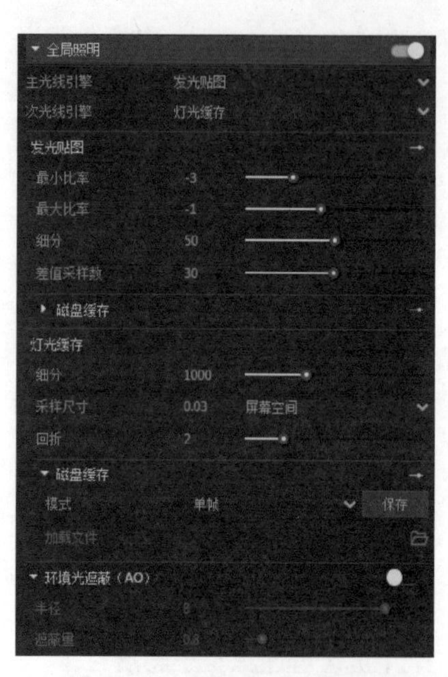

图 7-84　关闭【互动式】的【全局照明】卷展栏

1.【主光线引擎】选项

指定用于主要光线反弹的 GI（间接照明）方法。包含有以下 3 种主光线引擎。

(1)【发光贴图】引擎

使 V-Ray 对初始漫反射使用发光贴图。通过在三维空间中创建具有点集合的贴图以及在这些点上计算间接照明来工作。【发光贴图】引擎的设置选项如图 7-85 所示。

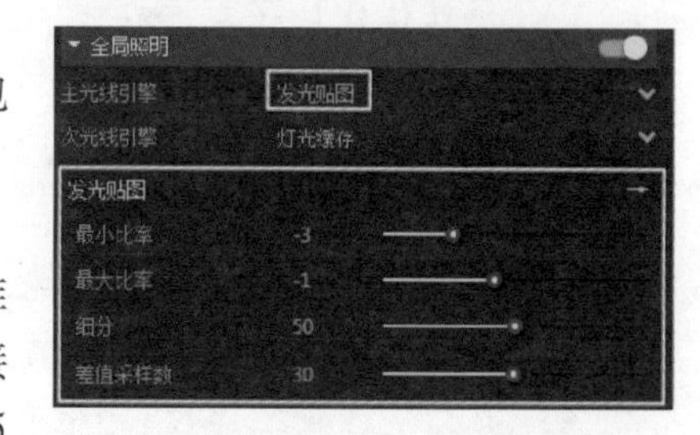

图 7-85　【发光贴图】引擎的设置选项

- 【最小比率】：确定第一个 GI 通道的分辨率。值为 0 意味着分辨率将与最终渲染图像的分辨率相同，这将使发光贴图与直接计算方法类似。值为 −1 意味着分辨率将是最终渲染图像分辨率的一半。
- 【最大比率】：确定最后一个 GI 通道的分辨率。这与自适应细分图像采样器的最大速率参数（尽管不相同）类似。
- 【细分】：控制各个 GI 样本的质量。值越小渲染进度越快，但可能会产生斑点结果。值越高，渲染后的图像越平滑。
- 【差值采样数】：该值定义用于插值计算的 GI 样本的数量。较大的值会取得较光滑的效果，但会模糊 GI 的细节；较小的值会得到锐利的细节，但是也可能会产生黑斑。

(2)【强算】引擎

这是最简单、最原始的算法，也称直接照明计算。其渲染速度很慢，但效果是最精确的，尤其是在具有大量细节的场景。不过，如果没有较高的细分值，通过【强算】引擎渲染出来的图像会有明显的颗粒效果。仅当在【渲染设置】卷展栏中开启【互动式】选项后，才可以设置【强算】，如图 7-86 所示。

图 7-86 【强算】引擎的设置选项

- 【全局照明深度】：指定将要计算的光线的反弹次数。GI 深度也用于计算互动式渲染 GI 深度。

(3)【灯光缓存】引擎

为主要漫反射指定光缓存。关于【灯光缓存】的选项设置，在后面【灯光缓存】卷展栏中详细介绍。

2.【次光线引擎】选项

指定用于二次反射的 GI 方法。包括“无”“强算”和“灯光缓存”等三种引擎。图 7-87 所示为主光线引擎与次光线引擎搭配使用的渲染效果对比。

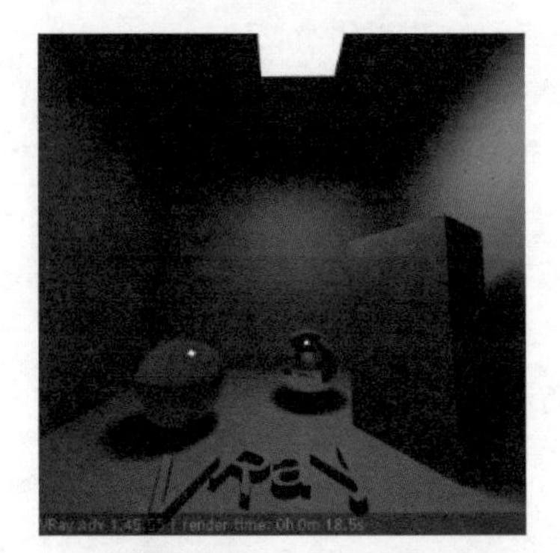
仅限直接照明：GI已关闭

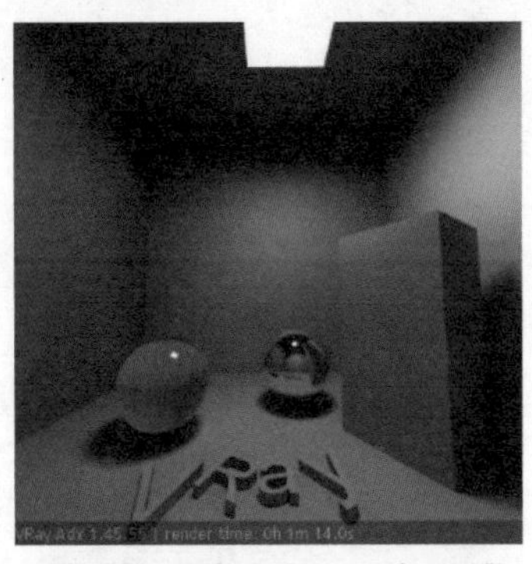
一次反射：发光贴图，无二次GI引擎

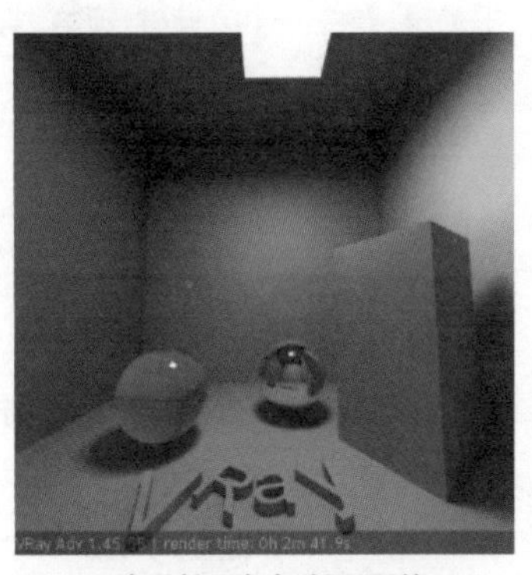
二次反射：发光贴图+强算

4次反射：发光贴图+强算+3次的二次反射

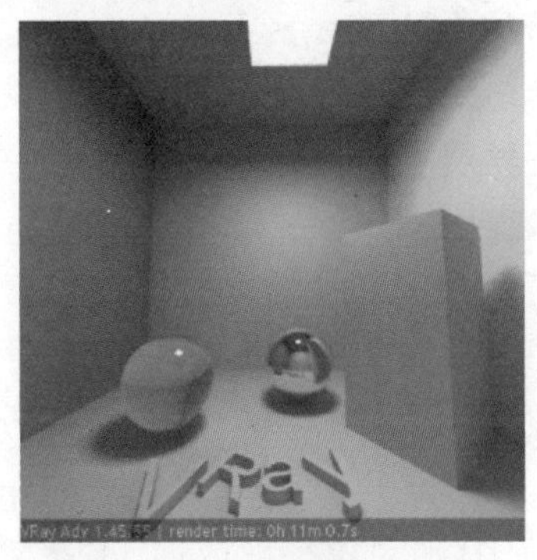
8次反射：发光贴图+强算+7次的二次反射

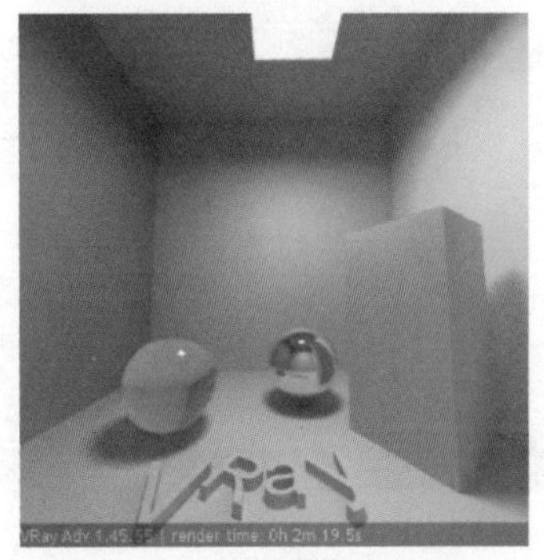
无限次反射（完全漫射照明解决方案）：发光贴图+灯光缓存

图 7-87 主光线引擎与次光线引擎搭配使用的渲染效果对比

3.【灯光缓存】子卷展栏

灯光缓存是用于近似场景中的全局照明技术。

- 【细分】：确定相机追踪的路径数。路径的实际数量是细分值的平方（默认 1000 个细分意味着相机追踪路径 1000000 条）。图 7-88 所示为“细分”的应用示例。

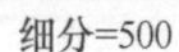

细分=500　　细分=1000　　细分=2000

图 7-88 “细分”的应用示例

- 【采样尺寸】：确定灯光缓存中样本的间距。较小的数值意味着样本彼此更接近，灯光缓存将保留光照中的尖锐细节，但会更嘈杂，并会占用更多的内存。
- 【回折】：此选项在光缓存可能会产生太大错误的情况下，提高全局照明的精度。对于有光泽的反射和折射，V-Ray 根据表面光泽度和距离来动态决定是否使用光缓存，以使由光缓存引起的误差最小化。请注意，此选项可能会增加渲染时间。

4. 【磁盘缓存】子卷展栏

- 【模式】：控制光子图的模式。包括单帧、全帧、Form File 和渐进路径跟踪。
- 【单帧】：设置此选项，将生成动画的单帧光子图。
- 【全帧】：设置此选项，将会为动画的所有帧计算出新的光子图。它将覆盖之前渲染遗留的任何光子贴图。
- 【Form File】：启用时，V-Ray 不会计算光子贴图，但会从文件加载。单击右侧的浏览按钮指定文件名称。
- 【渐进路径跟踪】：这种模式仅当主光线引擎和次光线引擎为“发光贴图”时才能使用。采用渐进式渲染引擎的光线跟踪模式，渲染效果会很好，但耗时。

5. 【环境光遮蔽（AO）】子卷展栏

【环境光遮蔽（AO）】子卷展栏控制允许将环境遮挡项添加到全局照明解决方案中。

- 【半径】：确定产生环境遮挡效果区域的数量（以场景单位表示）。
- 【遮蔽量】：指定环境遮挡量。0 值不会产生环境遮挡。

7.4.5 【焦散】卷展栏

焦散是一种光学现象，光线从其他对象反射或通过其他对象折射之后，投射在对象上所产生的效果。在 V-Ray 场景中，要生成焦散效果，必须满足 3 个基本条件，包括能生成焦散的灯光、产生焦散的对象以及接受焦散的对象。

【焦散】卷展栏如图 7-89 所示。其中【磁盘缓存】子卷展栏在【全局照明】卷展栏中已经详细介绍过。

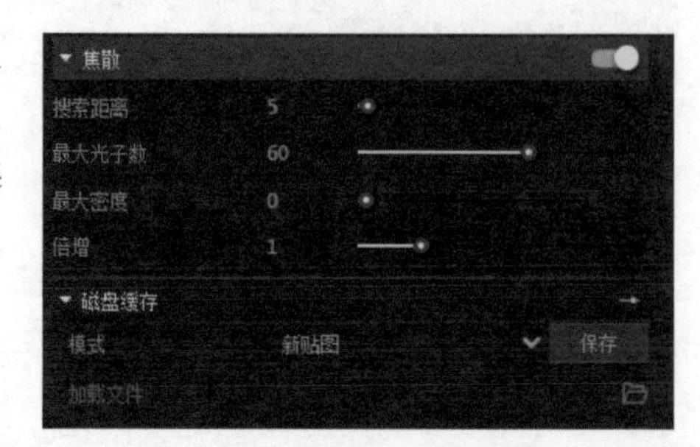

图 7-89 【焦散】卷展栏

- 【搜索距离】：当 V-Ray 需要渲染给定表面点

的焦散效果时，它会搜索阴影点（搜索区域）周围区域中该表面上的光子数。搜索区域是一个原始光子在中心的圆，其半径等于“搜索距离”值。

- 【最大光子数】：指定在表面上渲染焦散效果时，将要考虑的最大光子数。较小的值会导致使用较少的光子，并且焦散会较尖锐，但也会较嘈杂；较大的值会产生更平滑的效果，但焦散会较模糊。当最大光子数为0时，意味着V-Ray将在搜索区域内找到所有光子。
- 【最大密度】：限制焦散光子图的分辨率（以及内存）。每当V-Ray需要在焦散光子图中存储新光子时，它首先会查看在此参数指定的距离内是否还有其他光子。
- 【倍增】：控制焦散的强度。此参数是全局性的，适用于产生焦散的所有光源。如果不同光源需要不同的倍频器，请使用本地光源设置。

7.4.6 【渲染元素】卷展栏

渲染元素是一种将渲染分解为其组成部分的方法，例如漫反射颜色、反射、阴影、遮罩等。在重新组合最终图像时，使用合成或图像编辑应用程序对最终图像进行微调。渲染元素有时也被称为渲染通道。

当没有设置渲染元素时，【渲染元素】卷展栏如图7-90所示。在【添加元素】列表中可以选择一种渲染元素，如图7-91所示。

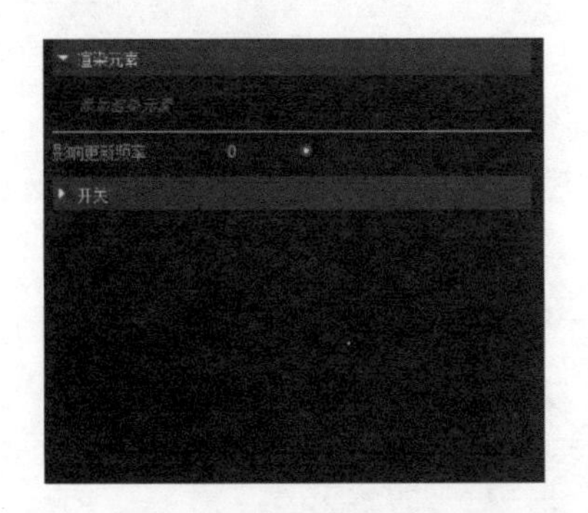

图7-90　没有渲染元素的【渲染元素】卷展栏

图7-91　【添加元素】列表中的【渲染元素】

当在【渲染设置】卷展栏中开启了【去噪点过滤】后，【渲染元素】卷展栏中会显示【去噪点过滤】子卷展栏，如图7-92所示。

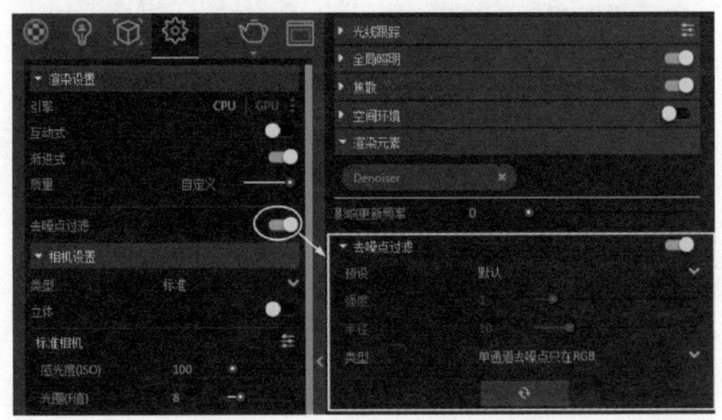

图7-92　【去噪点过滤】子卷展栏

下面介绍【渲染元素】卷展栏和【去噪点过滤】子卷展栏的选项。

- 【影响更新频率】：设置降噪效果的更新频率。较大的频率会导致降噪器频繁地更新，这样会增加渲染时长。通常设置为“5～10”。
- 【预设】：提供预设以自动设置强度和半径值。
- 【强度】：确定降噪操作的强度。
- 【半径】：指定要降噪的每个像素周围的区域。
- 【类型】：指定是否仅对 RGB 颜色渲染元素或其他元素去噪点。

7.5 建筑与室内场景渲染案例

本节用两个场景渲染案例来说明 V-Ray for SketchUp 渲染插件的实际应用技巧。

案例——材质应用范例

源文件：\ Ch07 \ Materials_Start. skp
结果文件：\ Ch07 \ Materials_finish. skp
视频：\ Ch07 \ 材质应用范例 . avi

本案例介绍了利用 V-Ray for SketchUp 材质的基础知识。包括如何使用材质库创作不同风格的图片，以及如何编辑材质和如何制作新的材质等。图 7-93 所示为应用材质后的最终渲染效果图。

图 7-93　材质应用的最终渲染效果图

1. 创建场景

本例需要创建 3 个场景用作渲染视图。

01 打开本例素材场景文件“Materials_Start. skp” 文件，如图 7-94 所示。

02 将视图调整为如图 7-95 所示的状态。接着在菜单栏执行【视图】/【动画】/【添加场景】命令，将视图状态保存为一个动画场景，方便进行渲染操作。创建的场景 1 在【场景】面板中可见，场景命名为“主要视图”，如图 7-96 所示。

图 7-94　打开的场景文件

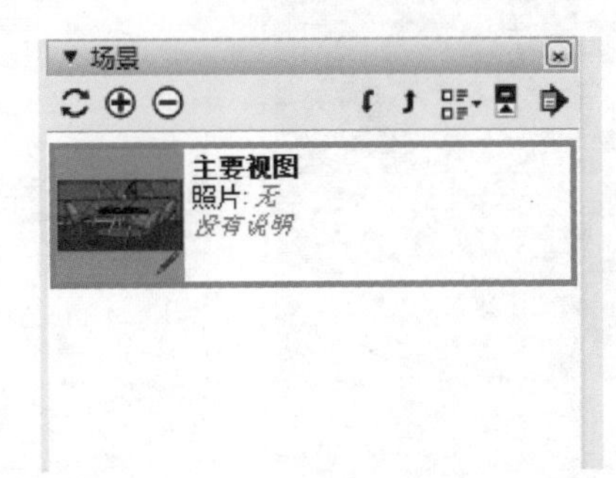

图 7-95　视图调整

图 7-96　创建“主要视图”场景

03 同理，再创建一个命名为“茶杯视图”的场景，如图 7-97 所示。

图 7-97　创建“茶杯视图”场景

技巧提示

当创建场景后，如果对视图状态不满意，可以逐步调整视图状态，直到满意为止。然后在视图窗口左上角的【场景】选项标签中单击鼠标右键，选择右键菜单中的【更新】命令，即可将新视图状态更新到当前场景中。

2. 渲染初设置

为了让渲染进度加快，需要对 V-Ray 进行初设置。

01 单击【资源管理器】按钮，弹出【V-Ray 资源管理器】对话框。

02 在【设置】选项卡中进行渲染设置，如图 7-98 所示。然后单击【用 V-Ray 交互式渲染】按钮，对当前场景进行初步渲染，可以查看一下基础灰材质场景的状态，如图 7-99 所示。

> **技巧提示**
>
> 启用交互式渲染可以在每次进行渲染设置后，自动将设置应用到渲染效果中，帮助读者快速地进行渲染操作与更新渲染效果。

图 7-98 渲染设置

图 7-99 基础灰材质的初步渲染效果

03 同理，对“茶杯视图”场景也进行基础灰材质渲染。

04 在打开的【V-Ray Frame Buffer】帧缓存窗口中单击【Region render】渲染区域按钮，在帧缓存窗口中绘制一个矩形（在茶杯和杯托周围绘制渲染区域），这样可以把交互式渲染限制在这个特定区域内，让读者可以集中处理茶杯的材质，如图 7-100 所示。

3. 应用 V-Ray 材质到“茶杯视图”场景中的对象

接下来利用 V-Ray 默认材质库中的材质对茶杯视图中的模型对象应用材质。基础灰材质渲染完成后应及时关闭【材质覆盖】，便于应用材质后能及时反馈模型中的材质表现状态。

图 7-100　绘制茶杯的渲染区域

01 首先设置茶杯的材质，茶杯材质属于陶瓷类型。打开【V-Ray 资源管理器】对话框，并在【材质】选项卡中展开左侧的材质库。在材质库中的【Ceramic & Porcelain】（陶瓷与瓷器）类型中，将【Porcelain_A02_Orange_10cm】橙色陶瓷材质拖到【材质列表】标签中，如图 7-101 所示。

图 7-101　将材质库的材质拖动到【材质列表】标签中

02 在“茶杯视图”场景选中茶杯模型对象，然后在【材质列表】标签中右击【Porcelain_A02_Orange_10cm】材质，在弹出的右键菜单中选择【将材质应用到选择物体】命令，随即完成材质的应用，如图7-102所示。

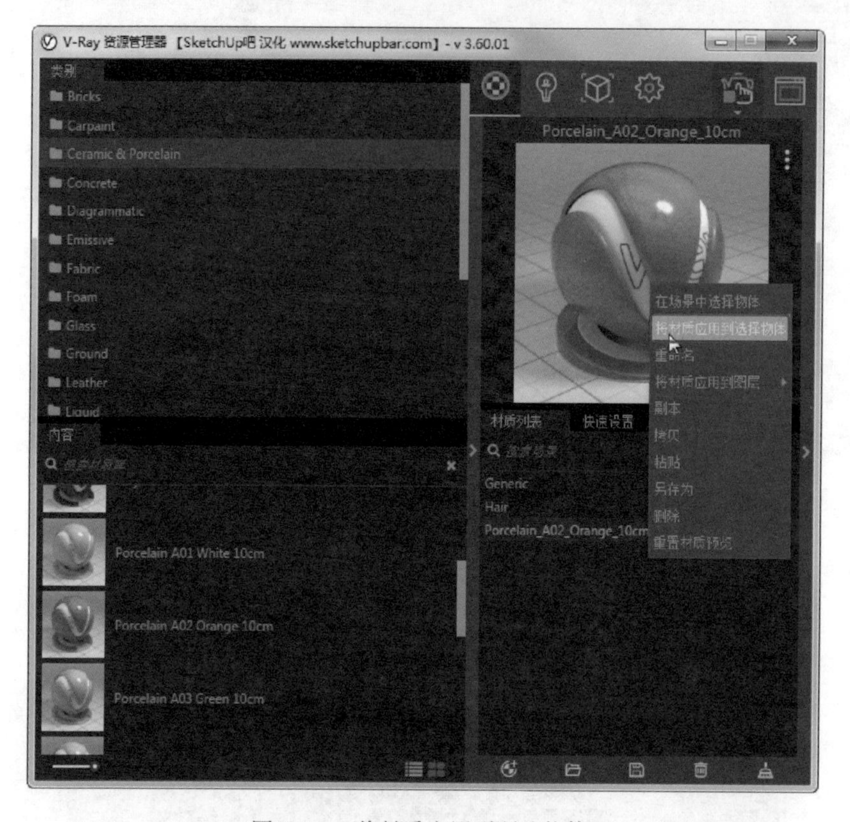

图7-102　将材质应用到所选物体

03 应用材质后，我们可以从打开的【V-Ray Frame Buffer】帧缓存窗口中查看材质应用效果，如图7-103所示。

04 同理，可以将其他陶瓷材质应用到茶杯模型上，实时查看交互式渲染效果，以获得满意的状态，如图7-104所示。

图7-103　材质应用的渲染效果

图7-104　应用其他材质的渲染效果

05 接下来，将类似的陶瓷材质应用到杯托模型，如图 7-105 所示。

图 7-105　应用陶瓷材质给杯托

06 随后处理桌面的材质。在【V-Ray Frame Buffer】帧缓存窗口中绘制一个区域，将材质渲染集中应用到桌面上，如图 7-106 所示。

07 在“茶杯视图”场景中选中桌面对象，然后将材质库【Glass】（玻璃）类别中的【Glass_Tempered】（绿色镀膜玻璃）材质应用给选中的桌面模型，如图 7-107 所示。

图 7-106　绘制桌面的渲染区域

图 7-107　应用材质给桌面

08 查看【V-Ray Frame Buffer】帧缓存窗口中的矩形渲染区域，查看桌面材质的渲染效果，如图 7-108 所示。

09 接着给笔记本绘制一个矩形渲染区域，如图 7-109 所示。

10 选中笔记本模型，然后将材质库【Paper】类别中的【Paper_C04_8cm】带图案的材质指定给笔记本，交互式渲染效果如图 7-110 所示。

图 7-108　查看桌面材质的渲染效果　　　　图 7-109　绘制笔记本的渲染区域

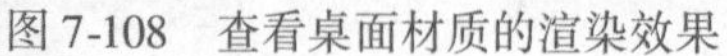

技巧提示

由于我们仅仅是对笔记本的封面进行渲染，里面的纸张就不必应用材质了。因此，在执行【将材质应用到选择物体】命令后，材质并不会应用到封面上，这时需要在 SketchUp 的【材料】面板中将【Paper_C04_8cm】材质添加到笔记本封面上，如图 7-111 所示。

图 7-110　笔记本应用材质后的渲染效果　　　　图 7-111　在【材料】面板中添加材质

11 笔记本上的图案比例较大，可以在【材料】面板中的【编辑】标签下修改纹理比例值，如图 7-112 所示。

图 7-112　在【材料】面板中编辑材质参数

4. 应用 V-Ray 材质到“主要视图”场景中的对象

01 切换到“主要视图”场景，然后在【V-Ray Frame Buffer】帧缓存窗口中取消区域渲染，并重新绘制包含桌面底板及桌腿部分的渲染区域，同时在场景中按 <Shift> 键选取桌面底板及桌腿对象，如图 7-113 所示。

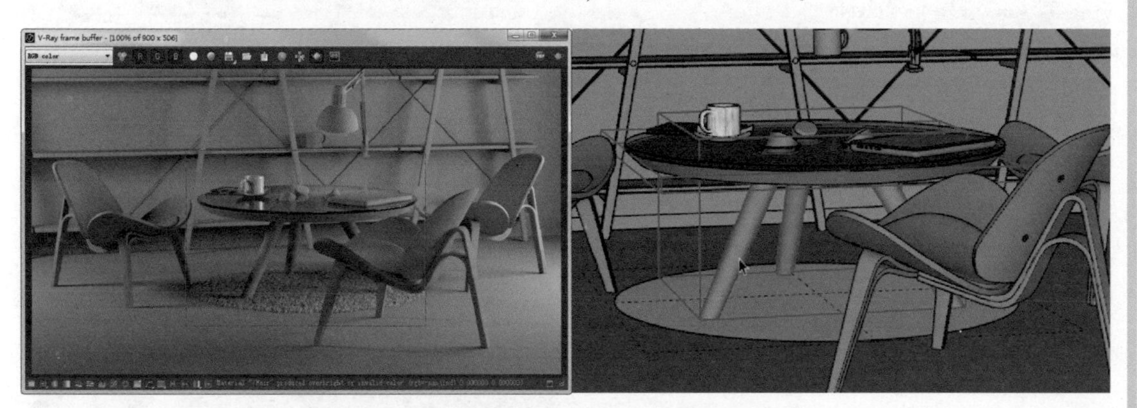

图 7-113　绘制包含桌面底板与桌腿的渲染区域

02 将材质库【Wood & Laminate】类别中的【Laminate_D01_120cm】材质，应用给桌面底板及桌腿，同时在【材料】面板中修改纹理比例值，如图 7-114 所示。

图 7-114　应用材质给桌面底板及桌腿

03 同理，将【Laminate_D01_120cm】材质应用到其他 3 把椅子对象上。操作方法是：在场景中双击任意一把椅子组件并进入到组件编辑状态，然后再选择椅子对象，即可将材质应用给椅子，交互式渲染效果如图 7-115 所示。

04 接下来选择椅子中包含的螺钉对象，选择任意一颗螺钉，其余椅子上的螺钉被同时选中，然后将【Metal】类别中的【Aluminum_Blurry】（铝_模糊）材质应用给螺钉，渲染效果如图 7-116 所示。

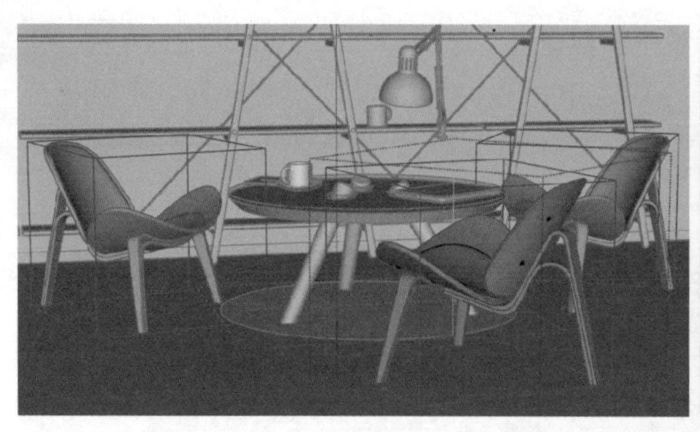

图 7-115　应用材质给 3 把椅子

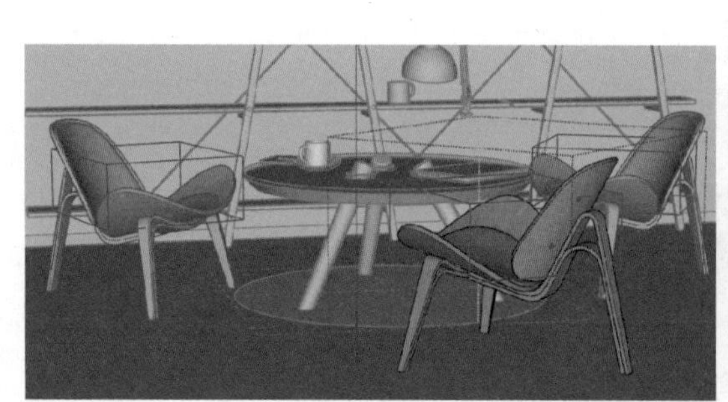
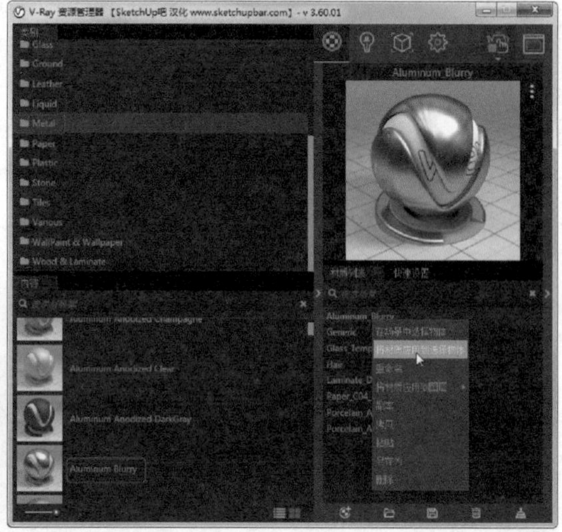

图 7-116　应用材质给螺钉

05 同理，将【Fabric】（织物）类别中的【Fabric_Pattern_D01_20cm】（布料_图案）应用给椅子上的坐垫，并修改纹理比例值，效果如图 7-117 所示。如果【材料】面板中没有显示坐垫材质，可以单击【样本颜料】按钮，去场景中吸取坐垫材质。椅子的材质应用完成后，在场景中单击鼠标右键选择【关闭组件】命令。

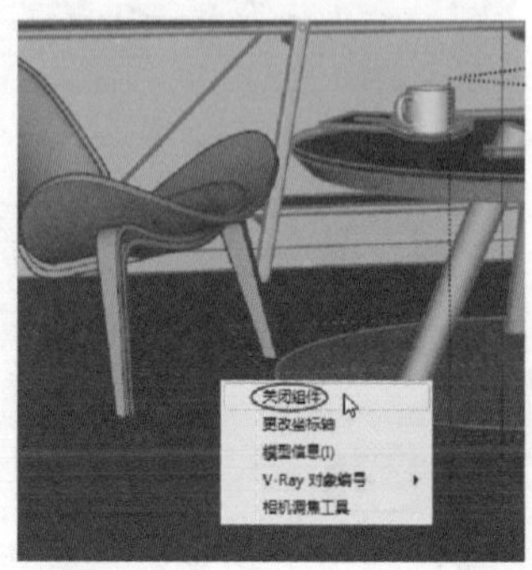

图 7-117　应用材质给坐垫

06 接下来选择靠背景墙一侧的支撑架、支撑板及螺钉对象，统一应用【Steel_Polished】（钢_光滑）材质，如图7-118所示。

07 将【Clay_B01_50cm】陶瓷材质应用给支撑架上的一只茶杯，如图7-119所示。

图7-118 绘制包含支撑架、支撑板和螺钉的渲染区域

图7-119 给支撑架上的茶杯应用材质

08 给桌子上的笔记本电脑应用材质。在【V-Ray Frame Buffer】帧缓存窗口中绘制笔记本电脑的渲染区域，如图7-120所示。

09 将材质库【Plastic】类别中的【Plastic_Leather_B01_Black_10cm】黑色塑料材质赋予笔记本下半部分，渲染效果如图7-121所示。

图7-120 绘制笔记本电脑的渲染区域

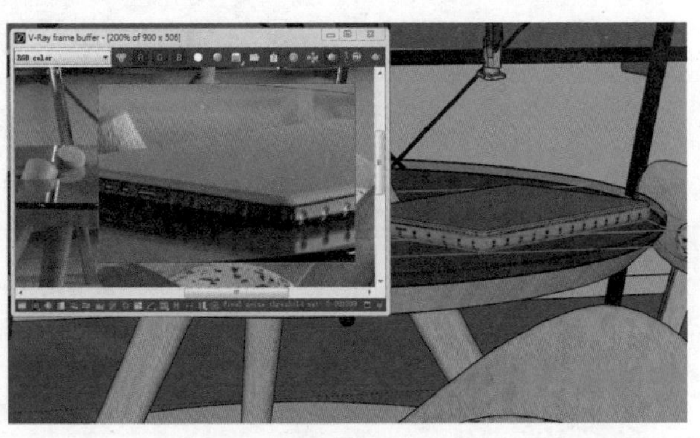

图7-121 应用材质给笔记本电脑下半部分

10 同理，将【Metallic_Paint_BronzeDark】（金属－涂料－青铜暗）材质赋予笔记本上半部分，渲染效果如图7-122所示。

11 设置背景墙的材质。绘制背景墙渲染区域，将【WallPaint & Wallpaper】材质类别中的【WallPaint_FineGrain_01_Yellow_1m】（壁纸_细粒_01_黄色_1米）材质赋予背景墙，如图7-123所示。

12 设置地板材质。绘制地板渲染区域，将【Stone】（石料）材质类别中的【Stone_F_100cm】材质赋予地板，并在【材料】面板中修改此材质的纹理比例值，交互式渲染效果如图7-124所示。

图 7-122　应用材质给笔记本电脑上半部分

图 7-123　添加背景墙的材质并绘制渲染区域

图 7-124　添加地板的材质并绘制渲染区域

13 最后设置台灯的材质。绘制台灯渲染区域，将【Metal】（金属）材质类别中的【Metallic_Foil_Red】金属箔红材质赋予台灯，交互式渲染效果如图7-125所示。

图7-125 添加台灯的材质并绘制渲染区域

5. 渲染

01 在【V-Ray Frame Buffer】帧缓存窗口底部工具栏中单击第一个按钮，在对话框右侧打开颜色校正选项边栏。在边栏中单击【Globals】（全局）按钮，弹出全局预设菜单，在该菜单中选择【Load】选项，从本例源文件夹中打开“CC_01. vccglb”或“CC_02. vccglb”预设文件，如图7-126所示。

图7-126 渲染全局预设

02 两种预设文件载入后的交互式渲染效果对比如图 7-127 所示。

预设1的效果

预设2的效果

图 7-127　载入两种预设文件后的渲染效果对比

03 最终我们选择“CC_02. vccglb”的效果作为本例的渲染预设文件。在【V-Ray 资源管理器】对话框的【设置】选项卡中，首先关闭交互式渲染（单击按钮）。然后重新进行渲染设置，如图 7-128 所示。

04 单击【用 V-Ray 渲染】按钮，进行最终的材质渲染，效果图如图 7-129 所示。

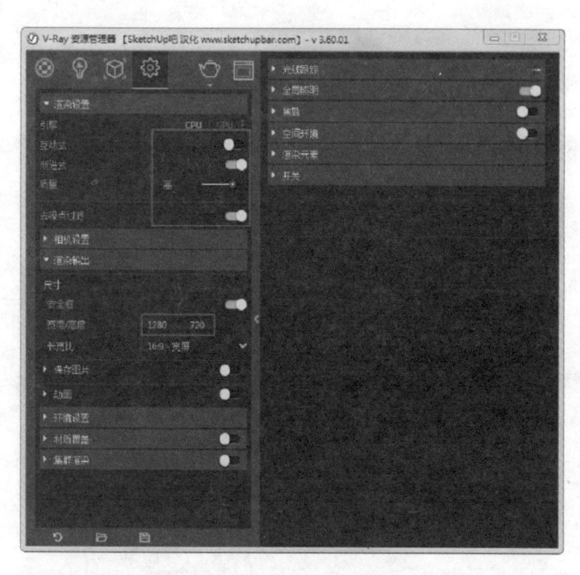

图 7-128　渲染输出设置

图 7-129　最终渲染效果

案例——室内布光技巧范例

源文件：\ Ch07 \ Interior_Lighting_Start. skp
结果文件：\ Ch07 \ Interior_Lighting_finish. skp
视频：\ Ch07 \ 室内布光技巧范例 . wmv

本案例以 V-Ray 渲染室内客厅来进行介绍，主要分为布光前准备、设置灯光、材质调整、渲染出图等几个部分。室内客厅建立了 3 个不同的场景视图，图 7-130 所示为在白天与黄昏时的渲染效果。

本例由于是关于 V-Rar 布光的范例，因此材质的应用在本例中就不详细介绍了。

白天渲染效果　　　　黄昏渲染效果

图 7-130　室内补光效果图

1. 白天布光

01 首先打开本例源文件“Interior_Lighting_Start. skp”。事先已创建完成了 3 个场景，便于布光操作，如图 7-131 所示。

图 7-131　打开的场景文件

02 打开【V-Ray 渲染管理器】对话框。开启交互式渲染，开启材质覆盖，然后进行交互式渲染，如图 7-132 所示。

> **技巧提示**
> 为什么开启了【材质覆盖】选项后，滑动玻璃门却没有被覆盖呢？其实是因为在交互式渲染之前，在【材质】选项卡中将【Glass】玻璃材质选项进行了设置，也就是关闭了【允许覆盖】，如图 7-133 所示。

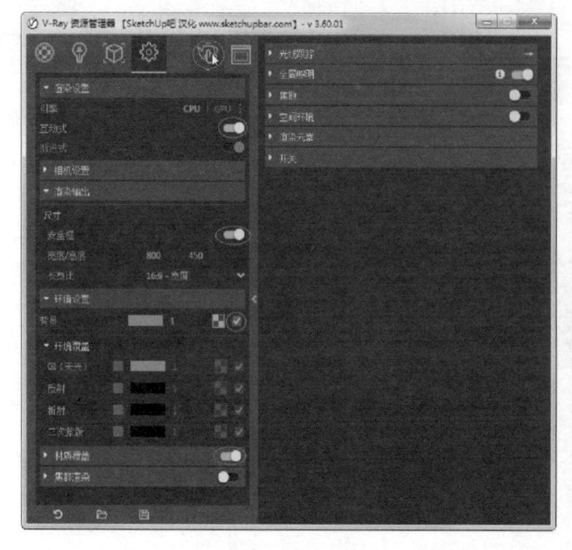

图 7-132　渲染初设置与交互式渲染效果

图 7-133　影响材质覆盖的设置选项

03 在 SketchUp【阴影】面板中调整时间，让太阳光可以照射到室内，如图 7-134 所示。

04 在【设置】选项卡的【相机设置】卷展栏中设置曝光值为“9”，让更多的太阳光从阳台外照射进室内，如图 7-135 所示。满意后关闭交互式渲染。

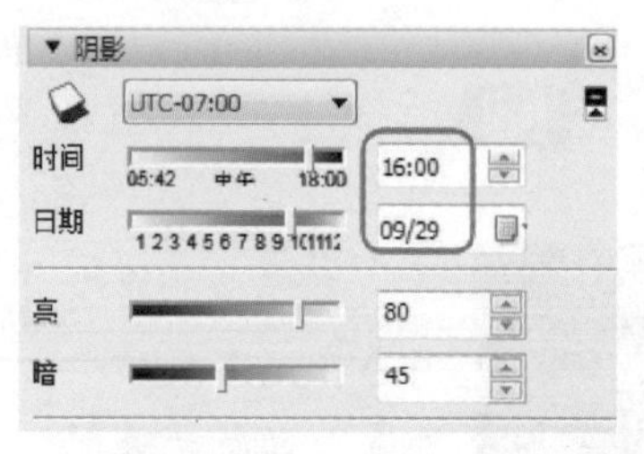

图 7-134　设置时间

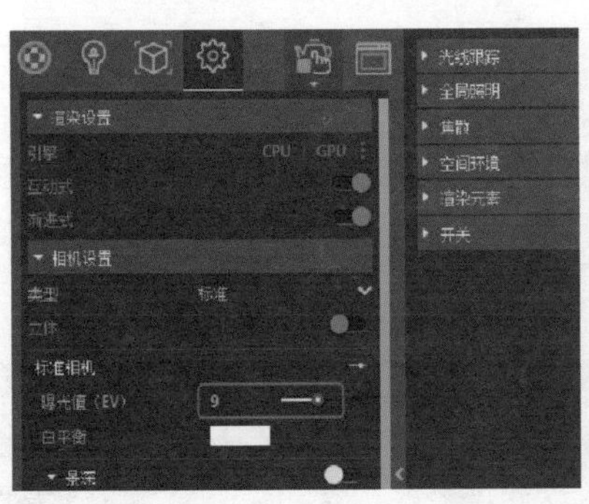

图 7-135 相机设置

05 接下来需要创建面光源来模拟天光。单击【矩形灯】按钮，创建第一个面光源，并调整面光源大小，如图 7-136 所示。

06 切换到“视图_02”场景中，再创建一面光源，如图 7-137 所示。

技巧提示 绘制面光源时，最好是在墙面上绘制，这样能保证面光源与墙面平齐，然后再进行缩放和移动操作即可。

图 7-136 创建第一个面光源

图 7-137 创建第二个面光源

07 创建面光源后，采用【移动】命令分别将两个面光源向滑动玻璃门外平移。切换回“主视图”场景中，查看交互式渲染的布光效果，如图 7-138 所示。

08 添加的面光源只是代表来自户外的天光，而不是真正的一个面光源，所以还要对面光源进行设置。注意两个面光源的设置要保持一致，如图 7-139 所示。

图 7-138 查看交互式渲染效果

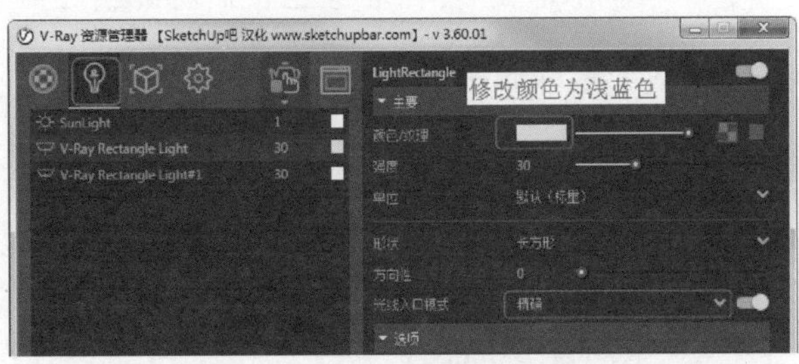

图 7-139 设置面光源参数

09 对面光源进行设置后的重新渲染效果，完全模拟了自然光从户外照射进室内的情景，如图7-140所示。

10 在【设置】选项卡中关闭【覆盖材质】，再次查看真实材质在自然光照射下的交互式渲染效果，如图7-141所示。

图7-140 设置面光源后的渲染效果

图7-141 取消材质覆盖后的渲染效果

11 接下来就取消交互式渲染，改为产品级的渐进式渲染，渲染效果如图7-142所示。

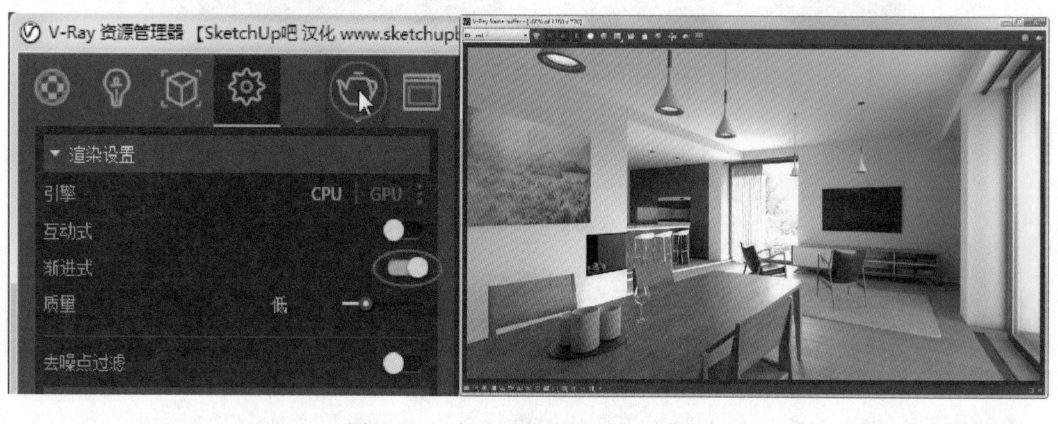

图7-142 产品级的渐进式渲染效果

12 效果图的后期处理。在V-Ray帧缓存窗口中，展开渲染全局预设选项。在窗口底部的工具栏中单击颜色校正按钮，查看渲染效果中曝光的问题，如图7-143所示。在全局预设选项中开启【Exposure】曝光参数选项，设置【High-light Burn】（高光混合值）为“0.7”左右。注意不要设置得太低，因为有可能让图片变得很“平”（缺乏明暗对比），重新渲染后的效果，如图7-144所示。

13 接着开启【White Balance】（白平衡）参数，设置为“6000”。开启【Hue/Saturation】（色相饱和度）参数，此参数可以用来调节色彩倾向和色彩明亮度。开启【Color Balance】（色彩平衡）参数，可以更复杂地控制图像的色彩，调试这些参数，找到适合的色彩平衡参数，如图7-145所示。

图 7-143　显示图片中的曝光

图 7-144　调整曝光参数后的渲染效果

14 开启【Curve】（曲线）参数，调整场景的对比度，如图 7-146 所示。

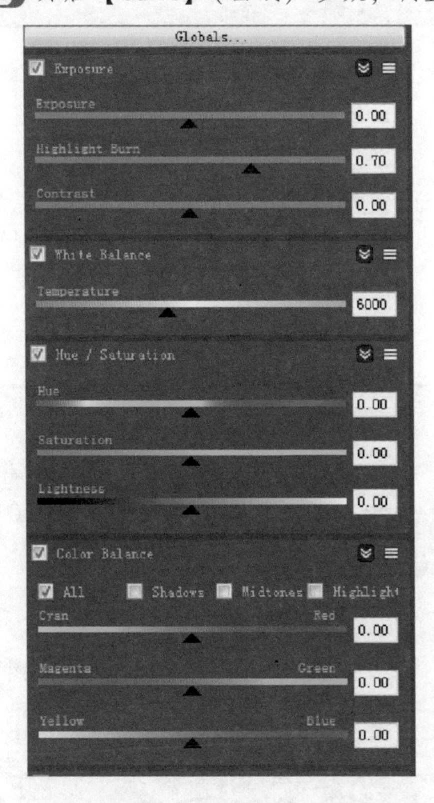

图 7-145　设置【White Balance】（白平衡）参数

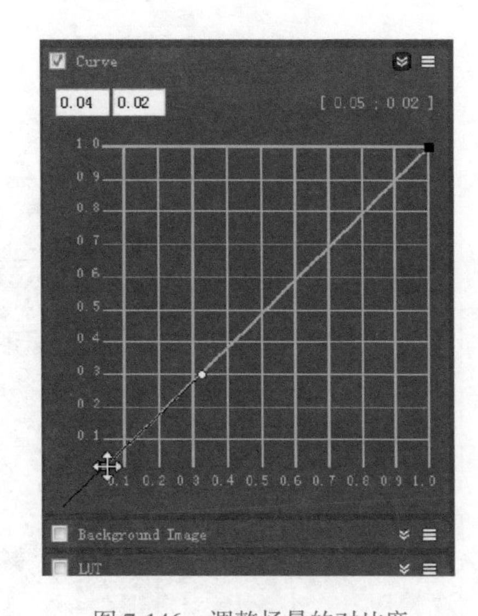

图 7-146　调整场景的对比度

15 在底部工具栏中单击【Open lens effects】（打开相机效果）按钮，在窗口左侧将显示控制相机效果的选项。然后开启【Bloom】（光晕），给远处的窗口带来更多真实摄影的光感。调整光晕的形状，把它变小，变成更微妙的效果，把数值设置为“20.50”。【Weight】（权重）参数控制着光晕效果对全图的影响程度。设置为“2.83”，制造一点点的光晕效果。把【Size】（尺寸）设置为“9.41”。最终效果图处理的结果如图 7-147 所示。

16 将后期处理的效果图输出。

图 7-147　打开相机效果后的渲染效果

2. 黄昏时的布光

01 在【V-Ray 资源管理器】对话框【设置】选项卡中重新开启【材质覆盖】，开启交互式渲染，在【环境设置】卷展栏中取消【背景】贴图选项的勾选，这样会减少室内环境光，设置背景值为“5”，背景颜色可以适当调深一点，如图 7-148 所示。

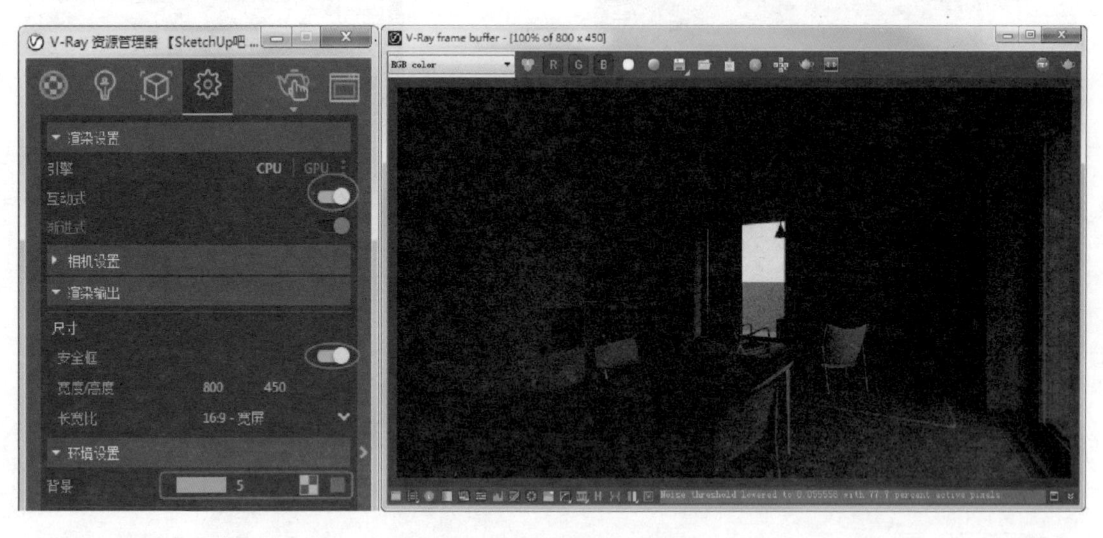

图 7-148　环境设置与渲染效果

02 为场景添加聚光灯。在“主视图”场景中连续两次双击灯具组件，进入到其中一个灯具群组的编辑状态中，如图 7-149 所示。如果向该灯具添加光源，那么其余的相同灯具会相应地自动添加光源。

03 单击【聚光灯】按钮，在灯具底部放置聚光灯，光源要低于灯具，如图 7-150 所示。添加完成后关闭灯具群组编辑状态。

图 7-149 激活灯具组件

图 7-150 在灯具底部添加聚光灯

04 为场景添加 IES 光源。切换到“视图_02”场景，然后调整视图角度，便于放置灯源。单击【IES 灯】按钮，从本例源文件夹中打开“10 . IES”光源文件，然后在书柜顶部添加两个 IES 光源，如图 7-151 所示。

图 7-151 在书柜顶部添加 IES 光源

05 在厨房添加泛光灯。调整视图到厨房，单击【球灯】按钮，在靠近天花板的位置放置球灯，如图 7-152 所示。

06 双击“主视图”场景返回到初始视图状态，然后进行交互式渲染，结果如图 7-153 所示。可见各种光源的效果不甚理想，需要进一步设置光源效果。

07 聚光灯和球灯光源先关闭，仅开启要设置的 IES 光源。在 V-Ray 帧缓存窗口中绘制渲染区域，如图 7-154 所示。

图 7-152　在厨房添加泛光灯

图 7-153　灯光的交互式渲染效果

图 7-154　绘制渲染区域

08 IES 文件自带一个亮度信息，但是对于这个场景需要覆盖原始信息，自定义一个亮度。在 IES 光源的编辑器中设置光源强度，如图 7-155 所示。

图 7-155　设置 IES 光源的强度值

09 接着开启球灯，并编辑球灯参数，将厨房的球灯灯光颜色调得稍暖一些，并适当增大强度，如图 7-156 所示。

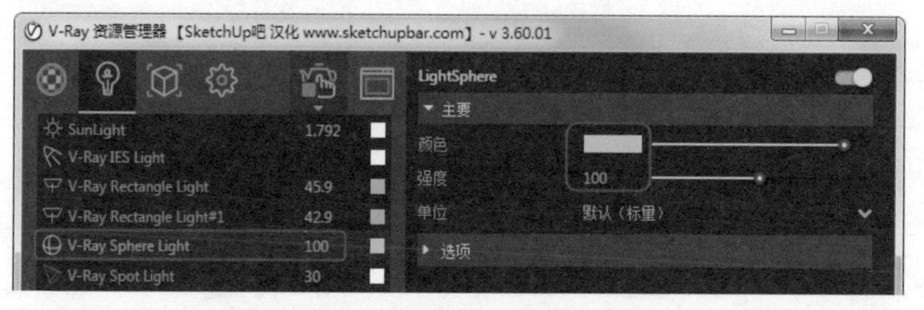

图 7-156　开启球灯并编辑球灯参数

10 开启聚光灯，设置聚光灯参数，如图7-157所示。

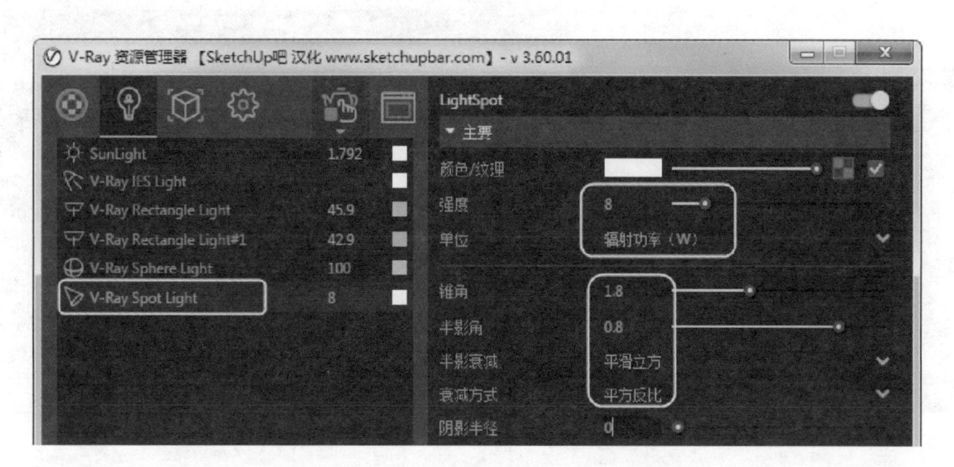

图7-157 开启聚光灯并设置聚光灯参数

11 查看交互式渲染效果，整体效果不错，但是桌子与椅子的阴影太尖锐了，如图7-158所示。

12 需要将聚光灯的【阴影半径】参数修改为“1”，使其边缘柔滑，如图7-159所示。

图7-158 室内整体的交互式渲染效果

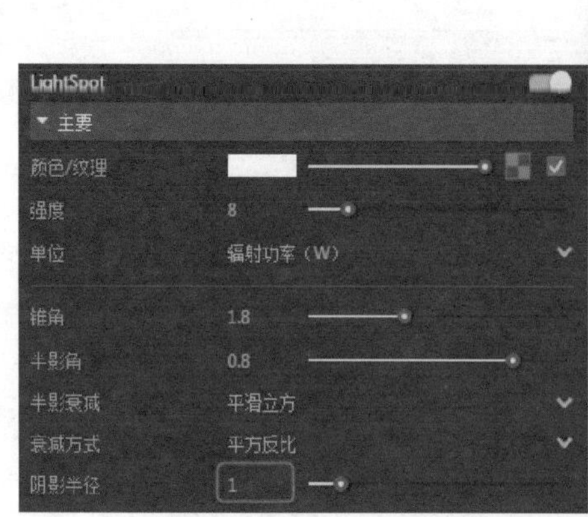

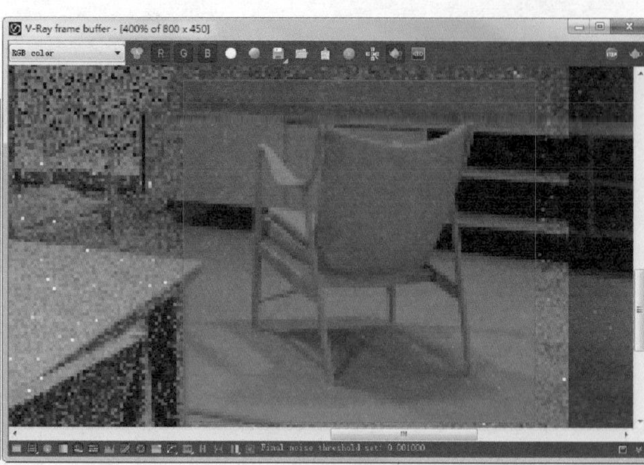

图 7-159　设置聚光灯的【阴影半径】

13 同样，将聚光灯的颜色调整为暖色调。关闭交互式渲染，改为产品级的真实渲染，关闭【材质覆盖】，渲染效果如图 7-160 所示。

图 7-160　关闭【材质覆盖】选项的渲染效果

14 在 V-Ray 帧缓存窗口中，按前一案例中图像效果处理的方法，处理本例的图形渲染效果。图 7-161 所示为全局渲染选项与参数的设置。

15 最终处理的渲染效果如图 7-162 所示。最后输出渲染图像，保存场景文件。

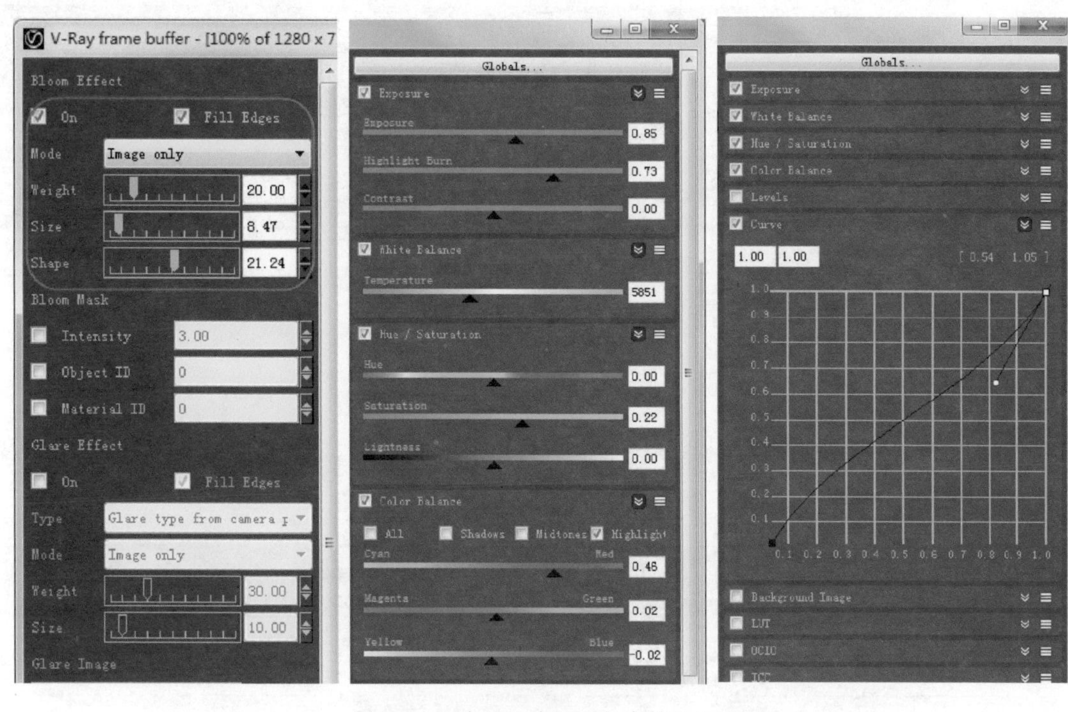

图 7-161　全局渲染选项与参数的设置

图 7-162　最终完成的渲染效果

第8章 V-Ray场景渲染及表现案例

在本章中，我们将会学习到各种场景中的真实渲染案例，全面介绍 V-Ray 在渲染过程中的参数设置与效果输出。

8.1 展览馆中庭空间渲染案例

源文件：\ Ch08 \ 室内中庭 . skp
结果文件：\ Ch08 \ 室内中庭 . skp
视频：\ Ch08 \ 展览馆中庭空间渲染案例 . wmv

本案例以某展览馆的中庭空间作为渲染操作对象，目的是让读者学习如何在室内进行室外布光的技巧。

本例以一张参考图进行分析，然后确定渲染方案及操作。本例渲染参考图，如图 8-1 所示。对比参考图，需要创建一个与渲染参考图视角相同的场景，如图 8-2 所示。接下来在 SketchUp 中利用 V-Ray 渲染器对中庭空间进行渲染，图 8-3、图 8-4 所示为初次渲染和添加人物及其他组件后的渲染效果图。

图 8-1　参考图

图 8-2　创建的场景视图

本例的源文件“室内中庭 . skp”中，已经完成了材质的应用，接下来的操作主要以布光技巧，调色及后期处理为主。

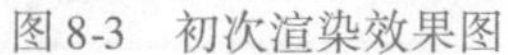

图 8-3　初次渲染效果图

图 8-4　最终渲染效果图

8.1.1　创建场景和添加组件

源文件中并没有人物及其他植物组件，需要从材质库中导入。

1. 创建场景

01 打开本例源文件模型“室内中庭 . skp”，如图 8-5 所示。

02 调整好视图角度和相机位置，然后执行【视图】/【两点透视】命令，如图 8-6 所示。

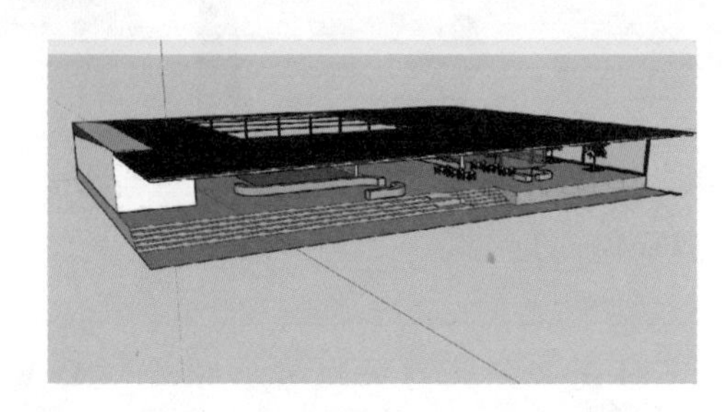

图 8-5　打开场景文件

图 8-6　调整视图

03 在【场景】面板中单击【添加场景】按钮⊕，创建“场景号 1”，如图 8-7 所示。

图 8-7　创建“场景号 1”

2. 添加组件

人物、植物等组件可以通过SketchUp中的“3D Warehouse”去获得，通过“3D Warehouse”可以上传自己的组件与互联网中的其他设计人员共享，当然也可以分享其他设计师的组件。

01 在菜单栏中执行【文件】/【3D Warehouse】命令，打开【3D Warehouse】窗口，在窗口中的搜索栏选择“人物”类型，即可显示所有人物组件，如图8-8所示。

图8-8 打开【3D Warehouse】窗口

> **技巧提示**
>
> 要使用“3D Warehouse”，前提条件是必须注册一个官网账号，3D Warehouse中的模型均为免费的。

02 在左侧的【子类别】下拉列表中选择【插孔】，然后在人物列表中找到一个符合当前场景的人物组件（一位坐姿的女性），并单击【下载】按钮进行下载，如图8-9所示。

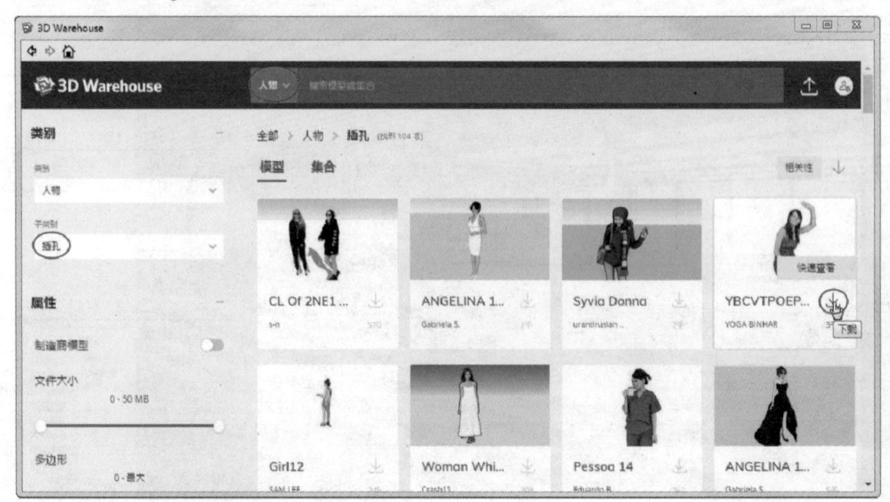

图8-9 选择人物组件

03 下载女性人物组件后，将其移动到场景中的椅子上，并适当旋转，如图 8-10 所示。

04 接着载入第二个女性人物组件（背挎包或者手拿包的女性），如图 8-11 所示。

图 8-10　下载人物组件并放置

图 8-11　载入第二个人物组件

05 最后是载入一名男性人物组件，并使该男性背对着镜头，如图 8-12 所示。

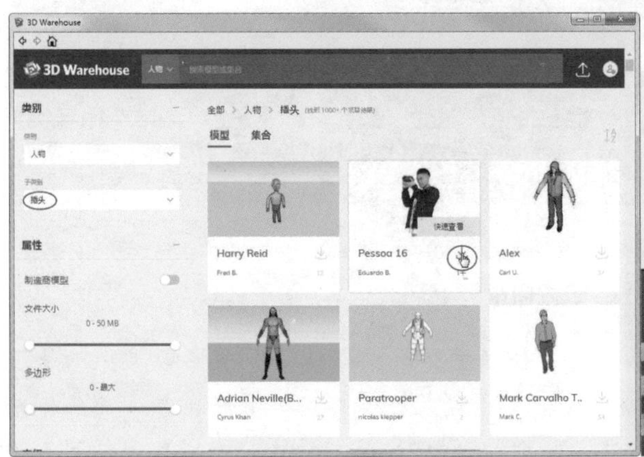

图 8-12　载入男性人物组件

06 接着添加植物组件，载入植物组件的方法与人物组件的方法相同，分别载入本例源文件中“植物组件”中的植物组件，然后放置在中庭花园以及餐厅外侧，如图 8-13 所示。

图 8-13　添加植物组件

> **技巧提示**
>
> 这里重点提示一下，当载入植物组件后，不管是渲染还是操作组件，都会严重影响系统的反应，造成软件系统卡顿。因此，我们可以把光源添加完成并调试成功后，再添加植物组件。当然，最好的解决方法是添加二维植物组件，因为二维组件比三维组件的渲染效率更高。

8.1.2 布光与渲染

初期的渲染主要是以自然的天光照射为主。

01 在【阴影】面板中设置阴影，如图 8-14 所示。

图 8-14　设置阴影

02 打开【V-Ray 资源管理器】对话框，首先利用交互式渲染一下阴影效果，看是否符合参考图中的阴影效果，如图 8-15 所示。从渲染效果看，基本满足室内的光源照射要求，但是还有一些地方需要根据实际的环境进行光源的添加与布置。由于中庭顶部与玻璃窗区域是黑的，没有体现光源，所以接下来要添加光源。

图 8-15　阴影渲染效果

03 添加穹顶灯表示天光。单击【无限大平面】按钮，添加一个无限大平面，如图 8-16 所示。

04 单击【穹顶灯】按钮，将穹顶灯放置在无限大平面的相同位置，如图 8-17 所示。

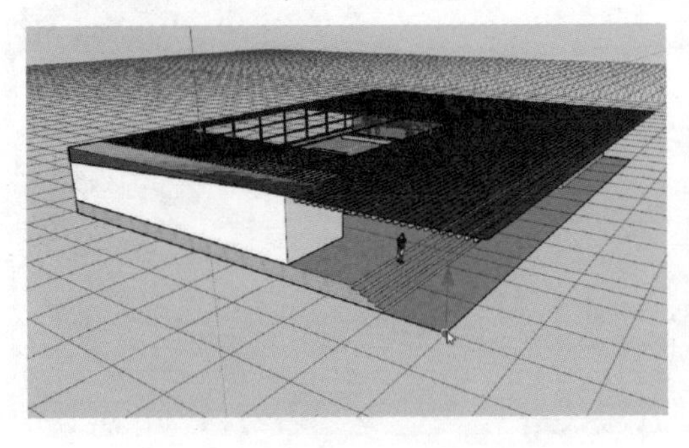

图 8-16　添加一个无限大平面

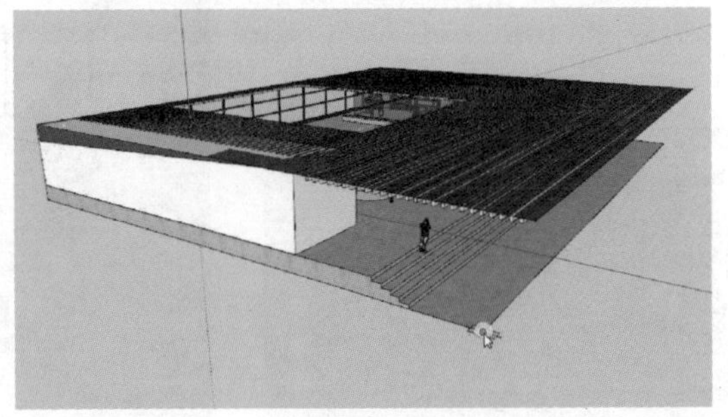

图 8-17　添加穹顶灯

05 接下来添加面光源。单击【矩形灯】按钮，并调整大小及位置，如图 8-18 所示。

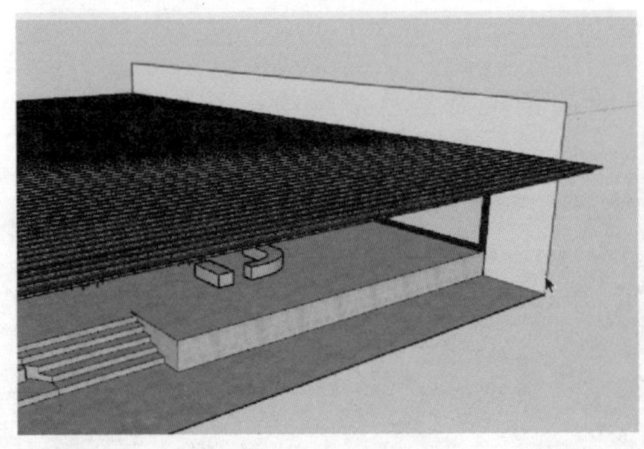

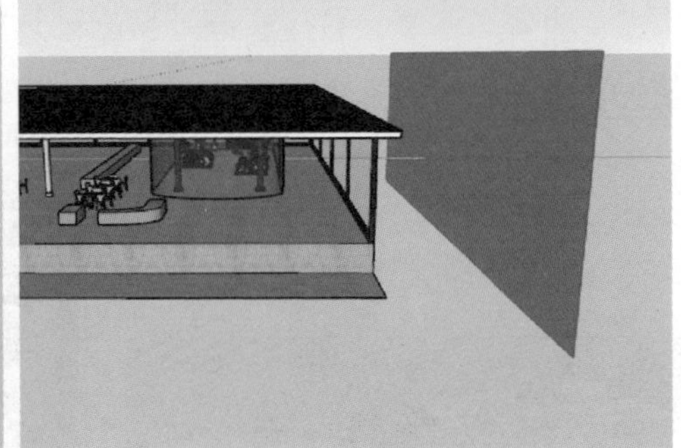

图 8-18　添加面光源

06 再添加面光源，面光源大小及位置如图 8-19 所示。

07 在【光源】选项卡中调整各光源的强度值，如图 8-20 所示。然后重新交互式渲染，得到的效果如图 8-21 所示。

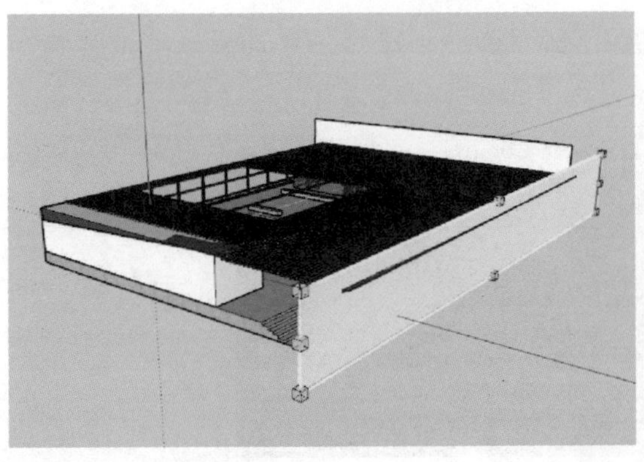

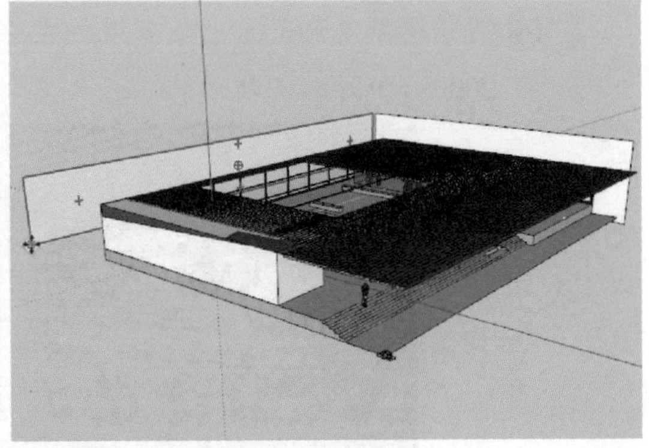

图 8-19　再添加面光源

图 8-20 设置光源强度

图 8-21 交互式渲染效果

08 从渲染效果看，布置穹顶灯和面光源的效果还是比较理想的。现在，可以将植物组件一一导入到场景中，如图 8-22 所示。

09 关闭交互式渲染。打开渐进式渲染，设置渲染质量及渲染输出，如图 8-23 所示。

图 8-22 导入植物组件

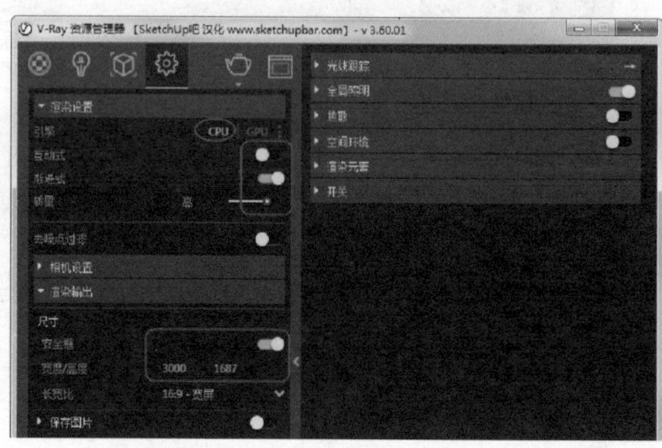

图 8-23 打开渐进式渲染

10 为了增强太阳光的光晕效果，在中庭顶部添加一个球灯，并设置球灯的强度为 2000，如图 8-24 所示。

图 8-24 添加球灯

11 单击【渲染】按钮，开始渲染，渲染效果如图8-25所示。

图8-25　渐进式渲染效果

12 在帧缓存窗口中，单击按钮，打开镜头效果设置面板，然后按图8-26所示的选项设置，获得太阳光光晕效果。实际上是对球形灯光进行眩光调整。

图8-26　设置光晕效果

13 接下来设置全局预设，如图 8-27 所示。

图 8-27 渲染全局预设

14 至此，完成了本例展览馆中庭的渲染，最终效果如图 8-28 所示。

图 8-28 最终渲染效果图

8.2 室内厨房渲染案例

源文件：\ Ch08 \ 室内厨房 . skp
结果文件：\ Ch08 \ 室内厨房 . skp
视频：\ Ch08 \ 室内厨房渲染案例 . wmv

本案例以室内厨房空间作为渲染操作对象，目的是让读者学习如何在室内进行室外布光的技巧。

本例渲染参考图如图8-29所示。对比参考图，需要创建一个与渲染参考图视角及相机位置都相同的场景，如图8-30所示。

由于材质的应用不是本节讲解的重点，所以本例源文件中已经完成了材质的应用，接下来的操作主要以布光技巧，调色及后期处理为主。

图8-29 参考图

图8-30 创建的场景视图

8.2.1 创建场景和布光

源文件模型中并没有人物及其他植物组件，需要从材质库中调入应用。

1. 创建场景

01 打开本例源文件“室内厨房.skp”，如图8-31所示。

02 调整好视图角度和相机位置，然后执行【视图】/【两点透视】命令，如图8-32所示。

图8-31 打开场景文件

图8-32 调整视图

03 在【场景】面板中单击【添加场景】按钮⊕，创建“场景号1”，如图8-33所示。

2. 布光

01 添加穹顶灯表示天光。单击【无限大平面】按钮，添加一个无限大平面，如图8-34所示。

02 单击【穹顶灯】按钮，将穹顶灯放置在无限大平面的相同位置，如图8-35所示。

图 8-33　创建“场景号 1”

图 8-34　添加无限大平面

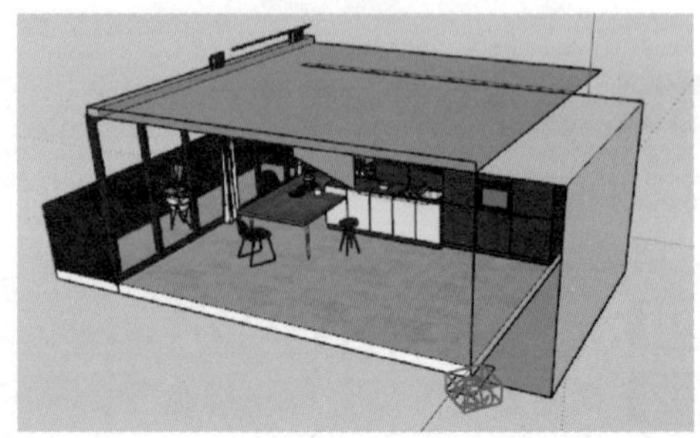

图 8-35　添加穹顶灯

03 为穹顶灯添加 HDR 贴图，要让室外有景色。在【V-Ray 资源管理器】对话框中的【光源】选项卡中选中穹顶灯光源，然后在右侧展开的设置选项【主要】卷展栏中单击贴图按钮，如图 8-36 所示。

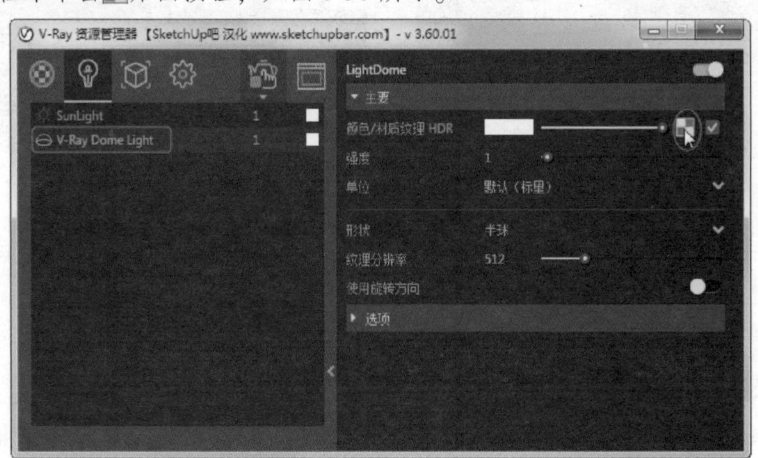

图 8-36　为穹顶灯添加 HDR 贴图

04 从本例源文件夹中打开图片文件“外景.jpg”，并设置贴图选项，如图8-37所示。开启交互式渲染，并绘制渲染区域，查看初次渲染效果，如图8-38所示。

图8-37 设置贴图参数

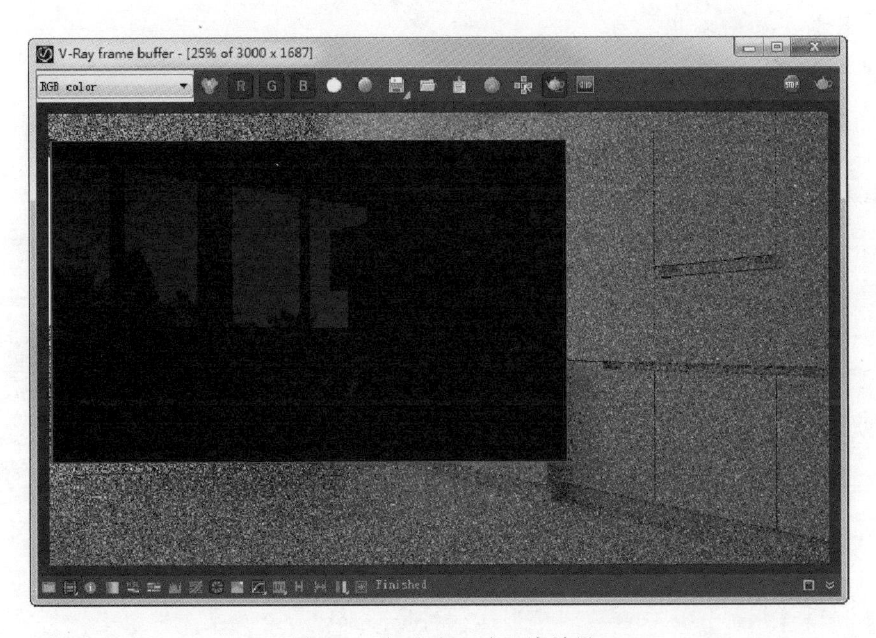

图8-38 初次交互式渲染效果

05 从渲染效果看，穹顶灯光源太暗了，没有显示出室外风景，在【光源】选项卡中调整穹顶灯光源的强度为80，再次查看交互式渲染效果，如图8-39所示。

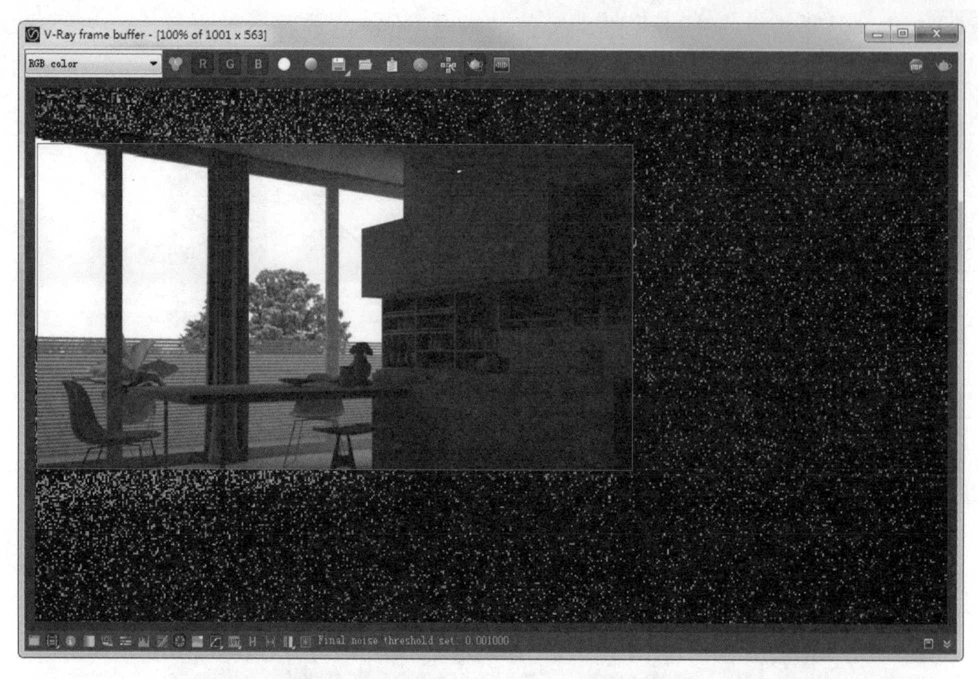

图 8-39　调整穹顶灯光源后的渲染效果

06 穹顶灯光源强度效果显现出来了，只是室内没有灯光照射，如果需要表现晴天的光线照射，可以打开 V-Ray 自动创建的太阳光源，并调整日期与时间，交互式渲染效果如图 8-40 所示。

07 如果要表现阴天的场景效果，需要关闭太阳光，在窗外添加面光源表示天光。单击【矩形灯】按钮，并调整其大小及位置，如图 8-41 所示。

图 8-40　开启太阳光的渲染效果

图 8-41　添加面光源

08 利用【矩形】命令绘制矩形面，将房间封闭，避免杂光进入室内，并设置光源的强度为 150，如图 8-42 所示。

09 在【V-Ray 资源管理器】对话框中设置面光源“不可见”，如图 8-43 所示。

10 查看交互式渲染效果，发现已经有光源反射到室内，如图 8-44 所示。

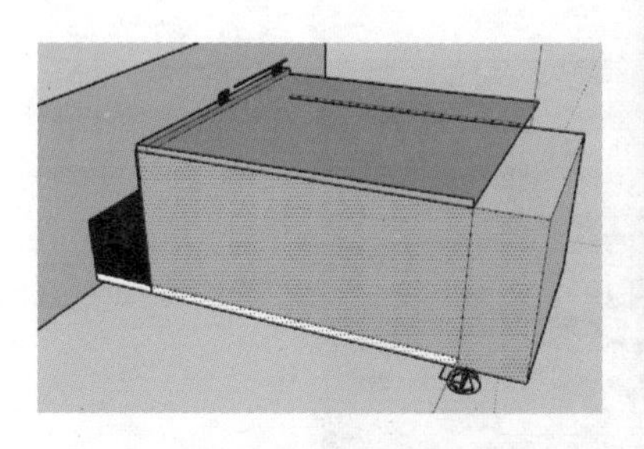

图 8-42 绘制矩形面

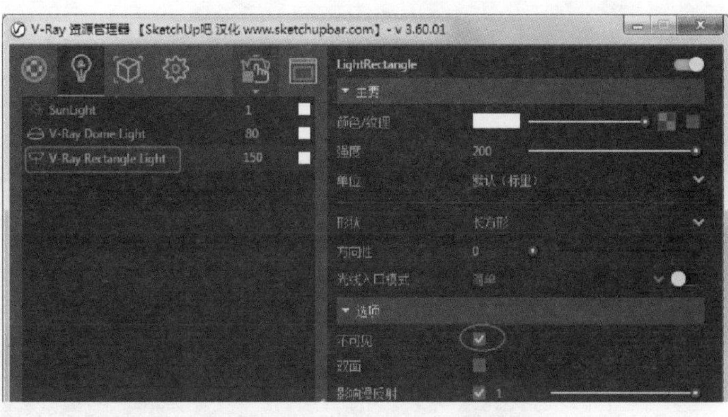

图 8-43 设置面光源“不可见”

图 8-44 交互式渲染效果

11 取消材质覆盖再看材质的表现情况，如图 8-45a 所示。从表现效果看，整个室内场景的光色较冷，局部区域照明不足。可以通过添加室内面光源的方法，或者是修改某些材质的反射参数来进行调整。

12 采用修改材质反射参数的方法来改进。利用【材料】面板中的【样本颜料】工具，在场景中拾取橱柜中的材质，拾取材质后会在【V-Ray 资源管理器】对话框的【材质】选项卡中显示该材质，然后修改其反射参数即可，如图 8-45b 所示。

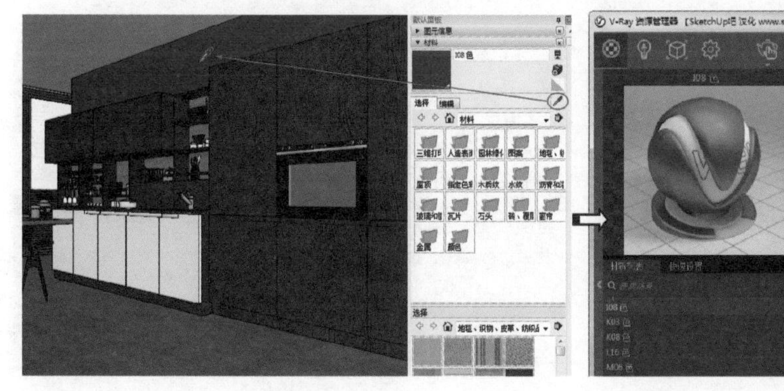

a)

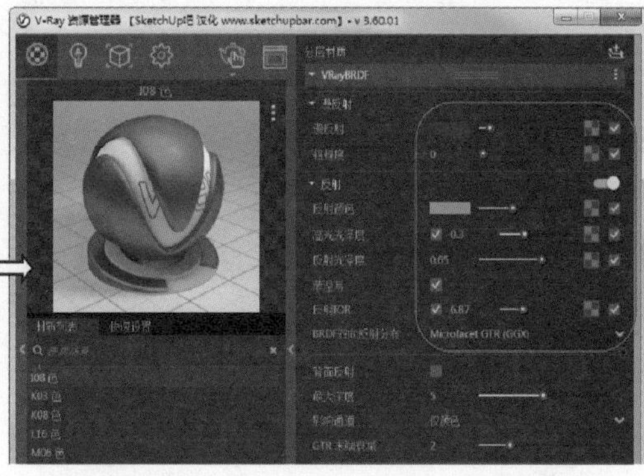

b)

图 8-45 编辑材质参数

13 其余材质也按此方法进行材质参数的修改。在交互式渲染过程中发现窗帘过于反光，可以修改其漫反射值进行调节，如图8-46所示。

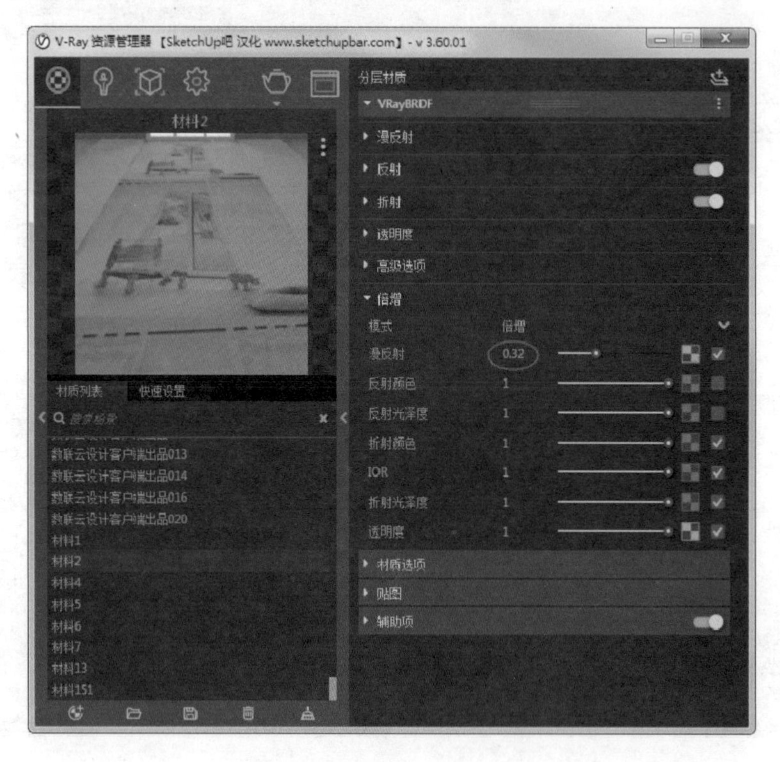

图8-46 修改窗帘的漫反射值

8.2.2 渲染及效果图处理

材质与布光完成后，开始进行渐进式渲染。渲染后在帧缓存窗口中进行图形处理。

01 取消交互式渲染，改为渐进式渲染，并设置渲染输出参数，初期渲染效果如图8-47所示。

02 检查曝光，曝光位置就是窗外的光源位置，如图8-48所示。

图8-47 初期渐进式渲染效果

图8-48 检查曝光

03 打开全局渲染设置面板，设置曝光、色温、对比度等选项，如图8-49所示。

图 8-49　全局渲染预设

04 设置曲线，调整光源的明暗度，如图8-50所示。

图 8-50　设置曲线及调整光源的明暗度

05 保存图片，至此已完成了本例室内厨房的渲染操作。最终的渲染效果如图8-51所示。

图 8-51　室内厨房最终渲染效果

第9章 AutoCAD建筑图纸设计

在国内，AutoCAD 软件在 BIM 建筑信息模型设计中的应用是很广泛的，掌握好该软件，是学习 SketchUp 建模必不可少的技能。不管是手工制图还是采用计算机辅助软件（AutoCAD）制图，都要运用常用的建筑制图知识，遵照国家有关制图标准和规范来进行。

9.1 AutoCAD 建筑制图的尺寸标注方法

建筑图样上尺寸的标注具有以下元素：尺寸界线、尺寸线、尺寸起止符号和标注文字（尺寸数字），如图 9-1 所示，对于圆标注还有圆心标记和中心线。

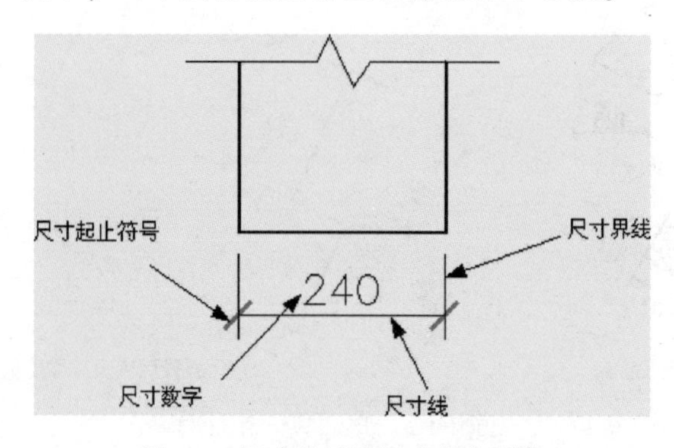

图 9-1　尺寸的标注组成基本要素

《房屋建筑制图统一标准》GB/T 50001—2017 中对建筑制图中的尺寸标注有详细的规定。下面分别介绍国家标准中对尺寸界线、尺寸线、尺寸起止符号和标注文字（尺寸数字）的一些要求。

1. 尺寸界线、尺寸线及尺寸起止符号

- 尺寸界线用细实线绘制，一般应与被标注长度垂直，其靠近轮廓线一端应离开图样轮廓线不小于 2mm，另一端宜超出尺寸线 2～3mm。图样轮廓线可用作尺寸界线，如图 9-2 所示。
- 尺寸线用细实线绘制，应与被标注长度平行。图样本身的任何图线均不得用作尺寸线。因此尺寸线应调整好位置避免与图线重合。
- 尺寸起止符号一般用中粗斜短线绘制，其倾斜方向应与尺寸界线呈顺时针 45°角，长度宜为2～3mm。半径、直径、角度与弧长的尺寸起止符号，宜用箭头表示，如图9-3所示。

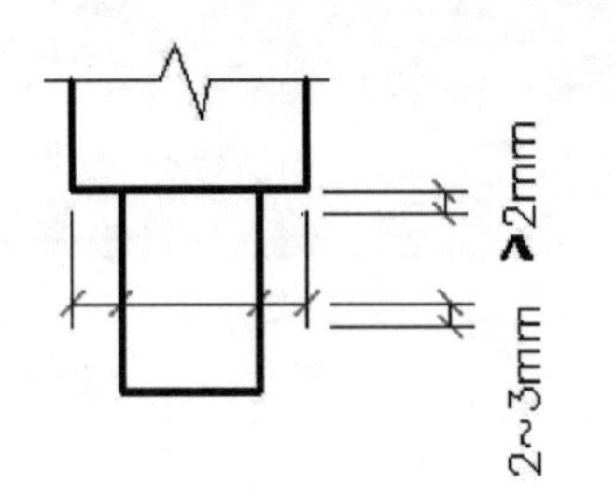

图9-2　尺寸标注范例

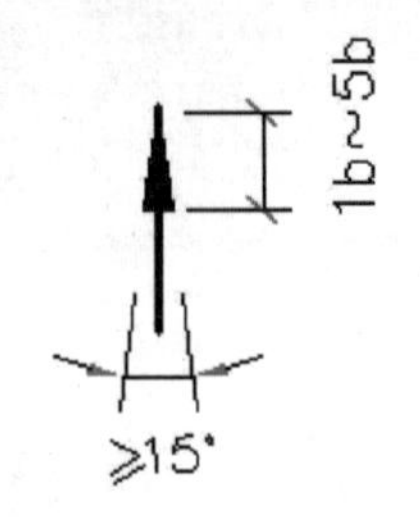

图9-3　尺寸起止符号-箭头

2. 尺寸数字

图样上的尺寸，应以尺寸数字为准，不得从图上直接量取。但建议按比例绘图，这样可以减少绘图错误。图样上的尺寸单位，除标高及总平面以m为单位外，其他必须以mm为单位。

尺寸数字的方向，按如图9-4a所示的规定注写。若尺寸数字在30°斜线区内，宜按如图9-4b所示的形式注写。

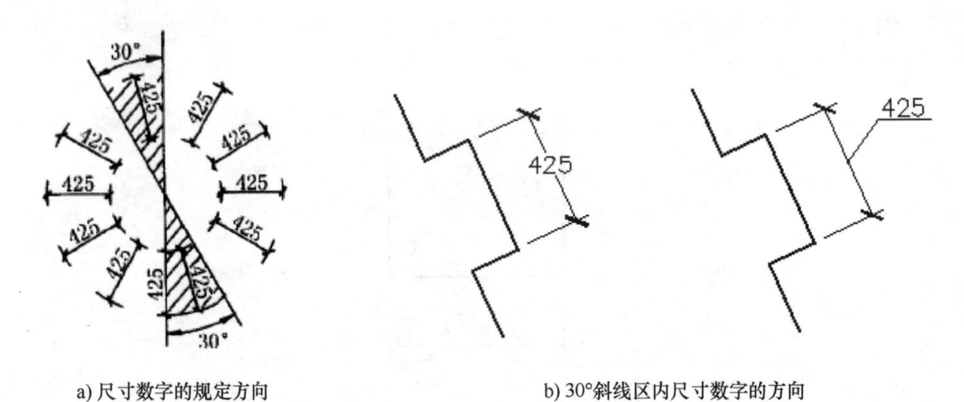

a) 尺寸数字的规定方向　　b) 30°斜线区内尺寸数字的方向

图9-4　尺寸数字方向

尺寸数字一般应依据其方向注写在靠近尺寸线的上方中部。如没有足够的注写位置，最外侧的尺寸数字可注写在尺寸界线的外侧，中间相邻的尺寸数字可错开注写，如图9-5所示。

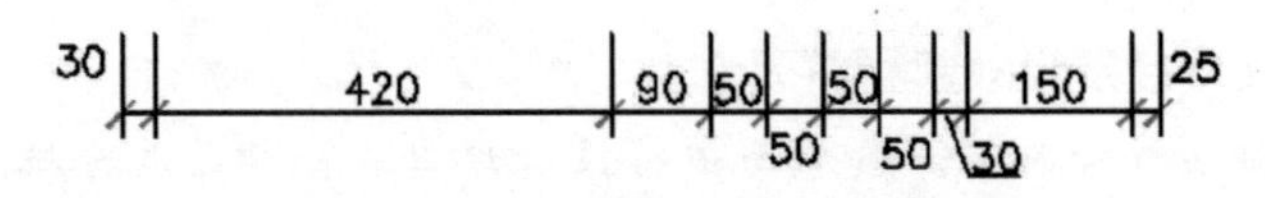

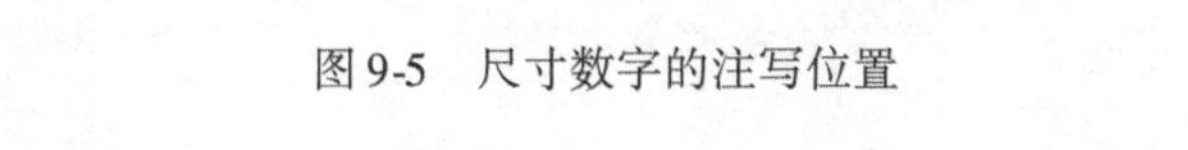

图9-5　尺寸数字的注写位置

3. 尺寸的排列与布置

尺寸宜标注在图样轮廓以外，不宜与图线、文字及符号等相交，如图9-6所示。

互相平行的尺寸线，应从被注写的图样轮廓线由近向远整齐排列，较小尺寸应离轮廓线

较近，较大尺寸应离轮廓线较远，如图9-7所示。

图样轮廓线以外的尺寸线，距图样最外轮廓之间的距离，不宜小于10mm。平行排列的尺寸线的间距，宜为7～10mm，并应保持一致。

总尺寸的尺寸界线应靠近所指部位，中间的分尺寸的尺寸界线可稍短，但其长度应相等。

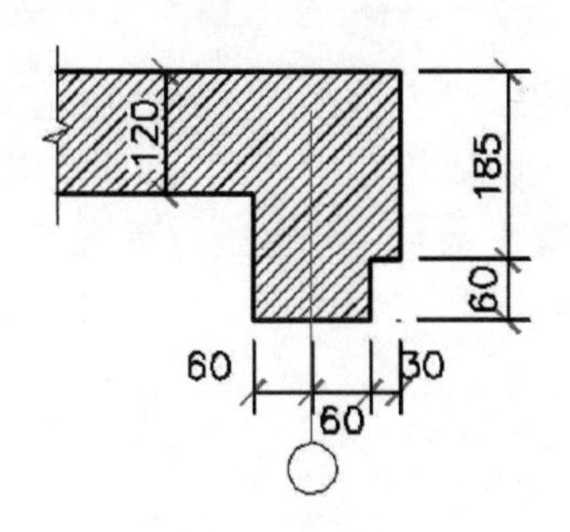

图9-6 尺寸数字的注写

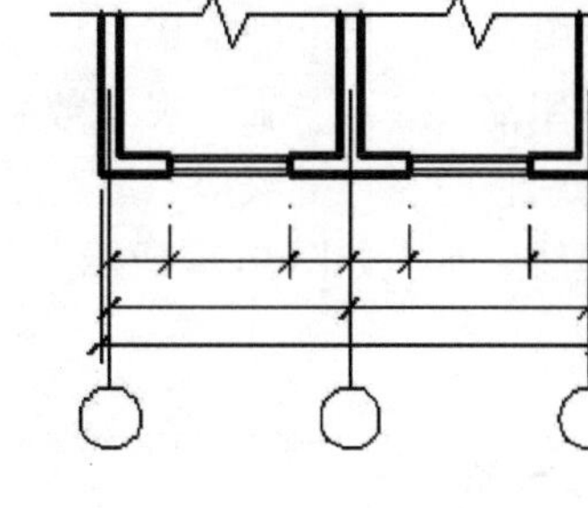

图9-7 尺寸线的排列

4. 半径、直径、球的尺寸标注

半径数字前应加注半径符号“R”。标注圆的直径尺寸时，直径数字前应加注直径符号“Φ”（斜体）。在圆内标注的尺寸线应通过圆心，两端画箭头指至圆弧。在圆外标注应视具体情况而定。图9-8所示为圆、圆弧的半径与直径尺寸标注方法。

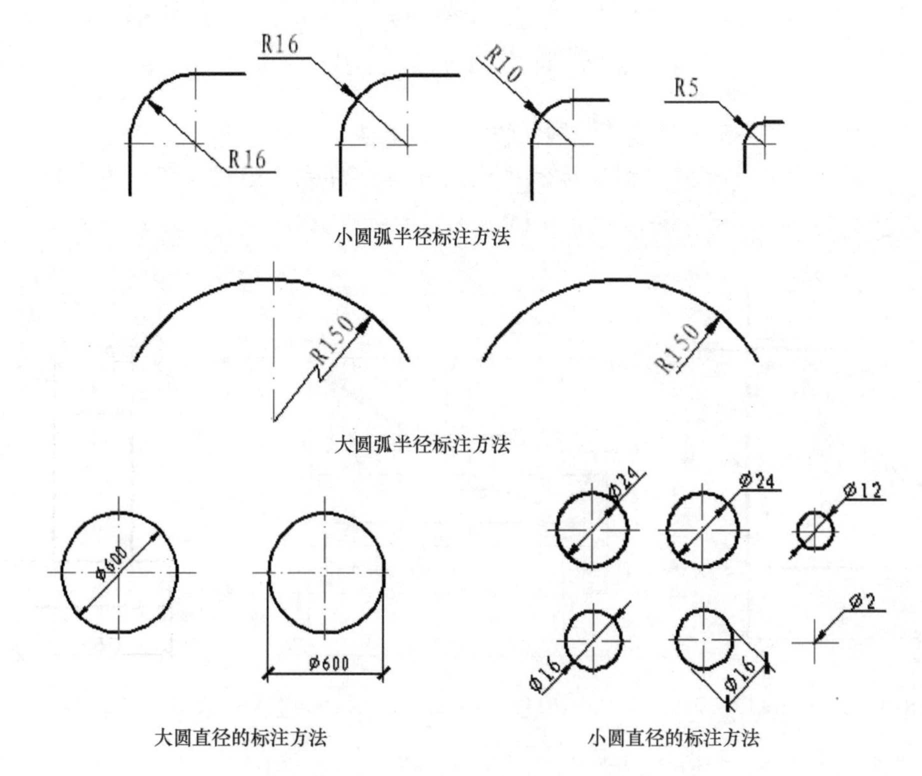

图9-8 圆、圆弧的半径与直径的尺寸标注方法

标注球的半径尺寸时，应在尺寸数字前加注符号“SR”。标注球的直径尺寸时，应在尺

寸数字前加注符号“SΦ”。注写方法与圆弧半径和圆直径的尺寸标注方法相同。

5. 角度、弧度、弧长的标注

角度的尺寸线应以圆弧表示。该圆弧的圆心应是该角的顶点，角的两条边为尺寸界线。起止符号应以箭头表示，如没有足够位置画箭头，可用圆点代替，角度数字应按水平方向注写，如图 9-9a 所示。

标注圆弧的弧长时，尺寸线应以与该圆弧同心的圆弧线表示，尺寸界线应垂直于该圆弧的弦，起止符号用箭头表示，弧长尺寸数字上方应加注圆弧符号“⌒”，如图 9-9b 所示。

标注圆弧的弦长时，尺寸线应以平行于该弦的直线表示，尺寸界线应垂直于该弦，起止符号用中粗斜短线表示，如图 9-9c 所示。

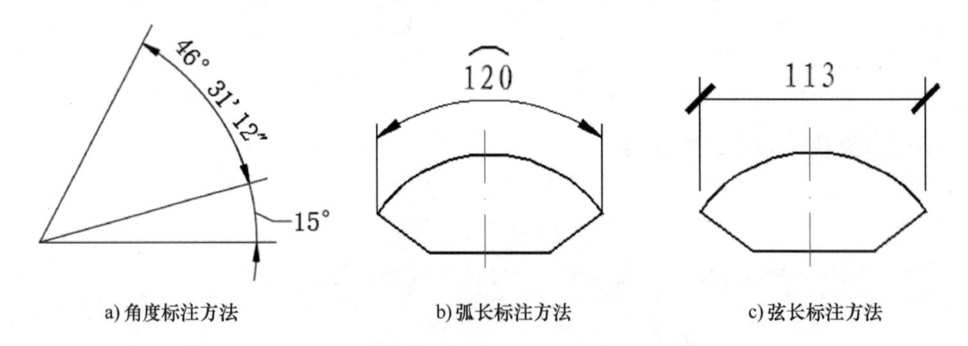

图 9-9　角度、弧度、弧长的标注

6. 薄板厚度、正方形、坡度、非圆曲线等尺寸标注

- 薄板厚度、正方形、网格法标注曲线尺寸标注样式，如图 9-10、图 9-11、图 9-12 所示。

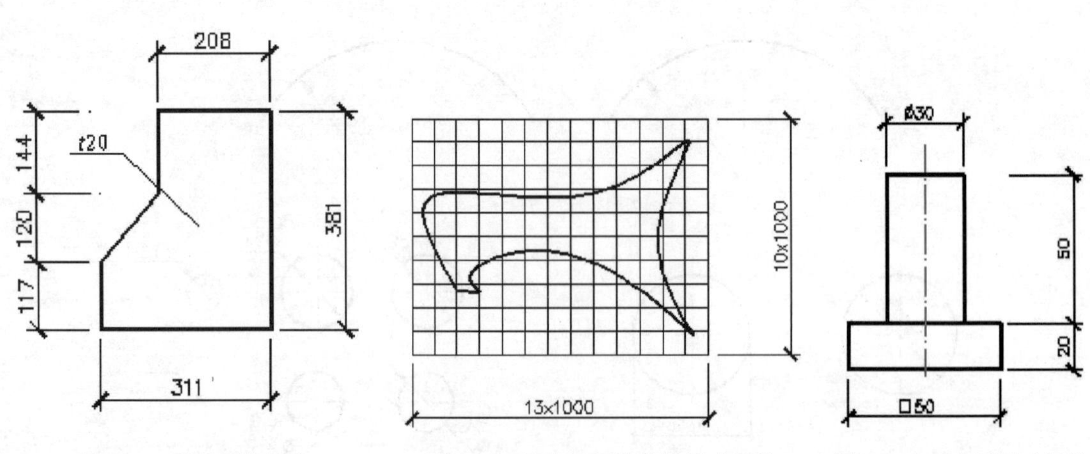

图 9-10　薄板厚度标注　　图 9-11　网格法标注曲线尺寸标注　　图 9-12　正方形尺寸标注

- 坡度尺寸标注，如图 9-13 所示。
- 坐标法标注曲线尺寸，如图 9-14 所示。

7. 尺寸的简化标注

建筑制图中尺寸的简化标注方法如下。

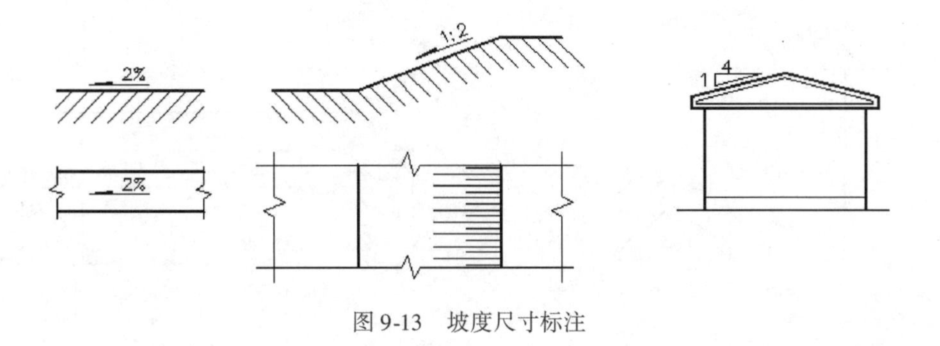

图 9-13　坡度尺寸标注

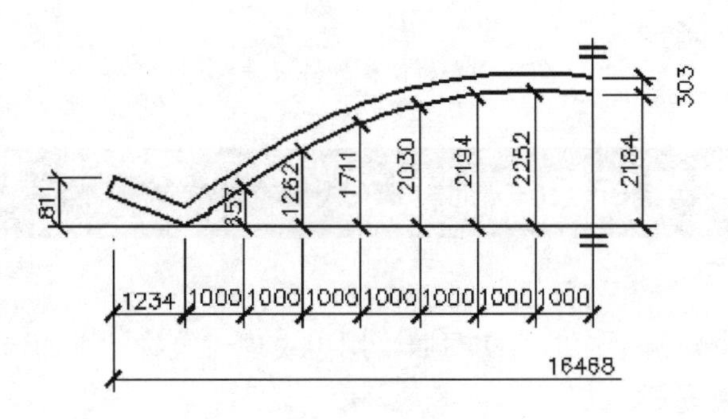

图 9-14　坐标法标注曲线尺寸

- 等长尺寸简化标注方法，如图 9-15 所示。
- 相同要素尺寸标注方法，如图 9-16 所示。

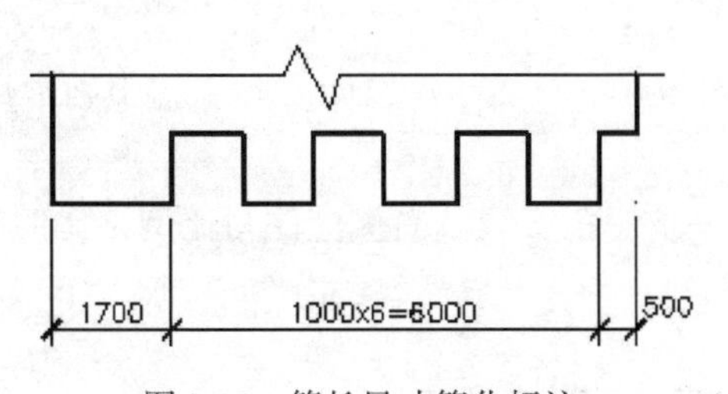

图 9-15　等长尺寸简化标注

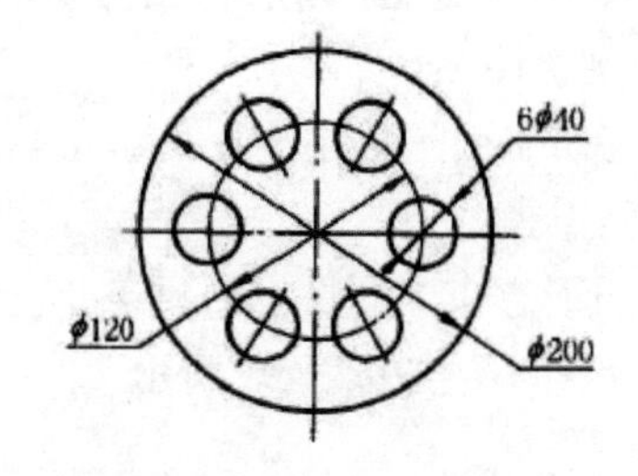

图 9-16　相同要素尺寸标注

- 对称构件尺寸标注方法，如图 9-17 所示。
- 相似构件尺寸标注方法，如图 9-18 所示。
- 相似构配件尺寸标注方法，如图 9-19 所示。

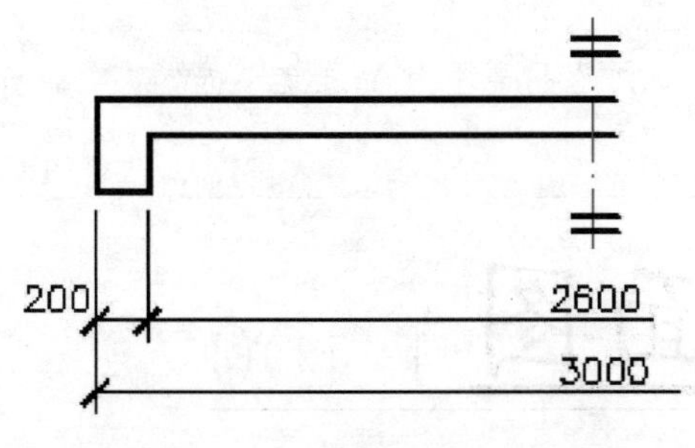

图 9-17　对称构件尺寸标注

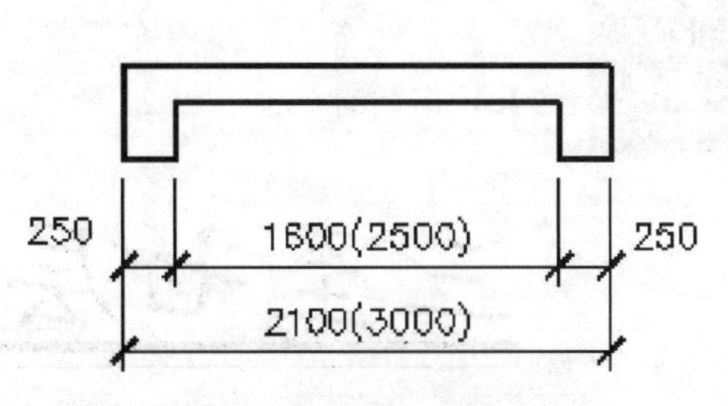

图 9-18　相似构件尺寸标注

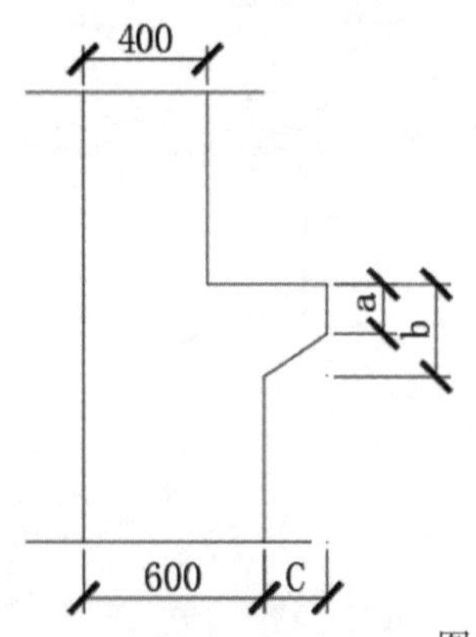

构件编号	a	b	c
Z-1	200	200	200
Z-2	250	450	200
Z-3	200	450	250

图 9-19　相似构配件尺寸标注

9.2 建筑平面图绘制规范

建筑平面图是整个建筑平面的真实写照，用于表现建筑物的平面形状、布局、墙体、柱子、楼梯以及门窗的位置等。

9.2.1 建筑平面图绘制规范

用户在绘制建筑平面图时，比如绘制底层平面图、楼层平面图、大样平面图、屋顶平面图等时，都应遵循国家制定的相关规定，使绘制的图形符合相关规范。

1. 比例、图名

绘制建筑平面图常用的比例有 1：50、1：100、1：200 等，而实际工程中则常用 1：100 的比例进行绘制。

平面图下方应注写图名，图名下方应绘一条短粗实线，右侧应注写比例，比例的字高宜比图名的字高小，如图 9-20 所示。

三层平面 1:100

字体高度=5

字体高度=3

图 9-20　图名及比例标注的字体高度对比

> **技术要点**　如果几个楼层平面布置相同时，也可以只绘制一个“标准层平面图”，其图名及比例的标注如图 9-21 所示。

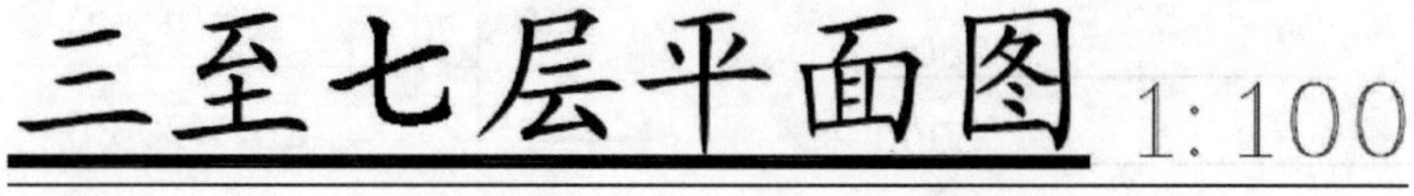

三至七层平面图 1:100

图 9-21　平面图相同的楼层的图名标注

2. 图例

建筑平面图由于比例小，各层平面图中的卫生间、楼梯间、门窗等投影难以详尽表示，便采用国标规定的图例来表达，而相应的详尽情况则另用较大比例的详图来表达。

3. 图线

线型比例大致取出图比例倒数的一半左右（在AutoCAD的模型空间中应按1∶1进行绘图）。

- 用粗实线绘制被剖切到的墙、柱断面轮廓线。
- 用中实线或细实线绘制没有剖切到的可见轮廓线（如窗台、梯段等）。
- 尺寸线、尺寸界线、索引符号、高程符号等用细实线绘制。
- 轴线用细单点长画线绘制。

4. 字体

汉字字型优先考虑采用hztxt. shx和hzst. shx；西文优先考虑romans. shx、simplex. shx或txt. shx。所有中英文标注宜按如表9-1所示执行。

表9-1 建筑平面图中常用字型

用途	图纸名称	说明文字标题	标注文字	说明文字	总说明	标注尺寸
字型	St64f. shx	St64f. shx	Hztxt. shx	Hztxt. shx	St64f. shx	Romans. shx
字高	10mm	5mm	3. 5mm	3. 5mm	5mm	3mm
宽高比	0. 8	0. 8	0. 8	0. 8	0. 8	0. 7

5. 尺寸标注

建筑平面图的标注包括外部尺寸、内部尺寸和标高。

- 外部尺寸：在水平方向和竖直方向各标注三道。
- 内部尺寸：标出各房间长、宽方向的净空尺寸，以及标出墙厚及与轴线之间的关系、柱子截面、房内部门窗洞口、门垛等细部尺寸。
- 标高：平面图中应标注不同楼层标高，房间及室外地坪等标高，以m为单位，精确到小数点后两位。

6. 剖切符号

剖切位置线长度宜为6～10mm，投射方向线应与剖切位置线垂直，画在剖切位置线的同一侧，长度应短于剖切位置线，宜为4～6mm。为了区分同一形体上的剖面图，在剖切符号上宜用字母或数字，并注写在投射方向线一侧。

7. 详图索引符号

图样中的某一局部或构件，如需详图，应以索引符号标出。索引符号是由直径为10mm的圆和水平直径组成，圆及水平直径均以细实线绘制。详图的位置和编号，应以详图符号表示。详图符号的圆应以直径为14mm的粗实线绘制。

8. 引出线

引出线应以细实线绘制，宜采用水平方向的直线，与水平方向成30°、45°、60°、90°的直线，或经上述角度再折为水平线。文字说明宜注写在水平线的上方，也可注写在水平线的端部。

9. 指北针

指北针是用来指明建筑物朝向的。圆的直径宜为24mm，用细实线绘制，指针尾部的宽度宜为3mm，指针头部应标示“北”或“N”。需用较大直径绘制指北针时，指针尾部宽度宜为直径的1/8。

10. 高程

高程符号应以细实线绘制的等腰直角三角形表示，其高度控制在3mm左右。在模型空间绘图时，等腰直角三角形的高度值应是30mm乘以出图比例的倒数。

高程符号的尖端指向被标注高程的位置。高程数字写在高程符号的延长线一端，以m为单位，精确到小数点后3位。零点高程应写成“±0.000”，正数高程不用加“+”，但负数高程应注上“-”。

11. 定位轴线及编号

定位轴线用来确定房屋主要承重构件（比如墙、柱、梁等）位置及标注尺寸的基线称为定位轴线，如图9-22所示。

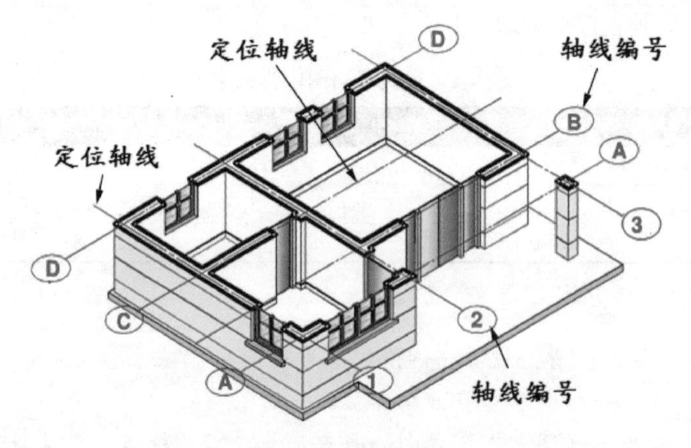

图9-22　定位轴线

定位轴线用细单点长画线表示。定位轴线的编号注写在轴线端部的直径为8～10mm的细线圆内。

- 横向轴线：从左至右，用阿拉伯数字进行标注。
- 纵向轴线：从下至上，用大写拉丁字母进行标注，但不用I、O、Z三个字母，以免与阿拉伯数字0、1、2混淆。一般承重墙柱及外墙编为主轴线，非承重墙、隔墙等编为附加轴线（又称分轴线）。

图9-23所示为定位轴线的编号注写样式。

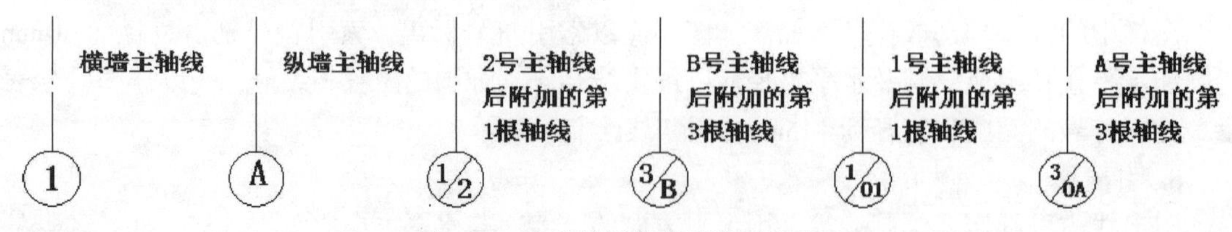

图9-23　定位轴线的编号注写样式

技术要点　在定位轴线的编号中，分数形式表示附加轴线编号。其中分子为附加编号，分母为前一轴线编号。1或A轴后的附加轴线分母为01或0A。

为了让读者便于理解，下面用图形来表达定位轴线的编号形式。

定位轴线的分区编号如图 9-24 所示。圆形平面定位轴线编号如图 9-25 所示。折线形平面定位轴线编号如图 9-26 所示。

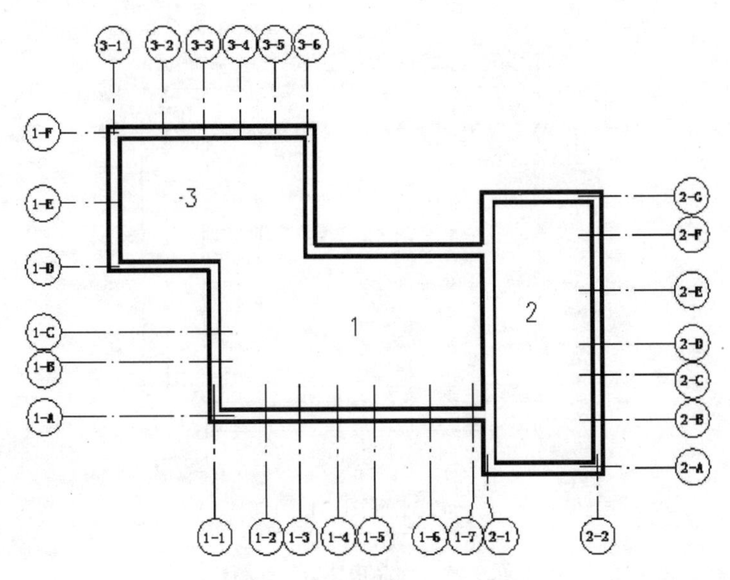

图 9-24　定位轴线的分区编号

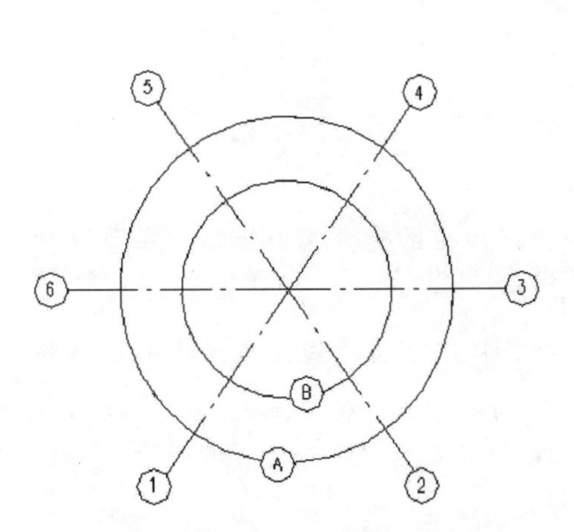

图 9-25　圆形平面定位轴线编号

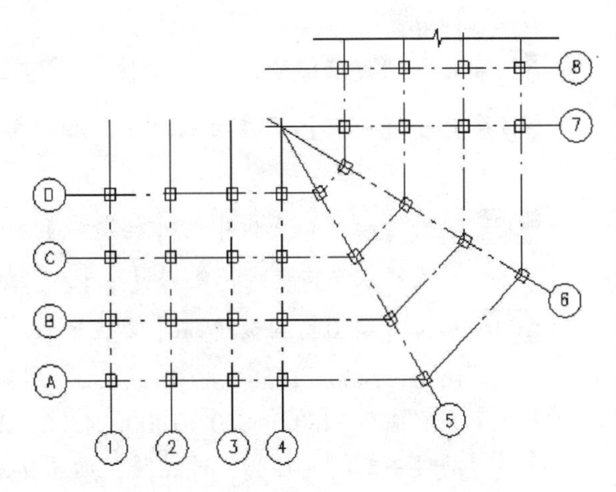

图 9-26　折线形平面定位轴线编号

9.2.2　图纸绘制案例——绘制商品房建筑平面图

源文件：\ Ch09 \ 建筑样板 . dwg
结果文件：\ Ch09 \ 商品房建筑平面图 . dwg
视频：\ Ch09 \ 绘制商品房建筑平面图 . wmv

本实例的制作思路：依次绘制墙体、门窗，最后进行尺寸标注和文字说明。

在绘制墙体的过程中，首先绘制主墙，然后绘制隔墙，最后进行合并调整。绘制门窗，首先在墙上开出门窗洞，然后在门窗洞上绘制门和窗户。对于建筑平面图来说，尺寸标注和文字说明是非常重要的组成部分，建筑各部分的具体大小和材料作法等都以尺寸标注和文字说明为依据，在本实例中都充分体现了这一点。如图 9-27 所示为某商品房建筑平面图。

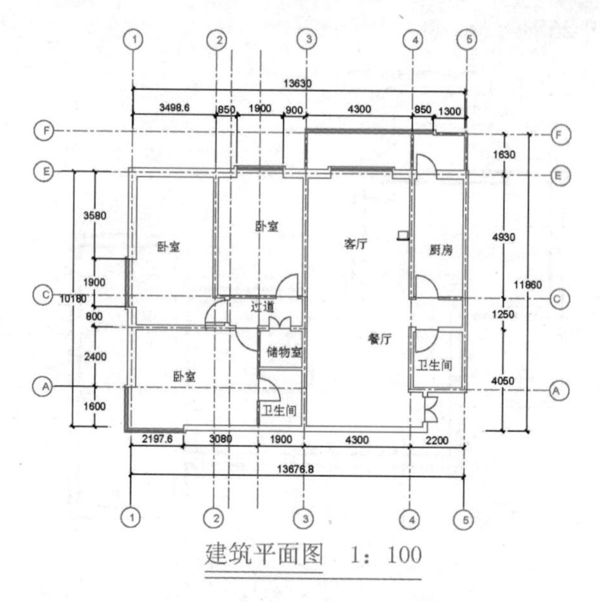

图 9-27　商品房建筑平面图

1. 绘制轴线

01 打开“建筑样板 . dwg”文件。

02 单击【图层】工具栏中的【图层控制】下拉按钮，选取【轴线】，使得当前图层是【轴线】。

03 单击【绘图】面板中的【构造线】命令按钮，在正交模式下绘制一条竖直构造线和水平构造线，组成【十】字轴线网。

04 单击【绘图】面板中的【偏移】命令按钮，将水平构造线连续向上分别偏移 1600、2400、1250、4930、1630，得到水平方向的轴线。将竖直构造线连续向右分别偏移 3480、1800、1900、4300、2200，得到竖直方向的轴线。它们和水平辅助线一起构成正交的轴线网，如图 9-28 所示。

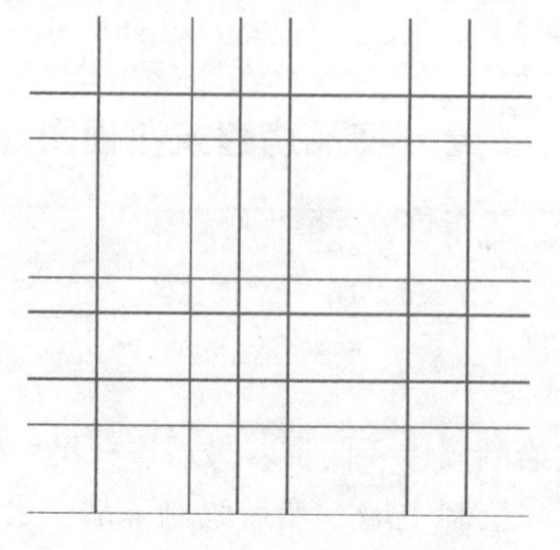

图 9-28　底层建筑轴线网格

2. 绘制墙体

(1) 绘制主墙。

01 单击【图层】工具栏中的【图层控制】下拉按钮，选取【墙体】，使得当前图层是【墙体】。

02 单击【绘图】面板中的【偏移】命令按钮，将轴线向两边各偏移180，然后通过【图层】工具栏把偏移的线条更改到图层【墙体】，得到360宽主墙体的位置，如图9-29所示。

03 采用同样的办法绘制200宽主墙体。单击【绘图】面板中的【偏移】命令按钮，将轴线向两边各偏移100，然后通过【图层】工具栏把偏移得到的线条更改到图层【墙体】，绘制结果如图9-30所示。

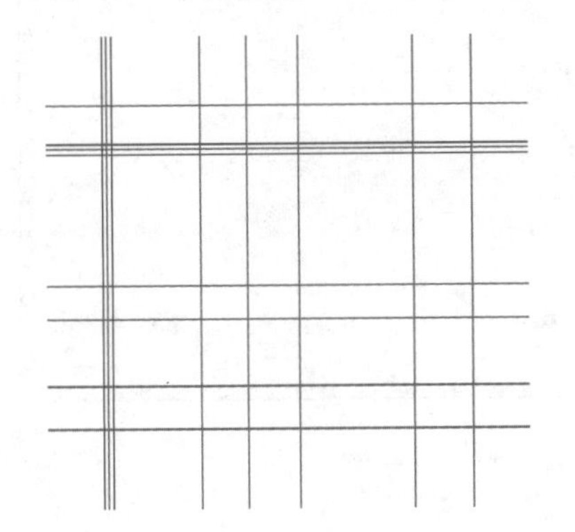

图9-29 绘制360宽的主墙体结果

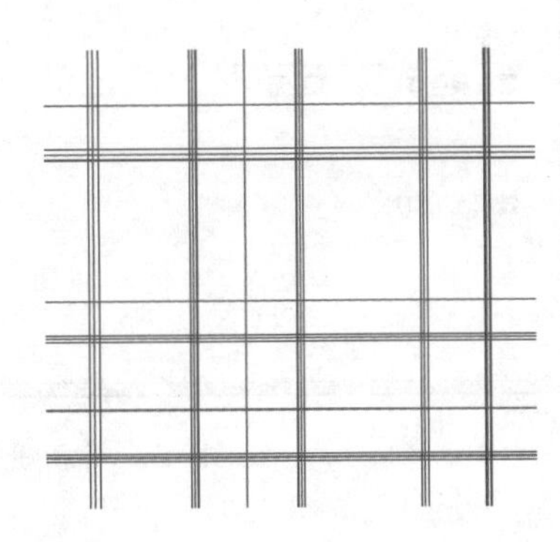

图9-30 绘制200宽的主墙体结果

04 单击【修改】工具栏中的【修剪】命令按钮，把墙体交叉处多余的线条修剪掉，使得墙体连贯，修剪结果如图9-31所示。

(2) 绘制隔墙。

隔墙宽为100，主要通过多线来绘制，绘制的具体步骤如下。

01 选取菜单栏中的【格式】/【多线样式】命令，系统弹出【多线样式】对话框，单击【新建】按钮，系统弹出【创建新的多线样式】对话框，输入多线名称“100”，如图9-32所示。

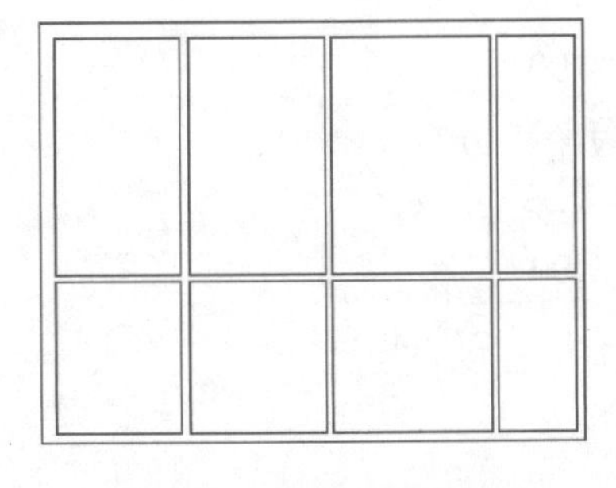

图9-31 主墙绘制结果

图9-32 【多线样式】对话框

02 单击【继续】按钮，系统弹出【新建多线样式：100】对话框，把其中的图元偏移量设为50、-50，如图9-33所示。单击【确定】按钮，返回【多线样式】对话框，选取多线样式【100】，单击【置为当前】按钮，然后单击【确定】按钮，完成隔墙墙体多线的设置。

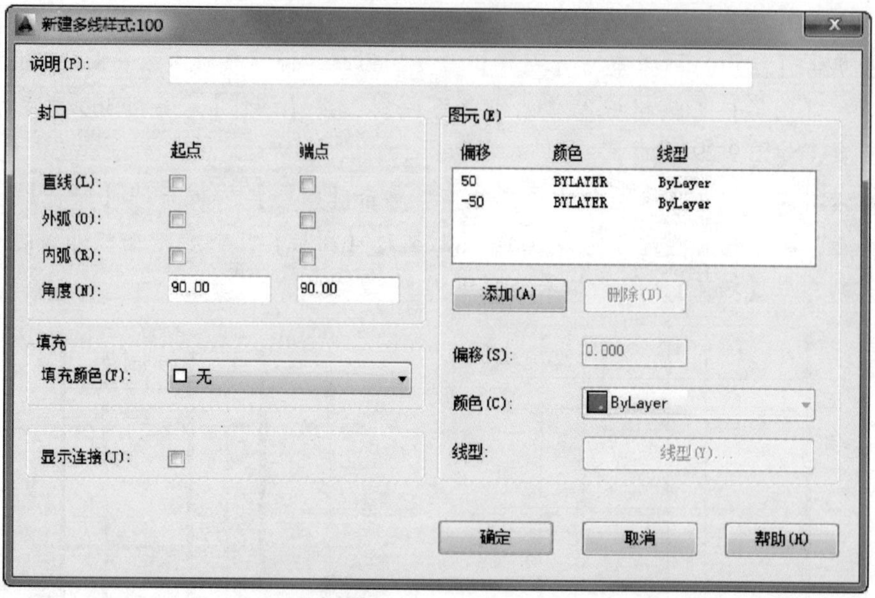

图9-33 【新建多线样式：100】对话框

03 选取菜单栏中的【绘图】/【多线】命令，根据命令提示设定多线样式为【100】，比例为【1】，对正方式为【无】，根据轴线网格绘制隔墙，如图9-34所示。操作如下。

命令：mline↙
当前设置：对正 = 上，比例 = 20.00，样式 = 100
指定起点或［对正（J）/比例（S）/样式（ST）］：　st↙
输入多线样式名或［?］：　100↙
当前设置：对正 = 上，比例 = 20.00，样式 = 100
指定起点或［对正（J）/比例（S）/样式（ST）］：　s↙
输入多线比例 <20.00>：　1↙
当前设置：对正 = 上，比例 = 1.00，样式 = 100
指定起点或［对正（J）/比例（S）/样式（ST）］：　j↙
输入对正类型［上（T）/无（Z）/下（B）］<上>：　z↙
当前设置：对正 = 无，比例 = 1.00，样式 = 100
指定起点或［对正（J）/比例（S）/样式（ST）］：（选取起点）
指定下一点：（选取端点）
指定下一点或［放弃（U）］：↙

（3）修改墙体。

目前的墙体还是不连贯的，而且根据功能需求还要进行必要的改造，具体步骤如下。

01 单击【绘图】面板中的【偏移】命令按钮，将右下角的墙体分别向内偏移1600，偏移结果如图9-35所示。

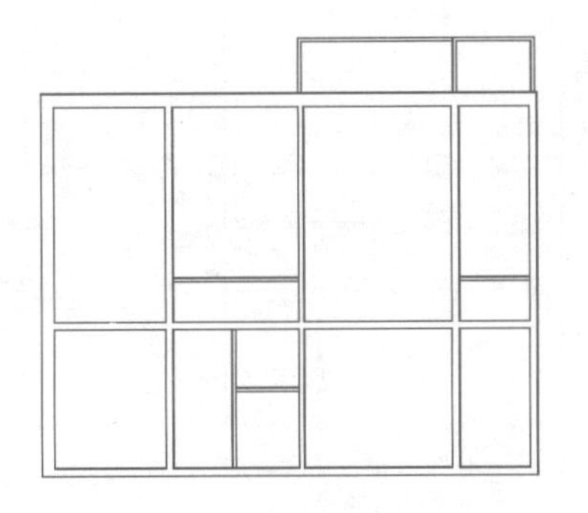

图9-34 隔墙绘制结果

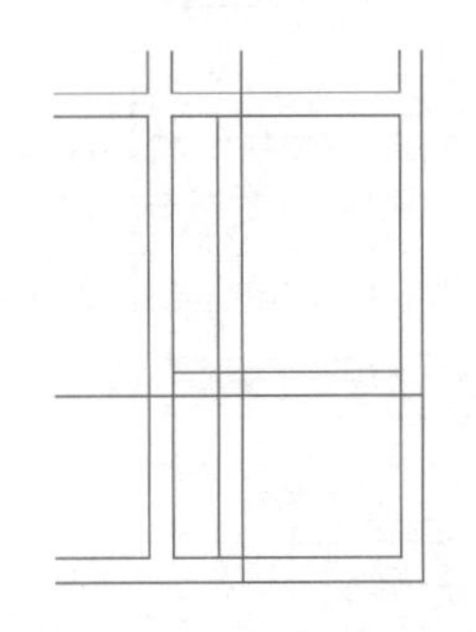

图9-35 墙体偏移结果

02 单击【修改】工具栏中的【修剪】命令按钮，把墙体交叉处多余的线条修剪掉，使得墙体连贯，修剪结果如图9-36所示。

03 单击【修改】工具栏中的【延伸】命令按钮，把右侧的一些墙体延伸到对面的墙线上，如图9-37所示。

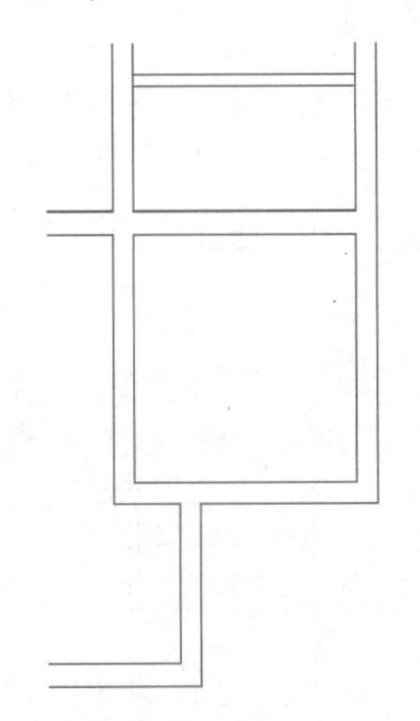

图9-36 右下角的修改结果

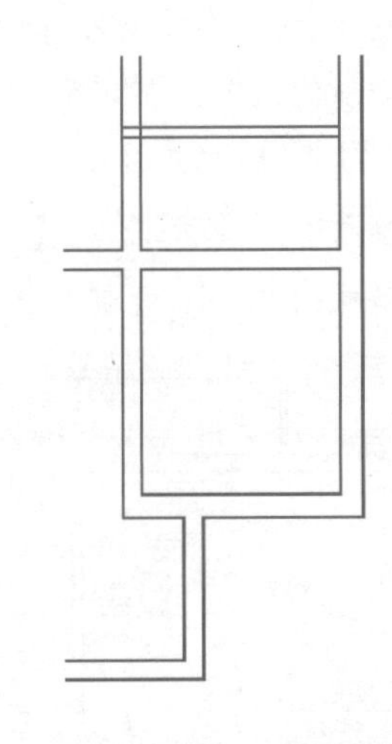

图9-37 修改延伸操作结果

04 利用【修改】工具栏中的【分解】命令按钮和【修剪】命令按钮，把墙体交叉处多余的线条修剪掉，使得墙体连贯，右侧墙体的修剪结果如图9-38所示。其中分解命令操作如下。

命令：explode↙

选择对象：(选取一个项目)

选择对象：↙

05 采用同样的方法修剪整个墙体，使得墙体连贯，符合实际功能需要，修剪结果如图9-39所示。

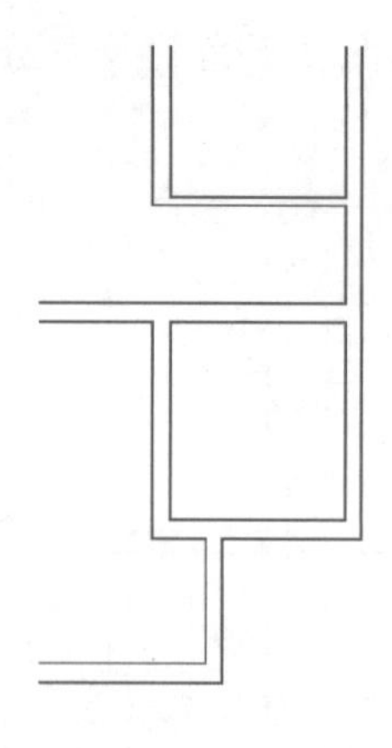

图9-38　右边墙体的修剪结果

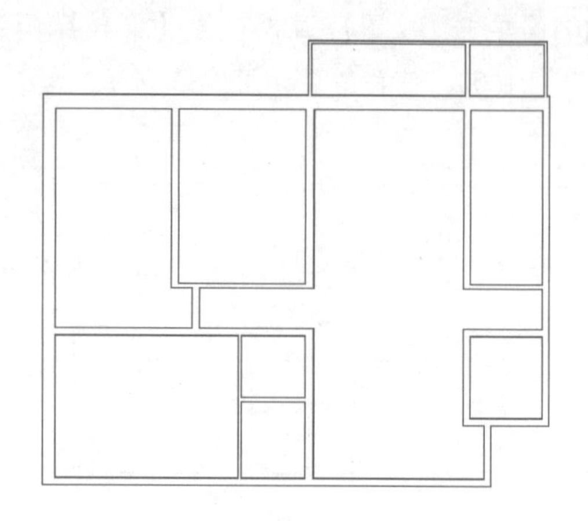

图9-39　全部墙体的修剪结果

3. 绘制门窗

（1）开门窗洞。

01 单击【绘图】面板中的【直线】命令按钮，根据门和窗户的具体位置，在对应的墙上绘制出这些门窗的一侧边界线。

02 单击【修改】工具栏中的【偏移】命令按钮，根据各个门和窗户的具体大小，将前边绘制的门窗边界偏移对应的距离，就能得到门窗洞的在图上的具体位置，绘制结果如图9-40所示。

03 单击【修改】工具栏中的【延伸】命令按钮，将各个门窗洞修剪出来，就能得到全部的门窗洞，绘制结果如图9-41所示。

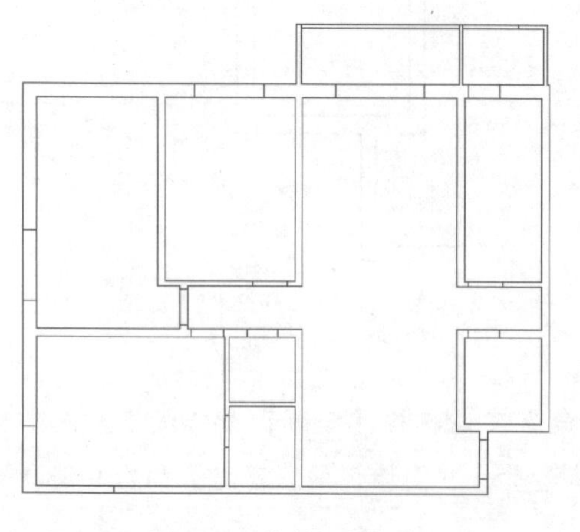

图9-40　绘制门窗洞线

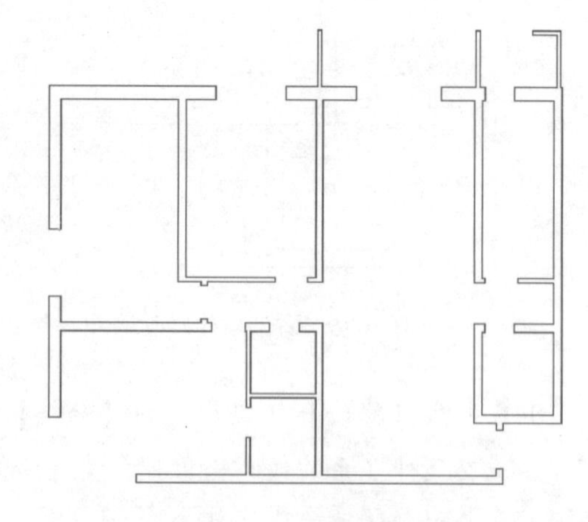

图9-41　开门窗洞结果

（2）绘制门。

01 单击【图层】工具栏中的【图层控制】下拉按钮，选取【门】，使得当前图层是【门】。

02 单击【绘图】面板中的【直线】命令按钮，在门上绘制出门板线。

03 单击【绘图】面板中的【圆弧】命令按钮，绘制圆弧表示门的开启方向，就能得到门的图例。双扇门的绘制结果如图9-42所示。单扇门的绘制结果如图9-43所示。

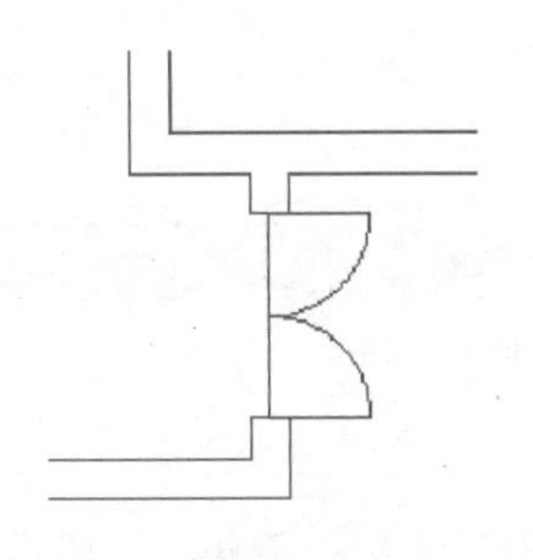

图9-42 双扇门绘制结果

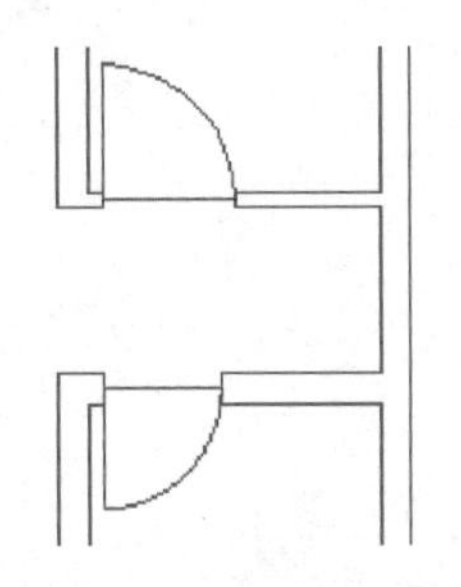

图9-43 单扇门绘制结果

04 继续按照同样的方法绘制所有的门，绘制的结果如图9-44所示。

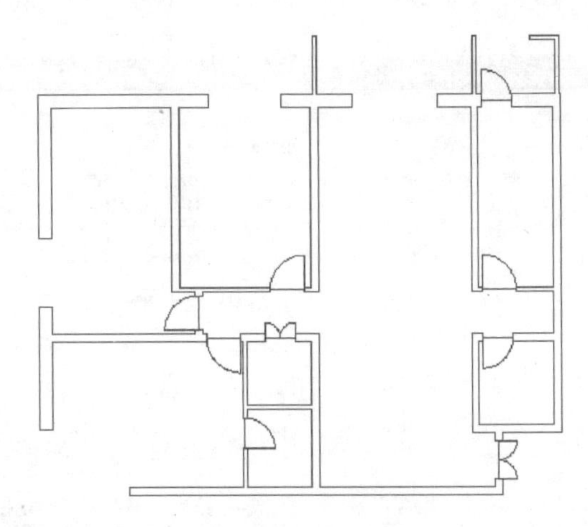

图9-44 全部门的绘制结果

(3) 绘制窗。

利用【多线】命令，绘制窗户的具体步骤如下。

01 单击【图层】工具栏中的【图层控制】下拉按钮，选取【窗】，使得当前图层是【窗】。

02 选取菜单栏中的【格式】/【多线样式】命令，新建多线样式名称为【150】，如图9-45所示；设置图元偏移量分别设为0、50、100、150，其他采用默认设置，设置结果如图9-46所示。

03 单击【绘图】面板中的【矩形】命令按钮，绘制一个100×100的矩形。然后单击【修改】工具栏中的【复制】命令按钮，把该矩形复制到各个窗户的外边角上，作为凸出的窗台，结果如图9-47所示。

04 单击【修改】工具栏中的【修剪】命令按钮，修剪掉窗台和墙重合的部分，使得窗台和墙合并连通，修剪结果如图9-48所示。

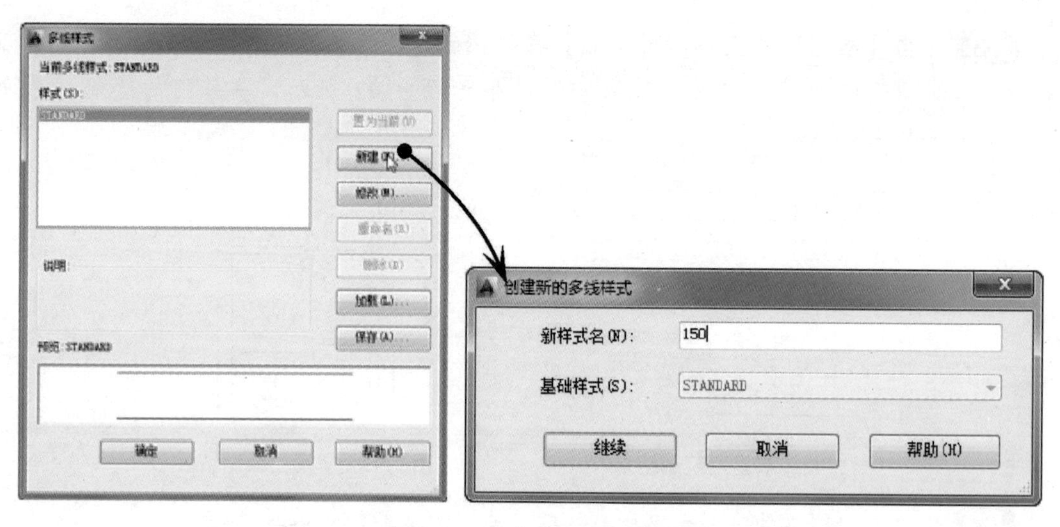

图 9-45　新建多线样式名称

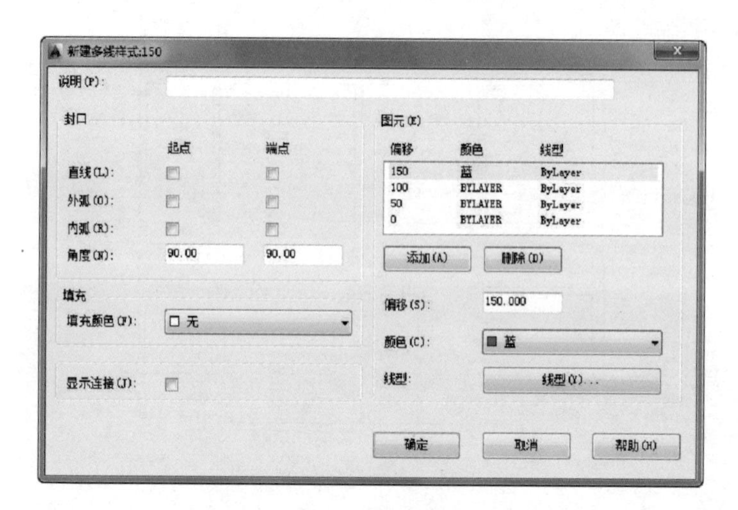

图 9-46　设置图元偏移量

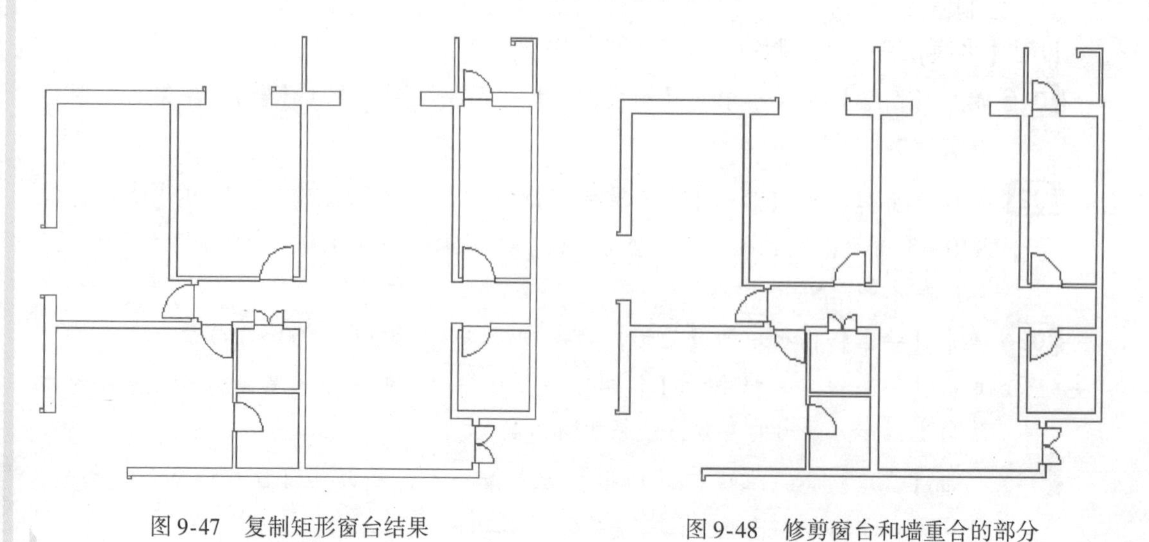

图 9-47　复制矩形窗台结果

图 9-48　修剪窗台和墙重合的部分

05 选取菜单栏中的【绘图】/【多线】命令，根据命令提示，设定多线样式为【150】，比例为【1】，对正方式为【无】，根据各个角点绘制窗户，如图9-49所示。

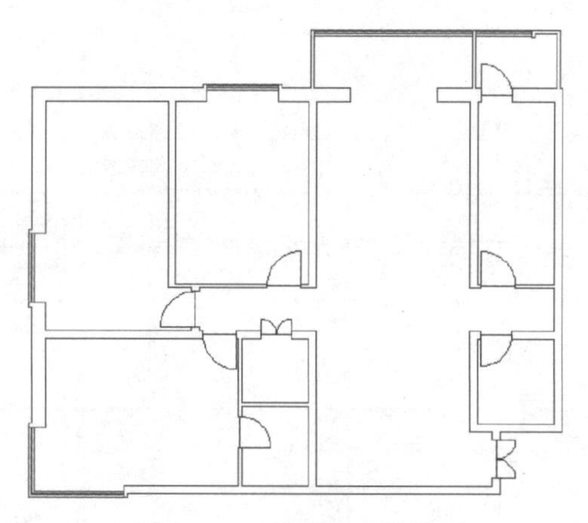

图9-49　绘制窗户结果

4. 尺寸标注和文字说明

01 单击【图层】工具栏中的【图层控制】下拉按钮，选取【标注】，使得当前图层是【标注】。

02 选取菜单栏中的【标注】/【对齐】命令，进行尺寸标注。

03 利用【单行文字】或【多行文字】命令，标注房间名。建筑标注结果如图9-50所示。

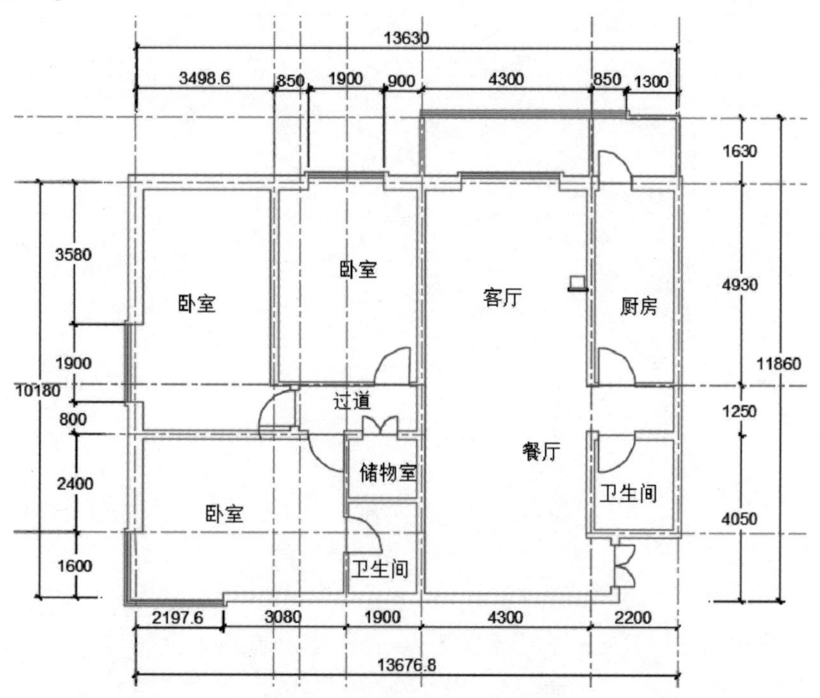

图9-50　外围尺寸标注结果

5. 轴线编号

要进行轴线编号，先要绘制轴线，建筑制图上规定使用点画线来绘制轴线。最终绘制完成的建筑平面图如图 9-51 所示。

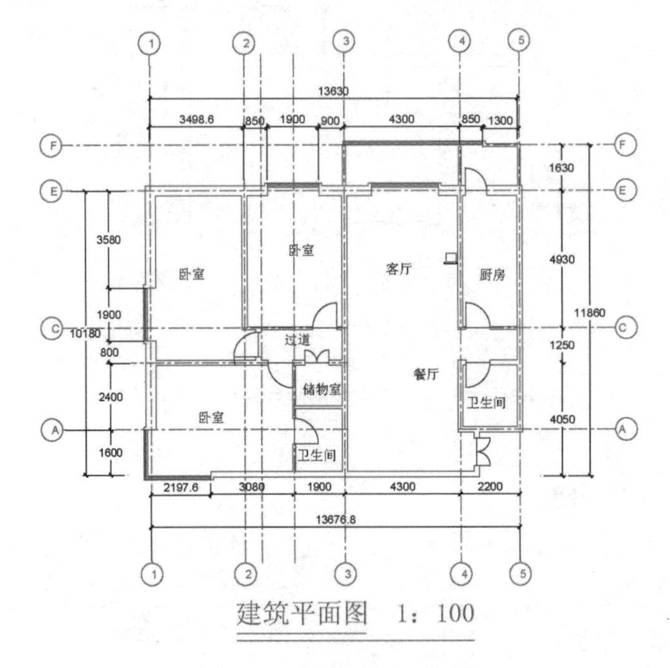

图 9-51 商品房建筑平面图

第10章 建筑方案设计与表现案例

本章将介绍 SketchUp 在住宅规划设计中的应用。通过两种方式创建不同的住宅楼为例进行讲解，一种是以 CAD 图纸为基础创建的住宅小区规划模型，另一种是自由创建的单体住宅楼。

10.1 住宅小区建模

源文件：\ Ch10 \ 住宅小区规划 \ 住宅小区规划平面图-原图 . dwg
结果文件：\ Ch10 \ 住宅小区规划案例 \ 住宅小区规划案例 . skp
视频：\ Ch10 \ 住宅小区规划 . wmv

10.1.1 设计解析

下面以某城市的一个高档住宅小区规划为例，着重讲解规划中需要达到的模型效果以及场景周围的表现情况。本案例的四周交通便利，小区设有一个车行出入口和一个人行出入口，并设有两个停车场。人行出入口为小区主入口，配有漂亮的景观设施，两边设有花坛。地面有花形铺砖，并以喷泉和廊亭作为小区的标志性建筑。小区住宅的户型分为 3 种，共有 7 幢。每一幢建筑分散均匀，周围都有不同的绿色植物陪衬，让人们可以随时感受到绿色的气息。整个小区住宅规划得非常详细，且能很好地展现人们的生活风貌。

规划区的总体平面在功能上由 3 部分组成，包括小区出入口区，绿化区和住宅区。在交通流线上，由于住宅属于高档小区，地处城市中心地段，且周围建设有其他住宅小区，人流量较大，所以东西南北四面都设有完善的交通流线。

图 10-1、图 10-2 所示为建模效果图，图 10-3 ~ 图 10-6 所示为添加场景后的后期效果图。本案例的操作流程如下。

（1）整理 AutoCAD 图纸。

（2）在 SketchUp 中导入 AutoCAD 图纸。

（3）创建模型。

（4）导入组件。

（5）添加场景。

图 10-1　建模效果图 1

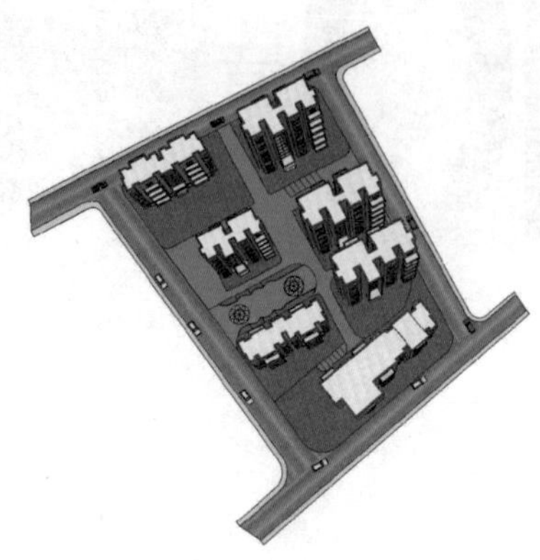

图 10-2　建模效果图 2

图 10-3　后期效果图 1

图 10-4　后期效果图 2

图 10-5　后期效果图 3

图 10-6　后期效果图 4

10. 1. 2　整理 AutoCAD 图纸

本案例以一张 AutoCAD 设计的平面图纸为例，首先在 AutoCAD 软件中对图纸进行简化清理，然后再导入到 SketchUp 中进行描边封面。

1. 整理 AutoCAD 图纸

AutoCAD 图纸里含有大量的文字、图层、线、图块等信息，如果直接导入到 SketchUp 中，会增加建模的复杂性。所以一般先在 AutoCAD 软件里进行处理，将多余的线删除掉，使设计图纸简单化，图 10-7 所示为原图，图 10-8 所示为简化图。

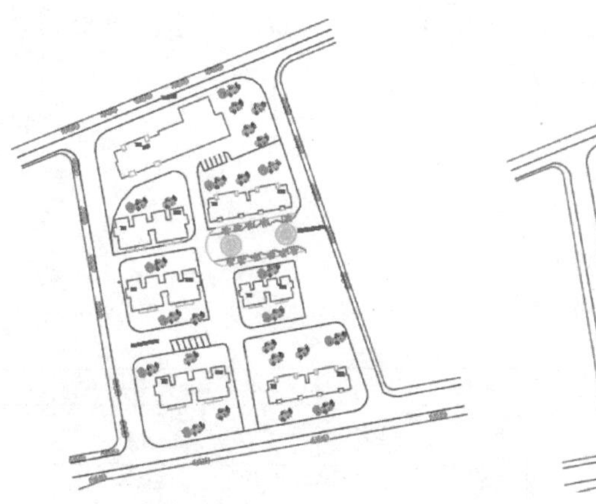

图 10-7　原图

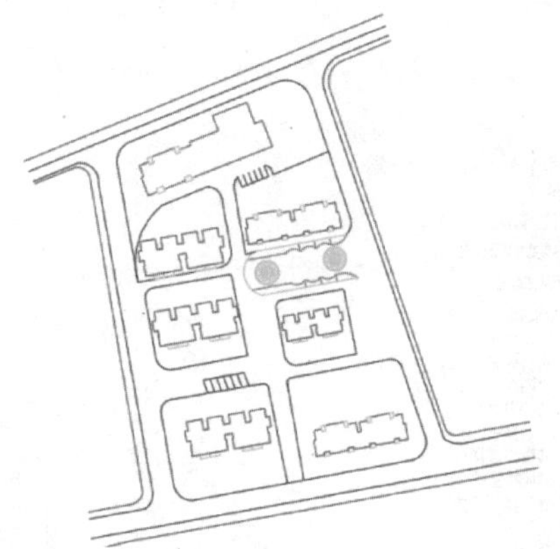

图 10-8　简化图

> **提示**　在清理图纸时，如果 AutoCAD 图纸中出现粗线条，可执行“X”命令将其打散，就会变成单线条，这对于后期导入 SketchUp 中进行封面非常重要，且更加方便。如果 AutoCAD 图纸比较复杂时，可以利用关闭图层的方法减少清理图纸的时间。当清理完成后，一定要将图纸重新复制到新的 AutoCAD 文档中，否则如果直接导入到 SketchUp 中，可能会出现图层混乱或难以封面的问题。

01 启动 AutoCAD 2018 软件。打开“住宅小区规划平面图-原图 . dwg”图纸。

02 在 AutoCAD 命令输入行中输入“PU”，按 <Enter> 键弹出【清理】对话框，如图 10-9 所示。

03 单击 全部清理(A) 按钮，弹出如图 10-10 所示的对话框，选择【清除此项目】选项，直到【清理】对话框中的 全部清理(A) 按钮变成灰色状态，即清理完图纸，如图 10-11 所示。

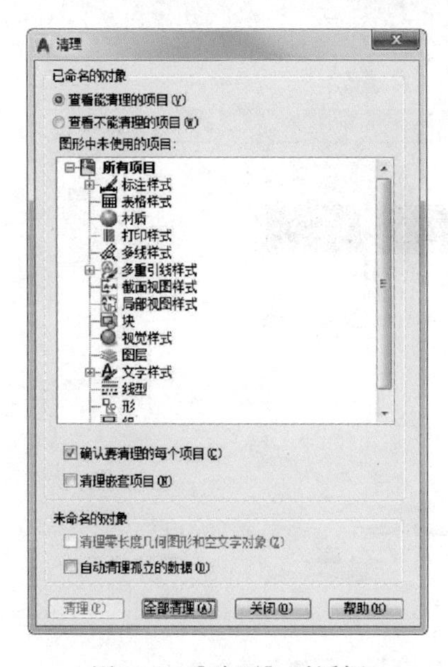

图 10-9 【清理】对话框

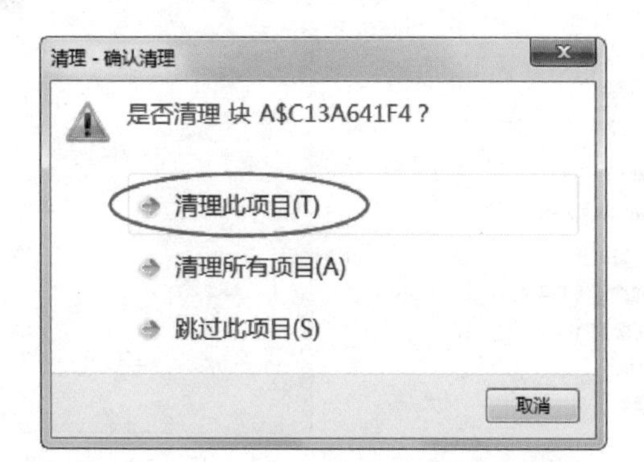

图 10-10　确认清理

04 在 SketchUp 里先优化一下场景，选择【窗口】/【模型信息】命令，弹出【模型信息】对话框，设置模型单位，如图 10-12 所示。

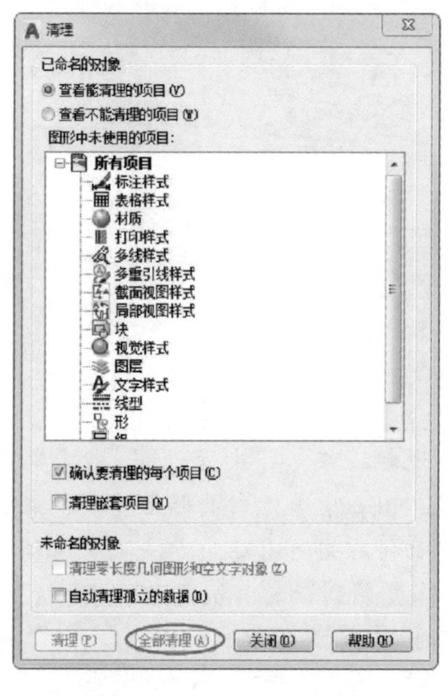

图 10-11 完成图纸清理

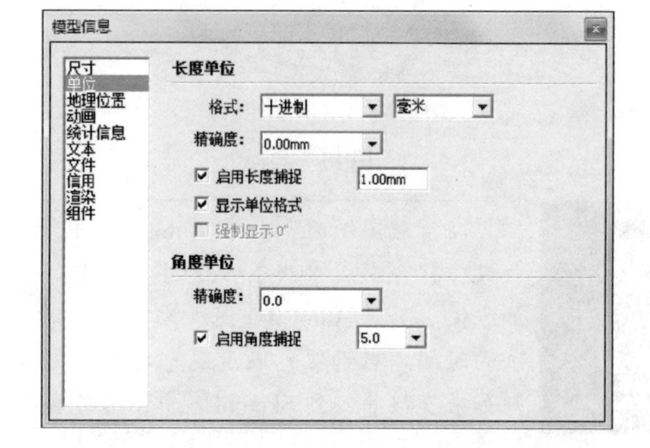

图 10-12 设置模型单位

2. 导入图纸

将图纸导入到 SketchUp 中，创建封闭面，对单独要创建的模型要进行单独封面。这里导入的图纸以“毫米”为单位。

01 选择【文件】/【导入】命令，导入“住宅小区规划平面图－简化图”，弹出【打开】对话框，【文件类型】选择为“AutoCAD 文件（＊.dwg、＊.dxf）”格式，如图 10-13、图 10-14 所示。

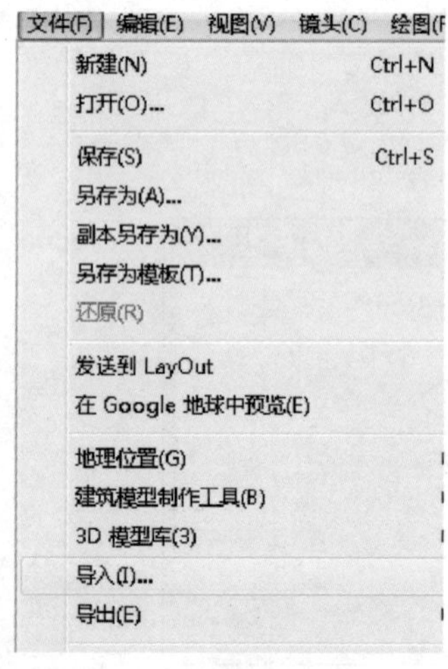

图 10-13 选择【导入】命令

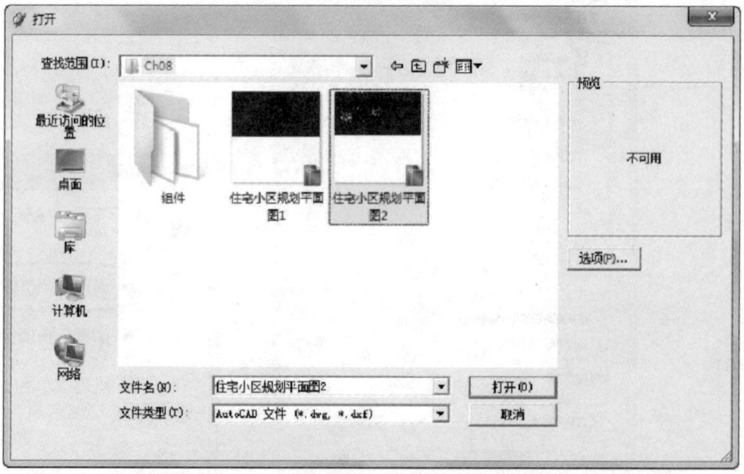

图 10-14 选择文件导入

02 单击【打开】对话框的 选项(P)... 按钮，在弹出的【导入 AutoCAD DWG/DXF 选项】对话框将【单位】改为“毫米”，单击 确定 按钮，如图 10-15 所示。最后单击【打开】对话框的 打开(O) 按钮，即可导入 AutoCAD 图纸。

03 图 10-16 所示为导入图纸后的结果信息。

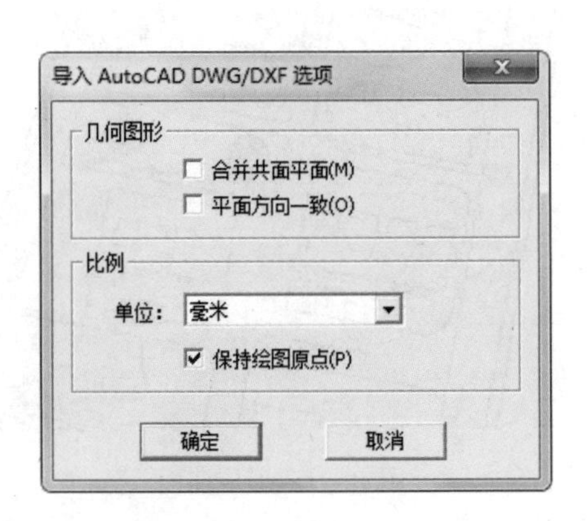

图 10-15　设置导入选项

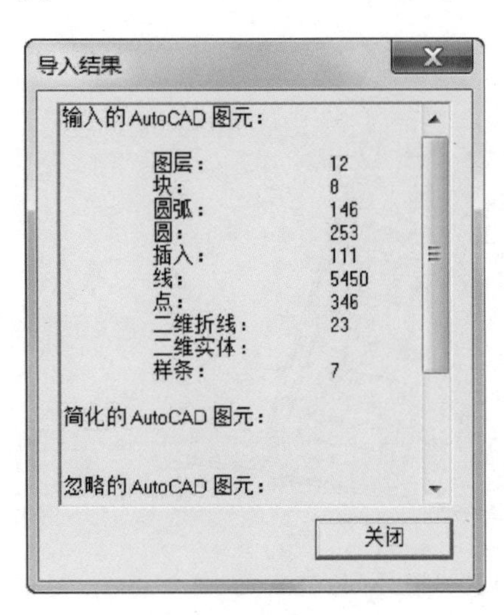

图 10-16　导入结果信息

> **提示**　如果无法导入 AutoCAD 图纸，请选择用较低的 AutoCAD 版本存储图纸后，再重新导入。如果在 SketchUp 导入 AutoCAD 图纸的过程中出现了自动关闭的现象，请确定场景优化是否正确。

04 单击【导入结果】对话框的 关闭 按钮。导入到 SketchUp 中的 AutoCAD 图纸是以线框显示的，如图 10-17 所示。

05 将图纸放大并清理，连接断开的线，删除多余或出头的线，如图 10-18、图 10-19 所示。

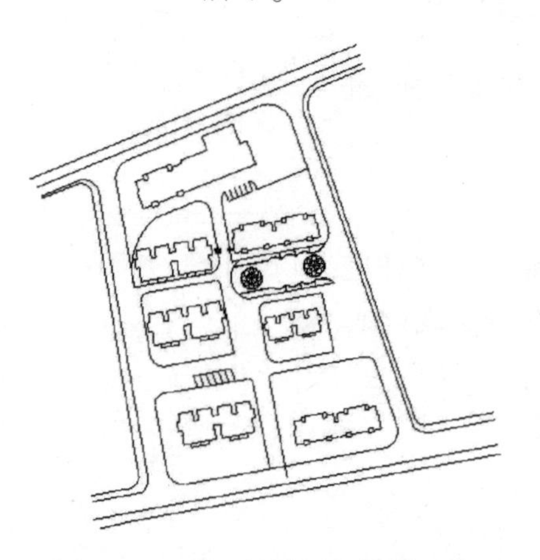

图 10-17　导入的图纸以线框显示

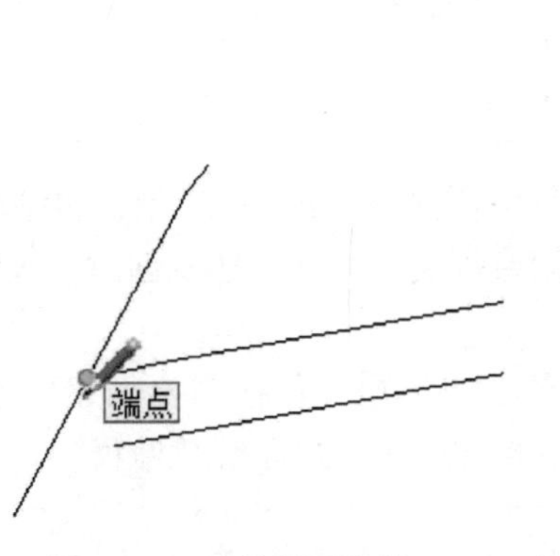

图 10-18　连接断开的线

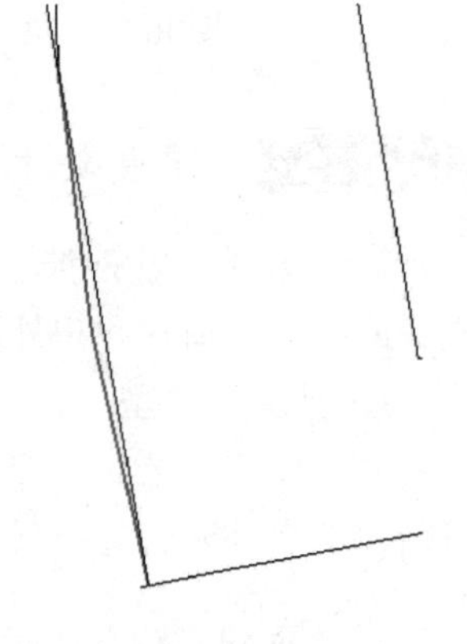

图 10-19　删除多余或出头的线

06 单击【直线】按钮，对导入的图纸进行描边，绘制封闭曲线而形成曲面。需要单独创建的模型应单独封面，如图10-20、图10-21所示。

07 选中3个不同的户型面，单击鼠标右键，选择【创建组】命令，如图10-22、图10-23所示。

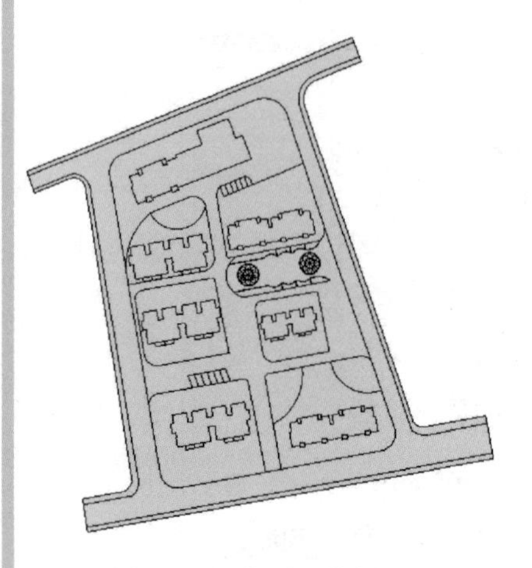

图10-20 按图纸绘制线

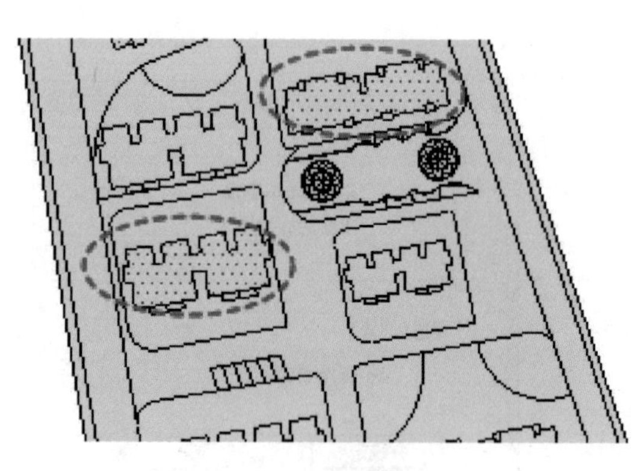

图10-21 形成曲面

图10-22 执行【创建组】命令

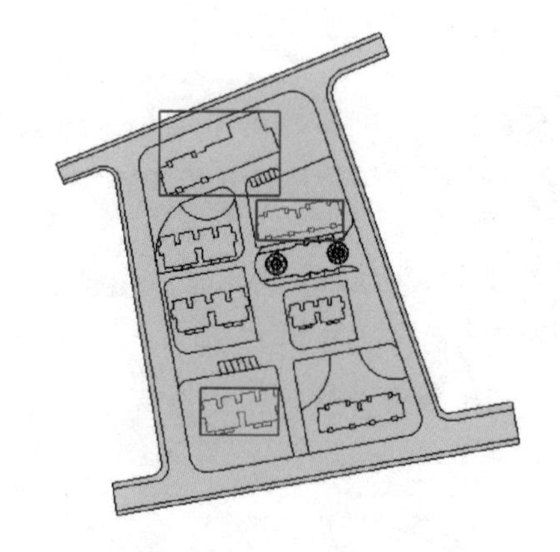

图10-23 创建组

10.1.3 建模设计流程

参照图纸，分别创建住宅小区A、B、C户型，包括需要创建住宅入口石阶、遮阳板、楼梯间、开口窗户和户外阳台等模型，其他还要创建小区内部景观设施。

1. 创建A户型

创建住宅小区A户型的建筑模型，包括需要创建住宅入口石阶、遮阳板、楼梯间、开口窗户、户外阳台等模型，也包括天台以及绿化池模型。

（1）创建石阶和遮阳板。

01 单击【推/拉】按钮，将其中一个户型的曲面拉高80mm，如图10-24所示。

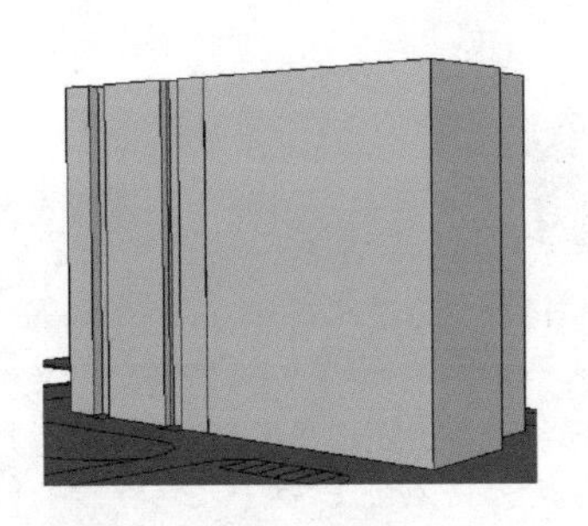

图 10-24 推拉户型曲面

02 在【组件】面板中单击【打开或创建本地集合】按钮，导入“住宅小区规划”文件夹，然后将“大门组件”放置到场景中的墙体上，如图 10-25 所示。然后在【材料】面板中填充玻璃材质（使用纹理图像，导入“背景图片 .jpg”文件），如图 10-26 所示。

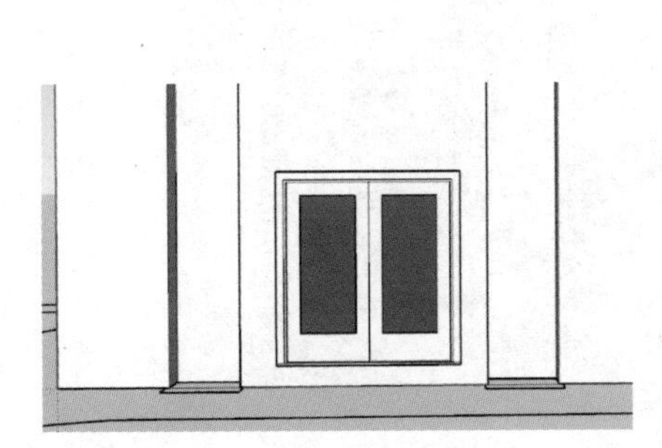

图 10-25 导入组件

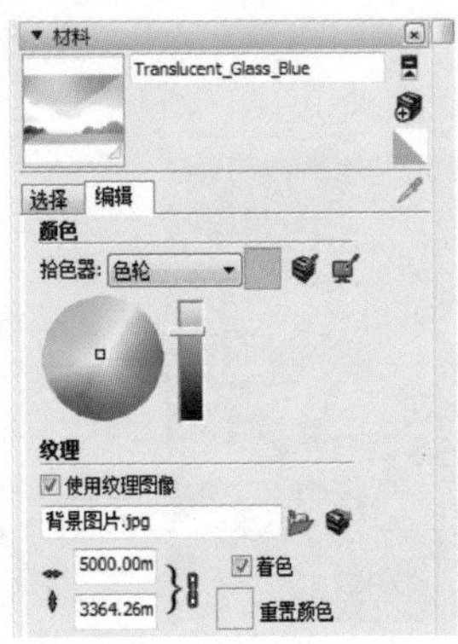

图 10-26 填充玻璃材质

03 单击【矩形】按钮，绘制矩形面，如图 10-27 所示。

04 单击【推/拉】按钮，将矩形面分别拉出 5mm，形成大门雨篷及石阶，如图 10-28 所示。

图 10-27 绘制矩形面

图 10-28 推拉矩形面

05 单击【直线】按钮，绘制直线，如图 10-29 所示。单击【推/拉】按钮，推拉出石阶，如图 10-30 所示。

图 10-29 绘制直线

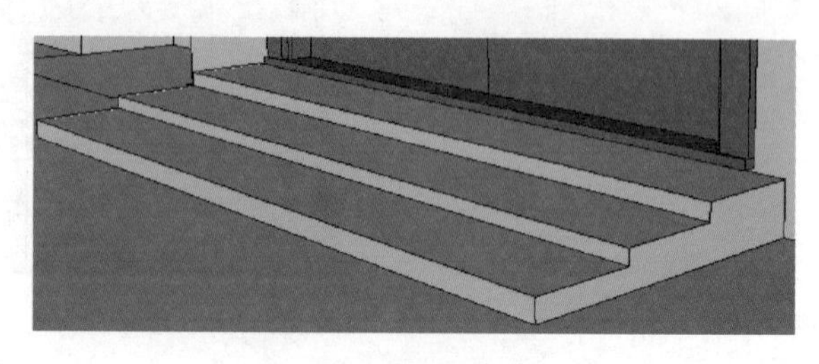

图 10-30 推拉出石阶

06 选择雨篷顶面，单击【偏移】按钮，向里偏移复制，偏移距离为 0.5mm。单击【推/拉】按钮，推拉出积水沟效果，如图 10-31、图 10-32 所示。

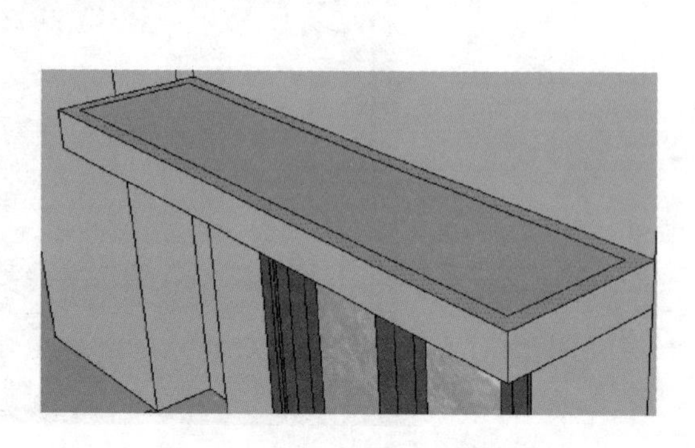

图 10-31 偏移复制雨篷顶面

图 10-32 推拉出积水沟效果

(2) 创建开口窗。

01 单击【矩形】按钮，在墙体上绘制一个矩形面。单击鼠标右键，选择【创建组件】命令，如图 10-33 所示。

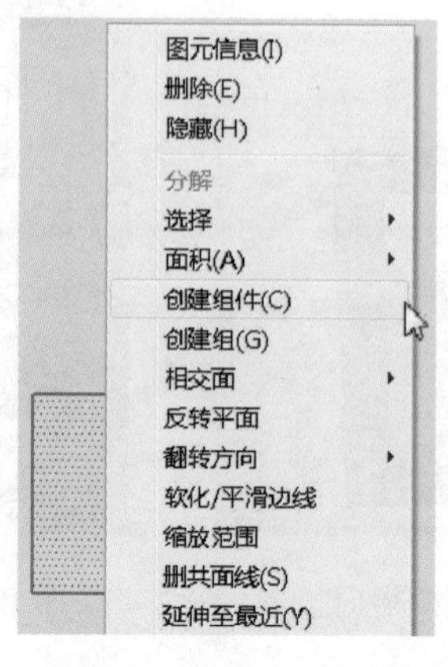

图 10-33 绘制矩形面并创建组件

02 双击组件进入编辑状态，如图 10-34 所示。单击【推/拉】按钮，向外推拉 1. 5mm，如图 10-35 所示。

03 删除多余的侧面，如图 10-36 所示。

图 10-34　双击组件进入编辑状态

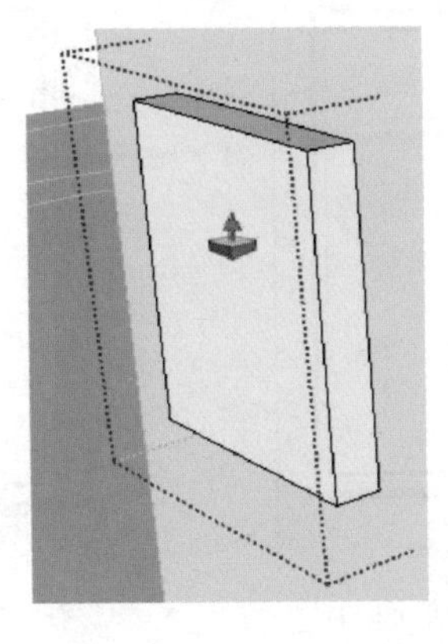

图 10-35　推拉矩形面

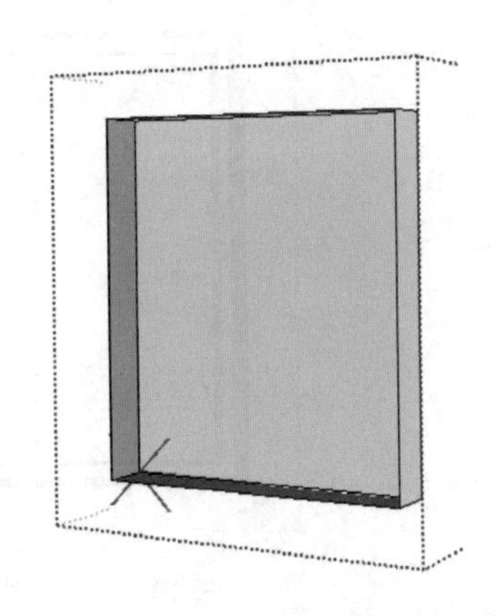

图 10-36　删除多余的侧面

04 选中内部面，单击鼠标右键，选择【反转平面】命令，如图 10-37、图 10-38 所示。

图 10-37　反转平面

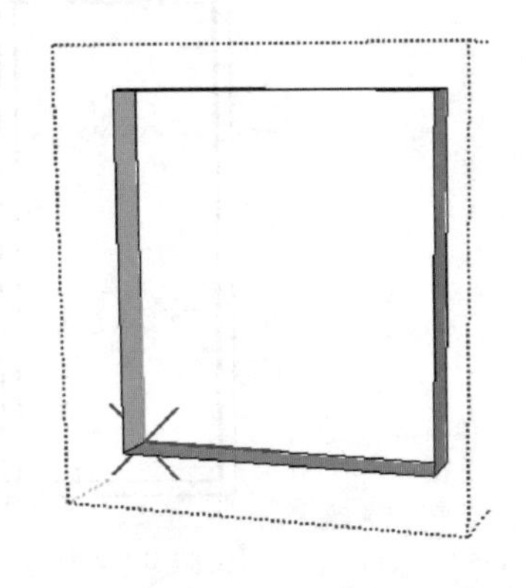

图 10-38　反转效果

05 单击【偏移】按钮，将面向里偏移复制，偏移距离为 0. 5mm，如图 10-39 所示。

06 单击【推/拉】按钮，向外拉 0. 5mm，形成窗边框效果如图 10-40 所示。

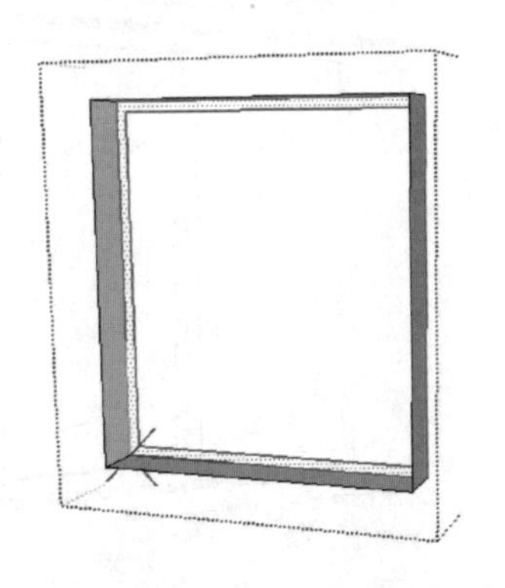

图 10-39　偏移复制面

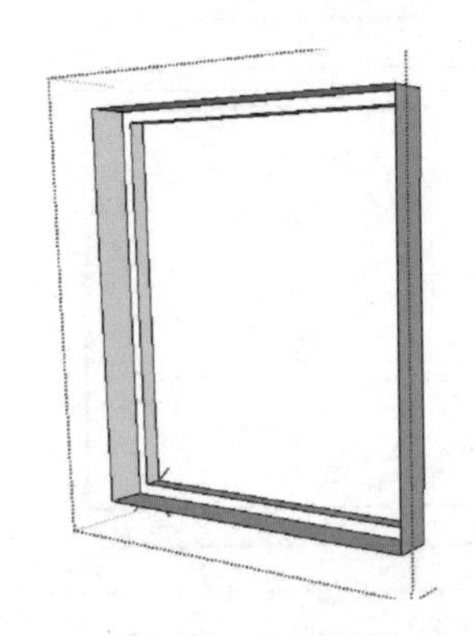

图 10-40　向外推拉出窗边框

07 单击【矩形】按钮，绘制矩形面，如图 10-41 所示。单击【推/拉】按钮，推拉出窗扇框，如图 10-42 所示。

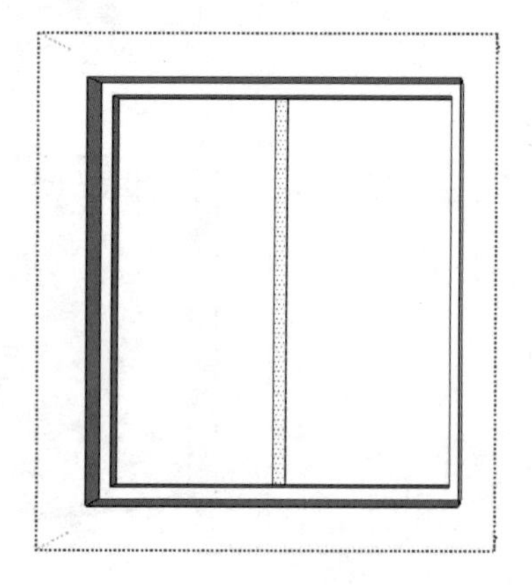

图 10-41 绘制矩形面

图 10-42 推拉出窗扇框

08 删除窗户周围多余的面，如图 10-43 所示。

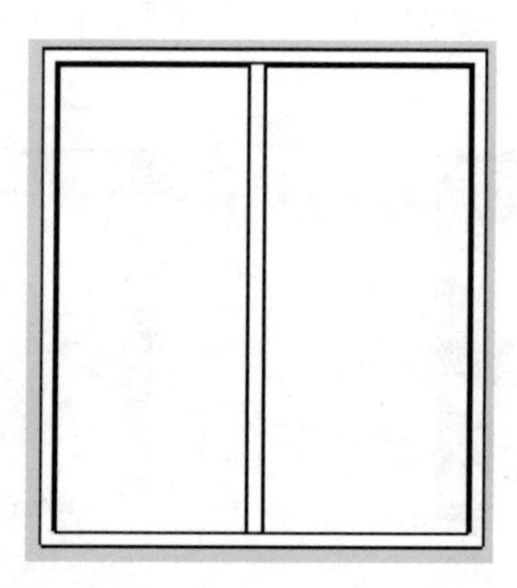

图 10-43 删除窗户周围多余的

09 单击【矩形】按钮，在窗户上方和下方绘制矩形面。单击【推/拉】按钮，向外拉出 14mm，形成雨篷和窗台，如图 10-44、图 10-45 所示。

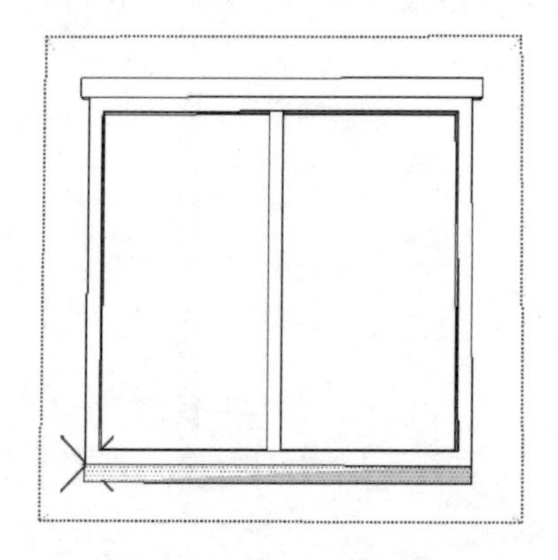

图 10-44 在窗户下方绘制矩形面

图 10-45 推拉形成窗台

10 为窗户填充相应的材质，填充效果如图 10-46 所示。

11 单击【移动】按钮，将窗户组件进行复制，并缩放其大小，如图 10-47 所示。

图 10-46 为窗户填充相应的材质

图 10-47 将窗户组件进行复制

(3) 创建阳台。

01 单击【矩形】按钮，绘制矩形面，再将其创建成组件，如图 10-48 所示。

02 单击【推/拉】按钮，向外拉出 4mm，如图 10-49 所示。

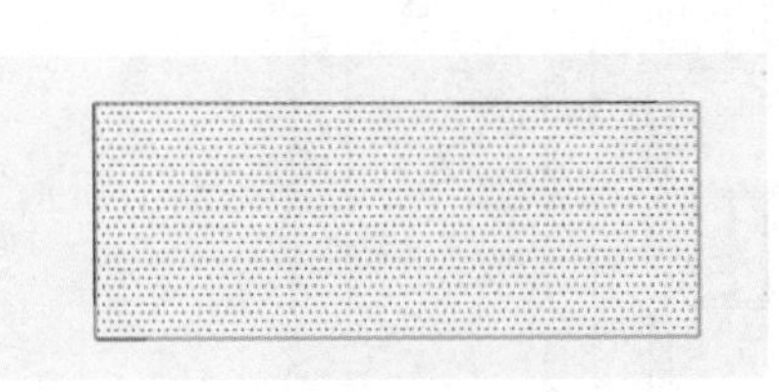

图 10-48 绘制矩形面

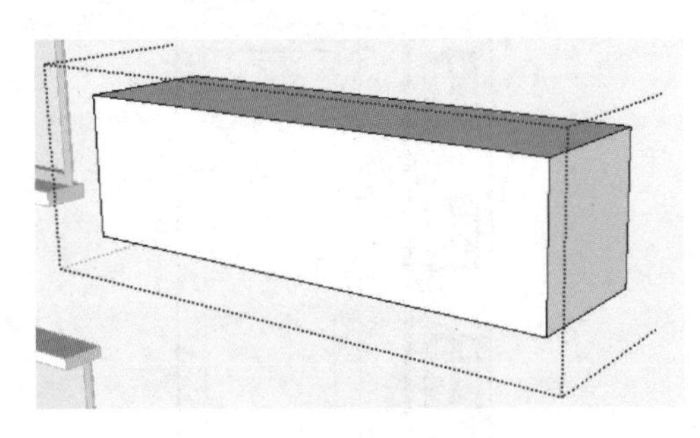

图 10-49 推拉矩形面

03 单击【偏移】按钮，将顶面向里偏移复制，偏移一定距离，如图 10-50 所示。

04 单击【推/拉】按钮，推拉出阳台，如图 10-51 所示。

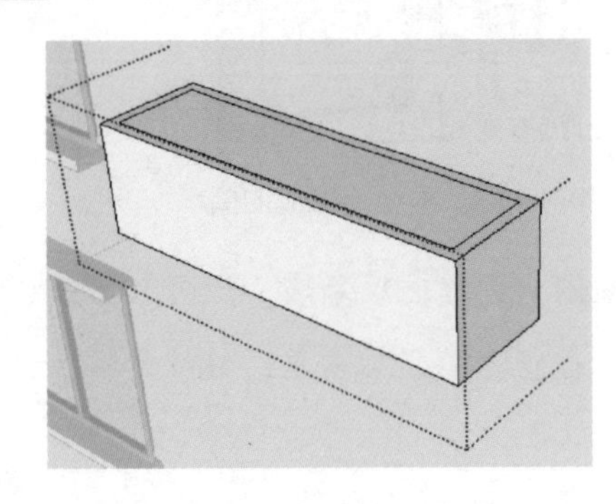

图 10-50 将面向里偏移

图 10-51 推拉出阳台

05 在阳台上方导入门组件，如图 10-52 所示。

06 单击【移动】按钮，对阳台进行复制，如图 10-53 所示。

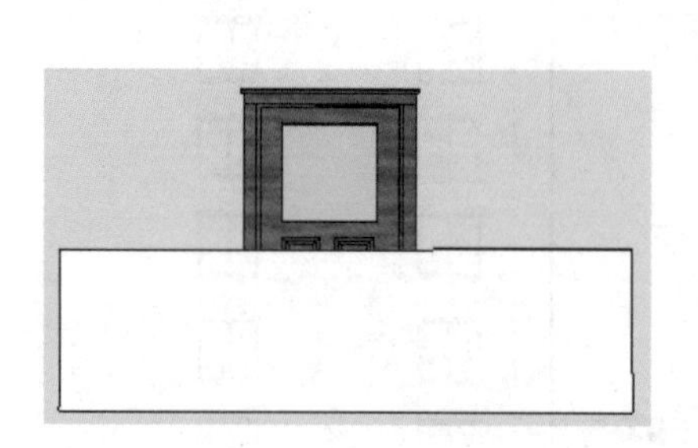
图 10-52　导入门组件

图 10-53　将阳台组件进行复制

（4）创建楼梯间和天台。

01 创建楼梯间。绘制矩形面，然后单击【偏移】按钮，将面向里偏移复制，偏移距离为 3mm，如图 10-54 所示。

02 单击【推/拉】按钮，向里推 1mm，如图 10-55 所示。

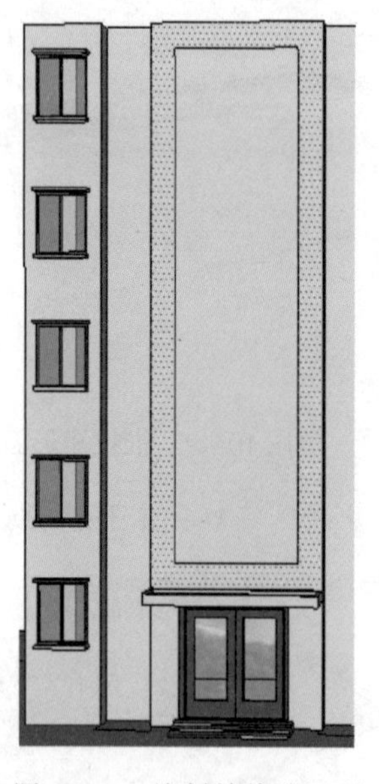
图 10-54　绘制并偏移矩形

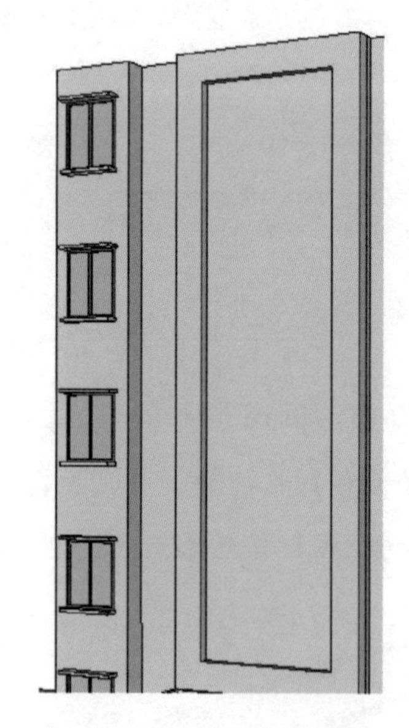
图 10-55　推拉面形成凹陷

03 启动建筑插件，单击【玻璃幕墙】按钮，创建玻璃幕墙，如图 10-56 所示。

04 创建天台。选择楼顶面，单击【偏移】按钮将顶面向里，偏移复制，偏移距离为 1mm，生成天台曲线，如图 10-57 所示。

提示　在创建玻璃幕墙时，如果是反面，则无法自动填充玻璃颜色，需要执行【反转平面】命令，然后再执行【玻璃幕墙】命令，才能创建成功。

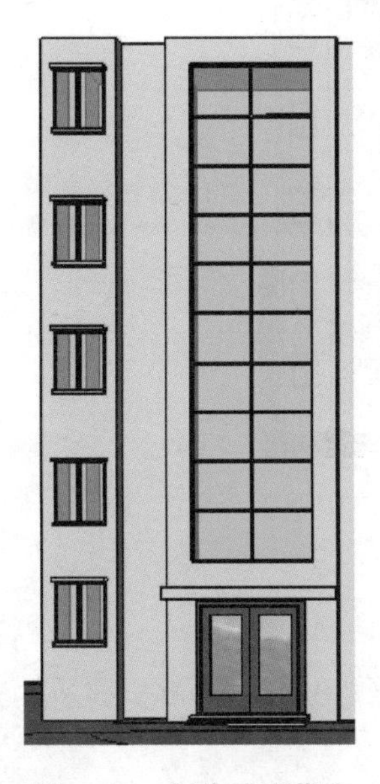

图 10-56 创建玻璃幕墙

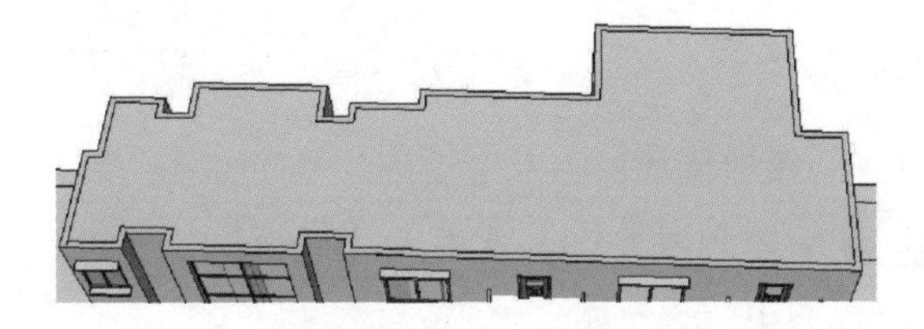

图 10-57 绘制天台曲线

05 单击【推/拉】按钮，推拉出天台，如图 10-58 所示。

06 单击【推/拉】按钮，继续推拉出其他的结构如图 10-59 所示。

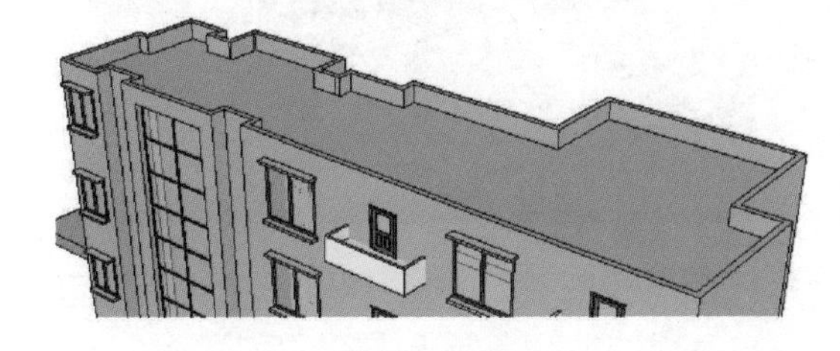

图 10-58 推拉出天台

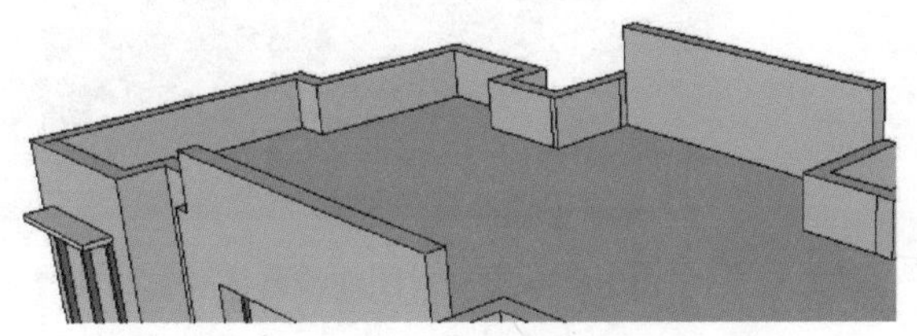

图 10-59 推拉出其他的结构

07 单击【直线】按钮，绘制直线，如图 10-60 所示。单击【推/拉】按钮，推拉出盖板如图 10-61 所示。

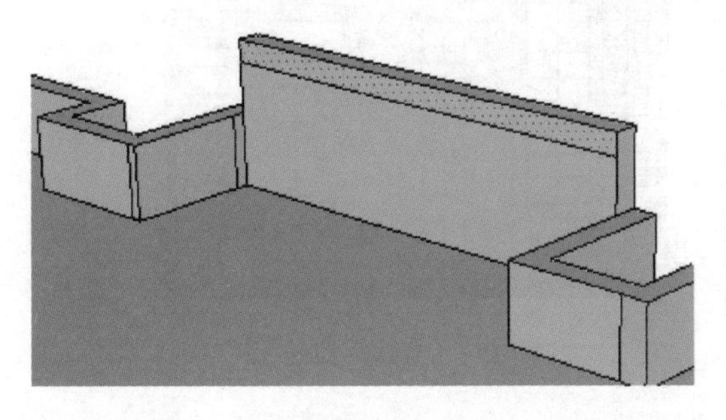

图 10-60 绘制直线

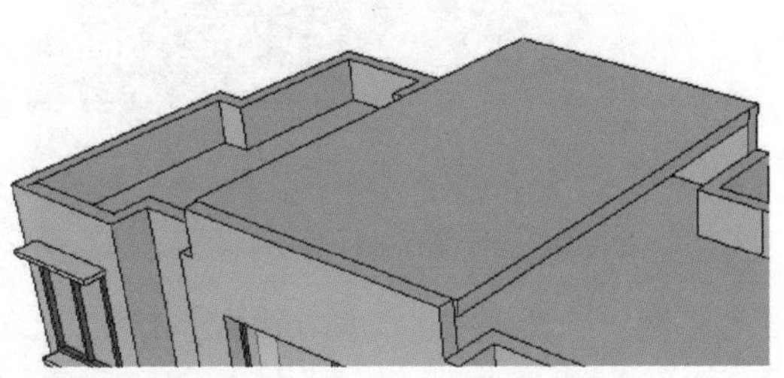

图 10-61 推拉出盖板

08 单击【移动】按钮，复制窗户及阳台，完善户型背面效果，如图 10-62 所示。

图 10-62　复制窗户及阳台

（5）创建绿化池。

01 绘制封闭曲线，再单击【偏移】按钮，向里偏移复制，偏移距离为 0.5mm，如图 10-63 所示。

02 单击【推/拉】按钮，分别推拉 1mm、6mm，如图 10-64 所示。

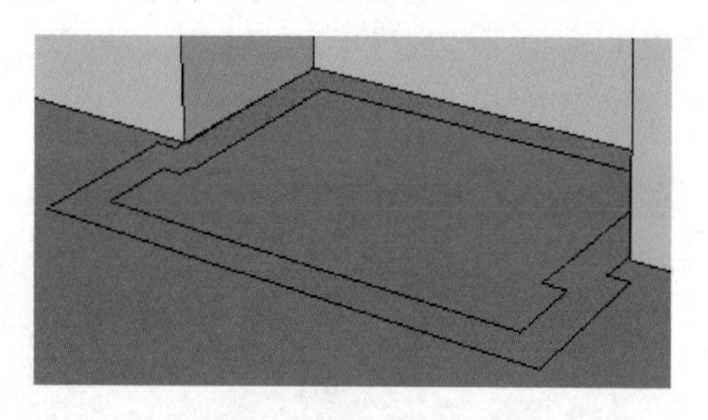

图 10-63　绘制封闭曲线并偏移复制曲线

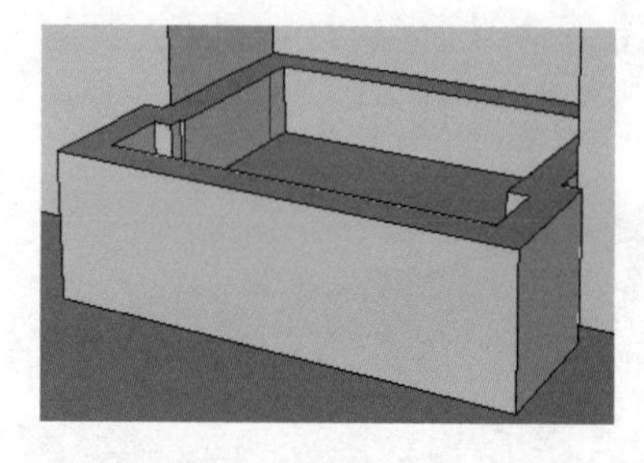

图 10-64　推拉面形成绿化池

03 通过【材料】面板为绿化池填充材质，如图 10-65 所示。

04 通过【材料】面板继续为创建好的 A 户型完善其他材质，如图 10-66 所示。

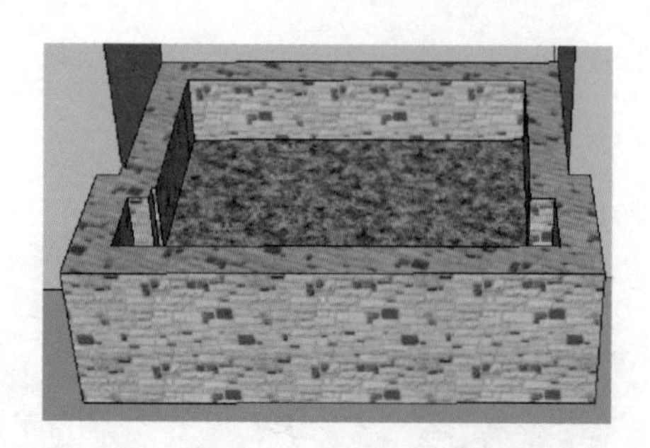

图 10-65　为绿化池填充材质

图 10-66　完善其他材质

2. 创建 B 户型

创建住宅小区 B 户型的建筑模型，包括需要创建住宅大门入口、窗户、户外阳台、天台和楼梯间等模型。

(1) 创建大门入口。

01 选择B户型的曲面，单击【推/拉】按钮，向上拉出100mm，生成B户型建筑主体模型，如图10-67所示。

02 单击【擦除】按钮，擦除多余的线，如图10-68所示。

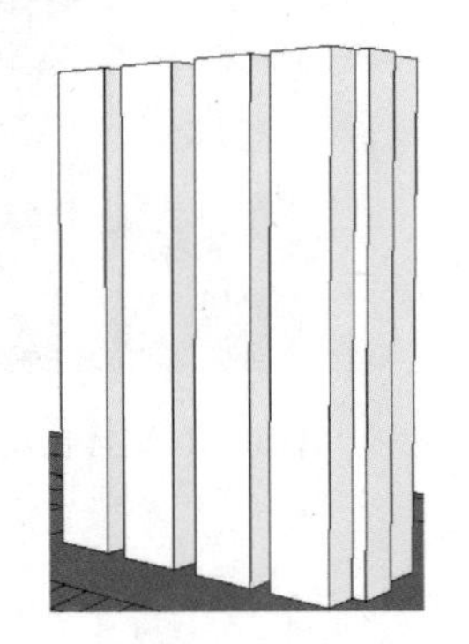

图10-67 创建B户型主体模型

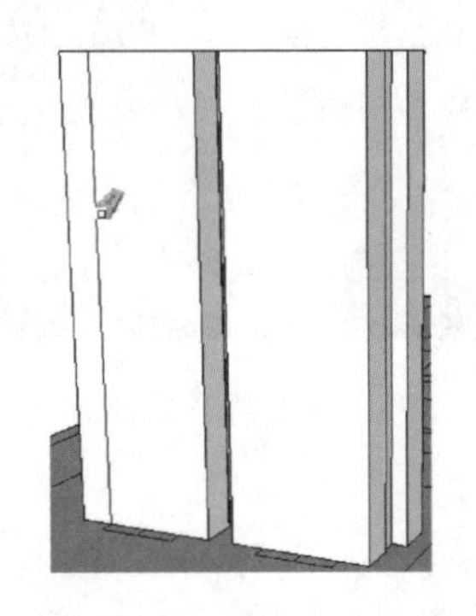

图10-68 擦除多余的线

03 导入大门组件，如图10-69所示。

04 单击【矩形】按钮，在大门顶部及底部分别绘制矩形面，如图10-70所示。

图10-69 导入大门组件

图10-70 绘制矩形面

05 单击【推/拉】按钮，向外推拉8mm，创建出大门雨篷及石阶，如图10-71所示。

06 单击【圆】按钮，在石阶顶面绘制两个圆。单击【推/拉】按钮，推拉出圆柱，如图10-72所示。

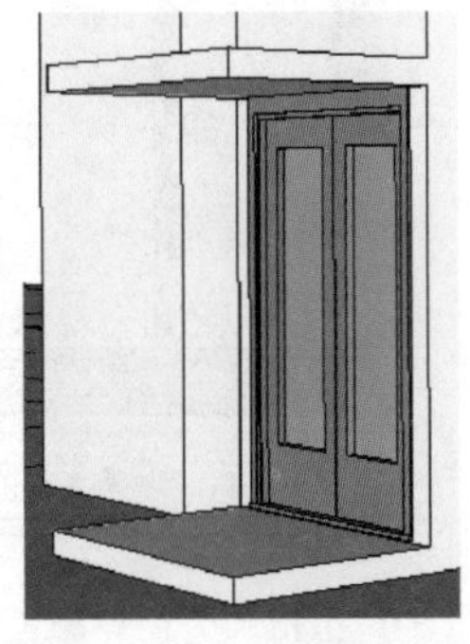

图10-71 推拉出大门雨篷及石阶

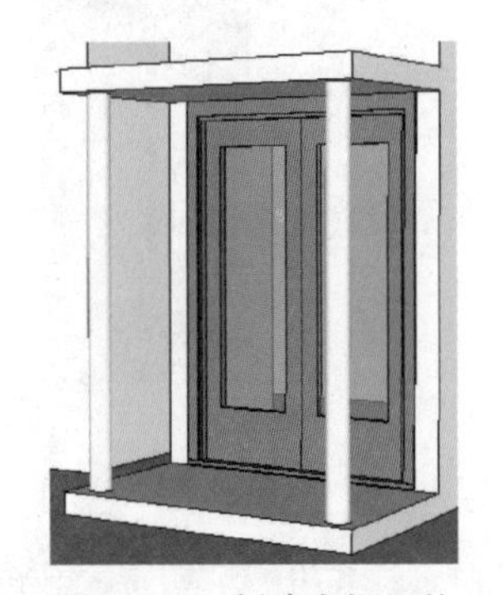

图10-72 创建大门立柱

07 单击【直线】按钮，在石阶顶面绘制直线，如图10-73所示。单击【推/拉】按钮，推拉出石阶，如图10-74所示。

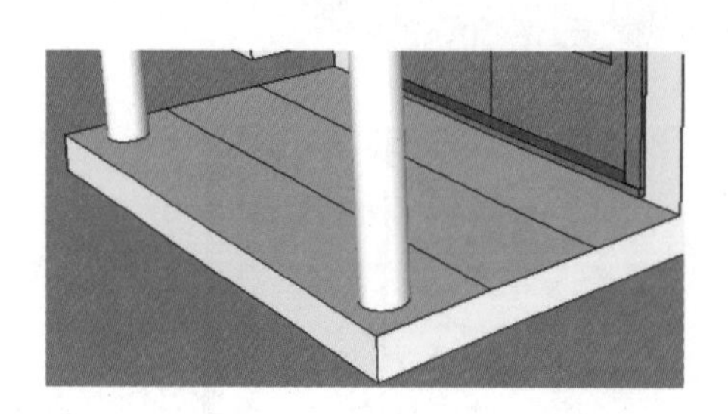
图10-73 在石阶顶面绘制直线

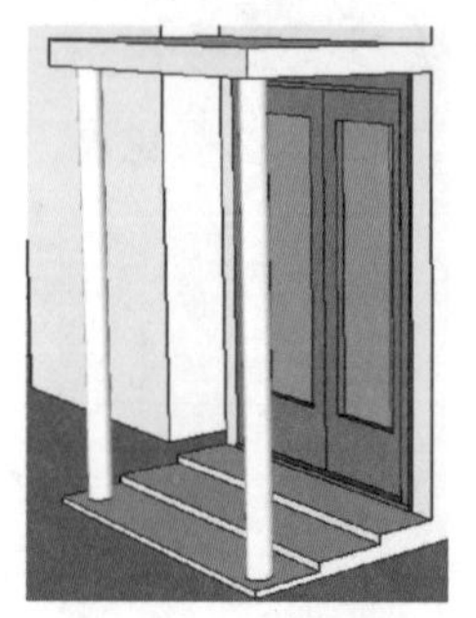
图10-74 推拉出石阶

（2）创建窗户。

01 在菜单栏执行【文件】/【导入】命令，导入窗户组件，如图10-75所示。

02 单击【矩形】按钮，在窗户顶部及底部分别绘制矩形面，如图10-76所示。

图10-75 导入窗户组件

图10-76 绘制矩形面

03 单击【推/拉】按钮，向外推拉一定距离，创建窗台结构，如图10-77所示。

04 通过【材料】面板为窗户填充材质，如图10-78所示。

图10-77 创建窗台结构

图10-78 为窗户填充材质

05 单击【移动】按钮，复制窗户组件，如图 10-79 所示。

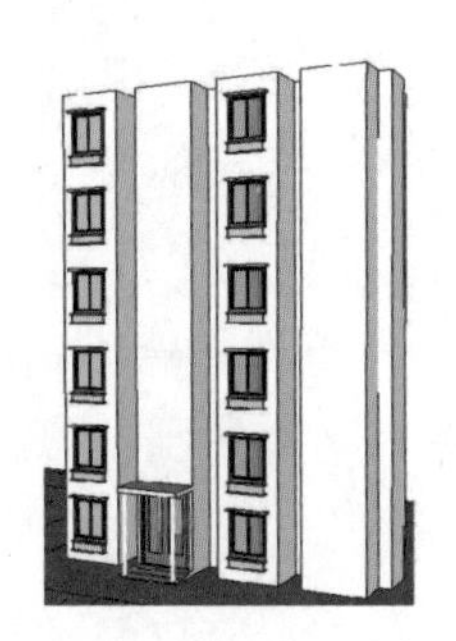

图 10-79 复制窗户组件

(3) 创建阳台。

01 单击【矩形】按钮，绘制矩形面，如图 10-80 所示。

02 单击【推/拉】按钮，向外推拉 14mm，拉出阳台底板，如图 10-81 所示。

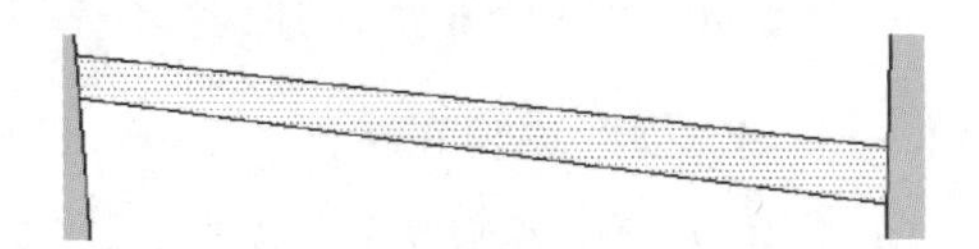

图 10-80 矩形面

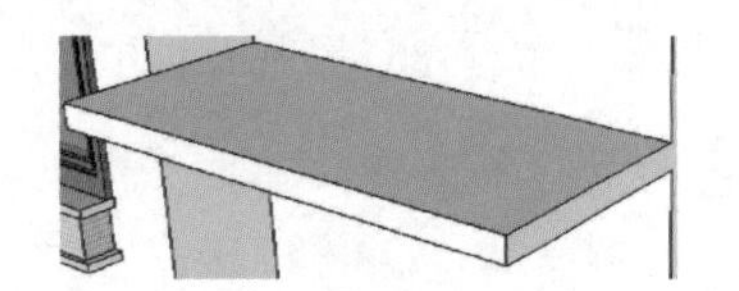

图 10-81 推拉出阳台底板

03 单击【偏移】按钮，将面向里偏移复制，偏移距离为 0.5mm，如图 10-82 所示。

04 单击【推/拉】按钮，推拉出阳台围栏，如图 10-83 所示。

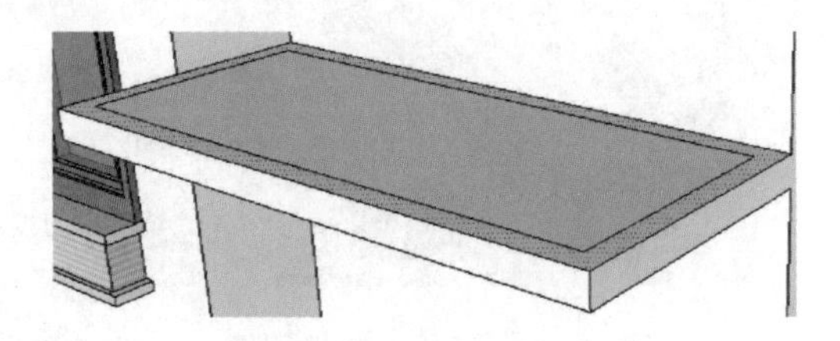

图 10-82 创建偏移面

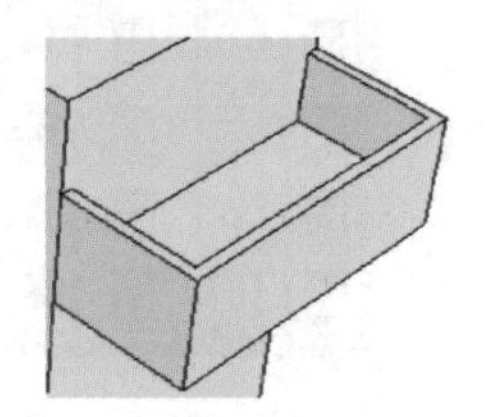

图 10-83 推拉出阳台围栏

05 导入玻璃门组件，如图 10-84 所示。

06 单击【移动】按钮，复制阳台组件，如图 10-85 所示。

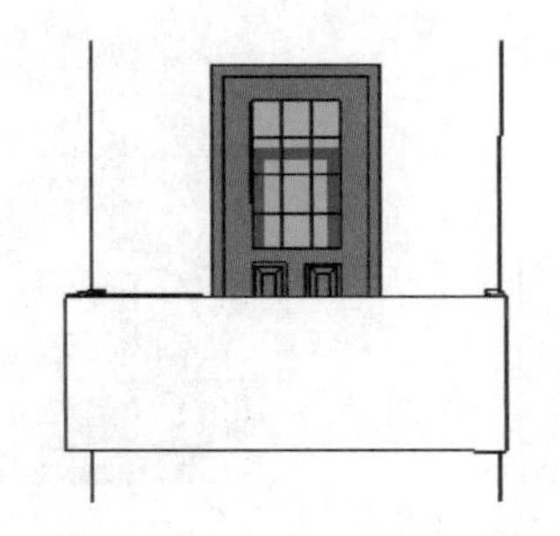

图 10-84 导入玻璃门组件

图 10-85 复制阳台组件

（4）创建楼梯间和天台。

01 创建楼梯间。单击【直线】按钮，绘制直线并形成面，如图 10-86 所示。

02 单击【推/拉】按钮，向外推拉一定距离，如图 10-87 所示。

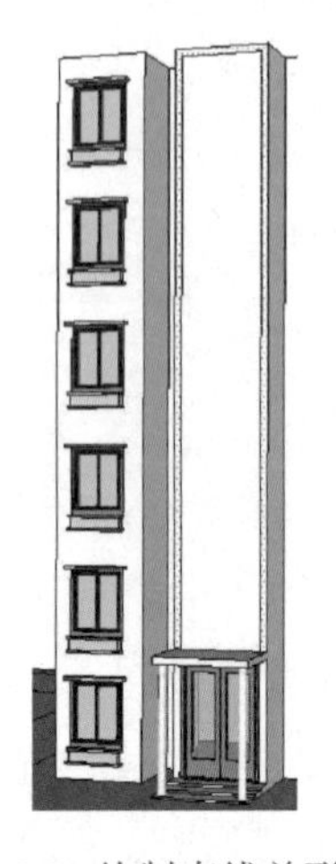

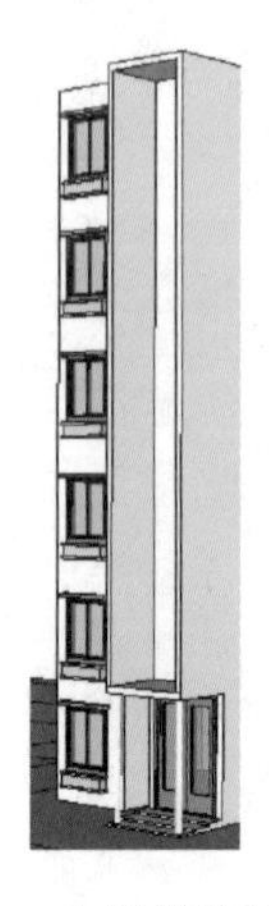

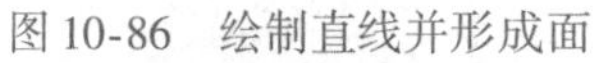

图 10-86　绘制直线并形成面　　　图 10-87　向外推拉形成凹陷

03 启动建筑插件，单击【玻璃幕墙】按钮，创建玻璃幕墙，如图 10-88 所示。

04 创建天台。选择楼顶面单击【偏移】按钮，将楼顶面向里偏移复制，偏移距离为 1mm，如图 10-89 所示。

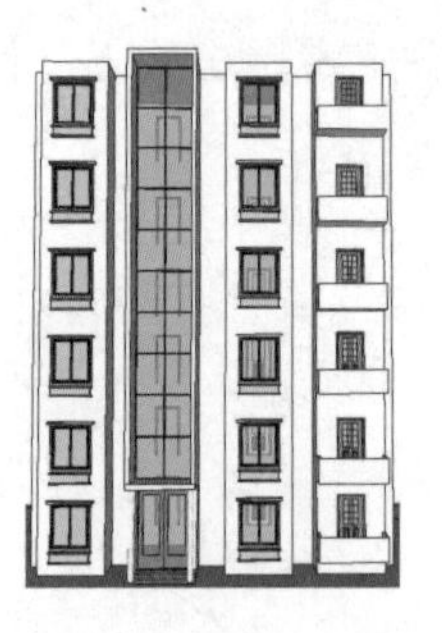

图 10-88　创建玻璃幕墙

图 10-89　偏移复制楼顶面

05 单击【推/拉】按钮，推拉出天台，如图 10-90 所示。

06 为户型填充材质完善整体建筑效果，如图 10-91 所示。

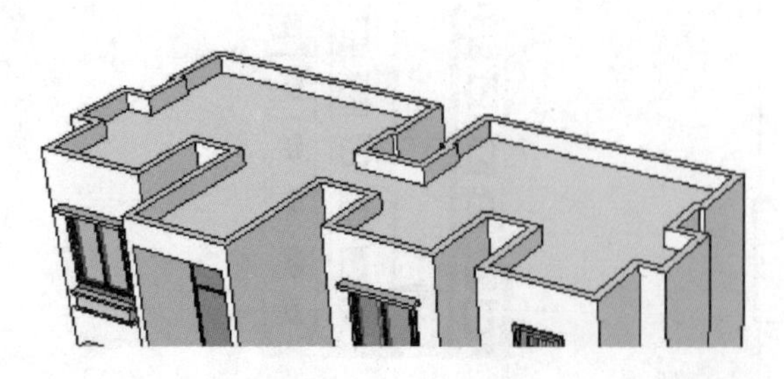

图 10-90　推拉出天台

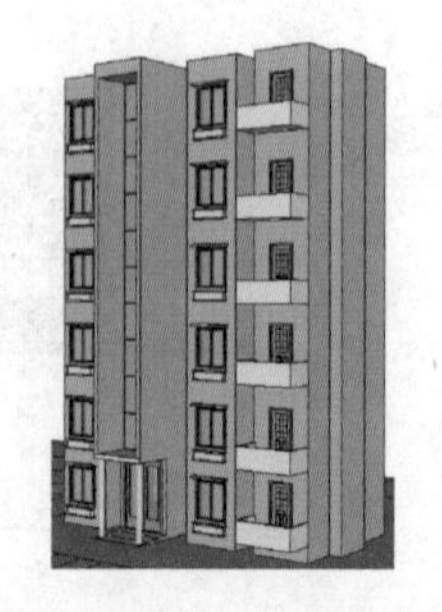

图 10-91　为户型填充材质

3. 创建C户型

C户型模型创建的方法与A、B户型类似，很多步骤就不再重复讲解了，主要包括创建住宅大门入口、窗户、户外阳台、天台和楼梯间等模型。

参照户型图纸，完成C户型的设计。将3种不同的户型分别复制到相应的位置上，住宅小区建模完毕，如图10-92所示。

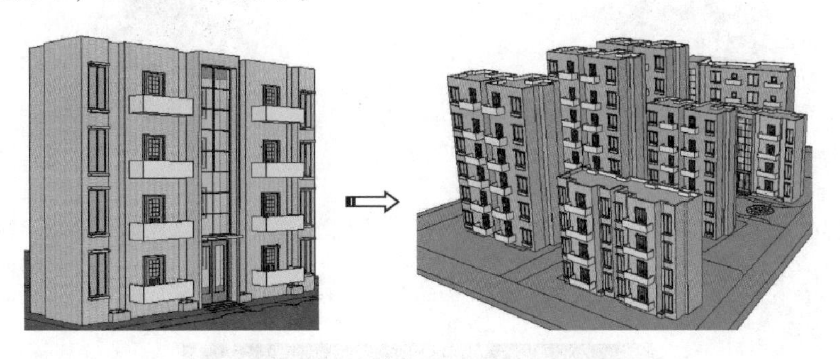

图 10-92

4. 完善其他设施

参照图纸，对住宅小区的其他地方进行建模，包括创建入口处的花坛和花形铺砖，以及小区内部的路面铺砖和草坪，最后就是道路的斑马线和绿化带效果。

01 绘制封面曲线，单击【推/拉】按钮，将封面曲线推高1mm，推拉出花坛边栏，如图10-93所示。再推拉出花坛底板，如图10-94所示。

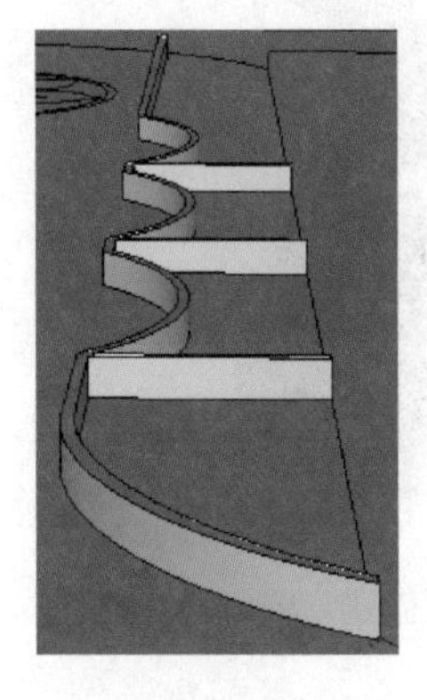

图10-93 绘制封面曲线先推拉花坛边栏

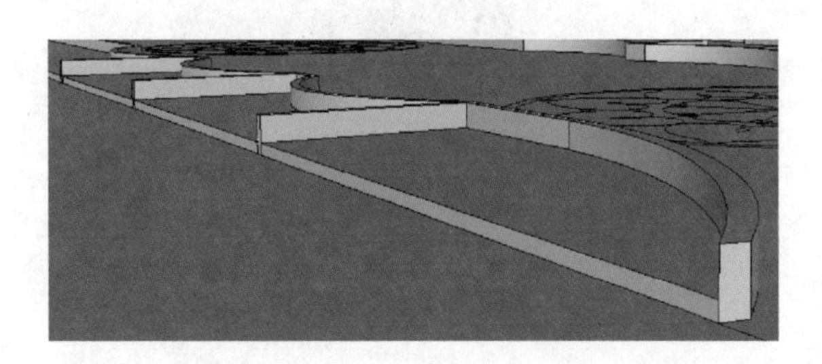

图10-94 再推拉出花坛底板

02 为花坛填充材质，如图10-95所示。

03 参照图纸绘制花形图案，复制花形图案后，再填充颜色，如图10-96所示。

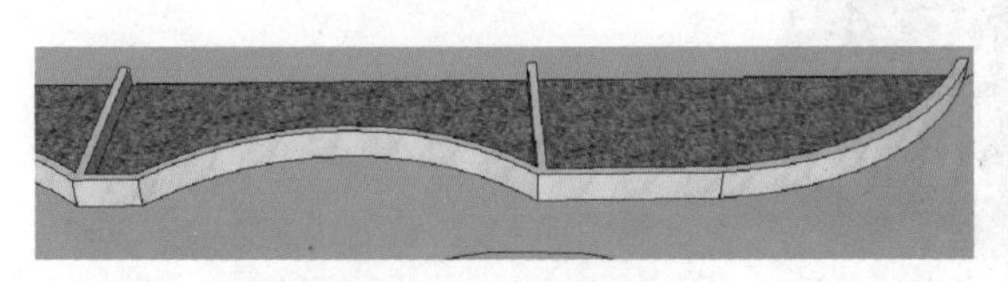

图10-95 为花坛填充材质

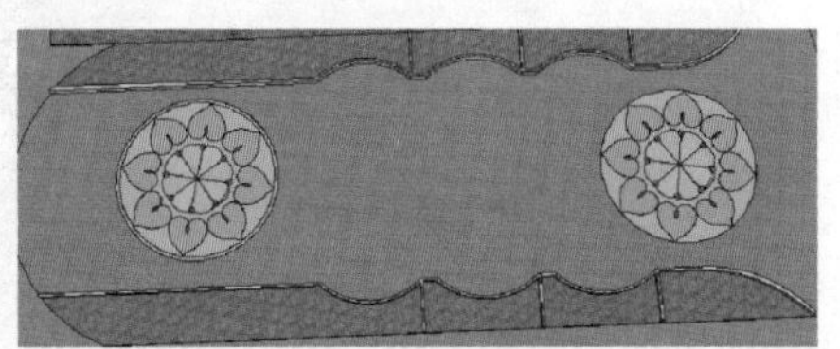

图10-96 绘制花形图案

04 为小区路面填充混凝土砖和添加草坪材质，如图 10-97、图 10-98 所示。

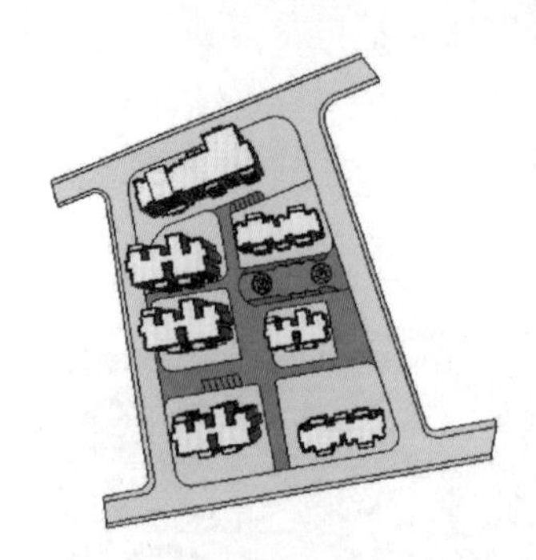

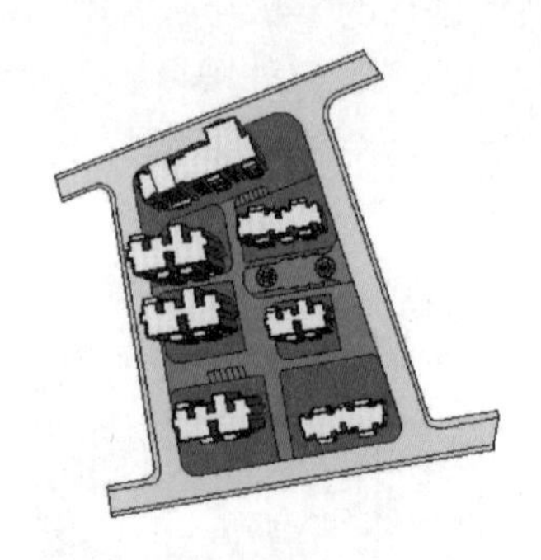

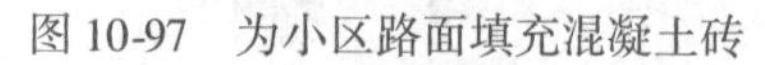

图 10-97　为小区路面填充混凝土砖　　　　图 10-98　为小区路面添加草坪材质

05 单击【推/拉】按钮，将草坪推高 0.3mm，如图 10-99 所示。

图 10-99　推高草坪

06 导入道路图片，为道路创建贴图材质，如图 10-100、图 10-101 所示。

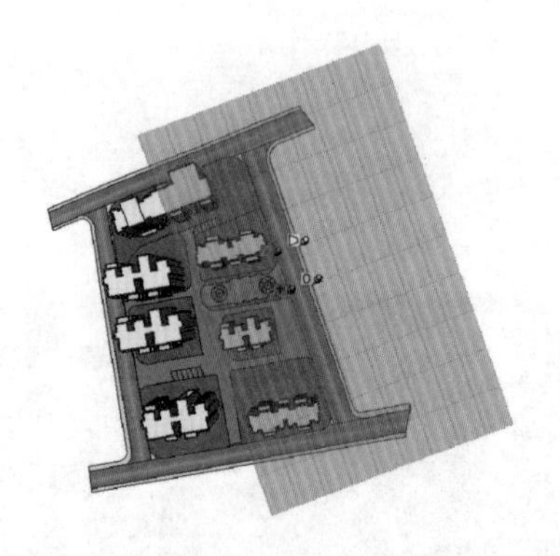

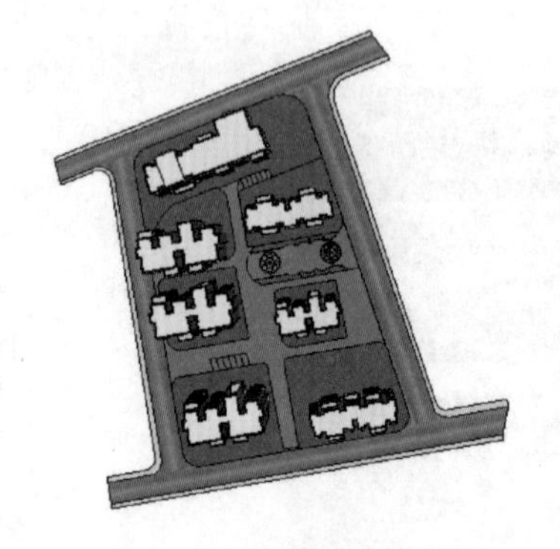

图 10-100　导入道路图片　　　　图 10-101　创建贴图材质

07 添加停车位及车辆组件，如图 10-102 所示。

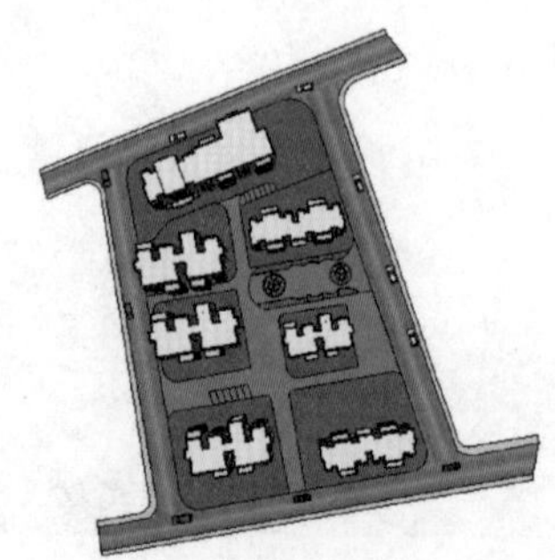

图 10-102　添加停车位及车辆组件

提示

在创建道路贴图时，如果道路比较复杂，需要用线条工具打断成面，然后单独进行平面贴图，最后再将线进行隐藏，这样就能很好地完成贴图效果了。

10.1.4 添加场景

为住宅小区设置阴影，并创建3个场景页面和1个鸟瞰图页面，方便浏览，可以图片格式导出，并进行后期处理。

01 启动阴影工具栏，显示阴影效果，如图10-103、图10-104所示。

图10-103 开启阴影效果

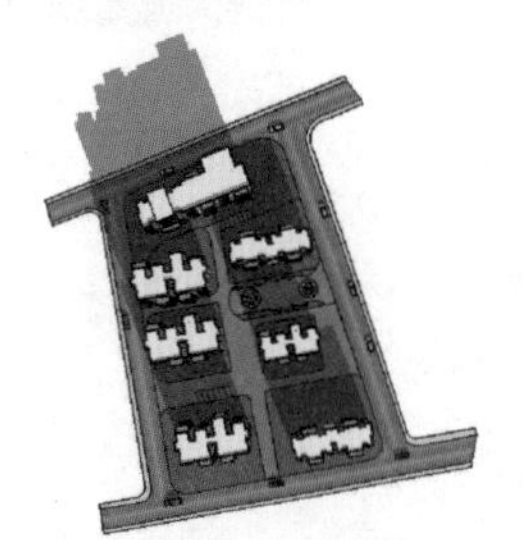

图10-104 显示建筑阴影

02 选择【相机】/【两点透视】命令，将场景显示为两点透视图，具体设置，如图10-105所示。

03 在【风格】面板的【编辑】标签中取消显示边线，如图10-106所示。

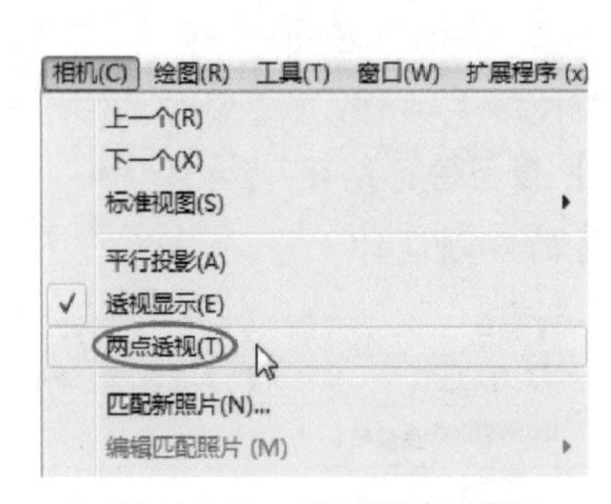

图10-105 设置两点透视

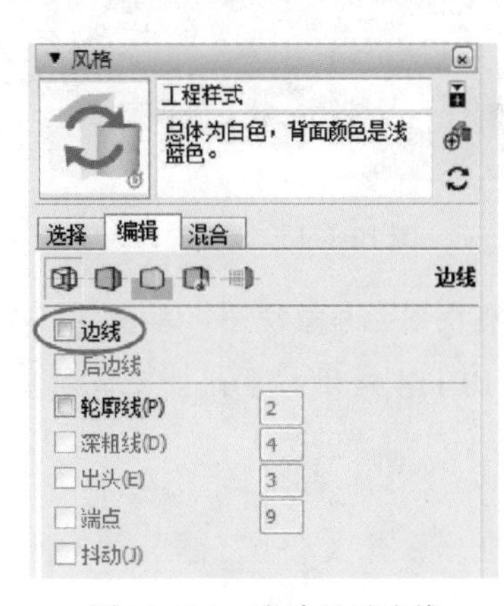

图10-106 取消显示边线

04 调整好视图方向及相机位置，在【场景】面板中单击【添加场景】按钮⊕，创建“场景号1”，如图10-107、图10-108所示。

图10-107 调整视图

图10-108 创建“场景号1”

05 继续调整视图，再单击【添加场景】按钮⊕，创建“场景号 2”，如图 10-109、图 10-110 所示。

图 10-109　调整视图

图 10-110　创建“场景号 2”

06 调整视图，继续单击【添加场景】按钮⊕，创建“场景号 3”，如图 10-111、图 10-112 所示。

图 10-111　调整视图

图 10-112　创建“场景号 3”

07 调整视图为鸟瞰视图，单击【添加场景】按钮⊕，创建“场景号 4”，如图 10-113、图 10-114 所示。至此，完成了住宅小区的规划设计。

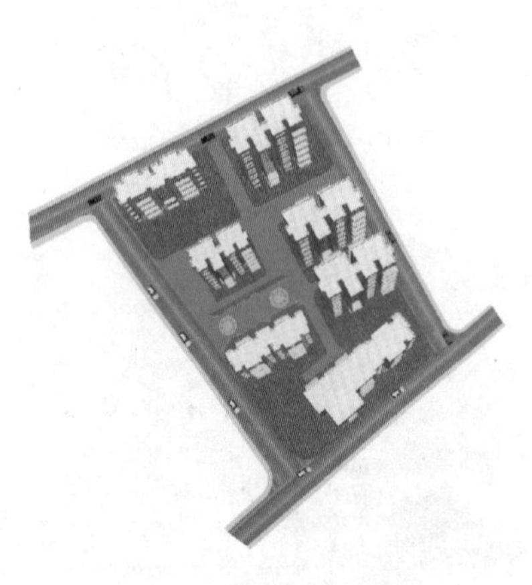
图 10-113　调整视图

图 10-114　创建“场景号 4”

10.2 现代别墅设计方案

源文件：\ Ch10 \ 现代别墅 \ 现代别墅平面图 . dwg
结果文件：\ Ch10 \ 现代别墅 \ 现代别墅设计 . skp
视频：\ Ch10 \ 现代别墅设计方案 . wmv

本节以建立一个现代别墅住宅为例进行讲解。别墅包括4个面和1个屋顶，以栏杆作为外围，地面以混凝土砖铺路，室外配有休闲椅和喷水池。另外，后期制作还添加了不同的植物。图10-115所示为建模效果图，图10-116所示为后期处理效果图。本案例操作流程如下。

（1）整理AutoCAD图纸。
（2）在SketchUp中导入AutoCAD图纸。
（3）调整图纸。
（4）创建立面模型。
（5）创建屋顶。
（6）填充材质。
（7）导入组件。
（8）添加场景页面。
（9）后期处理。

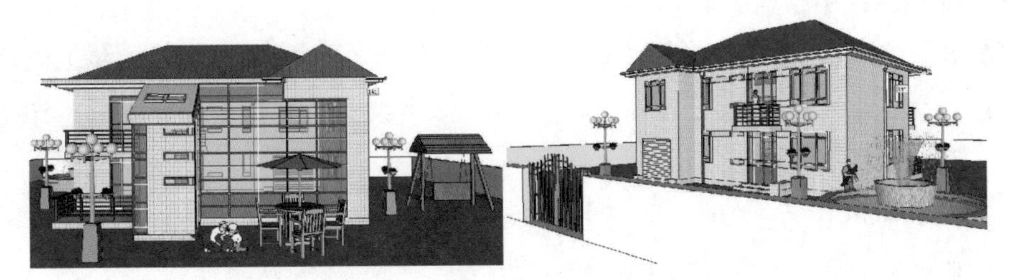

图10-115　建模效果图

图10-116　后期处理效果图

10.2.1 整理AutoCAD图纸

图10-117所示为原图，图10-118所示为简化图。

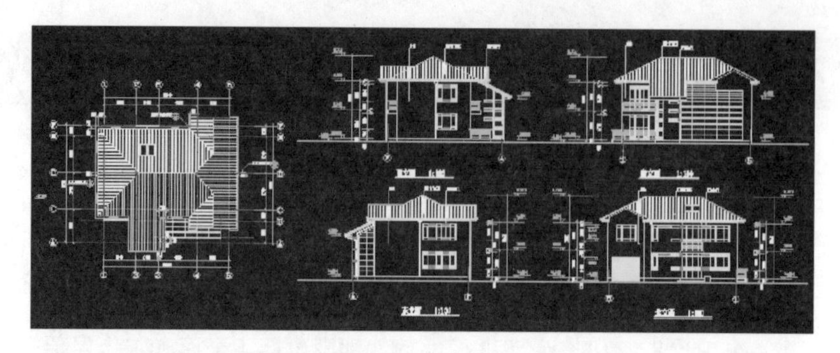

图 10-117　原图

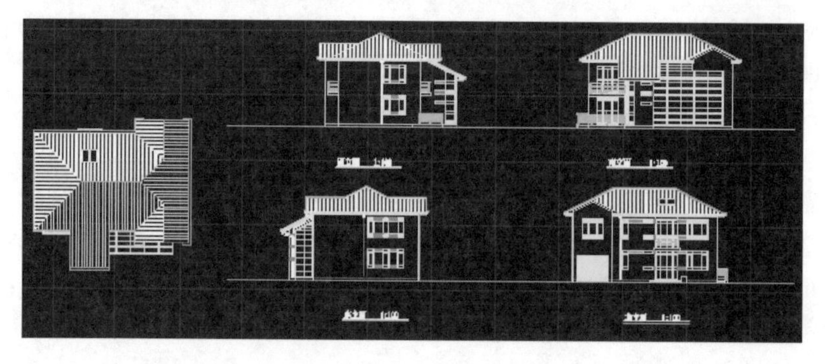

图 10-118　简化图

1. 在 AutoCAD 中整理图纸

01 启动 AutoCAD 2018 软件。打开“现代别墅平面图-原图.dwg”图纸文件。

02 在命令输入行中输入“PU”，按<Enter>键确认，对简化后的图纸进行进一步清理，如图 10-119 所示。

03 在 SketchUp 中，选择【窗口】/【模型信息】命令，弹出【模型信息】对话框，设置模型单位，如图 10-120 所示。

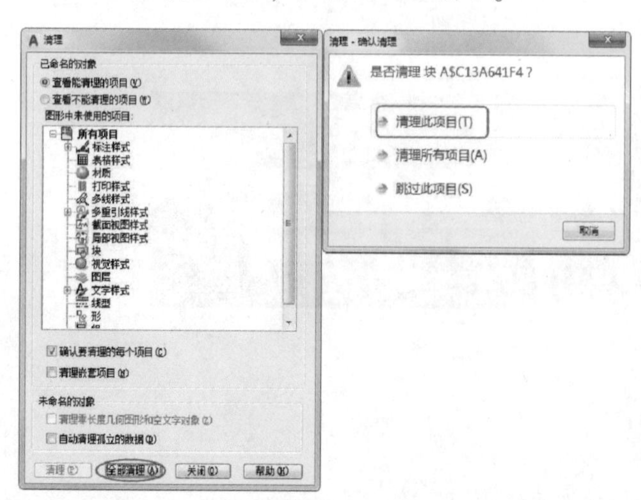

图 10-119　清理图纸

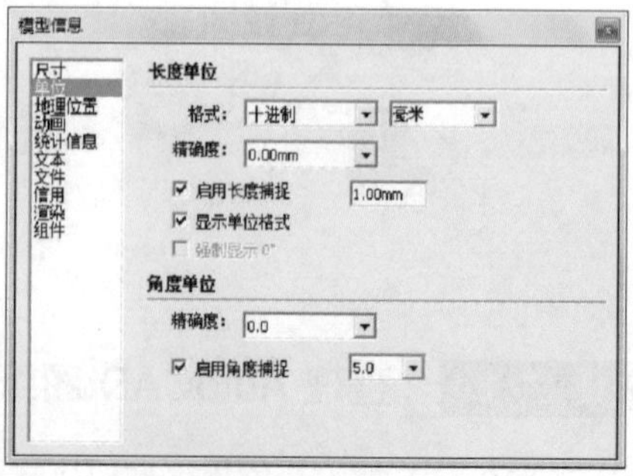

图 10-120　设置模型单位

2. 导入图纸

先导入东南西北 4 个立面的图纸，并创建封闭面。

01 选择【文件】/【导入】命令，弹出【打开】对话框，导入 AutoCAD 图纸。

02 在【打开】对话框中，单击【选项】按钮，在弹出的【导入 AutoCAD DWG/DXF 选项】对话框中设置单位为“毫米”，单击【确定】按钮，如图 10-121 所示。最后单击【打开】对话框的【打开】按钮，即可导入 AutoCAD 图纸，如图 10-122 所示。

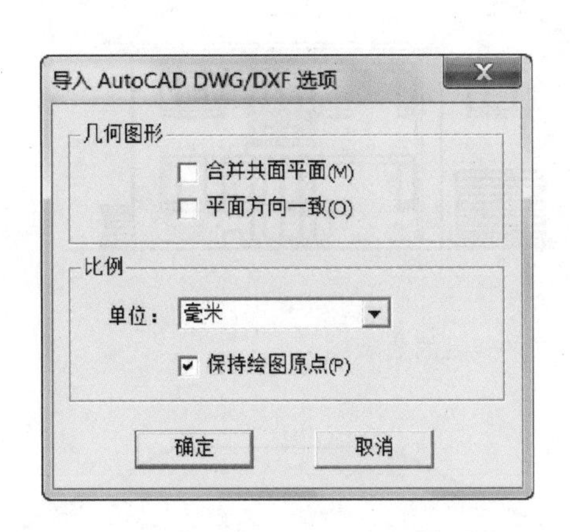

图 10-121 设置导入选项

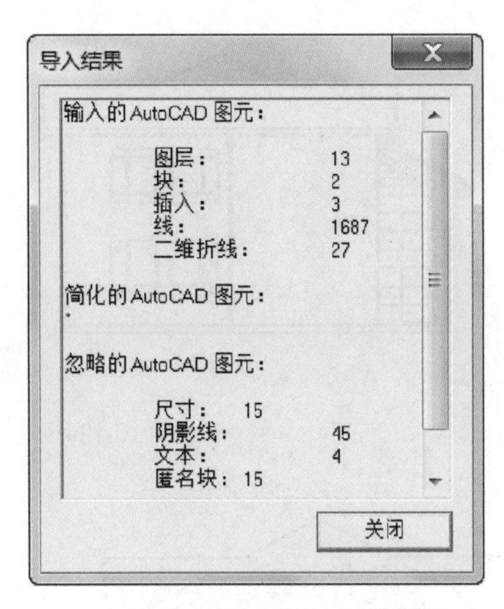

图 10-122 导入结果

03 导入到 SketchUp 中的 AutoCAD 图纸是以线框显示的，如图 10-123 所示。

图 10-123 导入的图纸以线框显示

04 删除多余的线，如图 10-124 所示。

05 单击【直线】按钮，将导入到 SketchUp 中的图纸线条形成一个封闭面，如图 10-125 ~ 图 10-128 所示。

图 10-124　删除多余的线后的效果

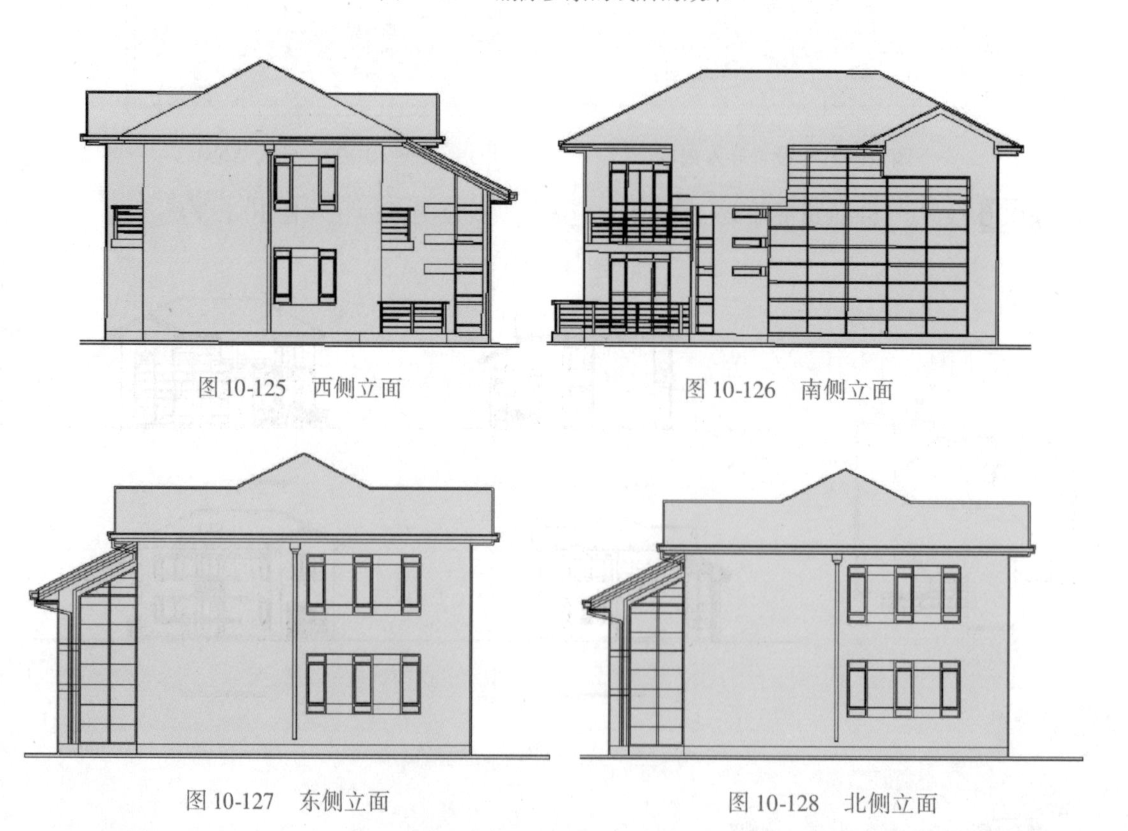

图 10-125　西侧立面

图 10-126　南侧立面

图 10-127　东侧立面

图 10-128　北侧立面

06 创建完封闭面后，单击鼠标右键，在弹出的菜单中选择【创建组】命令，将 4 个立面分别创建群组，如图 10-129 所示。

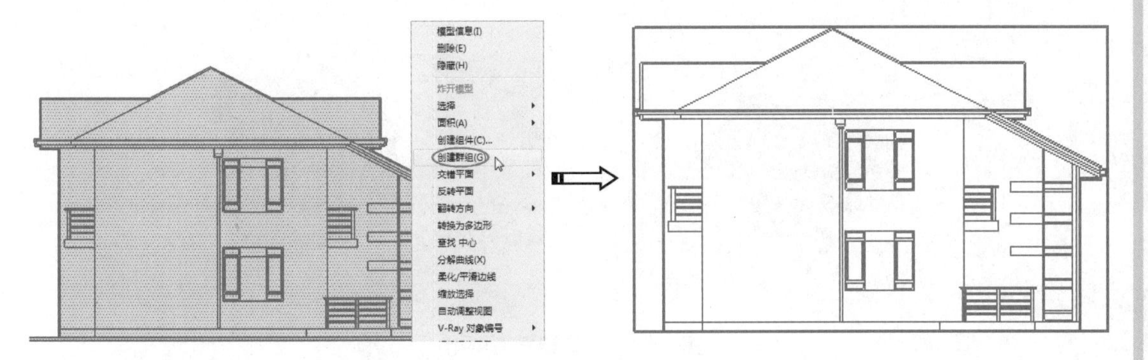

图 10-129 创建组

3. 调整图纸

利用旋转工具调整4个立面的角度，使它们能合围起来，可以利用视图工具查看调整的方位是否对齐。

01 在【图层】面板中单击【添加图层】按钮创建4个图层，并重新命名图层，如图10-130所示。

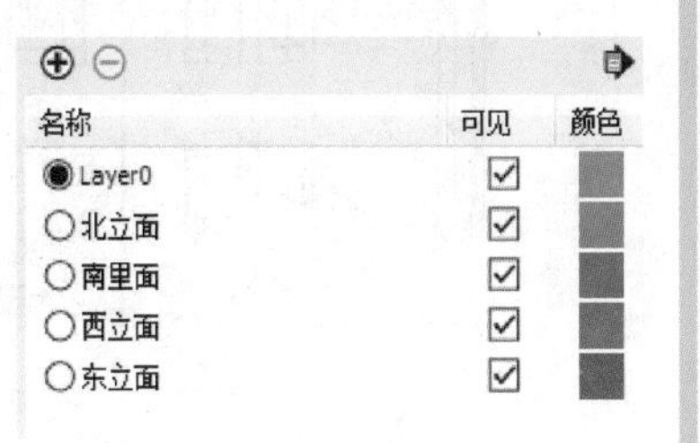

图 10-130 创建图层

02 选中其中的一个立面群组，单击鼠标右键，在弹出的菜单中选择【图元信息】命令，在弹出的【图元信息】面板中选择相应的图层，如图10-131所示。同理，将其余3个立面群组也分别添加到各自的图层中。

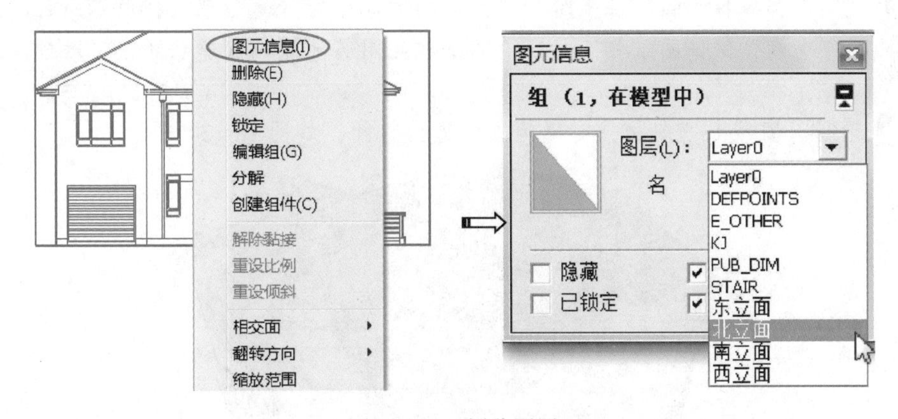

图 10-131 划分图层

> **技巧提示** 创建图层，主要是为了方便划分4个立面，在进行显示或者隐藏的操作中，各图层之间相互不受影响。

03 单击【旋转】按钮，将东立面群组以红色轴为参照，旋转90°，如图10-132所示。同理，对其他立面群组也进行相同的旋转。

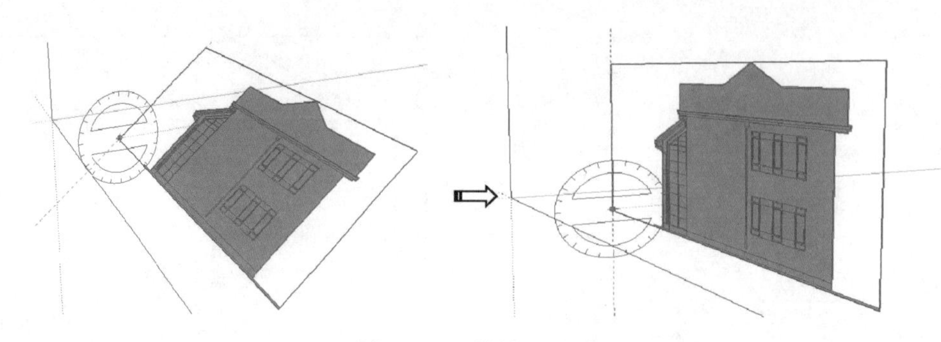

图 10-132 旋转立面群组

04 调整 4 个立面的位置，根据设计图纸按顺序合围起来，如图 10-133 所示。

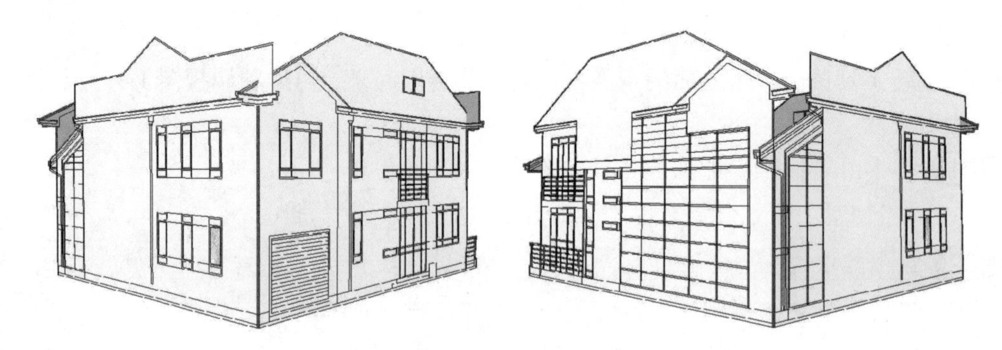

图 10-133 将 4 个立面按图纸顺序进行合围

技巧提示 在调整各立面的位置时，应按轴的方向进行旋转，可以利用不同的视图角度进行查看，保证图纸相互对齐。图纸相互对齐才能确保建立的模型准确。

05 选择【直线】按钮，对建筑底面进行封闭，如图 10-134 所示。

图 10-134 封闭底面

10.2.2 建模设计流程

1. 创建立面模型

操作 4 个立面，然后依次创建出楼梯、窗户、门和栏杆等组件，并填充相应的材质。

(1) 创建北立面。

01 双击北立面群组使其进入编辑状态。

02 单击【推/拉】按钮，推拉出台阶，拉出的同时输入长度，两层台阶长度分别为700mm和350mm，如图10-135、图10-136所示。

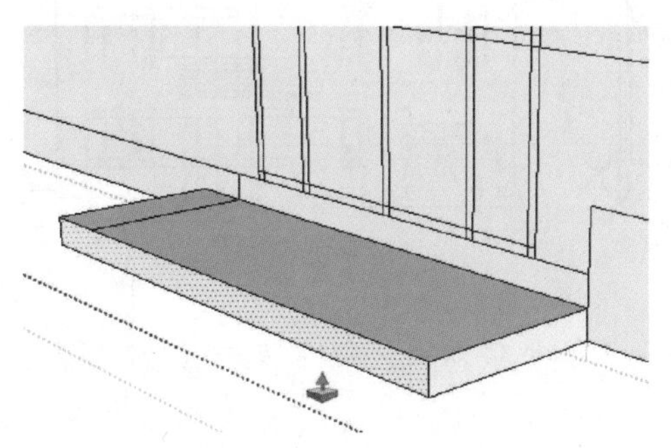

图10-135 推拉第一层台阶

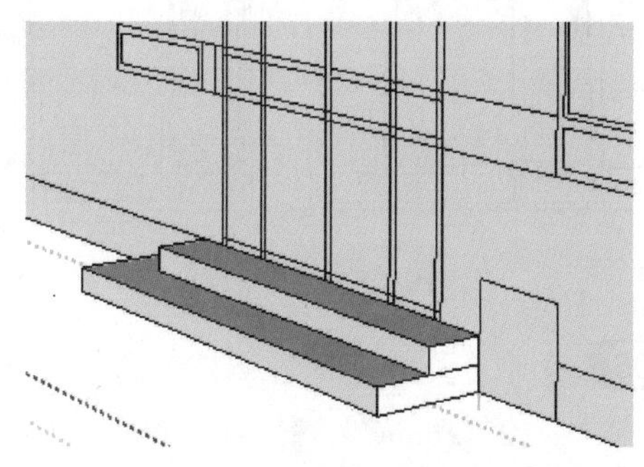

图10-136 推拉第二层台阶

03 单击【推/拉】按钮，选中窗框面，拉出窗框200mm，如图10-137所示。选中各窗口，拉出窗户玻璃100mm，如图10-138所示。

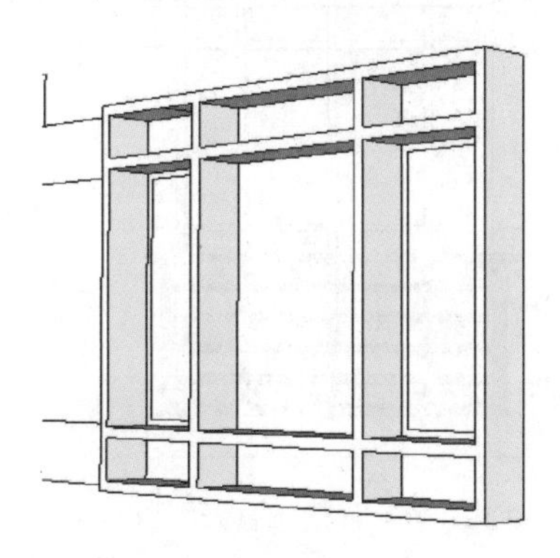

图10-137 推拉出窗框

图10-138 推拉出玻璃

04 在【材料】面板中选择玻璃材质，填充玻璃，如图10-139所示。

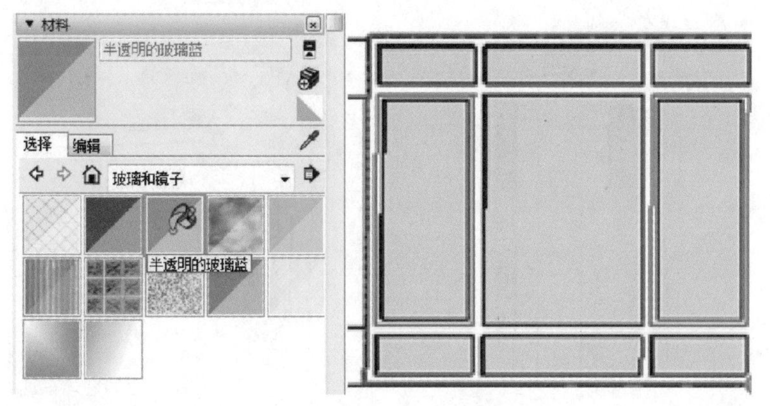

图10-139 填充玻璃材质

05 将窗户创建成组件，单击【移动】按钮，按住 <Ctrl> 键不放，选择窗户进行平移复制操作，复制出新的窗户，如图 10-140、图 10-141 所示。

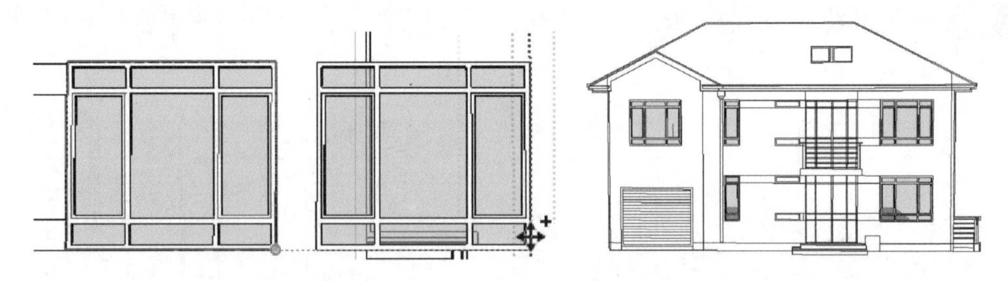

图 10-140 复制窗户　　图 10-141 复制完成所有窗户

06 参考立面图，绘制底层大门的门框曲面和玻璃曲面，然后单击【推/拉】按钮，推拉 200mm 生成门框、推拉 100mm 生成玻璃，然后在【材料】面板中添加玻璃材质给玻璃模型，结果如图 10-142 所示。

07 单击【推/拉】按钮，推拉出二层的阳台（推拉 1000mm）与栏杆（推拉 900mm），在【材料】面板中选择木质纹材质，填充给阳台栏杆，如图 10-143 所示。

图 10-142 创建大门

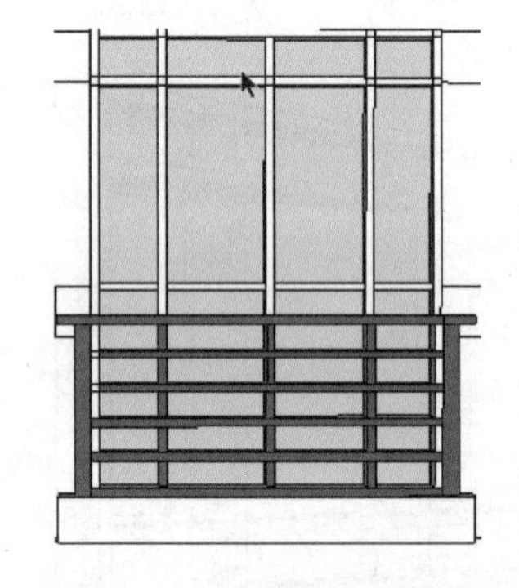

图 10-143 创建阳台及栏杆

08 根据设计图纸，单击【推/拉】按钮，拉出墙体 1200mm，如图 10-144 所示。拉出屋檐 1600mm，如图 10-145 所示。

图 10-144 推拉出墙体

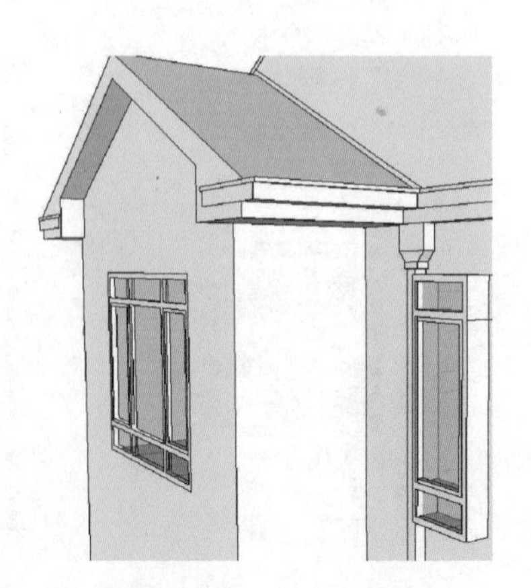

图 10-145 推拉出屋檐

09 单击【推/拉】按钮，拉出墙面装饰带分别为100mm和50mm，如图10-146、图10-147所示。

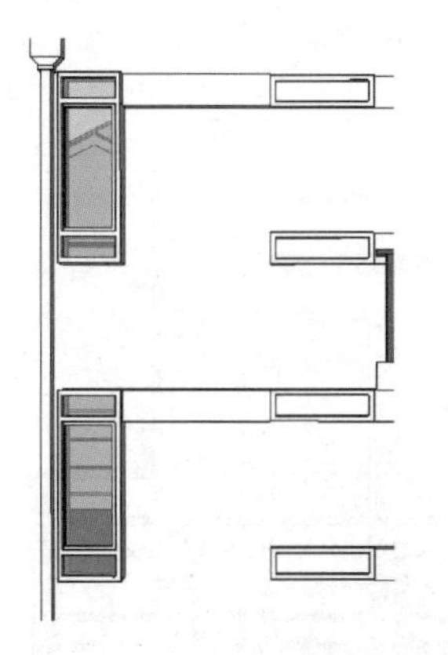
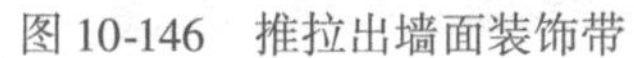

图10-146 推拉出墙面装饰带

图10-147 放大显示墙面装饰带的细节效果

10 创建完成的北立面效果，如图10-148所示。

图10-148 北立面效果

(2) 创建南立面及其他立面。

01 单击【移动】按钮，按住 < Ctrl > 键不放，将北立面中的阳台栏杆复制到南立面的阳台位置。再通过【缩放】命令调整栏杆，如图10-149、图10-150所示。

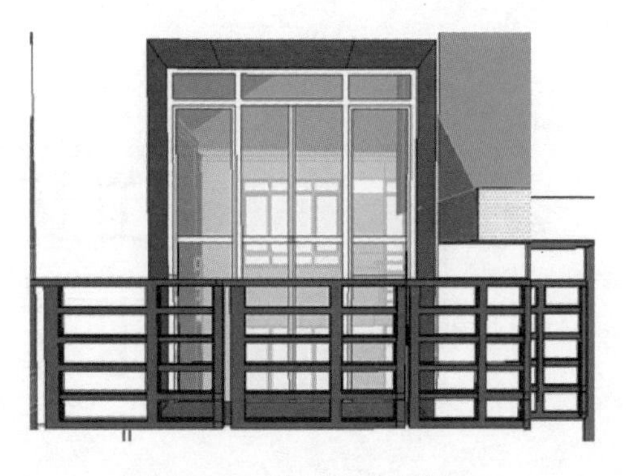

图10-149 创建并复制栏杆

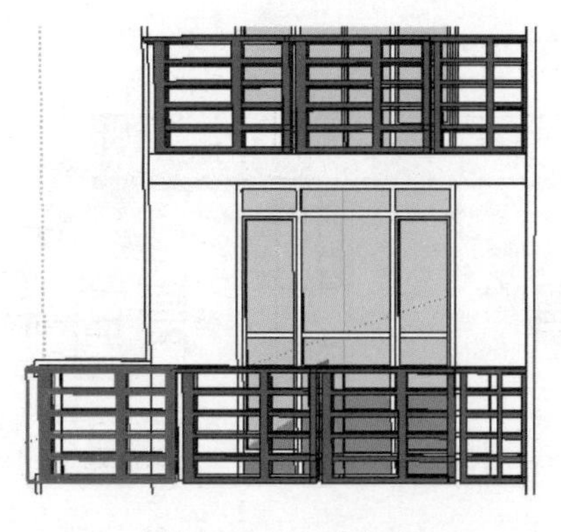

图10-150 调整栏杆

02 创建窗户。单击【推/拉】按钮，拉出窗框1000mm，然后选择框架内的面填充半透明材质，如图10-151所示。

03 将对创建的窗户创建组件，按住<Ctrl>键不放，单击【移动】按钮，复制窗户组件到二楼，如图10-152所示。

图10-151 创建窗户

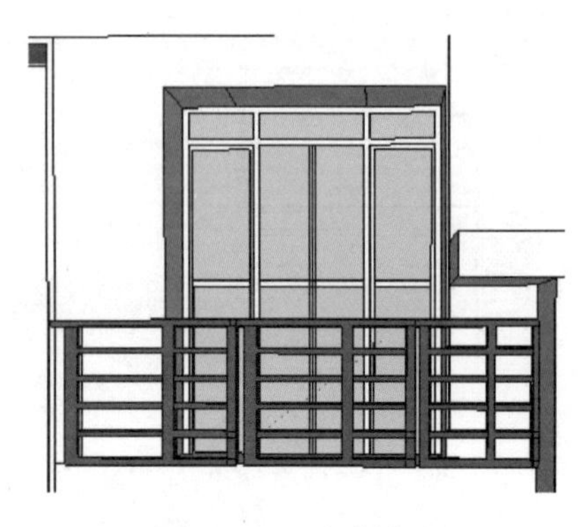

图10-152 复制窗户

04 根据设计图纸，创建玻璃幕墙，如图10-153所示。

图10-153 创建玻璃幕墙

05 创建西立面、东立面，其方法与创建北立面、南立面类似，最后效果如图10-154、图10-155所示。

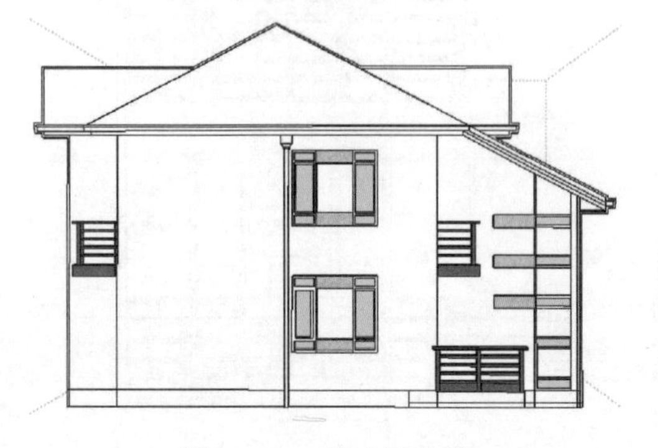

图10-154 西立面效果

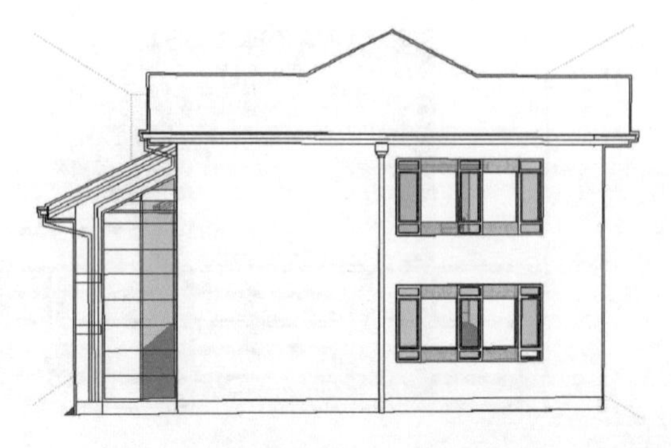

图10-155 东立面效果

2. 创建屋顶模型

对屋顶平面单独建模，推拉高度可以参照图纸的标注尺寸，也可根据需要自行设置。

01 导入屋顶平面图，切换到俯视图。单击【直线】按钮，绘制封闭曲线形成面，如图 10-156 所示。

02 先选中绘制的面，然后打开坯子插件库（可到坯子库 http://www.piziku.com/免费下载插件并安装）。在插件列表下找到“1001 建筑工具集-v2.2.1”建筑插件。在此插件中单击【自动创建坡度屋顶】按钮，弹出【创建坡屋顶】对话框，设置坡屋顶参数后，单击【创建坡屋顶】按钮，系统会自动创建坡屋顶，如图 10-157 所示。

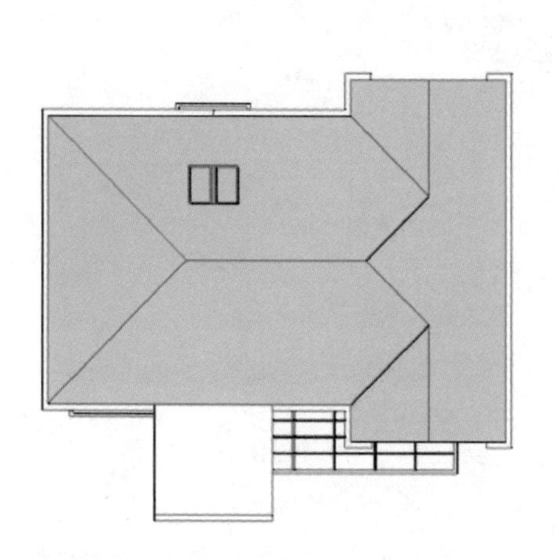

图 10-156　绘制封闭曲线形成面

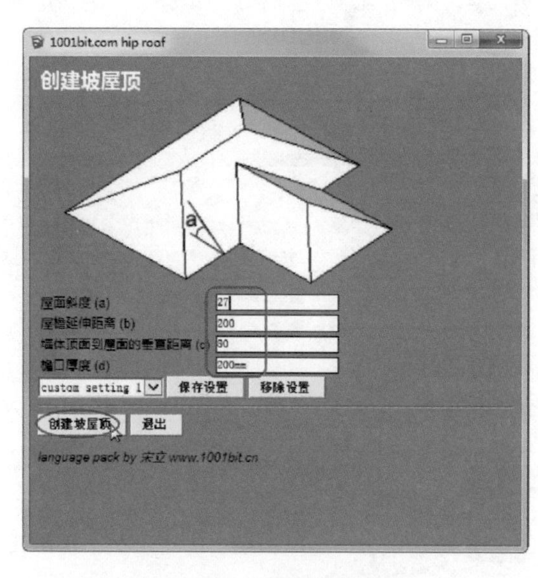

图 10-157　设置坡屋顶参数

03 将坡屋顶模型炸开，通过【材料】面板给坡屋顶添加屋顶材质，创建的坡屋顶效果如图 10-158 所示。

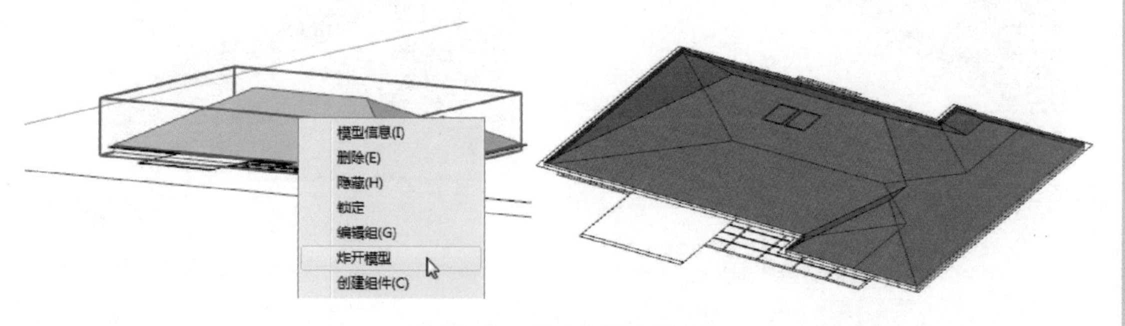

图 10-158　创建的坡屋顶效果

04 还有一小块斜屋顶是连接坡屋顶的，由于插件无法自动创建单边斜度屋顶，只能采用手动绘制方法创建。单击【直线】按钮绘制一水平直线，再将此直线进行顺时针旋转 27°，如图 10-159 所示。

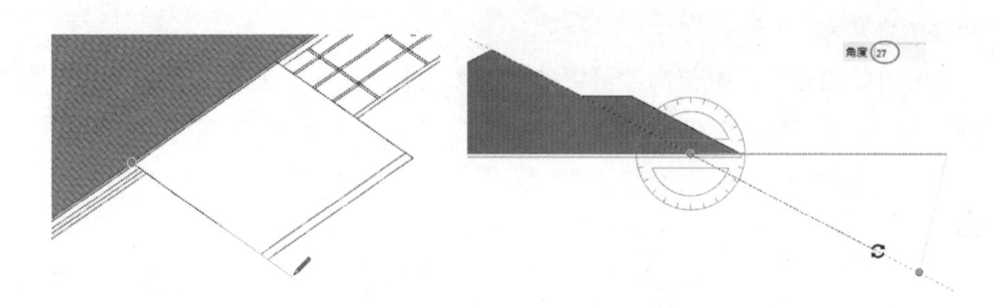

图 10-159 绘制直线并旋转直线

05 绘制垂直直线，然后删除多余斜线。并将斜线进行平移复制，如图 10-160 所示。

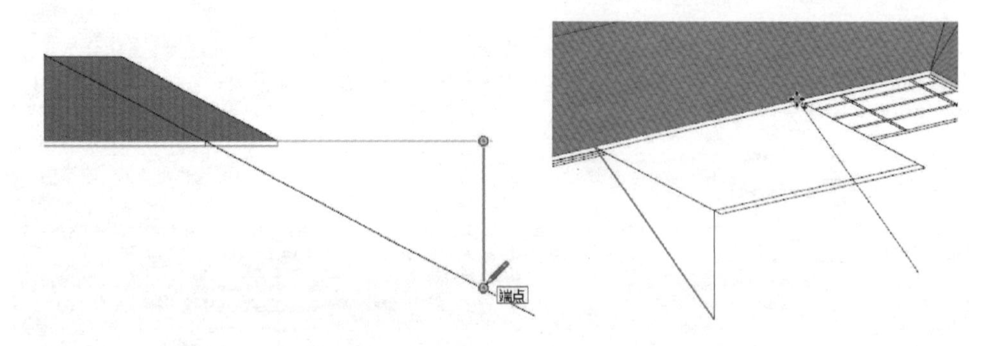

图 10-160 复制斜线

06 将屋顶平面图删除。然后参考两条斜线绘制封闭面，如图 10-161 所示。

07 单击【推/拉】按钮，将封闭面向下推拉，推拉至与坡度屋顶的底部平齐，如图 10-162所示。

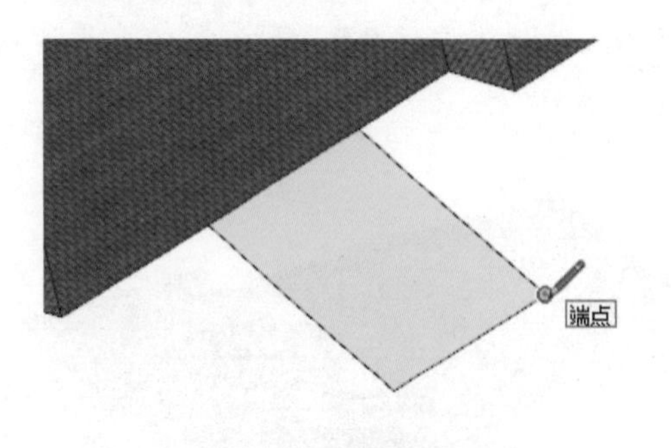

图 10-161 绘制封闭面

图 10-162 推拉封闭面至与坡屋顶底部平齐

08 再继续选择端面进行推拉，推拉至与坡屋顶的底部相交，与坡屋顶形成一个整体，如图 10-163 所示。

09 创建完成的斜屋顶如图 10-164 所示。删除坡屋顶的材质，然后将创建的坡屋顶和斜屋顶移动到合围的墙体上，并进行一些细节调整，效果如图 10-165 所示。

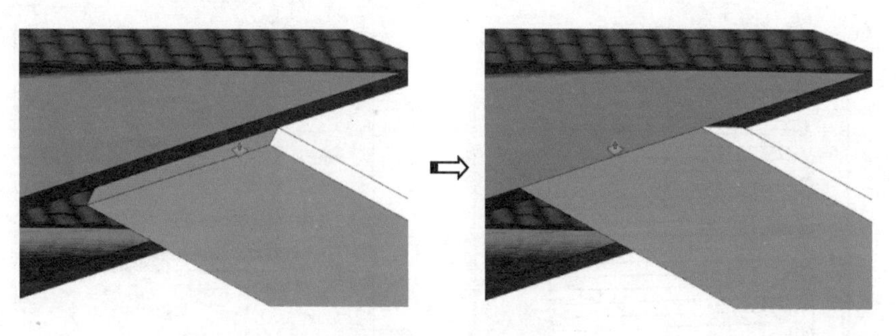

图 10-163 推拉端面

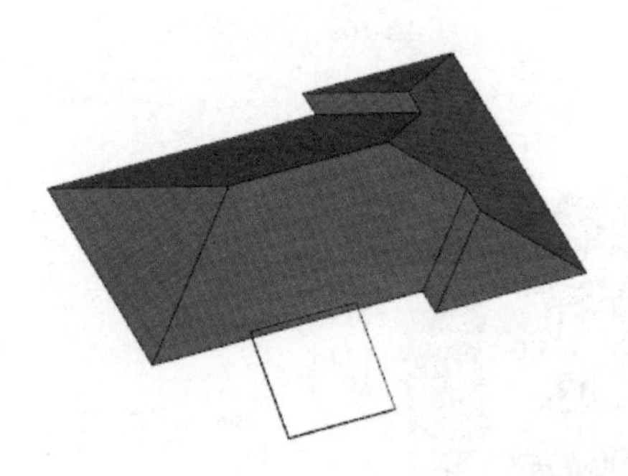

图 10-164 创建完成的斜屋顶

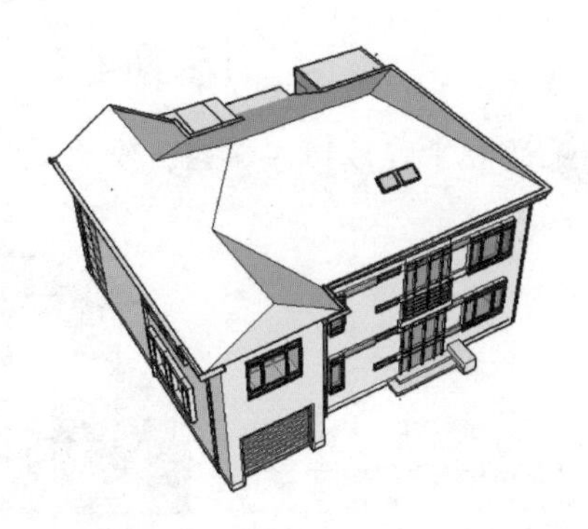

图 10-165 将屋顶与墙体合围

10 将屋顶与墙体创建成群组，拼合在一起。

10.2.3 填充建筑材质

对创建好的别墅模型填充相应的材质，并为别墅绘制一个地面，填充混凝土砖。

01 单击【颜料桶】按钮，为屋顶填充材质，如图 10-166 所示。

02 填充墙体为面砖材质，如图 10-167 所示。

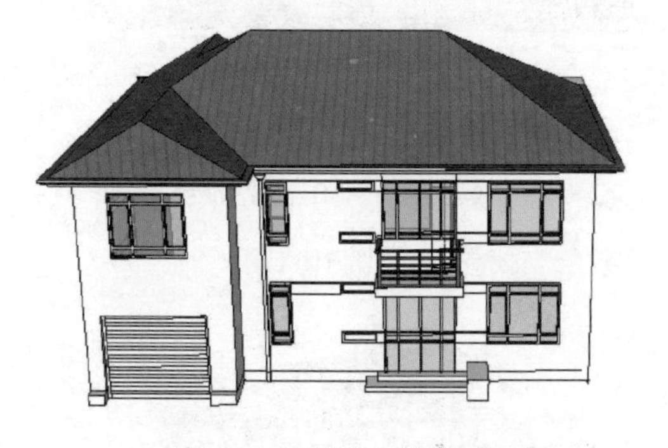

图 10-166 填充屋顶材质

图 10-167 填充墙体材质

03 填充门材质，如图 10-168 所示。

04 在底部绘制一个大的地面，如图 10-169 所示。

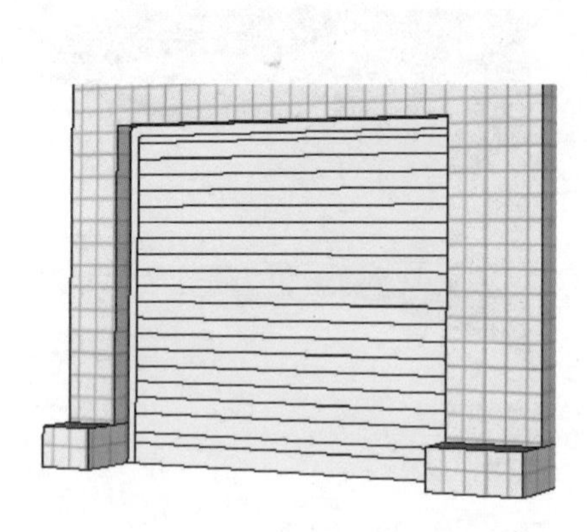

图 10-168　填充门材质

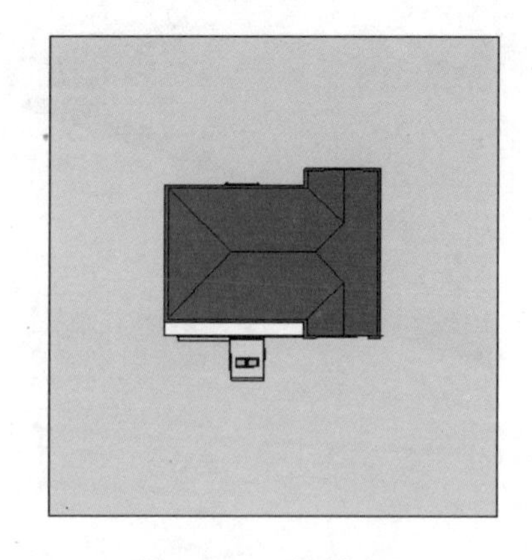

图 10-169　绘制地面

05 单击【矩形】按钮，绘制一个路面，如图 10-170 所示。

图 10-170　绘制路面

06 选择地面，单击【偏移】按钮，向外偏移一定距离，如图 10-171 所示。选择地面边框，单击【推/拉】按钮，拉出一定高度，如图 10-172 所示。

图 10-171　偏移复制地面

图 10-172　推拉出围栏

07 利用【矩形】按钮和【推/拉】按钮，制作效果如图 10-173 所示。

08 填充地面为混凝土材质，填充路面为混凝土砖材质，如图 10-174 所示。

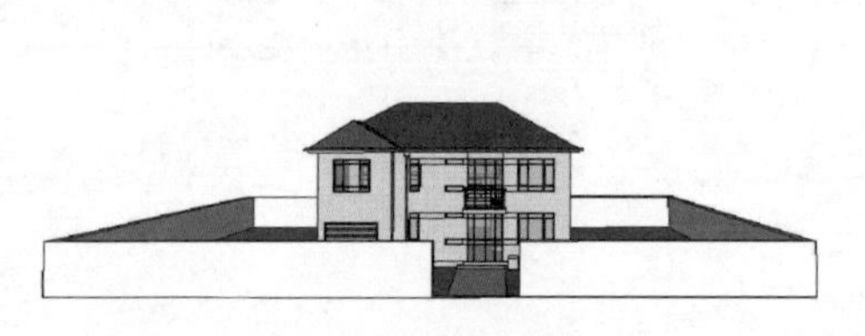

图 10-173　推拉出围栏门框

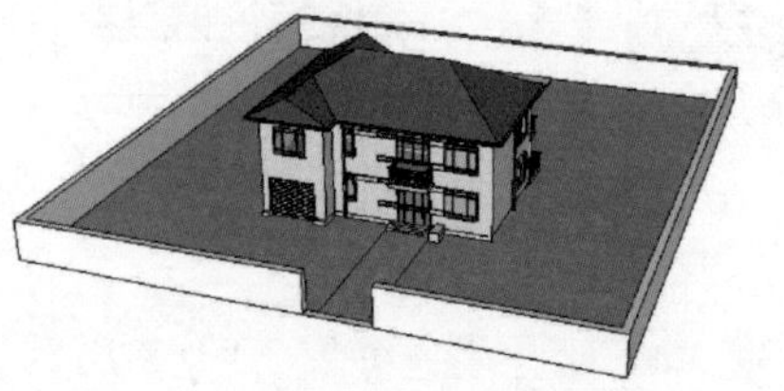

图 10-174　填充地面及路面材质

10.2.4 导入室内外组件

为创建好的别墅模型导入一些人物、植物、水池、栏杆等组件，使它周围环境更生动。

01 导入大门组件，如图 10-175 所示。

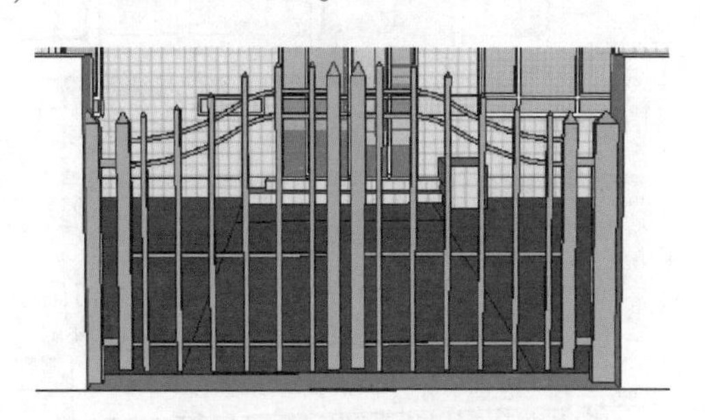

图 10-175 大门组件

02 导入休闲椅组件，如图 10-176 所示。

03 导入灯柱放置在别墅周围，如图 10-177 所示。

图 10-176 休闲椅组件

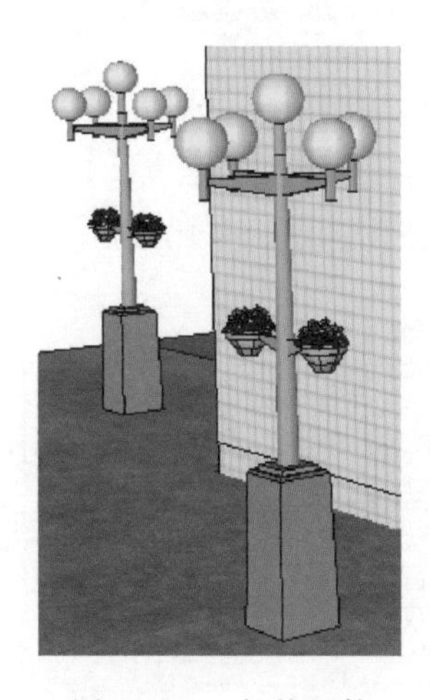

图 10-177 灯柱组件

04 导入秋千和喷水池组件，如图 10-178，图 10-179 所示。

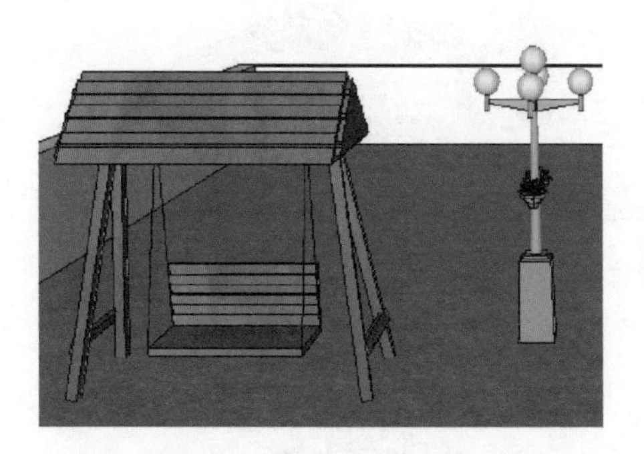

图 10-178 秋千组件

图 10-179 喷水池组件

05 导入人物组件，如图 10-180 所示。

图 10-180　人物组件

10.2.5　添加场景页面

为别墅模型创建 3 个场景页面，方便浏览模型，并导出图片为后期处理作准备。

01 选择【窗口】/【场景】命令，单击【添加场景】按钮⊕，创建“场景号 1”，如图 10-181、图 10-182 所示。

图 10-181　“场景号 1”

图 10-182　“场景号 1”效果图

02 单击【添加场景】按钮⊕，创建“场景号 2”，如图 10-183、图 10-184 所示。

图 10-183　“场景号 2”

图 10-184　“场景号 2”效果图

03 单击【添加场景】按钮⊕，创建“场景号 3”，如图 10-185、图 10-186 所示。

图 10-185 “场景号 3”

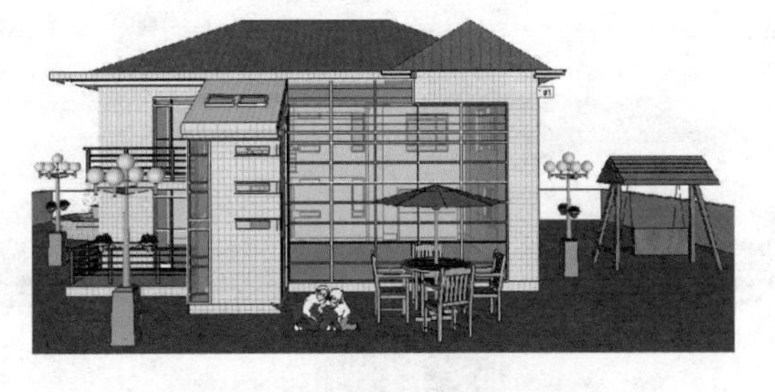

图 10-186 “场景号 3”效果图

04 选择【文件】/【导出】/【二维图形】命令，依次导出 3 个场景，如图 10-187、图 10-188 所示。

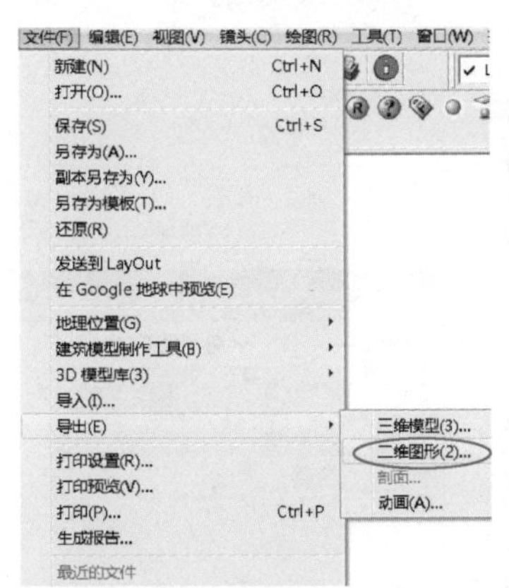

图 10-187 执行文件导出命令

图 10-188 导出图片

10.2.6 后期处理

运用 Photoshop 软件进行后期处理，使场景呈现更完美的效果。

01 启动 Photoshop 软件，打开图片，如图 10-189 所示。

02 双击图层进行解锁，如图 10-190 所示。

图 10-189 打开图片

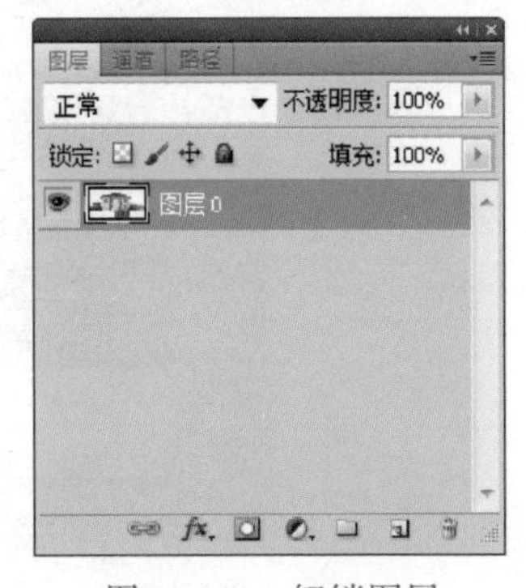

图 10-190 解锁图层

03 选择【魔术棒】工具，选中白色部分，利用 < Delete > 键删除白色区域，如图 10-191、图 10-192 所示。

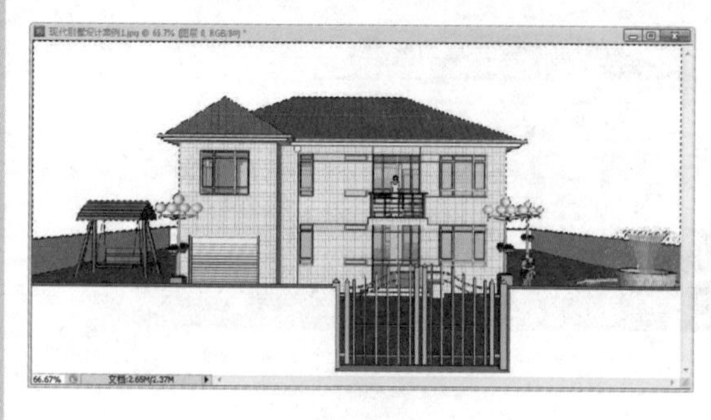

图 10-191　选择白色区域

图 10-192　删除白色区域效果

04 导入背景图片，并拖动到“图层 0”中，调整图层顺序，如图 10-193、图 10-194 所示。

图 10-193　背景图片

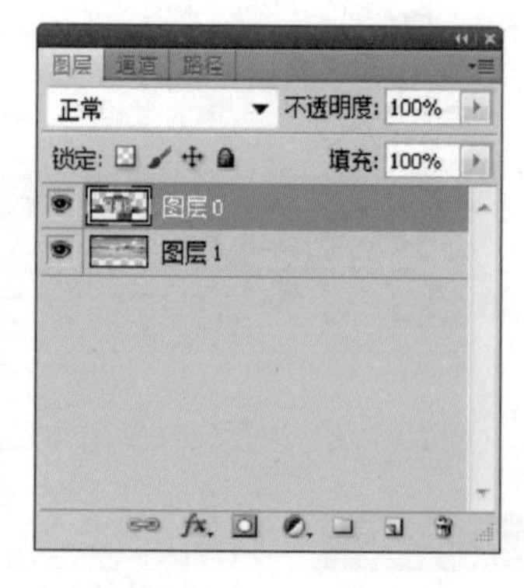

图 10-194　调整图层顺序

05 调整图片大小进行组合，如图 10-195 所示。

图 10-195　组合图片

06 选择【裁剪】工具将多余部分裁剪掉，如图 10-196、图 10-197 所示。

图 10-196　选择【裁剪】工具

图 10-197　裁剪后的效果

07 调整“图层 0”的亮度，并合并图层，如图 10-198、图 10-199 所示。

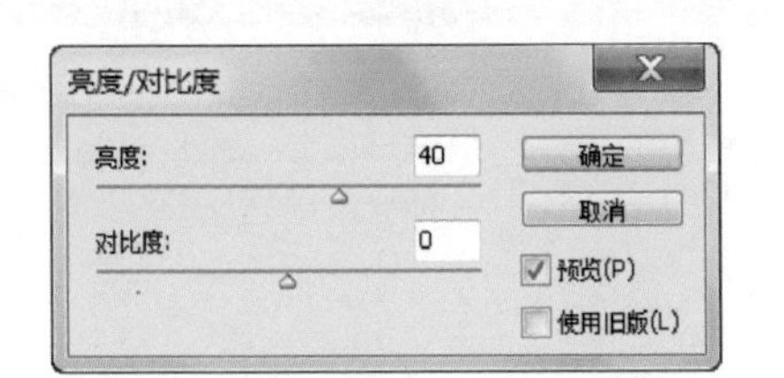

图 10-198　调整“图层 0”的亮度

图 10-199　合并图层

08 利用同样的方法处理另外两张图片，最终效果如图 10-200、图 10-201、图 10-202 所示。

图 10-200　最终效果 1

图 10-201　最终效果 2

图 10-202　最终效果 3

第11章 城市规划方案设计与表现案例

本章主要介绍 SketchUp 在城市规划方案设计中的应用，以一张 AutoCAD 城市街道规划图为基础，创建一个真实的城市街道环境。

11.1 设计解析

源文件：\ Ch11 \ 城市街道设计平面图 2. dwg、\ Ch11 \ 马路图片 . jpg、\ Ch11 \ 背景图片 . jpg、\ Ch11 \ 建筑模型 . skp
结果文件：\ Ch11 \ 城市街道规划设计案例 \
视频：\ Ch11 \ 城市街道规划设计 . wmv

本案例以某城市街道 AutoCAD 平面设计图为基础，建立街道规划图模型。整个街道有 5 个路口，有 2 个交通信号灯，道路两边有高档写字楼、法院、学校、住宅楼等建筑物。道路两边以砖铺路，且有大小不一的花坛，花坛里有各式各样的植物，可供路人欣赏。图 11-1 所示为建模效果图；图 11-2 所示为鸟瞰图；图 11-3、图 11-4 所示为后期处理效果图，操作流程如下。

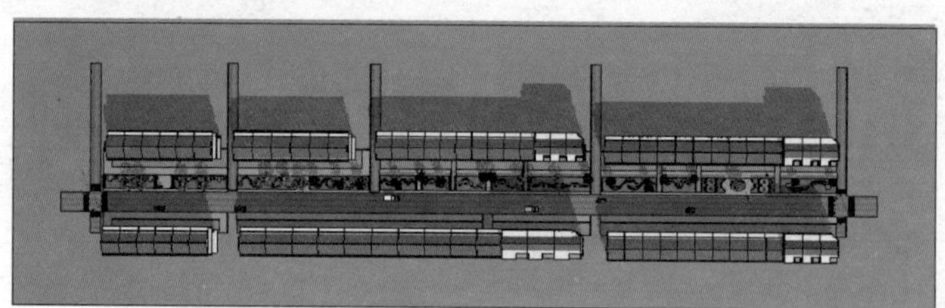

图 11-1 建模效果图

（1）在 AutoCAD 软件里整理平面图纸。
（2）导入图纸。
（3）创建模型。
（4）填充材质。
（5）导入组件。
（6）添加场景页面。
（7）后期处理。

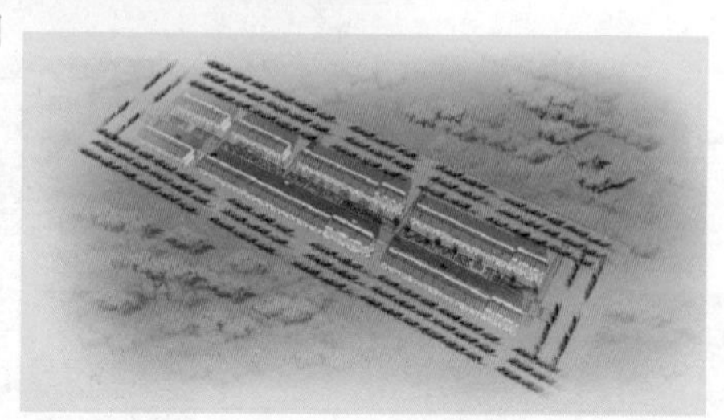

图 11-2 鸟瞰图

图 11-3　后期效果图 1

图 11-4　后期效果图 2

11.2 方案实施

首先在 AutoCAD 软件里对图纸进行清理，然后再导入到 SketchUp 中进行描边封面。

11.2.1 整理 AutoCAD 图纸

图 11-5 所示为室内平面原图，图 11-6 所示为简化图。

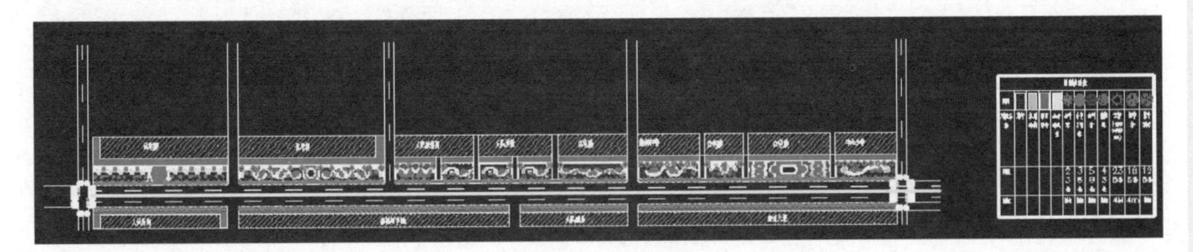

图 11-5　原图

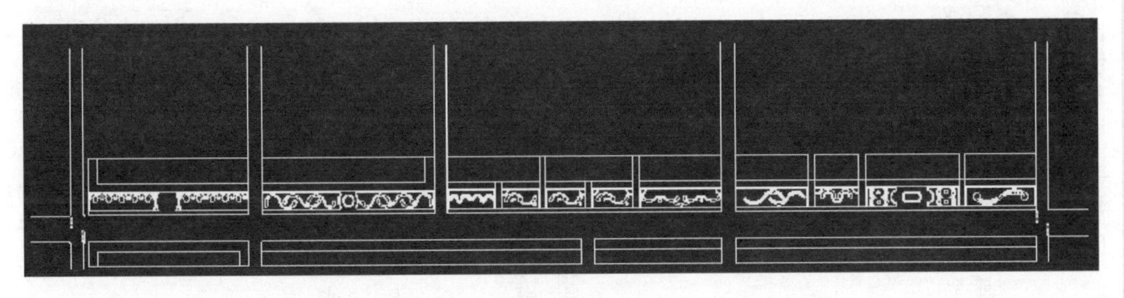

图 11-6　简化图

01 在 AutoCAD 命令输入栏里输入“PU”，按 <Enter> 键确认，弹出【清理】对话框，对简化后的图纸进行进一步清理，如图 11-7 所示。

02 单击全部清理(A)按钮，弹出如图 11-8 所示的【清理－确认清理】对话框，选择【清理此项目】选项，直到全部清理(A)按钮变成灰色状态，即清理完图纸，如图 11-9 所示。

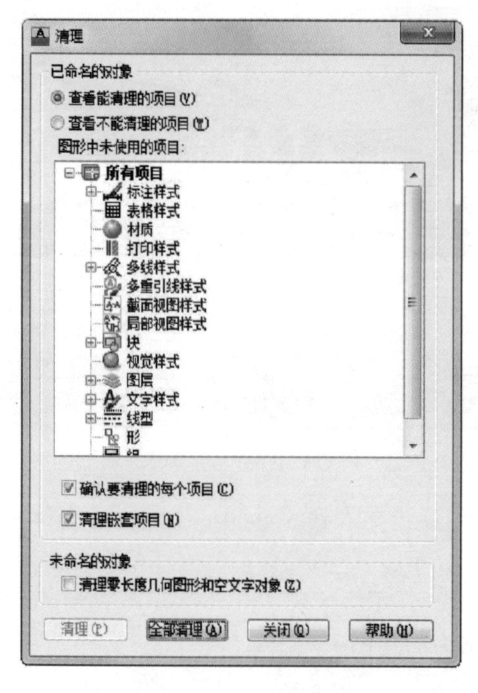

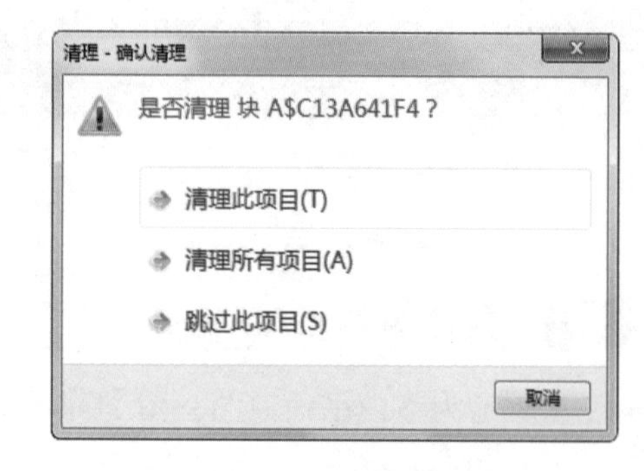

图 11-7 【清理】对话框

图 11-8 清理确认

03 在 SketchUp 中优化场景，选择【窗口】/【模型信息】命令，弹出【模型信息】对话框，按如图 11-10 所示设置参数。

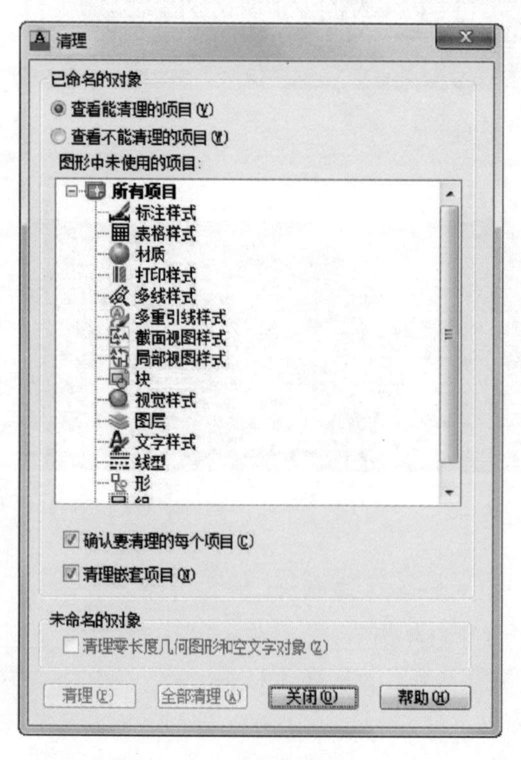

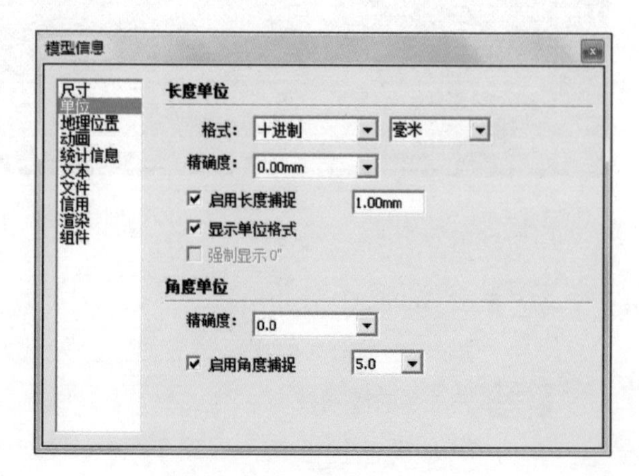

图 11-9 清理完毕

图 11-10 设置模型单位

11.2.2 导入图纸

将 AutoCAD 图纸导入到 SketchUp 中，模型将以线框显示。

01 选择【文件】/【导入】命令，导入图纸，弹出【打开】对话框，【文件类型】选择“AutoCAD 文件（*.dwg，*.dxf）”格式，如图 11-11 所示。

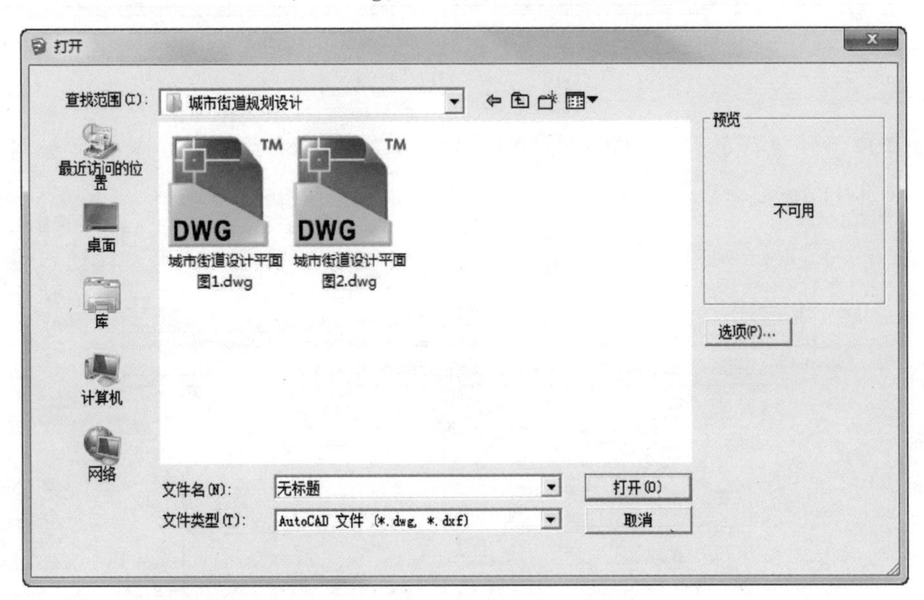

图 11-11　导入图纸

02 单击 选项(P)... 按钮，在弹出的【AutoCAD DWG/DXF 选项】对话框中，将【单位】改为“毫米”，单击 确定 按钮，如图 11-12 所示。最后单击【打开】对话框的 打开(O) 按钮，即可导入 AutoCAD 图纸。图 11-13 所示为导入结果。

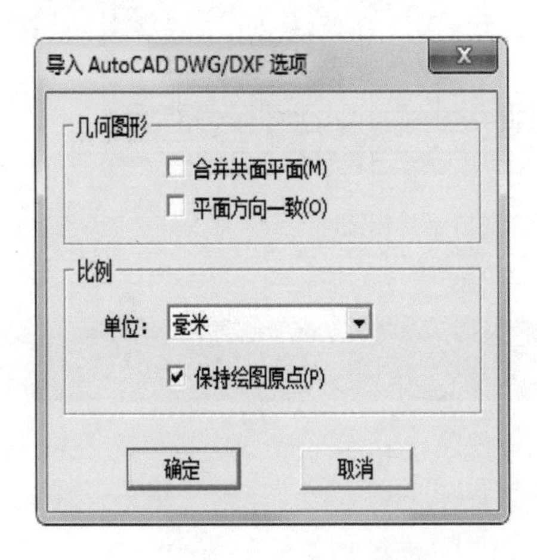

图 11-12　设置导入选项

图 11-13　导入结果信息

03 单击【导入结果】对话框中的 关闭 按钮。导入到 SketchUp 中的 AutoCAD 图纸是以线框显示的，如图 11-14 所示。

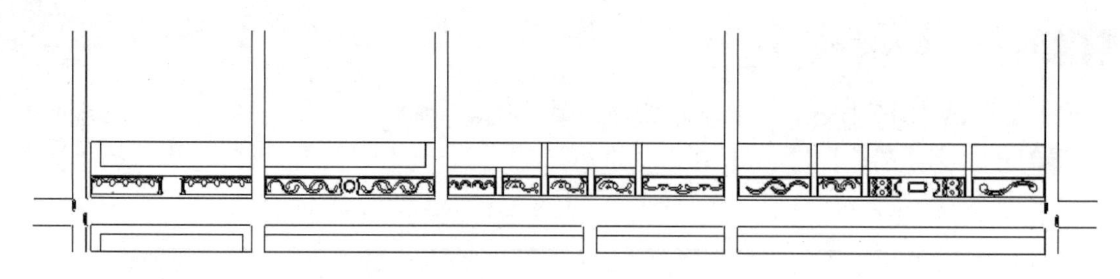

图 11-14 AutoCAD 图形的显示

04 单击【直线】按钮，绘制封闭面，将花坛形状单独描边封面，如图 11-15、图 11-16 所示。

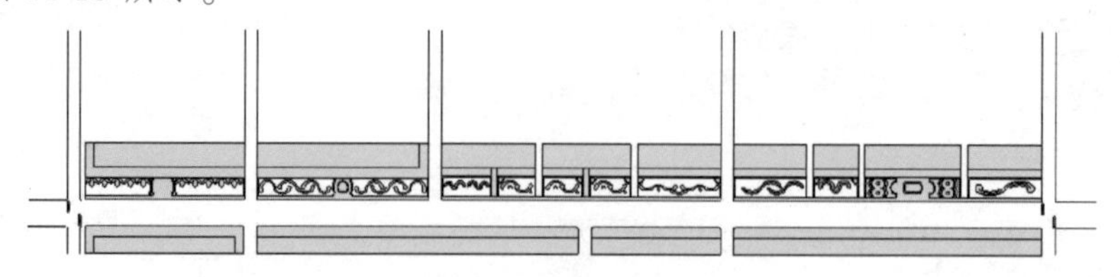

图 11-15 绘制封闭面 1

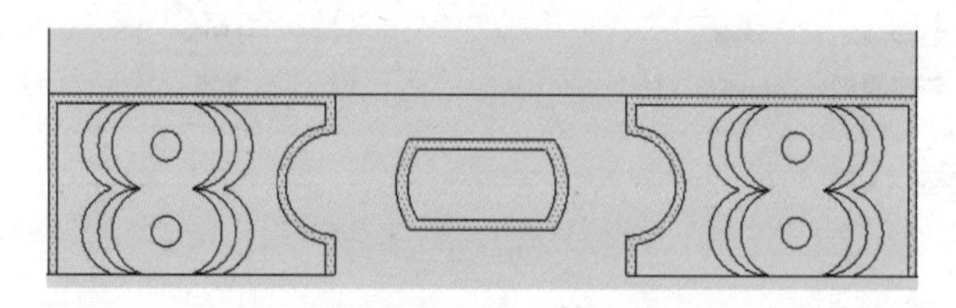

图 11-16 绘制封闭面 2

05 参照图纸，绘制道路封闭面，如图 11-17 所示。

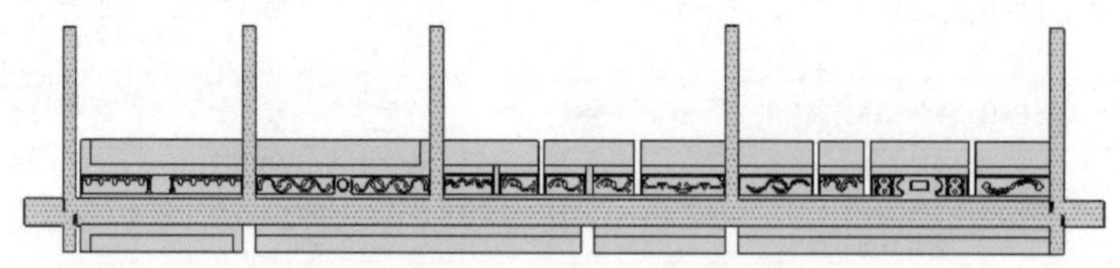

图 11-17 绘制道路封闭面

11.3 建模流程

参照图纸，首先创建斑马线、道路贴图、人行道铺砖、绿化带等模型，然后再为其导入植物、人物、车辆、建筑等组件。

11.3.1 创建斑马线

01 利用【矩形】按钮和【移动】按钮，绘制矩形面和复制矩形面，如图 11-18、

图 11-19 所示。

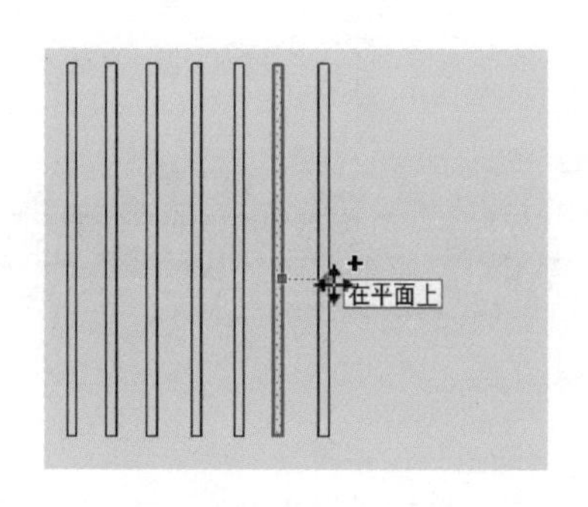

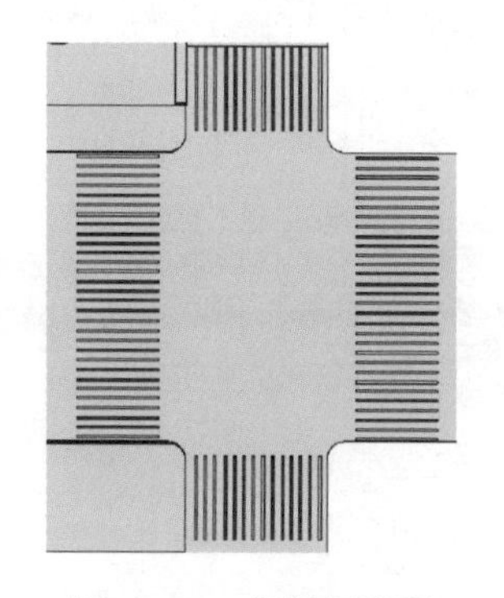

图 11-18　绘制矩形面　　　　图 11-19　复制矩形面

02 利用【材料】面板为矩形面填充白色材质，形成斑马线，如图 11-20 所示。

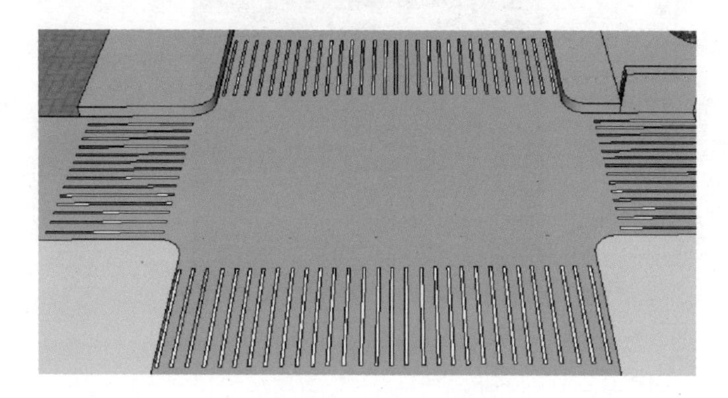

图 11-20　填充白色材质形成斑马线

11.3.2　创建道路贴图

对道路采用材质贴图，这种方法简单而且具有真实效果。

01 创建新材质，导入道路贴图，然后填充到道路，如图 11-21 所示。

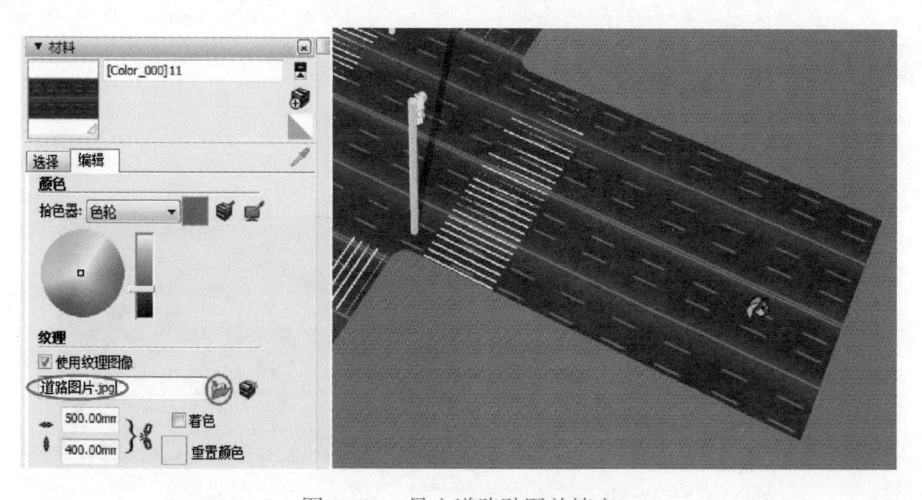

图 11-21　导入道路贴图并填充

02 对道路材质进行尺寸调整，结果如图 11-22、图 11-23 所示。

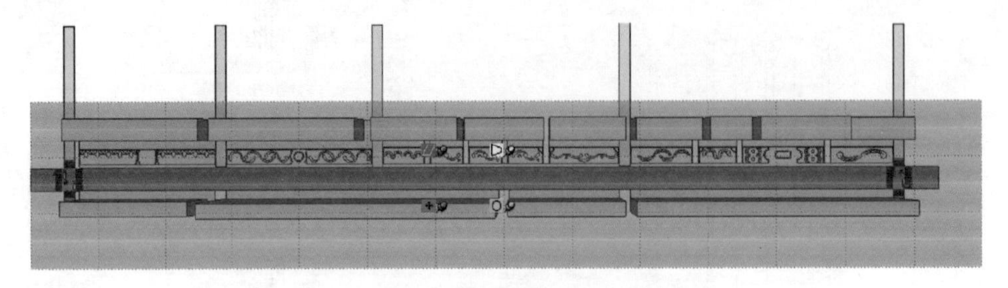

图 11-22 对道路材质进行尺寸调整

图 11-23 调整结果

11.3.3 创建人行道地砖

01 在【材料】面板中，选择面砖材质，并设置面砖的尺寸，然后为人行道填充地砖材质，结果如图 11-24、图 11-25 所示。

> **技巧提示**
>
> 默认的材质库中并没有面砖材质。可以先将本例源文件夹中的“SketchUp 材质”文件夹复制粘贴到材质库路径下“C：\ Users \ Administrator \ AppData \ Roaming \ SketchUp \ SketchUp 2018 \ SketchUp \ Materials”，然后再调取材质即可。

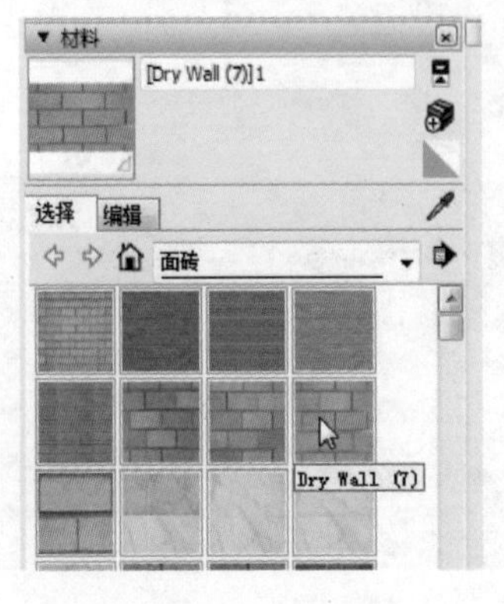

图 11-24 选择材质

图 11-25 填充材质

02 单击【推/拉】按钮，将人行道地砖向上推高50mm，如图11-26所示。

图11-26 推拉人行道地砖

11.3.4 创建绿化带

01 利用【材料】面板，对路边的绿化带填充草坪材质，如图11-27所示。

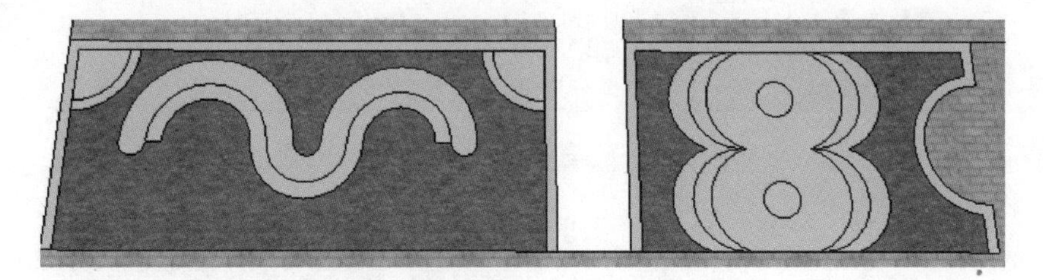

图11-27 对路边的绿化带填充草坪材质

02 对绿化带填充不同的花材质，如图11-28、图11-29所示。

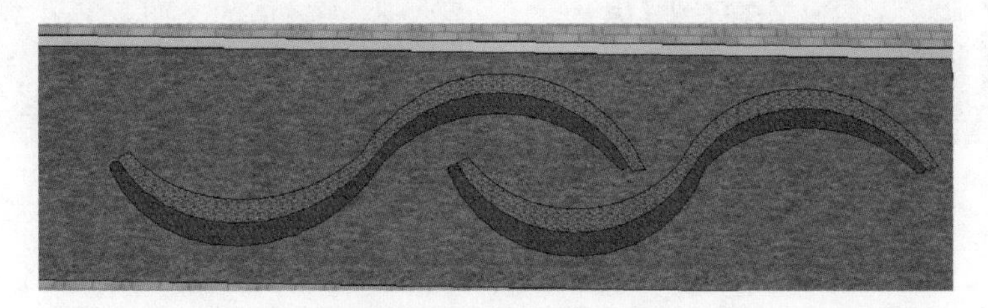

图11-28 填充绿化带材质1

图11-29 填充绿化带材质2

03 单击【推/拉】按钮，将草坪、花推拉一定的高度，形成人行道绿化带效果，如图11-30、图11-31所示。

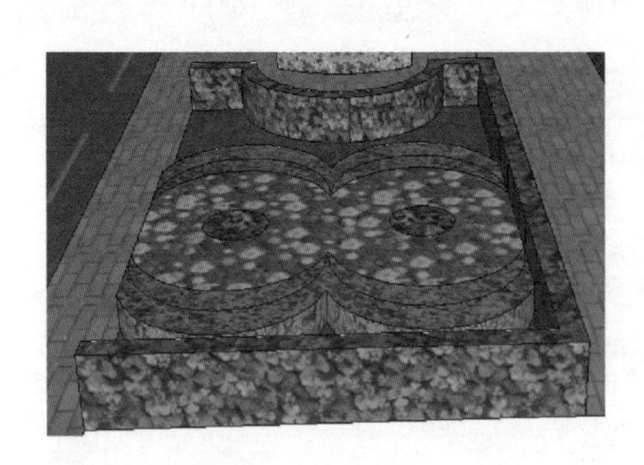

图 11-30　推拉草坪和花

图 11-31　完成绿化带的创建

11.3.5 导入组件

导入本例源文件中的交通信号灯、植物、车辆、人物等组件作为装饰，使城市街道更生动活泼。

01 为街道两边导入交通信号灯组件，如图 11-32 所示。

02 导入路灯组件，单击【移动】按钮，复制路灯组件，如图 11-33 所示。

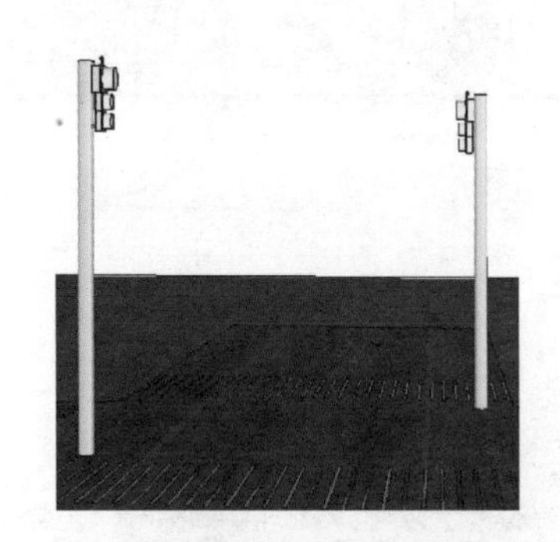

图 11-32　导入交通信号灯组件

图 11-33　导入路灯组件并复制

03 导入植物组件，单击【移动】按钮，复制植物组件，如图 11-34 所示。

图 11-34　导入植物组件并复制

04 为街道两边导入商业建筑模型，单击【移动】按钮，复制商业建筑模型，如图 11-35、图 11-36 所示。

图 11-35　导入商业建筑模型

图 11-36　复制商业建筑模型

05 导入人物和车辆组件，如图 11-37、图 11-38 所示。

图 11-37　导入人物组件

图 11-38　导入车辆组件

06 单击【矩形】按钮，为城市街道绘制一个大的地面，如图 11-39 所示。

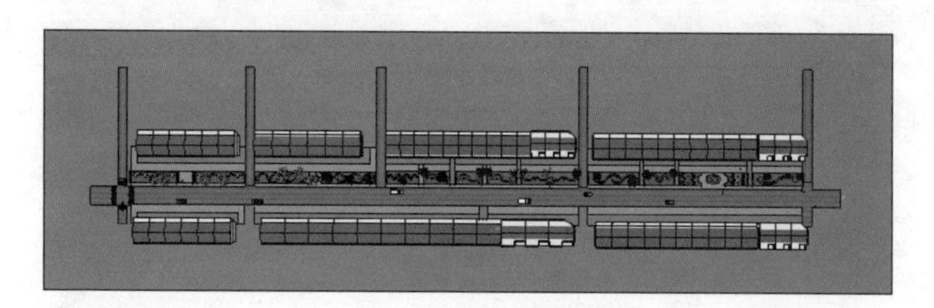

图 11-39　绘制地面

11.3.6 添加场景页面

为创建好的城市街道模型设置阴影，并添加 3 个场景页面，以便浏览。

01 启动阴影工具栏，显示阴影效果，如图 11-40、图 11-41 所示。

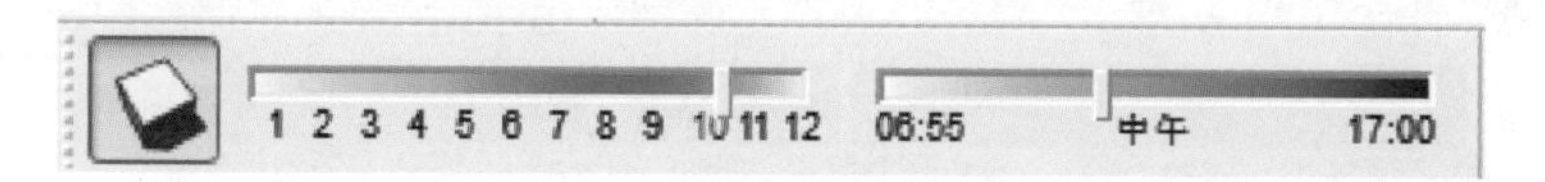

图 11-40　开动阴影效果

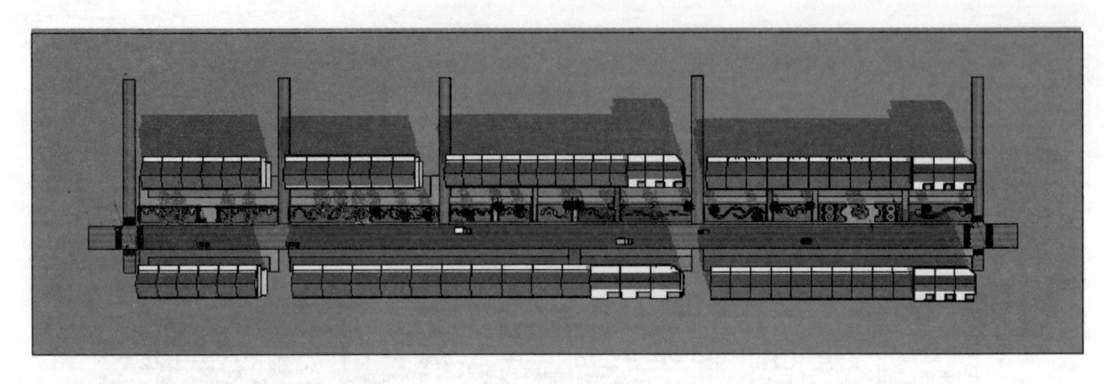

图 11-41　显示阴影效果

02 在【风格】面板【编辑】标签中，取消【边线】显示，如图 11-42 所示。

03 选择【窗口】/【场景】命令，单击【添加场景】按钮⊕，创建“场景号 1”，如图 11-43、图 11-44 所示。

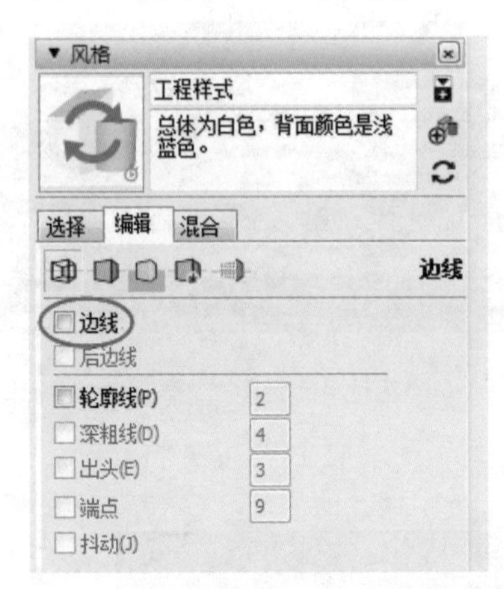

图 11-42　取消【边线】显示

图 11-43　创建“场景号 1”

图 11-44　“场景号 1”视图

04 单击【添加场景】按钮⊕，创建“场景号 2”，如图 11-45、图 11-46 所示。

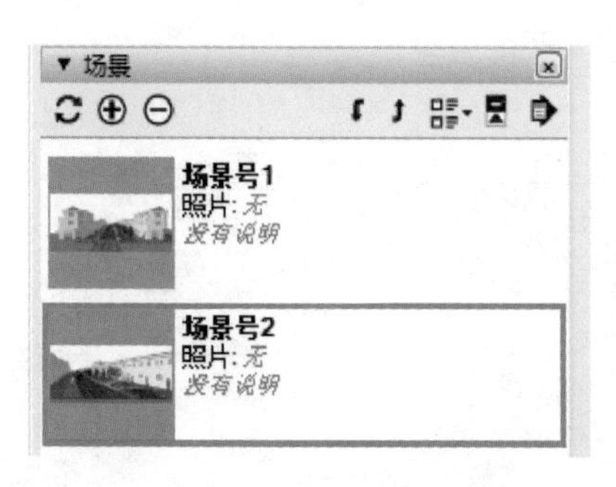

图 11-45　创建“场景号 2”

图 11-46　“场景号 2”视图

05 单击【添加场景】按钮⊕，创建“场景号 3”，如图 11-47、图 11-48 所示。

图 11-47　创建“场景号 3”

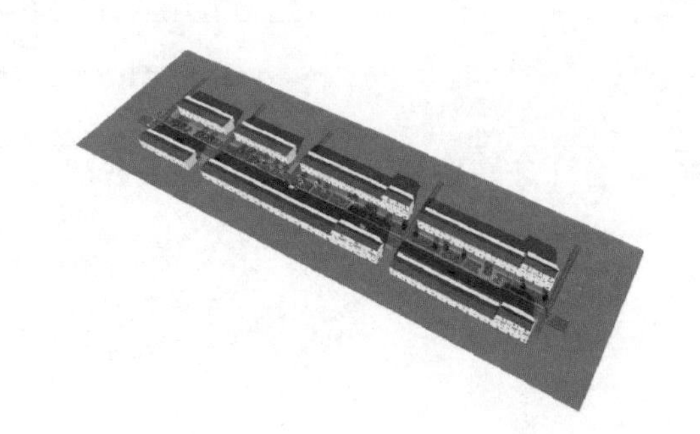

图 11-48　“场景号 3”视图

11.3.7 导出图像

01 选择【文件】/【导出】/【二维图形】命令，依次导出 3 个场景，如图 11-49、图 11-50 所示。

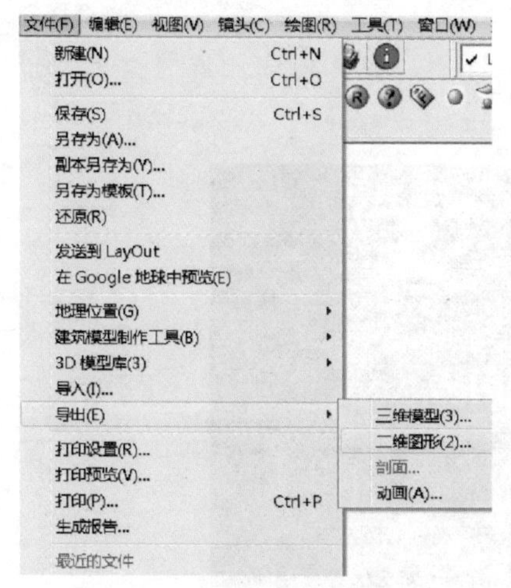

图 11-49　执行导出命令

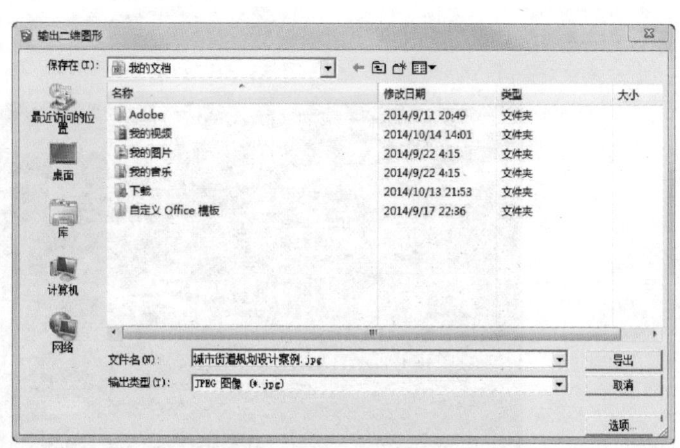

图 11-50　导出场景文件

02 单击【输出二维图形】对话框的【选项】按钮，可设置输出大小，如图 11-51 所示。

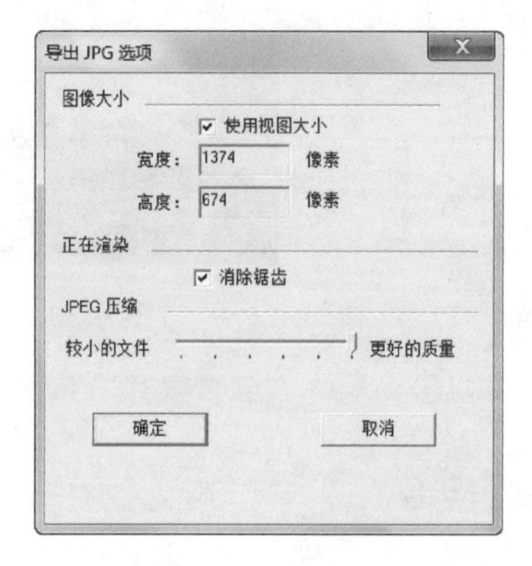

图 11-51　设置输出大小

03 在【风格】面板中，设置显示样式为【消隐】模式，并将样式背景设为黑色，如图 11-52、图 11-53 所示。

图 11-52　设置显示样式

图 11-53　样式背景设为黑色

04 选择【文件】/【导出】命令，以同样的方法导出 3 个场景页面的线框图模式，如图 11-54、图 11-55、图 11-56 所示。

图 11-54　导出“场景号 1”的线框图

图 11-55 导出“场景号 2”的线框图

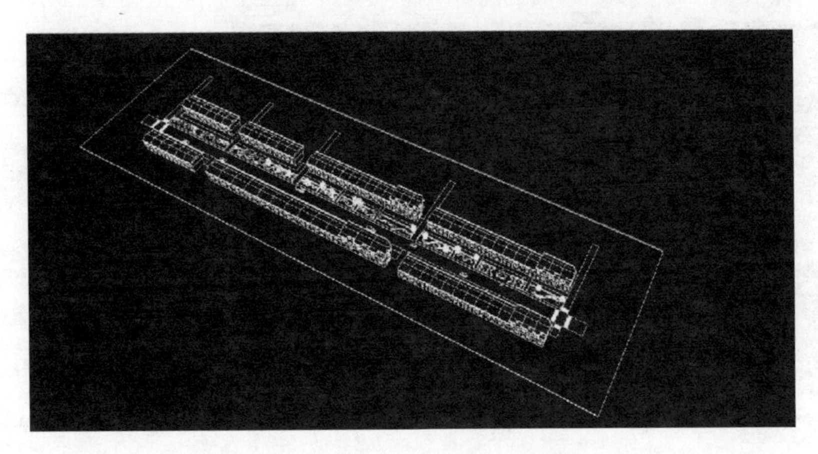

图 11-56 导出“场景号 3”的线框图

11.3.8 后期处理

运用 Photoshop 软件进行后期处理，使场景呈现更完美的效果。

1. 处理场景页面

01 启动 Photoshop 软件，打开图片和线框图，如图 11-57、图 11-58 所示。

图 11-57 打开场景图片

图 11-58 打开线框图图片

02 将线框图拖动到背景图层上，进行重叠，如图 11-59 所示。

图 11-59　重叠图层操作

03 双击背景图层进行解锁，如图 11-60、图 11-61 所示。

图 11-60　解锁背景图层

图 11-61　完成解锁的图层

04 选择“图层 1”，选择【图像】/【调整】/【反相】命令，对线框图进行反相操作，如图 11-62、图 11-63 所示。

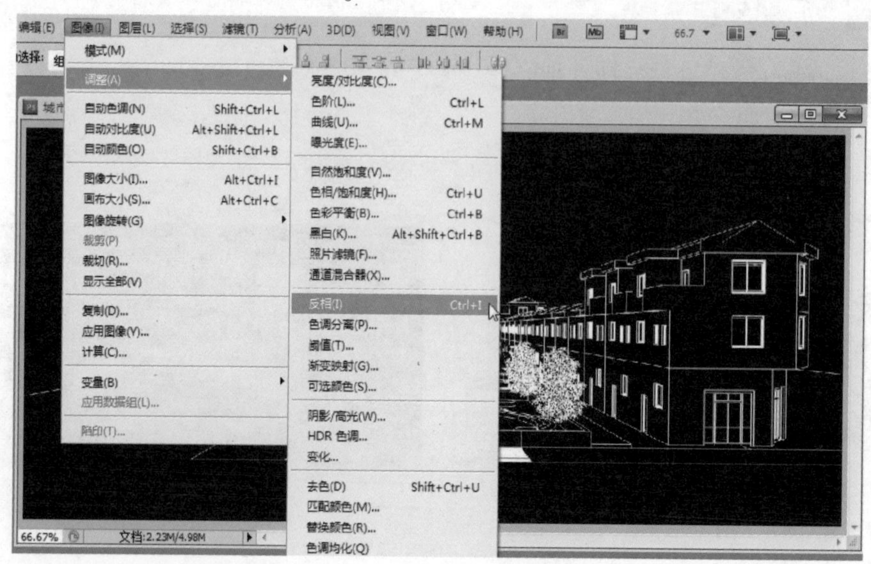

图 11-62　执行【反相】命令

图 11-63 反相操作

05 将“图层 1”设为“正片叠底”模式，【不透明度】设为“50%”，如图 11-64 所示。

图 11-64 设置图层模式

06 将图层合并，选择【魔术棒】工具，选中白色区域，按 <Delete> 键将背景删除，如图 11-65、图 11-66 所示。

图 11-65 图层合并的状态

图 11-66　删除背景

07 将背景图片拖动到“图层 0”下方，调整“图层 1”的大小，将它们的组合作为背景，如图 11-67、图 11-68 所示。

图 11-67　组合图层

图 11-68　组合效果

08 为场景添加一些草坪植物素材，如图 11-69 所示。

图 11-69　添加草坪植物素材

09 将图层进行合并，然后选择【图像】/【调整】/【亮度/对比度】命令，设置亮度和对比度，如图11-70、图11-71、图11-72所示。

图11-70　合并图层

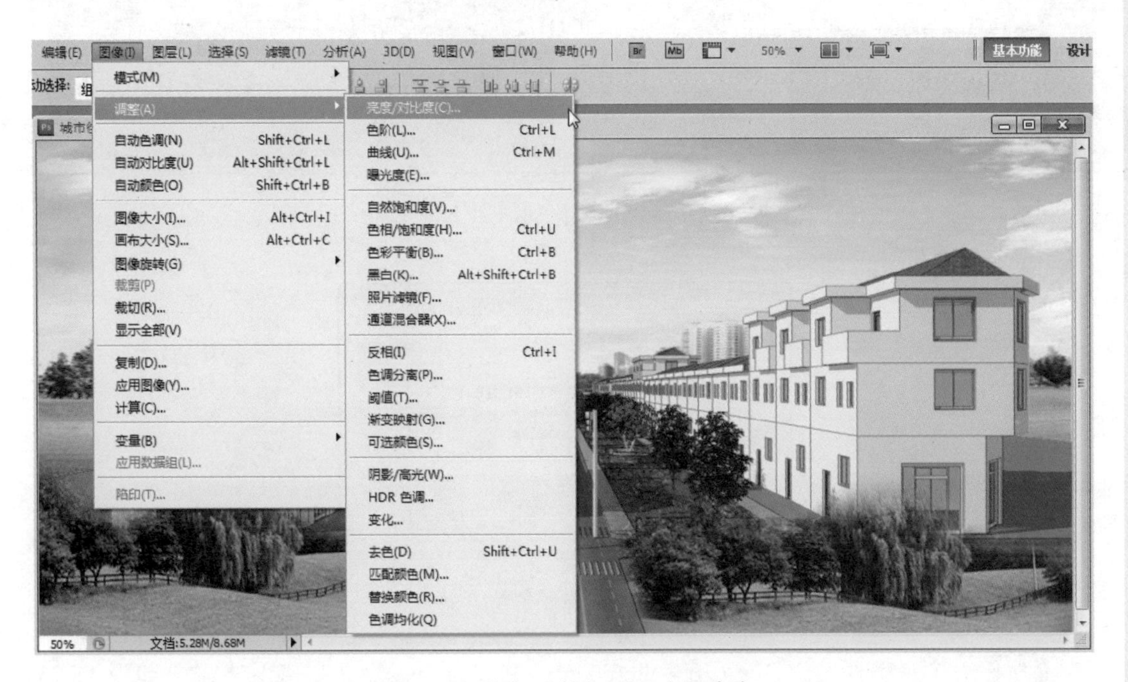

图11-71　执行【亮度/对比度】命令

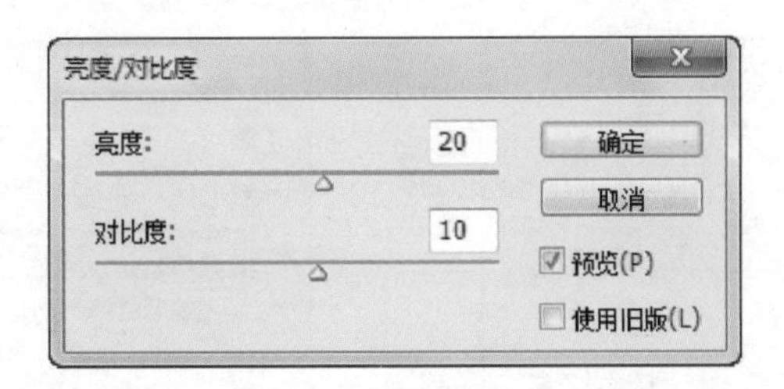

图11-72　调整亮度和对比度

10 选择【图像】/【调整】/【色彩平衡】命令，调整颜色，如图11-73、图11-74所示。

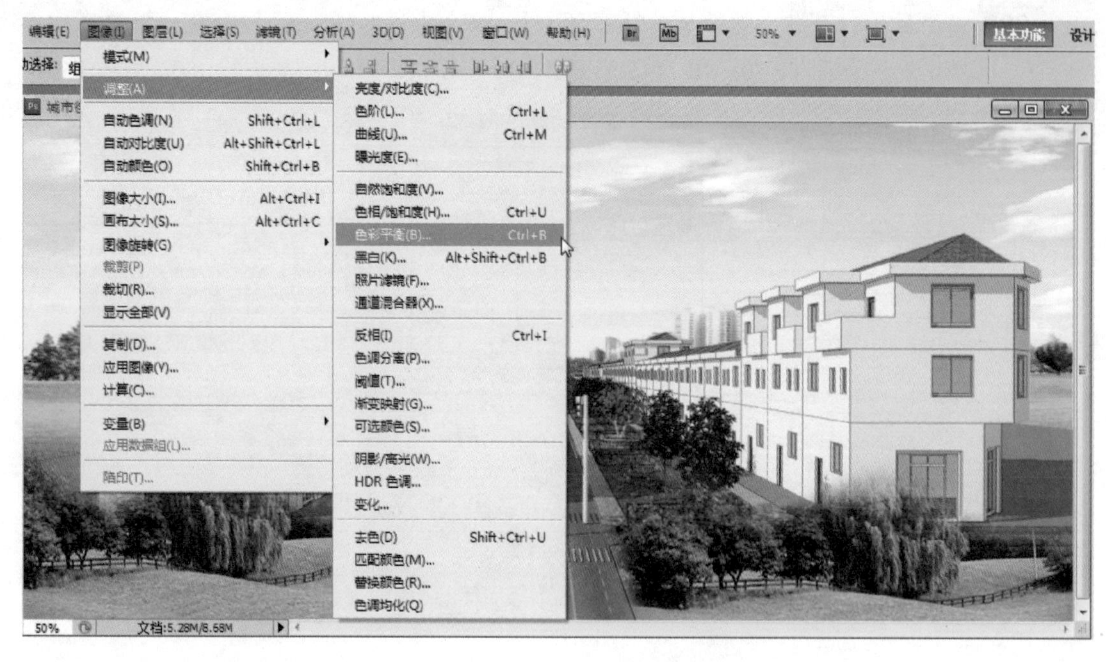

图 11-73　执行【色彩平衡】命令

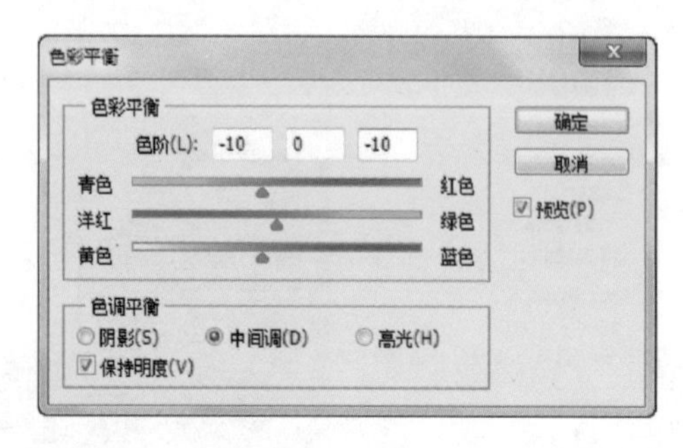

图 11-74　设置色彩平衡

11 新建一个图层，按 < Ctrl + Shift + Alt + E > 组合键，盖印可见图层，如图 11-75、图 11-76 所示。

图 11-75　新建图层

图 11-76　盖印可见图层

12 选择菜单栏中的【滤镜】/【模糊】/【高斯模糊】命令，为图层进行高斯模糊操作，如图 11-77、图 11-78 所示。

图 11-77　执行【高斯模糊】命令

图 11-78　高斯模糊操作

13 将图像模式设为“柔光”，再将【不透明度】设为“50%”，如图 11-79、图 11-80 所示。

14 利用同样的方法处理另外一张图片，最终效果如图 11-81 所示。

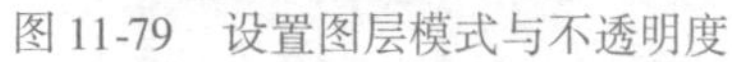

图 11-79 设置图层模式与不透明度

图 11-80 设置完成后的效果

图 11-81 处理另一图片后的效果

2. 处理鸟瞰图

01 打开图片和线框图，如图 11-82、图 11-83 所示。

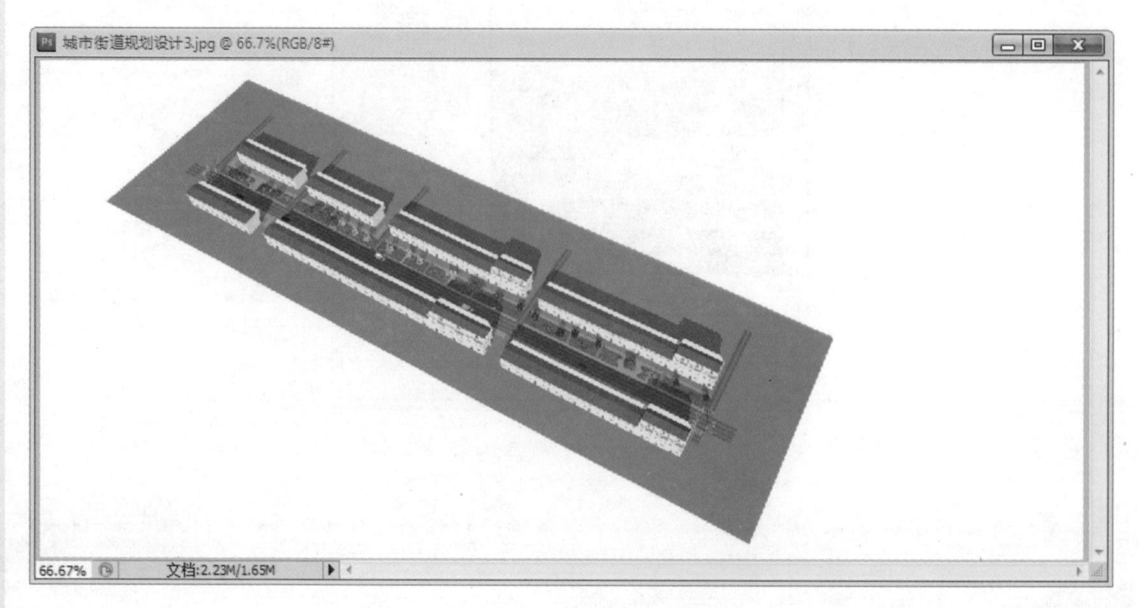

图 11-82 打开场景图片

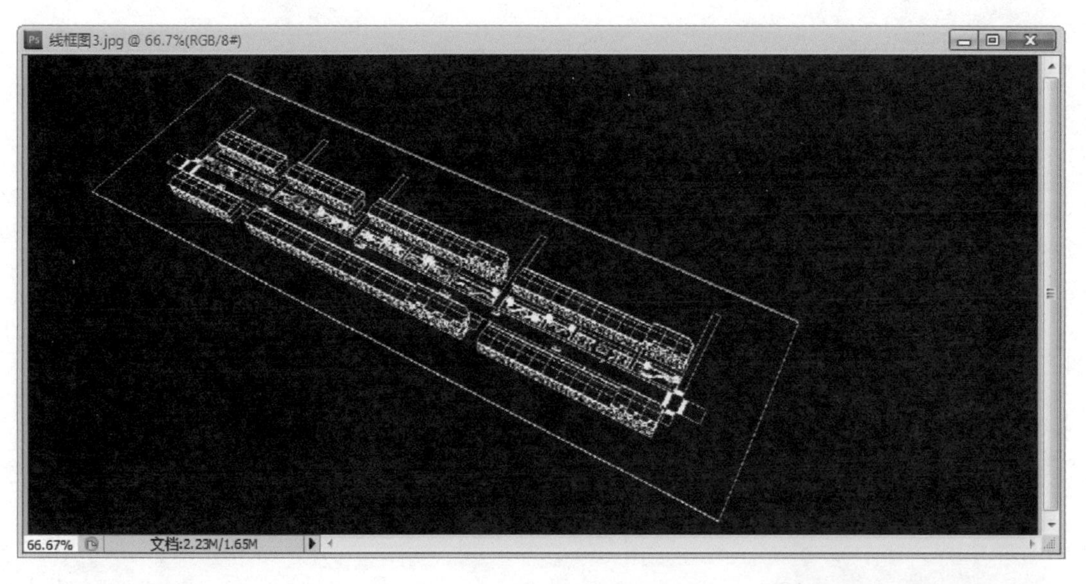

图 11-83　打开线框图图片

图 11-84　重叠图层

02 利用之前所学的方法，将线框图拖动到背景图层上进行重叠，并对图层进行解锁，如图 11-84 所示。

03 选择【图像】/【调整】/【反相】命令，对线框图进行反相操作，并将“图层 1”设为“正片叠底”模式，【不透明度】设为“50%”，如图 11-85、图 11-86、图 11-87 所示。

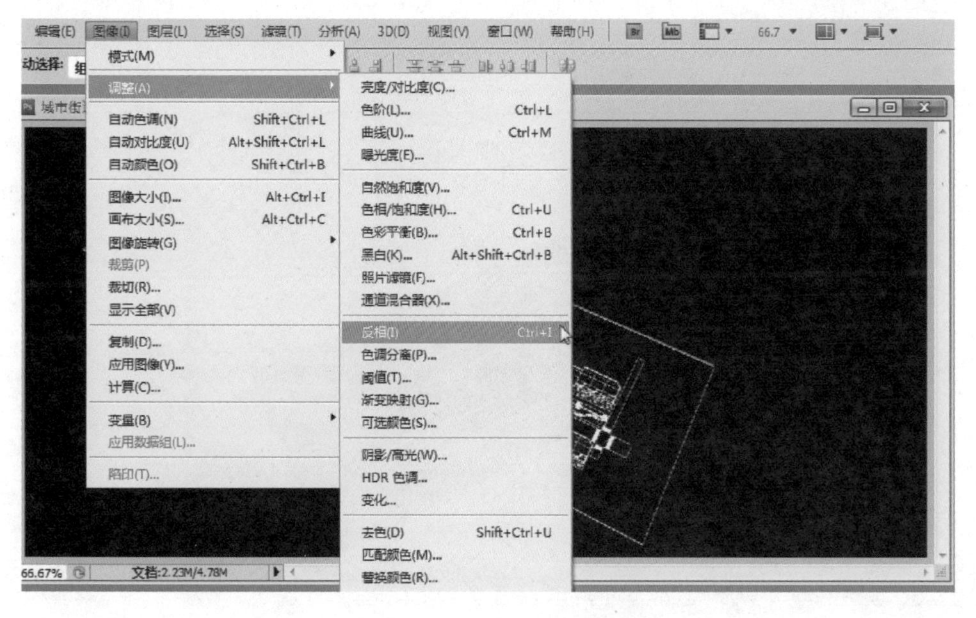

图 11-85　执行【反相】命令

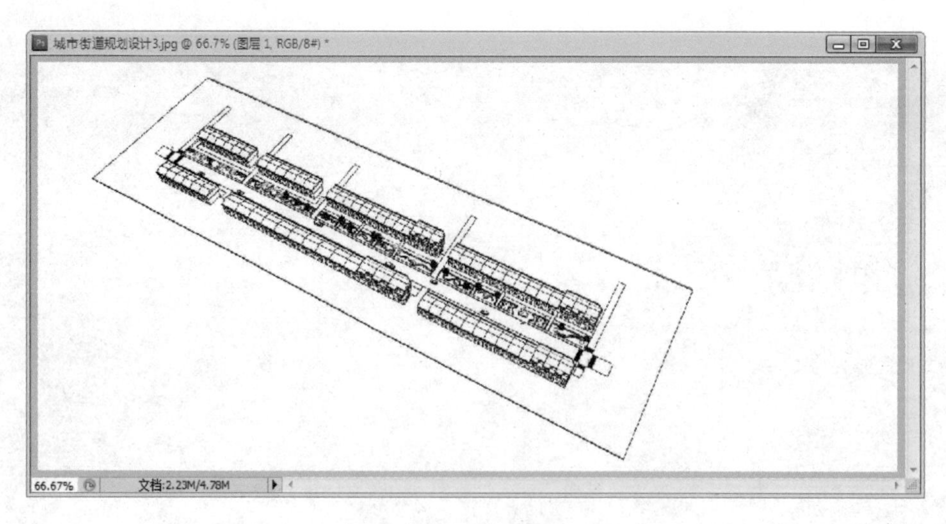

图 11-86　反相操作

图 11-87　设置图层模式

04 将图层合并，选择【魔术棒】工具，选中白色区域，按 <Delete> 键将背景删除，如图 11-88 所示。

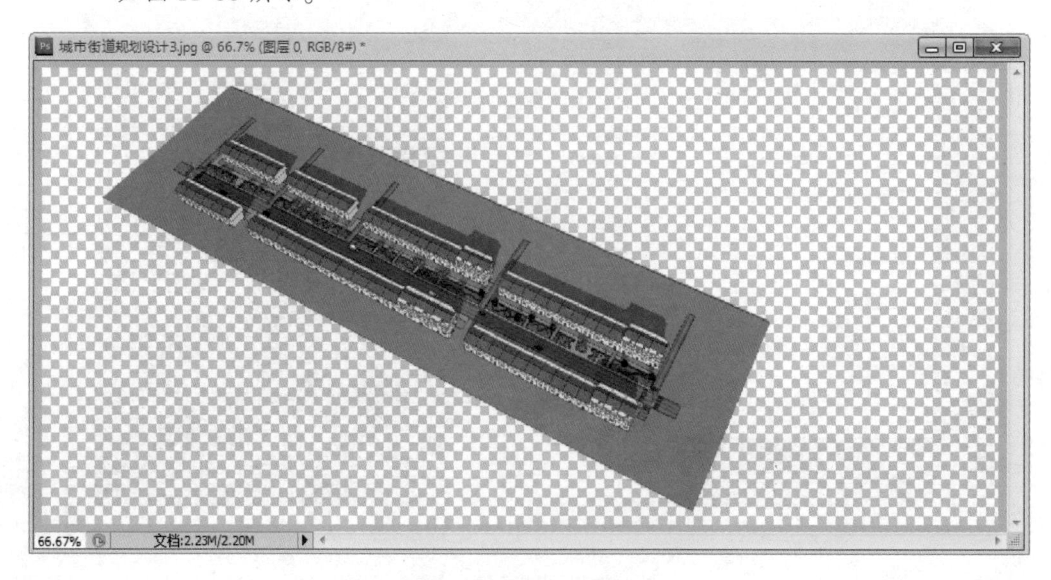

图 11-88　将背景删除

05 导入背景草坪素材，如图 11-89 所示。

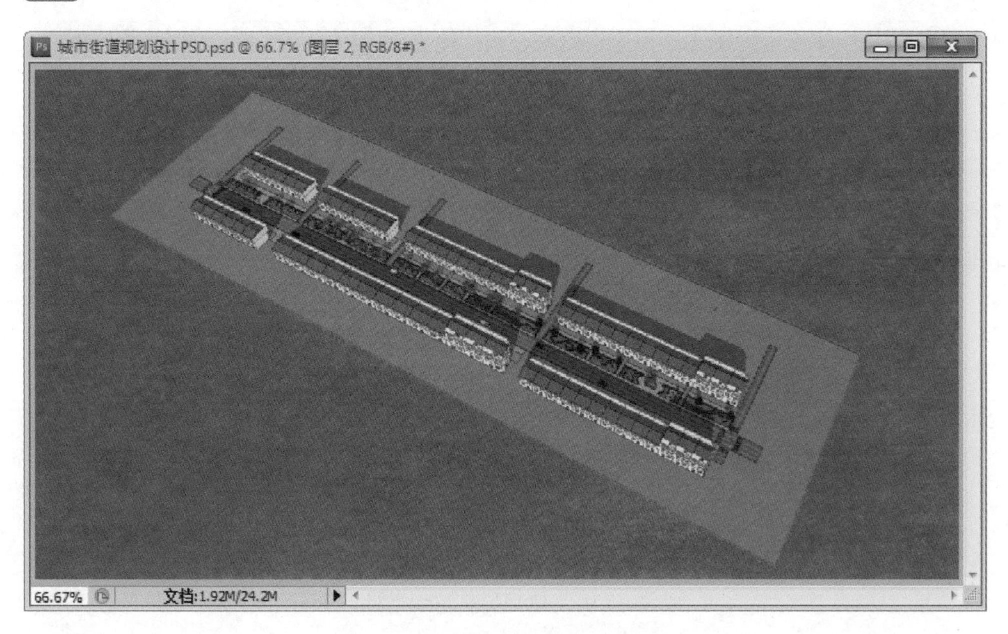

图 11-89 导入背景草坪素材

06 添加云彩效果，如图 11-90 所示

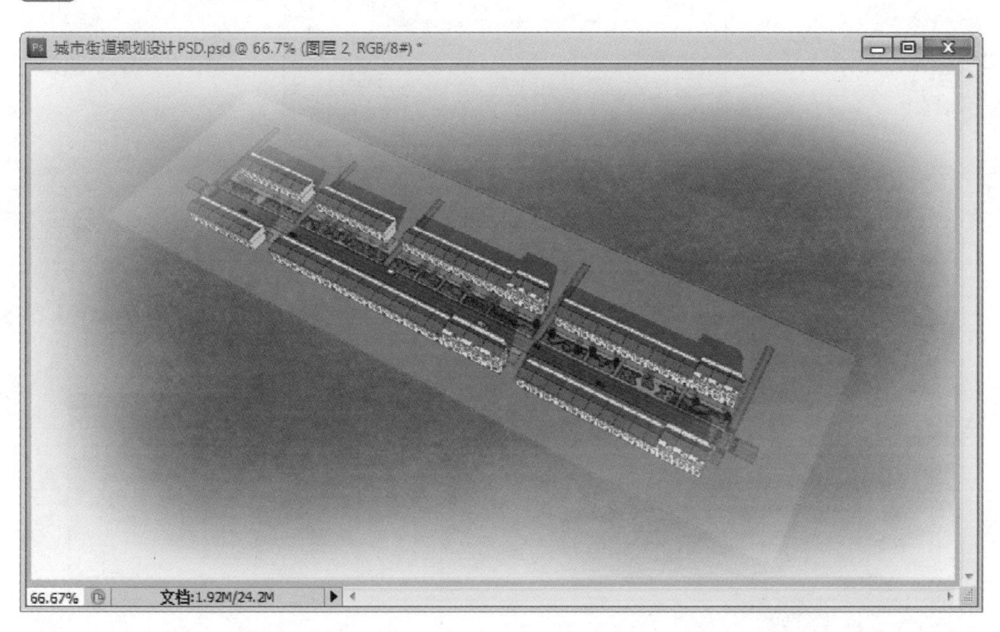

图 11-90 添加云彩效果

07 添加远景植物素材，如图 11-91 所示。

08 将所有图层合并，选择【图像】/【调整】/【亮度/对比度】命令，设置亮度和对比度，如图 11-92 所示。

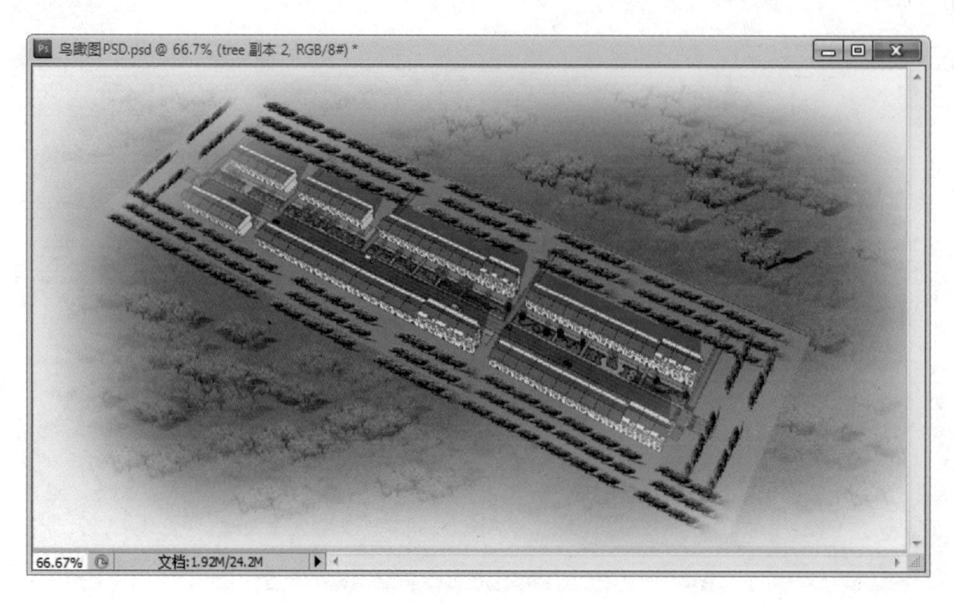

图 11-91　添加远景植物素材

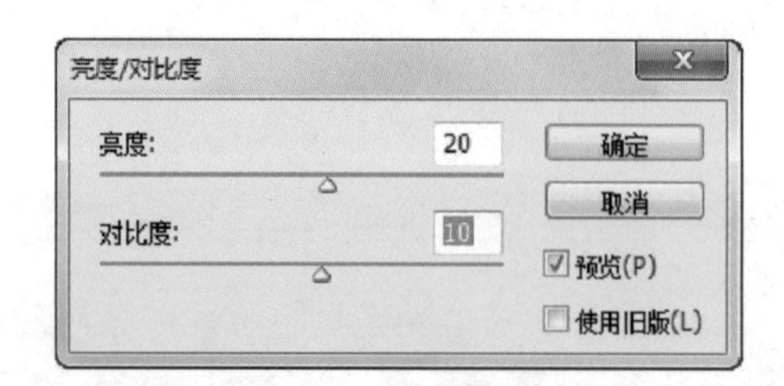

图 11-92　设置亮度和对比度

09 选择【图像】/【调整】/【色彩平衡】命令，调整颜色，如图 11-93 所示。

10 新建一个图层，按 <Ctrl + Shift + Alt + E> 组合键，盖印可见图层，如图 11-94 所示。

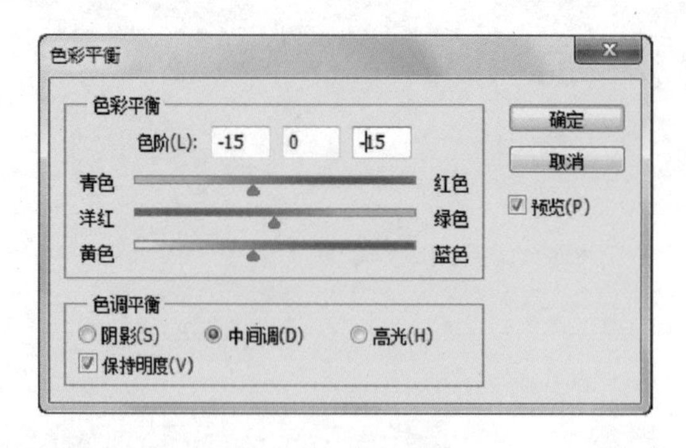

图 11-93　调整颜色

图 11-94　盖印可见图层

11 选择【滤镜】/【模糊】/【高斯模糊】命令，为图层进行高斯模糊操作，如图 11-95 所示。

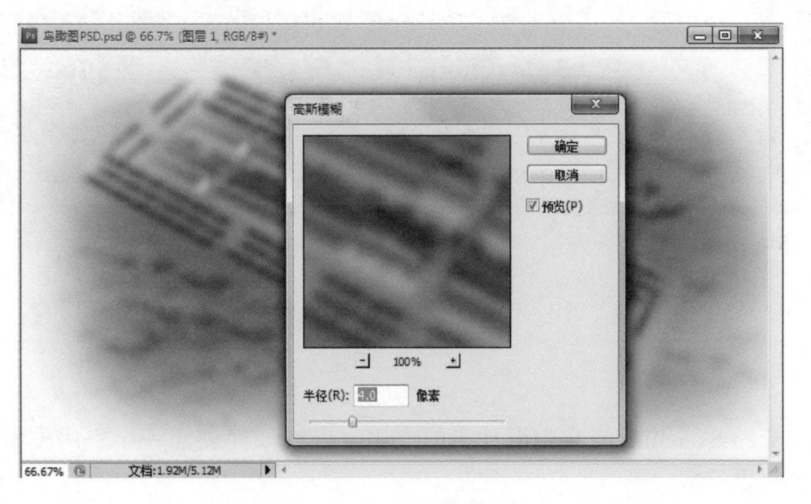

图 11-95　高斯模糊操作

12 将图像模式设为“柔光”，【不透明度】设为“50%”，如图 11-96、图 11-97 所示。

图 11-96　设置图像模式与不透明度

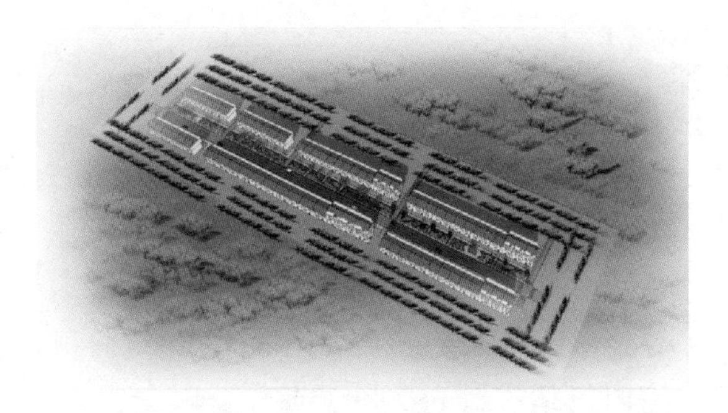

图 11-97　最终效果

13 至此，完成了城市街道规划设计，最后将结果文件保存。

第12章 室内方案设计与表现案例

本章主要介绍 SketchUp 在室内设计中的应用。讲解如何创建一个室内模型，然后对室内空间进行装修设计等。

12.1 设计解析

源文件：\ Ch12 \ 室内平面设计图 2. dwg，其他相应组件
结果文件：\ Ch12 \ 现代室内装修设计 \ 室内设计案例 . skp
视频：\ Ch12 \ 室内装饰设计 . wmv

本案例以一张 AutoCAD 室内平面图为基础，学习如何将一张室内平面图迅速创建为一张室内模型效果图。

该户型属于两室一厅的小户型，建筑面积为 72. 3m^2，套内使用面积为 53. 5m^2。整个室内空间包括主卧、次卧、客厅、阳台、卫生间、厨房等 6 个部分，其中客厅和餐厅相通。

此次室内设计风格以简约温馨、现代时尚为主，整个空间以绿色为主色调。为客厅制作了简单的装饰墙和装饰柜，对室内各个房间采用不同的壁纸和瓷砖材质进行填充。还导入了一些室内家具及装饰组件，为其添加了不同的效果。最后进行了室内渲染和后期处理，使室内效果更加完美。图 12-1、图 12-2、图 12-3 所示为室内建模效果图，图 12-4、图 12-5、图 12-6 所示为渲染后的后期效果图。本案例操作流程如下。

（1）在 AutoCAD 软件里整理平面图纸。
（2）导入图纸。
（3）创建模型。
（4）填充材质。
（5）导入组件。
（6）添加场景。
（7）导出图像。
（8）后期处理。
（9）室内渲染。

图 12-1　建模效果图 1

图 12-2　建模效果图 2

图 12-3　建模效果图 3

图 12-4　后期效果图 1

图 12-5　后期效果图 2

图 12-6　后期效果图 3

12.2 方案实施

首先在 AutoCAD 软件里对图纸进行清理，然后将其导入到 SketchUp 中进行描边封面。

12.2.1 整理 AutoCAD 图纸

图 12-7 所示为室内平面原图，图 12-8 所示为简化图。

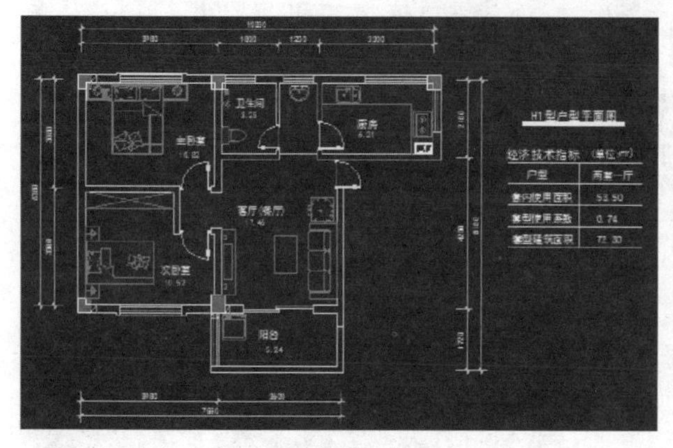

图 12-7　原图

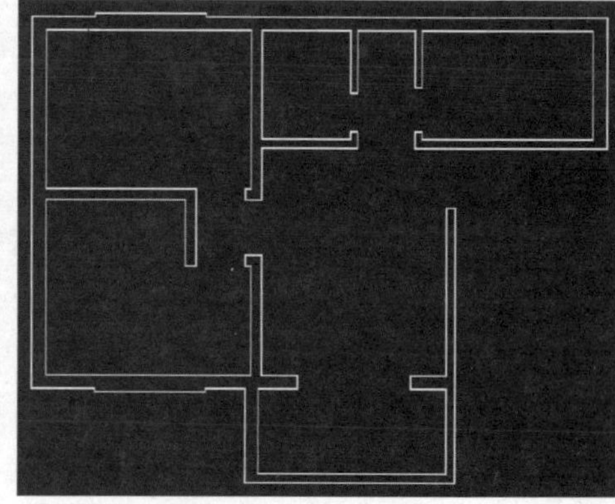

图 12-8　简化图

01 在 AutoCAD 命令输入栏里输入“PU”，按 <Enter> 键确认，弹出【清理】对话框，对简化后的图纸进行进一步清理，如图 12-9 所示。

02 单击全部清理(A)按钮，弹出如图 12-10 所示的【清理】对话框，选择“清除此项目”选项，直到全部清理(A)按钮变成灰色状态，即清理完图纸，如图 12-11 所示。

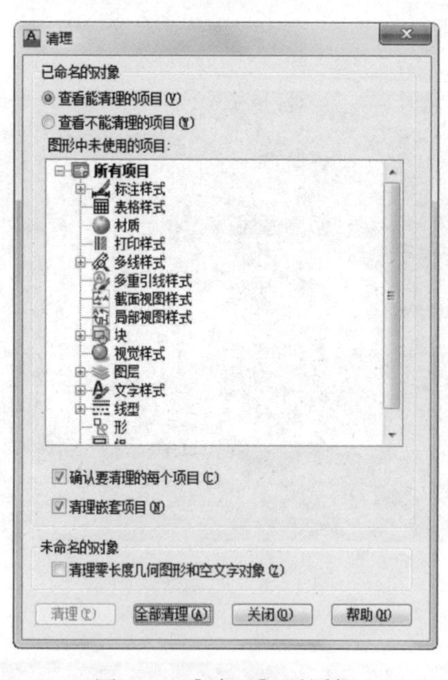

图 12-9　【清理】对话框

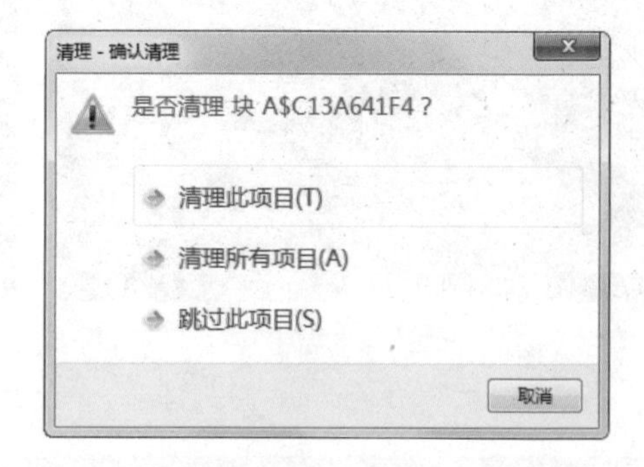

图 12-10　选择清理选项

03 在 SketchUp 中优化场景，选择【窗口】/【模型信息】命令，弹出【模型信息】对话框，参数设置如图 12-12 所示。

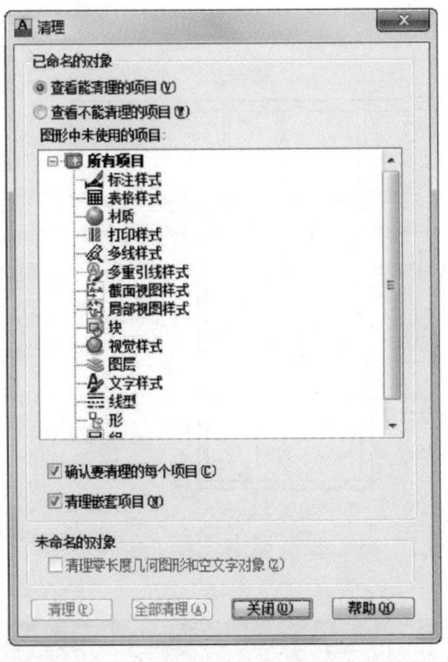

图 12-11　清理完成

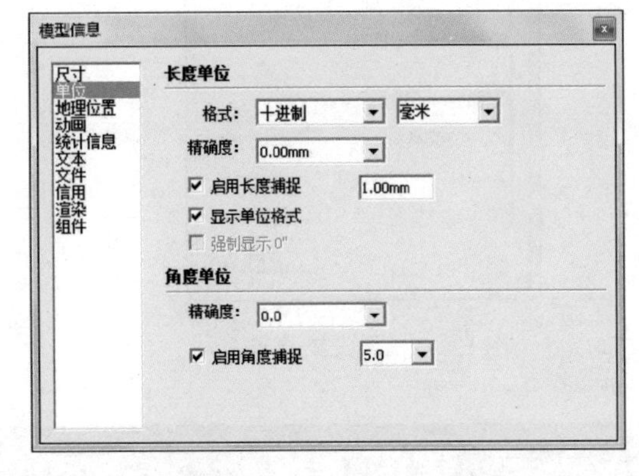

图 12-12　设置模型单位

12.2.2　导入图纸

将 AutoCAD 图纸导入到 SketchUp 中，并以线框显示。

01 选择【文件】/【导入】命令，弹出【打开】对话框，将【文件类型】设置为“AutoCAD 文件（*.dwg）”格式，选择“室内设计平面图 2”，如图 12-13 所示。

02 单击 选项(P)... 按钮，在弹出的【导入 AutoCAD DWG/DXF 选项】对话框中，将单位改为“毫米”，单击 确定 按钮，最后单击【打开】对话框的 打开(O) 按钮，即可导入 AutoCAD 图纸，如图 12-14 所示。

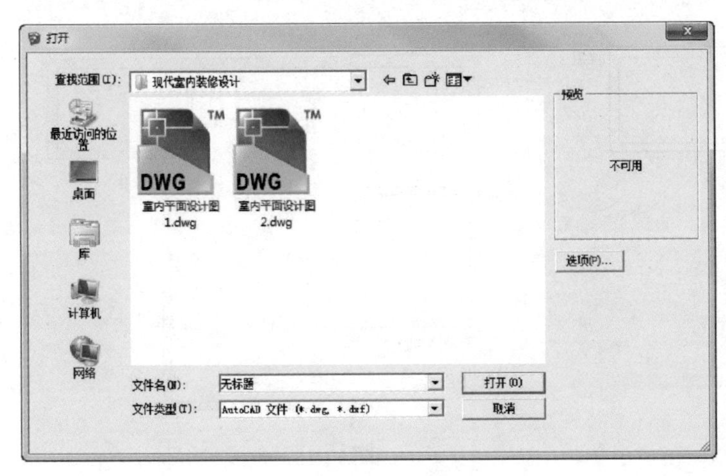

图 12-13　导入图纸

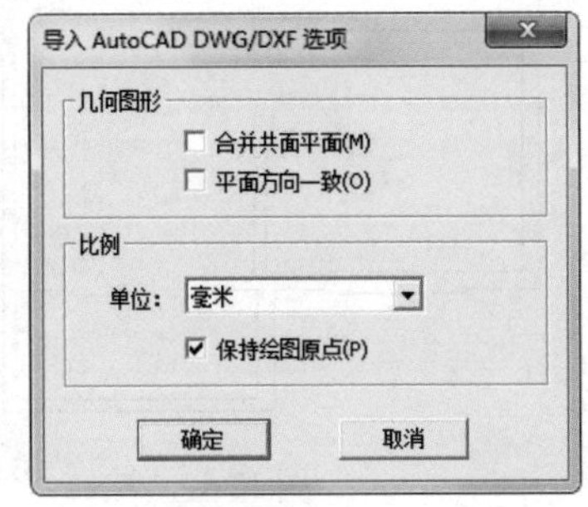

图 12-14　设置导入选项

03 图 12-15 所示为导入结果。

04 单击【导入结果】对话框的 关闭 按钮。导入到 SketchUp 中的 AutoCAD 图纸是以线框显示的，如图 12-16 所示。

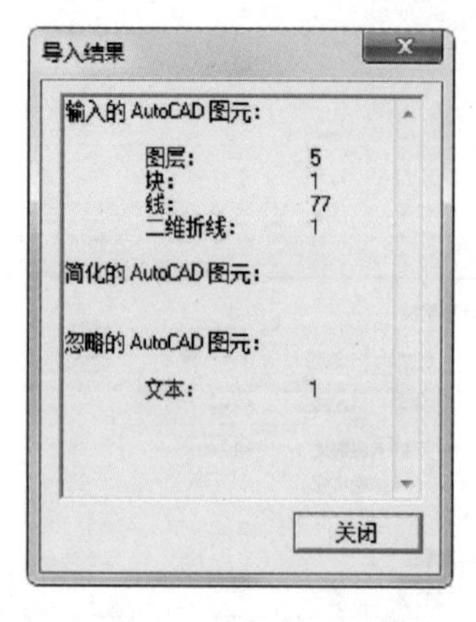

图 12-15　导入结果信息

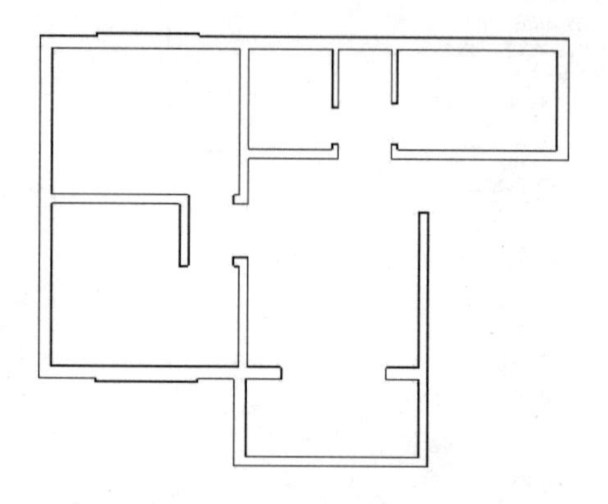

图 12-16　线框显示图形

12.3 建模流程

参照图纸创建模型，包括创建室内空间、绘制客厅装饰墙、制作阳台等模型，然后再填充材质、导入组件、添加场景页面。

12.3.1 创建室内空间

将导入的图纸创建封闭面，快速建立空间模型。

01 单击【直线】按钮，将断掉的线条进行连接，使它形成一个封闭面，如图 12-17、图 12-18 所示。

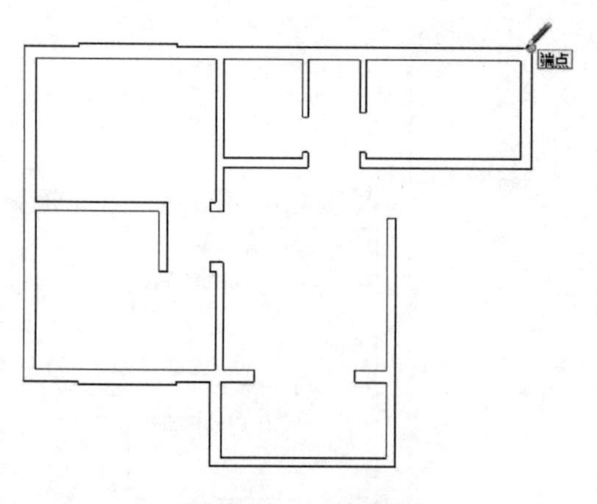

图 12-17　绘制直线

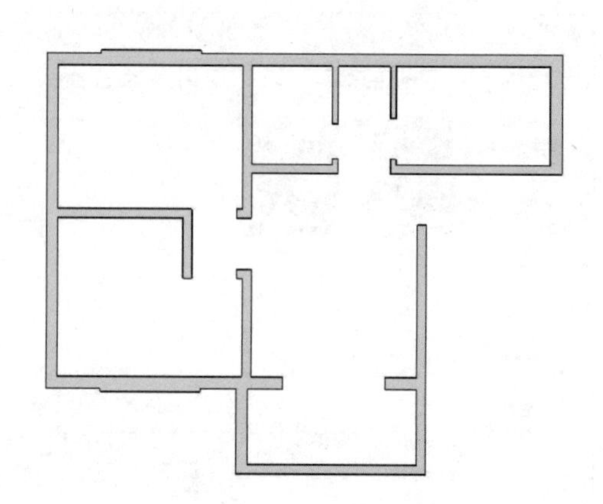

图 12-18　形成封闭面

02 选择封闭面，单击【推/拉】按钮，向上拉出 3200mm，推拉出墙体，形成一个室内空间，如图 12-19 所示。

03 单击【擦除】按钮，将多余的线条擦除掉，如图 12-20 所示。

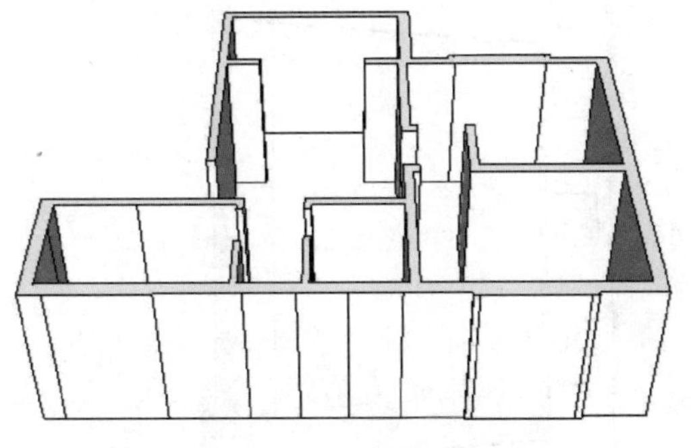

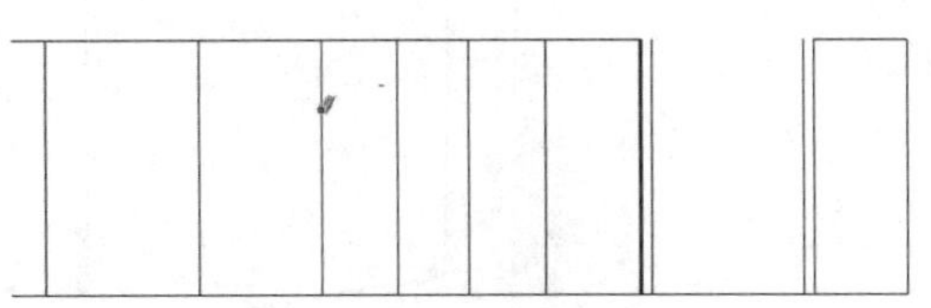

图 12-19　推拉创建墙体　　　　图 12-20　擦除多余的线条

04 单击【矩形】按钮，将室内地面进行封闭，如图 12-21、图 12-22 所示。

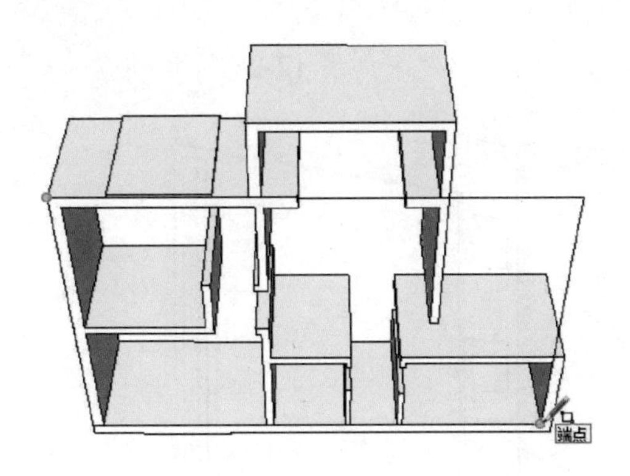

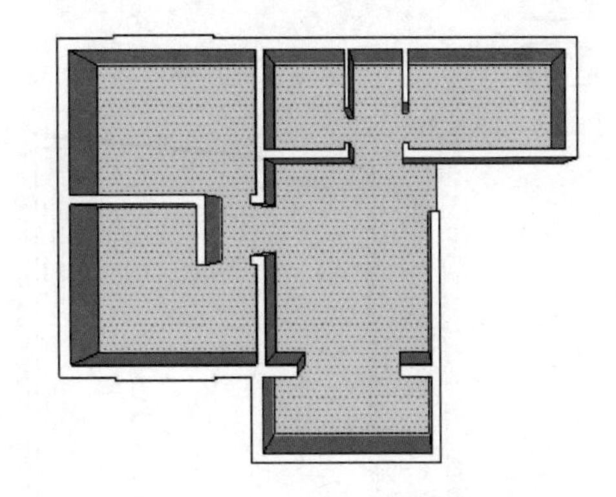

图 12-21　绘制地板面　　　　图 12-22　完成地板面的绘制

12.3.2 绘制装饰墙

在客厅背景墙处绘制一个简单的装饰墙，使客厅画面更加丰富多彩。

01 单击【矩形】按钮，在墙面绘制矩形面，如图 12-23、图 12-24 所示。

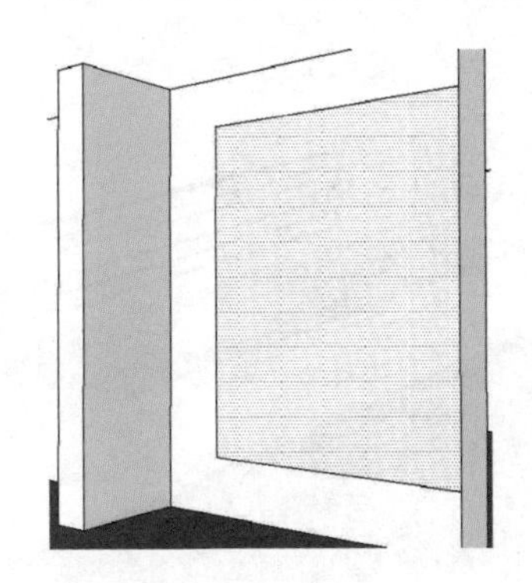

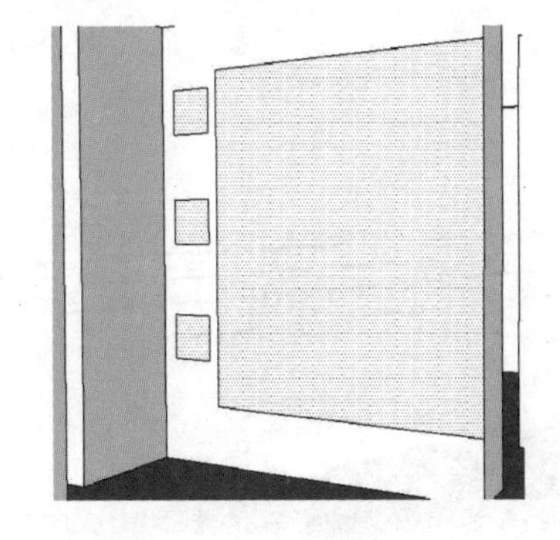

图 12-23　绘制大矩形面　　　　图 12-24　绘制小矩形面

02 单击【推/拉】按钮，将矩形面分别向里推 50mm 和 100mm，如图 12-25 所示。

03 单击【直线】按钮，绘制出如图 12-26 所示的面。

图 12-25 推拉矩形面

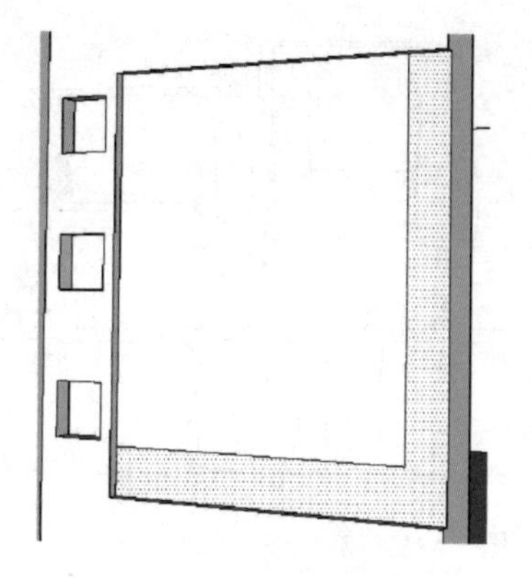

图 12-26 绘制封闭面

04 单击【偏移】按钮，向里偏移复制面，如图 12-27 所示。

05 单击【推/拉】按钮，分别向里和向外推拉，效果如图 12-28 所示。

图 12-27 偏移复制面

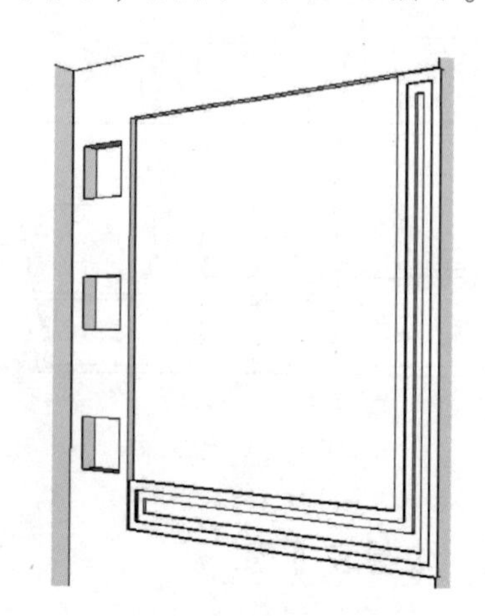

图 12-28 创建推拉效果

06 单击【直线】按钮，分割出一个面，如图 12-29 所示。

07 单击【推/拉】按钮，向外拉 500mm，如图 12-30 所示。

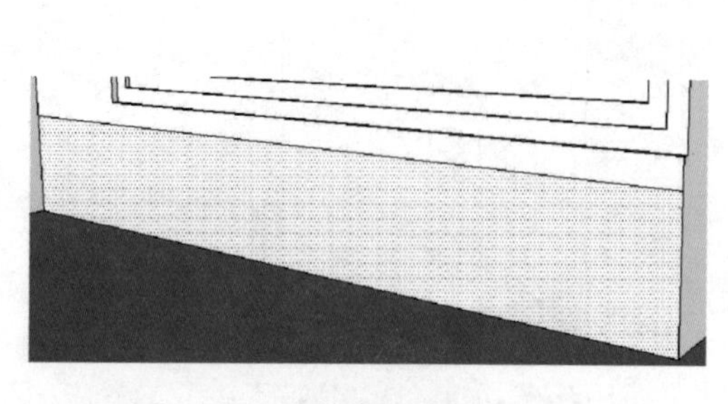

图 12-29 绘制直线分割出一个面

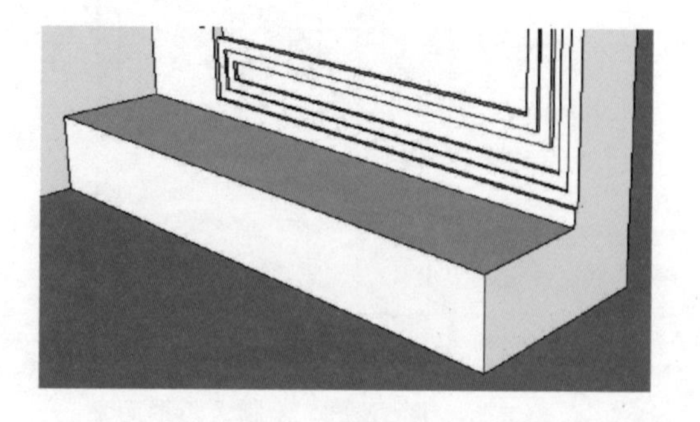

图 12-30 创建推拉效果

08 单击【直线】按钮，沿推拉出的物体顶面中心点绘制直线，如图 12-31、图 12-32 所示。

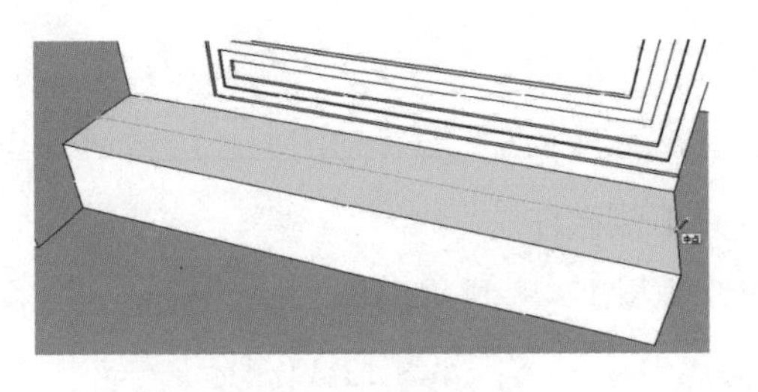

图 12-31　绘制直线

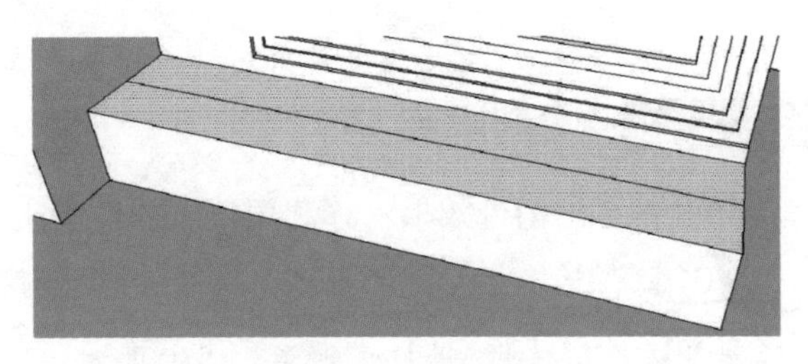

图 12-32　分割顶面

09 单击【推/拉】按钮，向下推一定距离，如图 12-33 所示。

10 单击【矩形】按钮，绘制 3 个矩形面，如图 12-34 所示。

图 12-33　推拉分割的面

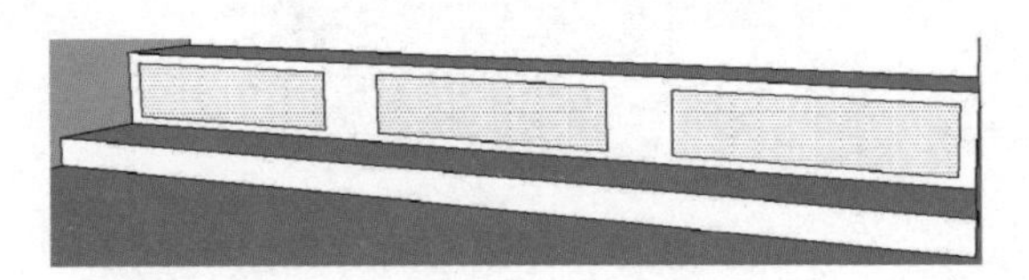

图 12-34　绘制 3 个矩形面

11 单击【圆形】按钮，在矩形面上绘制圆形面，如图 12-35 所示。

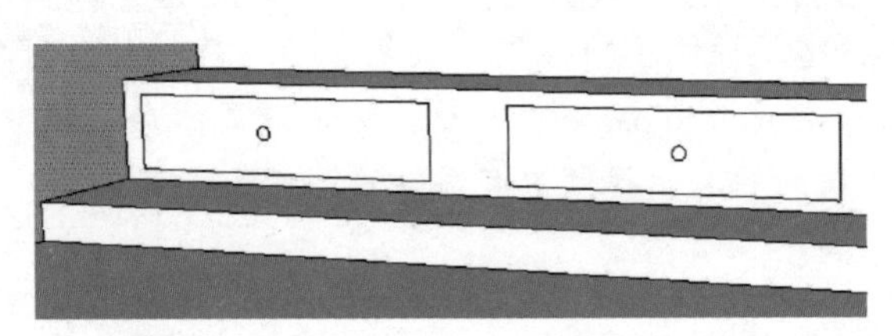

图 12-35　绘制圆形面

12 单击【推/拉】按钮，分别将矩形面和圆形面向外进行推拉，形成抽屉效果，如图 12-36 所示。

13 最终的装饰墙效果如图 12-37 所示。

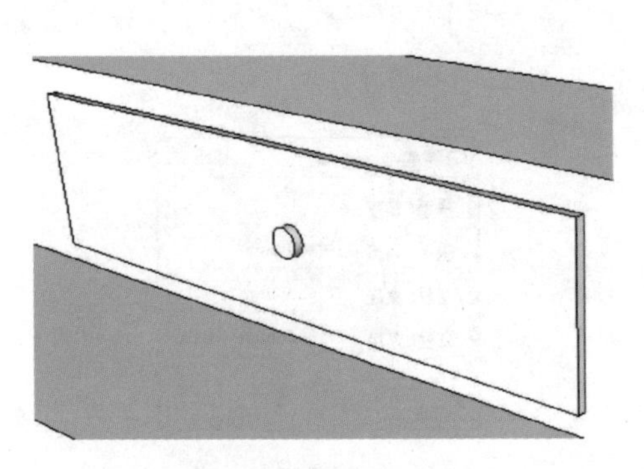

图 12-36　推拉出抽屉

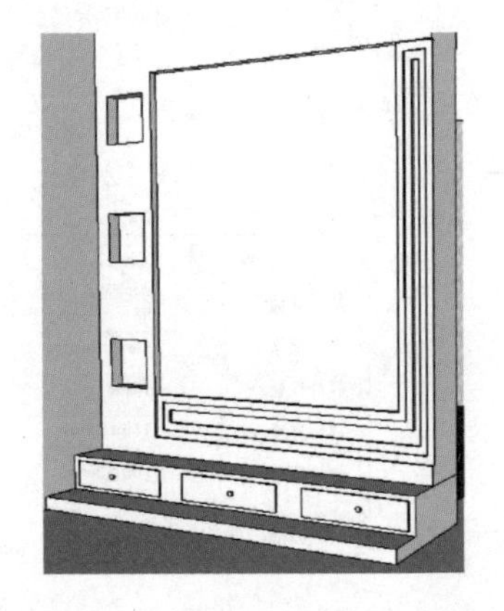

图 12-37　最终的装饰墙效果

12.3.3 绘制阳台

单独推拉出阳台效果，并利用建筑插件快速创建阳台栏杆。

01 单击【直线】按钮，绘制直线分割面，如图 12-38 所示。

02 单击【推/拉】按钮，向下推一定距离，形成阳台，如图 12-39 所示。

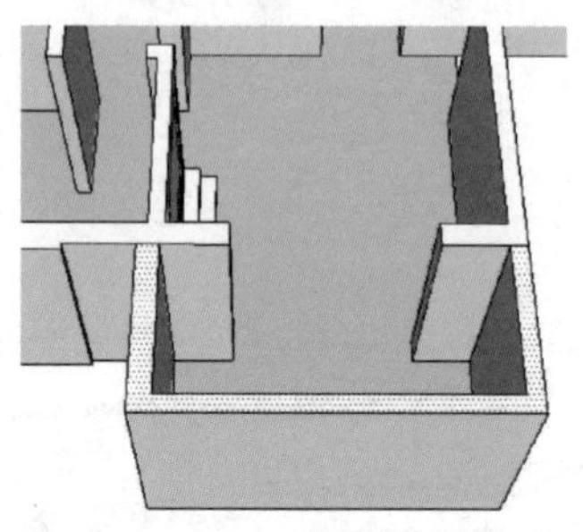

图 12-38 绘制直线分割面

图 12-39 向下推拉出阳台

03 安装并启动 SuAPP3.3 建筑插件，如图 12-40 所示。选中阳台的一条边线，如图 12-41 所示。

> **技巧提示**
>
> SuAPP3.3 建筑插件基础版是一款免费的建筑插件，可以到其官网中下载地址为“http：//www. suapp. me/”。安装时选择离线版安装即可。关于 SuAPP3.3 专业版，在本案例的演示视频中有详细的下载及安装提示。

图 12-40 启动建筑插件

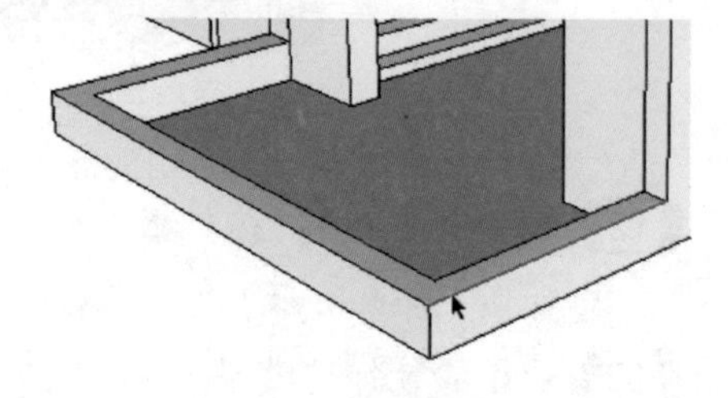

图 12-41 选择阳台边线

04 在【SuAPP 基本工具栏】中，单击【创建栏杆】按钮，设置【栏杆构件】参数，创建阳台栏杆，如图 12-42、图 12-43、图 12-44 所示。

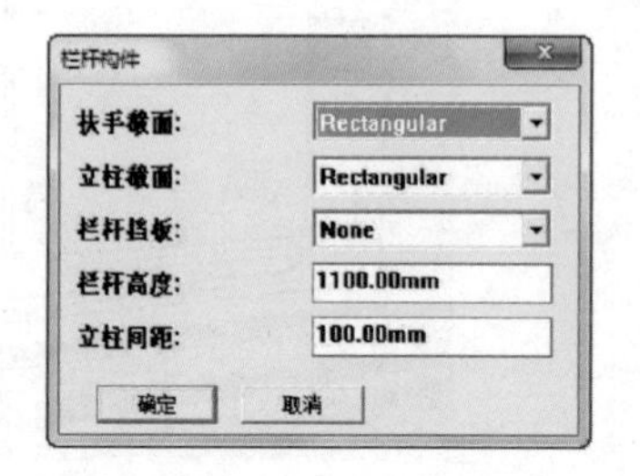

图 12-42 设置【栏杆构件】参数

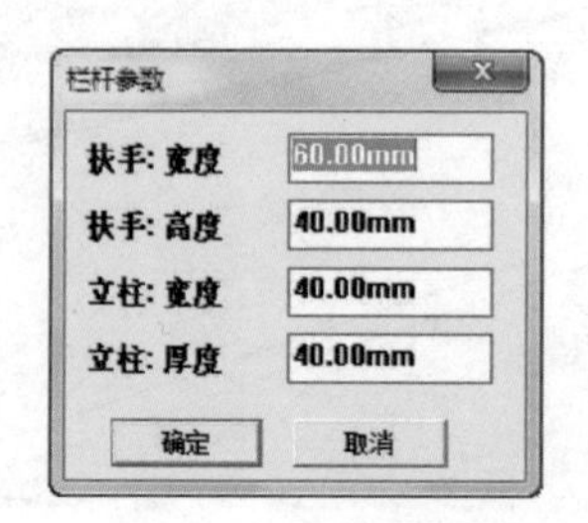

图 12-43 设置【栏杆参数】

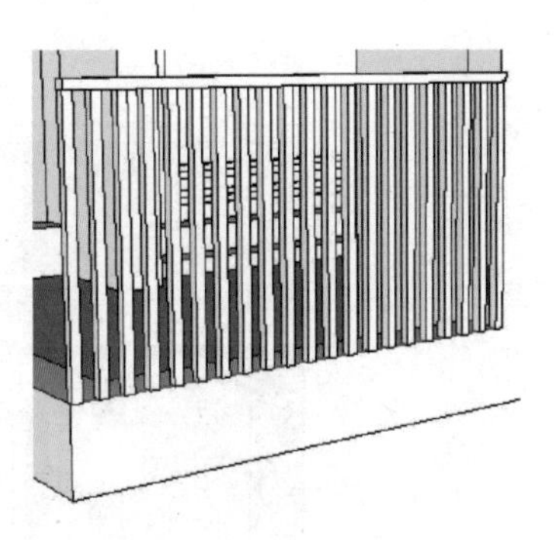

图 12-44　创建的阳台栏杆

05 依次选中其他边线，分别创建阳台栏杆，如图 12-45、图 12-46 所示。

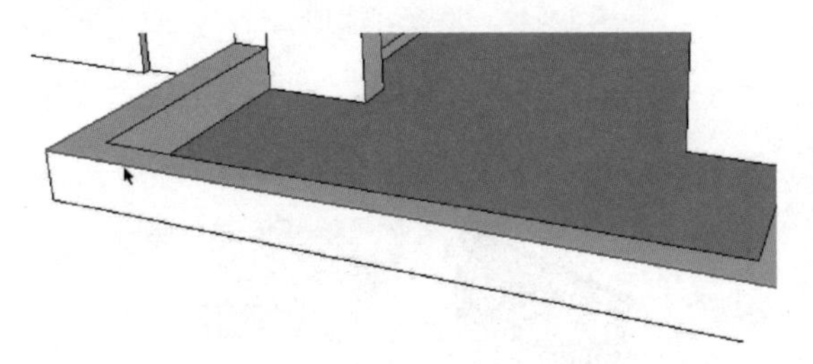

图 12-45　选择其他边线

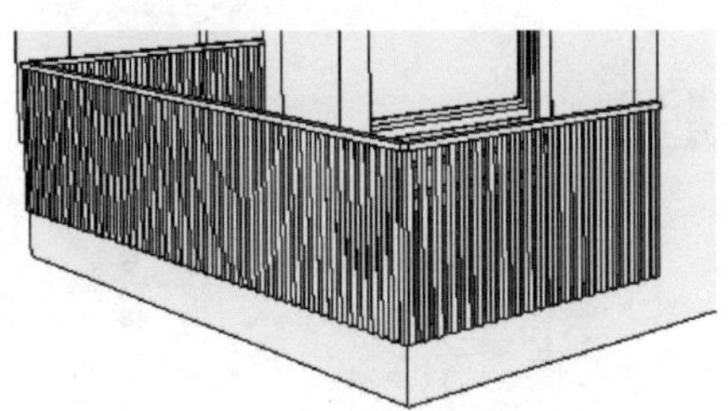

图 12-46　创建阳台栏杆

12.3.4　填充材质

根据不同的场景填充适合的材质。如客厅、厨房和卫生间的地面采用地砖材质，卧室地面采用木地板材质，墙面采用壁纸材质。

01 为了方便对每个房间材质填充，单击【直线】按钮，进行分割面，如图 12-47 所示。

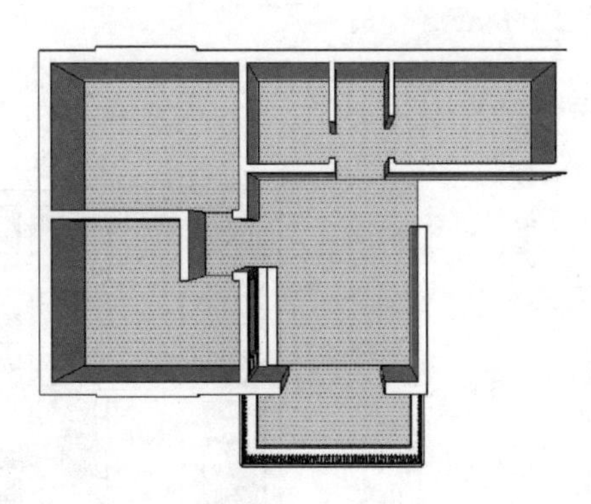

图 12-47　分割面

02 在【材料】面板中选择地砖材质（SketchUp 材质“地拼砖”类型中的“Floor Tile (23)”）填充客厅，在【编辑】标签下可适当调整材质尺寸，如图 12-48、图 12-49 所示。

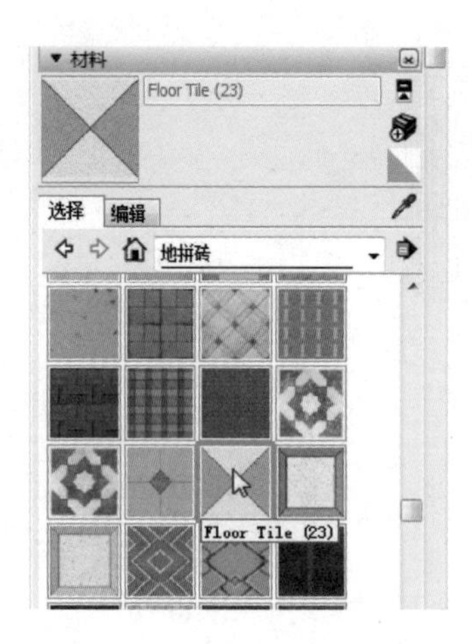

图 12-48　选择客厅地面材质

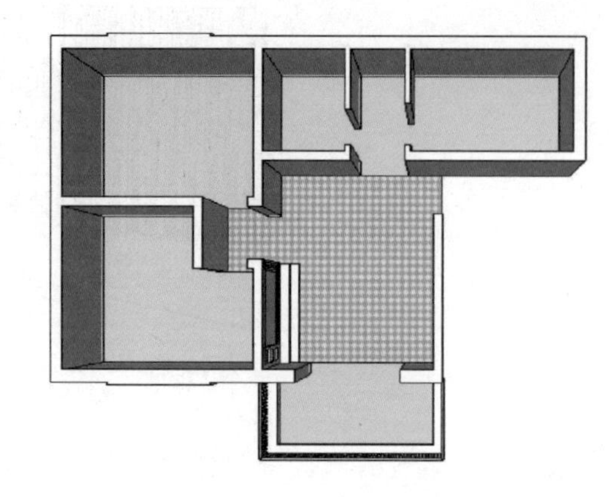

图 12-49　填充客厅地面

03 为阳台地面填充适合的材质，如图 12-50、图 12-51 所示。

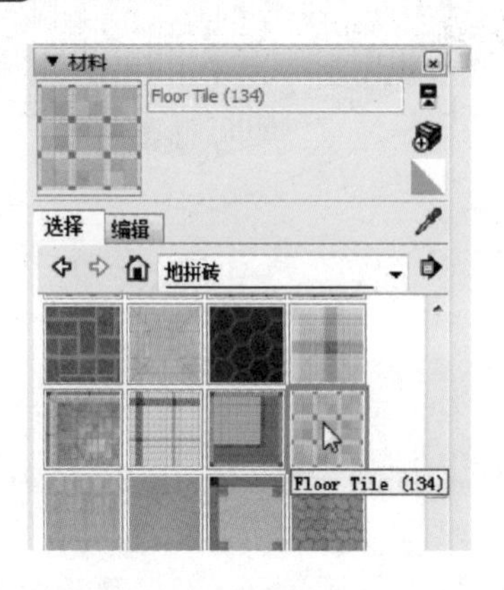

图 12-50　选择阳台地面材质

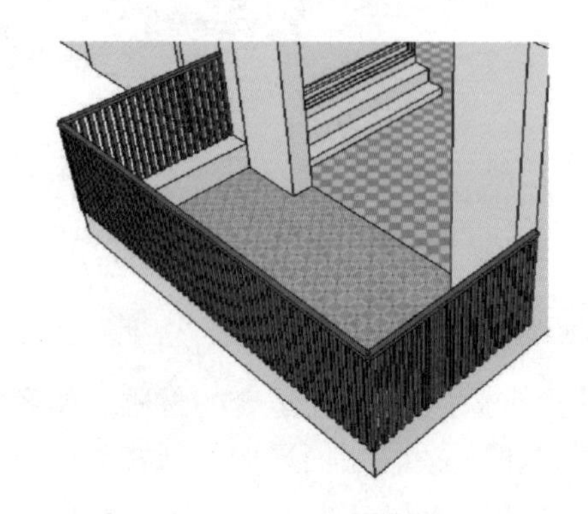

图 12-51　填充阳台地面

04 为卫生间、厨房地面填充适合的材质，如图 12-52、图 12-53 所示。

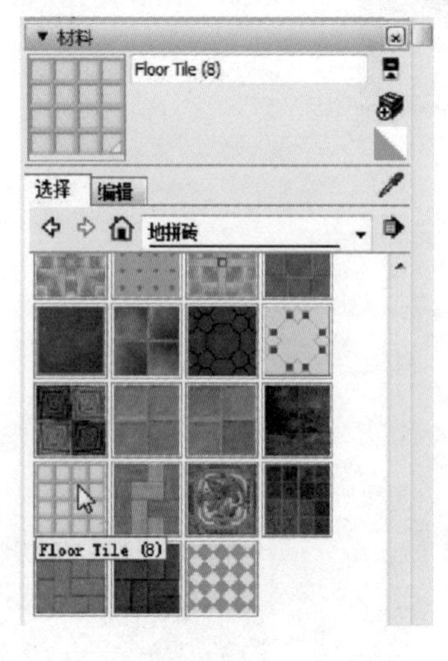

图 12-52　选择卫生间和厨房地面材质

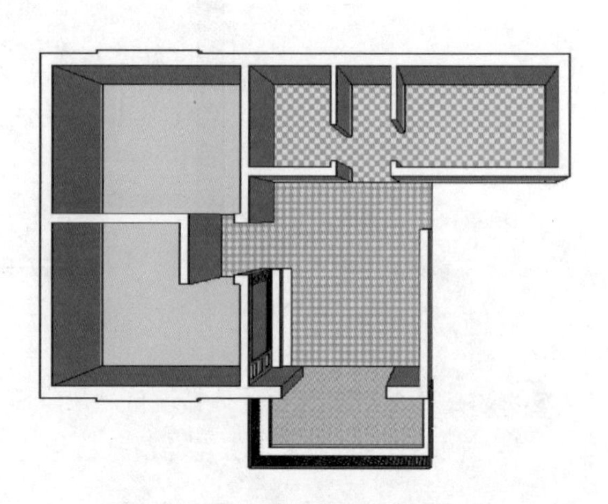

图 12-53　填充卫生间和厨房、地面

05 为卧室地面填充木地板材质，如图 12-54、图 12-55 所示。

图 12-54 选择卧室地面材质

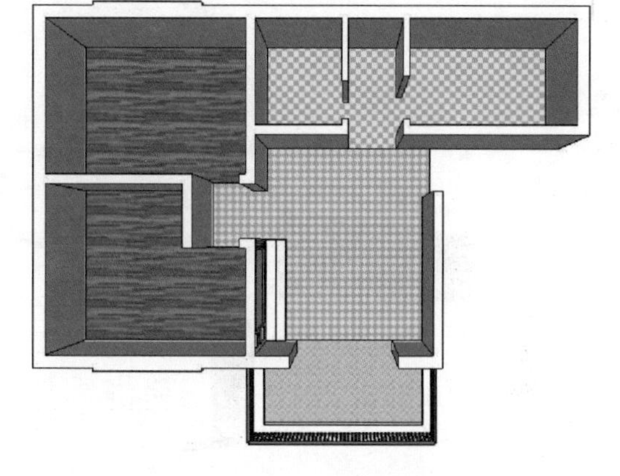

图 12-55 填充卧室地面

06 为客厅装饰墙填充适合的材质，如图 12-56 所示。

07 依次填充室内其他房间墙面的材质，如图 12-57 所示。

图 12-56 填充客厅装饰墙材质

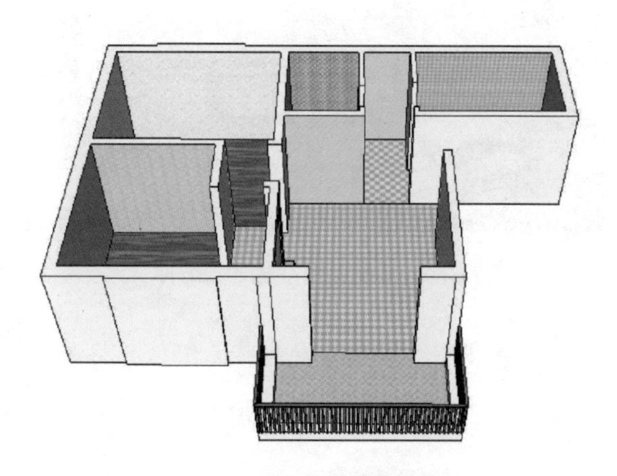

图 12-57 材质完成效果

12.3.5 导入组件

导入室内组件，让室内空间的内容更丰富，这是建模中很重要的部分。

01 在桌面上单独启动新的 SketchUp 软件窗口。将本例源文件中的电视和音箱组件打开，如图 12-58 所示。

02 在新的软件窗口中按 <Ctrl + C> 组合键复制电视与音箱组件，然后切换到本案例的室内模型的软件窗口中进行粘贴，将粘贴的电视和音箱组件重新进行摆设，如图 12-59 所示。

03 同理，在新的软件窗口中打开装饰品组件，然后复制并粘贴到室内模型的软件窗口中，然后重新进行摆设，如图 12-60、图 12-61 所示。

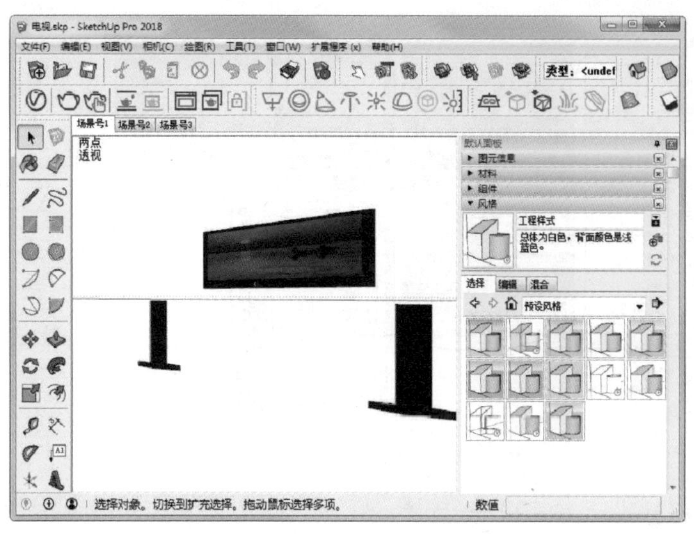

图 12-58　打开电视组件

图 12-59　复制并粘贴电视和音箱组件

图 12-60　复制并粘贴装饰品组件

图 12-61　复制并粘贴其他的装饰品组件

04 复制并粘贴沙发和茶几组件，将其摆放在客厅，如图 12-62 所示。

05 复制并粘贴餐桌和餐椅组件，如图 12-63 所示。

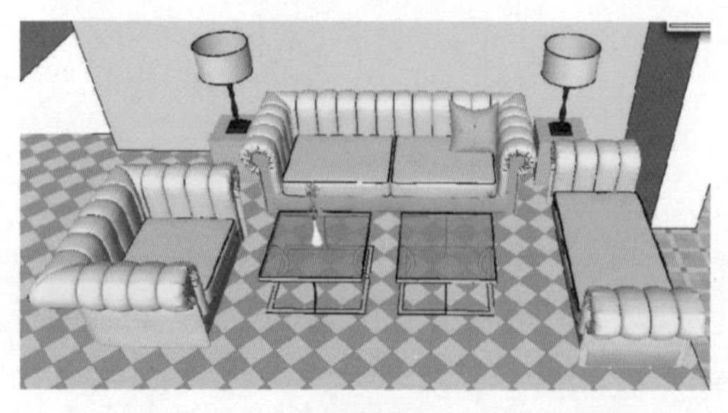
图 12-62　复制并粘贴沙发和茶几组件

图 12-63　复制并粘贴餐桌和餐椅组件

06 给阳台添加推拉玻璃门组件，并将上方的墙封闭，如图 12-64 所示。

07 复制并粘贴窗帘组件，如图 12-65 所示。

图 12-64 添加推拉玻璃门组件

图 12-65 复制并粘贴窗帘组件

08 复制并粘贴装饰画组件，如图 12-66、图 12-67 所示。

图 12-66 复制并粘贴装饰画组件 1

图 12-67 复制并粘贴装饰画组件 2

09 单击【矩形】按钮，对室内空间封闭顶面，如图 12-68、图 12-69 所示。

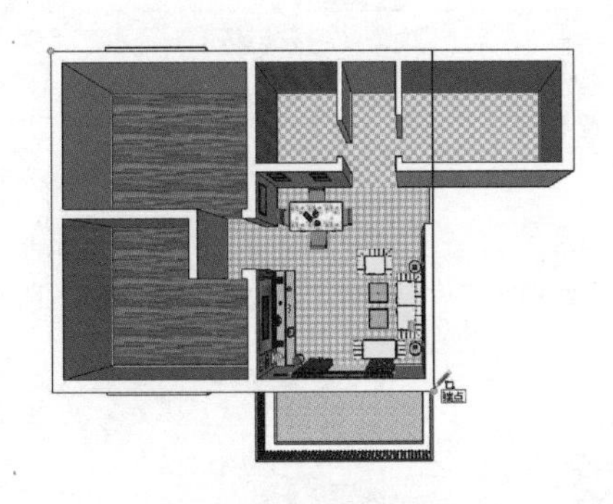

图 12-68 绘制矩形

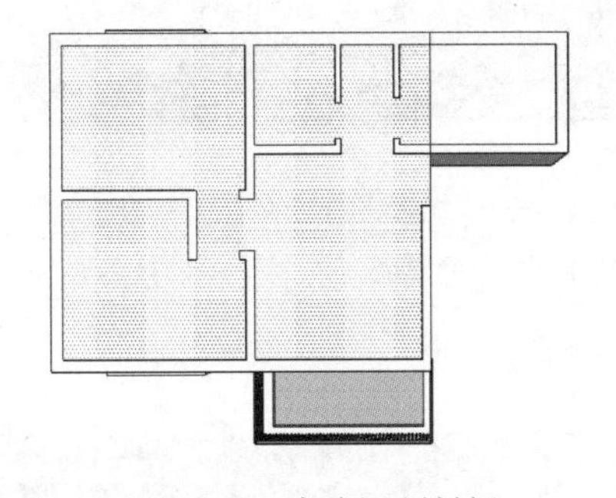

图 12-69 完成屋顶封闭

10 最后为客厅和餐厅，复制并粘贴吊灯和射灯组件，如图 12-70、图 12-71 所示。

图 12-70 复制并粘贴吊灯组件

图 12-71 复制并粘贴射灯组件

12.3.6 添加场景页面

为客厅和餐厅创建3个室内场景，方便浏览室内空间。

01 选择【相机】/【两点透视】命令，设置两点透视效果，调整好视图角度和相机位置，如图12-72所示。

02 在【场景】面板中单击【添加场景】按钮⊕，创建“场景号1”，如图12-73所示。

图12-72 调整视图

图12-73 创建“场景号1”

03 单击【添加场景】按钮⊕，创建“场景号2”，如图12-74、图12-75所示。

图12-74 调整视图

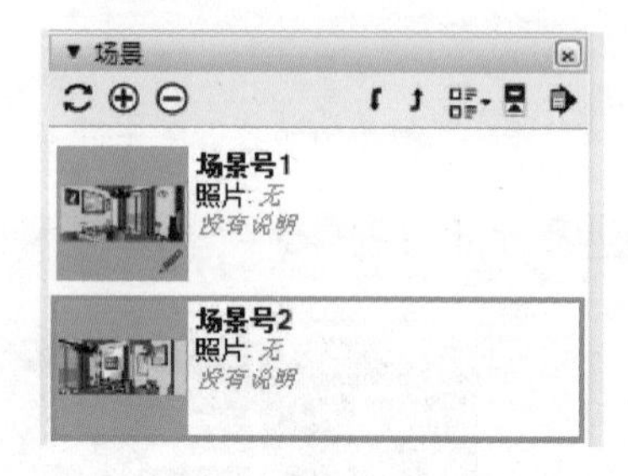

图12-75 创建“场景号2”

04 单击【添加场景】按钮⊕，创建“场景号3”，如图12-76、图12-77所示。

图12-76 调整视图

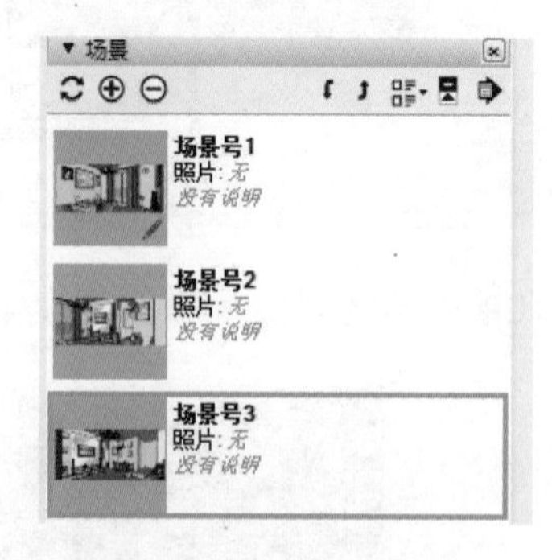

图12-77 创建“场景号3”

SketchUp&Revit建筑规划设计案例

SketchUp 软件可以为基于 BIM 的 Revit 软件输出建筑模型。Autodesk Revit 2018 是一款三维建筑信息模型建模软件，适用于建筑设计、MEP 工程、结构工程和施工领域等。本章将介绍在 Revit 中导入 SketchUp 模型进行规划设计的案例。

13.1 Revit 2018 简介

Revit 2018 界面包括欢迎界面和工作界面。

13.1.1 Revit 2018 欢迎界面

Revit 2018 的欢迎界面延续了 Revit 2016 的【项目】和【族】的创建入口功能，启动 Revit 2018，会打开如图 13-1 所示的欢迎界面。

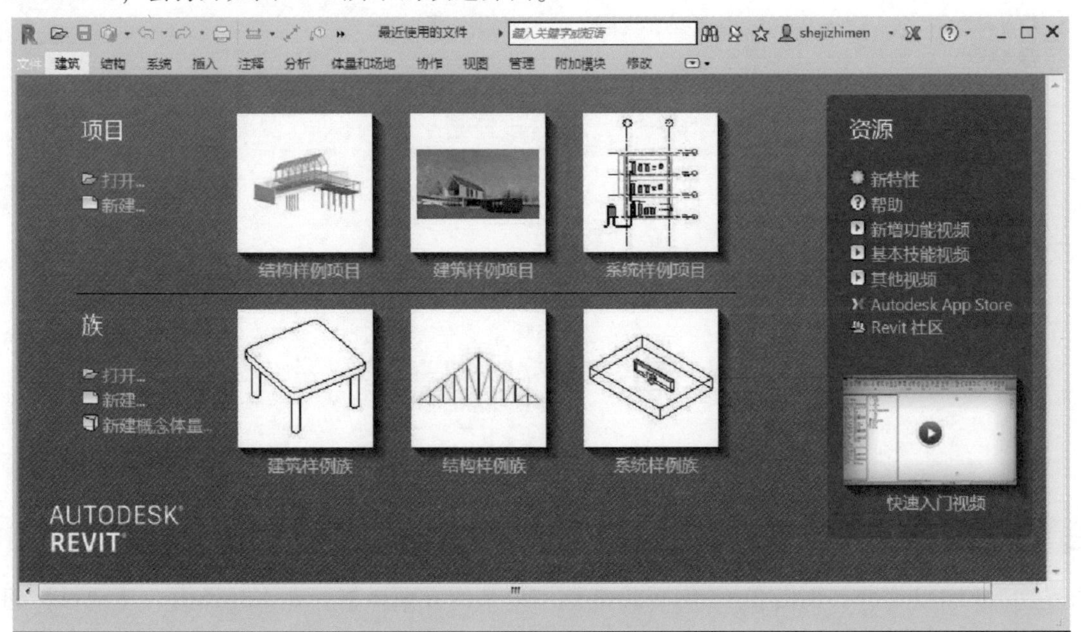

图 13-1　Revit 2018 欢迎界面

这个界面包括 3 个选项区域：【项目】、【族】和【资源】。各区域有不同的使用功能，下面介绍这 3 个选项区域的基本功能。

1. 【项目】组

项目就是指建筑工程项目，要建立完整的建筑工程项目，需要开启新的项目文件或者打开已有的项目文件进行编辑。

【项目】组的选项包含了 Revit 打开或创建项目的文件、以及 Revit 提供的样板文件和打开进入工作界面的入口工具。

2. 【族】组

族是一个包含通用属性（称作参数）集和相关图形表示的图元组，常见的有家具、电器产品、预制板、预制梁等。

在【族】组中，包括【打开】、【新建】和【新建概念体量】3 个引导功能。

3. 【资源】组

Revit 2018 的中文帮助可以通过官网在线查看，可以利用系统提供的资源辅助学习与技术交流。当然也可以从 Revit 2018 的标题栏上选择相应的资源进行学习和交流，如图 13-2 所示。

图 13-2　在线查看中文帮助

13.1.2　Revit 2018 工作界面

Revit 2018 工作界面沿袭了 Revit 2014 版本以来的界面风格。在欢迎界面的【项目】组中选择一个项目样板或新建一个项目，进入到 Revit 2018 工作界面中。图 13-3 所示为打开一个建筑项目后的工作界面。

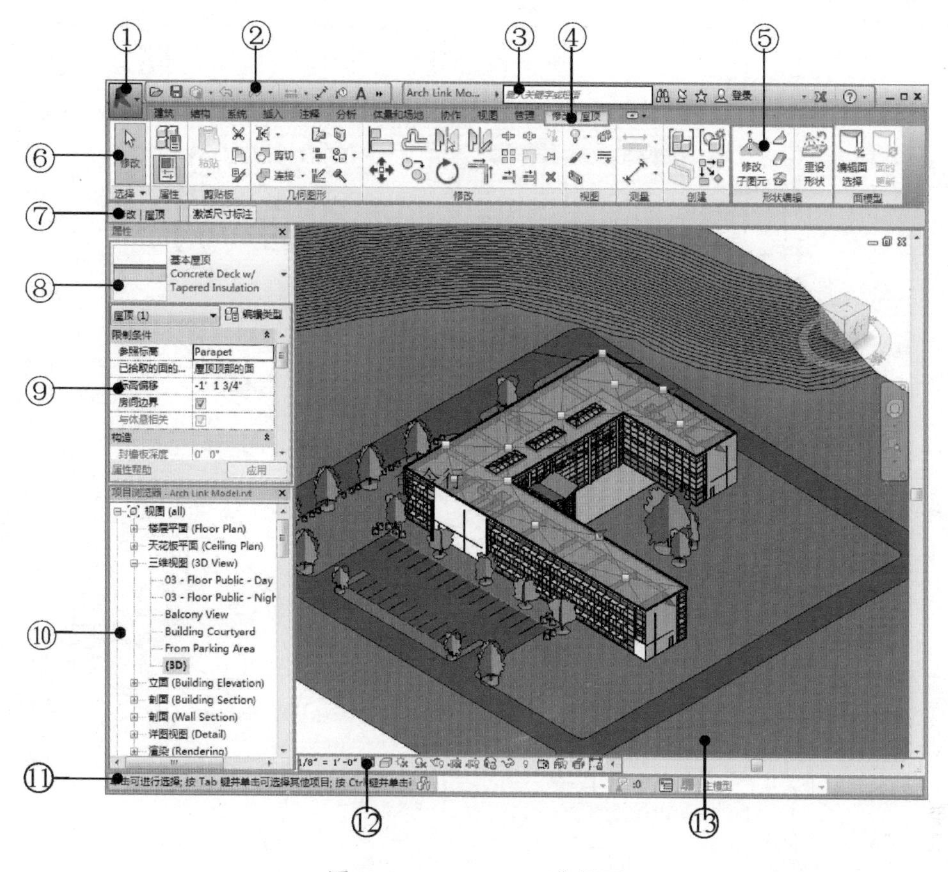

图 13-3　Revit 2018 工作界面

①—应用程序菜单　②—快速访问工具栏　③—信息中心　④—上下文选项卡　⑤—面板　⑥—功能区　⑦—选项栏　⑧—类型选择器　⑨—【属性】选项板　⑩—项目浏览器　⑪—状态栏　⑫—视图控制栏　⑬—绘图区

13.2 商业区规划设计案例

源文件：\ Ch13 \ 某商业中心规划设计总平面图 . dwg，其他相应组件
结果文件：\ Ch13 \ 商业中心规划设计 . rvt
视频：\ Ch13 \ 商业区规划设计案例 . wmv

本案例以某城市的一个商业区总体规划为例，讲解规划中需要达到的模型效果以及场景周围的表现情况。如图 13-4 所示，本案例设有两个入口和一个出口，入口处以漂亮的地砖展现给人们，并用来放置广场的标志性建筑物。广场建筑包括一幢办公楼、一幢商业中心大楼、一个酒店及一个市民活动中心。广场配有不同的景观设施，如喷泉，水池，亭子，石凳，园椅，花坛等，还有各式各样的植物。整个商业中心项目规划得非常详细，且设施齐全。

商业区的总体平面在功能上由 3 部分组成，包括广场出入口区，景观区和中心大楼区。在交通流线上，由于地处城市繁华中心地段，邻近城市道路较多，所以东西南北四面都设有

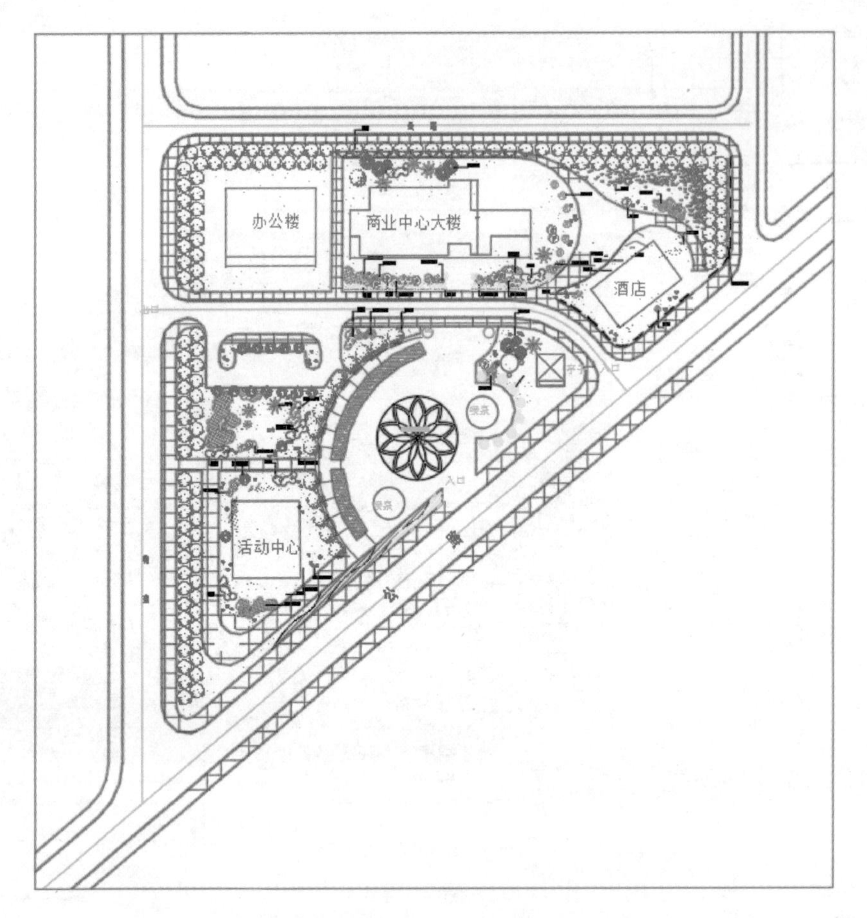

图 13-4 商业区中心广场规划设计总平面图

完善的交通流线。

本例将采用 Revit 场地设计工具和族库大师（可以从该工具的官网中免费下载）等快速建模工具，高效地完成总体规划设计。

13.2.1 广场场地设计

01 启动 Revit 2018 软件。

02 在欢迎界面中单击【新建】命令，新建名为“建筑样板”的项目文件，如图 13-5 所示。

图 13-5 新建项目

03 在项目页面中切换视图为“场地”。在【插入】选项卡的【导入】面板中，单击【导入CAD】按钮，导入本例项目图纸文件“某商业中心规划设计总平面图.dwg”。

04 将图纸中心移动到项目基点，如图13-6所示。

05 在【体量和场地】选项卡的【场地建模】面板中，单击【地形表面】按钮，然后在图纸的4个角放置4个高程点，如图13-7所示。

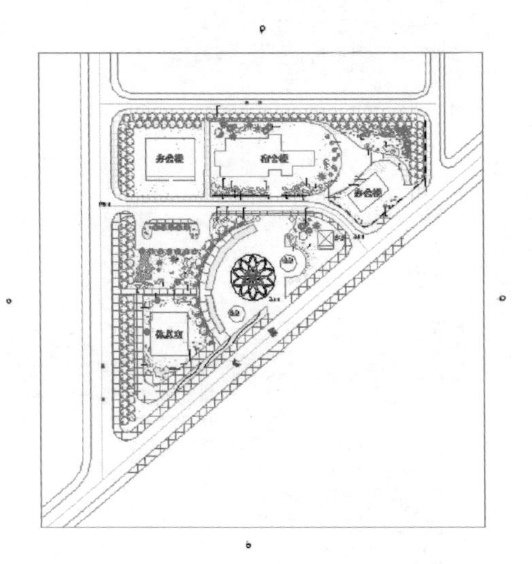

图13-6 移动图纸中心到项目基点

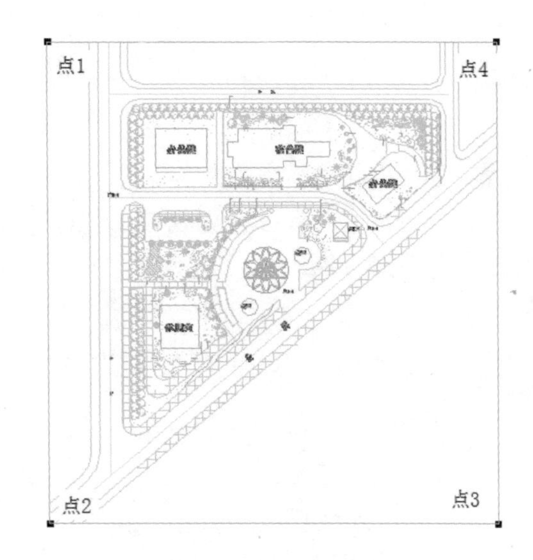

图13-7 放置高程点

06 单击【完成编辑模式】按钮，完成地形表面的创建。然后为地形表面选择“C_场地-草”材质。如图13-8所示。

图13-8 为地形表面选择材质

07 单击【子面域】按钮，利用【拾取线】和【直线】工具，参考总平面图，绘制多个封闭区域，如图13-9所示。以此将道路分割出来。

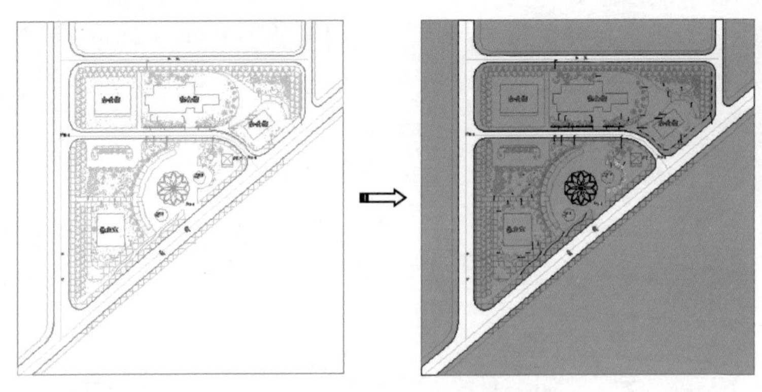

图 13-9　创建子面域分割出道路

08 单击【建筑地坪】按钮，利用【拾取线】命令和【直线】命令，绘制一个封闭区域，单击【完成编辑模式】按钮后，在道路两旁创建建筑地坪，如图 13-10 所示。修改地坪的高度偏移值为“200”。

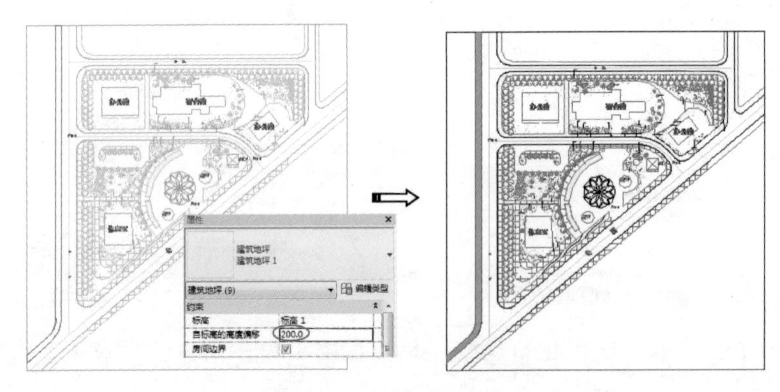

图 13-10　创建地坪

09 由于一次只能创建一个地块的地坪，所以按此方法，陆续创建其余地坪。如图 13-11 所示（此操作时间较长，可以观看视频辅助建模）。

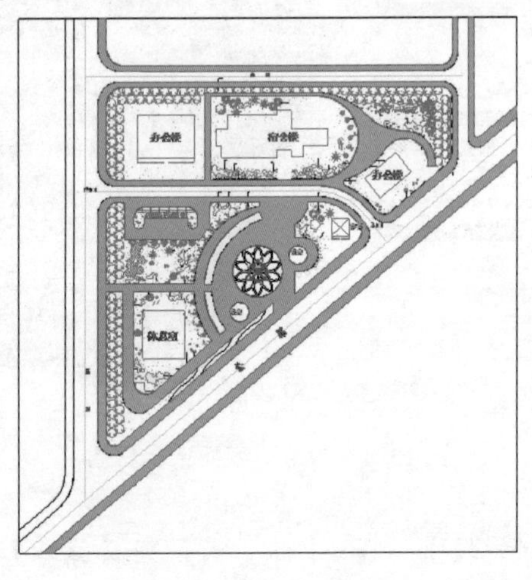

图 13-11　创建其他地坪

技术要点

在绘制地坪边界线时，用【拾取线】的方法拾取边线，有时会产生交叉线、重叠线或断开的情况，并且当退出编辑模式时，系统会提示出现错误的对话框。处理办法是：单击对话框的【显示】按钮，便可以显示出错的地方，只要重新编辑边界线即可，如图 13-12 所示。

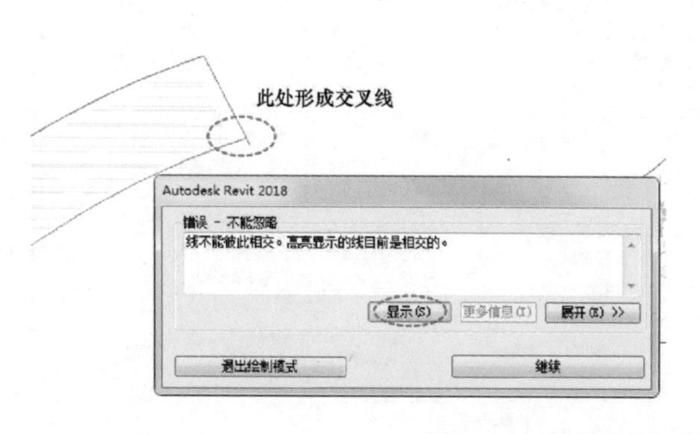

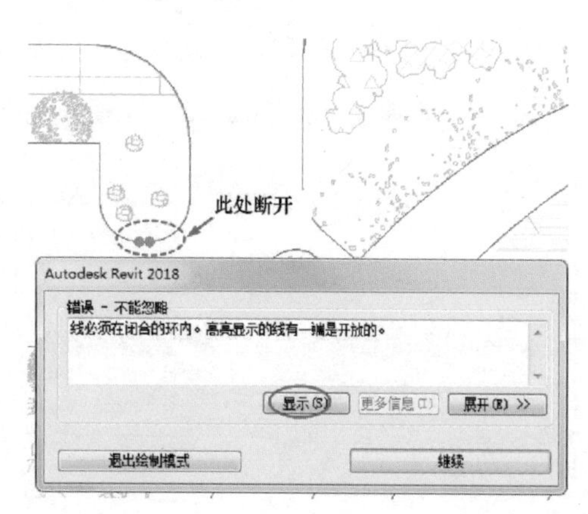

图 13-12　绘制地坪边界时的错误提示

10 上述步骤创建的地坪属于步行道路，接下来要创建的地坪是建筑物地坪，共有 4 幢建筑，要创建 4 个地坪，如图 13-13 所示。

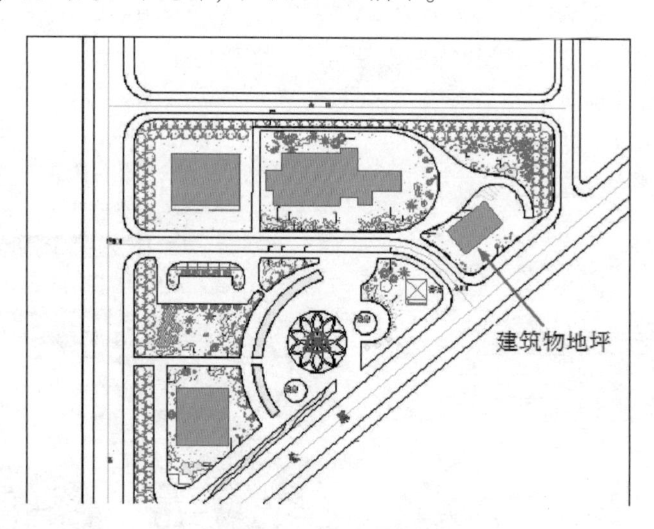

图 13-13　创建建筑物地坪

11 重新设置地形的材质。选中公路的地形面，重新设置材质为“C_ 场地 - 柏油路”，选中多个子面域材质为“C_ 场地 - 草”。

12 选中地坪构件，在【属性】面板单击【编辑类型】按钮，弹出【类型属性】对话框。单击对话框【结构】右侧的【编辑】按钮，弹出【编辑部件】对话框，如图 13-14 所示。

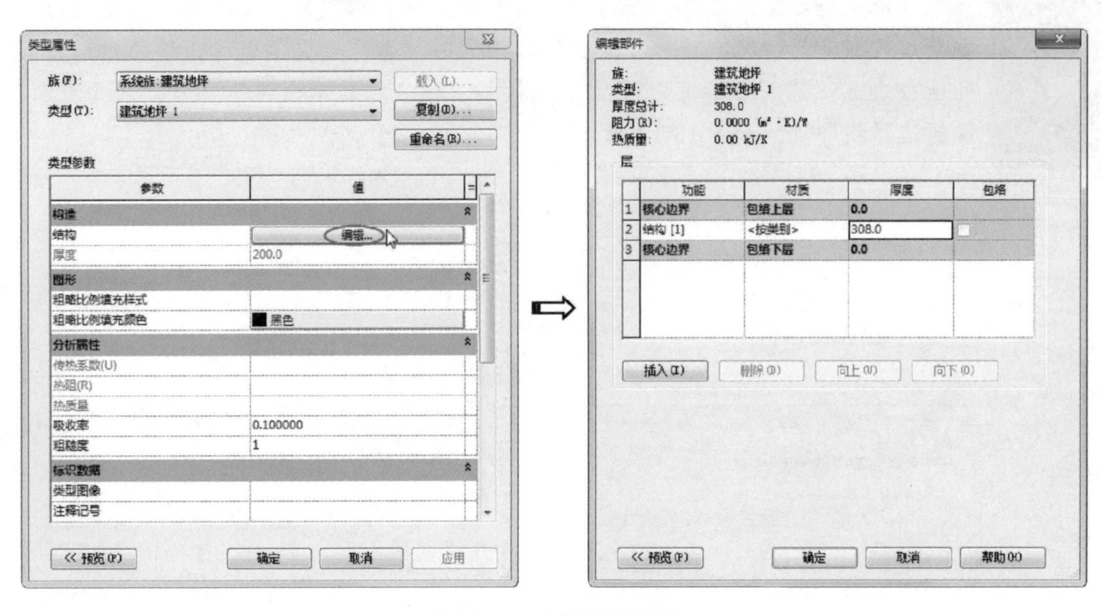

图 13-14　编辑类型属性

13 选中【层】列表的“结构［1］”层，将厚度设为“200”，再单击【插入】按钮，在“结构［1］”层之上插入新的结构层，将新结构层改为“面层 1［4］”，设置面层的材质为“砖石建筑 - 瓷砖”，厚度为“100”；设置“结构［1］”层的材质为“混凝土 - 沙/水泥砂浆面层”，如图 13-15 所示。单击【确定】按钮完成地坪材质的编辑。

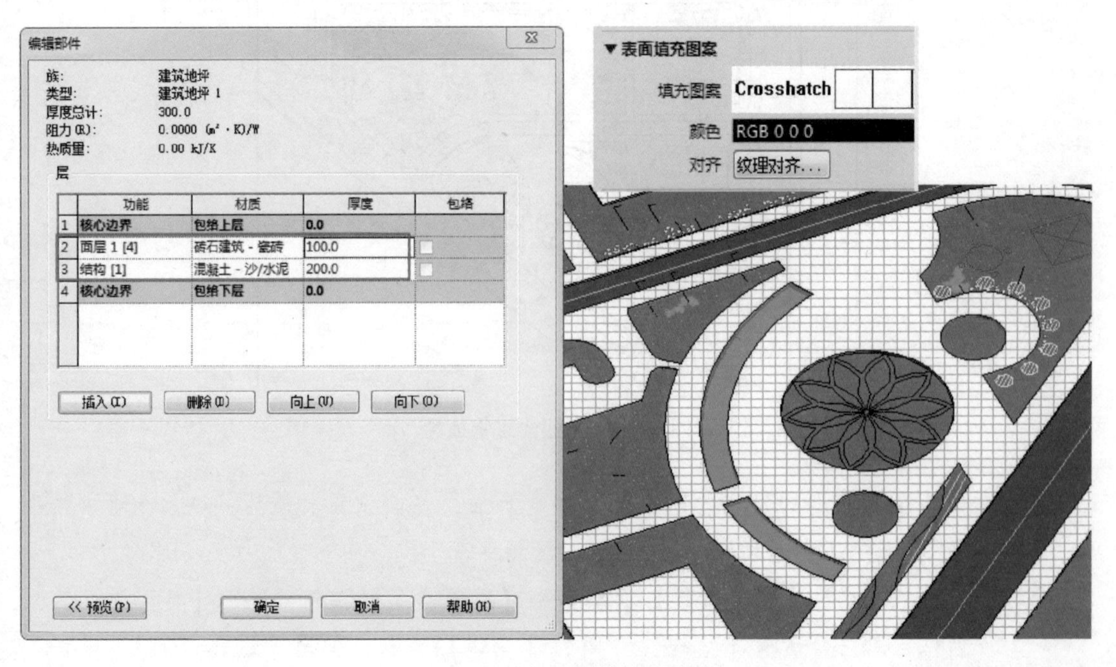

图 13-15　编辑地坪结构和材质

13.2.2 景观小品设计

先后插入景观小品族、水景族、健身设施族等。

01 插入亭子族时，先创建亭子的地坪，前面主要创建道路及建筑物的地坪。单击【建筑地坪】按钮，在场地平面中绘制亭子的地坪，创建出如图 13-16 所示的亭子地坪。

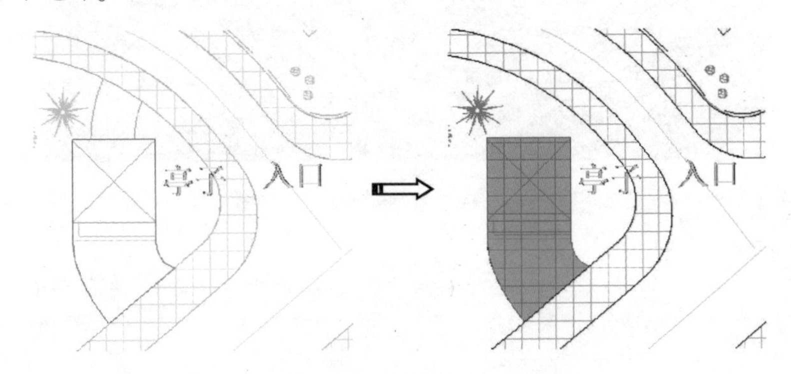

图 13-16　创建亭子地坪

02 在【插入】选项卡的【从库中载入】面板中，单击【载入族】按钮，然后从本例源文件夹中将“凉亭_ 四角 – 单层”族载入到项目中，并放置到场地上，如图 13-17 所示。

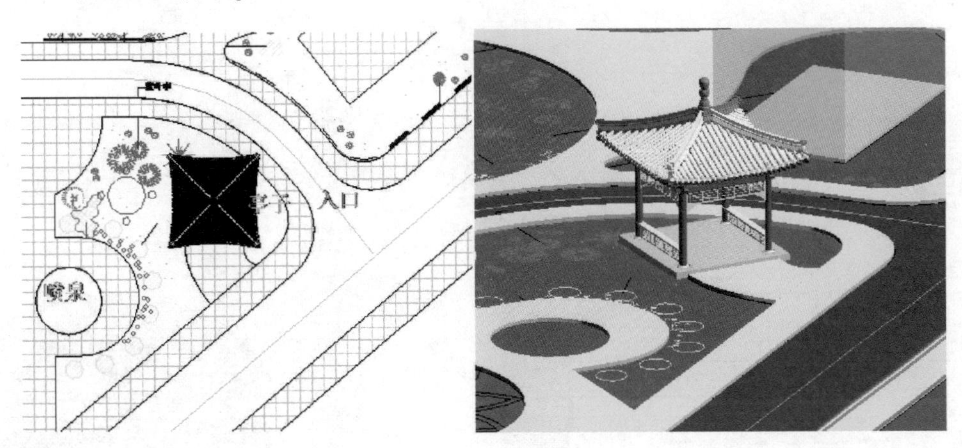

图 13-17　载入凉亭族到项目中

03 接着陆续将其他景观小品，如石凳、园椅、景观园灯、标识牌、垃圾桶、国旗、路灯等载入到当前项目中，如图 13-18 所示。

04 单击【建筑地坪】按钮，利用【圆形】命令绘制喷泉池的轮廓，如图 13-19 所示。在【属性】面板选择【建筑地坪：地坪】类型，设置自标高的高度偏移值为“100”，单击【编辑类型】按钮，编辑结构材质为“C_ 场地 – 水”，厚度为“200”，如图 13-20 所示。

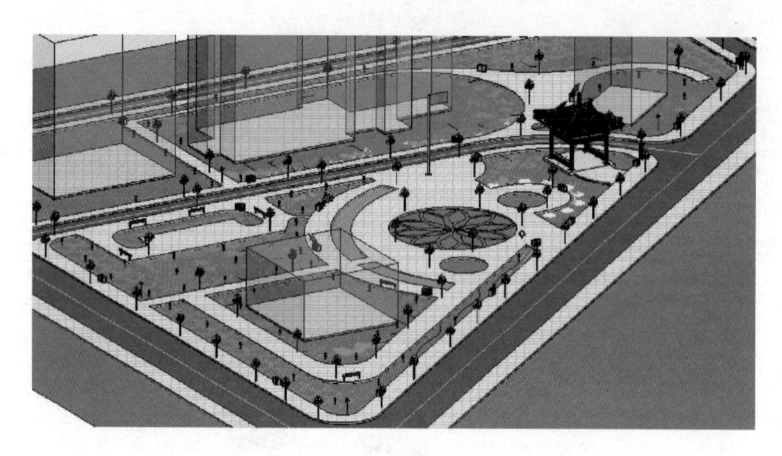

图 13-18　载入其他景观小品构件族

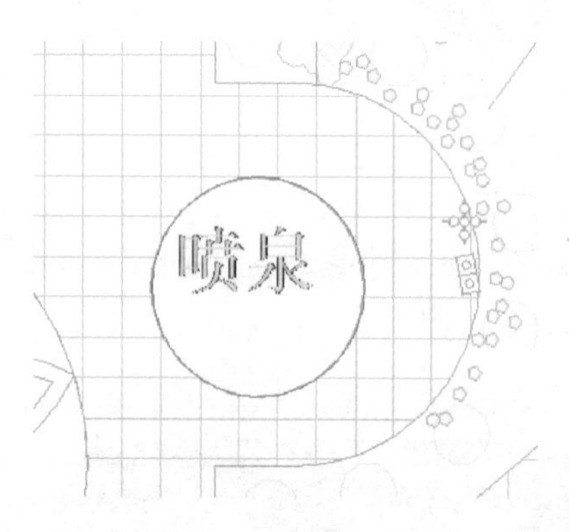

图 13-19　绘制喷泉池轮廓

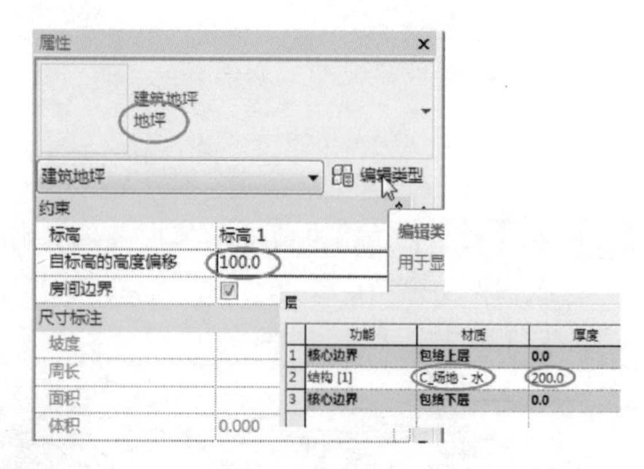

图 13-20　设置地坪参数

05 单击【完成编辑模式】按钮✔，完成喷泉池的创建，如图 13-21 所示。同理，完成另一个喷泉池的创建，如图 13-22 所示。

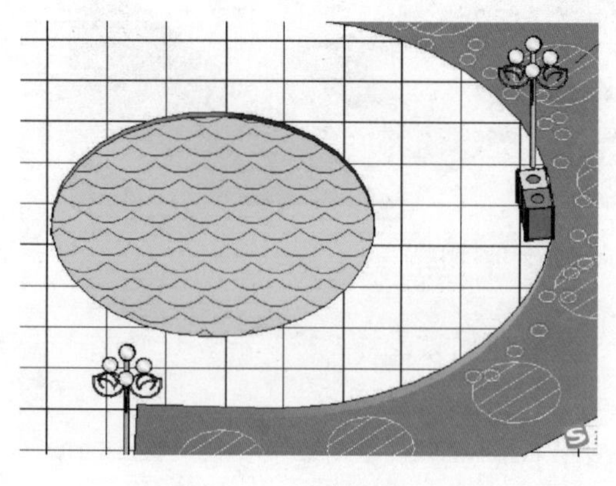

图 13-21　创建的喷泉池

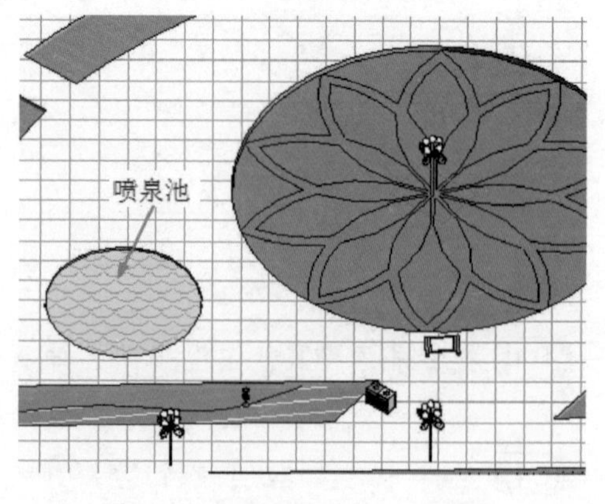

图 13-22　创建的另一个喷泉池

06 通过族库大师，将【园林】/【水景】/【喷泉】子类型下的“喷泉 01”族载入到当前项目中，并分别放置于两个喷泉池中，如图 13-23 所示。

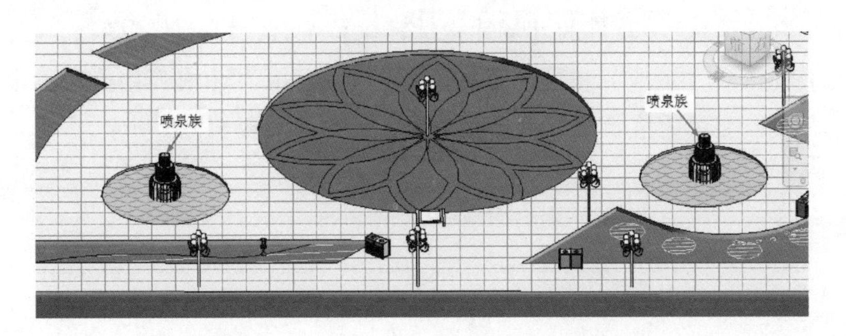

图 13-23　载入并放置喷泉族到喷泉池中

07 同样，利用【建筑地坪】工具绘制广场中心的标志性建筑物，【属性】面板中选择【建筑地坪：地坪1】类型，设置自标高的高度偏移为“200”。单击【编辑类型】按钮，编辑结构的厚度与材质，完成的中心标志性建筑物如图 13-24 所示，

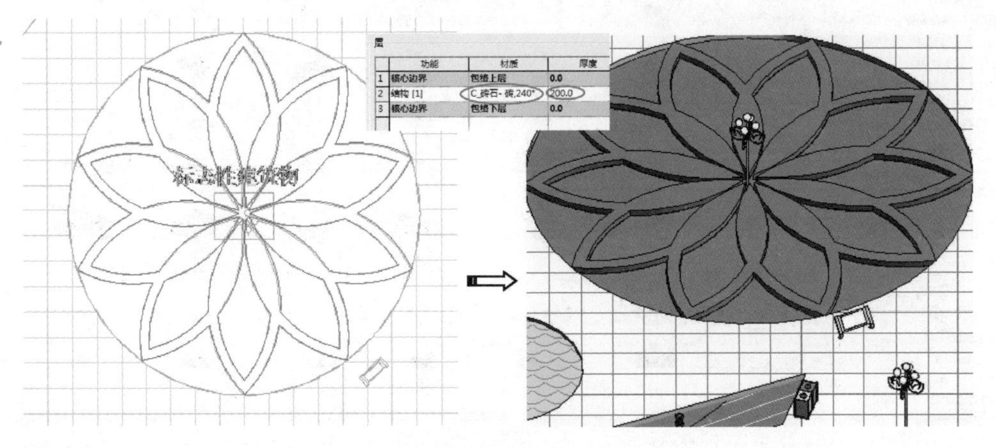

	功能	材质	厚度
1	核心边界	包络上层	0.0
2	结构 [1]	C_砖石-砖,240*	200.0
3	核心边界	包络下层	0.0

图 13-24　创建广场中心标志性建筑物

08 最后将族库大师的【园林】/【场地构件】/【健身设施】与类型下的健身设施族添加到广场场地中，如漫步机、乒乓球桌、儿童滑梯等，如图 13-25 所示。

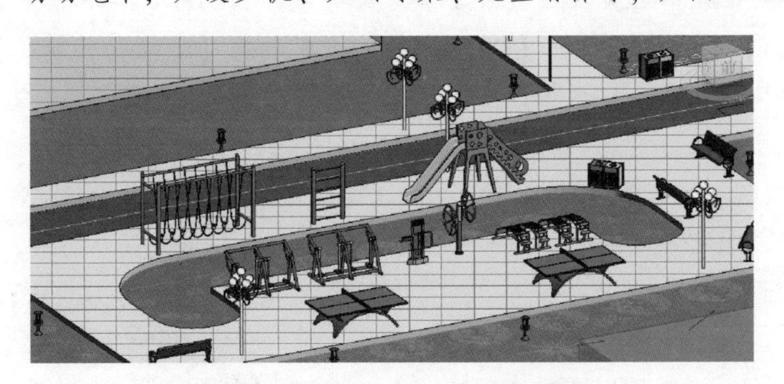

图 13-25　放置健身设施族到场地中

13.2.3 景观植物设计

当在面积大的场地中进行景观植物设计时，一个一个放置需花费大量的时间。可以使用

"红瓦－建模大师（建筑）"软件的【场地构件转化】工具，快速放置植物，提高工作效率。

01 切换视图到"场地"楼层平面视图。查看总平面图中有哪些植物，然后通过族库大师载入相关的植物族到项目中，暂不放置，如图 13-26 所示。

> **温馨提示** 有些植物族并没有（如海棠、月季、碧桃等），可以用其他近似的植物族替代。

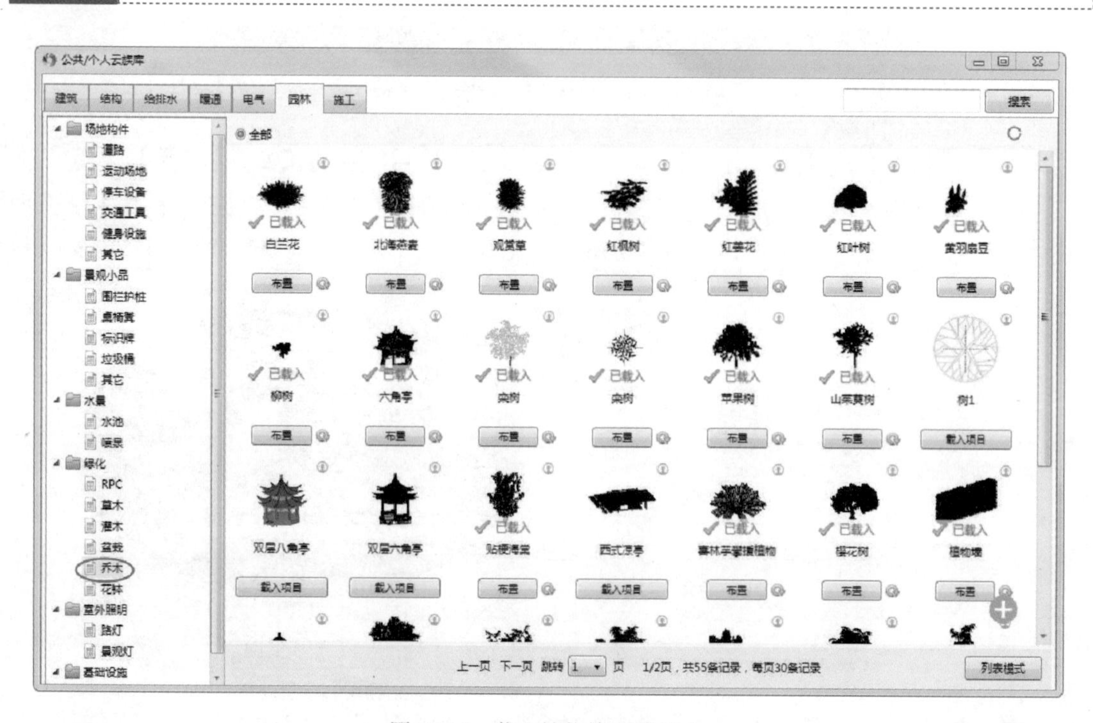

图 13-26　载入植物族到项目中

02 然后将载入的族依次放置到建筑总规划场地外，便于后续操作。

03 安装"红瓦－建模大师（建筑）"软件后，在 Revit 软件中会显示【建模大师（建筑）】选项卡。单击【CAD 转化】面板中的【场地构件转化】按钮，打开【场地构件转化】对话框，如图 13-27 所示。

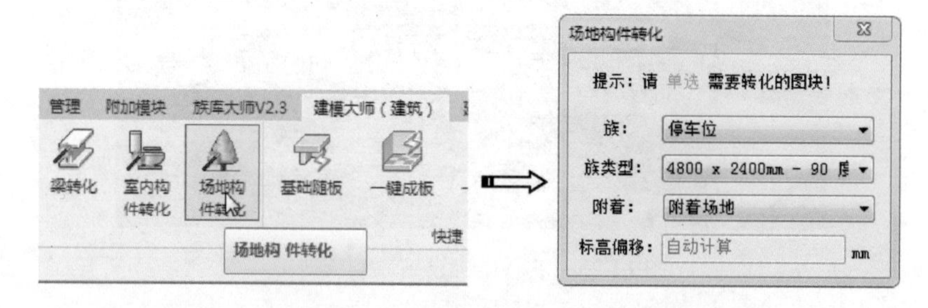

图 13-27　执行【场地构件转化】命令

04 在【场地构件转化】对话框的【族】列表中选择【栾树】，然后选中总平面图中的“栾树”图块（AutoCAD 称为“块”），如图 13-28 所示。

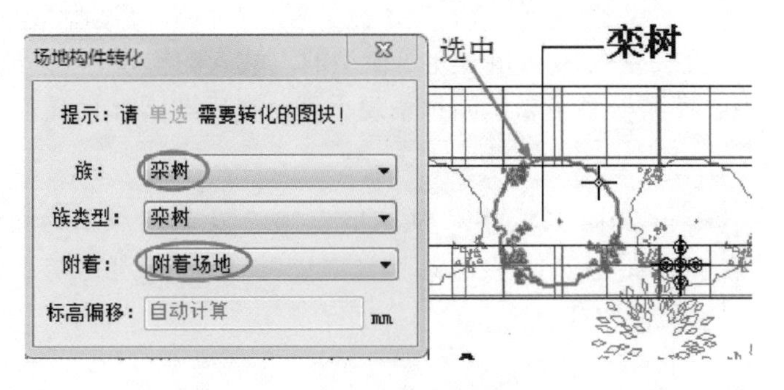

图 13-28　选择要转化为族的图块

05 随后系统弹出【提示】对话框，单击【确定】按钮确认转化，如图 13-29 所示。转化结果提示有 49 个成功，还有 80 个转化失败。主要原因还是密度太大了，系统自动识别不成功导致的。转化成功部分植物密度是合适的，所以无须考虑失败问题。

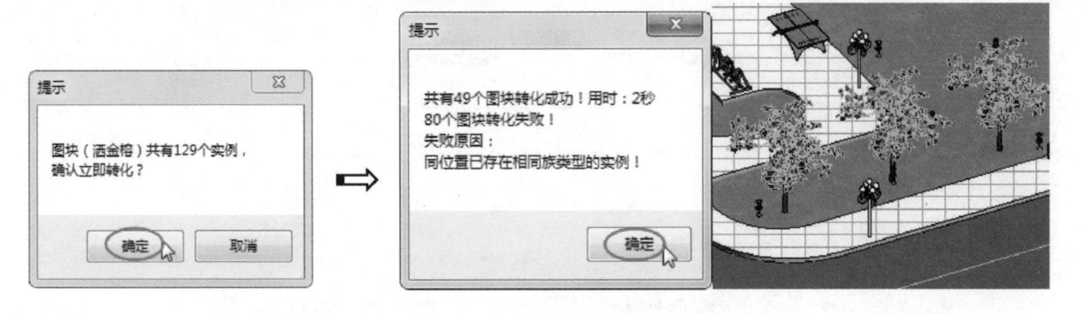

图 13-29　构件转化操作

> **温馨提示**
> 总平面图中有些不是图块的，可以采用手工的方式放置植物族。

06 按此方法，依次将其余植物图块转化为族，这个过程就不一一阐述了，读者可以参考视频自行完成。最终完成的景观植物设计效果如图 13-30 所示。

图 13-30　完成的景观植物设计效果图

13.2.4 导入 SketchUp 建筑模型

在 Revit 中是可以直接载入 SketchUp 建筑模型的。载入的模型分别是办公楼、商业中心大楼、酒店及活动中心模型。亭子属于园林景观小品，在后期园林景观布置时再插入景观族即可。

> **技术要点** 注意，Revit 2018 只能导入 SketchUp 2017 及其旧版本的模型，如果导入不成功，请在 SketchUp 2018 中的菜单栏中执行【文件】/【另存旧版】命令，保存为低版本 skp 文件即可。

01 在【插入】选项卡中，单击【导入 CAD】按钮，将本例源文件夹中的“商业中心大楼.skp”文件导入，如图 13-31 所示。

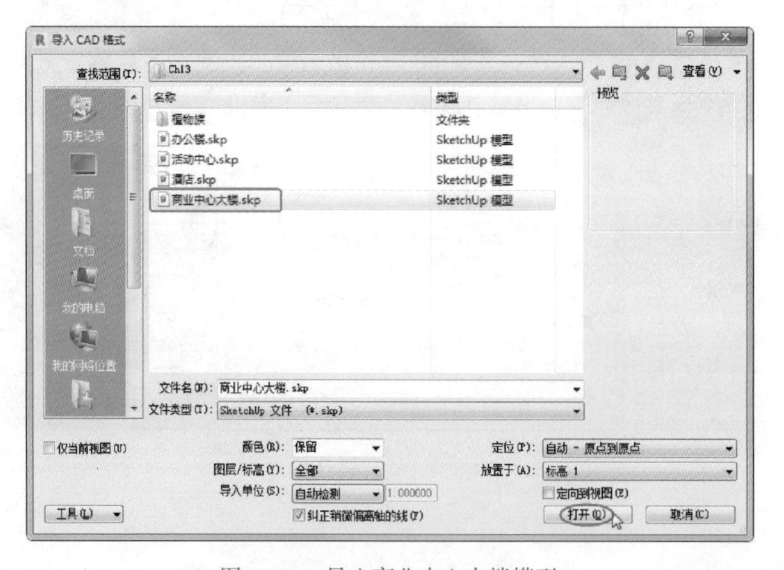

图 13-31 导入商业中心大楼模型

02 导入建筑模型后利用【修改】选项卡中的【移动】和【旋转】工具，移动并旋转模型到总平面图标注“商业中心大楼”的位置，如图 13-32 所示。

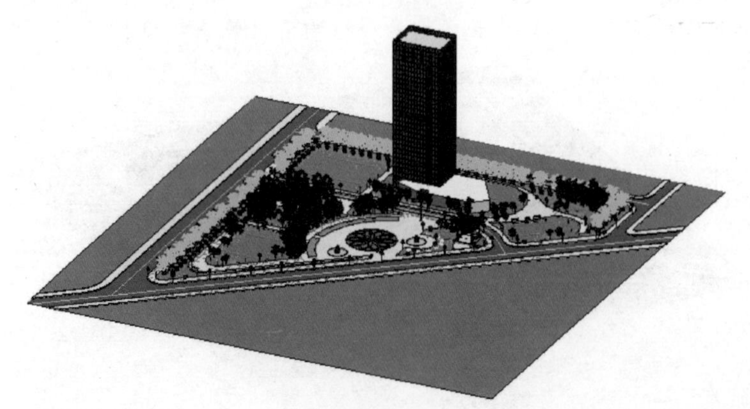

图 13-32 移动并旋转建筑模型